# अवकलन गणित

डॉ. ब्रजमोहन

वाणी प्रकाशन

**वाणी प्रकाशन**

*4695, 21-ए, दरियागंज, नयी दिल्ली 110 002*

शाखा

*अशोक राजपथ, पटना 800 004*

फ़ोन : +91 11 23273167 फ़ैक्स : +91 11 23275710

www.vaniprakashan.in
vaniprakashan@gmail.com
sales@vaniprakashan.in

AVKALAN GANIT
*by* Dr. Brijmohan

ISBN : 978-81-8143-642-9
Mathematics



प्रथम संस्करण 2007
द्वितीय संस्करण 2010
तृतीय संस्करण 2018

मूल्य : ₹ 1250



*एम.एस. प्रिंटर्स, दिल्ली-110 093 में मुद्रित*

*वाणी प्रकाशन का लोगो मक़बूल फ़िदा हुसेन की कूची से*

# पूर्व प्रकाशकीय

आधुनिक युग विज्ञान का युग है और इस युग में वैज्ञानिक विषयों की जानकारी के बिना किसी भी राष्ट्र की प्रगति असम्भव है। यह भी निर्विवाद है कि स्वतंत्र भारत में वैज्ञानिक विषयों की शिक्षा राष्ट्र भाषा हिन्दी के माध्यम से होना अपेक्षित है। किन्तु इस प्रकार की उच्चस्तरीय शिक्षा-दीक्षा के लिए हिन्दी में उपयुक्त ग्रन्थों की बहुत कमी है। विश्वविद्यालयों के स्तर पर ऐसे विषयों की शिक्षा अंग्रेजी माध्यम से दी जाती रही है, इसलिए न तो विद्वान् और न प्रकाशक इस ओर उन्मुख हुए। अब उत्तरोत्तर हिन्दी का विकास हो रहा है और उसे सभी विषयों के अध्ययन-अध्यापन का माध्यम बनाने के लिए प्रयत्न किये जा रहे हैं।

काशी हिन्दू विश्वविद्यालय के गणित विभाग के अध्यक्ष डा. ब्रज मोहन उन विद्वानों में हैं जिनकी हिन्दी के प्रति आरम्भ से ही विशेष आस्था और रुचि रही है। गणित शास्त्र से सम्बन्धित विषयों पर वे लगभग दो दर्जन ग्रन्थ लिख चुके हैं और जटिल विषय को हिन्दी की सरल शैली में ढाल कर उन्होंने सुयश-लाभ किया है। अवकलन गणित विषयक उनकी इस पुस्तक को प्रकाशित करते हुए हम हर्ष का अनुभव करते हैं और आशा रखते हैं कि हिन्दी जगत् में उनकी कृति का स्वागत होगा और गणित शास्त्र के अध्येताओं द्वारा यह समादृत होगी।

**लीलाधर शर्मा 'पर्वतीय'**
सचिव, हिन्दी समिति

# प्रस्तावना

हिन्दी राष्ट्रभाषा हो गयी। देश के कई विश्वविद्यालयों ने हिन्दी को शिक्षा और परीक्षा का माध्यम भी घोषित कर दिया। परन्तु इतना कह देने ही से समस्या की पूर्ति नहीं होती, केवल लक्ष्य का रूप स्थिर होता है। हिन्दी में पाठ्य पुस्तकों का सर्वथा अभाव है। जब तक हिन्दी में पाठ्य पुस्तकें प्रचुर मात्रा में तैयार नहीं होतीं तब तक शिक्षा का माध्यम बदलने की बात व्यर्थ-सी है। इसी हेतु को दृष्टि में रखकर यह पुस्तक लिखी गयी है। हिन्दी में इस विषय की पुस्तकें नगण्य हैं। अतएव यह प्रयास क्षम्य है।

हिन्दी में अभी तक छोटे आकार की मुद्राएँ बनाना संभव नहीं हुआ है। इसलिए हिन्दी की छपाई में स्थान अधिक लगता है और इस प्रकार मुद्रण-व्यय भी अधिक पड़ता है। इसी कारण इस पुस्तक में जिन विषयों का प्रतिपादन किया गया है, उनका समावेश किसी अंग्रेजी की तत्सम्बन्धी पुस्तक में इस पुस्तक की पृष्ठ संख्या के 3/4 में हो जाता। जब तक हिन्दी में छोटी मुद्राएँ नहीं बनने लगेंगी, अथवा नागरी लिपि में पर्याप्त सुधार नहीं होगा, तब तक हिन्दी की पुस्तकों का मुद्रण-व्यय घटाना संभव नहीं है।

प्रायः देखा जाता है कि गणित के बहुत से लेखक पुस्तकों में आकृतियाँ देने में कृपणता दिखाते हैं। कारण स्पष्ट ही है। महँगी का समय है। चित्रकारों के पारिश्रमिक बढ़े हुए हैं। ब्लाकों की बनवाई में लागत अधिक लगने लगी है। ऐसी दशा में किसी पुस्तक में जितने अधिक चित्र होंगे, उतना ही अधिक उसका मूल्य होगा। तथापि जब तक प्रत्येक आकृति विद्यार्थियों को खींचकर नहीं दिखाई जाती, तब तक तत्सम्बन्धी विषय उसे हृदयंगम नहीं होता। इस विचार से मैंने इस पुस्तक में आकृतियाँ प्रचुर संख्या में दी हैं। यद्यपि इस कारण पुस्तक का प्रकाशन-व्यय अत्यधिक हो गया है।

इस पुस्तक में मैंने केन्द्रीय सरकार के 'पारिभाषिक शब्द-संग्रह' के ही पारिभाषिक शब्दों का प्रयोग किया है। केवल कहीं-कहीं पर जहाँ मुझे उक्त शब्द-संग्रह में कोई शब्द मिला ही नहीं है, वहाँ मैंने स्वयं उपयुक्त शब्द का निर्माण किया है।

पुस्तक के अन्त में अंग्रेजी-हिन्दी और हिन्दी-अंग्रेजी शब्दावलियाँ दी गयी हैं। इन सूचियों में मैंने उन शब्दों का समावेश नहीं किया है जो विद्यार्थी स्कूल अथवा माध्यमिक गणित में सीख चुके होंगे, जैसे—वृत्त, वेग, स्पर्शी। किन्तु उक्त स्तर के भी कुछ

शब्द ऐसे हैं जिनके पर्याय केन्द्रीय सरकार ने हाल ही में बदले हैं। मैंने ऐसे शब्दों को अपनी शब्दावलियों में समाविष्ट कर लिया है। उदाहरणार्थ–

| अंग्रेजी शब्द | पुराना पर्याय | नया पर्याय |
|---|---|---|
| Acceleration | गतिवृद्धि | त्वरण |
| Retardation | गतिह्रास | मन्दन |
| Coordinates | नियामक | निर्देशांक |

मैं अपने शिष्य डा. विजयकुमार कपूर, एम. ए., पीएच. डी. का आभारी हूँ जिन्होंने प्रश्नों के संकलन में मेरी बड़ी सहायता की है।

–ब्रज मोहन

# विषय-सूची

# अध्याय १

# फलन (Functions)

## १.१. चर और अचर (Variables and Constants)

मान लीजिए कि कोई पूछे कि 'बनारस से जौनपुर कितनी दूर है ?' तो उत्तर मिलेगा '36 मील।' यह दूरी निश्चित है और घटायी-बढ़ायी नहीं जा सकती। इसी प्रकार मेज़ की लम्बाई, किसी तानपूरे के तारों की संख्या, किसी बटखरे का वज़न, ये सब ऐसी राशियां हैं जिनका परिमाण निश्चित रहता है। किन्तु यदि कोई पूछे कि 'लखनऊ का तापमान क्या है ?' तो उत्तर में हम लखनऊ का किसी दिन का, और वह भी किसी निश्चित समय का ही, तापमान दे सकेंगे। तापमान तो दिन-प्रति-दिन, बल्कि घंटे-प्रति-घंटे, बदलता रहता है। यदि सवेरे का तापमान 73° है तो सम्भव है कि सन्ध्या का 90° हो, और अगले दिन सवेरे का 77° हो। इसी प्रकार, यदि हम किसी का वय पूछें, तो इस प्रकार का उत्तर मिलेगा, '22 वर्ष 4 महीने 3 दिन।' स्पष्ट है कि अगले दिन उक्त व्यक्ति का वय '22 वर्ष 4 महीने 4 दिन' हो जायगा। और इसी प्रकार प्रत्येक दिन के पश्चात् वय भी एक दिन बढ़ जायगा।

ये तो रहे व्यावहारिक जीवन से लिये गये उदाहरण। अब मान लीजिए कि हम एक ऋजु रेखा का समीकरण

$$y=3x+5 \qquad (१)$$

लेते हैं। यदि हम इस ऋजु रेखा पर एक बिन्दु A ( 1, 8 ) लें तो उक्त बिन्दु के लिए $x=1$, $y=8$.

इसी प्रकार, यदि हम उक्त रेखा पर एक अन्य बिन्दु B (0,5) लें तो B के लिए $x=0$, $y=5$.

स्पष्ट है कि उक्त रेखा के भिन्न-भिन्न बिन्दुओं के लिए $x$ और $y$ बदलते चले जायँगे। किन्तु रेखा के प्रत्येक बिन्दु के लिए समीकरण (१) ही रहेगा। उक्त समीकरण में 3 और 5 ज्यों के त्यों बने रहेंगे। यदि हम रेखा को ही बदल दें तब तो कदाचित् इस प्रकार का समीकरण

$$y=7x-2 \qquad (२)$$

प्राप्त हो जायगा। इस समीकरण में 3 और 5 के स्थान पर 7 और –2 हैं। किन्तु जब तक हम पहली रेखा AB पर विचार करते रहेंगे, उसका समीकरण (१) रहेगा और उसमें 3 और 5 में कोई अन्तर नहीं पड़ेगा।

अब, तनिक एक वृत्त के समीकरण

$$x^2+y^2=9 \qquad (३)$$

पर विचार कीजिए। यदि हम इस समीकरण में $x=0$ लें तो $y=3$ और यदि $x=2$ रक्खें तो $y$ का मान $\sqrt{5}$ होगा। हम वृत्त पर अनगिनत विन्दु ले सकते हैं। उनमें से प्रत्येक के लिए $x$ और $y$ के मान भिन्न-भिन्न होंगे। अतः समीकरण (३) में भी $x$ और $y$ ऐसी राशियाँ हैं जिनके मान बदलते रहते हैं किन्तु 9 एक ऐसी राशि है जिसका मान तब तक नहीं बदलेगा जब तक हम वृत्त को ही न बदल डालें।

उपरिलिखित विवेचन से स्पष्ट है कि हमारे व्यवहार में दो प्रकार की राशियाँ आती हैं : वे जो बदलती जाती हैं और वे जो अपरिवर्तनशील रहती हैं। अब हम औपचारिक परिभाषाएँ दे सकते हैं :

**परिभाषा १.१** : वह संकेत (Symbol) जिसके मान बदलते रहें, **चर** (**Variable**) कहलाता है।

**परिभाषा १.२** : वह संकेत जिसके मान, किसी विचाराधीन गणितीय प्रसंग के अन्तर्गत, अपरिवर्तित रहें, **अचर** (**Constant**) कहलाता है।

साधारणतया, अचरों को अंग्रेजी वर्णमाला के आदि के अक्षरों $a, b, c, \ldots$ से निरूपित करते हैं और चरों को अन्तिम अक्षरों $x, y, z, u, v\ldots\ldots$ से।

किसी ऋजु रेखा के समीकरण

$$y=mx+c$$

में $x$ और $y$ चर हैं, $m$ और $c$ अचर।

वृत्त के समीकरण

$$x^2+y^2+2gx+2fy+c=0$$

में $x$ और $y$ चर हैं, $g, f$ और $c$ अचर।

**परिभाषा १.३** : किसी राशि के संख्यात्मक मान को उसका **निरपेक्ष मान** (**Absolute Value**) अथवा **मापांक** (**Modulus**) कहते हैं।

3 और – 3 दोनों का संख्यात्मक मान एक ही है। अतः दोनों का मापांक एक है।

मापांक का संकेत | | है। अतः

$|3| = 3, \qquad |-3| = 3.$

स्पष्ट है कि यदि $x$ और $a$ दो राशियाँ हों, तो

$$|x-a| = |a-x|,$$

चाहे दोनों में $x$ बड़ा हो चाहे $a$.

## १.२. संतत (Continuous) और असंतत (Discontinuous) चर

मान लीजिए कि इस समय घड़ी में 7 बजे हैं। थोड़ी देर बाद उसमें 7 बज कर 10 सेकिण्ड होंगे। उससे भी पहले 7 बजकर $\frac{1}{2}$ सेकिण्ड होगा। किन्तु उससे भी पहले क्या होगा ? क्या कभी घड़ी में 7 बजकर $\frac{1}{100}$ सेकिण्ड का समय भी होगा ? अवश्य होगा, भले ही हमारी घड़ी इतनी सूक्ष्म न हो कि उक्त समय को ठीक-ठीक अंकित कर सके। सैद्धान्तिक रूप से किसी क्षण 7 बजकर $\frac{1}{10000}$ सेकिण्ड भी होगा। इस सूक्ष्मता का कोई अन्त नहीं है। समय निरन्तर बढ़ता रहता है। हम कह सकते हैं कि समय एक संतत चर है।

अब एक दूसरा उदाहरण लीजिए। मान लीजिए कि किसी कक्षा में आज 28 विद्यार्थी उपस्थित हैं। कल कितने होंगे ? हो सकता है 29 अथवा 30 हों। यह भी हो सकता है कि 25 या 26 हों। किन्तु क्या यह भी संभव है कि किसी दिन विद्यार्थियों की संख्या $26\frac{3}{8}$ हो ? नहीं। विद्यार्थियों की संख्या सदैव किसी **पूर्णाङ्क** (**Integer**) से ही घटे, बढ़ेगी। किसी **भिन्न** (**Fraction**) से घट, बढ़ नहीं सकती।

एक अन्य उदाहरण लीजिए। एक रेल की गति 20 किलोमीटर प्रति घंटे से बढ़कर 25 किलो मीटर प्रति घंटे हो जाती है। किसी क्षण उसकी गति $20\frac{3}{5}$ रही होगी, किसी क्षण $20\frac{1}{1000}$ भी रही होगी।

इसके विपरीत, घड़ी की सेकिण्ड की सुई की टिक-टिक पर विचार कीजिए। सुई एक मिनट में 60 बार टिक-टिक करती है। खिलाड़ी जानते हैं कि हम स्टॉप वॉच (Stop Watch) को जब चाहें रोक सकते हैं। हम यह तो कह सकते हैं कि 39वीं टिक-टिक पर घड़ी को रोक देना। परन्तु यह कहने का क्या अर्थ होगा कि $38\frac{1}{2}$वीं टिक-टिक पर घड़ी को रोक देना। टिक-टिक 38वीं हो सकती है या 39वीं। $38\frac{1}{2}$वीं वो हो ही नहीं सकती। स्पष्ट है कि टिक-टिक एक असंतत चर है।

अब हम अपनी परिभाषाएँ बना सकते हैं।

कभी-कभी ऐसा भी होता है कि हम किसी चर की मान सीमा निर्धारित कर

देते हैं। मान लीजिए कि उपरिलिखित पहले उदाहरण में हम चर $t$ को इस प्रकार नियन्त्रित करते हैं :

$t = 7$ और 8 के बीच का कोई क्षण ।

तो $t$ को हम 7 और 8 के बीच का कोई मान दे सकते हैं जैसे $7\frac{5}{77}$ अथवा, $7\frac{999}{1000}$ किन्तु मान $9\frac{1}{2}$ नहीं दे सकते ।

**परिभाषा १.४** : यदि किसी चर के मानों की सीमायें निर्धारित हों तो उन सीमाओं के अन्तराल को चर का प्रान्त (Domain) कहते हैं ।

यदि यह दिया है कि $x$ सदैव $a$ और $b$ के बीच में रहता है तो **अन्तराल (Interval)** $(a, b)$ को $x$ का मान अन्तराल कहेंगे ।

**परिभाषा १.५** : यदि किसी चर को उसके प्रान्त के समस्त मान दिये जा सकें तो चर संतत कहलाता है ।

उपरिलिखित उदाहरणों में समय और रेल की गति संतत चर हैं ।

**परिभाषा १.६** : जिस चर को उसके प्रान्त के समस्त मान न दिये जा सकें वह असंतत कहलाता है ।

उपरिलिखित उदाहरणों में विद्यार्थियों की उपस्थिति संख्या और घड़ी की टिक-टिक दोनों असंतत चर हैं ।

स्पष्ट है कि संतत चर अबाध गति से घटता, बढ़ता है, किन्तु असंतत चर कूद-कूद कर ही चलता है ।

## प्रश्नावली (१.१)

निम्नलिखित राशियाँ चर हैं या अचर :

१. पानीपत की लड़ाई की तारीख ।

२. भारत का स्वतन्त्रता दिवस ।

३. देश की सेना की संख्या ।

४. गंगा में पानी की मात्रा ।

५. आय कर की दर ।

निम्नलिखित चर संतत हैं या असंतत :

६. विश्वविद्यालय के कालिजों की संख्या ।

७. समुद्र तट पर बालू के कणों की संख्या ।

८. घड़ी की सुइयों की गति ।

९. देश की स्वतन्त्रता से आज तक का समय ।

१०. सट्टी में आलू का भाव ।

## १.३. फलन (Function) की संकल्पना (Concept)

तनिक १.१ (३) पर फिर विचार कीजिये…………

$$y^2 = 9 - x^2 \qquad (१)$$

इस सम्बन्ध में, यदि हम $x=0$ रक्खें तो $y=\pm 3$; यदि $x=\pm 1$ रक्खें तो $y=\pm 2\sqrt{2}$। इसी प्रकार, यदि हम $x$ के मान बदलते जायँ तो $y$ के मान भी बदलते जायँगे। स्पष्ट है कि $x$ के किसी भी निर्धारित मान के लिये हम $y$ का संगत मान निकाल सकते हैं।

इसी प्रकार, यदि हम १.१ (१) में $x=2$ रक्खें तो $y=11$. $x$ को भिन्न-भिन्न मान देने से $y$ के निश्चित मान मिलते चले जायँगे।

**परिभाषा १.७ :** यदि दो चर $x$ और $y$ इस प्रकार सम्बद्ध हो कि $x$ को कोई मान देने से $y$ के मान निश्चित रूप से निकल आयें तो हम कहते हैं कि $y$ चर $x$ का **फलन (function)** है।

**परिभाषा १.८ :** $x$ को **स्वतन्त्र चर (Independent Variable)** और $y$ को **परतन्त्र चर (Dependent Variable)** कहते हैं।

टिप्पणी १. साधारणतः फलनों को इस प्रकार

$$f(x),\ F(x),\ \phi(x),\ \psi(x)$$

निरूपित करते हैं। आवश्यकतानुसार, कभी-कभी फलनों के लिये एक अक्षर $y$ का भी प्रयोग होता है।

यदि हम १.१(१) के फलन को इस प्रकार

$$\phi(x) = 3x + 5$$

लिखें तो $x=1$ रखने से हमें प्राप्त होगा,

$$\phi(1) = 8.$$

२. ऐतिहासिक टिप्पणी—सन् १६३७ में दःकार्ते ने वैश्लेषिक ज्यामिति पर अपना ग्रन्थ प्रकाशित किया। उसमें दो अक्ष लेकर एक पर भुज और दूसरे पर कोटियाँ अंकित की गयी थीं। इस प्रकार $y$ को ज्यामितीय विधि से $x$ पर आश्रित किया गया था। 'फंक्शन' शब्द का प्रयोग सब से पहले लिब्नीज ने सन् १६६४ में किया था। उन्होंने किसी वक्र के किसी बिन्दु पर डाले गये स्पर्शी, अभिलम्ब और उसकी वक्रता त्रिज्या आदि के लिये उक्त शब्द का प्रयोग किया था। इस प्रकार फलन की उनकी संकल्पना का आधार ज्यामितीय था।

सन् १६६८ में जेम्स बरनोली ने फलन शब्द का प्रयोग चरों और अचरों के गणितीय व्यंजकों के लिये किया। बहुत दिन तक गणितज्ञों का यह विचार रहा कि फलन के लिये यह आवश्यक है कि वह सूत्रों के, बल्कि $x$ के घातों के रूप में ही, दिया हो। तदोपरान्त उक्त पद का प्रयोग अबीजीय व्यंजकों के लिये भी होने लगा। धीरे-धीरे 'फलन' का अर्थ व्यापक होने लगा। वर्तमान काल में यह आवश्यक नहीं है कि कोई फलन किसी एक ही सूत्र से निरूपित हो। मान लीजिए कि $y$ का मान इस रूप में दिया है :

$$\begin{aligned} y &= x \qquad (0 < x < 1) \\ &= 3\tfrac{1}{2} \qquad (x = 1) \\ &= 7 - 2x \qquad (x > 1) \end{aligned}$$

तो इस दशा में भी हम कहेंगे कि $y$ चर $x$ का फलन है। केवल इतना ही नहीं, यदि यह दिया है कि

$$y = 7\tfrac{3}{8} \quad (x \text{ के समस्त मानों के लिये})$$

तो भी $y$ चर $x$ का फलन कहलायेगा। हमारी शर्त तो केवल इतनी है कि $x$ के किसी मान के लिये $y$ का मान निश्चित हो। और यह शर्त स्पष्टतः पूरी हो रही है।

अब मान लीजिये कि हम किसी एक महीने के दिनों की, न्यूयार्क के तापमान की, तालिका बनाते हैं। और एक अन्य तालिका बनाते हैं जिसमें दिया हो कि उन्हीं दिनों बनारस के एक बाजार में आलू का क्या भाव था। इन दोनों तालिकाओं को पास-पास रखने से हमें पता चल जायगा कि जिस दिन न्यूयार्क का तापमान इतना था, उस दिन आलू का भाव कितना था। बस दोनों में एक फलनीय सम्बन्ध स्थापित हो गया। आलू का भाव न्यूयार्क के तापमान का फलन बन गया चाहे दोनों में 'कार्य-कारण' का कोई सम्बन्ध हो, चाहे न हो। **सांख्यिकी (Statistics)** की भाषा में ऐसे सम्बन्ध को **'अर्थहीन सम्बन्ध' (Non-sense relation)** कहते हैं।

अस्तु, फलन की आधुनिक संकल्पना में न किसी सूत्र की आवश्यकता है न किसी ताथ्यिक सम्बन्ध की। केवल आँकड़ों से ही काम चल सकता है।

३. यों तो किसी चर का मान काल्पनिक भी हो सकता है किन्तु इस पुस्तक में हम साधारणतः उन्हीं फलनों पर विचार करेंगे जिनके मान वास्तविक हों। ऐसे मान धनात्मक, ऋणात्मक अथवा शून्य भी हो सकते हैं। दूसरे दृष्टिकोण से ये मान पूर्णाङ्कीय अथवा भिन्नात्मक हो सकते हैं, परिमेय अथवा अपरिमेय हो सकते हैं।

४. कभी-कभी हमारा सामना ऐसे व्यंजकों,

$$\frac{x^2-4}{x-2} \qquad (२)$$

से हो जाता है। यदि $x=2$, तो इस फलन का क्या मान होगा? विद्यार्थी कह सकते हैं कि $(x-2)$ से भाग देने से हमें भागफल $(x+2)$ प्राप्त होता है जिसका मान $x=2$ के लिए 4 होता है। किन्तु यह तर्क अयुक्त है। हम जानते हैं कि हम किसी भी व्यंजक को किसी ऐसे व्यंजक से ही भाग दे सकते हैं जो शून्य के बराबर न हो। 'शून्य से भाग देना' का कोई अर्थ नहीं है। हम शून्य से किसी भी व्यंजक को भाग दे ही नहीं सकते। अतः, यदि हम जानते हैं कि $x=2$ होने वाला है तो हम व्यंजक (२) में अंश को हर से भाग दे ही नहीं सकते।

अब प्रश्न यह आता है कि $x=2$ के लिए उपरिलिखित व्यंजक का क्या मान है। कोई मान नहीं है। वास्तव में हम इस प्रश्न का उत्तर दे ही नहीं सकते। संसार में हमें बहुत बार ऐसे प्रश्नों का सामना करना पड़ता है जिनके उत्तर हम दे ही नहीं सकते। हम ऐसे कुछ प्रश्न यहाँ देते हैं :

(i) संसार में पहले मुर्गी हुई या अण्डा ?

(ii) एक व्यक्ति ८ जनवरी को २०० रु० दान करता है। ११ जनवरी को कितना दान करेगा ?

(iii) ब्रह्माण्ड का आकार गोल है या चपटा ?

(iv) आज गेहूँ का भाव १ रु० सेर है, कल क्या भाव होगा ?

जिस प्रकार इन प्रश्नों का उत्तर नहीं दिया जा सकता, उसी प्रकार उपर्युक्त प्रश्न का भी उत्तर नहीं दिया जा सकता। वैश्लेषिक गणित की भाषा में हम कहेंगे कि फलन (२) $x=2$ के लिये परिभाषित ही नहीं है। यदि हम

$$f(x)=\frac{x^2-4}{x-2}$$

रखें तो कहेंगे कि $f(x)$ चर $x$ के, मान 2 को छोड़ कर, अन्य समस्त मानों के लिये परिभाषित है।

अब मान लीजिये कि हम फलन $f(x)$ का, $x=2$ के लिये, मान 4 निर्धारित करते हैं। तो हमारा फलन इस प्रकार,

$$f(x)=\frac{x^2-4}{x-2} \qquad (x\neq 2)$$

$$=4 \qquad (x=2) \qquad (३)$$

का हुआ। अब यह फलन $x$ के समस्त मानों के लिये परिभाषित हो गया।

यहाँ हमने $x=2$ पर $f(x)$ को वही मान दिया है जो $(x-2)$ से भाग देने से आता। किन्तु फलन की परिभाषा के लिये यह आवश्यक नहीं है। हम चाहें तो ऐसा फलन बना सकते हैं :

$$f(x) = \frac{x^2-4}{x-2} \qquad (x \neq 2)$$

$$= 11.1359 \qquad (x=2) \qquad (४)$$

यह फलन भी उतना ही सुपरिभाषित है जितना फलन (३)।

५. जो फलन हमने अभी तक लिये हैं, उन सब में एक स्वतन्त्र चर समाविष्ट है। किन्तु कुछ फलनों में कई-कई चरों का समावेश होता है। **यान्त्रिकी (Mechanics)** में वेग का सूत्र

$$s = ut + \tfrac{1}{2} ft^2$$

है। यदि त्वरण $f$ अचर हो तो $s$ केवल एक चर $t$ का फलन है। किन्तु यदि त्वरण भी बदल रहा हो तो $s$ दो चरों का फलन है—$f$ और $t$ का। स्पष्ट है कि $u$ तो आदि वेग है, अतः अचर है।

**द्रव-स्थैतिकी (Hydrostatics)** में **गैसों (Gases)** के **दाब (Pressure)**, घनत्व और तापमान में यह सम्बन्ध होता है :

$$p = k\rho\,(1+\alpha t).$$

इस सम्बन्ध में $k$ और $\alpha$ अचर हैं, $p$, $\rho$ और $t$ चर। स्पष्ट है कि दाब $p$ दो चरों $\rho$ और $t$ का फलन है।

**त्रिविम ज्यामिति (Three-dimensional geometry)** में मूलबिन्दु O से किसी बिन्दु $P$ की दूरी का यह सूत्र,

$$OP^2 = x^2 + y^2 + z^2$$

है। इसमें दूरी तीन चरों $x, y, z$ का फलन है।

इस पुस्तक में साधारणतः हम एक चर के फलनों पर ही विचार करेंगे।

## प्रश्नावली (१.२)

$f(0), f(1), f(-1), f(\frac{3}{8})$ का मान निकालो, यदि

१. $f(x) = x^2 - 2x + 4.$

२. $f(x)=\dfrac{(x+2)\ (x-3)}{(x+4)^2}$

३. $f(x)=ax^2+bx+c.$

४. $f(x)=(ax^3+3bx^2+3cx+d)\ /\ (ax+b)$

५. $f(x)=\log x$

६. फलन $f(x)=\dfrac{1}{x}$ का मूलबिन्दु पर क्या मान है ?

७. क्या फलन

$$f(x)=\ (x-a)\sin\frac{1}{x-a}$$

बिन्दु $x=a$ पर परिभाषित है ?

८. क्या फलन

$$f(x)=\frac{1}{x-3}\cos\ (x-3)\qquad (x\neq 3)$$

$$=7\tfrac{1}{2}\qquad\qquad (x=3)$$

$x=\ 3$ पर परिभाषित है ?

## १.४. एकमानी (Single-valued) और बहुमानी (Many-valued) फलन

यदि $y=\cos x$

तो स्पष्ट है कि $x$ के किसी भी निर्दिष्ट मान के लिए $y$ का एक ही सुनिश्चित मान होगा। हम थोड़े से मान युग्म यहाँ देते हैं :

$$x=0,\quad \frac{\pi}{6},\quad \frac{\pi}{4},\quad \frac{\pi}{3},\quad \frac{\pi}{2},$$

$$y=1\ ,\quad \frac{\sqrt{3}}{2},\quad \frac{1}{\sqrt{2}},\quad \tfrac{1}{2},\quad 0.$$

किन्तु अब तनिक इस फलन,

$$y=\ \sqrt{16-x^2}$$

पर विचार कीजिये। यदि $x=0$, $y=\pm 4$; यदि $x=3$, तो $y=\pm\sqrt{7}$. इसी प्रकार $x$ के प्रत्येक मान के लिये $y$ के दो मान होंगे।

अब फलन

$$y=\sin^{-1}x$$

पर विचार कीजिए। $x$ के किसी भी मान के लिये $y$ के अनेक मान हो सकते हैं। उदाहरण के लिये, यदि

$$x = \frac{1}{\sqrt{2}},$$

लें, तो $y$ के ये मान सम्भव हैं

$$\pi - \frac{\pi}{4}, 2\pi + \frac{\pi}{4}, 3\pi - \frac{\pi}{4}, 4\pi + \frac{\pi}{4} \cdots\cdots\cdots,$$

जो गिनती में अनन्त हैं। अतः यहां $y$ एक अनन्त मानी फलन है

## १·५ सम (Even) और विषम (Odd) फलन

**परिभाषा १.६** : यदि $y = \cos 2x$,

तो इस फलन में $x$ के स्थान पर $(-x)$ रखने से फलन ज्यों का त्यों बना रहता है। ऐसे फलनों को सम फलन कहते हैं। अतः $f(x)$ एक सम फलन है, यदि

$$f(-x) = f(x).$$

निम्नलिखित फलन सम हैं :

$3x^2$, $x^4 - 2x^2 + 1$, $x^{2n}$, $a \cos bx$, $\sin x \sin 3x$।

**परिभाषा १.१०** : यदि $y = \tan 3x$

तो $x$ के स्थान पर $(-x)$ रखने से फलन का निरपेक्ष मान वही रहता है किन्तु चिह्न बदल जाता है। ऐसे फलन को विषम फलन कहते हैं। अतः $f(x)$ एक विषम फलन है, यदि

$$f(-x) = -f(x).$$

विषम फलनों के कुछ उदाहरण यह हैं :

$2x^3 - 5x$, $x$, $x^{2n+1}$, $a \sin bx$, $\sin 2x \cos 5x$।

स्पष्ट है कि यह फलन **चिन्ह नियमों (Laws of Signs)** का पालन करते हैं, अर्थात्

सम × सम = सम,<br>
विषम × विषम = सम,<br>
विषम × सम = विषम,<br>
सम × विषम = विषम।

यह आवश्यक नहीं है कि प्रत्येक फलन सम अथवा विषम हो ही। फलन

$$\sin x + \cos x,\ x^2 + 2x^3,\ x^5 - 1$$

न सम हैं, न विषम।

## १.६. स्पष्ट (Explicit) और अस्पष्ट (Implicit) फलन

**परिभाषायें १.११ और १.१२ :**

फलनों के जितने उदाहरण हमने अभी तक लिये हैं सब में $y$ स्पष्ट रूप से $x$ के पदों में दिया गया है या उस रूप में ढाला जा सकता है। अब तनिक इस सम्बन्ध,

$$x^3+5xy+y^3=9$$

पर विचार कीजिये। इस समीकरण को हल करके हम $y$ को $x$ के पदों में नहीं लिख सकते। ऐसे फलनों को अस्पष्ट फलन कहते हैं। निम्नलिखित फलन भी इसी प्रकार के हैं :

$$2+3y=5x \log \frac{y}{x}, \quad a \sin y+b \cos x=cy,$$

$$x^2y-\tan^{-1} \frac{-y}{x} = x^3 y^5. \qquad (१)$$

यदि $x$ और $y$ में यह सम्बन्ध हो :

$$5\,xy+4x-10y+7=0$$

तो देखने में तो $y$ चर $x$ का अस्पष्ट फलन है। किन्तु इस को हल करने से,

$$y=-\frac{4\,x+7}{5\,(x-2)}.$$

अतः $y$ चर $x$ का स्पष्ट फलन बन जाता है। हम इसी सम्बन्ध को इस प्रकार

$$x=\frac{10y-7}{5y+4}$$

भी लिख सकते हैं। इस रूप में $x$ चर $y$ का स्पष्ट फलन बन जाता है। किन्तु (१) में दिये गये फलनों को हम इस रूप में ढाल ही नहीं सकते।

स्वतन्त्र और परतन्त्र चरों का अन्तर दृढ़ नहीं हुआ करता। जिस प्रकार त्रिभुज में हम सुविधानुसार किसी भी भुजा को आधार मान सकते हैं, उसी प्रकार हम $x$ और $y$ में से किसी को भी स्वतन्त्र चर मान सकते हैं और दूसरा उसका फलन बन जाता है। यदि कोई चर समुच्चय (set) दिया हो तो उनमें से किसी को भी शेष चरों का फलन माना जा सकता है।

स्पष्ट फलन प्रायः इस रूप

$$y=f(x)$$

में लिखा जाता है और अस्पष्ट फलन का यह रूप,

$$f(x, y) = 0$$

होता है ।

## १.७. बीजीय (Algebraical) और अबीजीय (Transcendental) फलन

**परिभाषा १.१३ :**

यदि, $y = ax^n + bx^{n-1} + \dots\dots\dots k,$

जिसमें $a, b, \cdots k$ अचर हों और $n$ कोई धन पूर्णाङ्क हो तो $y$ को $x$ का **परिमेय पूर्णाङ्क फलन (Rational integral function)** कहते हैं । उदाहरण :

$$5x^3 + 4x^2 - 3x + 1,\ 4x^2 + 5,\ x^3 - x + 11.$$

ऐसे व्यंजकों को $x$ के **बहुपद (Polynomial)** भी कहते हैं ।

**परिभाषा १.१४.** : यदि $y = \dfrac{\phi(x)}{\psi(x)}$,

जिसमें $\phi(x)$ और $\psi(x)$ दोनों $x$ के बहुपद हों तो $y$ को $x$ का परिमेय फलन कहते हैं ।

**परिभाषा १.१५** : यदि

$$A y^n + B y^{n-1} + \dots\dots\dots = 0,$$

जिसमें $A, B, \dots\dots x$ के बहुपद हों तो $y$ को $x$ का **बीजीय (Algebraical)** फलन कहते हैं । उदाहरण :

$$(3x-1)\, y^5 + (2x^2 + 11\,x - 5)\, y^2 + (5x + 7) = 0.$$

**परिभाषा १.१६** : $x$ के जो फलन बीजीय न हों, उन्हें **अबीजीय** कहते हैं जैसे

$$e^x,\ \log x,\ \cot^{-1} x,\ \sin 3\,x.$$

## १.८ प्रतिलोम (Inverse) फलन

**परिभाषा १.१७** : यदि $y = f(x)$

तो कभी-कभी हम समीकरण को हल करके इस रूप,

$$x = \phi(y)$$

में ढाल सकते हैं । इस पिछले फलन को प्रतिलोम फलन कहते हैं ।

यदि $y = x^2 - 1,$ (१)

तो $x = \pm \sqrt{y+1}.$ (२)

यदि $y = 3\,x + 5,$ (३)

$$\text{तो } x = \frac{y-5}{3}. \qquad (४)$$

फलन (३) एकमानी है और उसका प्रतिलोम (४) भी। किन्तु फलन (१) एकमानी है, उसका प्रतिलोम (२) बहुमानी।

यह भी सम्भव है कि मौलिक फलन बहुमानी हो और उसका प्रतिलोम एकमानी, जैसे

यदि $y = \cos^{-1}x$,

तो $x = \cos y$.

## प्रश्नावली (१.३)

१. निम्नलिखित फलन सम हैं या विषम :—

$a \sin bx$, $b \cos cx$, $a \sin bx + b \cos cx$.

$x^2+1$, $\dfrac{x}{x^2+1}$, $(x^3-1)^2 + (1-x^2)$.

$a^x$, $c^{-x}$, $\log 2x$, $\sin x \log x$

२. $y$ को $x$ के स्पष्ट फलन के रूप में ढालो :—

$x^2+y^2=b^2$, $x^2y^2=a^2$, $a \sin y + b \cos x = x^2$,

$ax+by+e+dxy=0$.

३. निम्नलिखित के प्रतिलोम फलन निकालो :—

$y=x^3$, $e^x=y$, $xy=\tan^{-1}3x$,

$y=\sqrt{2ax-x^2}$, $y=a \operatorname{cosec}^2 bx$.

# अध्याय २

## फलनों के आलेख (Graphs of Functions)

२.१. फलन चाहे किसी भी प्रकार का हो, फलनीय सम्बन्ध साधारणतः किसी ऐसे समीकरण के रूप में ही होता है जिसमें $x$ और $y$ का समावेश हो। यदि हम $x$ को भिन्न-भिन्न मान देते चले जायँ तो $y$ के संगत मान मिलते चले जायँगे। यदि हम इन मान-युग्मों को वर्गांकित काग़ज़ (Squared paper) पर अंकित करें तो हमें कतिपय बिन्दु प्राप्त हो जायँगे। इन बिन्दुओं के **पथ** (locus) को ही फलन का आलेख कहते हैं। विद्यार्थी ने अब तक कुछ सरल वक्रों के आलेख अवश्य खींचे होंगे, जैसे

$y = mx + c$ (ऋजु रेखा)

$x^2 + y^2 = a^2$ (वृत्त)

$y^2 = 4ax$ (परवलय)

$\frac{x^2}{a^2} + \frac{y^2}{b^2} = 1$ (दीर्घवृत्त)

$\frac{x^2}{a^2} - \frac{y^2}{b^2} = 1$ (अतिपरवलय)

अतएव इन वक्रों के आलेखों को हम छोड़े देते हैं। इस अध्याय में हम कुछ अन्य वक्रों के आलेख देंगे हैं।

२.२. $y = x^2,\quad y = x^4, \ldots\ldots\ldots y = x^{2n}$

यह समस्त वक्र मूलबिन्दु (0,0) और बिन्दु (1,1) में से होकर जाते हैं। यह समस्त फलन सम हैं, अतः इनके वक्र $y$–अक्ष ($y$–axis) के सापेक्ष सममित हैं।

यदि $0 < x < 1$ तो

$$x^2 > x^4 > x^6 > \ldots\ldots\ldots$$

अतः 0 और 1 के बीच में पहला वक्र दूसरे के ऊपर है, दूसरा तीसरे के ऊपर है,............अर्थात् ज्यों-ज्यों $x$ का घातांक बढ़ता जाता है, वक्र $x$–अक्ष से सटता जाता है।

यदि $x > 1$ तो

$$x^2 < x^4 < x^6 < \ldots\ldots\ldots\ldots\ldots\ldots$$

अतः बिन्दु (1,1) से गुजरने के पश्चात् पहला वक्र दूसरे के नीचे हो जाता है दूसरा तीसरे के नीचे,............अर्थात् ज्यों-ज्यों $x$ का घातांक बढ़ता जाता है, वक्र $x$ अक्ष से दूर हटता जाता है और खड़ा होता जाता है।

इन वक्रों के समीकरणों में यदि $y < 0$ तो $x$ काल्पनिक हो जाता है। अतः समस्त वक्र समतल के प्रथम और द्वितीय चरणों में स्थित है।

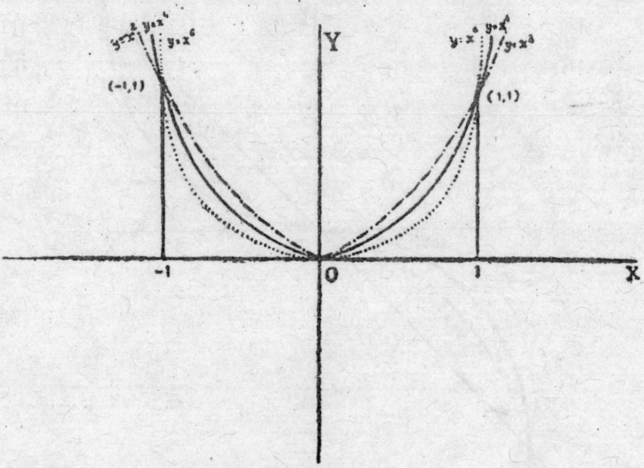


आकृति (२.१)

२.३. $y=x, x^3, x^5, \ldots\ldots\ldots x^{2n+1}$

यह समस्त वक्र भी (0,0) और (1,1) में से गुजरते हैं।

इन वक्रों में जब $x>0$ तब $y>0$, और जब $x<0$ तब $y<0$. अतः समस्त वक्र समतल के प्रथम और तृतीय चरणों में स्थित हैं।

यदि $0 < x < 1$, तो

$x > x^3 > x^5 > \ldots\ldots\ldots\ldots$

अतः 0 और 1 के बीच में पहला वक्र दूसरे के ऊपर है, दूसरा तीसरे के ऊपर है,.........अर्थात् ज्यों-ज्यों $x$ का घातांक बढ़ता जाता है, वक्र $x$–**अक्ष** से सटता जाता है।

यदि $x > 1$ तो

$x < x^3 < x^5 < \ldots\ldots\ldots$

अतः बिन्दु (1,1) में से गुजरने के पश्चात् पहला वक्र दूसरे के नीचे हो जाता है, दूसरा तीसरे के नीचे,.........अर्थात् ज्यों-ज्यों $x$ का घातांक बढ़ता जाता है वक्र $x$–अक्ष से दूर हटता जाता है और खड़ा होता जाता है।

ठीक इस से विपरीत स्थिति तृतीय चरण में दृष्टिगोचर होती है।

स्पष्ट है कि $y=x$ एक ऋजु रेखा है जो अक्षों के मध्यस्थ कोण का अर्धन करती है।

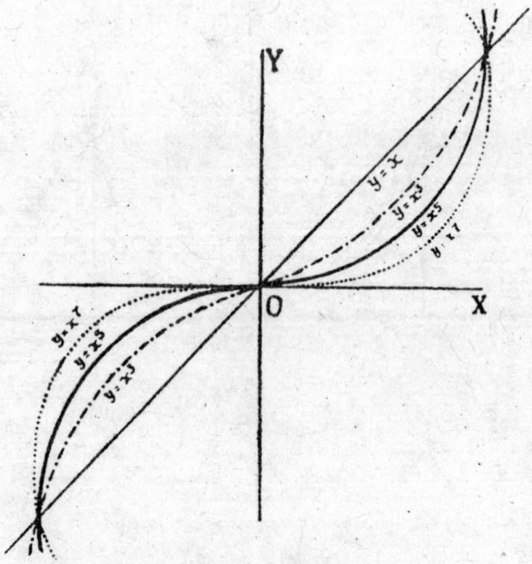


आकृति (२·२)

$xy=1.$

२.४. यह वक्र मूलबिन्दु से होकर नहीं जाता।

$$y=\frac{1}{x} \text{ लिखने पर}$$

हम देखते हैं कि यह वक्र बिन्दु (1,1) से होकर जाता है। $x$ के ऋणात्मक मानों के लिए $y$ ऋणात्मक मान ग्रहण करता है तथा $x$ के धनात्मक मानों के लिए $y$ धनात्मक है। $x$ का मान ज्यों-ज्यों धनात्मक दिशा में बढ़ता है $y$ का मान घटता जाता है, और ऋणात्मक दिशा में $x$ का मान ज्यों-ज्यों घटता है, $y$ का मान ऋणात्मक दिशा में ही बढ़ता जाता है।

$x$ और $y$ को आपस में बदलने पर समीकरण में कोई अन्तर नहीं पड़ता, अतः वक्र $x=y$ रेखा के प्रति सममित है।

वक्र के, $x=0$ और $y=0$, दो अनन्तस्पर्शी हैं। यदि $x$ धनात्मक है तो $y$ भी धनात्मक है और जब $x$ ऋणात्मक है, $y$ भी ऋणात्मक है. अतः वक्र प्रथम और

तृतीय चरणों में ही स्थित हैं। वक्र की कोई भी शाखा द्वितीय और चतुर्थ चरणों में नहीं है।

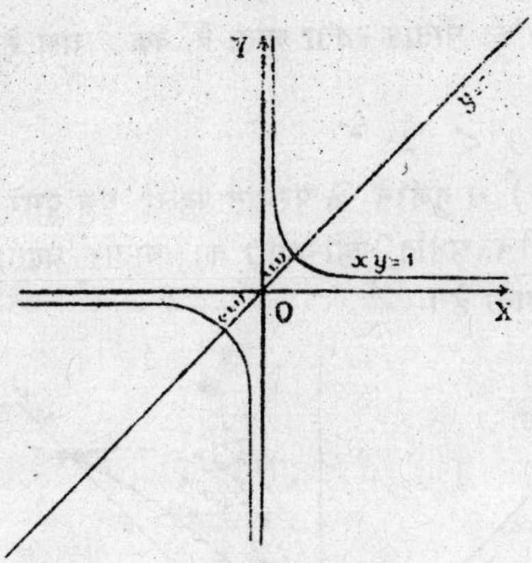


आकृति (२.३)

२.५ $y = x^{\frac{1}{2}}, x^{\frac{1}{3}}, x^{\frac{1}{4}}, \ldots\ldots\ldots\ldots$

यह समस्त वक्र मूलविन्दु (0,0) और विन्दु (1,1) में से होकर जाते हैं।

वक्रों के समीकरणों को $x = y^2,\ x = y^3,\ x = y^4, \ldots\ldots\ldots$ (१)

लिखने पर हम देखते हैं कि वक्र

$$x = y^2,\ x = y^4,\ x = y^6, \ldots\ldots\ldots\ldots \quad (२)$$

प्रथम और द्वितीय चरणों में ही स्थित हैं। $x$ के ऋणात्मक मानों के लिए $y$ काल्पनिक हो जाता है।

वक्रों $x = y^3,\ y^5,\ y^7, \ldots\ldots\ldots$

में हम देखते हैं कि $x$ के धनात्मक मानों के लिए $y$ धनात्मक है तथा $x$ के ऋणात्मक मानों के लिए $y$ ऋणात्मक है। अतः ये सभी वक्र प्रथम और तृतीय चरणों में स्थित हैं। (३)

यदि $0 < y < 1$ तो

$$y^2 > y^4 > y^6 > y^8 > \ldots\ldots\ldots$$

अतः 0 और 1 के बीच में पहला वक्र दूसरे के ऊपर है, दूसरा तीसरे के ऊपर है,.........अर्थात् ज्यों-ज्यों $y$ का घातांक बढ़ता जाता है, वक्र $y$ अक्ष से सटता जाता है।

इसी प्रकार

$0 < y < 1$ में

$y^3 > y^5 > y^7 > \ldots\ldots$

अतः ज्यों ज्यों $y$ का घातांक बढ़ता जाता है, वक्र $y$ अक्ष से सटता जाता है।

यदि $y > 1$ तो

$y^2 < y^4 < y^6 < \ldots\ldots$

अतः विन्दु (1,1) से गुजरने के पश्चात् पहला वक्र दूसरे के नीचे हो जाता है, दूसरा तीसरे के नीचे, अर्थात ज्यों-ज्यों $y$ का घातांक बढ़ता जाता है,। वक्र $x$ अक्ष के समीप होता जाता है।

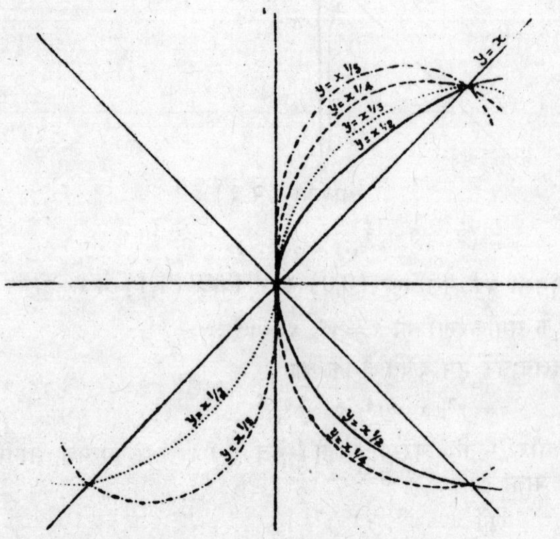


आकृति (२.४)

## २.६ त्रिकोणमितीय फलनों के आलेख

त्रिकोणमितीय फलनों Sin $x$, Cos $x$ Tan $x$, Cosec $x$, Sec $x$, Cot $x$ की प्रकृति और परिभाषा से तो विद्यार्थी गण भलीभाँति परिचित ही होंगे। इन फलनों का मुख्य गुण इनका **आवर्तन गुण धर्म** (**property of periodicity**) है। फलनों Sin $x$, Cos $x$ Sec $x$, और Cosec $x$ का आवर्तनांक (period) $2\pi$ है तथा tan $x$ और cot $x$ का $\pi$। नीचे हम इन्हीं फलनों के आलेख इनके मुख्य गुणधर्मों सहित दे रहे हैं।

$y = \text{Sin } x$

(i) जब $x=0$, $y=0$, इसलिये वक्र मूलविन्दु से होकर जाता है।

(ii) जब $x$, $-\frac{\pi}{2}$ से $\frac{\pi}{2}$ तक बढ़ता है, फलन $y=\text{Sin } x$, $-1$ से $+1$ तक बढ़ता है। इस प्रकार हम देखते हैं कि फलन का न्यूनतम मान $-1$ है जब $x=-\frac{\pi}{2}$, और अधिकतम मान 1 है जब $x=\frac{\pi}{2}$।

इसी प्रकार जब $x$ का मान $\frac{\pi}{2}$ से $\frac{3\pi}{2}$ तक बढ़ता है तो Sin $x$ का मान 1 से $-1$ तक समान रूप से घटता है।

फलन $x=\frac{3}{2}\pi$ से $x=\frac{5\pi}{2}$ तक बढ़ता है,

$x=\frac{5}{2}\pi$ से $x=\frac{7\pi}{2}$ तक घटता है,

$x=\frac{7}{2}\pi$ से $x=\frac{9\pi}{2}$ तक बढ़ता है,

$x=\frac{9}{2}\pi$ से $x=\frac{11\pi}{2}$ तक फिर घटता है,

.....................

(iii) $-1 \leqslant \text{Sin } x \leqslant 1$, अर्थात, $|\text{ Sin } x\ | \leqslant 1$, $x$ का चाहे जो भी मान हो।

(iv) $y=0$ जब $x=0, \pi, 2\pi, \cdots\cdots\cdots$

और जब $x=-\pi, -2\pi, -3\pi, \cdots\cdots\cdots$

अर्थात $y=0$ जब $x=n\pi$, जिसमें $n$ कोई धनात्मक या ऋणात्मक पूर्ण संख्या है।

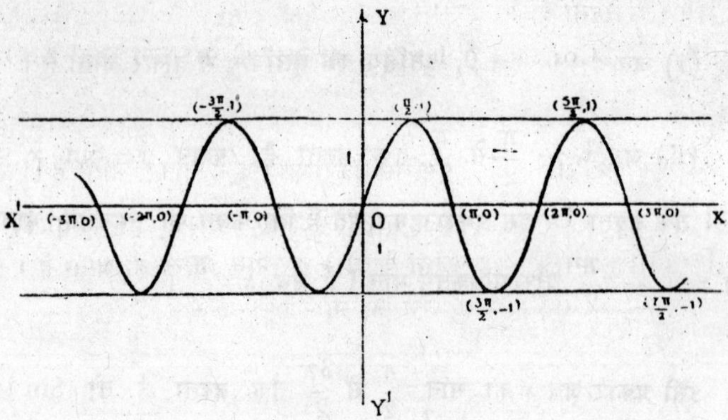


आकृति (२.५)

$y = \text{Cos } x.$

(i) जब $x=0$, $y=1$ अतः वक्र मूलविन्दु से होकर नहीं जाता ।

(ii) $y=0$ जब $x=\dfrac{-\pi}{2}, \dfrac{-3\pi}{2}, \dfrac{-5\pi}{2}, \ldots\ldots\ldots$

और जब $x=\dfrac{\pi}{2}, \dfrac{3\pi}{2}, \dfrac{5\pi}{2}, \ldots\ldots\ldots$

(iii) जब $x$ का मान 0 से $\pi$ तक बढ़ता है, Cos $x$ समान रूप से

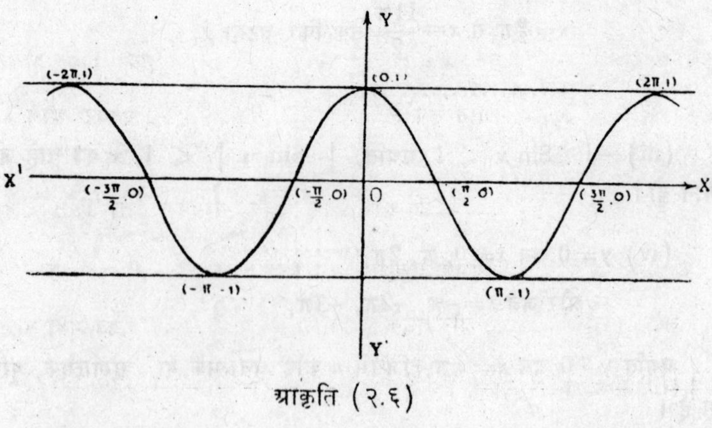


आकृति (२.६)

1 से—1 तक घटता है, $(\pi, 2\pi)$ में बढ़ता है, $(2\pi, 3\pi)$ में घटता है, फिर $(3\pi, 4\pi)$ में बढ़ता है,.........

(iv) $|\text{Cos } x| \leq 1$ चाहे $x$ का कुछ भी मान क्यों न हो।

$y = \text{Tan } x.$

(i) $y=0$, जब $x=0$, इसलिए वक्र मूलविन्दु से होकर जाता है।

(ii) वक्र $x$ के निम्नलिखित मानों के लिए अनन्त हो जाता है, अर्थात जब $x$ निम्नलिखित मान ग्रहण करता है तो $y$ का मान अनन्त हो जाता है।

इसलिए इन मानों के लिए वक्र का भाग नहीं खींचा जा सकता :—

$$x = \ldots\ldots, \frac{-7\pi}{2}, \frac{-5\pi}{2}, \frac{-3\pi}{2}, \frac{-\pi}{2}$$

$$\frac{\pi}{2}, \frac{3\pi}{2}, \frac{5\pi}{2}, \frac{7\pi}{2}, \ldots\ldots\ldots\ldots$$ अर्थात जब

$x = \frac{2n+1}{2}\pi$, जिसमें $n$ कोई ऋणात्मक अथवा धनात्मक पूर्ण संख्या है।

इसको हम यों भी कह सकते हैं कि जब $x$ इन मानों को ग्रहण करता है तब समकोण त्रिभुज का आधार शून्य हो जाता है और इसलिए $\text{Tan } x = \frac{\text{लम्बाई}}{\text{आधार}} = \frac{\text{लबाई}}{0}$ हो जाता है, जिसका कोई अर्थ नहीं है।

(iii) Tan $x$ का मान $x = -\frac{\pi}{2}$ से $x = \frac{\pi}{2}$ तक $-\infty$ से $\infty$ तक समान रूप से बढ़ता है। $x = \frac{\pi}{2}$ से $x = \frac{3\pi}{2}$ तक Tan $x$ का मान फिर $-\infty$ से $\infty$ तक समान रूप से बढ़ता है। और इसी प्रकार आगे भी बढ़ता जाता है।

(iv) यदि $x < \frac{\pi}{2}$ और इसके बहुत समीप है तो Tan $x$ का मान बहुत बड़ा और $\infty$ के लगभग है तथा

जब $x > +\frac{\pi}{2}$ और इसके बहुत समीप है तो Tan $x$ का मान बहुत छोटा है और $-\infty$ के लगभग है।

अतः वक्र की अनन्त शाखाएँ हैं जिनमें से प्रत्येक $-\infty$ से $\infty$ को जाती हैं।

(v) जब $x = \dfrac{\pi}{4}, \dfrac{5\pi}{4}, \dfrac{9\pi}{4}, \ldots\ldots\ldots\ldots$ तो

$$\text{Tan } x = 1$$

जब $x = \dfrac{3\pi}{4}, \dfrac{7\pi}{4}, \dfrac{11\pi}{4}, \ldots\ldots\ldots$

तो $\text{Tan } x = -1$

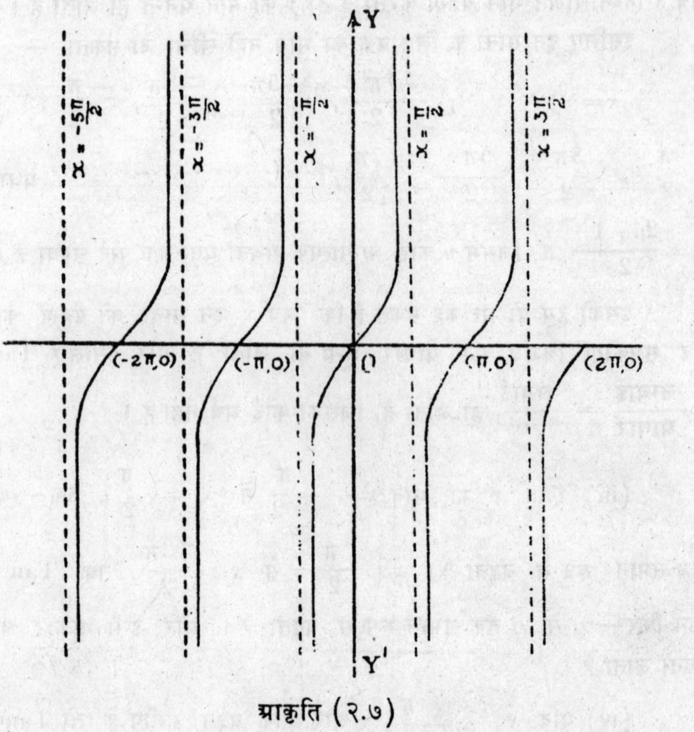


आकृति (२.७)

$y = \text{Cot } x$

(i) जब $x = \ldots\ldots\ldots\ldots, -4\pi, -3\pi, -2\pi, 0, \pi, 2\pi, 3\pi, 4\pi, \ldots\ldots\ldots$ अर्थात $x = n\pi$, जिसमें $n$ कोई ऋणात्मक अथवा धनात्मक पूर्ण संख्या है, तो Cot $x$ परिभाषित नहीं है। इसका कारण यह है कि जब $x$ उपरोक्त मान ग्रहण करता है तो समकोण त्रिभुज के लम्ब की लम्बाई 0 ह

जाती है और इस प्रकार $\text{Cot}\ x = \dfrac{\text{आधार}}{\text{लंब}} = \dfrac{\text{आधार}}{0}$ हो जाता है जिसका कोई अर्थ नहीं है।

(ii) ज्यों-ज्यों $x$ का मान 0 से $\pi$ की ओर अग्रसर होता है, Cot $x$ का मान $\infty$ से $-\infty$ की ओर समान रूप के घटता जाता है। जब $x$ का मान $\pi$ से २$\pi$ की ओर अग्रसर होता है तो भी cot $x$ का मान समान रूप से $\infty$ से $-\infty$ तक घटता जाता है। इसी प्रकार $2\pi$ से $3\pi$ तक तथा अन्य अन्तरालों में भी cot $x$ का मान समान रूप से घटता ही जाता है।

(iii) यदि $x > 0$ और इसके बहुत समीप है तो cot $x$ का मान बहुत बड़ा और $\infty$ के पास है और जब $x < 0$ और इसके बहुत समीप है तो cot $x$ का मान ऋणात्मक हो जाता है और $-\infty$ तक चला जाता है।

स्पष्ट है कि वक्र की अनन्त शाखाएँ हैं जिनमें से प्रत्येक $\infty$ से $-\infty$ को जाती हैं।

(iv) जब $x = \dfrac{\pi}{4}, \dfrac{5\pi}{4}, \dfrac{9\pi}{4}, \dfrac{13\pi}{4}, \ldots\ldots$

तो cot $x = 1$

और जब $x = \dfrac{3\pi}{4}, \dfrac{7\pi}{4}, \dfrac{11\pi}{4}, \ldots\ldots$

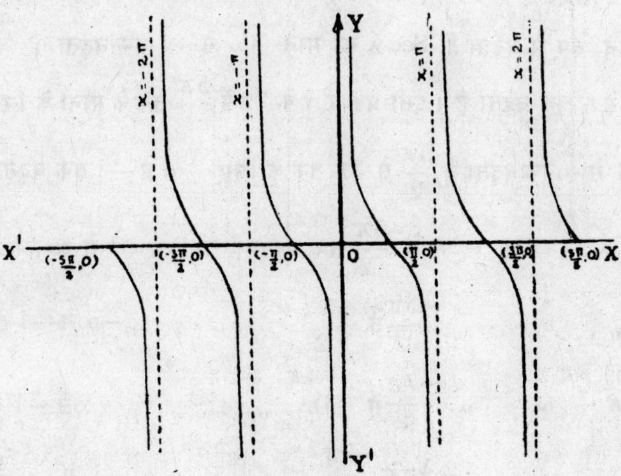


आकृति (२.८)

तो $\cot x = -1$.

(v) $\cot x = 0$ जब $x = \frac{\pi}{2}, \frac{3\pi}{2}, \frac{5\pi}{2}, \ldots\ldots$

और जब $x = \frac{-\pi}{2}, \frac{-3\pi}{2}, \frac{-5\pi}{2}, \ldots\ldots$

$y = \text{Sec } x$.

(i) हम जानते हैं : $\text{Sec } x = 1$ जब $x = \ldots\ldots, -2\pi, 0, 2\pi, 4\pi, \ldots$
और $\text{Sec } x = -1$ जब $x = \ldots\ldots, -\pi, +\pi, 3\pi, \ldots\ldots\ldots\ldots$

(ii) फलन Tan $x$ की भाँति ही Sec $x$ भी $x$ के निम्नलिखित मानों को छोड़कर अन्य सभी मानों के लिए पूर्णतया परिभाषित है।

$$x = -\ldots\ldots, -\frac{7\pi}{2}, -\frac{5\pi}{2}, -\frac{3\pi}{2}, -\frac{\pi}{2}, \frac{\pi}{2}, \frac{3\pi}{2}, \frac{5\pi}{2}, \ldots$$

अतः $x = \frac{(2n+1)\pi}{2}$, जिसमें $n$ कोई भी पूर्ण संख्या है, के मानों को छोड़कर अन्य सभी मानों के लिए आलेख खींचा जा सकता है। $x$ के इन मानों पर Sec $x$ अर्थहीन हो जाता है क्योंकि उस समकोण त्रिभुज का आधार जिससे Sec $x$ परिभाषित है, शून्य हो जाता है।

(iii) $|\text{Sec } x| \geqslant 1$, चाहे $x$ का मान कुछ भी हो।

(iv) जब $x$ का मान 0 से $\frac{\pi}{2}$ तक बढ़ता है तब Sec $x$ का मान 1 से $\infty$ तक समान रूप से बढ़ता है, Sec $x$ का मान $-\infty$ से $-1$ तक बढ़ता है जब $x$ का मान $\frac{\pi}{2}$ से $\pi$ तक बढ़ता है। इसी प्रकार $x$ के $2\pi$ से $\frac{5\pi}{2}$ तक के मानों के लिए Sec $x$ का मान 1 से $\infty$ तक बढ़ता है, $\frac{5\pi}{2}$ से $3\pi$ तक के लिए $-\infty$ से $-1$ तक बढ़ता है।...

तथा जब $x$ का मान $-2\pi$ से $\frac{-3\pi}{2}$ तक बढ़ता है तो Sec $x$ 1 से $\infty$ तक बढ़ता है

" " " $\frac{-3\pi}{2}$ से $\frac{-\pi}{2}$ " " " " $-\infty$ से $-1$ तक "

" " " $\frac{-7\pi}{2}$ से $-3\pi$ " " " $-\infty$ से $-1$ तक "

" " " $-4\pi$ से $\frac{-7\pi}{2}$ " " " 1 से $\infty$ तक "

(v) इच्छानुसार हम Sec $x$ को अधिक से अधिक बड़ा मान दे सकते हैं जब $x < \frac{\pi}{2}$ और इसके बहुत समीप हो, $x < \frac{5\pi}{2}$ और इसके बहुत समीप हो.........
और Sec $x$ को ऋणात्मक दिशा में बड़े से बड़ा मान दे सकते हैं जब $x > \frac{\pi}{2}$ और इसके बहुत समीप हो, $x > \frac{5\pi}{2}$ और इसके बहुत समीप हो, $x > \frac{9\pi}{2}$ और इसके बहुत समीप हो, ...

इसी प्रकार समान आवर्तनांकों पर ऋणात्मक दिशा में भी Sec $x$ का मान अधिक से अधिक लिया जा सकता है।

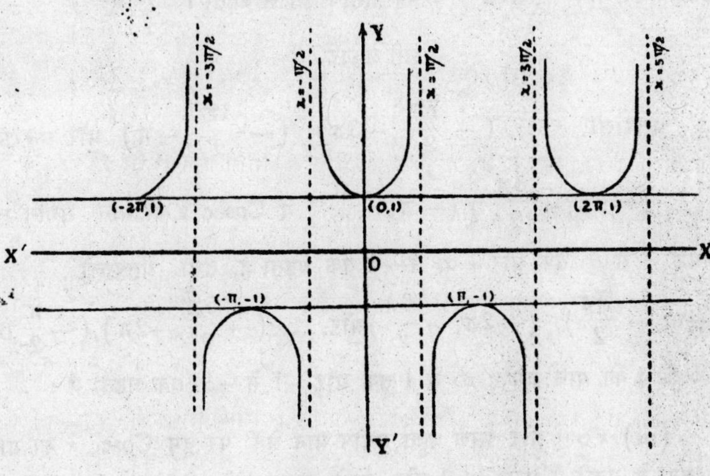


आकृति (२.६)

$y = \text{Cosec } x$

(i) जब $x = 0$ या $x = ......, -3\pi, -2\pi, -\pi, \pi, 2\pi, 3\pi, ......$ अर्थात जब $x = n\pi$ जिसमें $n$ कोई पूर्ण संख्या है, तो Cosec $x$ परिभाषित नहीं है। इनके अतिरिक्त $x$ के सभी मानों के लिए Cosec $x$ पूर्णतया परिभाषित है।

(ii) $x$ के अंतरालों $\left(0, \frac{\pi}{2}\right)$, $\left(2\pi, \frac{5\pi}{2}\right)$, ......में Cosec $x$ का मान समान रूप से $\infty$ से 1 तक घटता है।

$x$ के अंतरालों $\left(\frac{3\pi}{2}, 2\pi\right), \left(\frac{7\pi}{2}, 4\pi\right), \left(\frac{11\pi}{2}, 6\pi\right), \ldots\ldots$ में Cosec $x$ का मान समान रूप से $-1 - \infty$ तक घटता है।

$x$ के अंतरालों $\left(\frac{\pi}{2}, \pi\right), \left(\frac{5\pi}{2}, 3\pi\right), \left(\frac{9\pi}{2}, 5\pi\right), \ldots\ldots\ldots$ में Cosec $x$ का मान समान रूप से 1 से $\infty$ तक बढ़ता है।

$x$ के अंतरालों $\left(\pi, \frac{3\pi}{2}\right), \left(3\pi, \frac{7\pi}{2}\right), \left(5\pi, \frac{11\pi}{2}\right), \ldots\ldots\ldots$ में Cosec $x$ का मान $-\infty$ से $-1$ तक समान रूप से बढ़ता।

इसी प्रकार

अंतरालों......., $\left(-\frac{7\pi}{2}, -3\pi\right), \left(-\frac{3\pi}{2}, -\pi\right)$ और अंतरालों .........$\left(-3\pi, -\frac{5\pi}{2}\right), \left(-\pi, -\frac{\pi}{2}\right)$ में Cosec $x$ का मान समान रूप से क्रमशः 1 से $\infty$ तक और $-\infty$ से $-1$ तक बढ़ता है, तथा अंतरालों........., $\left(-4\pi, -\frac{7\pi}{2}\right), \left(-2\pi, -\frac{3\pi}{2}\right)$ और......$\left(-\frac{5\pi}{2}, -2\pi\right), \left(-\frac{\pi}{2}, 0\right)$ में Cosec $x$ का मान क्रमशः $\infty$ से 1 तक और $-1$ से $-\infty$ तक घटता है।

(iii) $x > 0$ और इसके बहुत समीप मान लेने पर हम Cosec $x$ का मान बहुत बड़ा ले सकते हैं और $x < 0$ और इसके बहुत समीप लेने पर Cosec $x$ का मान बहुत छोटा ले सकते हैं।

(iv) जब $x = \ldots\ldots, \frac{-3\pi}{2}, \frac{\pi}{2}, \frac{5\pi}{2}, \ldots\ldots\ldots$

तो Cosec $x = 1$.

जब $x = \ldots\ldots, \frac{-5\pi}{2}, \frac{-\pi}{2}, \frac{3\pi}{2}, \frac{7\pi}{2}, \ldots\ldots$

तो Cosec $x = -1$.

इस तरह $y = \text{Cosec } x$ का लेखाचित्र इस प्रकार का होगा :—

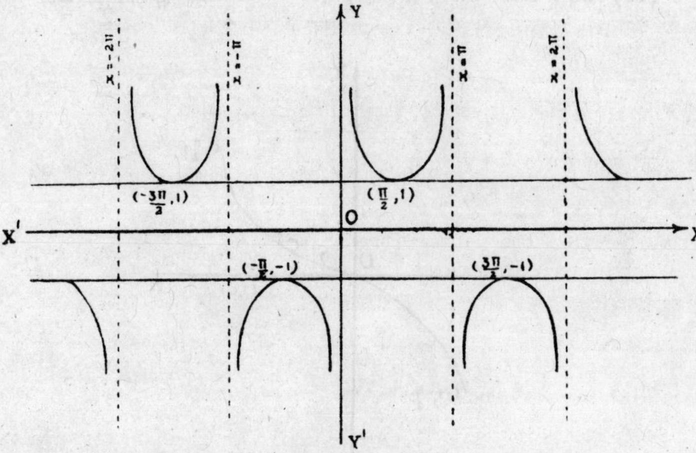


आकृति (२.१०)

## २.७ प्रतिलोम त्रिकोणमितीय फसलों के लेखाचित्र—

निम्नलिखित फलन

$\text{Sin}^{-1}x$, $\text{Cos}^{-1}x$, $\text{Tan}^{-1}x$, $\text{Cosec}^{-1}x$, $\text{Sec}^{-1}x$, $\text{Cot}^{-1}x$

प्रतिलोम त्रिकोणमितीय फलन कहलाते हैं। साधारणतया उस कोण को जिसके Sin का मान $x$ है, $\text{Sin}^{-1}x$ द्वारा निरूपित किया जाता है। इसी प्रकार अन्य फलन भी परिभाषित किए जाते हैं।

$$y = \text{Sin}^{-1}x \ldots\ldots\ldots (१)$$

और $$y = \text{Cos}^{-1}x \ldots\ldots\ldots (२)$$

के लेखाचित्र

(i) हम जानते हैं : $\text{Sin}^{-1}\ 0 = 0$ तथा $\text{Cos}^{-1}\ 0 = \frac{\pi}{2}$

$\text{Sin}^{-1} 1 = \frac{\pi}{2}$ तथा $\text{Cos}^{-1}\ 1 = 0$

$\text{Sin}^{-1}(-1) = -\frac{\pi}{2}$ तथा

$\text{Cos}^{-1}(-1) = \pi$

(ii) दोनों ही फलन अंतराल $(-1, 1)$ में ही परिभाषित हैं।

(iii) फलन $\text{Sin}^{-1}x$ समान रूप से $-\dfrac{\pi}{2}$ से $\dfrac{\pi}{2}$ तक

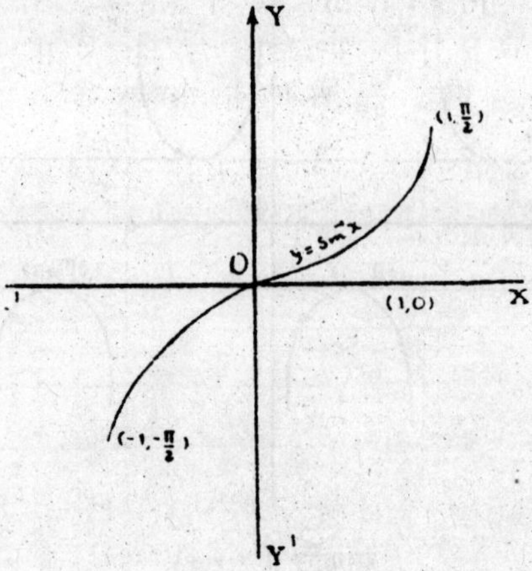


आकृति (२.११)

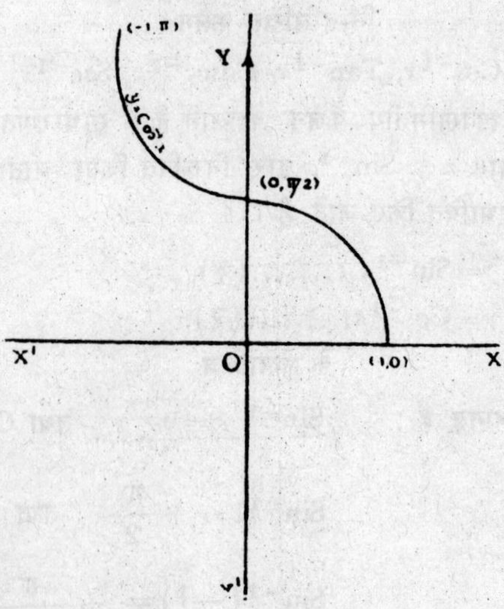


आकृति (२.१२)

बढ़ता है ज्यों-ज्यों $x$ का मान $-1$ से $1$ तक बढ़ता है; तथा $\text{Cos}^{-1}x$ समान रूप से $\pi$ से $0$ तक घटता है ज्यों-ज्यों $x$ का मान $-1$ से $1$ तक बढ़ता है।

(iv) हम जानते हैं कि $\text{Sin}^{-1}x$ का मान $-\frac{\pi}{2}$ से $\frac{\pi}{2}$ तक बढ़ता है तब $x$ का मान $-1$ से $1$ तक समान रूप से बढ़ता है। अतः हम यह कह सकते हैं कि $\text{Sin}^{-1}x$ वह कोण है जो $-\frac{\pi}{2}$ और $\frac{\pi}{2}$ के बीच में स्थित है और जिसके Sin का मान $x$ है।

इसी प्रकार $\text{Cos}^{-1}x$ वह कोण है जो $0$ और $\pi$ के बीच में स्थित है और जिसके Cosine का मान $x$ है।

**$\text{Sec}^{-1}x$ और $\text{Cosec}^{-1}x$ के लेखाचित्र—**

(i) हम जानते हैं :

$$\text{Cosec}^{-1}(1)=\frac{\pi}{2} \text{ और } \text{Cosec}^{-1}(-1)=-\frac{\pi}{2} \text{ तथा}$$

$$\text{Sec}^{-1}(1)=0 \text{ और } \text{Sec}^{-1}(-1)=\pi$$

(ii) जब $x$ का मान $-\infty$ से $-1$ तक बढ़ता है तो $\text{Cosec}^{-1}x$ का मान समान रुप से $0$ से $-\frac{\pi}{2}$ तक घटता है तथा जब $x$ का मान $1$ से $\infty$

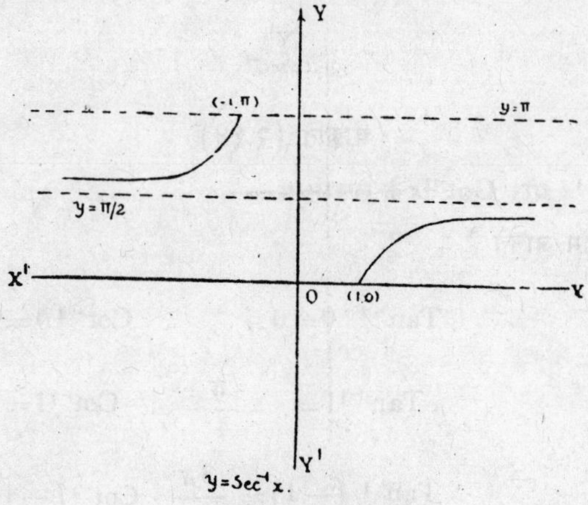


आकृति (२.१३)

तक बढ़ता है तब $\text{Cosec}^{-1}x$ का मान $\frac{\pi}{2}$ से 0 तक घटता है और $\text{Sec}^{-1}x$ का मान 0 से $\frac{\pi}{2}$ तक बढ़ता है जब $x$ का मान 1 से $\infty$ तक बढ़ता है तथा $\text{Sec}^{-1}x$ का मान $\frac{\pi}{2}$ से $\pi$ तक बढ़ता है जब $x$ का मान $-\infty$ से $-1$ तक बढ़ता है।

(iii) दोनों फलन अंतराल $(-1, 1)$ में अपरिभाषित हैं।

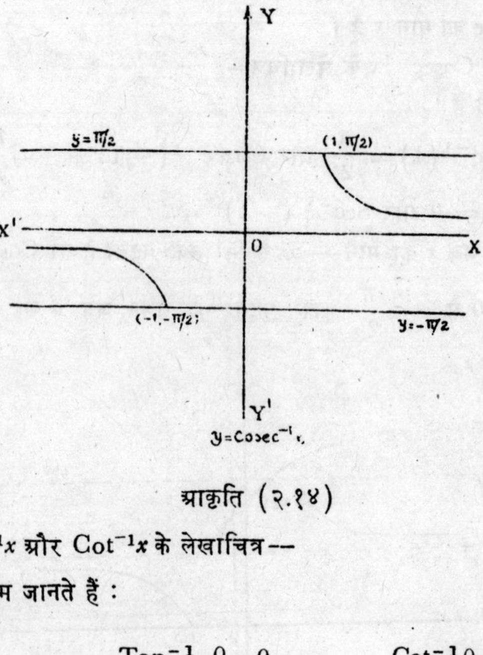


आकृति (२.१४)

$\text{Tan}^{-1}x$ और $\text{Cot}^{-1}x$ के लेखाचित्र—

(i) हम जानते हैं :

$$\text{Tan}^{-1}\,0=0\,,\qquad \text{Cot}^{-1}0=\frac{\pi}{2},$$

$$\text{Tan}^{-1}1=\frac{\pi}{4},\quad \text{Cot}^{-1}1=\frac{\pi}{4},$$

$$\text{Tan}^{-1}(-1)=\frac{3\pi}{4}\,,\ \text{Cot}^{-1}(-1)=\frac{3\pi}{4}.$$

(ii) $\text{Tan}^{-1}x$ का मान समान रूप से $-\frac{\pi}{2}$ से $\frac{\pi}{2}$ तक बढ़ता है जब $x$ का मान $-\infty$ से $\infty$ तक बढ़ता है और $\text{Tan}^{-1}0=0$। $\text{Cot}^{-1}x$ का

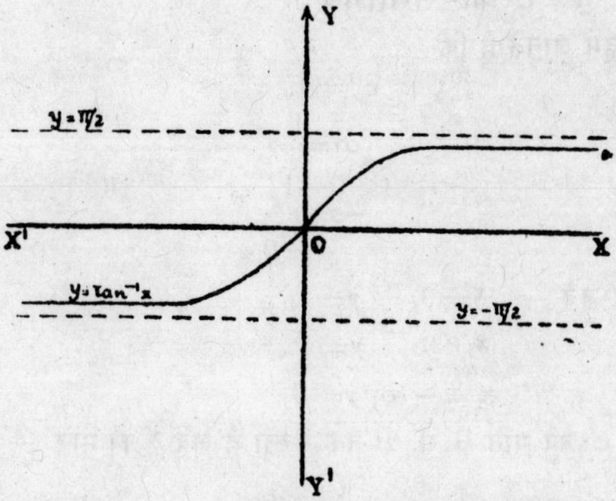


आकृति (२.१५)

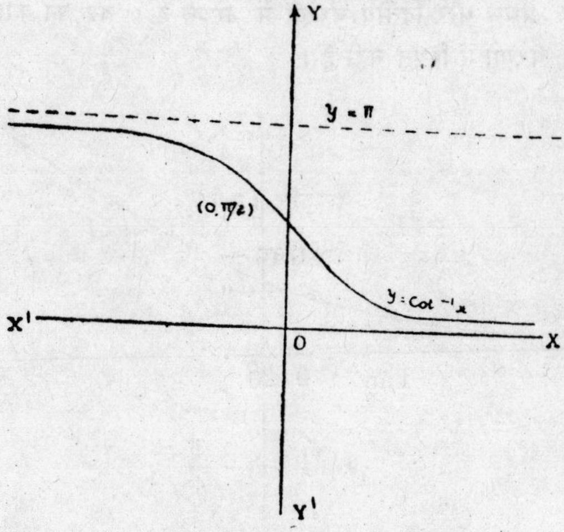


आकृति (२.१६)

मान समान रूप से $\pi$ से 0 तक घटता है जब $x$ का मान $-\infty$ से $\infty$ तक बढ़ता है तथा $\text{Cot}^{-1} 0 = \frac{\pi}{2}$ ।

२·८ $y = e^x$ का लेखाचित्र :

(i) हम जानते हैं कि

$$e^0 = 1.$$

$$e^{\infty} = \infty,$$

$$e^{-\infty} = 0.$$

अर्थात जब $x = 0, \quad y = 1,$

,, $x = \infty, \quad y = \infty,$

,, $x = -\infty, y = 0,$

(ii) $e^x$ का मान 0 से $\infty$ तक बढ़ता है जब $x$ का मान $-\infty$ से $\infty$ तक बढ़ता है !

(iii) $x$—अक्ष वक्र का अनन्तस्पर्शी है ।

(iv) $y$ का न्यूनतम मान 0 है और अधिकतम मान $\infty$ है। इसलिए वक्र $x$—अक्ष के ऊपर प्रथम और द्वितीय चरणों में स्थित है। वक्र का कोई भी भाग तृतीय और चतुर्थ चरणों में स्थित नहीं है।

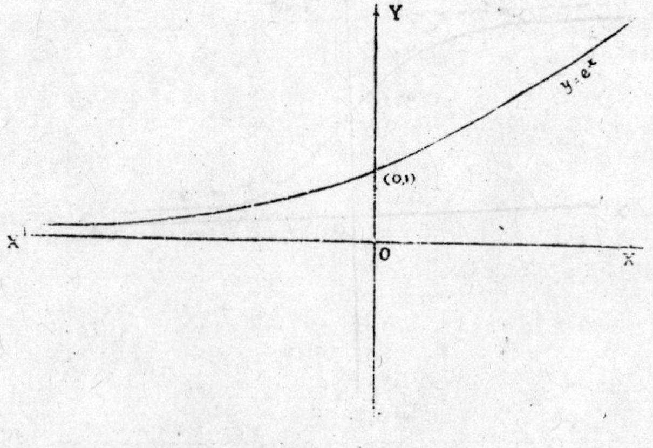


आकृति (२.१७)

२.६ $y = \text{Log}_e x$ का लेखाचित्र :—

(i) जब $x=1, y=0$ अतः वक्र बिन्दु (1, 0) से होकर गुजरता है।

(ii) हम जानते हैं कि $\text{Log } e^0 = -\infty$ और

$$\text{Log}_e \infty = \infty$$

अतः जब $x=0$ तो $y=-\infty$

और जब $x=\infty$ तो $y=\infty$,

अर्थात् $\text{Log}_e x$ का मान $-\infty$ से $\infty$ तक बढ़ता है जब $x$ का मान 0 से $\infty$ तक बढ़ता है। इसलिए वक्र का कोई भी भाग $x$ अक्ष की ऋणात्मक दिशा में नहीं हैं। अतः वक्र केवल प्रथम और चतुर्थ चरणों में ही स्थित है।

(iii) $y$—अक्ष ऋणात्मक दिशा में वक्र का अनन्तस्पर्शी है।

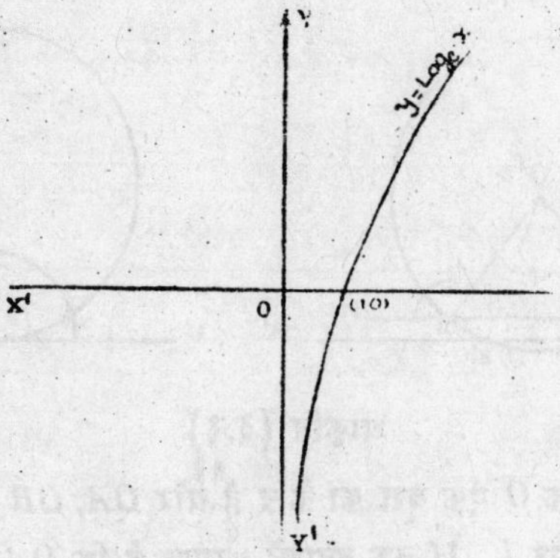


आकृति (२.१८)

# अध्याय ३

## सीमाएं

३.१ सीमा की परिशुद्ध परिभाषा देने से पहले हम सीमाओं के कुछ उदाहरण देंगे जिनका प्रयोग विद्यार्थी पहले ही कर चुके होंगे। इन से पता चलेगा कि सीमा की संकल्पना उनके लिये बिल्कुल नई नहीं है।

**ज्यामितीय उदाहरण**—किसी वृत्त का कोई स्पर्शी वृत्त की उस त्रिज्या पर लम्ब होता है जो स्पर्श बिन्दु से होकर जाये।

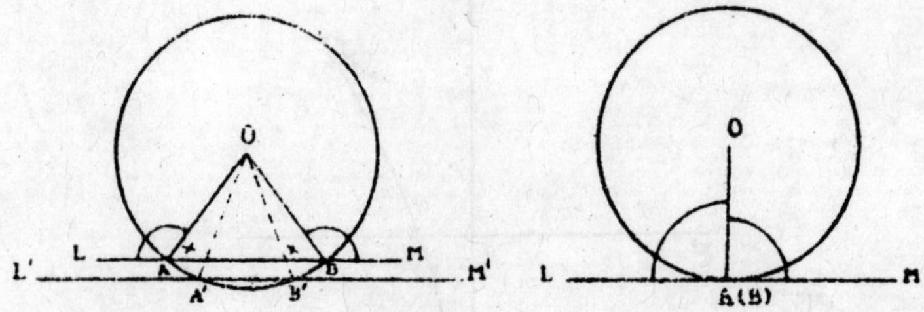


आकृति (३.१)

मान लीजिये कि $O$ एक वृत्त का केन्द्र है और $OA$, $OB$ उसकी दो त्रिज्यायें। जीवा $AB$ को दोनों ओर $L$, $M$ तक बढ़ाओ। स्पष्ट है कि $OAB = OBA$

$\therefore$ बहिष्कोण $OAL =$ बहिष्कोण $OBM$.

अब मान लो कि बिन्दु $A, B$ एक दूसरे की ओर खिसकते हैं। पहली आकृति में बिन्दुओं $A, B$ की अगली स्थिति $A', B'$ दिखाई गई है। इस स्थिति में भी

$$OA'L' = OB'M'$$

जब बिन्दु $A, B$ एक दूसरे के अत्यन्त समीप आकर अभिन्न हो जायें तो त्रिज्यायें $OA$, $OB$ भी अभिन्न हो जायेंगी। किन्तु इस स्थिति में भी

$$OAL = OBM.$$

परन्तु अब जीवा $LABM$ वृत्त का स्पर्शी बन जायगी ।

अतः स्पर्शी $LM \perp$ त्रिज्या $OA$.

ज्यामिति की कुछ प्राचीन पुस्तकों में इस प्रमेय का यह विधि दी गई है । इसे सीमा विधि **(Method of Limits)** कहते हैं ।

३.२ त्रिकोणमितीय उदाहरण :

(i) $$\underset{x \to 0}{Lt} \frac{\sin x}{x} = 1 = \underset{x \to 0}{Lt} \cos x$$

मान लीजिए कि किसी वृत्त के केन्द्र $O$ पर एक कोण $AOP$ बना है जिसका मान $\frac{\pi}{2}$ से कम है ।

मान लीजिये कि वृत्त की त्रिज्या r है ।

त्रिज्या $OP$ को इतना बढ़ाइये कि वह $A$ पर डाल गये स्पर्शी से $T$ पर मिले ।

$P$ से $PN$ डालिये $OA$ पर लम्ब ।

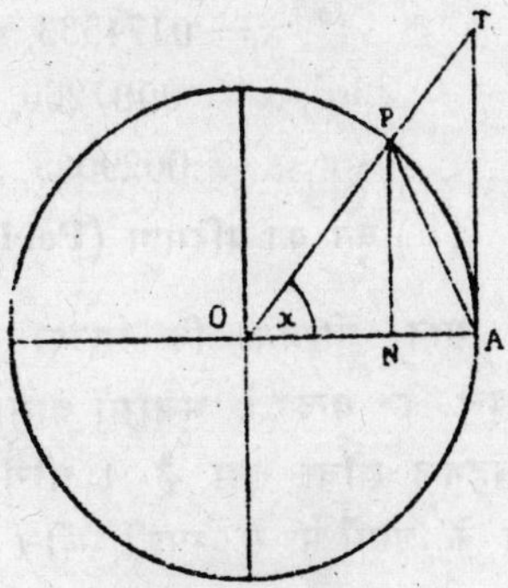



आकृति (३.२)

स्पष्ट है कि

$$\triangle AOT > \text{द्वैत्रिज्य } AOP > \triangle AOP$$

अर्थात $\frac{1}{2} r.r \tan x > \frac{1}{2} r^2 x > \frac{1}{2} r.r \sin x.$

अर्थात $\tan x > x > \sin x,$

अर्थात $\frac{1}{\cos x} > \frac{x}{\sin x} > 1,$

अर्थात $\cos x < \frac{\sin x}{x} < 1.$

अब ज्यों-ज्यों $x$ शून्य की ओर अग्रसर होता है, $\cos x$ का मान 1 के समीपतर होता जाता है । हम जैसे-जैसे $x$ को छोटा लेते चले जायेंगे, $\cos x$ और 1 का अन्तर घटता जायेगा । अतः $\sin x/x$ और 1 का अन्तर भी अत्यंल्प होता जायेगा । अन्त में जब $x$ शून्य हो जायेगा, $(\sin x)/x$ और 1 अभिन्न हो जायेंगे । इसी तथ्य को हम इस प्रकार लिखते हैं :

जब $x$ शून्य की ओर प्रवृत होता है, तब $\frac{\sin x}{x}$ की सीमा 1 हो जाती है,

अर्थात $\underset{x \to 0}{Lt} \frac{\sin x}{x} = 1,$

यहाँ हम $x$ के कुछ छोटे धन मानों और $\frac{\sin x}{x}$ के संगत मानों की तालिका देते हैं :

कोण $= 2^0$, $x = \cdot 0349066$, $\sin x = \cdot 0348995$, $(\sin x)/x = \cdot 99980$;
,, $1^0$, $x = \cdot 0174533$, $\sin x = \cdot 0174524$, $(\sin x)/x = \cdot 99995$;
,, $30'$, $x = \cdot 0087266$, $\sin x = \cdot 00874265$, $(\sin x)/x = \cdot 99999$
,, $10'$, $x = \cdot 0029089$, $\sin x = \cdot 0029089$ $(\sin x)/x = 1$.

(ii) वृत का परिमाप (Perimeter)

मान लीजिये कि त्रिज्या $r$ के एक वृत्त के अन्दर $n$ भुजाओं वाला एक सम बहुभुज खींचा गया है । और इस बहुभुज के शीर्षों में से स्पर्शी खींच कर वृत्त का परिगत सम बहुभुज भी बनाया गया है ।

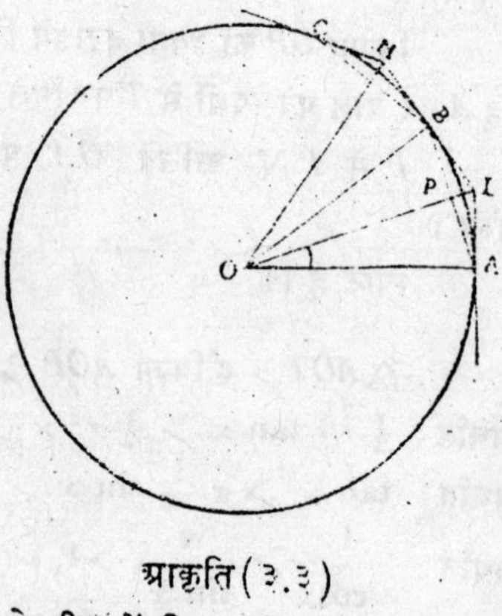

आकृति (३.३)

तो यह स्पष्ट है कि ज्यों-ज्यों $n$ का मान बढ़ता जायगा, अन्तर्लिखित बहुभुज का परिमाप बढ़ता जायगा और परिगत बहुभुज का परिमाण घटता जायेगा। और वृत्त का परिमाप सदैव उक्त दोनों परिमापों के बीच में स्थित रहेगा ।

दोनों बहुभुजों में से प्रत्येक की कोई भुजा वृत्त के केन्द्र पर $2\pi/n$ परिमाण का कोण छेकती है ।

स्पष्ट है कि अन्तर्लिखित बहुभुज की भुजा

$= 2\ AP = 2OA \sin POA = 2r \sin \pi/n$

और परिगत बहुभुज की भुजा

$2\ AL = 2OA \tan POA = 2\ r \tan \pi/n$

अतः,

$$\frac{\text{अन्तर्लिखित बहुभुज का परिमाप}}{\text{परिगत बहुभुज का परिमाप}} = \frac{n.\ AB}{n.\ LM} = \frac{2\ r \sin \pi/n}{2\ r \tan \pi/n} = \cos \pi/n$$

जब $n \to \infty$, $\cos \pi/n \to 1$.

अतः उपरिलिखित अनुपात भी 1 की ओर प्रवृत्त होता है

स्पष्ट है कि अन्तर्लिखित और परिगत बहुभुजों के परिमापों की सीमा एक ही होती है।

यहाँ हम कुछ बहुभुजों और उनके परिमापों की तालिका देते हैं :

| | अन्तर्लिखित परिमाप | परिगत परिमाप |
|---|---|---|
| 4–भुज बहुभुज | 5.6569 $r$ | 8 $r$ |
| 16–भुज बहुभुज | 6.2430 $r$ | 6.3652 $r$ |
| 64–भुज बहुभुज | 6.2806 $r$ | 6.2883 $r$ |
| 256–भुज बहुभुज | 6.2830 $r$ | 6.2835 $r$ |

ज्यों-ज्यों बहुभुज की भुजाओं की संख्या बढ़ती जाती है अन्तर्लिखित परिमाप बढ़ता जाता है और परिगत परिमाप घटता जाता है। पहला सदैव $2\pi r$ से कम रहता है, और दूसरा उससे अधिक। किन्तु $2\pi r$ से दोनों का अन्तर घटता ही जाता है। इस प्रकार बहुभुजों की भुजाओं की संख्या बढा कर हम $\pi$ का सन्निकट मान निकाल सकते हैं। वान क्यूलेन ने $2^{62}$ अर्थात

4, 611, 686, 018, 427, 387, 904 भुजाओं वाला बहुभुज खींचकर $\pi$ का मान दशमलव के 32 स्थानों तक निकाला था।

## ३.३ ज्यामितीय श्रेढ़ियों के उदाहरण

(i) गुणोत्तर श्रेढ़ी $\frac{1}{2} + \frac{1}{2^2} + \frac{1}{2^3} + \ldots\ldots\ldots \frac{1}{2^n} + \ldots\ldots$

पर विचार कीजिये। इस श्रेढ़ी के $n$ पदों का योग

$$\frac{\frac{1}{2}\left(1 - \frac{1}{2^n}\right)}{1 - \frac{1}{2}}, \text{ अर्थात् } 1 - \frac{1}{2^n}$$

है। अब ज्यों-ज्यों हम $n$ का मान बढ़ाते जायँगे $\frac{1}{2n}$ का मान घटता जायगा। अतः श्रेढ़ी के $n$ पदों और 1 का अन्तर घटता जायगा। इस अन्तर को हम जितना चाहें उतना छोटा कर सकते हैं। मान लीजिये कि हम इस अन्तर को 1/1000 से भी छोटा करना चाहते हैं। तो हमें $n$ का ऐसा मान लेना होगा कि

$$\frac{1}{2^n} < \frac{1}{1000},$$

अर्थात $2^n > 1000$

स्पष्ट है कि $n$ को 10 लेने से काम चल जायगा। हम $n$ को बढ़ा कर उक्त अन्तर को $\frac{1}{10^{10000}}$ से भी कम कर सकते हैं। यों समझिये कि ज्यों ज्यों $n$ बढ़ता जायगा, $n$ पदों का योग 1 की ओर प्रवृत्त होता जायगा। इसी तथ्य को हम इन शब्दों में व्यक्त करते हैं : जब $n$ अनन्ततः बढ़ जायगा तब योग की सीमा 1 हो जायगी। **विश्लेषण (Analysis)** की भाषा में,

$$\underset{n\to\infty}{Lt}\left[\frac{1}{2}+\frac{1}{2^2}+\frac{1}{2^3}+\ \dots\dots\dots\ \frac{1}{2^n}\right]=1.$$

आइये अब इस तथ्य का ज्यामितीय अर्थ भी समझ लें :

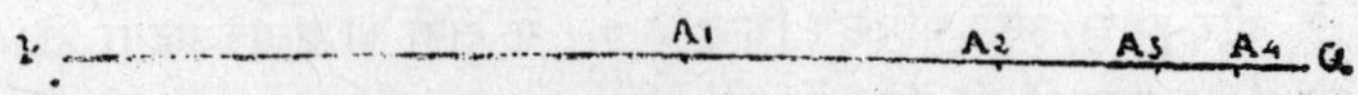


आकृति (३.४)

मान लीजिये कि $PQ$ एक ऋजु रेखा है जिसकी लम्बाई 1 इकाई है। इस रेखा को $A_1$ पर अर्धित कीजिये। फिर $A_1Q$ को $A_2$ पर अर्धित कीजिए। इसी प्रकार दाहिने अर्ध भाग के दो बराबर भाग करते चलिये। स्पष्ट है कि

$$PA_1 = \frac{1}{2},\quad PA_2 = \frac{1}{2} = \frac{1}{2^2},\quad PA_3 = \frac{1}{2} + \frac{1}{2^2} + \frac{1}{2^3},$$

$$\dots\dots\dots\ PA_n = \frac{1}{2} + \frac{1}{2^2} + \frac{1}{2^3}\ \dots\dots\dots \frac{1}{2_n}.$$

बिन्दु $A_1, A_2, A_3, \dots\dots\dots$ क्रमशः $Q$ की ओर खिसकते जाते हैं। ज्यों-ज्यों $n$ बढ़ता जायगा, $A_n$ बिन्दु $Q$ के समीपतर होता जायगा। जब $n$ का मान बहुत बढ़ जायगा, $A_n$ बिन्दु $Q$ से अभिन्न हो जायगा। हम $Q$ को $A_n$ की **'सीमा स्थिति' (Limiting Position)** कहते हैं।

व्यावहारिक दृष्टि से $A_n$ और $Q$ सदैव एक दूसरे से भिन्न रहेंगे। किन्तु $n$

को बढ़ा कर हम $A_n Q$ के माप को जितना चाहें उतना छोटा कर सकते हैं। हम इसी तथ्य को इस प्रकार लिखते हैं :

$$\underset{n \to \infty}{Lt} \quad A_n = Q$$

अथवा

$$\underset{n \to \infty}{Lt} \quad PA_n = PQ$$

(ii) अब तनिक आवर्त दशमलव $\dot{4}$ पर विचार कीजिये। अंकगणित के नियमों से इसका मान 4/9 आता है। यह मान किस प्रकार प्राप्त होगा ? वास्तव में

$$\cdot\dot{4} = \cdot 4\ 4\ 4\ 4\ 4 \ldots\ldots\ldots$$

$$\frac{4}{10} + \frac{4}{10^2} + \frac{4}{10^3} + \frac{4}{10^4} + \ldots\ldots$$

यह एक गुणोत्तर श्रेढ़ी है जिसका गुणोत्तर अनुपात (Common Ratio) 1/10 है। इसके $n$ पदों का योग

$$= \frac{\frac{4}{10}\left(1 - \frac{1}{10^n}\right)}{1 - \frac{1}{10}} \qquad \text{अर्थात्} \ \frac{4}{9}\left(1 - \frac{1}{10^n}\right)$$

यहाँ भी वही बात दिखाई देती है। योग

$$\frac{4}{9} - \frac{4}{9 \cdot 10^n}$$

का दूसरा पद $4/9 \cdot 10^n$ निरपेक्ष मान में छोटा होता जायगा। $n$ को बड़े से बडा लेने से योग का मान 4/9 की ओर प्रवृत्त होता जायगा, और अन्त में

$$\underset{n \to \infty}{Lt} (n \text{ पदों का योग}) = \frac{4}{9}$$

बीजगणित के उदाहरण (i) मान लीजिए हमें $\frac{x^2 - 16}{x - 4}$ का मान निकालना है जबकि $x = 4$। अप्रशिक्षित विद्यार्थी तुरन्त कहेंगे 'इस में क्या कठिनाई है ? $(x-4)$ से भाग देने से भागफल $(x+4)$ आता है। अतः $x=4$ के लिए दिये हुए भिन्न का मान 8 हुआ। किन्तु उक्त विद्यार्थी इस बात को भूल जाते हैं कि जब हम $(x^2-16)$ को $(x-4)$ से भाग देते हैं तो यह मान लिया जाता है कि $(x-4)$ शून्य के बराबर नहीं है। जब $x = 4$ रखना है तो किसी भी व्यंजक को $(x-4)$ से

भाग दिया ही नहीं जा सकता क्योंकि शून्य से भाग देने का कोई अर्थ ही नहीं है। अतः हम $x=4$ के लिये दिये हुये व्यंजक का मान निकाल ही नहीं सकते। तब क्या किया जाय ? हम उक्त व्यंजक का मान तो नहीं निकाल सकते किन्तु उसकी सीमा निकाल सकते हैं।

मान लीजिये कि $x$ ठीक 4 के बराबर नहीं है वरन्

$$x=4+h,$$

जिसमें $h$ एक छोटी सी धन संख्या है। तो दिया हुआ व्यंजक

$$=\frac{(4+h)^2-1}{h}=8+h.$$

यहाँ हम $h$ से इसलिये भाग दे पाते हैं कि हमने $h$ को 0 नहीं माना वरन एक धन संख्या माना है। अब यदि हम $h$ को छोटा करते जायें तो उपरिलिखित भागफल 8 की ओर अग्रसर होता चला जायगा। इस प्रकार हम देखते हैं कि $h$ इच्छानुसार छोटा लेने से दिये हुये व्यंजक और 8 का अन्तर छोटे से छोटा किया जा सकता है। अतः

$$\underset{n\to 4}{Lt}\ \frac{x^2-16}{x-4}=8$$

(ii) अब तनिक

$$\underset{n\to\infty}{Lt}\ \frac{x^n}{n!}$$

पर विचार कीजिये। इसमें यह मान लिया गया है कि $x$ कोई निश्चित संख्या है। दिया हुआ व्यंजक

$$=\frac{x}{1}\cdot\frac{x}{2}\cdot\frac{x}{3}\cdots\cdots\frac{x}{n-1}\cdot\frac{x}{n}.$$

स्पष्ट है कि इस गुणनफल के प्रत्येक गुणनखन्ड का मान क्रमशः घटता जाता है। $x$ तो एक निश्चित संख्या है। जब $n>3x$ तो इसके बाद के प्रत्येक गुणनखंड का मान ~~1/3 से~~ कम होगा। अतएव यदि हम इसके पश्चात के $p$ गुणनखन्ड लें तो सम्पूर्ण गुणनफल

$$<\frac{x}{1}\cdot\frac{x}{2}\cdot\frac{x}{3}\cdots\cdots\frac{x}{n}\quad(\tfrac{1}{3})\ (\tfrac{1}{3})\ \cdots\cdots p \text{ गुणनखण्ड}$$

$$=\frac{x^n}{n!}\left(\frac{1}{3}\right)^p=\frac{A}{3^p},$$

जिसमें $A$ एक निश्चित, परिमित संख्या है।

अब ज्यों-ज्यों $p$ का मान बढ़ता जायगा, इस गुणनफल का मान घटता जायगा। अन्त में, $P$ को निर्बाध रूप से बढ़ाने पर, गुणनफल शून्य हो जायगा।

अतः $\underset{n \to \infty}{Lt} \dfrac{x^n}{n!} = 0.$

## परिवर्तन की दर (Rate of Change)

ऋजु रेखा

$$y = 2x + 3$$

पर विचार कीजिये।

मान लीजिये कि यह समीकरण रेखा $AB$ को निरूपित करता है। $AB$ पर दो बिन्दु $P, Q$ लेकर $P$ से $B$ की कोटि $BM$ पर $PT$ लम्ब डालिये। $Q$ से $PT$ पर $QR$ लम्ब डालिये।

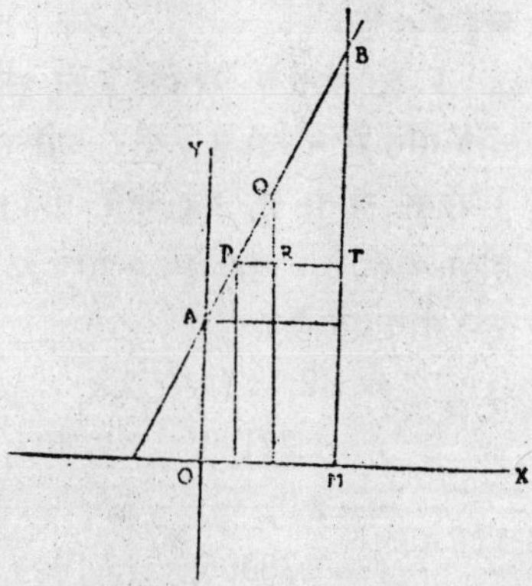


आकृति (३.५)

अब,

$$\frac{Q \text{ की कोटि} - P \text{ की कोटि}}{Q \text{ का भुज} - P \text{ का भुज}} = \frac{QR}{PR}$$

और $$\frac{B \text{ की कोटि} - P \text{ की कोटि}}{B \text{ का भुज} - P \text{ का भुज}} = \frac{BT}{PT}$$

और समरूप त्रिभुजों से यह दोनों अनुपात बराबर हैं। अतः इस फल से यह निष्कर्ष निकला कि यदि हम $AB$ के किसी भी बिन्दु $P$ से अन्य बिन्दुओं के भुज और कोटियाँ नापें तो किसी भी बिन्दु $Q$ के लिये यह अनुपात

$$\frac{Q \text{ की कोटि की वृद्धि}}{Q \text{ के भुज की वृद्धि}} = \text{अचर।}$$

अतः स्पष्ट है कि $x$ की अपेक्षा $y$ की वृद्धि का दर सदैव अचर रहता है। यदि $y$ को $x$ का फलन माना जाय तो हम कह सकते हैं कि फलन $y$ की औसत वृद्धि सदैव समान रहती है।

अब तनिक फलन

$$y = e^x$$

पर विचार कीजिए।

जब तक $x$ ऋणात्मक रहता है, $y$ की वृद्धि मन्द रहती है। जब $x=0$, $y=1$. इस मान के पश्चात $y$ की वृद्धि तीव्र गति से चलती है। और ज्यों-ज्यों $x$ बढ़ता जाता है, यह गति तीव्रतर होती जाती है। यहाँ हम $x$ और $y$ के कुछ मान देते हैं।

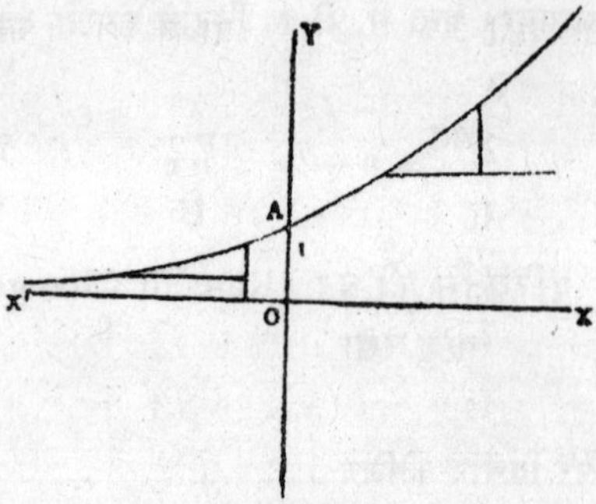


आकृति (३.६)

$x=.2,$   $.25,$   $.3$

$y=1.22140,$   $1.28403,$   $1.34986$

$x=2.0,$   $2.5,$   $3.0$

$y=7.38906,$   $12.1825,$   $20.0855$

$x=5.0,$   $5.5,$   $6.0$

$y=148.413,$   $244.692,$   $403.429$

यहाँ हम देखते हैं कि $y$ की माध्य वृद्धि (**Mean increment**) समान नहीं रहती।

आकृति देखने से भी स्पष्ट है कि बिन्दु (0,1) के बाईं ओर वक्र 'पड़ा' रहता है किन्तु इस बिन्दु को पार करते ही वक्र 'खड़ा' होने लगता है।

उपरिलिखित से यह निष्कर्ष निकलता है कि इस वक्र के लिये $x$ के सापेक्ष $y$ की परिवर्तन दर वक्र के समस्त बिन्दुओं के लिये समान नहीं रहती। यह दर प्रत्येक बिन्दु के लिए बदलती रहती है। वास्तव में केवल ऋजु रेखा ही ऐसा वक्र है जिसके समस्त बिन्दुओं के लिये यह दर एक सी रहती है। इस परिवर्तन दर को नापना ही अवकलन गणित का ध्येय है। यह बात आगे के अध्यायों से स्पष्ट होगी।

### ३.६ $x \to a$ का अर्थ—

जब हम कहते हैं कि $x \to 3$     (1)

तो इस व्यंजक का क्या अर्थ होता है? इसके दो अर्थ सम्भव हैं : एक तो यह कि $x$ बढ़ते-बढ़ते 3 के समीपतर होता जाता है। उक्त दशा में हम शनैः शनैः $x$ के इस प्रकार के मान ले सकते हैं।

2.7, 2.8, 2.9, 2.91,292,......2.99

यह आवश्यक नहीं हैं कि $x$ के मान इसी श्रेणी में लिये जायँ। हम $x$ के मान इस प्रकार भी ले सकते हैं :

2.901, 2.902, 2.903,......

इन मानों की कोई श्रेणी निश्चित नहीं है। केवल इतना आवश्यक है कि मान 3 के समीप और समीपतर होते जायँ।

(1) का दूसरा अर्थ यह हो सकता है कि $x$ के मान घटते-घटते 3 के समीपतर होते जायँ। ऐसी दशा में हम $x$ के इस प्रकार के मान ले सकते हैं :

3.2, 3.1, 3.09, 3.08,......

अथवा इस प्रकार :

3.009, 3.008, 3.007,......

दोनों दशाओं में हम $x$ को 3 के जितना समीप चाहें ले सकते हैं।

इसी प्रकार

$$x \to a$$

के दो अर्थ हैं : $x$ घटते घटते $a$ के समीप जाता है अथवा बढ़ते बढ़ते $a$ के समीप जाता है। किन्तु यह बात ध्यान देने योग्य है कि $x$ वास्तव में कभी $a$ के बराबर नहीं होगा। सदैव या तो उस से कुछ कम रहेगा या उससे कुछ अधिक। यद्यपि उक्त अन्तर को हम जितना चाहें छोटा कर सकते हैं।

अब मान लीजिए कि $a = 0$

तो $x \to 0$ (२२)

के भी दो अर्थ हो सकते हैं : $x$ धन मानों द्वारा 0 के समीप होता जाय, या ऋण मानों द्वारा 0 के समीप होता जाय। दोनों दशाओं में हम $x$ के छोटे, और अधिक छोटे, मान लेते जायँगे। पहली दशा में यह मान धनात्मक होंगे, दूसरी दशा में ऋणात्मक। हमारी मान श्रेणियाँ इस प्रकार की होंगी :

$+.01, +.001, +.0001, +.00001, \ldots\ldots$ (3)

अथवा

$-.01, -.001, -.0001, -.00001, \ldots\ldots$ (4)

किन्तु $x$ कभी 0 के बराबर नहीं होगा। इसीलिए हम $x \to 0$ लिखते हैं, $x = 0$ नहीं लिखते।

३.७ $\epsilon$ का अर्थ। $\epsilon$ ग्रीक वर्णमाला का एक अक्षर है। विश्लेषण की भाषा में अब इसका प्रयोग एक विशिष्ट अर्थ में होता है। हमने ऊपर के उदाहरणों में देखा है कि अपने उद्देश्य की पूर्ति के लिए हम दो संख्याओं के अन्तर को छोटा करते जाते हैं। या यों कहिये कि चर और अचर के अन्तर को न्यून करते जाते हैं। इस अन्तर के **निरपेक्ष मान (Absolute Value)** के लिए हम इस संकेत: $\epsilon$ का प्रयोग करते हैं। उपरिलिखित उदाहरण में $\epsilon$ (3) की किसी भी संख्या का मान हो सकता है। यह (4) को भी किसी संख्या का मान हो सकता है यदि उसका ऋण चिन्ह हटा दिया जाय।

$\epsilon$ किसी निश्चित संख्या का मान नहीं है। इसे हम जितना चाहें, उतना छोटा ले सकते हैं। किसी एक प्रसंग में हम आवश्यकतानुसार इसका मान निश्चित कर सकते हैं। उक्त उद्देश्य की पूर्ति के पश्चात हम इसका मान बदल सकते हैं।

मान लीजिये कि किसी तर्क में हम $\epsilon = .0001$ लेते हैं। तो $2\epsilon$ हुआ .0002 और $5\epsilon$ हुआ .0005 इन तीनों संख्याओं में नाम मात्र का ही अन्तर है। यदि हम आरम्भ में $\epsilon = .00002$ लेते तो $5\epsilon = .0001$. इस प्रकार $5\epsilon$ का वही मान हो जाता जो हमने $\epsilon$ का लिया है। याद रहे कि $\epsilon$ कोई निश्चित संख्या नहीं है। यह एक ऐसी छोटी धन संख्या है जिसका मान स्वेच्छा से जितना चाहें उतना छोटा लिया जा सकता है। किन्तु किसी प्रसंग के बीच में इसका मान नहीं बदलना चाहिये। अतः यदि किसी तर्क से यह निष्कर्ष निकलता है कि

$$x < 3\epsilon \text{ अथवा } x < 20\epsilon$$

तो इसका लगभग वही अर्थ है जो

$$x < \epsilon$$

का है। अतएव $\epsilon$ प्रतीक है उस 'छोटी धन संख्या' का 'जिसको जितना चाहें उतना छोटा मान दिया जा सके।'

३.८ अनन्ती (Infinity) की संकल्पना—विद्यार्थियों का बहुत बार इस चिन्ह : $\infty$ से सामुख्य होगा। मान लीजिये कि हम इस बात पर विचार कर रहे हैं कि फलन $1/(2n+3)$ का मान किस प्रकार का होगा यदि $n$ का मान बढ़ता ही जाय। हम कुछ मानों की तालिका यहाँ देते हैं :

$n = 100$, 1111, $5^{10}$

$$\frac{1}{2n+3} = \frac{1}{2003}, \frac{1}{2225}, \frac{1}{2.5^{10}+3}$$

हम देखते हैं कि फलन का मान घटता ही जाता है। अब यदि $n$ का मान और बढ़ायेंगे तो फलन और घट जायगा। फलन के व्यवहार पर विचार करने के लिए हम $n$ का मान बढ़ाते चले जायँगे। क्या $n$ के इन मानों की कोई सीमा है? कोई सीमा नहीं। क्या $n$ का मान कभी

1, 00, 00, 00, 00, 00, 00, 00, 00, 00, 00

से भी बढ़ जायगा? अवश्य बढ़ जायगा। यदि हमें कोई भी बड़ी से बड़ी धन संख्या $A$ दी हो तो एक स्थिति ऐसी आयगी कि

$$n > A. \tag{1}$$

इसी स्थिति को हम इस व्यंजक

$$n \to \infty \tag{2}$$

द्वारा व्यक्त करते हैं। यों समझ लीजिये कि इस छोटे से पद का इतना अर्थ है:

$n$ बढ़ता ही जाता है। $n$ को हम जितना चाहें उतना बड़ा धन मान दे सकते हैं। यदि कोई बड़ी से बड़ी धन संख्या $A$ दी हो तो हम $n$ को उससे भी बड़ा ले सकते हैं।

अतः (2) इस आशय को व्यक्त करने का ही संक्षिप्त रूप है। याद रहे कि $\infty$ कोई निश्चित संख्या नहीं है। वास्तव में $\infty$ कोई संख्या है ही नहीं। यदि कोई पूछे कि '10,000' कितनी बड़ी संख्या है? तो हम कह सकते हैं कि 10 को चार बार अपने आप से गुणा करने से यह संख्या प्राप्त होती है। और भी कई प्रकार से यह संख्या प्राप्त की जा सकती है। किन्तु, यदि कोई पूछे कि "अनन्ती कितनी बड़ी संख्या है?" तो इस प्रश्न का कोई सीधा सा उत्तर नहीं दिया जा सकता। यह 'संख्या' उस प्रकार प्राप्त नहीं की जा सकती जिस प्रकार हम 10,000 प्राप्त कर सकते हैं। हम इतना ही कह सकते हैं कि यह अनगिनत है, अतुलनीय, अपरिमेय है। इसकी केवल कल्पना की जा सकती है, इसे प्राप्त नहीं किया जा सकता।

यदि हम 10,000 में 1 जोड़ें तो 10,001 प्राप्त होंगे। यदि हम अनन्ती मे 1 जोड़ें तो क्या प्राप्त होगा? अनन्ती ज्यों की त्यों बनी रहेगी। उसमें कोई भी परिमित संख्या जोड़ने अथवा उसमें से कोई भी परिमित संख्या घटाने से उसकी प्रकृति में कोई अन्तर नहीं पड़ेगा। इतना ही नहीं, यदि हम उसे 2, 4, 10 अथवा 20 से गुणा करें, या इनमें से किसी भी संख्या से भाग दें तो भी अनन्ती ज्यों की त्यों बनी रहेगी। अतएव, स्पष्ट है कि इन चिन्हों

$$2\infty, \quad 10\infty, \quad 100\infty, \quad a\infty$$

का कोई अर्थ नहीं है। स्वयं $\infty$ का भी कोई अर्थ नहीं है। कुछ पदों में ही इसका कुछ अर्थ होता है। और वहाँ इसका वही अर्थ होता है जो हम परिभाषा द्वारा निर्धारित कर दें। अतएव जब कभी यह संकेत : $\infty$ आएगा, किसी पद के रूप में ही आएगा।

अब, तनिक फलन

$$\frac{5}{x}$$

पर विचार कीजिये। यहाँ हम इस फलन के कुछ मानों की तालिका देते हैं जिसमें $x$ को छोटे छोटे धन मान दिये गये हैं :

$$x = \frac{1}{10}, \quad \frac{1}{1000}, \quad \frac{1}{10^{100}}$$

$$\frac{5}{x} = 50, \; 5000, \; 5.10^{100}$$

स्पष्ट है कि ज्यों-ज्यों $x$ घटता जायगा त्यों-त्यों फलन का मान बढ़ता जायगा। जब हम $x$ को 0 के अति समीप लेंगे तो फलन का मान अत्यधिक हो जायेगा। मान लीजिये कि हम को एक बड़ी संख्या $1000^{1000}$ दी है। क्या हम $x$ को इतना छोटा ले सकते हैं कि $5/x$ इस संख्या से बढ़ जाय ? अवश्य ले सकते हैं। हम देखते हैं कि

$$\frac{5}{x} > 1000^{1000}$$

यदि $x < \dfrac{5}{1000^{1000}}$

अतएव, यदि हम $x$ का इससे छोटा कोई भी मान लें तो हमारा फलन दी हुई संख्या से बढ़ जायगा।

यदि कोई भी बड़ी से बड़ी संख्या $A$ दी हो तो हम $x$ को इतना छोटा ले सकते हैं कि

$$\frac{5}{x} > A. \qquad (3)$$

इसी बात को हम दूसरे शब्दों में इस रूप

$$\underset{x \to 0}{Lt} \frac{5}{x} = \infty \qquad (4)$$

में लिखते हैं।

टिप्पणी १—(3) के दक्षिण पक्ष में A एक निश्चित संख्या है किन्तु, जैसा हम ऊपर लिख चुके हैं, (4) के दक्षिण पक्ष में $\infty$ कोई निश्चित संख्या नहीं है, वरन संख्या के अभाव का संकेत है।

२—कुछ विद्यार्थी यह समझते हैं कि

$$\frac{5}{0} = \infty, \qquad (5)$$

किन्तु यह धारणा बिल्कुल गलत है। हम किसी भी संख्या को 0 से भाग दे ही नहीं सकते। भाग की परिभाषा में ही यह तथ्य निहित है कि भाजक शून्य नहीं होगा। अनन्ती $5/x$ की सीमा है, उसका मान नहीं है। इस फलन की सीमा तभी निकलती है जब $x$ शून्य की ओर निरन्तर अग्रसर होता जाय किन्तु कभी उसके बराबर न हो। यदि $x$ वास्तव में शून्य हो जाय तो $5/x$ का कोई मान होगा ही नहीं। अतः (4) एक सार्थक समीकरण है किन्तु (5) निरर्थक है।

इसी प्रकार यह समीकरण

$$\underset{x \to 0}{Lt} \frac{a}{x} = \infty$$

सार्थक है किन्तु यह समीकरण

$$\frac{a}{0} = \infty$$

निरर्थक है। यहाँ $a$ कोई परिमित संख्या है जो $\neq 0$

स्पष्ट है कि

$$\underset{x \to \infty}{Lt} \frac{a}{x} = 0$$

उदाहरण—मान निकालो :

$$\underset{x \to \infty}{Lt} \frac{3x+5}{2x-1}$$

$$\text{दिया हुआ व्यंजक} = \frac{3+\frac{5}{x}}{2-\frac{1}{x}}$$

$$\to \frac{3}{2}$$

## प्रश्नावली (३.१)

(१) मान निकालो:—

(क) $\underset{x\to 5}{Lt} \dfrac{x^2-25}{x-5}$.  (ख) $\underset{x\to 0}{Lt} \dfrac{x^2+9x}{x}$.

(ग) $\underset{x\to -1}{Lt} \dfrac{x^2-7}{x+3}$  (घ) $\underset{x\to 1}{Lt} \dfrac{x^3-x^2-x+1}{x^3+x^2-5x+3}$.

(ङ) $\underset{x\to a}{Lt} \dfrac{a-\sqrt{a^2-x^2}}{x^2}$

(२) यदि $f(x) = ax^2+bx+c$,

तो सिद्ध करो कि

$$\underset{h\to 0}{Lt} \left\{ \frac{f(x+h)-f(x)}{h} \right\} = 2ax + b.$$

(३) सिद्ध करो कि

$$\underset{h\to 0}{Lt} \text{ Cos } (x+h) = \text{Cos } x.$$

(४) मान निकालो :

$$\underset{x\to b}{Lt} \frac{x^n-b^n}{x-b}.$$

(५) मान निकालो :

(अ) $\underset{x\to 0}{Lt} \dfrac{\sin ax}{x}$  (ब) $\underset{x\to 0}{Lt} \dfrac{\sin ax}{\sin bx}$.

(६) मान निकालो

$$\underset{x\to 0}{Lt} \frac{ax+b}{cx+d} \text{ और } \underset{x\to \infty}{Lt} \frac{ax+b}{cx+d}.$$

(७) सिद्ध करो कि

(क) $\underset{x\to 0}{Lt} \dfrac{\sqrt{x}-\sqrt{a}}{x-a} = \dfrac{1}{2\sqrt{a}}$.

(ख) $\underset{x\to \infty}{Lt} (x^2+ax+b) - x = \dfrac{1}{2}a.$

(ग) $\underset{x\to \infty}{Lt} \dfrac{3x^2-5x+2}{x^2+7x+6} = \dfrac{3}{5}.$

३.८ सीमा की औपचारिक परिभाषा—मान लीजिये कि हम चर $x$ के, बिन्दु $a$ के समीपस्थ मानों पर विचार कर रहे हैं। मान लीजिये कि $x$ का विचाराधीन फलन $f(x)$ है। यदि $l$ एक ऐसी संख्या है कि हम $x$ के, $a$ के समीप, और अति समीप, मान लेकर, $f(x)$ और $l$ के अन्तर को छोटे से छोटा बना सकते हों तो हम कहेंगे कि '$a$ पर $f(x)$ की सीमा $l$ है।'

विश्लेषण की भाषा में हम इस परिभाषा को इस प्रकार व्यक्त करेंगे :

मान लीजिये कि एक छोटी से छोटी धन संख्या $\epsilon$ दी हुई है। यदि हम एक संगत धन संख्या $\delta$ ऐसी निर्धारित कर सकें कि जब तक $x$ और $a$ का अन्तर $\delta$ से कम रहे तब तक $f(x)$ और $l$ का अन्तर $\epsilon$ से कम रहे, तो हम $l$ को, $a$ पर, $f(x)$ की सीमा कहेंगे।

सांकेतिक भाषा में हम कहेंगे कि 'यदि कोई छोटी से छोटी धन संख्या $\epsilon$ दी हुई है और हम एक ऐसी धन संख्या $\delta$ निर्धारित कर सकते हैं कि

$$|f(x)-l| < \epsilon \qquad \text{यदि } 0 < |x-a| < \delta \qquad (१)$$

तो $l$, बिन्दु $a$ पर, $f(x)$ की सीमा कहलायेगी।

हम इसी तथ्य को इस प्रकार

$$\underset{x \to a}{Lt}\, f(x) = l$$

भी लिख सकते हैं।

## ज्यामितीय निरूपण

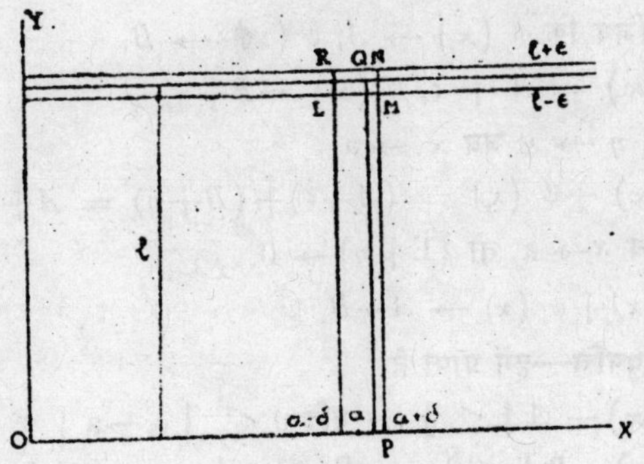


आकृति (३.७)

दो अक्ष लेकर तीन समान्तर रेखायें

$y = l$, $y = l \pm \epsilon$ खींचिये।

दो समान्तर रेखायें

$x = a \pm \delta$ खींचिये।

मान लीजिये कि इन चारों रेखाओं से आयत LMNR बनता है

अब यदि हम **अन्तराल (Interval)** $(a - \delta, a + \delta)$ में कोई बिन्दु $P$ लेकर, उसके मध्येन $x$— अक्ष पर एक लम्ब डालें और उक्त लम्ब में से $f(OP)$ के बराबर $PQ$ काट लें तो बिन्दु $Q$ आयत LMNR के अन्दर ही रहेगा।

टिप्पणी १. बिन्दु $P$ बिन्दु $a$ से भिन्न होना चाहिये।

२. संख्या $l$ का फलन $f(x)$ के मानों से कोई सम्बन्ध नहीं है। साधारणतया, यह फलन के, किसी भी बिन्दु पर के, मान के बराबर नहीं होता।

३. हम $\epsilon$ को स्वेच्छा से जितना चाहे, उतना छोटा, ले सकते हैं। $\delta$ का मान $\epsilon$ पर निर्भर होगा।

## ३.६ सीमाओं पर मार्विक प्रमेय

(i) दो राशियों के बीजीय योग अथवा अन्तर की सीमा उनकी सीमाओं के योग अथवा अन्तर के बराबर होती है, अर्थात्

$$\underset{x \to a}{Lt} \left[ \phi(x) \pm \psi(x) \right] = \underset{x \to a}{Lt} \phi(x) \pm \underset{x \to a}{Lt} \psi(x)$$

मान लीजिये कि $\phi(x) \to A$, $\psi(x) \to B$.

तो $\phi(x) = A + \epsilon$, $\psi(x) = B + \eta$,

जिनमें $\epsilon \to 0$, $\eta \to 0$ जब $x \to$ a.

$\therefore \phi(x) + \psi(x) = (A + \epsilon) + (B + \eta) = A + B + (\epsilon + \eta)$

अतः, जब $x \to$ a, तो $(E + \eta) \to 0$.

$\therefore \phi(x) + \psi(x) \to A + B$.

**दूसरी उपपत्ति**—हमें प्राप्त है :

$|\phi(x) - A| < \frac{1}{2}\epsilon$ यदि $0 < |x - a| < \delta_1$,

$|\psi(x) - B| < \frac{1}{2}\epsilon$ यदि $0 < |x - a| < \delta_2$.

हम जानते हैं कि $|\phi(x) + \psi(x) - (A + B)|$

$= |\{\phi(x) - A\} + \{\psi(x) - B\}| < |\phi(x) - A| + |\psi(x) - B|$.

अतएव, यदि $\delta_1, \delta_2$ में से $\delta_1$ छोटा है तो

यदि $0 < | x-a | < \delta_1$,

$$| \phi (x) + \psi (x) - (A+B) | < \tfrac{1}{2} \epsilon + \tfrac{1}{2} \epsilon = \epsilon.$$

$$\therefore \underset{x \to a}{Lt} \{\phi (x) + \psi (x)\} = A+B.$$

साध्य के दूसरे भाग को भी हम इसी प्रकार सिद्ध कर सकते हैं।

उपप्रमेय—राशियों की किसी परिमित संख्या के बीजीय योग की सीमा उनकी सीमाओं के योग के बराबर होती है।

(ii) $Lt\ c \phi (x) = c\ Lt\ \phi (x)$,

जिसमें c एक अचर हैं।

यदि $c = 0$ तो समीकरण के दोनों पक्ष 0 हो जायँगे।

यदि $c \neq 0$ तो एक ऐसा $\delta$ चुनिये कि

$$| \phi (x)-A | < \frac{\epsilon}{| c |} \quad \text{यदि } 0< | x-a | <\delta.$$

$| c |$ से गुणा करने से,

$$| c\phi(x)-c A | <\epsilon \quad \text{यदि } 0 < | x-a | <\delta,$$

अर्थात्, $\underset{x \to a}{Lt}\ c \phi (x) = c A$

(iii) $Lt \{\phi (x)\psi(x)\} =\{Lt\ \phi(x)\} \{Lt\ \psi(x)\}$

मान लीजिये कि $A\neq 0$, $B\neq 0$. हम जानते हैं कि

$$\phi (x)\psi(x) - AB=\{\phi (x)-A\} \{\psi(x)-B\}+A \{\psi (x)-B\} +B \{\phi(x)-A\}$$

$$\therefore | \phi(x)\psi(x)-AB | \leqslant | \phi(x)-A | \cdot | \psi(x)-B | + | A | \ | \psi(x)-B | + | B | \ | \phi(x)-A |$$

अतएव, यदि $\epsilon$ दिया हुआ है तो हम ऐसा $\delta$ चुन सकते हैं कि यदि $0< | x-a | <\delta$,

तो $| \phi (x) -A | < \dfrac{\epsilon}{3 | B |}$ और $| \psi (x)-B | < \dfrac{\epsilon}{3 | A |}$

$$\therefore | \phi(x)\psi(x)-AB | < \frac{\epsilon^2}{9 | A | . | B |} + \tfrac{1}{3} + \tfrac{1}{3}$$

$\epsilon$ एक बहुत छोटी धन राशि है। अतएव हम $\epsilon < \frac{1}{3} | A | \ | B |$ ले सकते हैं। अतः, यदि $0< | x-\alpha | < \delta$,

तो $| \phi(x) \psi(x)-AB | < \frac{1}{3}\epsilon+ \frac{1}{3}\epsilon+ {}^{3}\epsilon=\epsilon$

$$\therefore \underset{x \to a}{Lt}\ \phi(x)\ \psi(x) = AB$$

यदि $A$, $B$ में से एक या दोनों $0$ हों तो उपपत्ति और भी सरल हो जायगी।

(iv) $Lt \dfrac{1}{\psi(x)} = \dfrac{1}{Lt\ \psi(x)}$ यदि Lt $\psi(x) \neq 0$.

हमें हस्तगत है

$$\left| \frac{1}{\psi(x)} - \frac{1}{B} \right| = \left| \frac{B-\psi(x)}{B\psi(x)} \right| = \frac{|B-\psi(x)|}{|B| . |\psi(x)|} \quad (१)$$

किन्तु $\underset{x \to a}{Lt}\ \psi(x) = B$

$\therefore$ यदि $\epsilon$ दिया है तो हम ऐसा $\delta$ चुन सकते हैं कि

$$|B-\psi(x)| < \epsilon \text{ यदि } 0 < |x-a| < \delta \quad (२)$$

अतः $\psi(x)$ दो राशियों $B-\epsilon$ और $B-\epsilon$ के बीच स्थित है। $\epsilon$ को हम जितना चाहें उतना छोटा ले सकते हैं। यदि इसको $\frac{1}{2}|B|$ से छोटा ले लें तो स्पष्ट है कि $|\psi(x)|$ दो राशियों $\frac{1}{2}|B|$ और $\frac{3}{2}|B|$ के बीच स्थित होगा।

$$\therefore |\psi(x)| > \tfrac{1}{2}|B|$$

अतः $$\frac{1}{|\psi(x)|} < \frac{2}{|B|}.$$

(1), (2) और (3) से स्पष्ट है कि

$$\left| \frac{1}{\psi(x)} - \frac{1}{B} \right| < \frac{2\epsilon}{B^2}$$

B एक निर्दिष्ट अचर है। अतः $2\epsilon / B^2$ एक अत्यल्प राशि है जिसे इच्छानुसार छोटा कर सकते हैं।

$$\therefore \underset{x \to a}{Lt} \frac{1}{\psi(x)} = \frac{1}{B}$$

स्पष्ट है कि यदि $B=0$ तो यह उपपत्ति विफल हो जायेगी।

**उपप्रमेय**—$Lt \dfrac{\phi(x)}{\psi(x)} = \dfrac{Lt\phi(x)}{Lt\psi(x)}$,

यदि Lt $\psi(x) \neq 0$.

**टिप्पणी**—(i) के उपप्रमेय में राशियों की संख्या **परिमित (Finite)** होना आवश्यक है। यदि उक्त संख्या **अनन्त (Infinite)** हो तो यह आवश्यक नहीं है कि साध्य सत्य हो। तनिक इस श्रेणी

$$\frac{1}{n^2} \times \frac{2}{n^2} + \frac{3}{n^2} + \ldots\ldots \frac{n}{n^2}$$

पर विचार किजिये। इसके प्रत्येक पद की सीमा 0 है यदि $n \to \infty$. अतएव, सीमाओं का योग भी 0 हुआ।

किन्तु श्रेणी का योग

$$= \frac{1+2+3+\ldots+n}{n^2} = \frac{1}{n^2} \cdot \frac{n(n+1)}{2} = \frac{1}{2}\left(1+\frac{1}{n}\right)$$

$\to \frac{1}{2}$ यदि $n \to \infty$.

अतः उक्त प्रमेय को बिना पुनर्विचार किये किसी अनन्त श्रेणी पर लगाना युक्तिसंगत नहीं है।

### ३.१० कुछ महत्वपूर्ण सीमायें

(i) $\underset{n\to\infty}{Lt}\ x^n$ यदि $x > 0$

यदि $x=0$ तो $\underset{n\to\infty}{Lt}\ x^n = 0$

और यदि $x=1$ तो $x^n=1$, अतः $\underset{n\to\infty}{Lt}\ x^n = 1$

अतएव यह दोनों दशायें तो महत्वहीन हैं।

यदि $0<x<1$ तो, ज्यों ज्यों $n$ बढ़ता जायगा, $x^n$ का मान घटता जायगा।

किन्तु $x^{n+1} = x.\ x_n$

अतएव, यदि $Lt\ x^n = l$,

तो $Lt\ x^{n+1} = x\ Lt\ x^n$,

किन्तु परिभाषा से $x^{n+1}$ की वही सीमा होगी जो $x^n$ की

$\therefore l = xl$

और $x \neq 1$ $\therefore l=0$

$\therefore$ यदि $0<x<1$ तो $\underset{n\to\infty}{Lt}\ x^n = 0$

अब यदि $x>1$ तो $n$ के साथ $x^{n+1}$ का मान बढ़ता जायगा। ऊपर की भाँति हम फिर सिद्ध कर सकते हैं कि $l=xl$ किन्तु यह असम्भव है क्योंकि $x>1$, और इस लिये $l>1$

$$\therefore l=+\infty$$

अतएव यदि $x>1$ तो $\underset{n\to\infty}{\text{Lt}}\, x^n=+\infty$

( ii ) $\underset{n\to\infty}{Lt}\, x^{\frac{1}{n}}=1 \qquad (x>0)$

यदि $x>1$ तो ज्यों ज्यों $n$ बढ़ता जायगा, $x^{\frac{1}{n}}$ का मान घटता जायगा। और $n$ के समस्त मानों के लिये $x^{\frac{1}{n}}>1$

$$\therefore x^{\frac{1}{n}}\to l\geqslant 1$$

किन्तु, यदि $l>1$ तो हम $n$ के ऐसे बड़े मान चुन सकते है कि $x^{\frac{1}{n}}>l$ अर्थात $x>l$

और $l^n\to\infty$ यदि $n\to\infty$

अतः यह असम्भव है।

$\therefore l=1$

यदि $x=1$, तो स्पष्ट है कि $x^{\frac{1}{n}}\to 1$

यदि $x<1$, तो मान लो कि $x=1/y$; अब $y>1$

और, $x^{\frac{1}{n}}=\dfrac{1}{y^{\frac{1}{n}}}$

$$\therefore Lt\, x^{\frac{1}{n}}=\frac{1}{\underset{n\to\infty}{Lt}\, y^{\frac{1}{n}}}=\frac{1}{1}=1.$$

(iii) $\underset{n\to\infty}{Lt} \dfrac{\log n}{n} = 0.$

(iv) $\underset{x\to\infty}{Lt} \left(1+\dfrac{1}{n}\right)^n = \underset{t\to 0}{Lt}\,(1+t)^{\frac{1}{t}} = e,$

$\underset{x\to\infty}{Lt} \left(1+\dfrac{a}{x}\right)^x = e^x$

(v) $\underset{x\to 0}{Lt} \dfrac{a^x-1}{x} = \log a$

## प्रश्नावली (३.२)

(१) सिद्ध करो कि :

(क) $\underset{x\to 0}{\text{Lim}} \dfrac{\tan x}{x} = 1.$

(ख) $\underset{x\to 0}{Lt} \dfrac{\tan mx}{\tan nx} = \dfrac{m}{n}$

(ग) $\underset{x\to 0}{Lt} \dfrac{1-\cos ax}{1-\cos bx} = \dfrac{a^2}{b^2}.$

(२) मान निकालो :

(क) $\underset{x\to\infty}{\text{Lim}} \dfrac{ax^n}{(ax+b)^{n+1}} \; (n > 0).$

(ख) $\underset{x\to 0}{\text{Lim}} \dfrac{\sin (x^2)}{x}.$

(ग) $\underset{x\to\infty}{\text{Lim}} \dfrac{\sin x}{x+\cos x}$

(घ) $\underset{n\to\infty}{Lt} \dfrac{1+2+3\ldots\ldots+n}{(n-1)^2}$

(ङ) $\underset{x\to 0}{Lt} \dfrac{x^2 \sin (1/x)}{\sin x}$

(३) यदि $f(x) = \dfrac{1^2+2^2+3^2+\ldots\ldots+x^2}{x^3}$

तो $\underset{x \to \infty}{Lt} \; f(x)$ का मान बताओ।

(४) सिद्ध करो कि

$$\underset{h \to 0}{Lt} \frac{\sin(x+h) - \sin x}{h} = \cos x.$$

(५) सिद्ध करो कि

$$\underset{x \to n}{Lt} \frac{\sqrt{4n-2x} - \sqrt{x+n}}{3 \; - 3n} = \frac{-1}{2\sqrt{2n}}$$

३.११ दोनों ओर की सीमायें—§ ३.४ (i) में हमने सीमा

$$\underset{x \to 4}{Lt} \frac{x^2 - 16}{x - 4}$$

पर विचार किया था। हमने $x = (4+h)$ रखकर $h \to 0$ करके सीमा निकाली थी। अब मान लीजिये कि हम $x = (4-h)$ रखते हैं। तो दिया हुआ व्यंजक

$$= \frac{(4-h)^2 - 16}{-h} = \frac{-8h + h^2}{-h} = 8h.$$

$$\to 8.$$

तो इस प्रकार भी सीमा 8 ही आती है।

अब तनिक इस सीमा

$$\underset{x \to 2}{Lt} \frac{1}{1 + 2^{1/x}}$$

पर विचार कीजिये*। यहाँ हम $x$ और फलन $\dfrac{1}{1+2^{1/x}}$ की एक मान तालिका देते हैं :

| $x$ | $1/(1+2^{\frac{1}{x}})$ | $x$ | $1/(1+2^{\frac{1}{x}})$ |
|---|---|---|---|
| 1.0 | 0.33333 | —1.0 | 0.66667 |
| 0.5 | 0.20000 | —0.5 | 0.80000 |
| 0.1 | 0.00098 | —0.1 | 0.99902 |
| 0.01 | 0.00000 | —0.01 | 1.00000 |

* यह उदाहरण हमने इस पुस्तक से लिया है :
Gorakh Prasad, Differential Calculus 6th ed. (1950)

स्पष्ट है कि जब $x$ शून्य से बड़े मानों द्वारा शून्य की ओर जाता है तब फलन का मान 0 की ओर प्रवृत्त होता है, और जब शून्य से छोटे मानो द्वारा शून्य की ओर जाता है तब 1 की ओर प्रवृत्त होता है। अतः दाहिनी ओर बाईं ओर से फलन की भिन्न-भिन्न सीमायें आतो हैं। ऐसी दशा में हम यह कहेंगे कि फलन की 0 पर कोई सीमा नहीं है।

अन्त में, फलन

$$y = \sin \frac{1}{x}$$

पर विचार कीजिये। जब $x=1$, $\sin 1/x = \sin 1$ (रेडियन) = लगभग .84. जब $x$ इससे छोटे मान ग्रहण करता है, $1/x$ बढ़ता जाता है। जब $x$ इन मानों

$$\frac{1}{\pi}, \quad \frac{1}{2\pi}, \quad \frac{1}{3\pi}, \quad \frac{1}{4\pi}, \quad \ldots\ldots\ldots$$

में से गुजरता है, $\operatorname{Sin} 1/x$ बराबर शून्य होता जाता है।

फलन मूलबिन्दु तक कितनी बार 0 होगा इसकी कोई गिनती नहीं है। और इन समस्त बिन्दुओं का आलेख में दिखाना असम्भव है क्योंकि मानों में $x$ के इस प्रकार के मान भी आयेंगे

$$\frac{1}{1000\pi}, \quad \frac{1}{10000\pi}, \quad \frac{1}{100000\pi}, \quad \ldots\ldots\ldots$$

इन विन्दुओं की पारस्परिक दूरी इतना छोटी होती जायगी कि इन्हें आकृति में व्यक्त ही नहीं कर सकेंगे। अतः फलन का ठीक ठीक आलेख खींचना असम्भव है। हम कोई छोटे से छोटा अन्तराल

$$\frac{1}{10^{100}\pi}, \quad \frac{1}{10^{101}\pi}$$

भी ले लें तो भी फलन इसमें 1 से 0 तक अथवा —1 से 0 तक चक्कर मार जायेगा। हम नहीं कह सकते कि 0 के अति समीप पहुँच जाने पर फलन की आकृति किस प्रकार की होगी। अतः स्पष्ट है कि दाहिनी ओर से फलन की कोई सीमा नहीं है। इसी प्रकार हम यह भी सिद्ध कर सकते हैं कि बाईं ओर से भी फलन की कोई सीमा नहीं है।

अतएव, सीमा के अस्तित्व के लिये तीन बातें आवश्यक हैं

(१) दाहिनी ओर की सीमा हो,

(२) बाईं ओर की सीमा हो,

(३) उक्त दोनों सीमायें बराबर हों।

मान लीजिये कि हम $\underset{x \to a}{Lt} f(x)$ पर विचार कर रहें हैं। तो उपरिलिखित तीनों बातें हम इस प्रकार व्यक्त करेंगे :

(i) $\underset{x \to a+0}{Lt} f(x)$ का अस्तित्व होना चाहिये।

(ii) $\underset{x \to a-0}{Lt} f(x)$ का अस्तित्व होना चाहिये।

(iii) $\underset{x \to a+0}{Lt} f(x) = \underset{x \to a-0}{Lt} f(x)$

यदि इन तीनों में से कोई भी शर्त टूटती है तो हम कहेंगे कि सीमा का अस्तित्व नहीं है।

३.१२ यहाँ $f(a)$ और $\underset{x \to a}{Lt} f(x)$ के अन्तर को अच्छी तरह समझ लेना चाहिये। $f(a)$ निकालने के लिये तो केवल $f(x)$ में $x$ के स्थान पर $a$ रख देना है। किन्तु जैसा हम ऊपर कह चुके हैं, $\underset{x \to a}{Lt} f(x)$ निकालने के लिये दोनों ओर की सीमायें निकालनी होंगी। $f(a)$ निकालने के लिये $x=a$ लेना पड़ता है। सीमा निकालने के लिये $x$ को $a$ के बिलकुल बराबर नहीं ले सकते। उसको $a$ के जितना समीप ले सकें, ले लेते हैं किन्तु फिर भी उसको ठीक $a$ के बराबर नहीं ले सकते। $f(a)$ फलन की बिन्दु $a$ पर की स्थिति बताता है। $\underset{x \to a}{Lt} f(x)$ फलन की $a$ के आसपास की स्थिति बताता है।

इस सम्बन्ध में पाँच प्रकार की सम्भावनायें है :

(i) $\underset{x \to a}{Lt} f(x)$ का अस्तित्व हो, किन्तु $f(a)$ का न हो। इसके लिये § ३.४ (1) का उदाहरण पर्याप्त है।

( ii ) $f(a)$ का अस्तित्व हो $\underset{x \to a}{Lt} f(x)$ का न हो। इस फलन पर विचार कीजिये :

$$f(x) = 2 \text{ यदि } x > 1$$
$$= 2\tfrac{1}{2} \text{ यदि } x = 1$$
$$= 3 \text{ यदि } x < 1$$

स्पष्ट है कि $\underset{x \to 1+0}{Lt} f(x) = 2, \quad \underset{1-0}{Lt} f(x) = 3$

$$\therefore \underset{x \to 1+0}{Lt} f(x) \neq \underset{1-0}{Lt} f(x).$$

अतः $\underset{x \to 1}{Lt} f(x)$ का अस्तित्व नहीं है। किन्तु परिभाषा से, $f(1) = 2\tfrac{1}{2}$

(iii) $f(a)$ और $\underset{x \to a}{Lt} f(x)$ दोनों अस्तित्वमय हों किन्तु असमान हों।

इस फलन पर विचार कीजिये :

$$f(x) = 3\tfrac{1}{2} \text{ यदि } x \neq 2$$
$$= 1\tfrac{1}{8} \text{ यदि } x = 2$$

स्पष्ट है कि $\underset{x \to 2+0}{Lt} f(x) = 3\tfrac{1}{2} = \underset{x \to 2-0}{Lt} f(x)$

अतः $\underset{x \to 2}{Lt} f(x)$ का अस्तित्व है किन्तु वह $f(2)$ से भिन्न है।

विद्यार्थी कदाचित यह कह सकता है कि यह तो एक बिल्कुल ही कृत्रिम फलन है। जब $f(x)$ चर $x$ के प्रायः समस्त मानों के लिये $3\tfrac{1}{2}$ के बराबर है, तब केवल एक ही मान के लिये उसका मान $3\tfrac{1}{2}$ से भिन्न क्यों हो ? $3\tfrac{1}{2}$ ही क्यों न हो ? इस प्रश्न का केवल एक ही उत्तर है : उक्त $3\tfrac{1}{2}$ ही क्यों हो ? उससे भिन्न क्यों न हो ? फलन का मान किसी बिन्दु पर कुछ भी हो सकता है। उसको स्वेच्छा से बांधा नहीं जा सकता।

(iv) $f(a)$ और $\underset{x \to a}{Lt} f(x)$ दोनों अस्तित्वमय हों और बराबर हों।

इस दशा के तो सैकड़ों उदाहरण दिये जा सकते हैं, जैसे $f(x) = x^2 - 2$ यह फलन $x$ के प्रत्येक मान के लिये उपरिलिखित शर्त का पालन करता है।

(v) $f(a)$ और $\underset{x \to a}{Lt} f(x)$ दोनों में से किसी का अस्तित्व न हो।

उदाहरण : $f(x) = \sin \frac{1}{x}$ मूलबिन्दु पर।

# अध्याय ४

## सांतत्य (Continuity)

४.१ दैनिक जीवन मे उदाहरण—प्रत्येक शिक्षित व्यक्ति के मस्तिष्क में सांतत्य की कुछ न कुछ संकल्पना रहती है। रोमन लिपि के अक्षर सतत कहलाते हैं। यदि हम रोमन लिपि के अक्षर

*abcd*

लिखें तो बीच में एक बार भी क़लम उठानी नहीं पड़ेगी। किन्तु नागरी लिपि के अक्षर संतत नहीं होते। इसमें प्रत्येक अक्षर में एक खड़ी और एक पड़ी पाई होती है। इसलिये प्रत्येक अक्षर के लिखने में क़लम को कम से कम एक बार कागज़ से उठाना पड़ता है। अतः नागरी एक असंतत लिपि है। हम प्रत्येक अक्षर को क़लम उठा-उठा कर लिखते हैं किन्तु शिरोरेखा लगा कर हम उन्हें संतत बना देते हैं। तनिक शब्द

गोला

पर विचार कीजिये। यदि हम इस शब्द के ऊपर एक पतला कागज़ रखकर इसका **अनुरेखन (Tracing)** करें तो बिना पेन्सिल उठाये पूरे शब्द को लिख सकते हैं। किन्तु अब तनिक शिरोरेखा को हटा कर देखिये :

गोला

इस प्रकार लिखने से प्रत्येक अक्षर और मात्रा अलग अलग लिखनी पड़ेगी। इतना ही नहीं, अकेला अक्षर 'ग' भी एक साथ नहीं लिखा जा सकता। नागरी लिपि के और भी अनेक अक्षर हैं जो बिना शिरोरेखा के भी एक साथ नहीं लिखे जा सकते, जैसे :

आ, ओ, ख, ग

इनमें से प्रत्येक अक्षर में **टूट (Break)** दिखाई पड़ती है। जिस अक्षर में टूट न हो, उसे **संतत (Continuous)** कहेंगे।

रेल्वे स्टेशनों पर एक प्लैटफार्म से दूसरे पर जाने के लिए यात्रियों की सुविधा के लिये पुल बने रहते हैं। यह पुल प्रायः दो प्रकार के होते हैं : एक वह जिनमें सीधी पटरी बनी रहती है

दूसरे वह जिनमें पौड़ियाँ बनी रहती है। पहले पर चढ़ना सरल होता है,

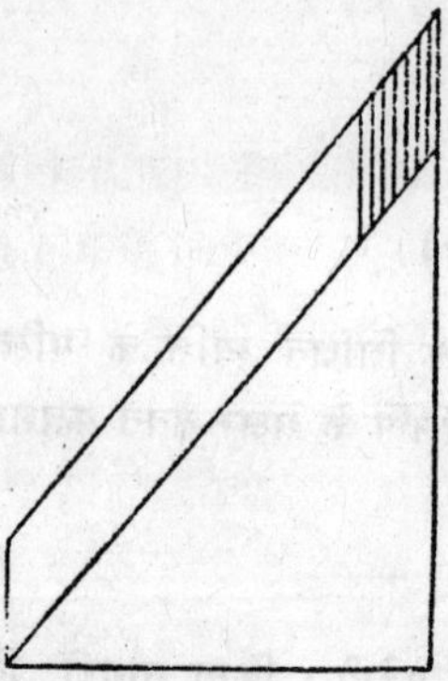

(४.१)

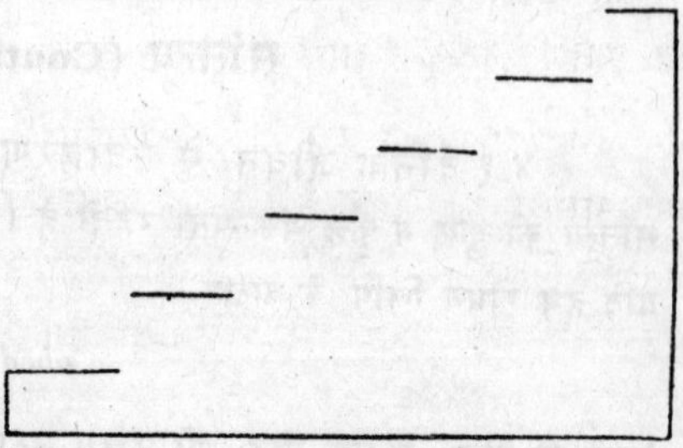

(४.२)

दूसरे पर चढ़ने में बच्चों और लूले लँगड़ों को कठिनाई पड़ती है। पहले प्रकार का पुल एक संतत मार्ग है, दूसरे में प्रत्येक पग पर एक असांतत्य (**Discontinuity**) रहता है।

रेल की पटरी देखने में संतत होती है, किन्तु जहाँ पटरी के दो टुकड़े जोड़े जाते हैं, वहाँ दोनों के बीच में थोड़ी-सी दरार छोड़ दी जाती है। गर्मी के मौसम में लोहे के फैलने के कारण यह दरार बहुत छोटी हो जाती है। अतः रेल की पटरी वास्तव में असंतत होती है।

४. २अब हम वक्रों पर विचार करते हैं।

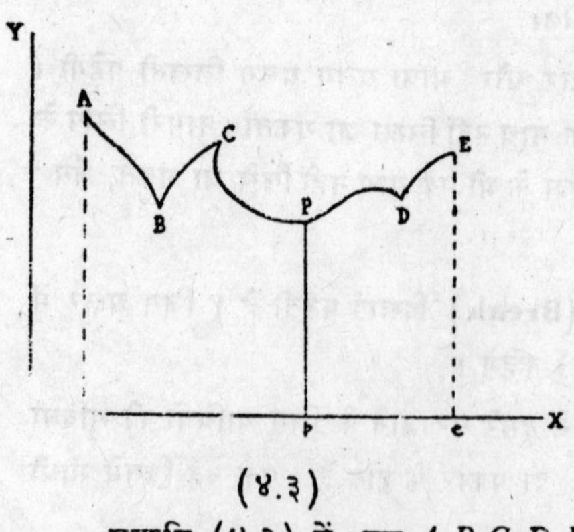


(४.३)

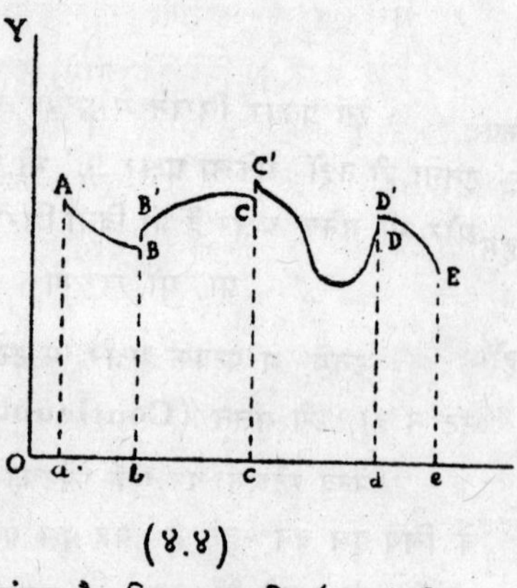


(४.४)

आकृति (४.३) में वक्र $A\ B\ C\ D\ E$ संतत है, किन्तु आकृति (४.४) के

वक्र में तीन स्थानों $B, C, D$ पर असांतत्य है। यह फलन किसी न किसी फलन का निरूपण करते हैं। मान लीजिये कि हमारा फलन

$$y=f(x)$$

है। यह स्वाभाविक है कि हम उसी फलन को संतत कहें जिसका वक्र संतत हो। अतः आकृति (४·३) का फलन संतत है, आकृति (४·४) के फलन का असंतत।

अब एक प्रश्न यह भी विचारणीय है कि क्या आकृति (४·४) का फलन सर्वत्र असंतत है ? स्पष्ट है कि कोई फलन किसी अन्तराल में संतत है या नहीं, इस बात पर विचार करने के लिये हमें अन्तराल के प्रत्येक बिन्दु पर विचार करना होगा। यदि फलन अन्तराल के प्रत्येक बिन्दु पर संतत है तो हम कहेंगे कि फलन समूचे अन्तराल में संतत है। आकृति (४·३) का फलन समूचे अन्तराल ($ae$) में संतत है। आकृति (४·४) का फलन बिन्दुओं $b$, $c$, $d$ को छोड़ कर, शेष सारे अन्तराल ($ae$) में संतत है।

हम अध्याय २ में बहुत से फलनों के आलेख दे चुके हैं। उन्हें देखने से स्पष्ट हो जायगा कि निम्नलिखित फलन संतत हैं :

$\sin x$, $\cos x$, $\sin^{-1} x$, $\cos^{-1} x$, $e^x$, $\log x$.

और निम्नलिखित फलन असंतत हैं :

$\tan x$, $\cot x$, $\sec x$, $\operatorname{cosec} x$,

$\tan^{-1} x$, $\cot^{-1} x$, $\sec^{-1} n$, $\operatorname{cosec}^{-1} x$.

अब हम दो-एक उदाहरण दैनिक जीवन से लेते हैं :

(i) मान लीजिये कि आमों का भाव दो रुपये किलो है। यदि $x$ आमों की तौल को किलो में निरूपित करे और उन का मूल्य $y$ रुपयों में तो हमारा फलन

$$y=2x$$

होगा जिसका वक्र एक ऋजु रेखा होगा। ऋजु रेखा सदैव संतत होती है।

(ii) लिफ़ाफ़ों पर डाक शुल्क की दर इस प्रकार है :

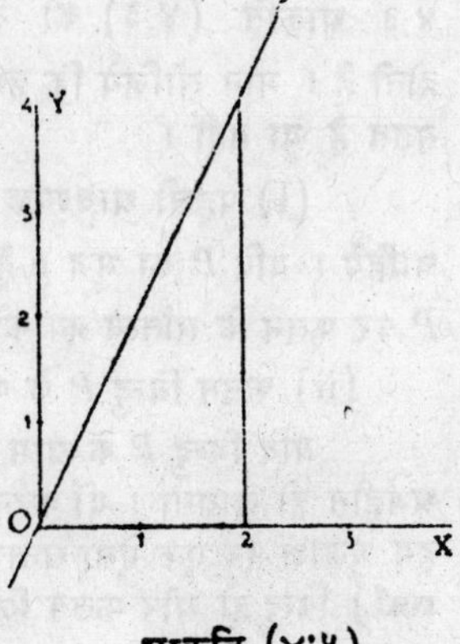


आकृति (४·५)

१५ ग्राम तक १५ नये पैसे

१५ से ३० ग्राम के नीचे तक २५ नये पैसे

३० से ४५ ,, ३५ ,,

४५ से ६० ग्राम के नीचे तक ४५ नये पैसे।

अब ६० ग्राम तक की तौल के लिफ़ाफ़ों के डाक-शुल्क का एक आलेख बनाइये।

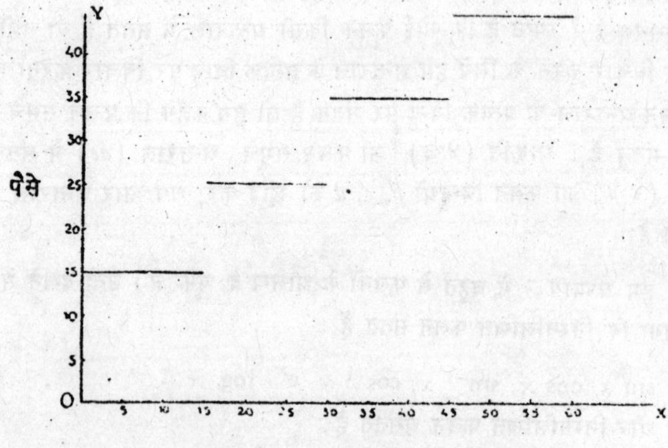


आकृति (४.६)

एक ऐसा वक्र बनेगा जिसमें 15 के प्रत्येक अपवर्त्य पर असांतत्य होगा।

४.३ आकृति (४.३) को देखने से कुछ बातें तो प्रत्यक्ष रूप से ही दृष्टिगोचर होती हैं। मान लीजिये कि हम इस बात का विवेचन कर रहे हैं कि वक्र बिन्दु $P$ पर संतत है या नहीं।

(i) पहली आवश्यक बात तो यह है कि फलन बिन्दु $P$ पर परिभाषित होना चाहिये। यदि $P$ का भुज $p$ है तो $f(p)$ का आस्तित्व होना चाहिये। अन्यथा बिन्दु $P$ पर फलन के सांतत्य का कोई अर्थ ही नहीं रह जायगा।

(ii) फलन बिन्दु $P$ के पड़ोस में भी परिभाषित होना चाहिये।

यदि बिन्दु $P$ के आस पास कोई अन्य बिन्दु वक्र पर है ही नहीं तो सांतत्य अर्थहीन हो जायगा। यों कहना चाहिये कि यदि फलन को $P$ पर संतत होना है तो हम भुजाक्ष पर एक ऐसा अन्तराल चुन सकते हैं, $P$ जिसका एक **आन्तरिक (Internal)** बिन्दु हो और फलन जिसके समस्त बिन्दुओं पर परिभाषित हो।

(iii) हमारी व्यवहार-बुद्धि यह बताती है कि फलन के सतत होने के लिये यह आवश्यक है कि फलन की, $P$ के दोनों ओर की सीमा, वही हो जो $P$ पर फलन का मान हो, अर्थात फलन की, दाहिनी और बाईं ओर की सीमायें $f(p)$ के बराबर हों।

## 4.4 वैश्लेषिक उदाहरण

(i) $f(x)=x^2$.

हमें प्राप्त है $f(x+h)=(x+h)^2=x^2+2hx+h^2$

$$\therefore \underset{h\to 0}{Lt}\; f(x+h)=x^2$$

इसी प्रकार, $\underset{h\to 0}{Lt}\; f(x-h)=x^2$.

अतः फलन सतत है।

(ii) $f(x)=\text{Cos } 3x$.

यहाँ, $f(x+h)=\text{Cos }(3x+3h)$

$$=\text{Cos } 3x \text{ Cos } 3h-\text{Sin } 3x \text{ Sin } 3h$$

$$\therefore \underset{h\to 0}{Lt}\; f(x+h)=\text{Cos } 3x$$

इसी प्रकार, $\underset{h\to 0}{Lt}\; f(x-h)=\text{Cos } 3x$.

$\therefore$ यह फलन भी सतत है।

(iii) $f(x)=\dfrac{x^3-27}{x-3}$.

यह सरलता से सिद्ध किया जा सकता है कि यह फलन, बिन्दु $x=3$ को छोड़ कर, शेष समस्त बिन्दुओं पर सतत है। अब प्रश्न यह है कि फलन $x=3$ पर भी सतत है या नहीं। स्पष्ट है कि इस बिन्दु पर फलन का कोई मान है ही नहीं। अतः यह फलन § 4.3 में दी हुई पहली शर्त को ही सन्तुष्ट नहीं करता। इसलिए इसको सतत नहीं कहा जा सकता। या यों कहिये कि इस बिन्दु पर फलन के सातत्य का प्रश्न ही नहीं उठता क्योंकि उक्त बिन्दु पर फलन का अस्तित्व ही नहीं है।

अब मान लीजिये कि हम फलन को इस प्रकार संशोधित करते हैं :

$$f(x)=\frac{x^3-27}{x-3} \qquad (x\neq 3)$$

$$=100 \qquad (x=3).$$

अब फलन बिन्दु $x=3$ पर भी परिभाषित हो गया। सीमायें निकालने से हमें प्राप्त होगा :

$$\underset{x\to 3+0}{Lt}\ \frac{x^3-27}{x-3}=\underset{x\to 3-0}{Lt}\ \frac{x^3-27}{x-3}=27.$$

किन्तु उक्त बिन्दु पर फलन का मान 100 है। अतः उक्त बिन्द पर फलन असतत है।

अब एक तीसरे फलन

$$f(x)=\frac{x^3-27}{x-3} \qquad (x\neq 3)$$

$$=27 \qquad (x=3)$$

पर विचार कीजिये। यह फलन हमारी सारी शर्तें पूरी करता है। अतः सतत है।

स्पष्ट है कि यदि $x=3$ पर फलन का, 27 के अतिरिक्त, और कुछ भी मान हो तो फलन असतत हो जायेगा।

4.5. अब हम सतत फलन की परिभाषा इस रूप में दे सकते हैं :

**परिभाषा**—यदि फलन $f(x)$ की, बिन्दु $a$ के दोनों ओर की सीमायें समान हों और $f(a)$ के बराबर हों तो हम कहेंगे कि फलन बिन्दु $x=a$ पर सतत है।

यह तो हुआ फलन का किसी बिन्दु पर सातत्य। अब प्रश्न यह है कि कोई फलन किसी समस्त अन्तराल $(a, b)$ में कब सतत कहलायेगा ? तभी, जब वह अन्तराल के प्रत्येक बिन्दु पर सतत हो। $\sin x$ अन्तराल $(0,\pi)$ में सतत है किन्तु $\tan x$ उक्त अन्तराल में सतत नहीं है। उक्त फलन $x=\frac{\pi}{2}$ पर असतत है।

कुछ फलन $x$ के समस्त मानों के लिये सतत होते हैं। फलन $x^2-1$, $\sin 2x \cos 5x$ चर $x$ के समस्त मानों के लिये सतत हैं। ऐसे फलनों को **सर्वत्र सतत (Continuous everywhere)** कहते हैं।

जब हम किसी अन्तराल $(a,b)$ पर विचार करते हैं तो अपनी शर्तों में थोड़ा सा संशोधन कर लेते हैं। फलन को हम बिन्दु $x=a$ पर तभी सतत कहेंगे जब $f(a+0)$ और $f(a-0)$ दोनों $f(a)$ के बराबर हों, किन्तु a के बाईं ओर फलन का अस्तित्व ही नहीं है। अतः यदि $f(a+0)$ का अस्तित्व हो और वह $f(a)$ के बराबर हो तो भी हम फलन को a पर सतत मान लेंगे। इसी प्रकार $x=b$ पर

यदि

$$f(b-0)=f(b)$$

तो हम फलन को $b$ पर सतत मान लेंगे।

अब हम उपरिलिखित परिभाषा और सीमा की परिभाषा को मिलाकर सातत्य को औपचारिक कर सकते हैं :–

यदि कोई छोटी से छोटी धन संख्या $\epsilon$ दी हुई है और हम एक ऐसी धन संख्या $\delta$ निर्धारित कर सकते हैं कि

$$|f(x)-f(a)| < \epsilon \quad \text{यदि } 0 \leqslant |x-a| < \delta, \qquad (१)$$

तो हम कहेंगे कि $f(x)$ बिन्दु $a$ पर सतत है।

इसी तथ्य को इस प्रकार भी लिख सकते हैं :

$$\underset{x \to a}{Lt} \; f(x) = f(a). \qquad (२)$$

**टिप्पणी** १. सीमा की परिभाषा में यह आवश्यक था कि $x$ बिन्दु $a$ से भिन्न कोई बिन्दु होना चाहिये। किन्तु यहाँ बिन्दु $x$ और $a$ अभिन्न भी हो सकते हैं। इसीलिये 3.8 (1) की दाहिनी असमता

$$0 < |x-a| < \delta$$

है जब कि उपरिलिखित (1) की दाहिनी असमता

$$0 \leqslant |x-a| < \delta$$

है।

2. सीमा की परिभाषा में $L$ का $f(x)$ के मानों से कोई सम्बन्ध नहीं था। यहाँ $f(x)$ की सीमा $f(a)$ है जो $f(x)$ का बिन्दु $a$ पर मान ही है।

3. हम $\epsilon$ को स्वेच्छा से जितना चाहें उतना छोटा ले सकते हैं। $\delta$ का मान $\epsilon$ पर निर्भर होगा।

## ज्यामितीय निरूपण

दो अक्ष लेकर तीन समान्तर रेखायें

$y=f(a)$, $y=f(\text{a}) \pm \epsilon$ खींचिये।

दो समान्तर रेखायें

$$x = a \pm \delta$$

खींचिये।

मान लीजिये कि इन चारों रेखाओं से आयत L N M R बनता है।

अब यदि अन्तराल $(a-\delta, a+\delta)$ में कोई बिन्दु $P$ लेकर, उस के मध्येन $x$—अक्ष पर एक लम्ब डालें और उक्त लम्ब में से $f(\text{OP})$ के बराबर $PQ$ काट लें तो बिन्दु $Q$ आयत L N M R के अन्दर ही स्थित रहेगा।

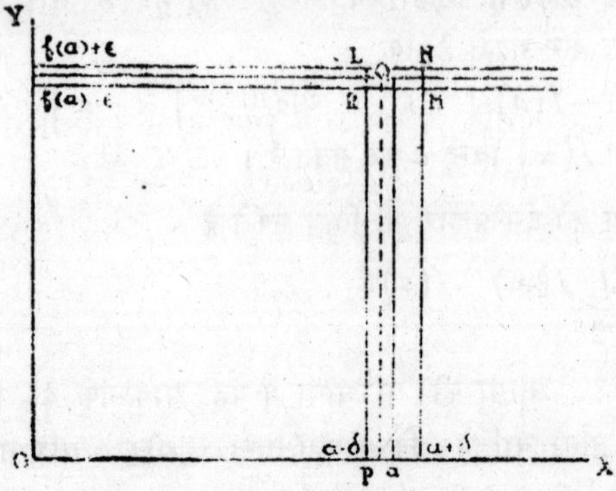


आकृति (४·७)

४.६ उपरिलिखित प्रकारणों से स्पष्ट है कि बिन्दु $a$ पर $f(x)$ के सातत्य के लिये निम्नलिखित शर्तें आवश्यक हैं :

(i) $f(a)$ का अस्तित्व हो।

(ii) $f(a+0)$ का अस्तित्व हो।

(iii) $f(a-0)$ का अस्तित्व हो।

(iv) यह दोनों सीमायें समान हों।

(v) $f(a+0)=f(a)=f(a-0)$.

यदि इन में से कोई भी शर्त टूटती है तो फलन असतत हो जाता है।

सुविधा के लिए ये शर्तें अलग-अलग दी गयी हैं। वास्तव में पाँचों अनुबन्ध अन्तिम शर्त में निहित हैं।

## प्रश्नावली (4·1)

सिद्ध कीजिये कि निम्नलिखित फलन $x$ के समस्त मानों के लिये सतत हैं।

1. $x^2+1$; $x^{11}-7x^2+2$;

2. $x$ का कोई बहुपद।

3. $x^{p/q}$, जिसमें $p$ और $q$ कोई भी धन पूर्णांक हो।

4. $x$ का कोई परिमेय (**Rational**) फलन, $x$ के केवल ऐसे मानों को छोड़ कर जिनके लिये हर शून्य हो जाय।

5. $\sin x$ और $\cos x$.

बताइये कि निम्नलिखित फलन $x$ के किन मानों के लिये असतत हैं :—

6. $\tan x$, $\cot x$, $\sec x$, $\operatorname{cosec} x$.

7. $\dfrac{x}{x-1}$, $\dfrac{x^2+2}{x^2-4x+3}$.

8. $\dfrac{1}{x}$.

9. सिद्ध कीजिए कि $[x]$ $x$ के समस्त पूर्णाङ्क मानों के लिये असतत हैं।

10. सिद्ध कीजिये कि निम्नलिखित फलन $x=0$ पर असतत हैं:

$$\sin\frac{1}{x},\quad x\sin\frac{1}{x},\quad x^2\sin\frac{1}{x}.$$

सिद्ध कीजिये कि निम्नलिखित फलन '०' पर सतत हैं :

11. $$f(x)=x\sin\frac{1}{x} \quad (x\neq 0)$$
$$=0 \quad (x=0).$$

12. $$f(x)=x^2\sin\frac{1}{x} \quad (x\neq 0)$$
$$=0 \quad (x=0).$$

13. सिद्ध कीजिये कि फलन

$$f(x)=\sin\frac{1}{x} \quad (x\neq 0)$$
$$=0 \quad (x=0)$$

0 पर असतत हैं।

सिद्ध कीजिये कि

14. दो सतत फलनों का योग अथवा अन्तर भी सतत होता है;

15. दो सतत फलनों का गुणनफल सतत होता है।

16. दो सतत फलनों का भागफल सतत होता है ($x$ के ऐसे मानों को छोड़कर जिनके लिये हर शून्य हो जाय)।

17. किसी सतत फलन का सतत फलन भी सतत होता है।

## 4.7. असातत्य के प्रकार

(i) यदि $f(a+0) \neq f(a-0)$ तो हम इसे साधारण असातत्य Ordinary Discontinuity) होंगे। इस स्थिति में चाहे $f(a)$ का अस्तित्व हो, चाहे न हो।

मान लीजिये कि

$$f(x) = \frac{1}{3 + e^{\frac{1}{x-1}}},$$

तो $f(1+0) = 0, f(1-0) = \frac{1}{3}$ और $f(1)$ दिया ही नहीं है। अब मान लीजिये कि हम फलन को संशोधित रूप

$$f(x) = \frac{1}{3 + e^{\frac{1}{x-1}}} \left(x \lessgtr 1\right)$$

$$f(1) = \tfrac{1}{3}$$

में लेते हैं। तो $(f(1) = f(1-0) = \frac{1}{3}, f(1+0) = 0.$

अब भी फलन असतत है। $f(1)$ को हम कोई भी मान दे दें। यदि $f(1+0), f(1-0)$ असमान हैं तो फलन असतत ही रहेगा।

यदि $f(a+0)$ और $f(a-0)$ में से केवल एक का अस्तित्व हो और $f(a)$ का भी अस्तित्व हो किन्तु उसके बराबर न हो तो भी फलन का $a$ पर साधारण असातत्य ही कहलायेगा।

**उदाहरण**

$$f(x) = \frac{1}{3 + e^{\frac{1}{x-1}}} \qquad (x < 1)$$

$$f(1) = \tfrac{1}{2}.$$

किन्तु यदि फलन $a$ के एक ही ओर दिया हो और $f(a+0)$ और $f(a)$ दोनों अस्तित्वमय हों और बराबर हों तो हम फलन को $a$ पर सतत मान लेंगे।

उदाहरण

$$f(x) = \frac{1}{6+e^{\frac{1}{x-5}}} \qquad (x < 5)$$

$$f(5) = \tfrac{1}{6}.$$

(ii) यदि $f(a+0) = f(a-0) \neq f(a)$ तो यह फलन का अपनेय (Removable) असातत्य कहलायेगा।

उदाहरण

$$f(x) = e^{-\frac{1}{(x-c)^2}} \qquad (x \neq c)$$

$$f(c) = 2.$$

यहाँ, $f(c+0) = f(c-0) = 0$, किन्तु $f(c) = 2$.

यदि $f(c+0) = f(c-0)$ किन्तु $f(c)$ का अस्तित्व ही न हो तो भी हम इसको फलन का अपनेय असातत्य ही कहेंगे।

उदाहरण

$$f(x) = \frac{x^2-9}{x-3}$$

यहाँ $f(3+0) = f(3-0) = 6$ किन्तु $f(3)$ का अस्तित्व ही नहीं है।

(i) में फलन का मान बदलने से भी हम उसे सतत नहीं बना सकते थे। किन्तु (ii) में हम सरलता से ऐसा कर सकते हैं। निम्नलिखित फलन $x = 3$ पर सतत है :

$$f(x) = \frac{x^2-9}{x-3} \qquad (x \neq 3)$$

$$f(3) = 6.$$

(i) और (ii) में दिये गये असातत्यों को मिला कर सरल असातत्य (**Simple Discontinuities**) कहते हैं।

(iii) यदि $f(a+0), f(a-0)$ दोनों में से एक या दोनों अनन्त हो जाय तो इसे फलन का अनन्त असातत्य कहते हैं। $f(a)$ का अस्तित्व हो चाहे न हो।

$$f(x) = e^{-\frac{1}{x-8}}$$

इस फलन का $x=8$ पर अनन्त असातत्य है, क्योंकि $f(8+0)=0$, $f(8-0)=\infty$.

फलन $\frac{1}{(x-3)^2}$ का 3 पर अनन्त असातत्य है, क्योंकि $f(3+0)$, $f(3-0)$ दोनों अनन्त हैं।

यदि $f(a+0), f(a-0)$ दोनों में से एक अनन्त हो और दूसरी ओर फलन परिभाषित ही न हो तो हम कहेंगे कि $a$ पर फलन का अनन्त असातत्य है।

(iv) यदि किसी पर किसी फलन का ऐसा असातत्य हो जो न तो सरल हो न अनन्त, तो उसे दोलक असातत्य (**Oscillatory Discontinuity**) कहते हैं। ऐसे असातत्य पर न फलन की कोई सीमा होती है, न वह अनन्त की ओर प्रवृत्त होता है। उक्त बिन्दु पर फलन दोलन करता है। यह दोलन सान्त (**finite**) भी हो सकता है, अनन्त भी।

$f(x) = \cos\frac{1}{x-3}$ बिन्दु $x=3$ पर सान्त दोलन करता है।

$f(x) = \frac{1}{x-1}\sin\frac{1}{x-1}$ बिन्दु $x=1$ पर अनन्त दोलन करता है।

## प्रश्नावली ( 4.2 )

1—सिद्ध करो कि निम्नलिखित फलन सर्वत्र सतत हैं।

$a+bx$, $\frac{1}{1+x^2}$, $2+x-x^2$, $\sin^m x \cos^n x$ [ $m>0, n>0$ ]

2—फलन $\frac{x^3+64}{x+4}$ का $x=-4$ पर क्या मान हो जिससे कि फलन सभी बिन्दुओं पर सतत हो जाय।

3—सिद्ध कीजिए कि फलन

$$f(x)=x^2 \quad \text{जब } 0<x<1$$
$$=x \quad \text{जब } 1 \leqslant x<2$$
$$=\tfrac{1}{4}x^3 \quad \text{जब } 2 \leqslant x < 3$$

$x=1$ और $x=2$ पर सतत है।

4—सिद्ध कीजिए कि $\sin^2 x$ और $\cos^2 x$, $x$ के हर एक मान के लिए सतत हैं !

5—यदि $f(x)=x$ जब $x>0$
$$=0 \text{ जब } x=0$$
$$=-x \text{ जब } x<0,$$

तो सिद्ध कीजिए कि फलन $f(x)$, $x=0$ पर सतत है।

6—सिद्ध कीजिए कि फलन

$$f(x)=\frac{x-b}{(\sqrt{x}-\sqrt{b})^2}$$

$x=b$ पर असतत है।

7—यदि $f(x)=\frac{1}{5}-x$ जब $0<x<\frac{1}{5}$
$$=\tfrac{1}{5} \quad \text{जब } x=\tfrac{1}{5}$$
$$=\tfrac{6}{5}-x \quad \text{जब } \tfrac{1}{5}<x<1$$
$$=0 \quad \text{जब } x=0$$
$$=1 \quad \text{जब } x=1,$$

तो सिद्ध कीजिए कि फलन $f(x)$, $x=0$, $\frac{1}{5}$ और 1 पर असतत है।

8. निम्नलिखित फलन कहाँ पर असतत हैं :—

$$\frac{1+\sin^2 x}{\cos x}, \quad \frac{x}{(x+1)^4}, \quad \frac{x^2}{3x-4}, \quad \cot x, \ \operatorname{cosec} 2x,$$
$$\frac{1}{x^4-25x+144}.$$

9. सिद्ध कीजिए कि निम्नलिखित फलन $x=0$ और $x=1$ पर असतत है :—

$$f(x) = -x \text{ जब } x \leqslant 0$$
$$= x \text{ जब } 0 < x < 1$$
$$= 2 - x \text{ जब } x \geqslant 1$$

10. सिद्ध कीजिए कि $\tan^{-1}\left(\frac{1}{x+1}\right)$ का मुख्य मान (**Principal Value**), $x = -1$ पर असतत है।

# अध्याय ५

# मानक रूप

## (Standard Forms)

### 5.1. अवकल गुणांक (Differential Coefficient)

आइये, फलन $y=x^2$

पर विचार करें। यदि $x=2$ तो $y=4$ यदि $x=2.5$ तो $y=6.25$ स्पष्ट है कि $x$ को ·5 की वृद्धि देने से $y$ में 2.25 की वृद्धि होती है। इसी प्रकार, यदि $x$ में ·2 की वृद्धि करें तो $y$ में ·84 की वृद्धि होगी। प्राविधिक भाषा में हम $x$ की वृद्धि को $\delta x$ से निरूपित करेंगे और $y$ की वृद्धि को $\delta y$ से। हम यहाँ $x$, $y$, $\delta x$, $\delta y$ और $\delta y/\delta x$ के मानों की एक तालिका बनाते हैं :

| $x$ | 2.5 | 2.2 | 2.1 | 2.01 | 2.001 |
|---|---|---|---|---|---|
| $y$ | 6.25 | 4.84 | 4.41 | 4.0401 | 4.004001 |
| $\delta x$ | .5 | .2 | .1 | .01 | .001 |
| $\delta x$ | 2.25 | .84 | .41 | .0401 | .004001 |
| $\delta y/\delta x$ | 4.5 | 4.2 | 4.1 | 4.01 | 4.001 |

तालिका (5.1)

इस तालिका से स्पष्ट है कि जैसे-जैसे $\delta x$ छोटा होता जाता है, $\delta y$ भी छोटा होता जाता है और अनुपात $\delta y/\delta x$ छोटा होकर 4 के समीपतर होता जाता है।

हम x=3 के लिये भी एक ऐसी ही तालिका तैयार करते हैं :

| x | 3.2 | 3.1 | 3.01 | 3.001 | 3.0001 |
|---|---|---|---|---|---|
| y | 10.24 | 9.61 | 9.0601 | 9·006001 | 9.00060001 |
| δx | .2 | .1 | .01 | .001 | .0001 |
| δy | 1.24 | .61 | .0601 | .006001 | ·00060001 |
| δy/δx | 6.4 | 6·1 | 6.01 | 6.001 | 6.0001 |

तालिका (5.2)

यहाँ हम देखते हैं कि ज्यों-ज्यों $\delta x$ घटता जाता है, अनुपात $\delta y/\delta x$ का मान 6 के समीपतर होता जाता है ।

इन दोनों उदाहरणों से यह अनुमान निकलता है कि कदाचित $x$ के प्रत्येक मान के लिये अनुपात $\delta y/\delta x$ का एक सीमान्त मान होता है । आइये, अब संख्यात्मक मान छोड़ कर हम लोग सार्विक दृष्टि से प्रश्न पर विचार करें ।

यदि $y=x^2$,

तो $y+\delta y=(x+\delta x)^2$

$\therefore \delta y=(x+\delta x)^2-x^2= \delta x(2x+\delta x)$

$$\therefore \frac{\delta y}{\delta x}=2x+\delta x$$

$$\therefore \operatorname{Lt}_{\delta x\to 0} \frac{\delta y}{\delta x}=2x$$

इस प्रकार अनुपात $\delta y/\delta x$ की सीमा $2x$ निकल आई और यह सीमा उपरि-

लिखित दोनों दृष्टान्तों से पूरा-पूरा मेल खाती है, क्योंकि जब $x=2$ तो यह सीमा $=4$ और जब $x=3$ तब यह सीमा$=6$.

अब एक सार्विक फलन $y=f(x)$ ले लीजिये।

हमें प्राप्त है : $y+\delta y=f(x+\delta x)$

$\therefore \delta y=f(x+\delta x)-f(x)$

अत: $\dfrac{\delta y}{\delta x}=\dfrac{f(x+\delta x)-f(x)}{\delta x}$

$$\therefore \underset{\delta x\to 0}{Lt}\ \frac{\delta y}{\delta x}=\underset{\delta x\to 0}{Lt}\ \frac{f(x+\delta x)-f(x)}{\delta x}$$

इस सीमा को हम $f(x)$ का $x$ के प्रति **प्रथम अवकल गुणांक (First Differential Coefficient)** कहते हैं। रीत्यनुसार इस सीमा को हम $\dfrac{dy}{dx}$ से निरूपित करते हैं। अतएव

$$\therefore \frac{dy}{dx}=\underset{\delta x\to 0}{Lt}\ \frac{\delta y}{\delta x}=\underset{\delta x\to 0}{Lt}\ \frac{f(x+\delta x)-f(x)}{\delta x}.$$

5.2 विद्यार्थी को यह बात भली प्रकार हृदयंगम कर लेनी चाहिये कि $\delta y/\delta x$ तो दो छोटी-छोटी राशियाँ $\delta y$ और $\delta x$ का अनुपात है, किन्तु $dy/dx$ दो राशियों का अनुपात नहीं है, वरन् एक सीमा का मान है। $dy/dx$ को "$dy$ और $dx$ का भागफल" कहना उतना ही निरर्थक है जितना "sin $x$" को "sin और $x$ का गुणनफल" कहना।

उक्त सीमा को अन्य कई प्रकार से भी निरूपित किया जाता है :—

$$\frac{d}{dx}f(x),\ \frac{df}{dx},\ f'(x),\ f,\ f,\ f_x,\ y,\ y,\ y,\ d_x y.$$

कभी-कभी $\delta x$ के स्थान पर $h$ भी लिखा जाता है। उक्त दशा में

$$\frac{dy}{dx}=\underset{h\to 0}{Lt}\ \frac{f(x+h)-f(x)}{h}.$$

किन्तु आरम्भ में विद्यार्थी के लिये यही सुगम होगा कि सदैव $\delta x$ ही लिखे ताकि $x$ और $\delta x$ का सम्बन्ध दृष्टिगोचर रहे। इतना याद रखना चाहिये कि '$\delta x$' एक राशि है, $\delta$ और $x$ का गुणनफल नहीं है :

उपरिलिखित से स्पष्ट है कि प्रथम अवकल गुणांक निकालने के लिये हमें ।

(i) $x$ के स्थान पर $(x+\delta x)$ रखना है,

(ii) फल में से फलन का मौलिक मान घटाना है

(iii) शेष को $\delta x$ से भाग देना है,

ओर (iv) भागफल की सीमा निकालनी है जब $\delta x \to 0$.

इस प्रक्रम (**process**) को "$f(x)$ का $x$ के प्रति अवकलन (**Differentiation**) कहते हैं ।

## 5.3 ज्यामितीय अर्थ

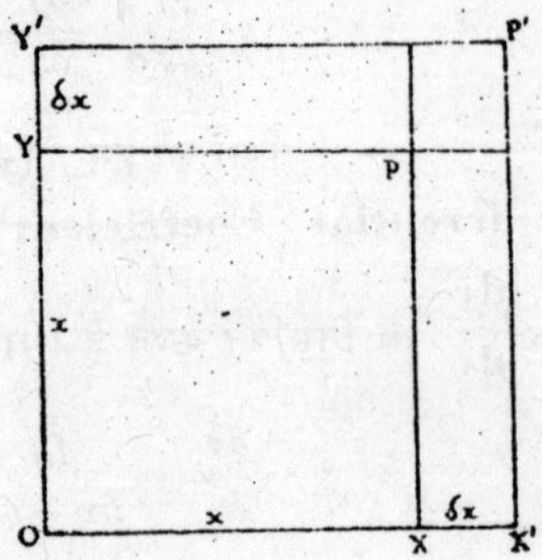


$OX = x$ लेकर उस पर

एक वर्ग $O\,P$ बनाइये । फिर

$O\,X$ को $X'$ तक इतना

बढ़ाइये कि $X\,X' \; \delta\, x$.

$O\,X'$ पर वर्ग $O\,P'$ बनाइये ।

आकृति (5.3)

तो $\delta y = (x+\delta x)^2 - x^2$

$=$ आयत $P\,X'$ + आयत $P\,Y$ + वर्ग $P\,P'$

$= x\delta x + x\delta x + (\delta x)^2 = 2x\delta x + (\delta x)^2$.

यदि $\delta x$ अत्यल्प है तो $(\delta x)^2$ की उपेक्षा कर सकते हैं ।

अतः $y$ की वृद्धि = लगभग $2\times$ आयत P X',

**उदाहरण**--(i) $\sqrt{x}$ का अकलन करो ।

यदि $y = \sqrt{x}$, तो $y + \delta y = \sqrt{x + \delta x}$

$\therefore \delta y = \sqrt{x+\delta x} - \sqrt{x}$

$$\text{अतः} \quad \frac{\delta y}{\delta x} = \frac{\sqrt{x+\delta x} - \sqrt{x}}{\delta x} = \frac{(x+\delta x) - x}{\delta x(\sqrt{x+\delta x} + \sqrt{x})}$$

$$= \frac{1}{\sqrt{x+\delta x} + \sqrt{x}}$$

$$\therefore \frac{dy}{dx} = \underset{\delta x \to 0}{Lt} \frac{\delta y}{\delta x} = \frac{1}{2\sqrt{x}}.$$

(ii) यदि $u=\frac{3}{t^2}$ तो $\frac{du}{dt}$ निकालिये।

हमें हस्तगत है $\frac{du}{dt}=\underset{\delta t\to 0}{Lt}\frac{\frac{3}{(t+\delta t)^2}-\frac{3}{t^2}}{\delta t}$

$=\underset{\delta t\to 0}{Lt}3.\frac{t^2-(t+\delta t)^2}{t^2\,\delta t(t+\delta t)^2}$

$=\underset{\delta t\to 0}{Lt}3.\frac{-2t\delta t-\delta t^2}{t^2\delta t(t+\delta t)^2}=\underset{\delta t\to 0}{Lt}3.\frac{-2t-\delta t}{t^2(t+\delta t)^2}$

$=\frac{-6}{3}$

(iii) यदि $f(x)=4x^3+1$ तो $x=1$ पर $\frac{df}{dx}$ का क्या मान होगा ?

यहाँ $f\ (x+h)=4(x+h)^3+1$

$\therefore \frac{f(x+h)-f(x)}{h}=\frac{1}{h}\ \{4\ (x+h)^3-4x^3\}$

$=\ \frac{4}{h}\ (3x^2h+3xh^2+h^3)=4(3x^2+3xh+h^2)$

$\therefore \frac{df}{dx}=1\,.x^2$

अतएव; $x=1$ पर $\frac{df}{dx}=12.$

## प्रश्नावली (5.1)

१—निम्नलिखित फलनों का अवकलन कीजिए :

$x^2,\ x^6,\ x^{-3},\ x^{\frac{1}{3}},\ x^{\frac{4}{3}},\ x^{\frac{-5}{6}}.\ \sqrt{x},\ \ \sqrt{x^3},\ \ \sqrt{x^{-3}}.$

२. यदि $f\ (x)=ax^2+bx+c,$

तो $x=1$ पर $\frac{df}{dx}$ का मान निकालिए !

3. निम्नलिखित फलनों का प्रथम अवकल गुणांक निकालिए :—

$\frac{ax+b}{cx+d}$

4. $x^n + a^n$

5. $\dfrac{1}{\sqrt{ax-b}}$

6. $x^3+2x^2$

7. $x^4+5x$

8. $(x^2+a^2)^{\frac{3}{2}}$

9. $\dfrac{1}{p-qx}$

10. $\dfrac{1}{\sqrt{x+a}}$

11. $(ax)^m+b^m$

12. $\dfrac{1}{\sqrt{1-x^2}}$

13. $1+x+\left(\dfrac{x^2}{2\,!}\right)+\left(\dfrac{x^3}{3\,!}\right)+\left(\dfrac{x^4}{4\,!}\right)+\ldots\ldots$

14. यदि $f(x)=3+2x$ जब $-\frac{3}{2}<x\leqslant 0,$

$=3-2x$ जब $0<x<\frac{3}{2},$

तो सिद्ध करो कि $x=0$ पर $f(x)$ सतत है परन्तु $f'(o)$ का मान नहीं निकल सकता !

15. यदि $f(x)=x^5+\dfrac{1}{x^5}+x^4+\dfrac{1}{x^4}+x^3+\dfrac{1}{x^3}+13,$

तो $\dfrac{df}{dx}$ का मान निकालिए।

16. यदि $f(x)=2\sqrt{x}+2\sqrt{x^2}+3\sqrt{x^3}+4\sqrt{x^4}+5\sqrt{x^5}$, तो सिद्ध कीजिए कि।

(i) $\dfrac{df}{dx}=\dfrac{1}{\sqrt{x}}+2+\dfrac{9}{2}\sqrt{x}+8\sqrt{x^2}+\dfrac{25}{2}\sqrt{x^3}.$

(ii) $\left(\dfrac{df}{dx}\right)_{x=4}=\dfrac{287}{2}$

5.4 अब हम कुछ मानक रूपों के अवकल गुणांक निकालेंगे।

(i) $y=x^n$.

हमें प्राप्त है $\frac{dy}{dx}=\underset{h\to o}{Lt}\ \frac{(x+h)^n-x^n}{h}$

$$=\underset{h\to o}{Lt}\ x^n.\ \frac{\left(1+\frac{h}{x}\right)^n-1}{h}$$

$$=\underset{h\to o}{Lt}\ x^n.\frac{1}{h}\left[\left\{1+\frac{nh}{x}+\frac{n(n-1)}{2!}.\frac{h^2}{x^2}+\ldots\right\}^*-1\right]$$

$$=\underset{h\to o}{Lt}\ x^n\left[\frac{n}{x}+\frac{n(n-1)}{2!}.\frac{h}{x^2}+\ldots\ldots\right]=n\ x^{n-1}$$

(ii) $y=a^x$

अवकल गुणांक$=\underset{h\to o}{Lt}\ \frac{a^{x+h}-a^x}{h}=a^x\ \underset{h\to o}{Lt}\ \frac{a^h-1}{h}$

$$=a^x\log a \qquad (\S\ 3.10)$$

$$\therefore \frac{d}{dx}(a^x)=a^x\log a$$

उपफल—यदि $a=e$ तो $y=e^x$ और $\log a=1$.

$$\therefore \frac{d}{dx}\left(e^x\right)=e^x.$$

(iii) $y=\log_a x$.

यहाँ $\frac{dy}{dx}=\underset{h\to o}{Lt}\ \frac{\log_a(x+h)-\log_a x}{h}$

$$=\underset{h\to o}{Lt}\ \frac{1}{h}\log_a\left(1+\frac{h}{x}\right)$$

---

* $\frac{h}{x}<1$ क्योंकि $h$ एक अत्यल्प राशि है। अतः द्विपद प्रसार उचित है। इसके अतिरिक्त उपरिलिखित श्रेणी अभिसृत (Convergent) है।

मान लो कि $\frac{x}{h}=t$; तो $t \to \infty$ जब $h \to o$.

$$\therefore \frac{dy}{dx}=\underset{t\to\infty}{Lt} \frac{t}{x} \log_a \left(1+\frac{1}{t}\right)$$

$$=\frac{1}{x}\underset{t\to\infty}{Lt} \log_a \left(1+\frac{1}{t}\right)^t = \frac{1}{x}\log_a e. \text{ [§ 3.10]}$$

उप-फल—यदि $a=e$, तो $y=\log x$

और, $\frac{dy}{dx}=\frac{1}{x}$.

## प्रश्नावली (5.2)

निम्नलिखित फलनों का अवकलन कीजिए :–

(1) $f(x)=ax^3+bx^2+cx+d$.

(2) $f(x)=x^{2n}+2a^n x^n+a^{2n}$.

(3) $(a+bx)^4$.

(4) $x^3+5x^2+a^x$.

(5) $x^n+\frac{1}{x^n}$.

(6) $x_a+e^x$.

(7) $e^{2x}+\log_a x$.

(8) $\log_a x+\log_e x$.

(9) $px^2+qx+r\log_e x$.

(10) $a\,x^n+b\,e^x+c\log_e x+d\log_e x$.

(11) $\frac{1}{5}x^5+3e^x$.

(12) $ax^2+2hx+\frac{pq}{x}+\log_e x$.

(13) $\frac{1}{4}x^4+\frac{1}{3}x^3+\frac{1}{2}x^2-\left[\frac{1}{x^2}+\frac{1}{x}\right]+\log_e x$.

(14) $x^m(a-x)^n$.

(15) $x^n(a^2-x^2)^n$.

5.5 वृत्तीय फलन (Circular Functions)

(i) $y=\sin x$

स्पष्ट है कि $\dfrac{dy}{dx}=\underset{h\to o}{Lt}\ \dfrac{\sin(x+h)-\sin x}{h}$

$$=\underset{h\to o}{Lt}\ \frac{2}{h}\cos\left(x+\frac{h}{2}\right)\sin\frac{h}{2}$$

$$=\underset{h\to o}{Lt}\left\{\cos\left(x+\frac{h}{2}\right)\frac{\sin\frac{h}{2}}{\frac{h}{2}}\right\}$$

But $\underset{h\to o}{Lt}\ \dfrac{\sin\frac{h}{2}}{\frac{h}{2}}=\underset{u\to o}{Lt}\ \dfrac{\sin u}{u}=1$

$$\therefore \frac{dy}{dx}=\underset{h\to o}{Lt}\ \cos\left(x+\frac{h}{2}\right)=\cos x,$$

i.e. $\dfrac{d}{dx}\left[\sin x\right]=\cos x$

(ii) इसी प्रकार यदि $y=\cos x$,

तो $\dfrac{dy}{dx}=-\sin x.$

(iii) $y=\tan x$

यहाँ $\dfrac{dy}{dx}=\underset{h\to o}{Lt}\ \dfrac{\tan(x+h)-\tan x}{h}$

$$=\underset{h\to o}{Lt}\ \frac{1}{h}\left\{\frac{\sin(x+h)}{\cos(x+h)}-\frac{\sin x}{\cos x}\right\}$$

$$=\underset{h\to o}{Lt}\ \frac{\sin(x+h)\cos x-\cos(x+h)\sin x}{h\cos(x+h)\cos x}$$

$$=\underset{h\to o}{Lt}\ \frac{\sin h}{h\cos(x+h)\cos x}=\frac{1}{\cos^2 x}.$$

$$\therefore \frac{d}{dx}(\tan x) = \sec^2 x.$$

(iv) इसी प्रकार $\frac{d}{dx}(\cot x) = -\operatorname{cosec}^2 x.$

(v) $f(x) = \sec x.$

यहाँ $f'(x) = \underset{\delta x \to 0}{Lt} \dfrac{\sec(x+\delta x) - \sec x}{\delta x}$

$$= \underset{\delta x \to 0}{Lt} \frac{1}{\delta x}\left\{\frac{1}{\cos(x+\delta x)} - \frac{1}{\cos x}\right\}$$

$$= \underset{\delta x \to 0}{Lt} \frac{\cos x - \cos(x+\delta x)}{\delta x \cos(x+\delta x)\cos x}$$

$$= \underset{\delta x \to 0}{Lt} \frac{2 \sin \frac{\delta x}{2} \sin\left(x + \frac{\delta x}{2}\right)}{\delta x \cos(x+\delta x) \cos x}$$

$$= \underset{\delta x \to 0}{Lt} \left\{\frac{\sin \frac{\delta x}{2}}{\frac{\delta x}{2}} \cdot \frac{\sin\left(x + \frac{\delta x}{2}\right)}{\cos(x+\delta x)\cos x}\right\} \qquad \frac{\sin x}{\cos^2 x}$$

(ii)

$$\therefore \frac{d}{dx}(\sec x) = \sec x \tan x.$$

(vi) $\frac{d}{dx}(\operatorname{cosec} x) = -\operatorname{cosec} x \cot x.$ (iii)

## प्रश्नावली (5.3)

निम्नलिखित फलनों का अवकलन कीजिए :

(1) $\sin ax$

(2) $\cos ax$

(3) $\tan mx.$

(4) $\cot mx.$

(5) $\sec nx.$

(6) $\text{cosec } nx$.

(7) $\sin^2 x$.

(8) $\cos^2 x$.

(9) $\sin x+\cos x+x^3$.

(10) $x-\tan x$.

(11) $\sin \sqrt{x}$.

(12) $\sin x^2$.

(13) $\cos x^2$.

(14) $\log_e x+e^x+\sin x$.

(15) $x^{n+m}+\log_e x+\tan x$.

5.6 प्रतिलोम वृत्तीय फलन (**Inverse Circular Functions**)

(i) $y=\sin^{-1} x$.

मान लो कि $Y=\sin^{-1}(x+h)$.

तो $x = \sin y$ और $x+h=\sin Y$.

$\therefore h = \sin Y-\sin y$.

$$\text{अतएव} \frac{dy}{dx} = \underset{h\to 0}{Lt} \frac{\sin^{-1}(x+h)-\sin^{-1}x}{h}$$

$$= \underset{Y\to y}{Lt} \frac{Y-y}{\sin Y-\sin y} = \underset{Y\to y}{Lt} \frac{Y-y}{2\sin\frac{Y-y}{2}\cos\frac{Y+y}{2}}$$

$$= \underset{Y\to y}{Lt} \frac{\frac{Y-y}{2}}{\sin\frac{Y-y}{2}} \cdot \frac{1}{\cos\frac{Y+y}{2}} = \frac{1}{\cos y}$$

$$= \frac{1}{\sqrt{1-\sin^2 y}} = \frac{1}{\sqrt{1-x^2}}$$

$$\therefore \frac{d}{dx}\left(\sin^{-1}x\right) = \frac{1}{\sqrt{1-x^2}}$$

(ii) $\frac{d}{dx}\left(\cos^{-1}x\right)=-\frac{1}{\sqrt{1-x^2}}$

(iii) $y=\tan^{-1}x$

मान लो कि $Y=\tan^{-1}(x+h)$

तो $x=\tan y$, $x+h=\tan Y$.

और $h=\tan Y-\tan y$.

$$\therefore \frac{dy}{dx}=\underset{h\to 0}{Lt}\frac{\tan^{-1}(x+h)-\tan^{-1}x}{h}$$

$$=\underset{Y\to y}{Lt}\frac{Y-y}{\tan Y-\tan y}$$

$$=\underset{Y\to y}{Lt}\frac{Y-y}{\frac{\sin Y}{\cos Y}-\frac{\sin y}{\cos y}}$$

$$=\underset{Y\to y}{Lt}\frac{(Y-y)\cos Y\cos y}{\sin Y\cos y-\cos Y\sin y}$$

$$=\underset{Y\to y}{Lt}\frac{(Y-y)\cos Y\cos y}{\sin(Y-y)}$$

$$=\underset{Y\to y}{Lt}\frac{\frac{Y-y}{2}}{\sin\frac{Y-y}{2}}\cdot\frac{1}{\cos\frac{Y-y}{2}}.\cos Y\cos y$$

$$=\cos^2 y=\frac{1}{1+\tan^2 y}=\frac{1}{1+x^2}$$

अतः $\frac{d}{dx}(\tan^{-1}x)=\frac{1}{1+x^2}$.

(iv) $\frac{d}{dx}(\cot^{-1}x)=-\frac{1}{1+x^2}$

(v) $y=\sec^{-1}x$

यदि $Y=\sec^{-1}(x+\delta x)$

तो $x = \sec y$ और $x + \delta x = \sec Y$.

$\therefore\ \delta x = \sec Y - \sec y$.

हमें हस्तगत है

$$f'(x) = \underset{\delta x \to 0}{Lt} \frac{\sec^{-1}(x+\delta x) - \sec^{-1} x}{\delta x}$$

$$= \underset{Y \to y}{Lt} \frac{Y - y}{\sec Y - \sec y} = \underset{Y \to y}{Lt} \frac{Y - y}{\dfrac{1}{\cos Y} - \dfrac{1}{\cos y}}$$

$$= \underset{Y \to y}{Lt} \frac{(Y - y)\cos y}{\cos y - \cos Y}$$

$$= \underset{Y \to y}{Lt} \frac{(Y - y)\cos Y \cos y}{2 \sin \dfrac{Y+y}{2} \sin \dfrac{Y-y}{2}}$$

$$= \underset{Y \to y}{Lt} \frac{\dfrac{Y-y}{2}}{\sin \dfrac{Y-y}{2}} \cdot \frac{\cos Y \cos y}{\sin \dfrac{Y+y}{2}}$$

$$= \frac{\cos^2 y}{\sin y} = \frac{\cos^2 y}{\sqrt{1 - \cos^2 y}} = \frac{\dfrac{1}{x^2}}{\sqrt{1 - \dfrac{1}{x^2}}}$$

$$= \frac{1}{x\sqrt{x^2 - 1}}.$$

$$\therefore \frac{d}{dx}(\sec^{-1} x) = \frac{1}{x\sqrt{x^2 - 1}}$$

(vi) $\dfrac{d}{dx}(\operatorname{cosec}^{-1} x) = -\dfrac{1}{x\sqrt{x^2 - 1}}$

(vii) $y = \text{vers}^{-1} x$.

यदि $Y = \text{vers}^{-1}(x + h)$

तो $x = \text{vers}\, y = (1 - \cos y)$

और $x+h = \text{vers } Y = (1-\cos Y)$

$$\therefore h=(1-\cos Y)-(1-\cos y)=\cos y-\cos Y$$

अतः $\dfrac{dy}{dx}=\underset{h\to 0}{Lt}\ \dfrac{\text{vers}^{-1}(x+h)-\text{vers}^{-1}x}{h}$

$$=\underset{Y\to y}{Lt}\ \frac{Y-y}{\cos y-\cos Y}=\underset{Y\to y}{Lt}\ \frac{\frac{Y-y}{2}}{\sin\frac{Y-y}{2}}\cdot\frac{1}{\sin\frac{Y+y}{2}}$$

$$=\frac{1}{\sin y}=\frac{1}{\sqrt{1-\cos^2 y}}=\frac{1}{\sqrt{1-(1-x)^2}}=\frac{1}{\sqrt{2x-x^2}}$$

इस प्रकार, $\dfrac{d}{dx}\ (\text{vers}^{-1}x)\ =\ \dfrac{1}{\sqrt{2x-x^2}}$

(viii) इसी प्रकार,

$$\frac{d}{dx}(\text{covers}^{-1}x)=-\frac{1}{\sqrt{2x-x^2}}$$

## 5.7 सारांश

| $f(x)$ | $f'(x)$ |
|---|---|
| $x^n$ | $n\ x^{n-1}$ |
| $a^x$ | $a^x \log a$ |
| $e^x$ | $e^x$ |
| $\log_a x$ | $\dfrac{1}{x}\log_a e$ |
| $\log x$ | $\dfrac{1}{x}$ |
| $\sin x$ | $\cos x$ |
| $\cos x$ | $-\sin x$ |
| $\tan x$ | $\sec^2 x$ |
| $\cot x$ | $-\text{cosec}^2 x$ |
| $\sec x$ | $\sec x \tan x$ |
| $\text{cosec } x$ | $-\text{cosec } x \cot x$ |

| | |
|---|---|
| vers $x$ | $\sin x$ |
| covers $x$ | $-\cos x$ |
| $\sin^{-1}x$ | $\dfrac{1}{\sqrt{1-x^2}}$ |
| $\cos^{-1}x$ | $-\dfrac{1}{\sqrt{1-x^2}}$ |
| $\tan^{-1}x$ | $\dfrac{1}{1+x^2}$ |
| $\cot^{-1}x$ | $-\dfrac{1}{1+x^2}$ |
| $\sec^{-1}x$ | $\dfrac{1}{x\sqrt{x^2-1}}$ |
| $\text{cosec}^{-1}x$ | $-\dfrac{1}{x\sqrt{x^2-1}}$ |
| $\text{vers}^{-1}x$ | $\dfrac{1}{\sqrt{2x-x^2}}$ |
| $\text{covers}^{-1}x$ | $-\dfrac{1}{\sqrt{2x-x^2}}$ |

## प्रश्नावली (5.4)

निम्नलिखित फलनों का अवकलन करो !

(1) $\sin^{-1}x + \cos^{-1}x$.

(2) $\sin^{-1}x^2$, $\sin^{-1}x^3$.

(3) $\text{sech}^{-1}x + \text{cosech}^{-1}x$.

(4) $\tan^{-1}x + \cot^{-1}x$.

(5) $\tan^{-1}(\sqrt{x})$

(6) $x^n + \sin^{-1}x + a^n$.

(7) $(1-x^2)^{3/2} + 3\cos^{-1}x$

(8) $\log_e x + 2\sin^{-1}x + \cos^{-1}x$

(9) $e_x + \log_e x - \tan^{-1}x$

(10) $\sin^{-1}x + \cos^{-1}x + \tan^{-1}x + \cot^{-1}x + \sec^{-1}x + \operatorname{cosec}^{-1}x$

(11) $\sin^{-1}ax, \cos^{-1}ax, \tan^{-1}mx, \cot^{-1}nx.$

(12) $\sin^{-1}\dfrac{x}{a}, \cos^{-1}\dfrac{x}{b}, \tan^{-1}\dfrac{x}{m}, \cot^{-1}\dfrac{x}{n}.$

(13) $\tan^{-1}\dfrac{2x}{1-x^2}, \quad \sin^{-1}\dfrac{2x}{1+x^2}$

(14) $\dfrac{a}{x} + \dfrac{x}{a} + \cos^{-1}x.$

(15) $\sin x + \sin^{-1}x, \cos x + \cos^{-1}x.$

5·8 उदाहरण (i) $y = \sqrt{\sin x}$.

हमें हस्तगत है $\dfrac{dy}{dx} = \underset{h\to o}{\mathrm{Lt}} \dfrac{\sqrt{\sin(x+h)} - \sqrt{\sin x}}{h}$

$$= \underset{h\to o}{\mathrm{Lt}} \frac{\sin(x+h) - \sin x}{h\left(\sqrt{\sin(x+h)} + \sqrt{\sin x}\right)}$$

$$= \underset{h\to o}{\mathrm{Lt}} \frac{2\cos\left(x+\frac{h}{2}\right)\sin\frac{h}{2}}{h\left(\sqrt{\sin(x+h)} + \sqrt{\sin x}\right)}$$

$$= \underset{h\to o}{\mathrm{Lt}} \frac{\sin\frac{h}{2}}{\frac{h}{2}} \cdot \frac{\cos\left(x+\frac{h}{2}\right)}{\sqrt{\sin(x+h)} + \sqrt{\sin x}}$$

$$= \frac{\cos x}{2\sqrt{\sin x}}$$

(ii) $y = \cos^2 x$.

$$\frac{dy}{dx} = \underset{\delta x\to o}{\mathrm{Lt}} \frac{\cos^2(x+\delta x) - \cos^2 x}{\delta x}$$

$$= \underset{\delta x\to o}{\mathrm{Lt}} \frac{\{\cos(x+\delta x) + \cos x\}\{\cos(x+\delta x) - \cos x\}}{\delta x}$$

$$=\underset{\delta x\to 0}{\text{Lt}}\ \frac{2\cos\left(x+\frac{\delta x}{2}\right)\cos\frac{\delta x}{2}\ 2\sin\left(x+\frac{\delta x}{2}\right)-\ \frac{\delta x}{2}\Big)}{\delta x}$$

$$=-\underset{\delta x\to 0}{\text{Lt}}\ \frac{\sin\delta x}{\delta x}\sin\ (2x+\delta x)=-\sin\ 2x.$$

## प्रश्नावली (5.5)

निम्नलिखित फलनों का अवकलन प्रथम सिद्धान्तों द्वारा कीजिए :—

(1) $\sqrt{\cos x}$, $\sin^2 x$, $\sin x^2$, $\cos x^2$.

(2) $\frac{x^2+a}{x^3+b}$, $\frac{\cos x}{\log x}$, $\frac{\tan x}{x^2}$.

(3) $\sin x^3$, $\sin e^x$, $\sin 2x$, $\log \sin x$

(4) $e^{\tan x}$, $\cos^2(\log x)$, $\sin x \cos x$, $x^3 \sin x$.

(5) $a\sqrt{x}$, $\tan^{-1}x$, $\sqrt{a^2-x^2}$.

(6) $\cos(\log x)$, $\log \sin^{-1}x$

(7) $x^n \sin ax$.

# अध्याय ६

# मूल नियम

## FUNDAMENTAL RULES

6.1 **अचर (constant)** का अवकल गुणांक ।

मान लो कि $y=c$, एक अचर ।

यत: अचर में कोई हेर-फेर नहीं होता,

अत: $y+\delta y=c$.

$$\therefore \quad \frac{dy}{dx}=\underset{\delta x\to 0}{Lt}\frac{\delta y}{\delta x}=\underset{\delta x\to 0}{Lt}\frac{0}{\delta x}=0.$$

इस प्रकार हम देखते हैं कि किसी भी अचर राशि का अवकल गुणांक शून्य होता है । *

6.2 अचर और फलन का गुणनफन ।

यदि $c$ कोई अचर है तो

$$\frac{d}{dx}\{cf(x)\}=\underset{h\to 0}{Lt}\frac{cf(x+h)-cf(x)}{h}$$

$$=c\underset{h\to 0}{Lt}\frac{f(x+h)-f(x)}{h}=c\frac{d}{dx}\left\{f(x)\right\}.$$

**उदाहरण** (*i*) $\frac{d}{dx}\left\{5\sin x\right\}=5\frac{d}{dx}(\sin x)$

$$=5\cos x$$

(*ii*) $\frac{d}{dx}\left\{ce^{x}\right\}=c\frac{d}{dx}(e^{x})=ce^{x}$

---

*आगे चल कर हम देखेंगे कि इस फल का ज्यामितीय अर्थ यह है : $y=c$ एक ऐसी ऋजु रेखा का समीकरण है जो $x$-अक्ष के समान्तर है । ऋजु रेखा के किसी बिन्दु पर वह स्वयं ही अपना स्पर्शी होती है । और ऐसी रेखा $x$-अक्ष से शून्य का कोण बनाती है ।

अत: $\frac{dy}{dx}=0$

इस प्रकार हम देखते हैं कि $(c\,e^x)$ के प्रथम, द्वितीय, तृतीय........अवकल गुणांक सब $c\,e^x$ ही होते हैं।

**6.3 दो फलनों का योग**

यदि $f(x) = f_1(x) + f_2(x)$,

तो $f(x+h) = f_1(x+h) + f_2(x+h)$.

$$\therefore \frac{d}{dx} f(x) = \underset{h \to 0}{Lt} \frac{f(x+h) - f(x)}{h}$$

$$= \underset{h \to 0}{Lt} \frac{f_1(x+h) + f_2(x+h) - \{f_1(x) + f_2(x)\}}{h}$$

$$= \underset{h \to 0}{Lt} \frac{f_1(x+h) - f_1(x)}{h} + \underset{h \to 0}{Lt} \frac{f_2(x+h) - f_2(x)}{h}$$

$$= \frac{d}{dx} f_1(x+h) + \frac{d}{dx} f_2(x+h).$$

उपफल (1)

$$\frac{d}{dx}\{f_1(x) - f_2(x)\} = \frac{d}{dx} f_1(x) - \frac{d}{dx} f_2(x).$$

$$(2) \frac{d}{dx}\{f_1(x) + f_2(x) + \ldots\ldots\ldots + f_n(x)\}$$

$$= \frac{d}{dx} f_1(x) + \frac{d}{dx} f_2(x) + \ldots\ldots\ldots + \frac{d}{dx} f_n(x).$$

उदाहरण (i) $\frac{d}{dx}\{x(x^3 + 2x + 1)\}$

$$= \frac{d}{dx}(x^4) + \frac{d}{dx}(2x^2) + \frac{d}{dx}(x) = 4x^3 + 4x + 1$$

(ii) $\frac{d}{dx}(\text{vers}\ \ ) = \frac{d}{dx}(1 - \cos x) = \sin x$

(iii) $\frac{d}{dx}\{5e^x - 3\cos x + 2\log x\}$

$$= \frac{d}{dx}(5e^x) - \frac{d}{dx}(3\cos x) + \frac{d}{dx}(2\log x)$$

0

$$= 5\,e^x + 3\sin x + \frac{2}{x}.$$

## प्रश्नावली (6.1)

निम्नलिखित फलनों का अवकलन कीजिए :—

(1) $x^5+x^4+x^3-x^2-x-1.$

(2) $x^6+3x^2+6x.$

(3) $ax(b+cx)^3.$

(4) $5e^x+6\log_e x.$

(5) $x^{-n}(ax+b)^n$ ,

(6) $9a^x+3\log_a x.$

(7) $(x^2-2)^4.$

(8) $(x+2)(x-1)^2.$

(9) $\dfrac{(1+x)^3-1}{x}$

(10) $\dfrac{x^3+x^2-x-1}{x-1}.$

(11) $\dfrac{(x^2+4x+3)(x^2+7x+10)(x+4)}{(x+5)}$

(12) $(x+1)(x-1)(x+2)(x-2)$

(13) $\dfrac{2x^6+3x^2-4}{x^3}$

## 6.4 दो फलनों का गुणनफल ।

मान लीजिये कि $f(x)=f_1(x)f_2(x)$

तो $f(x+h)=f_1(x+h)f_2(x+h)$

$$\therefore \frac{df}{dx}=\underset{h\to 0}{Lt}\frac{f(x+h)-f(x)}{h}$$

$$=\underset{h\to 0}{Lt}\frac{1}{h}\{f_1(x+h)f_2(x+h)-f_1(x)f_2(x)\}$$

$$=\underset{h\to 0}{Lt}\frac{1}{h}[f_1(x+h)\{f_2(x+h)-f_2(x)\}$$
$$+f_2(x)\{f_1(x+h)-f_1(x)\}]$$

$$=\underset{h\to 0}{Lt}f_1(x+h).\frac{f_2(x+h)-f_2(x)}{h}$$
$$+\underset{h\to 0}{Lt}f_2(x)\frac{f_1(x+h)-f_1(x)}{h}$$

$$= f_1(x)\frac{df_2}{dx} + f_2(x)\frac{df_1}{dx}.$$

अर्थात, दो फलनों के गुणनफल का अवकल गुणांक = प्रथम फलन × द्वितीय फलन का अवकल गुणांक + द्वितीय फलन × प्रथम फलन का अवकल गुणांक

**उदाहरण** (i) $\frac{d}{dx}(\sin x \cos x) = \sin x(-\sin x) + \cos x(\cos x)$

$$= \cos^2 x - \sin^2 x = \cos 2x$$

(ii) $\frac{d}{dx}(e^x \sin x) = e^x \cos x + \sin x(e^x)$

$$= e^x(\cos x + \sin x)$$

(iii) $\frac{d}{dx}(x^2 - 3)(\cos x + e^x)$

$$= (x^2 - 3)(-\sin x + e^x) + (\cos x + e^x)(2x)$$

$$= 2x \cos x - \sin x(x^2 - 3) + e^x(x^2 + 2x - 3).$$

**उपप्रमेय**—किसी परिमित संख्या के फलनों के गुणनफल का अवकल गुणांक निकालने के लिये प्रत्येक फलन के अवकल गुणांक को शेष फलनों के गुणनफल से गुणा करो। फिर सब फलों को जोड़ दो।

**उदाहरण** $\frac{d}{dx}(x^2 e^x \sin x)$

$$= 2x(e^x \sin x) + e^x(x^2 \sin x) + x^2 e^x(\cos x)$$

$$= e^x(x^2 \sin x + x^2 \cos x + 2x \sin x).$$

## प्रश्नावली (6.2)

निम्नलिखित फलनों का अवकलन कीजिए—

(१) $x^n \sin ax$.

(२) $x^n \cos x$.

(३) $(a-x)^n (b-x)^n$.

(४) $e^x (a+bx) \log x$.

(५) $(x^3+x^2+x+1) \sin x$.

(6) $x^2 \log x$

(7) $x^n e^{ax}$

(8) $\dfrac{x}{(a^2-x^2)^{3/2}}$

(9) $e^{ax} . \sin bx$

(10) $\sin mx. \cos nx.$

(11) $x^n \sin^n nx.$

(12) $(3x-5)(3-5x).$

(13) $\sqrt{x}. \tan x$

(14) $(1+x)(1+2x)(1+3x).$

(15) $\sqrt{x}. \sin \sqrt{x}.$

(16) $\sin x \sin 2x \sin 3x \sin 4x.$

(17) $\sqrt{\{(a^2-x^2)/(b+x)\}}.$

(18) $\sin^2 x \cos^2 x.$

(19) $\sec x \tan x.$

(20) $x \tan x. \log x.$

(21) $x^n \tan^m ax.$

(22) $x^3. e^{ax}. \log_e x \operatorname{cosec} x.$

(23) $\sin^m ax \cos^n bx.$

(24) $x^5 \sin^{-1} x.$

(25) $e^x \cos^{-1} x$

(26) $\tan^{-1} x. \log x.$

(27) $x^7 e^x . \sec^{-1} x.$

(28) $\sin^{-1} x \cos^{-1} x.$

(29) $\sin^{-1} ax. \tan^{-1} bx.$

(30) $\cos^{-1} mx. \sec^{-1} nx.$

(31) $(p+qx). \sin x \sin^{-1} x.$

(32) $x^5 e^x . \tan^{-1} x.$

(33) $x^4. \log_e x. \sin^{-1} x.$

(३४) $x^2 \log_e x. \sec x.$

(३५) $(1+x^2). e^{-x} \tan^{-1} x.$

## 7.5 दो फलनों का भजनफल

मान लो कि $f(x)=f_1(x)/f_2(x)$

तो $f(x+h)=f_1(x+h)/f_2(x+h)$

$$\therefore \frac{d}{dx}\left\{\frac{f_1(x)}{f_2(x)}\right\}=\underset{h\to 0}{Lt}\frac{1}{h}\left[\frac{f_1(x+h)}{f_2(x+h)}-\frac{f_1(x)}{f_2(x)}\right]$$

$$=\underset{h\to 0}{Lt}\frac{f_1(x+h)f_2(x)-f_2(x+h)f_1(x)}{hf_2(x+h)f_2(x)}$$

$$=\underset{h\to 0}{Lt}\frac{f_2(x)\{f_1(x+h)-f_1(x)\}-f_1(x)\{f_2(x+h)-f_2(x)\}}{hf_2(x+h)f_2(x)}$$

$$=\underset{h\to 0}{Lt}\frac{f_2(x)\dfrac{f_1(x+h)-f_1(x)}{h}-f_1(x)\dfrac{f_2(x+h)-f_2(x)}{h}}{f_2(x+h)f_2(x)}$$

$$=\frac{f_2(x)\dfrac{df_1}{dx}-f_1(x)\dfrac{df_2}{dx}}{\{f_2(x)\}^2}.$$

अतः दो फलनों के भजनफल का अवकल गुणांक

$$=\frac{(\text{हर})\ (\text{अंश का अवकल गुणांक})-\text{अंश}\ (\text{हर का अवकल गुणांक})}{(\text{हर})^2}$$

**उदाहरण** (i) $\dfrac{d}{dx}(\cot x)=\dfrac{d}{dx}\left(\dfrac{\cos x}{\sin x}\right)$

$$=\frac{\sin x(-\sin x)-\cos x(\cos x)}{\sin^2 x}=-\frac{1}{\sin^2 x}=-\operatorname{cosec}^2 x$$

(ii) $\dfrac{d}{dx}\left(\dfrac{e^x}{x^2\cos x}\right)=\dfrac{x^2\cos x.\ e^x-e^x(-x^2\sin x+2x\cos x)}{x^4\cos^4 x}$

$$=\frac{x^2\cos x+x^2\sin x-2x\cos x}{x^4\cos^4 x}.\ e^x=\frac{x(\cos x+\sin x)-2\cos x}{x^3\cos^4 x}e^x$$

(iii) $\dfrac{1}{ax+b}$ का अवकलन करो।

$$\frac{d}{dx}\left(\frac{1}{a\,x+b}\right)=\frac{(a\,x+\mathrm{b})\,(0)-1\,(a)}{(a\,x+\mathrm{b})^2}=-\frac{a}{(a\,x+\mathrm{b})^2}.$$

(iv) $\frac{3\,x-2}{5\,x+4}$ का अवकलन करो ।

**प्रथम विधि—** $\frac{d}{dx}\left(\frac{3\,x-2}{5\,x+4}\right)$

$$=\frac{(5x+4)\,(3)-(3x-2)\,(5)}{(5x+4)^2}=\frac{22}{(5x+4)^2}$$

**द्वितीय विधि—** $\frac{d}{dx}\left(\frac{3x-2}{5x+4}\right)$

$$=(3x-2)\frac{d}{dx}\left(\frac{1}{5x+4}\right)+\frac{1}{5x+4}\;\frac{d}{dx}\;(3x-2)$$

$$=(3x-2)\,\frac{-5}{(5x+4)^2}+\frac{1}{5x+4}\,(3)\quad\text{[देखिये उदाहरण (iii)]}$$

$$=\frac{-5(3x-2)+3(5x+4)}{(5x+4)^2}=\frac{22}{(5x+4)^2}$$

**तृतीय विधि—दिया हुआ व्यंजक**

$$=\frac{3}{5}+\left(\frac{3x-2}{5x+4}-\frac{3}{5}\right)$$

$$=\frac{3}{5}-\frac{22}{5\,(5x+4)}$$

$$\therefore\frac{d}{dx}\left(\frac{3x-2}{5x+4}\right)=\frac{d}{dx}\left[-\frac{22}{5(5x+4)}\right]$$

$$=-\frac{22}{5}\;\frac{d}{dx}\;\left(\frac{1}{5x+4}\right)=-\frac{22}{5}.\;\frac{-5}{(5x+4)^2}$$

$$=\frac{22}{(5x+4)^2}.$$

## प्रश्नावली (6.3)

निम्नलिखित फलनों का अवकलन कीजिए :—

(1) $\frac{3x+7}{7x+3}$

(2) $\dfrac{7x^2+6x+5}{5x^2+6x+7}$.

(3) $\dfrac{1+x}{1-x}$.

(4) $\dfrac{(1+x)^2}{(1+2x)^3}$.

(5) $\dfrac{(5x^2-3)(1+x^2)^{\frac{1}{2}}}{x^3}$

(6) $\dfrac{\sqrt{a}+\sqrt{x}}{\sqrt{a}-\sqrt{x}}$.

(7) $\dfrac{x}{\sqrt{2ax-x^2}}$.

(8) $\dfrac{1+x^2}{1-x^2}$.

(9) $\dfrac{1+x}{\sqrt{x}}$.

(10) $\dfrac{1+x+x^2}{1-x+x^2}$:

(11) $\sqrt{\dfrac{a^2-x^2}{a^2+x^2}}$.

(12) $\left(\dfrac{a^2-x^2}{a^2+x^2}\right)^2$.

(13) $\dfrac{x^4-2+x^{-4}}{x^2-2+x^{-2}}$.

(14) $\dfrac{x^{1/3}+x^{-1/3}}{x^{1/5}+x^{-1/5}}$.

(15) $\left(\dfrac{a-x}{b-x}\right)^n$.

(16) $\dfrac{\sqrt{x^2+1}-\sqrt{x^2-1}}{\sqrt{x^2+1}+\sqrt{x^2-1}}$.

(17) $\dfrac{1}{\sin x}$, $\dfrac{1}{\cos x}$.

(18) $\dfrac{\sin x}{\cos x}$.

(19) $\dfrac{\sin x}{x}$, $\dfrac{x^2+e^x}{\sin x}$.

(20) $\dfrac{\sin x}{\log x}$, $\dfrac{\cos x}{\log x}$.

(21) $\dfrac{e^{-x}+\tan x}{\cot x+x^n}$.

(22) $\dfrac{\tan x-\cot x}{\tan x+\cot x}$.

(23) $\dfrac{1-\cos x}{1+\cos x}$.

(24) $\dfrac{1+\sin 2x}{1-\sin 2x}$.

(25) $\dfrac{\tan x+\cot x}{\log x}$.

(26) $\dfrac{x \tan x}{\tan 2x}$.

(27) $\dfrac{1+\sin^2 x}{1-\sin^2 x}$.

(28) $\dfrac{x+\tan x}{5x^2+2}$.

(29) $\dfrac{x^n}{\log_a x}$, $\dfrac{x^n}{\log_e x}$, $\dfrac{e^x}{\log_e x}$.

(30) $\dfrac{\cos x-\cos 2x}{1-\cos x}$.

(31) $\dfrac{px^2+q}{\sin x+\cos x}$.

(32) $\dfrac{\sin^2 x}{1+\cos x}$.

(33) $\dfrac{\sin x+\cos x}{\sin x-\cos x} x^2 e^x$.

(34) $\dfrac{\tan x}{x}$. $e^x \log_e x$.

(35) $\dfrac{x \cos^{-1} x}{\sqrt{1-x^2}}$, $\dfrac{x \sin^{-1} x}{\sqrt{1-x^2}}$.

## 6.6 फलन के फलन का अवकल गुणांक

कभी-कभी हमारा साम्मुख्य $\cos x^3$ जैसे फलन से पड़ जाता है। यहां $\cos x^3$ फलन है $x^3$ का जो स्वयं फलन है $x$ का। जो नियम हम ने अभी तक दिये हैं उन से ऐसे फलन का अवकल गुणांक नही निकल सकता। ऐसे फलनों को 'फलनों के फलन' कहते हैं। कभी-कभी ऐसे फलन का भी अवकल गुणांक निकालना पड़ता है जो फलन के फलन के फलन के...... का फलन हो। फलन

$$\sin \log \cos e^{3x}$$

ऐसा ही फलन है।

हम पहले 'फलन के फलन' के फलन के अवकल गुणांक का नियम निकालेंगे।

**पहली विधि**—मान लीजिये कि

$f(x) = f_1 \{f_2(x)\}$

तो $f(x+h) = f_1 \{f_2(x+h)\}$

यदि हम $f_2(x) = u$ रक्खें तो $f_2(x+h) = u+k$.

स्पष्ट है कि जब $h \to 0$, तब $f_2(x+h) \to f_2(x)$* और $k \to 0$.

$$\therefore \frac{df}{dx} = \underset{h\to 0}{Lt} \frac{f_1\{f_2(x+h)\} - f_1\{f_2(x)\}}{h}$$

$$= \underset{h\to 0}{Lt} \frac{f_1(u+k) - f_1(u)}{h}$$

---

*हम यहां माने लेते हैं कि $f_2(x)$ एक सतत फलन है।

$$= \underset{h \to 0}{Lt} \left\{ \frac{f_1(u+k) - f_1(u)}{k} \frac{k}{h} \right\}.$$

$$= \underset{h \to 0}{Lt} \left\{ \frac{f_1(u+k) - f_1(u)}{k} \frac{f_2(x+h) - f_2(x)}{h} \right\}$$

$$\underset{h \to 0}{Lt} \frac{f_1(u+k) - f_1(u)}{k}. \underset{h \to 0}{Lt} \frac{f_2(x+h) - f_2(x)}{h}$$

$$= \frac{df_1}{du} \frac{df_2}{dx} = \frac{df_1}{du} \frac{du}{dx}.$$

इस प्रकार, $\frac{df}{dx} = \frac{df}{du} \cdot \frac{du}{dx}$.

**दूसरी विधि**—हमें हस्तगत है

$$\frac{df}{dx} = \underset{\delta x \to 0}{Lt} \frac{\delta f}{\delta x} = \underset{\delta x \to 0}{Lt} \left( \frac{\delta f}{\delta u} \cdot \frac{\delta u}{\delta x} \right)$$

जब $\delta x \to 0$ तब $\delta u \to 0$. अत:

$$\frac{df}{dx} = \left( \underset{\delta u \to 0}{Lt} \frac{\delta f}{\delta u} \right) \left( \underset{\delta x \to 0}{Lt} \frac{\delta u}{\delta x} \right)$$

$$= \frac{df}{du} \cdot \frac{du}{dx} \qquad (1)$$

यहां विद्यार्थी इस भ्रम में पड़ सकता है कि समीकरण (१) उतना ही स्पष्ट है जितना समीकरण

$$\frac{\delta f}{\delta x} = \frac{\delta f}{\delta u} \cdot \frac{\delta u}{\delta x} \qquad (2)$$

किन्तु यहां ध्यान देने योग्य बात यह है कि समीकरण (२) में $\delta f/\delta u$ दो छोटी-छोटी राशियों का भजनफल है। इसी प्रकार $\delta u/\delta x$ दो छोटी राशियों का भजनफल है। किन्तु समीकरण (१) $= df/du$ दो राशियों का भजनफल नहीं है, वरन् यह एक राशि है जो $\delta f/\delta u$ की सीमा निकालने से प्राप्त हुई है। $df/du$ में $df$ और $du$ का एक दूसरे से पृथक कोई अस्तित्व नहीं है।

**उदाहरण**—(i) $y = (3x+2)^6$.

यदि $u = 3x + 2$ तो $y = u^6$.

$$\therefore \frac{dy}{dx} = \frac{dy}{du} \cdot \frac{du}{dx} = 6u^5 . 3 = 18\ (3x+2)^5$$

(ii) $y = \log \sin x.$

यदि $u = \sin x$ तो $y = \log u.$

$$\therefore \frac{dy}{dx} = \frac{dy}{du} \cdot \frac{du}{dx} = \frac{1}{u} . \cos x$$

$$= \frac{\cos x}{\sin x} = \cot x.$$

6.7 उपरिलिखित नियम की विस्तृति इस रूप में होगी :—

यदि $y = f_1\ (u),$

जिसमें $u = f_2\ (v),$

जिसमें $v\ = f_3\ (w)$

तो $\dfrac{dy}{dw} = \dfrac{dy}{du} \cdot \dfrac{du}{dv} \cdot \dfrac{dv}{dw}.$

इस नियम को हम आवश्यकतानुसार जितना चाहें बढ़ा सकते हैं।

उदाहरण (i) $y = e^{\cos\ (7\ x-2)}$

यहाँ $y = e^{u},$

जिसमें $u = \cos v,$

जिसमें $v = 7\ x - 2.$

$$\therefore \frac{dy}{dx} = \frac{dy}{du} \cdot \frac{du}{dv} \cdot \frac{dv}{dx}.$$

$$= e^{u} . (-\sin v) . 7$$

$$= -\ 7 \sin\ (7\ x-2)\ e^{\cos\ (7\ x-2)} .$$

(ii) $y = \log \left\{ \sin\left(\tan \sqrt{x^2 - 1}\right) \right\}.$

स्पष्ट है कि

$y\ =\ \log u,$

जिसमें $u\ =\ \sin v,$

जिसमें $v\ =\ \tan w,$

जिसमें $w\ =\ \sqrt{t}$

और $t = x^2 - 1$.

$$\therefore \frac{dy}{dx} = \frac{dy}{du} \cdot \frac{du}{dv} \cdot \frac{dv}{dw} \cdot \frac{dw}{dt} \cdot \frac{dt}{dx}.$$

$$= \frac{1}{u} \cos v . \sec^2 w . \frac{1}{2\sqrt{t}} . 2x$$

$$= \frac{x}{\sqrt{x^2-1}} . \sec^2 (\sqrt{x^2-1}) . \frac{\cos (\tan \sqrt{x^2-1})}{\sin (\tan \sqrt{x^2-1})}.$$

## प्रश्नावली (6.4)

निम्नलिखित फलनों का अवकलन कीजिए :—

(1) $e^{\sin x}$, $e^{\cos x}$, $e^{\sec x}$, $e^{\tan x}$, $e^{\sin(2x+7)}$.

(2) $e^{ax^2+bx+c}$, $e^{3x+4}$, $e^{\cos(5x^2+2)}$, $e^{7x-\sin 2x}$.

(3) $\sin\left(e^x\right)$, $\cos\left(e^{x^2+2x}\right)$, $\sin(\sin x)$, $\sin(\cos x)$.

(4) $\cos(\log x)$, $\sin(\sqrt{ax^2+bx+c})$, $\cos(\sqrt{a^2x^2+bx+c})$.

(5) $\sin(\log e^x)$, $\tan(\log e^{-x})$.

(6) $\log \dfrac{x^2+x+1}{x^2-x+1}$, $\log(e^x)$.

(7) $\log(\sin x) + \log(\cos x)$.

(8) $\log[\sin(\log x)]$.

(9) $\log(e^{mx} + e^{-mx})$.

(10) $\log[ax^2+2bx+\sin x]$.

(11) $\log[\sec x + \tan x]$.

(12) $\log(\sqrt{x^2+x+1})$.

(13) $\sec(\operatorname{cosec} ax)$, $\sec(\sqrt{ax+b})$.

(14) $\operatorname{cosec}^3 5x$, $\sin^3 x^2$.

(15) $\sin^3 x . \cos^3 3x$, $\cos^3 x . \sin^3 3x$, $\sin^3 x . \sin 3x$.

(16) $\log \dfrac{a+b \tan x}{a-b \tan x}$.

(17) $x \sec x \log (x e^x)$.

(18) $\cot (\cos^{-1} x)$.

(19) $\log \dfrac{x^2+x+1}{x^2-x+1} + \dfrac{2}{\sqrt{3}} \tan^{-1} \dfrac{x\sqrt{3}}{1-x^2}$.

(20) $\log (\tan^{-1} x)$, $\log (\sin^{-1} x)$, $\log (\sec^{-1} x)$.

(21) $\log \tan (\frac{1}{2}x + \frac{1}{4}\pi)$, $\log \{ \sqrt{x-a} + \sqrt{x-b} \}$.

(22) $\sin^{-1} \sqrt{x}$, $\cos^{-1} \sqrt{x}$.

(23) $\tan^{-1} (\cos \sqrt{x})$, $\tan^{-1} \dfrac{1+x}{1-x}$, $\tan^{-1} \dfrac{1-x}{1+x}$.

(24) $\dfrac{e^{x^2} \tan^{-1} x}{\sqrt{1+x^2}}$.

(25) $\sec^{-1} x^2$.

(26) $\cos^{-1} \left( \dfrac{a+b \cos x}{b+a \cos x} \right)$, $\sin^{-1} \left( \dfrac{a+b \sin x}{b+a \sin x} \right)$.

(27) $\tan^{-1} \dfrac{\sqrt{x}}{1+x^{3/2}}$, $\tan^{-1} \dfrac{4\sqrt{x}}{1-4x}$.

(28) $\tan^{-1} [e^x] + \tan^{-1} (\sqrt{x})$.

(29) $\cos^{-1} \left( \dfrac{x-x^{-1}}{x+x^{-1}} \right)$.

(30) $\tan^{-1} \left( \dfrac{\cos x}{1+\sin x} \right)$, $a \cot^{-1} \{ m \tan^{-1} (b\, x) \}$.

## 6.8 परतन्त्र और स्वतन्त्र चलों का हेर फेर (Interchange)

पिछले नियम से हमें प्राप्त है—

$$\frac{df}{du} \cdot \frac{du}{dx} = \frac{df}{dx}.$$

अब मान लीजिये कि $f(x) = x$, तो

$$\frac{dx}{du} \cdot \frac{du}{dx} = \frac{dx}{dx}$$

$$= \underset{\delta x \to 0}{Lt} \frac{(x+\delta x)-x}{\delta x} = 1.$$

$$\therefore \quad \frac{du}{dx} = \frac{1}{\dfrac{dx}{du}}$$

अगले किसी अध्याय में इस फल का ज्यामितीय अर्थ भी स्पष्ट हो जायगा क्योंकि $du/dx$ और $dx/du$ क्रमशः एक ही कोण की स्पज्या और कोस्पज्या हैं।

६.६ इस फल की सहायता से हम प्रतिलोम फलनों के अवकल गुणांक सरलता से निकाल सकते हैं।

यदि $y = \cos^{-1} x$,

तो $x = \cos y$.

$$\therefore \quad \frac{dx}{dy} = -\sin y$$

$$\text{अतः} \quad \frac{dy}{dx} = \frac{1}{\dfrac{dx}{dy}} = -\frac{1}{\sin y} = -\frac{1}{\sqrt{1-x^2}}$$

हम यह भी जानते हैं कि $\sin^{-1} x + \cos^{-1} x = \dfrac{\pi}{2}$

$$\therefore \frac{d}{dx}\left(\sin^{-1} x\right) = \frac{d}{dx}\left(\frac{\pi}{2} - \cos^{-1} x\right)$$

$$= -\frac{d}{dx}\left(-\cos^{-1} x\right) = \frac{1}{\sqrt{1-x^2}}$$

इस उदाहरण में हमने एक प्रतिलोम वृत्तीय फलन लिया था। अब मान लजिये कि

$$y = f(x)$$

तो हम $x$ को $y$ का प्रतिलोम फलन मान सकते हैं। इस तथ्य को सांकेतिक भाषा में हम इस प्रकार लिखते हैं।

$$x = f^{-1}(y).$$

किसी सम्बन्ध में कौन-सा चल फलन है और कौन-सा प्रतिलोम फलन, यह हमारी सुविधा पर निर्भर है।

$$\text{यदि } y = \log x \tag{1}$$

तो $y$ चल $x$ के पदों में दिया हुआ है। हम कह सकते हैं कि $y$ चल $x$ का फलन है। (1) का प्रतिलोम

$$x = e^y \tag{2}$$

है। $x$ को हम $y$ का प्रतिलोम फलन मान सकते हैं। किन्तु यदि (2) दिया हुआ है तो हम $x$ को $y$ का फलन मान सकते हैं। तब (1) में हम $y$ को $x$ का प्रतिलोम फलन मान सकते हैं।

अब हम व्यापक प्रश्न लेते हैं। मान लीजिये कि

$$y = f^{-1}(x)$$

$$\text{तो } x = f(y)$$

$$\text{अब} \quad \frac{dx}{dy} = f'(y)$$

$$\therefore \quad \frac{dy}{dx} = \frac{1}{\dfrac{dx}{dy}} = \frac{1}{f'(y)}$$

$$= \frac{1}{f'\{f^{-1}(x)\}}$$

उपरिलिखित उदाहरण में $f$ "cos" है। अतः "$f'$ " का अर्थ होगा "$-\sin$".

$$\therefore \frac{dy}{dx} = \frac{1}{-\sin\{\cos^{-1}x\}} = \frac{1}{\sqrt{1-x^2}}$$

## प्रश्नावली (6.5)

निम्नालिखित फलनों का अवकलन कीजिए :—

(१) $\log(\tan^{-1}x)$, $\log(\log x)$, $\log(\sec x + \tan x)$.

(२) $\log(ax+b)$, $\log(ax^2+bx+c)$.

(३) $\log \sin x$, $\log \cos x$, $\log \sqrt{x}$.

(४) $\log(\sqrt{x-a} + \sqrt{x-b})$, $\frac{1}{2}\log\left\{\dfrac{1+x}{1-x}\right\}$.

(५) $\sin^{-1}x^2$, $\sin^{-1}\left(\dfrac{x}{a}\right)$, $\sin^{-1}(ax-bx^3)$, $\sin^{-1}\phi(x)$.

(6) $\cos^{-1}\sqrt{ax+b}$, $\cos^{-1}(ax+b)$, $\cos^{-1}\phi(x)$.

(7) $\tan^{-1}\left(\frac{x}{a}\right)$, $\tan^{-1}\phi(x)$, $\tan^{-1}(\sqrt{x})$,

$\tan^{-1}(1+x+x^2)$, $\tan^{-1}(\sec x)$.

(8) $\tan^{-1}(\sec x+\tan x)$, $\tan^{-1}\frac{x}{\sqrt{1-x^2}}$, $\tan^{-1}\frac{a+bx}{b-ax}$.

(9) $\sec(\tan^{-1}x)$, $\tan^{-1}(\sin x)$, $\tan(\sin^{-1}x)$.

(10) $\tan^{-1}\frac{\cos x}{1+\sin x}$, $\tan^{-1}\left(\frac{1+\cos x}{1-\cos x}\right)^{\frac{1}{2}}$

$\tan^{-1}\left(\frac{1-\cos x}{1+\cos x}\right)^{\frac{1}{2}}$, $\tan^{-1}\left(\frac{3x-x^3}{1-3x^2}\right)$

(पी० यू० पूरक परीक्षा 1938)

## लघुगुणकीय अवकलन (Logarithmic Differentiation)

मान लीजिये कि $y=\{f(x)\}^{\phi(x)}$

यहां न तो $x^n$ वाला सूत्र काम देगा, न $a^x$ वाला। किन्तु लघुगणक लेने से, हमें प्राप्त होगा

$$\log y=\phi(x)\log f(x)$$

अब, अवकलन करने से,

$$\frac{1}{y}\cdot\frac{dy}{dx}=\phi(x).\frac{1}{f(x)}.f'(x)+\phi'(x)\log f(x)$$

$$\therefore \frac{dy}{dx}=f^{\phi}\left\{\frac{\phi}{f}f'+\phi'\log f\right\} \quad (1)$$

इस मिश्र क्रिया को लघुगुणकीय अवकलन कहते हैं। यह क्रिया तब काम में आती है जब एक फलन का घात दूसरा फलन होता है। यदि फलन कई फलनों का गुणनफल हो तो भी इस क्रिया से अवकल गुणांक सुगमता से निकल आता है।

**उदाहरण** (1) यदि $y=x^x$.

तो $\log y=x\log x$.

$$\therefore \frac{1}{y}\frac{dy}{dx}=x.\frac{1}{x}+\log x=1+\log x$$

अत :, $\frac{dy}{dx}=x^x\,(1+\log x)$.

(2) $y=(\sin x)^x+(\cos x)^{\tan x}$

यहां हमें तुरन्त लघुगुणक नहीं लेने चाहिये।

मान लीजिये कि

$f(x)=(\sin x)^x$ और $\phi(x)=(\cos x)^{\tan x}$

तो $\log f(x)=x\log\sin x$

$\therefore \frac{1}{f(x)}\; f'(x)=x.\,\frac{\cos x}{\sin x}+\log\sin x$

अत : $f'(x)=(\sin x)^x\,(x\cot x+\log\sin x)$ (2)

और $\log\phi(x)=\tan x\log\cos x$

$\therefore \frac{1}{\phi(x)}\;\phi'(x)=\tan x.\,\frac{-\sin x}{\cos x}+\sec^2 x\log\cos x$

$\therefore \phi'(x)=(\cos x)^{\tan x}\,\{\sec^2 x\log\cos x-\tan^2 x\}$ (3)

(2) और (3) को जोड़ने से अभीष्ट फल प्राप्त होगा।

6.11 उपरिलिखित साध्य की तीन महत्वपूर्ण विशिष्ट अवस्थायें हैं।

(i) यदि $\phi$ एक अचर है तो $\frac{d\phi}{dx}=0$

साध्य का यह रूप हो जायगा

यदि $y=\{f(x)\}^a$.

तो $\frac{dy}{dx}=a\,\{f(x)\}^{a-1}.\,f'(x)$

फलन के रूप से स्पष्ट है कि यही फल आना चाहिये था।

यदि $y=(ax+b)^n$

तो $\frac{dy}{dx}=n(ax+b)^{n-1}\;\frac{d}{dx}\,(ax+b)=na(ax+b)^{n-1}$

विशेष रूप में, यदि $a=1$, $b=0$,

तो $\frac{d}{dx}(x^n) = nx^{n-1}$

(*ii*)　यदि $f(x)$ एक अचर है तो $\frac{df}{dx} = 0$

अब साध्य का यह रूप हो जायगा :

यदि $y = a^{\phi(x)}$,

तो $\frac{dy}{dx} = a^{\phi(x)}\ \phi'(x) \log a$

यदि $y = a^{bx+c}$,

तो $\frac{dy}{dx} = a^{\phi(x)} \log a . \frac{d}{dx}(bx+c)$

$= ba^{\phi(x)} \log a.$

विशेष रूप में, यदि $b = 1$, $c = 0$, तो

$$\frac{d}{dx}(a^x) = a^x \log a$$

(*iii*)　यदि $f$ और $\phi$ दोनों फलन हों तो सूत्र

$$\frac{dy}{dx} = f^{\phi-1}\ \phi f' + f^{\phi}\ \phi' \log f$$

है जो उपरिलिखित दोनों अवस्थाओं का सम्मिश्रण है। अतः लघुगुणक लेने के बदले हम यह कर सकते हैं कि पहले $\phi$ को अचर मान कर अवकलन कर लें, फिर $f$ को अचर मान कर अवकलन करलें और तत्पश्चात् दोनों फलों को जोड़ दें। उदाहरणार्थ, मान लोजिये कि

$$y = x^{\cos x} \tag{4}$$

तो $\log y = \cos x . \log x.$

$\therefore \frac{1}{y} . \frac{dy}{dx} = \frac{\cos x}{x} - \sin x \log x$

$$\text{अतः}\quad \frac{dy}{dx} = x^{\cos x - 1} \cos x - x^{\cos x} . \sin x \log \tag{5}$$

अब, यदि $(\cos x)$ एक अचर होता तो $x^{\cos x}$ का अवकल गुणां

$$\left[\cos x \; x^{\cos x-1}\right] \tag{6}$$

होता। और यदि $x$ अचर होता तो $x^{\cos x}$ का अवकल गुणांक

$x^{\cos x} \log x$ होता। (7)

(6) और (7) को जोड़ने से ही (5) प्राप्त होता है।

## 6.12 कतिपय फलनों के गुणनफल का अवकल गुणांक

यदि $y = f_1(x) f_2(x) \ldots\ldots f_n(x)$,

तो $\log y = \log f_1 + \log f_2 + \ldots\ldots \log f_n$

$$\therefore \frac{1}{y} \cdot \frac{dy}{dx} = \frac{f_1'}{f_1} + \frac{f_2'}{f_2} + \ldots\ldots \frac{f_n'}{f_n}.$$

अत: $\dfrac{dy}{dx} = f_1' f_2 f_3 \ldots\ldots f_n + f_1 f_2' f_3 \ldots f_n$

$+ f_1 f_2 f_n' \ldots f_n + f_1 f_2 \ldots f_{n-1} f_n'$

### प्रश्नावली (6.6)

निम्नलिखित फलनों का अवकलन कीजिए :—

(1) (i) $x^x$, (ii) $x^{\sin ax}$, (iii) $x^{\cos ax}$, (iv) $x^{5x^4}$ (v) $x^{1+x^2}$

(vi) $x^{\log x + e^x}$

(2) (i) $\left(1+\dfrac{1}{x}\right)^{x^2}$ (ii) $(1+x^{-1})^x$

(iii) $\left(1+\dfrac{1}{x}\right)^x + x^{1+\frac{1}{x}}$ (iv) $\sqrt{x}^{\,x}$ (v) $x^{\sin^{-1}x}$.

(3) (i) $\dfrac{x\,\sqrt[5]{x^2+16}}{\sqrt{x^2+9}}$, (ii) $\dfrac{(1-x)^{\frac{1}{2}}(3-x^3)^{3/2}}{(2-x^2)^{2/3}.(5-x^5)^{5/6}}$.

(4) $(x+1)(x+2)(x+3)(x+4)\ldots\ldots(x+n)$.

(5) $\dfrac{(x-1)(x-2)(x-3)(x-4)}{(x+1)(x+2)(x+3)(x+4)}$.

(6) $\dfrac{(1-2x)^{3/2}.(1+3x)^{-4/3}(1-4x)^{5/4}}{(1-5x)^{6/5}.(1+6x)^{-7/6}(1-7x)^{8/7}}$.

(7) (i) $\left(x^x\right)^x$ (ii) $x^{\left(x^x\right)}$

(8) (i) $e^{\sqrt{x}}$ (ii) $e^{\sin x}$ (iii) $e^{\cos x}$ (iv) $e^{\left(x^x\right)}$

(9) $7^{x^2+2x+2}$, $a^{\log x}$.

(10) (i) $(\log x)^{\sin x}$ (ii) $(\cos x)^{\log x}$ (iii) $(\log x)^x$.

(11) $\left(\sin^{-1} x\right)^{\log x}$.

(12) $x \log x \log(\log x)$.

(13) $(\cot x)^{\sin x} + (\tan x)^{\cos x}$.

(14) $(\sin x)^{\cos^{-1} x}$.

(15) $a^{\log \log x} + b^{x \log x}$.

(16) $(\sin x).(\log x)\, x^x \cos x$.

(17) $(\log x)^x + (\sin^{-1} x)^{\sin x}$

(18) $\log(\log x).\log(\log x)$.

(19) $\log\{\log(\log \log x)\}$.

(20) $(\tan^{-1} x)^{\cos x + \sin x}$

## 6.13 अस्पष्ट फलन (Implicit Functions)

हम पिछले अध्याय में स्पष्ट और अस्पष्ट फलनों की व्याख्या कर चुके हैं। दिये हुये सम्बन्ध से अस्पष्ट फलनों का $x$ के पदों में, मान निकालना कठिन होता है, किन्तु अवकल गुणांक सुगमता से निकाला जा सकता है।

हम जानते हैं कि $y^n$ का अवकल गुणांक $ny^{n-1}\dfrac{dy}{dx}$ होता है। जब $y$ अस्पष्ट फलन के रूप में दिया होता है तो हमारा साम्मुख्य इस प्रकार

$$a\ x^m\ y^n$$

के पदों से होता है। और इस का अवकल गुणांक

$$a\ (n\ x^m\ y^{n-1}\ dy/dx + m\ x^{m-1}\ y^n)$$

होता है। कुछ उदाहरणों से क्रिया स्पष्ट हो जायगी :

**उदाहरण (१)** $x^3 + 3\ ax\ y + y^3 = a^3$

अवकलन करने से

$$3\ x^2 + 3\ a\ x\ \frac{dy}{dx} + 3\ a\ y + 3\ y^2\ \frac{dy}{dx} = 0$$

अर्थात्, $(a\ x + y^2)\ \dfrac{dy}{dx} = -\ (x^2 + a\ y).$

अतः $\dfrac{dy}{dx} = -\ \dfrac{x^2 + a\ y}{y^2 + a\ x}$

(२) $x^n + y^n = a^n$

हमें प्राप्त है $n\ x^{n-1} + n\ y^{n-1}\ \dfrac{dy}{dx} = 0$

$$\therefore\ \frac{dy}{dx} = -\ \frac{x^{n-1}}{y^{n-1}}$$

किन्तु यहां हम $y$ को स्पष्ट फलन के रूप में भी ढाल सकते हैं :

$$y = \left(a^n - x^n\right)^{\frac{1}{n}}$$

$$\therefore\ \frac{dy}{dx} = \frac{1}{n}(a^n - x^n)^{\frac{1}{n}-1}\ (-nx^{n-1}) = -\frac{(a^n - x^n)^{\frac{1}{n}}\ x^{n-1}}{a^n - x^n}$$

$$= \frac{y \cdot x^{n-1}}{y^n} = -\frac{x^{n-1}}{y^{n-1}}$$

## प्रश्नावली (6.7)

निम्नलिखित समीकरणों द्वारा $\frac{dy}{dx}$ का मान ज्ञात कीजिए :—

(1) $3x^4 - x^2y + 2y^3 = 0.$

(2) $x^2 + y^2 = a^2.$

(3) $x^3 + y^3 = 3axy.$

(4) $ax^2 + 2hxy + by^2 + 2gx + 2fy + c = 0.$

(5) $y = \sqrt{\frac{(x+1)(x+2)}{(x+3)(x+4)}}$

(6) यदि $\sqrt{1-x^2} + \sqrt{1-y^2} = a(x-y)$,

तो सिद्ध कीजिए कि

$$\frac{dy}{dx} = \frac{\sqrt{1-y^2}}{\sqrt{1-x^2}}$$

(7) यदि $x^y = e^{x-y}$ तो सिद्ध कीजिए कि $\frac{dy}{dx} = \frac{\log x}{(1+\log x)^2}$.

निम्नलिखित समीकरणों से $\frac{dy}{dx}$ का मान निकालिए :—

(8) $\sin mx - \cos ny = p.$

(9) $(\tan x)^y + y^{\cos x} = a.$

(10) $(x^2 + y^2)^2 = a^3.$

(11) $\sin^2 x + \cos^2 y = r^2.$

(12) $y = \cot^{-1}\{m(\tan^{-1}\frac{y}{x})\}$

(13) $x^p y^q = (x+y)^{p+q}.$

(14) $\sin x \cos y = k.$

(15) $\log(xy) = x^2 + y^2$.

(16) $y \tan y = x$.

(17) $y = x^y$.

(18) $x^y = y^x$.

(19) $\sin y = x \sin(a+y)$.

(20) $x = y \log(xy)$.

(21) $x^y y^x = 1$.

(22) $(\cos x)^y = (\sin y)^x$.

(23) $e^{xy} - c\, xy = 1$.

(24) यदि $y = (3x)^{\frac{1}{3}} - (3/x)^{\frac{1}{3}} + \dfrac{x+6}{x-6}$,

तो $\dfrac{dy}{dx}$ का मान $x=3$ के लिए ज्ञात कीजिए।

(25) यदि $x^3+y^3=3\,axy$ तो $\dfrac{dy}{dx}$ का मान $x=a$ पर क्या होगा ?

## 6.14 प्राचली समीकरण (Parametric Equations)

कभी-कभी $x$ और $y$ एक तीसरे चर के पदों में दिये होते हैं। इस तीसरे चर को प्राचल कहते हैं और दिये हुये सम्बन्धों को प्राचलीय समीकरण कहते हैं। ऐसी दशा में प्राचल का विलोपन (**Elimination**) करना आवश्यक नहीं है। हम यों ही अवकल गुणांक निकाल सकते हैं।,

यदि $x = \phi(t)$ और $y = \psi(t)$,

तो $\dfrac{dx}{dt} = \phi'(t)$ और $\dfrac{dy}{dt} = \psi'(t)$.

$$\therefore \frac{dy}{dx} = \frac{dy}{dt} \cdot \frac{dt}{dx} = \frac{dy}{dt} \Big/ \frac{dx}{dt}$$

$= \phi'(t)/\psi'(t)$.

**उदाहरण** :—यदि $x = a\cos t,\ y = b\sin t$

तो $\dfrac{dy}{dx} = \dfrac{dy}{dt} \Big/ \dfrac{dx}{dt} = b\cos t/(-a\sin t)$.

$$= -\frac{b}{a}\cot t$$

## प्रश्नावली (6.8)

निम्नलिखित में $\frac{dy}{dx}$ का मान ज्ञात कीजिए :—

(1) $x = \frac{3\,at}{1+t^3},\ y = \frac{3\,a\,t^2}{1+t^3}.$

(2) $x = \frac{\sin^3 t}{\sqrt{\cos 2t}},\ y = \frac{\cos^3 t}{\sqrt{\cos 2t}}$ $t = \frac{\pi}{5}$ पर

(3) $x = a\,(t - \sin t),\quad y = a\,(1 - \cos t).$

(4) $x = a \cos^3 t,\ y = a \sin^3 t.$

(5) $x = a\,(\cos t + \log \tan \tfrac{1}{2} t),\ y = a \sin t.$

(6) $x = a\,(\cos t + t \sin t),\ y = a\,(\sin t - t \cos t).$

(7) $x = \sin t^3 + \cos t^3,\ y = \sin t + 2 \cos^{-1} t.$

(8) $x = \sin^2 t,\ y = \tan t.$

(9) $x = \sin t\ \sqrt{\cos 2t},\qquad y = \cos t\ \sqrt{\cos 2t}$

(10) $x = \log t + \sin t,\quad y = e^t + \cos t.$

(11) $x = a \sec^2 t,\quad y = a \tan^3 t.$

(12) $x = 2\,a \sin^2 t\ \cos 2t,\ y = 2a \sin^2 t \sin 2t.$

(13) $x = at^2;\quad y = 2\,at.$

**रूपान्तर (Transformations)** कभी-कभी किसी त्रिकोणमितीय अथवा बीजगणितीय रूपान्तर से अवकलन की क्रिया बहुत सरल हो जाती है।

(i) $y = \tan^{-1} \frac{x}{\sqrt{a^2 - x^2}}.$

आकृति से स्पष्ट है कि

$$y = \sin^{-1} \frac{x}{a}$$

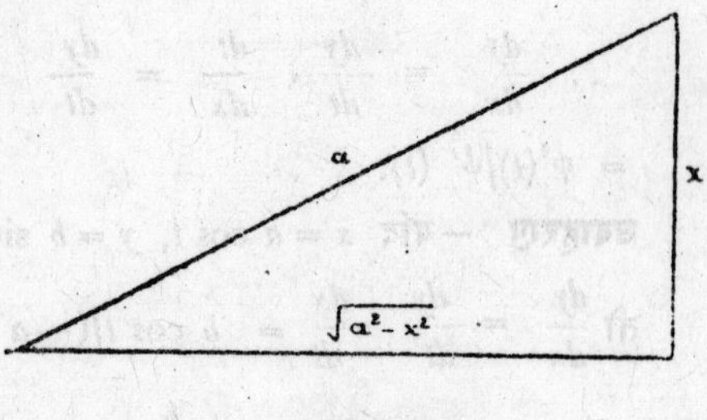


आकृति (6.1)

$$\therefore \frac{dy}{dx} = \frac{1}{\sqrt{1-\frac{x^2}{a^2}}} \cdot \frac{1}{a} = \frac{1}{\sqrt{a^2-x^2}}$$

(ii) $y = \dfrac{2x^2+7x+3}{x+2}$

हमें प्राप्त है $y = \dfrac{2x(x+2)+3x+3}{x+2}$

$$= 2x+3+\left(\frac{3x+3}{x+2}-3\right) = 2x+3-\frac{3}{x+2}$$

$$\therefore \frac{dy}{dx} = 2+\frac{3}{(x+2)^2}$$

## प्रश्नावली (6.9)

निम्नलिखित फलनों का अवकलन कीजिए :—

(1) $\log \dfrac{\sqrt{(x^2-a^2)}\,(x)^{3/2}}{px+q}$.

(2) $\sin^{-1}\{x\sqrt{1-x} - \sqrt{x}\sqrt{1-x^2}\}$.

(3) $\tan^{-1}\dfrac{a-x}{1+ax}$.

(4) $\tan^{-1}\dfrac{\sqrt{1+x^2}-1}{x}$.

(5) $\log\sqrt{x^2+x+1}$.

(6) $\tan^{-1}\left(\dfrac{1-\cos x}{1+\cos x}\right)^{1/2}$.

(7) $\tan^{-1}\dfrac{\sqrt{1+x^2}+\sqrt{1-x^2}}{\sqrt{1+x^2}-\sqrt{1-x^2}}$.

(8) $\tan^{-1}\dfrac{\sqrt{1+\sin x}-\sqrt{1-\sin x}}{\sqrt{1+\sin x}+\sqrt{1-\sin x}}$.

(9) $\dfrac{x(x^5+2x^4+2x^3+2x^2+2x+1)}{(x+1)}$.

(10) यदि $x(1+y)^{1/2}+y(1+x)^{1/2}=0$, तो सिद्ध कीजिए कि $\dfrac{dy}{dx} = -\dfrac{1}{(1+x)^2}$.

# अध्याय ७

# ज्यामितीय प्रयोग

## (Geometrical Applications)

### 7.1 स्पर्शी (Tangent) की परिभाषा

मान लीजिये कि किसी वक्र पर P एक दिया हुआ बिन्दु है और Q कोई अन्य विन्दु। जब Q खिसक कर P से अभिन्न हो जाता है तब साधारणतया छेदक P Q एक निश्चित स्थिति P T ग्रहण कर लेता है। और यह स्थिति अद्वितीय रहती है चाहे बिन्दु Q बिन्दु P की ओर दाहिनी ओर से अग्रसर हो चाहे बायीं ओर से।

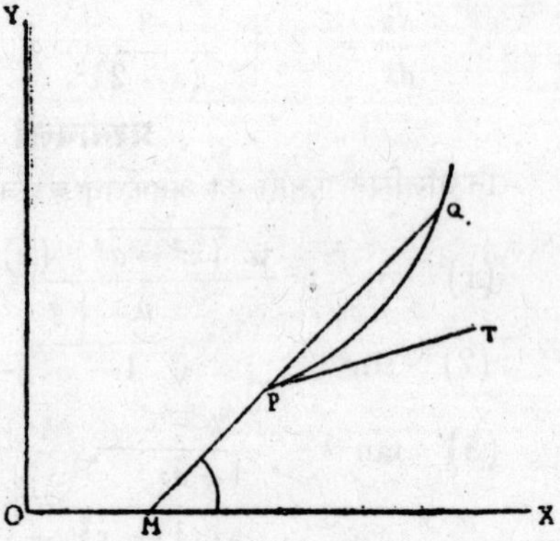


आकृति 7.2

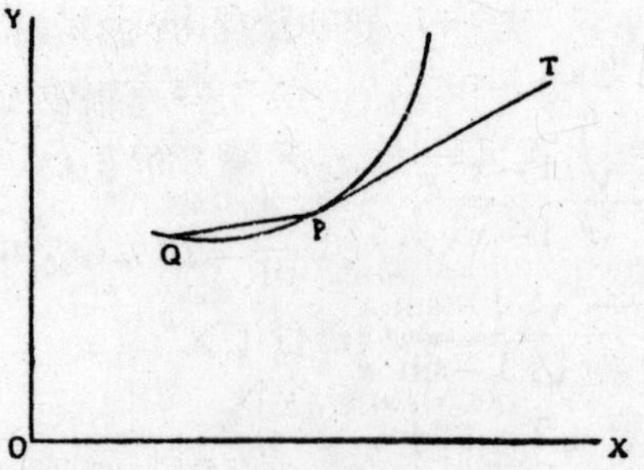


आकृति (7.1)

इस ऋजु रेखा P T को 'वक्र पर, बिन्दु P पर डाला गया **स्पर्शी** (**Tangent**) अथवा **स्पर्श रेखा** (**Tangent line**)' कहते हैं।

अभी तक हम ने इस ढंग के वाक्यों का ही प्रयोग किया है कि 'चर $x$ मान $a$ की ओर प्रवृत्त होता है।' अब हम इस संकल्पना का श्रीगणेश करते हैं कि एक बिन्दु दूसरे विन्दु की ओर प्रवृत्त होता है और अन्त में उससे अभिन्न हो जाता है। किन्तु वास्तव में दोनों सकल्पनाओं में नाम मात्र का ही अन्तर है। 'बिन्दु Q बिन्दु P की ओर

अग्रसर होता है'—इसका हम यह अर्थ लगा सकते हैं कि 'Q का भुज P के भुज की ओर प्रवृत्त होता है और Q की कोटि P की कोटि की ओर।'

'रेखा P Q स्थिति P T की ओर प्रवृत्त होती है'—इसका हम यह अर्थ लगा सकते हैं कि ∠ Q T X उस निश्चित कोण की ओर प्रवृत्त होता है जो P T $x$—अक्ष से बनाती है।

## 7.2 अवकल गुणांक का ज्यामितीय अर्थ

मान लीजिये कि A P Q एक वक्र है जिसका समीकरण

$$y = f(x)$$

है। P उक्त वक्र पर एक निश्चित ब्रिन्दु $(x, y)$ है और Q एक अन्य ब्रिन्दु $(x+\delta x, y+\delta y)$

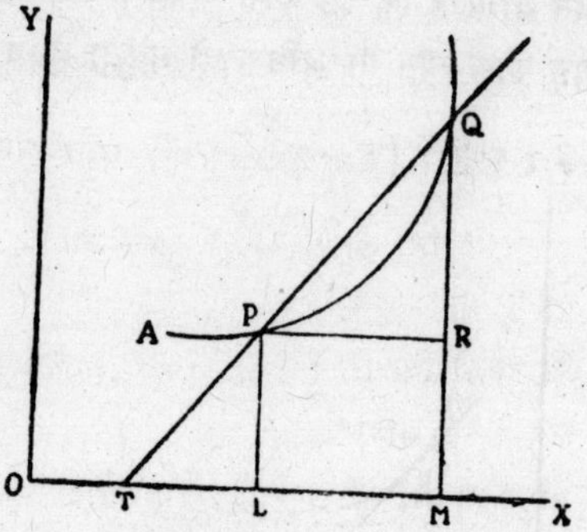


आकृति (7.3)

तो आकृति से स्पष्ट है कि

$OL = x,\quad LP = f(x) = y,$

$OM = x + \delta x,\quad MQ = f(x+\delta x) = y + \delta y,$

$LM = \delta x,\quad QR = f(x+\delta x) - f(x) = \delta y.$

$$\therefore \frac{QR}{PR} = \frac{QR}{LM} = \frac{f(x+\delta x) - f(x)}{\delta x} = \frac{\delta y}{\delta x}.$$

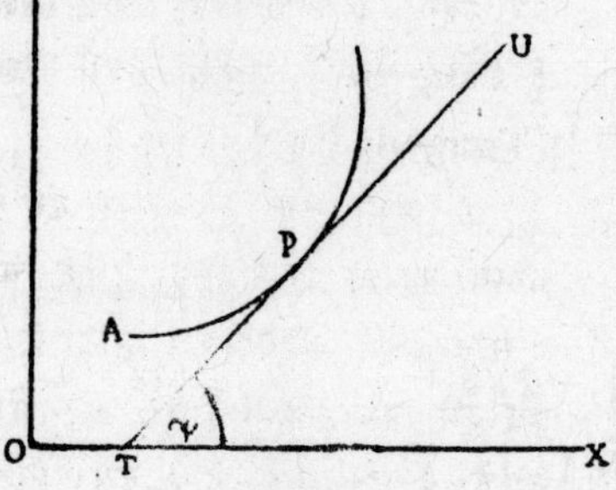


आकृति (7.4)

जब Q बिन्दु P की ओर बढ़ते-बढ़ते उससे अभिन्न हो जाता है तब छेदक P Q बिन्दु P पर का स्पर्शी बन जाता है।

$$\text{अत: } Lt \frac{QR}{PR} = Lt \tan QPR$$

$$= Lt \tan QTX$$

$$= \tan UTX$$

$$\text{फिर, } Lt \frac{QR}{PR}$$

$$\lim_{\delta x \to 0} \frac{f(x+\delta x) - f(x)}{\delta x}$$

$$= \underset{\delta x \to 0}{\text{Lt}} \frac{dy}{dx} = \frac{\delta y}{\delta x} = f'(x)$$

अतएव अवकल उस कोण का tangent है जो वक्र $y = f(x)$ पर, बिन्दु $(x, y)$ पर डाला स्पर्शी $x-axis$ से बनाता है। किन्तु यह बात ध्यान देने योग्य है कि यह कोण सदैव $x-axis$ की धन दिशा से नापा जाता है। अतएव यह कोण न्यून या अधिक हो सकता है, बृहत् अथवा पुनर्युक्त नहीं हो सकता। आकृति (7.5) में उक्त कोण P T X है, न कि P T O.

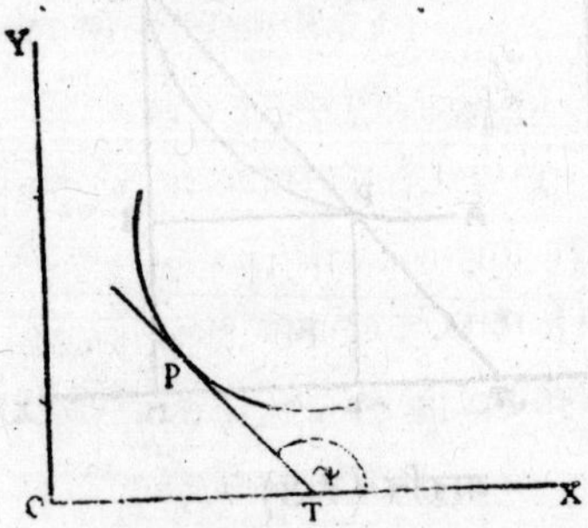


आकृति (7.5)

इस कोण को साधारणत: $\psi$ से निरूपित किया जाता है।

**परिभाषा**—*tan* P T X अर्थात् *tan* $\psi$ के मान को वक्र की, बिन्दु P पर, प्रवणता **(Gradient)** कहते हैं।

**उदाहरण**—वक्र

$$y = x^2 - 1$$

पर वह बिन्दु ज्ञात करो जिसका स्पर्शी $x$—अक्ष की धन दिशा से $45°$ का कोण बनाता है।

यहाँ $y' = 2x$

यदि $2x = \tan 45 = 1$,

तो $x = \frac{1}{2}$

$\therefore y = \frac{1}{4} - 1 = -\frac{3}{4}$.

अतएव, अभीष्ट बिन्दु $(\frac{1}{2}, -\frac{3}{4})$ है।

## प्रश्नावली (7.1)

(1) वक्र

$$x^2 + y^2 = a^2$$

पर वह बिन्दु ज्ञात करो जिस पर का स्पर्शी $x$—अक्ष की धन दिशा से $135^\circ$ का कोण बनाता है !

(2) वक्र

$$\frac{x^2}{a^2}+\frac{y^2}{b^2}=1$$

पर उस बिन्दु के निर्देशांक ज्ञात करो जिसका स्पर्शी $x$—अक्ष की धन दिशा से $45^\circ$ का कोण बनाता है !

(3) निम्नलिखित वक्रों पर उन बिन्दुओं को ज्ञात करो जिन पर के स्पर्शी

($a$) $x$–अक्ष के समान्तर हैं ($b$) $x$--अक्ष पर लम्ब हैं :

(i) $ax^2+2hxy+by^2=1$.

(ii) $b^2x^2+a^2y^2=a^2b^2$.

(iii) $x^{\frac{2}{3}}+y^{\frac{2}{3}}=a^{\frac{2}{3}}$.

(iv) $x^3+y^3=3\ axy$.

(4) सिद्ध करो कि वक्र $y=x/(1-x^2)$ पर स्थित उन बिन्दुओं के निर्देशांक जिन पर के स्पर्शी $x$–अक्ष की धन दिशा से $45^\circ$ का कोण बनाते हैं, $(0,0)$, $(\sqrt{3},-\sqrt{\frac{3}{2}})$ और $(-\sqrt{3},\sqrt{\frac{3}{2}})$ हैं।

(5) वृत्त $x^2+y^2=25$ के किस बिन्दु पर का स्पर्शी, रेखा $4x=3y$ के समान्तर होगा ?

(6) सिद्ध करो कि वक्र $y^2+a^2=ax$ का बिन्दु $(\frac{5}{4}a, \frac{1}{2}a)$ पर का स्पर्शी $x$—अक्ष का धन दिशा से $45^\circ$ का कोण बनाता है।

## 7.3 दर मापक (Rate Measurer)

हम जानते हैं कि जब $x$ में अल्प वृद्धि $\delta x$ होती है तो $y$ में संगत अल्प वृद्धि $\delta y$ होती है, और $\delta y/\delta x$ इन दोनों का अनुपात है। जब $x$ बढ़ता है तब साधारणतः $\delta y$ बढ़ेगा या घटेगा। जब $x$ के साथ-साथ $y$ भी बढ़ता है तो $\delta x$ और $\delta y$ दोनों धनात्मक होते हैं। तब अनुपात $\delta y\ \delta x$ भी धनात्मक होता है। किन्तु यदि $x$ की वृद्धि पर $y$ घटता हो तो जब $\delta x$ धनात्मक होगा, $\delta x$ ऋणात्मक होगा। और तब अनुपात $\delta y/\delta x$ भी ऋणात्मक होगा।

किन्तु हम जानते हैं कि अवकल गुणांक

$$\frac{dy}{dx} = \underset{\delta x \to 0}{Lt} \frac{\delta y}{\delta x}.$$

इस प्रकार यह सिद्ध हुआ कि जब $x$ में अत्यल्प वृद्धि होती है तब $dy/dx$ उस दर का मापक है जिससे $y$ बढ़ता है। जब $x$ और $y$ साथ-साथ बढ़ते हैं तब यह दर मापक धनात्मक होता है। और जब एक के बढ़ने से दूसरा घटता है तब यह मापक ऋणात्मक होता है।

अतएव, हमारा निष्कर्ष यह है कि
जब $x$ बढ़ता है तब
(i) यदि $y' > 0$ तो $y$ बढ़ता है;
(ii) यदि $y' < 0$ तो $y$ घटता है।

आकृति (7.3) में

$$\frac{\delta y}{\delta x} = \frac{QR}{PR} = \tan QPR.$$

और P R, Q R दोनों धनात्मक हैं, अतः अनुपात $\delta y/\delta x$ भी धनात्मक है। अब तनिक आकृति (7.6) पर विचार कीजिये। यहाँ Q की कोटि Q M, P की कोटि P L से छोटी है। अतः Q R एक ऋणात्मक राशि है, इसलिये अनुपात P R/Q R भी ऋणात्मक है। हमें इस बात से कोई प्रयोजन नहीं कि Q M धनात्मक है या नहीं। वास्तव में P और Q दोनों की कोटियाँ धनात्मक हैं। हमारा प्रयोजन केवल इस बात से है कि $y$ की वृद्धि धनात्मक है या ऋणात्मक। और संलग्न आकृति में $y$ की वृद्धि ऋणात्मक है, अतएव अनुपात ऋणात्मक ही हुआ।

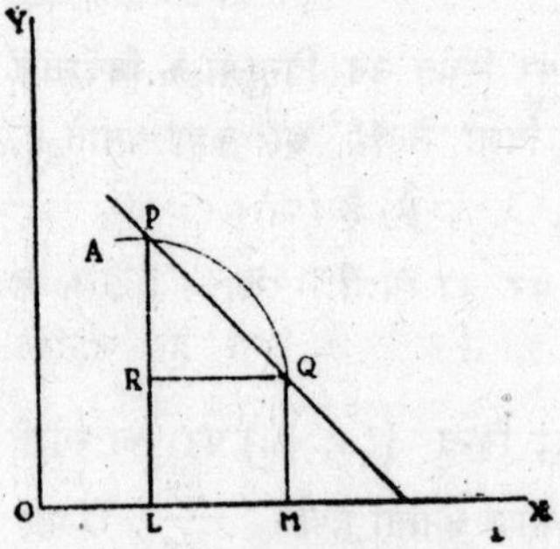

आकृति (7.6)

7. 4 अब तनिक उस स्थिति पर विचार कीजिये जब Q विन्दु P की ओर बढ़कर उससे अभिन्न हो जाता है। आकृति (7.3) की स्थिति आकृति (7.4) जैसी हो जाती है। छेदक T P Q स्पर्शी T P U बन जाता है। $\psi$ उस कोण की सीमा स्थिति है जिसका tangent धनात्मक है। अतः tan $\psi$ भी धनात्मक है, इसलिये $\psi$ एक न कोण है।

किन्तु आकृति (7.6) की स्थिति आकृति (7.7) जैसी हो जायगी। इसमें $\psi$ एक अधिक कोण है और इस का tangent ऋणात्मक है।

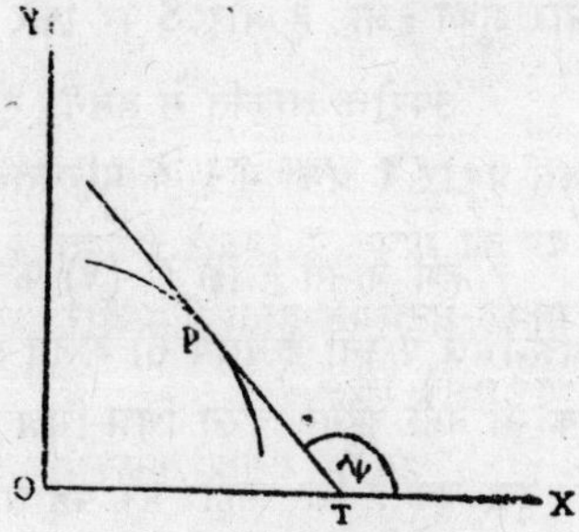

आकृति (7.7)

आइये, अब हम $\psi$ के परिवर्तनों पर अधिक विस्तार से अध्ययन कर लें। आकृति (7.8) में स्पर्शी P T की, P से पहले और बाद की, कुछ स्थितियाँ दी गई हैं। P पर $\psi$ न्यून है। ज्यों-ज्यों P दाहिनी ओर चलता है, $\psi$ का मान बढ़ता जाता है। Q पर यह एक समकोण बन जाता है। Q के ऊपर बिन्दु R पर यह एक अधिक कोण बन जाता है। R के पश्चात एक बिन्दु S, ऐसा आयेगा जिस पर $\psi$ शून्य हो जायगा। इस स्थिति के पश्चात $\psi$ फिर न्यून कोण बन जायगा।

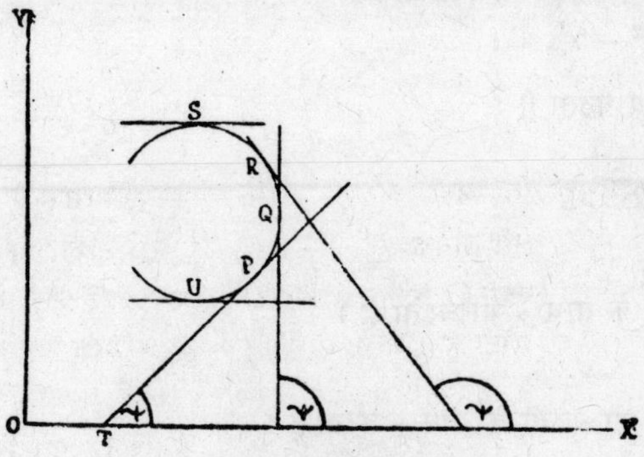

आकृति (7.8)

यदि हम P से बाईं और चलें तो $\psi$ घटता जायगा और हमें एक बिन्दु U ऐसा प्राप्त होगा जिस पर $\psi$ शून्य हो जायगा। यदि हम U से और बायें चलें तो $\psi$ फिर अधिक कोण हो जायगा।

अतएव, $\psi$ की गति इस प्रकार की है कि tan $\psi$ अर्थात $\frac{dy}{dx}$, U पर 0 है और दाहिनी ओर जाने पर इस बिन्दु से बढ़ना आरम्भ होता है। बढ़ते हुये धन मानों में से होता हुआ Q पर यह $\infty$ हो जाता है। Q पर $dy/dx$ में एक विलक्षण परिवर्तन होता है। Q से तुरन्त पहले यह धनात्मक है, तुरन्त बाद ऋणात्मक। Q पर यह एक दम $+\infty$ से $-\infty$ में परिवर्तित हो जाता है। तत्पश्चात् इसका **निरपेक्ष मान (Absolute Value)** घटता है किन्तु यह बराबर ऋणात्मक बना रहता है। अतः इस का बीजीय मान बढ़ता जाता है। $-\infty$ से बढ़ते-बढ़ते S पर यह शून्य हो जाता है। स्पष्ट है कि U पर वक्र का स्पर्शी $x$-अक्ष के समान्तर

है, P पर दाहिनी ओर झुका हुआ है, Q पर $x$ अक्ष पर लम्ब है, R पर बाईं ओर झुका हुआ है और S पर फिर $x$—अक्ष के समान्तर है।

उपरोक्त आकृति में हमने एक **प्रतिरूपी (typical)** वक्र लिया है। भिन्न-भिन्न प्रकार के वक्रों में $\psi$ के परिवर्तन भिन्न-भिन्न प्रकार के होंगे।

हम जानते हैं कि $f'(x)$ फलन $f(x)$ की वृद्धि की दर का माप है। यह भिन्न-भिन्न फलनों के लिये तो अलग-अलग होता ही है, एक ही फलन के लिये सदैव एक सा नहीं रहता, वरन् भिन्न-भिन्न बिन्दुओं पर बदलता है। हम आकृति ( 7.8 ) में देख चुके हैं कि कहीं पर यह धनात्मक है, कहीं ऋणात्मक, कहीं शून्य, कहीं अनन्त।

**उदाहरण १**—$x$ के किन मानों के लिये फलन

$$y=x^2-5x+1$$

बढ़ता है और किन मानों के लिये घटता है?

हमें प्राप्त है : $\dfrac{dy}{dx}=2x-5$

यदि $\dfrac{dy}{dx}>0$, तो $x$ के साथ $y$ भी बढ़ता है।

यदि $\dfrac{dy}{dx}<0$, तो $x$ की बढ़ती के साथ $y$ घटता है।

जब $x>\frac{5}{2}$ तब $y$ बढ़ता है, और जब $x<\frac{5}{2}$ तब $y$ घटता है।

**उदाहरण** (२) सिद्ध करो कि $x$ के समस्त धन मानों के लिये फलन

$$y=(x-1)e^x+1$$

धनात्मक है।

यहाँ $y'=(x-1)e^x+e^x=x\,e^x.$

हम जानते हैं कि यह फलन $x$ के समस्त धन मानों के लिये धनात्मक है। अतः जैसे-जैसे $x$ बढ़ता जाता है, $y$ भी बढ़ता जाता है। और

जब $x=0$ तब $y=0.$

अतएव $y$ कभी 0 से कम नहीं होता, अर्थात ऋणात्मक नहीं होता।

## प्रश्नावली (7.2)

1—$x$ के किन मानों के लिए फलन

$$y=ax^2+bx+c=0$$

बढ़ता है और किन मानों के लिए घटता है ?

2—$x$ के किन मानों के लिए फलन

$$y=x^4-8x^2+9$$

बढ़ता है और किन मानों के लिए घटता है ?

3—सिद्ध करो कि $x$ के समस्त धन मानों के लिए फलन

$$y=\log x+e^x+(1+x)^3$$

धनात्मक है।

4—सिद्ध करो कि $x$ के समस्त मानों के लिए फलन

$$y^3+x^3=27$$

ऋणात्मक है।

5—$x$ के किन मानों के लिए फलन,

$$y=x^4-6x^2+8x+10$$

धनातमंक है और किन मानों के लिए ऋणात्मक ?

6—$x$ के वह मान ज्ञात करो जिनके लिए फलन

$$y=(x-a)\ (x-b).$$

धनात्मक है।

7—सिद्ध करो कि फलन $x^3=y$, $x=-\infty$ से $x=\infty$ तक के हर मान के लिए बढ़ता जाता है लेकिन फलन $x^4=y$, $x=-\infty$ से $x=0$ तक घटता है और $x=0$ से $x=\infty$ तक बढ़ता है।

# अध्याय ८

# भौतिक प्रयोग

## (Physical Applications)

### 8.1 उपनीत परिकलन (Approximate Calculations)

हम जानते हैं कि

$$\lim_{\delta x \to 0} \frac{\delta y}{\delta x} = \frac{dy}{dx}.$$

अतएव, यदि हम $\delta x$ के अत्यल्प मानों का ही प्रयोग कर रहे हैं तो हम कह सकते हैं कि

$$\frac{\delta y}{\delta x} = \text{लगभग } \frac{dy}{dx}$$

$$\text{अर्थात्} \quad \delta y = \text{लगभग } \frac{dy}{dx} \delta x. \qquad (1)$$

कभी-कभी नापने में थोड़ी-सी त्रुटि हो जाती है। मान लिया कि $x$ के नापने में अल्प त्रुटि $\delta x$ हो गई है। उपरिलिखित सूत्र से हम $y$ की संगत त्रुटि का मान निकाल सकते हैं। जब कभी $\delta x$ इतनी छोटी हो कि उसके द्वितीय, तृतीय,......घात उपेक्षणीय हों तब इस सूत्र से $\delta y$ का काफी सूक्ष्म मान निकल आता है। ऐसी स्थिति में यह सूत्र बहुत उपयोगी सिद्ध होता है। इसका उपयोग कई वैज्ञानिक विषयों में होता है।

सूत्र (१) में $\delta x$ को $x$ की **निरपेक्ष त्रुटि (Absolute Error)** कहते हैं। अनुपात $\delta x/x$ **आपेक्षिक त्रुटि (Relative Error)** और $100\ \delta x/x$ **प्रतिशत त्रुटि (Percentage Error)** कहलाता है। मान लीजिये कि 10 सें० मी० की लम्बाई नापने में ·03 सें० मी० त्रुटि होती है। तो

$$\text{निरपेक्ष त्रुटि} = \cdot 03 \text{ सें० मी०},$$

$$\text{आपेक्षिक त्रुटि} = \frac{\cdot 03 \text{ सें० मी०}}{10 \text{ सें० मी०}} = \cdot 003$$

और प्रतिशत त्रुटि $= 100 \times \cdot003 = 3$

स्पष्ट है कि निरपेक्ष त्रुटि एक लम्बाई होगी किन्तु आपेक्षिक और प्रतिशत त्रुटियाँ दोनों शुद्ध संख्यायें (**Pure Numbers**) होंगी।

**उदाहरण** (१) एक गोले की त्रिज्या $r$ नापने में एक छोटी-सी त्रुटि $\delta r$ रह गई है। गोले का आयतन निकालने में संगत त्रुटि कितनी होगी ?

यदि त्रिज्या 5'' है और उसमें ·02'' की त्रुटि है तो आयतन में कितनी त्रुटि होगी ?

यदि गोले का आयतन V है तो

$$V = \tfrac{4}{3}r^3$$

$$\therefore V + \delta V = \tfrac{4}{3}\pi \ (r + \delta r)^3$$

$$\text{अतः } \delta V = \tfrac{4}{3}\pi \ \{ (r+\delta r)^3 - r^3 \}$$

$$= \tfrac{4}{3}\pi \ \{ 3r^2 \ \delta r + 3r\,(\delta r)^2 + (\delta r)^3 \}$$

$$\therefore \frac{\delta V}{\delta r} = 4\pi r^2 + 4\pi r \delta r + \tfrac{4}{3}\pi \ (\delta r)^2$$

चूंकि $\delta r$ एक अत्यल्प राशि है, अतः $\delta r$ और $(\delta r)^2$ की उपेक्षा करने से,

$$\frac{\delta V}{\delta r} = 4\pi r^2, \text{ लगभग,}$$

अर्थात् $\delta V = 4\pi r^2 \ \delta r$

यदि $r = 5''$ और $\delta r = \cdot 02,''$

तो $\delta V = 4\pi \times 25 \ (\cdot 02)$ वर्ग इंच

$= 2\pi$ वर्ग इंच

**उदाहरण** (२) यदि $log\ 4 = 1\cdot3863$ तो $log\ 4\cdot001$ का मान निकालो। हमें हस्तगत है।

$$\delta\ (log\ x) = \frac{\delta x}{x} = \tfrac{1}{4} \times \cdot 001 = \cdot 00025.$$

$$\therefore log\ 4\cdot001 = 1\cdot3863 + \cdot000\,25 = 1\cdot38655$$

## प्रश्नावली (8 1)

(1) दिया हुआ है कि $\log_{10} 4 = 0.6021$; तो $\log_{10} 404$ का मान ज्ञात करो। $[\log_{10} x = 0.4343 \log_e x]$

(2) यदि $\log_{10} 3 = .4771$ तो $\log 3.0001$ का मान ज्ञात करो।

(3) यदि $\log_{10} 7 = .8451$, तो $\log 7.001$ का मान ज्ञात करो।

(4) किसी त्रिभुज की कोई भुजा $c$ निम्नलिखित सूत्र द्वारा की जाती है :

$$c^2 = a^2 + b^2 - 2ab \cos C.$$

तो $c$ के मान में प्रतिशत त्रुटि ज्ञात करो जबकि $a$ के नापने में 1 प्रतिशत की त्रुटि होती है।

(5) किसी स्थान पर गुरुत्व त्वरण ($g$) का मान सूत्र $T = 2\pi\sqrt{(l/g)}$ से निकाला जाता है जिसमें T, $l$ लम्बाई वाले पेन्डुलम का आवर्तन काल है। यदि T में 1 प्रतिशत अशुद्धि रह जाती है तो $g$ के मान में प्रतिशत त्रुटि क्या होगी ?

(6) किसी गैस का दबाव $p$ और आयतन $v$, सूत्र $pv$ = अचर, द्वारा सबंधित हैं। यदि आयतन $\frac{1}{2}$ प्रतिशत कम हो जाता है तो दबाव में प्रतिशत त्रुटि क्या होगी ?

(7) एक सिलिंडराकार बर्तन की त्रिज्या नापने में एक छोटी सी त्रुटि $\delta r$ रह गई है। बर्तन का आयतन निकालने में संगत त्रुटि क्या होगी ?

(8) एक वृत्ताकार स्थान की त्रिज्या नापने में 1 प्रतिशत त्रुटि रह गई है। तो उसकी परिधि में कितने प्रतिशत त्रुटि होगी ?

(9) यदि किसी घड़ी के पेन्डुलम की लम्बाई में 1 प्रतिशत बृद्धि कर दी जाय तो दोलन काल में क्या त्रुटि होगी ? यह भी बताओ कि प्रतिदिन वह कितना सुस्त होगी यदि पहले वह ठीक समय देती थी !

(10) किसी धातु को सिलिंडराकार बर्तन के रूप में ढालना है जिसकी लम्बाई 15 इंच हो और त्रिज्या 5 इंच। यदि त्रिज्या $\frac{1}{20}$ इंच अधिक हो जाय तो लम्बाई में क्या अन्तर पड़ेगा ?

(11) $\tan 44°$ का निकटतम मान ज्ञात करो; दिया हुआ है कि $1° = .01745$ रेडियन।

(12) किसी त्रिभुज में भुजा $a$ और कोण A अचर रक्खे जाते हैं और शेष भुजाओं और कोणों में थोड़ा परिवर्तन किया जाता है, सिद्ध करो कि

$$\frac{db}{\text{Cos B}}+\frac{dc}{\text{Cos C}}=0.$$

(13) यदि किसी वृत्त का क्षेत्रफल एक समान दर से बढ़ रहा है तो सिद्ध करो कि परिधि की **परिवर्तन दर (Rate of Change**) त्रिज्या के वर्ग की व्युत्क्रमानुपाती है।

(14) दो वृत्तों के क्षेत्रफलों में लगभग अंतर ज्ञात करो यदि उनकी त्रिज्यायें क्रमश: 7'' और 7.01'' हों।

8.2 **वेग (Velocity)**—जब हम कहते हैं कि एक रेल 30 मील प्रति घंटे के वेग से चल रही है तो क्या इसका यह अर्थ होता है कि वह अगले घंटे 30 मील चलेगी ? नहीं। क्या यह अर्थ होता है कि पिछले घटे 30 मील चली ? नहीं। तब क्या अर्थ होता है ? यह अर्थ होता है कि जिस वेग से वह इस क्षण चल रही है, यदि ठीक उसी वेग से बराबर एक घंटे चलती रहे तो 30 मील चलेगी। यों कहना चाहिये कि 30 मील उसकी औसत चाल प्रति घंटा है।

स्पष्ट है कि रेल कितनी दूर चली, यह इस बात पर निर्भर है कि वह कितनी देर चली। या यों कहिये कि उसकी उत्तरित दूरी समय का फलन है। यदि समय $t$ घंटों में और दूरी $s$ मीलों में दी जाय तो उपरिलिखित रेल की गति का सूत्र

$$s=30t \qquad (1)$$

होगा। इसी प्रकार, यदि कोई वायुयान एक सेकिण्ड में 100 मीटर उड़ता है तो उस की गति का नियम

$$s=100t \qquad (2)$$

होगा। यहाँ यह बात ध्यान देने योग्य है कि इन दोनों सूत्रों में $t$ समय के लिये प्रयुक्त हुआ है और $s$ दूरी के लिये। तिस पर भी उक्त दोनों सूत्रों में $s$ और $t$ के अर्थों में थोड़ा सा अन्तर है। (1) में $t$ घंटों में दिया गया है और $s$ मीलों में; (2) में $t$ सेकिण्ड निरूपित करता है और $s$ मीटर। अतएव, किसी भी सूत्र को समझने के लिये यह जानना आयश्यक है कि उसके संकेतों के **एकक (Unit)** क्या हैं।

अब हम एक ऐसे कण की गति का अध्ययन करेंगे जिसका वेग प्रति क्षण बढ़ता है जैसे किसी **काय (Body)** का वेग जो पृथ्वी की ओर गिर रहा हो।

मान लीजिये कि ऐसे किसी काय का वेग इस नियम

$$S=10t^2$$

से नियमित होता है। गति के पहले सेकिण्ड का स्थानान्तर

$$s = 10$$

होगा। अब मान लीजिये कि हम पहले सेकिण्ड के पश्चात के $\frac{1}{10}$ सेकिण्ड पर विचार कर रहे हैं। इस 1/10 सेकिण्ड के अन्त तक आरंभ से $1\frac{1}{10}$ सेकिण्ड बीते। इन $1\frac{1}{10}$ सेकिण्डों में उत्तरित दूरी

$$s = 10\left(\frac{11}{10}\right)^2 = \frac{121}{10}$$

हुई। अतएव विचाराधीन 1/10 से० में उत्तरित दूरी

$$\frac{121}{10} - 10$$

हुई। अत: उक्त 1/10 से० में कण का औसत वेग

$$\frac{\frac{121}{10} - 10}{\frac{1}{10}} = 21$$

हुआ। यदि हमारे एकक मीटर-सेकिण्ड हों तो औसत वेग 21 मीटर प्रति सेकिण्ड हुआ।

किन्तु यहाँ एक कठिनाई यह उपस्थित होती है कि कण का वेग प्रतिक्षण बढ़ता है। हम ने तो 1/10 से० का औसत वेग निकाला है। किन्तु उक्त 1/10 सेकिण्ड में भी वेग समान नहीं रहा है। उसके आरम्भ में इस औसत वेग से कुछ कम था और अन्त में कुछ अधिक। अतएव, यदि यह पूछा जाय कि उक्त 1/10 से० में कण का वेग क्या था, तो इस प्रश्न का उत्तर देना कठिन हो जायगा।

हम एक काम कर सकते हैं। 1/10 से० के बदले 1/100 से० पर विचार कर सकते हैं। गति के प्रथम $1\frac{1}{100}$ से० में उत्तरित दूरी

$$s = 10\left(\frac{101}{100}\right)^2 = \frac{10201}{1000}$$

अत: उक्त 1/100 से० में औसत वेग

$$\frac{\frac{10201}{1000} - 10}{\frac{1}{100}} \text{ अर्थात 20.1 मी० से०}$$

हुआ। किन्तु उक्त 1/100 से० में भी तो वेग समान नहीं रहा। उसके आरंभ में इस औसत वेग से कुछ कम और अन्त में कुछ अधिक रहा।

औसत वेग का इससे भी अधिक सूक्ष्म मान निकालने के लिये हम 1/100 से० के बदले 1/1000 से० ले सकते हैं। किन्तु रहेगा वह भी औसत वेग ही। और उस पर भी वही आपत्ति हो सकती है जो ऊपर के औसत वेगों पर। तब यदि यह पूछा जाय कि 'गति के आरम्भ से 1 से० पश्चात् कण का क्या वेग था' तो कौन-सा वेग बताया जायगा ? 1/10 से० वाला औसत वेग या 1/100 से० वाला या 1/1000 वाला······? इनमें से कोई भी उत्तर सन्तोषजनक नहीं होगा। तब क्या इन छोटे-छोटे अन्तरालों (**Intervals**) का कोई अन्त नहीं है ? अवकलन गणित इस प्रश्न का उत्तर देता है।

मान लीजिये कि $t$ से० पश्चात् $\delta t$ समय का एक अल्प अन्तराल है। तो

$$s = 10t^2,$$

$$s + \delta s = 10\ (t + \delta\ t)^2.$$

$$\therefore \delta s = 10 \{ (t + \delta\ t)^2\ - t^2 \} = 20\ t\ \delta\ t + 10\ (\delta\ t)^2$$

अत:, अन्तराल $\delta\ t$ का औसत वेग

$$\frac{\delta s}{\delta t} = 20\ t + \delta t$$

अब मान लीजिये कि अन्तराल $\delta t$ अत्यल्प हो गया। तो सीमा लेने पर,

$$\text{औसत वेग} \quad \underset{\delta t \to 0}{L_t} \frac{\delta s}{\delta t} = 20t,$$

$$\text{अर्थात्, औसत वेग} \quad \frac{ds}{dt} = 20\ t.$$

सूक्ष्म और सूक्ष्मतर औसत वेग निकालने की थकाऊ क्रिया से हमारा पिण्ड छूट गया और हम एक ऐसी सीमा पर पहुंच गये जहाँ से और आगे बढ़ना सम्भव नहीं है।

अब, हम व्यापक प्रश्न लेते हैं। मान लीजिये कि किसी कण की गति का नियम

$$s = f\ (t)$$

है। तो आरम्भ से $(t + \delta t)$ समय पश्चात

$$s+\delta s=f\ (t+\delta t)$$

अतः, $t$ से० के पश्चात् अल्प समय $\delta t$ में उत्तरित दूरी

$$\delta s=f\ (t+\delta t)-f\ (t).$$

∴ उक्त अन्तराल $\delta t$ में औसत वेग

$$\frac{\delta s}{\delta t}=\frac{f\ (t+\delta t)\ -f\ (t)}{\delta t}$$

अतएव, औसत वेग

$$\underset{\delta t\to 0}{\mathrm{L}t}\ \frac{\delta s}{\delta t}=\underset{\delta t\to 0}{\mathrm{L}t}\ \frac{f\ (t+\delta t)-f\ (t)}{\delta t}$$

हमारा निष्कर्ष यह निकला कि कण का, किसी भी समय का वेग, $\frac{ds}{dt}$ होता है ।

उदाहरण—एक पत्थर ऊपर की ओर फेंका गया है । यदि उसकी गति का नियम

$$s=24\ t-\ 6\ t^2 \qquad (1)$$

हो तो वह कितना ऊँचे जायगा और 1 सेकिण्ड पश्चात् उसका वेग क्या होगा ?

हमें प्राप्त है :

$$\text{वेग}=\frac{ds}{dt}=24-12t. \qquad (2)$$

पत्थर तब तक ऊपर जायगा जब तक उसका वेग शून्य न हो जाय । स्पष्ट है कि

$$\frac{ds}{dt}=0 \text{ जब } t=2$$

और (1) में $t=2$ रखने से

$$S=24.$$

अत: पत्थर 24′ ऊपर जायगा ।

और (2) में $t=1$ रखने से,

वेग = 12 फुट/सेकिण्ड

## प्रश्नावली (8.2)

(1) एक पत्थर ऊपर की ओर फेंका गया है । यदि उसकी गति का नियम

$$s = 40t - 5t^2$$

हो तो वह कितना ऊँचा जायगा और 2 सेकिण्ड पश्चात् उसका वेग क्या होगा तथा उस समय पृथ्वी से उसकी ऊँचाई क्या होगी ?

(2) एक विन्दु एक निश्चित् सीधे रास्ते पर चल रहा है । यदि उसकी गति का नियम

$$s = \sqrt{t}$$

हो तो सिद्ध करो कि उसका **त्वरण (acceleration)** ऋणात्मक है और वेग के घन का समानुपाती है ।

(3) यदि कोई विन्दु $s \propto t^2$ के नियम के अर्न्तगत चलता है, जिसमें $s$ किसी निश्चित बिन्दु से $t$ सेकिण्ड में तय की हुई दूरी है, तो सिद्ध करो कि वेग समय का समानुपाती होगा और वेग के बदलने की दर एक अचर राशि होगी ।

(4) यदि किसी पत्थर को एक मीनार की चोटी से गिराया जाय और उसकी गति का नियम

$$s = 20t + 16t^2$$

हो तो 2 सेकिण्ड पश्चात् उसका वेग क्या होगा तथा उस समय उसकी पृथ्वी से ऊँचाई क्या होगी यदि मीनार की ऊँचाई 24.4 फुट हो ?

(5) यदि किसी कण की $t$ समय में चली हुई दूरी का नियम

$$s = a \sin t + b \cos 2t$$

हो, तो वेग और त्वरण ज्ञात करो ।

8.3 परिलिखित में हम देख चुके हैं कि $\frac{ds}{dt}$ वेग को अर्थात समय के हिसाब से उत्तरित दूरी को निरूपित करता है । अब मान लो कि विचाराधीन क्षण पर गतिशील कण के **चालू निर्देशांक (Current Coordinates)** $x, y$ हैं । तो $\frac{dx}{dt}$, $\frac{dy}{dt}$ समय

के हिसाब से $x, y$ की वृद्धि की दरें हुईं। अतः यह वेग $\frac{ds}{dt}$ के, अक्षों के समान्तर, विश्लिष्ट भाग (**Resolved Parts**) हुये।

यदि अल्प समय $\delta t$ में $x$ और $y$ की वृद्धियाँ $\delta x$, $\delta y$ हों तो

$$\frac{dy}{dx} = \underset{\delta x \to 0}{\text{Lt}} \frac{\delta y}{\delta x} = \underset{\delta x \to 0}{\text{Lt}} \frac{\frac{\delta y}{\delta t}}{\frac{\delta x}{\delta t}} = \frac{\frac{dy}{dt}}{\frac{dx}{dt}}.$$

स्पष्ट है कि $\frac{dy}{dx}$, $y$ और $x$ के परिवर्तनों की दरों के अनुपात का निरूपण करता है।

**उदाहरण**—10 फुट लम्बी एक सीढ़ी एक दीवाल के सहारे खड़ी है। उसका निचला सिरा जो दीवार से 6′ पर है, दीवाल से परे की ओर 2′ प्रति सेकिण्ड की दर से खिसकने लगता है। सीढ़ी की चोटी किस चाल से नीचे खिसकेगी?

जब सीढ़ी के दोनों सिरे समान गति से खिसकने लगें तब उसकी चोटी दीवाल की तली से कितनी दूर होगी?

मान लीजिये कि $t$ सेकिण्ड पश्चात सीढ़ी के निचले और ऊपरी सिरों की, दीवाल की तली से, दूरियाँ $x'$ और $y'$ हैं। तो

$$x^2 + y^2 = 10^2 \tag{1}$$

अवकलन द्वारा

$$x\frac{dx}{dt} + y\frac{dy}{dt} = 0. \tag{2}$$

दत्त से, जब $x = 6, \frac{dx}{dt} = 2.$

(1) से $y = 8'$ और (2) से $\frac{dy}{dt} = -\frac{3}{2}.$

यह फल ऋणात्मक इस लिये आया है कि जब सीढ़ी खिसकती है, $t$ बढ़ता है किन्तु $y$ घटता है क्योंकि सीढ़ी नीचे की ओर खिसक रही है।

उत्तर:—सीढ़ी नीचे की ओर $\frac{3}{2}'$ प्रति सेकिण्ड की चाल से खिसक रही है।

जब $\frac{dx}{dt}=\frac{dy}{dt}$, तब (2) से स्पष्ट है कि $x=y$. ( संख्यात्मक मान),

(1) से, $x=y=5\sqrt{2}$.

## प्रश्नावली (8.3)

(1) 13′ लम्बी एक सीढ़ी एक दीवाल के सहारे खड़ी है। उसका निचला सिरा जो दीवाल से 12′ पर है, दीवाल से परे की ओर 3′ प्रति सेकिण्ड की दर से खिसकने लगता है। सीढ़ी की चोटी किस गति से नीचे की ओर खिसकेगी ?

(2) एक सीढ़ी, जो 25′ लंबी है, दीवाल के सहारे इस प्रकार खड़ी है कि उसका निचला सिरा दीवाल से 20′ की दूरी है। उसका निचला सिरा किसी गति से दीवार से परे खिसकने लगता है। जब निचले सिरे की गति चोटी की गति के बराबर हो जाय तब चोटी दीवार की तली से कितनी दूर होगी।

(3) एक मनुष्य एक बिजली के खंभे से परे 5 मील प्रति घंटे की चाल से जा रहा है। यदि बिजली के खंभे की लम्बाई 40′ हो और मनुष्य की लम्बाई 6′ हो तो बताओ कि मनुष्य की छाया का अगला सिरा किस गति से आगे की ओर बढ़ रहा है ?

(4) दो मोटरकार A और B, 15 मील प्रति घंटे की चाल से एक निश्चित स्थान O की ओर अग्रसर हो रही हैं। दोनों कारों के बीच की दूरी किस गति से कम हो रही है यदि AO = 10 मील, BO = 15 मील और कोण AOB = 60′ ?

(5) एक निश्चित स्थान से एक ही साथ एक मोटरकार और गुब्बारा चलते है। यदि मोटरकार की गति 20 मील प्रति घंटा हो, और गुब्बारे के ऊपर उठने की गति 5 मील प्रति घंटा हो तो बताओ कि मोटरकार और गुब्बारे के बीच की दूरी किस वेग से बढ़ रही है ?

(6) दो सड़कें OA और OB एक दूसरे को समकोण पर काटती हैं, और B पर एक घर बना हुआ है जो O से 4 मील दूर है। एक मनुष्य सड़क AO पर 4 मील प्रति घंटे की चाल से चल रहा है। सिद्ध करो कि जब वह O से 3 मील की दूरी पर है, उसके घर B की ओर पहुँचने की गति 2.4 मील प्रति घंटा है।

(7) उपरोक्त प्रश्न में यदि कोण $AOB = 60^\circ$ है तो सिद्ध करो कि मनुष्य के घर की ओर अग्रसर होने के वेग की दर लगभग $1\frac{2}{9}$ मील प्रति घंटा है, जब वह विन्दु O से 3 मील की दूरी पर है।

८.४ § ८.२ के उदाहरण में हमने देखा है कि $s$ चर $t$ का एक फलन है। और $\frac{ds}{dt}$ भी $t$ का एक फलन है। और साधारणतः होगा भी ऐसा ही।

यदि हम $\frac{ds}{dt}$ को फिर $t$ के प्रति अवकलित करें तो फिर एक फलन प्राप्त होगा। जिस प्रकार $\frac{ds}{dt}$ समय $t$ के सापेक्ष $s$ की वृद्धि को निरूपित करता है, उसी प्रकार $\frac{d}{dt}\left(\frac{ds}{dt}\right)$ समय $t$ के सापेक्ष $\frac{ds}{dt}$ की वृद्धि को निरूपित करेगा। स्पष्ट है कि यह दूसरा अवकल गुणांक वेग-वृद्धि अर्थात त्वरण का निरूपण करेगा। इस दूसरे अवकल गुणांक को लिखने के भी कई ढंग हैं।

$$\frac{d_2 s}{dt^2},\ s'',\ \ddot{s},\ s_2$$

यदि वेग $\frac{ds}{dt}$ को हम $v$ से निरूपित करें तो त्वरण $\frac{dv}{dt}$ हो जायगा।

मान लीजिये कि एक कण आदि वेग $v$ से चलता है और उसका त्वरण अचर $f$ है। तो हमें प्राप्त होगा—

$$\frac{dv}{dt} = f.$$

अतएव, हम यह अनुमान लगा सकते हैं कि

$$v = ft + c,$$

जिसमें $c$ एक अचर है।

यहाँ एक प्रश्न यह उठता है कि हम ने $v$ को $(ft+c)$ के बराबर क्यों लिया, केवल $ft$ ही क्यों नहीं लिया। वास्तव में $ft$ केवल एक विशिष्ट दशा है $(ft+c)$ की जब $c = O$. अतएव $v$ का व्यापक मान $(ft+c)$ ही लेना होगा।

जब $t = o$, तब $v = u$

$\therefore$ (1) से, $c = u$

अतएव, (1) का यह रूप

$$v=u+ft$$

हो गया, अर्थात्

$$\frac{ds}{dt}=u+ft.$$

अब हम फिर अनुमान* लगाते हैं कि

$$s=ut+\tfrac{1}{2}ft^2+k,$$

जिसमें $k$ एक अचर है।

किन्तु, जब $t=o$, तब $s=o$.

$$\therefore k=o$$

और $s=ut+\frac{1}{2}ft^2$ (3)

(2) और (3) में से $t$ का विलोपन करने से तीसरा सूत्र

$$v^2=u^2+2fs \quad (4)$$

भी प्राप्त हो जायगा।

वेग धनात्मक भी हो सकता है, ऋणात्मक भी। जब दूरी समय के साथ बढ़ती है तब $\frac{ds}{dt}$ धनात्मक होता है। आकृति (८.१) में हम दूरी O से दाहिनी ओर नापते हैं और कण भी A से दाहिनी ओर ही जा रहा है। अतः $\frac{ds}{dt}>0$.

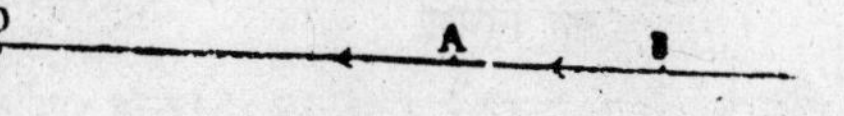


आकृति (8.1)

किन्तु आकृति (८.२) में कण B से A की ओर आ रहा है। अतः ज्यों-ज्यों समय बीतता है, स्थिर बिन्दु O से उसकी दूरी घटती जाती है। अतः $\frac{ds}{dt}<0$.

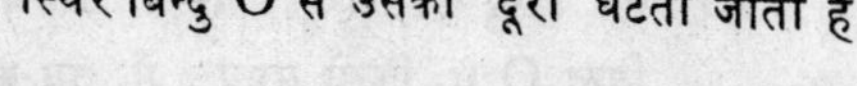


आकृति (8.2)

---

*जब विद्यार्थी को समाकलन का ज्ञान हो जायगा तब अनुमान लगाने की आवश्यकता नहीं रहेगी।

इसी प्रकार त्वरण भी धनात्मक अथवा ऋणात्मक दोनों हो सकता है। जब समय के साथ वेग $v$ बढ़ता है, तब $\frac{dv}{dt} > 0$; जब समय के साथ $v$ घटता है, तब $\frac{dv}{dt} < 0$.

**उदाहरण**—एक कण इस प्रकार चलता है कि

$$s = \sqrt{t}.$$

सिद्ध करो कि उसका मन्दन (**Retardation**) वेग के धन का अनुलोमानुपाती है।

हमें प्राप्त है :

$$v = \frac{ds}{dt} = \frac{1}{2\sqrt{t}}$$

$$\because \text{ त्वरण } = \frac{dv}{dt} = \frac{1}{2t_7}$$

अत:, $\frac{\text{त्वरण}}{(\text{वेग})^3} = -\frac{1}{2t^{3/2}} \times 8t^{3/2} = -4,$

अर्थात्, मन्दन $= 4$ (वेग)$^3$

## प्रश्नवली (8.4)

(1) एक बिन्दु इस प्रकार चल रहा है कि

$$s = 16 + 48t - t^3.$$

वह कब और कहाँ रुकेगा और उसकी गति की दिशा कब उलट जायगी ?

(2) एक बिन्दु एक निश्चित मार्ग पर चल रहा है। यदि उसकी गति का नियम

$$s = a \cos nt$$

हो तो सिद्ध करो कि उसका मन्दन दूरी का समानुपाती है।

(3) एक बिन्दु एक सरल रेखा में इस प्रकार चल रहा है कि एक निश्चित बिन्दु O से, किसी समय $t$ में, तय की हुई दूरी $s$ का समीकरण

$$s = 10 + 27t - t^3$$

द्वारा दी जाती है। सिद्ध करो कि $t$ सेकिण्ड के अंत में उसका मन्दन समय का समानुपाती होगा।

# अध्याय ९

# उत्तरोत्तर अवकलन

## ( Successive Differentiation )

### 9.1 परिभाषा और संकेतन (**Notation**)—

हम देख चुके हैं कि जब हम $x$ के किसी फलन का अवकलन करते हैं तो फल भी साधारणत: $x$ का कोई फलन ही आता है । अत: हम इस फलन का भी अवकलन कर सकते हैं । फल को मौलिक फलन का द्वितीय अवकल गुणांक कहते हैं । यदि मौलिक फलन $y$ है तो द्वितीय गुणांक को लिखने के यह ढंग हैं :

$$\frac{d}{dx}\left(\frac{dy}{dx}\right), \ \frac{d^2 y}{dx^2}, \ y'', y_2, \ddot{y}, D^2 y.$$

यदि मौलिक फलन $f(x)$ हो तो द्वितीय अवकल गुणांक इस प्रकार लिखे जायँगे :

$$\frac{d}{dx}\left\{\frac{d}{dx}f(x)\right\}, \ \frac{d}{dx}\left(\frac{df}{dx}\right), \ \frac{d^2 f}{dx^2}, \ f''(x), f^{(2)}(x),$$

$$D^2\left\{f(x)\right\}.$$

इसी प्रकार, बार-बार अवकलन करके हम किसी फलन का तृतीय, चतुर्थ,... $n$—वाँ अवकल गुणांक निकाल सकते हैं । $n$—वाँ अवकल गुणांक लिखने के यह ढग हैं :

$$\left(\frac{d}{dx}\right)^n, \ \frac{d^n y}{dx^n}, \ y_n, y^{(n)}, D^n y.$$

मान लीजिये कि $y = 3x^5$.

तो $y_1 = 15x^4$,

$y_2 = 60x^3$,

$y_3 = 180x^2$.

अब मान लीजिये कि हमें $y_3$ का मान $x = 2$ पर निकालना है। उक्त मान 720 है। इस तथ्य को हम इस प्रकार लिखेंगे :

$$\left( y_3 \right)_{x\,=\,2} = 720$$

यदि स्वतन्त्र चल निश्चित हो तो इस तथ्य को हम इस प्रकार भी लिख सकते हैं :

$$(y_3)_2 = 720$$

इसी प्रकार $(y_n)_a$ के अर्थ को भी समझना चाहिये।

## 9.2 मानक फल (Standard Results)

(i) $y = (a\,x+b)^m$

यहाँ $y_1 = m.\,a\,(a\,x+b)^{m-1}$,

$y_2 = m\,(m-1)\,a^2\,(a\,x+b)^{m-2}$,

$y_3 = m\,(m-1)\,(m-2)\,a^3\,(a\,x+b)^{m-3}$,

— — — — —

$y_n = m\,(m-1)\,(m-2)\cdots\cdots(m-n+1)\,a^n\,(a\,x+b)^{m-n}$

यहाँ $n$ तो धन पूर्णांक होगा ही। यदि $m$ भी कोई धन पूर्णांक हो तो, जब $m > n$,

$$m\,(m-1)\,(m-2)\cdots\cdots(m-n+1) = \frac{m\,!}{(m-n)\,!}$$

अत: $D^n\,(a\,x+b)^m = \dfrac{m\,!}{(m-n)\,!}\,a^n\,(ax+b)^{m-n}.$

किन्तु यदि $m < n$ तो

$$D^n\,(a\,x+b)^m = 0.$$

**विशिष्ट दशा (१)**— $a = 1,\ b = 0.$

यदि $y = x^m$,

तो $y_1 = m\,x^{m-1}$,

$y_2 = m\,(m-1)\,x^{m-2}$

$y_3 = m\,(m-1)\,(m-2)\,x^{m-3}$

……… ….. …… ………

$$y_n = m(m-1)(m-2)\ldots\ldots(m-n+1)\,x^{m-n},$$

$$\ldots\ldots\ldots \qquad \ldots\ldots\ldots \qquad \ldots\ldots\ldots$$

$$y_m = m(m-1)(m-2)\ldots 3.\ 2.\ 1,$$

अर्थात $\left(\frac{d}{dx}\right)^m x^m = \underline{|m}$ !

(2) $m = -1$.

$$y = (ax+b)^{-1}.$$

यहाँ $D^n y = (-1)^n\, n!\, a^n (ax+b)^{-n-1}$.

यदि $a=1,\ b=0$, तो $y = \frac{1}{x}$.

यहाँ $D^n y = \frac{(-1)^n\, n!}{x^{n+1}}$.

(ii) $y = e^{ax}$.

यहाँ $y_1 = a\,e^{ax},\quad y_2 = a^2\,e^{ax},\ldots\ldots$

$$y^n = a^n\,e^{ax}.$$

**विशिष्ट दशा :** फलन $e^x$ के समस्त अवकल गुणांक $e^x$ ही होते है।

**(iii)** यदि $y = a^x$,

तो $D^n y = a^x (\log a)^n$.

**(iv)** $y = \log(ax+b)$

यहाँ $y_1 = \frac{a}{ax+b},\quad y_2 = \frac{(-1)\,a^2}{(ax+b)^2},$

$$y_3 = \frac{(-1)(-2)\,a^3}{(ax+b)^3},\ \ldots\ldots$$

इस प्रकार $y^n = \frac{(-1)^{n-1}\,\underline{|n-1}\;a}{(ax+b)^n}$.

विशिष्ट दशा : $a = 1,\ b = 0$.

यदि $y = \log x$,

तो $y^n = \frac{(-1)^{n-1}\,\underline{|n-1}}{x^n}$.

यह फल (i) की विशिष्ट दशा (२) से तुलनीय है।

(v) $y = \sin(ax+b)$

$$y_1 = a\cos(ax+b) = a\sin\left(ax+b+\frac{\pi}{2}\right),$$

$$y_2 = a^2\cos\left(ax+b+\frac{\pi}{2}\right) = a^2\sin(ax+b+\pi),$$

$$y_3 = a^3 \sin\left(ax+b+\frac{3\pi}{2}\right), \ldots\ldots$$

इस प्रकार,

$$D^n \sin(ax+b) = a^n \sin\left(ax+b+\frac{n\pi}{2}\right)$$

(vi) इसी प्रकार

$$D^n \cos(ax+b) = a^n \cos\left(ax+b+\frac{n\pi}{2}\right),$$

**विशिष्ट दशा :**

$$D^n(\sin x) = \sin\left(x+\frac{n\pi}{2}\right),$$

$$D^n(\cos x) = \cos\left(x+\frac{n\pi}{2}\right).$$

(vii) $y = e^{ax}\sin(bx+c)$.

यहाँ $y_1 = e^{ax}\, b\cos(bx+c) + a\, e^{ax}\sin(bx+c)$.

यदि $a = r\cos\theta$, $b = r\sin\theta$,

तो $y_1 = e^{ax}\{r\sin\theta\cos(bx+c) + r\cos\theta\sin(bx+e)\}$
$\quad = r\, e^{ax}\sin(bx+c+\theta)$.

इसी प्रकार, $y_2 = r^2 e^{ax}\sin(bx+c+2\theta)$,

.........  .........  .........  .........

अतः, $D^n\{e^{ax}\sin(bx+c)\} = r^n e^{ax}\sin(bx+c+n\theta)$,

जिसमें $r = (a^2+b^2)^{\frac{1}{2}}$ और $\theta = \tan^{-1}\dfrac{b}{a}$.

(viii) यदि $y = e^{ax}\cos(bx+c)$

तो $y^n = r^n e^{ax}\cos(bx+c+n\theta)$.

## प्रश्नावली (9. 1.)

(1) निम्नलिखित का $n$-वाँ अवकल गुणांक निकालिए :—

(i) $y = \dfrac{1}{x^2+x+1}$ (ii) $y = \dfrac{x}{x^2+x+1}$,

(iii) $\dfrac{x^2}{1+2x-x^2-2x^3}$ (iv) $\dfrac{x}{x^2+a^2}$

(v) $\dfrac{x}{(x-a)(x-b)(x-c)}$

(2) सिद्ध करो कि $y = x^{2n}$, जिसमें $n$ एक धनात्मक संख्या है, का $n$-वाँ अवकल गुणांक

$$2^n \{ 1.3.5\ldots\ldots(2n-1) \} x^n \text{ है ।}$$

(3) $y=(a-bx)^m$ का $n$-वाँ अवकल गुणांक ज्ञात करो । $(m>n)$

(4) $y=e^{a+bx}$ का $n$-वाँ अवकल गुणांत ज्ञात करो ।

(5) यदि $y = \log(a-bx)$, तो सिद्ध करो कि

$$y_n = -\frac{\lfloor n-1}{(a-bx)^n}.$$

(6) निम्नलिखित का $n$-वां अवकल गुणांक निकालो :—

(i) $\sin(a-bx)$ (ii) $\cos(a-bx)$

(7) यदि $ax^2+2hxy+by^2=1$, तो सिद्ध करो कि

$$\frac{d^2y}{dx^2} = \frac{h^2-ab.}{(hx+by)^3}.$$

(8) यदि $ax^2+2hxy+by^2+2gx+2fy+c=0$, तो सिद्ध करो कि :

$$\frac{d^2y}{dx^2} = \frac{abc+2fgh-af^2-bg^2-ch^2}{(hx+by+f)^3}$$

(9) यदि $y=\sin(\cos x)$, तो सिद्ध करो कि

$$\frac{d^2y}{dx^2} - \cot x . \frac{dy}{dx} + y\sin^2 x =$$

(10) यदि $x \sin\theta + y\cos\theta = a,$

$$x\cos\theta - y\sin\theta = b,$$

तो सिद्ध करो कि

$$\frac{d^p}{d\theta^p} \quad \frac{d^q y}{d\theta^q} - \frac{d^q x}{d\theta^q} \quad \frac{d^p y}{d\theta^p} = \text{अचर}\ ।$$

(11) सिद्ध करो कि समीकरण

$$\cos^2 x \frac{d^2y}{dx2} - 2y + 2x = o$$

$y = x + \tan x$ द्वारा संतुष्ट है ।

(१२) यदि $x = \sin\theta$ और $y = \sin a\theta$

तो सिद्ध करो कि

$$(1 - {}^2x)\frac{d^2y}{dx^2} - x\ \frac{dy}{dx} + a^2 y = o.$$

(13) यदि $y = \tan^{-1} x$, तो सिद्ध करो कि

$$(y)\ n = (-1)\ {}_n{}^{-1}\ \underline{|n-1}.\ \sin n\ (\tfrac{1}{2}\pi - y)\ \sin{}_n\ (\tfrac{1}{2}\pi + y).$$

(14) $y = \tan^{-1} \dfrac{x}{a}$ का $n$-वाँ अवकल गुणांक ज्ञात करो ।

(15) $y = e^{ax} \sin bx \cos cx$ का $n$-वाँ अवकल गुणांक ज्ञात करो ।

(16) निम्नलिखित का $n$-वाँ अवकल गुणांक ज्ञात करो :—

(i) $e^{ax}\ \cos bx$ (ii) $\sin^2 x$ (iii) $e^x\ \sin\ x\ \sin\ 2x$

(iv) $\log\ (ax+b)_p$ (v) $\log\left\{\dfrac{a-x}{a+x}\right\}$

**परिमेय. ( Rational ) बीजीय फलन**—यदि किसी ऐसे भिन्न का $n$-वां अवकल गुणांक निकालना हो जिसके अंश और हर दोनों परिमेय पूर्णाङ्क बीजीय फलन (Rational Integral Algebraical Functions) हों तो हर के गुणनखण्ड करके भिन्न को आंशिक भिन्नों में विभाजित कर देना चाहिये । यदि हर के वास्तविक गुणनखंड न हो सकें तो काल्पनिक गुणनखंड करके भी काम चलाया जा सकता है ।

उदाहरण (१) $\dfrac{x^2+x+1}{x-1}$ का $n$-वाँ अवकल गुणांक निकालो।

दिया हुआ भिन्न $= x+2+\dfrac{3}{x-1}$,

अतएव, यदि उक्त व्यंजक को $y$ से निरूपित करें तो

$$y_1 = 1 - \frac{3}{(x-1)^2}$$

$$y_2 = (-3).\frac{-2}{(x-1)^3},$$

$$y_3 = (-3)\frac{(-2)(-3)}{(x-1)^4} = (-3)\frac{(-1)^2.\ 2.\ 3}{(x-1)^4}$$

$$y_4 = (-3)\frac{(-2)(-3)(-4)}{(x-1)^5} = (-3)\frac{(-1)^3.\ 2.\ 3.\ 4.}{(x-1)^5}$$

............ ............ ............

$$y_n = (-3)\frac{(-1)^{n-1}.\ 2.\ 3.\ 4 \ldots (n-1)n}{(x-1)^{n+1}}$$

$$= 3.\ (-1)^n.\frac{\underline{|n}}{(x-1)^{n+1}}$$

उदाहरण (२) यदि $y = \dfrac{1}{x^2+a^2}$ तो $y_n$ निकालो।

हमें प्राप्त है :

$$y = \frac{1}{2ia}\left(\frac{1}{x-ia} - \frac{1}{x+ia}\right)$$

$$y_n = \frac{(-1)^n n!}{2\ ia}\left[\frac{1}{(x-ia)^{n+1}} - \frac{1}{(x+ia)^{n+1}}\right]$$

इस फल को हम सुगठित रूप में रख सकते हैं।

मान लो कि $x = r\cos\theta,\ a = r\sin\theta.$

तो $\qquad r = \sqrt{x^2+a^2},\ \theta = \tan^{-1}\dfrac{a}{x}.$

अत: $(x-ia)^{-(n+1)} = r^{-(n+1)} (\cos\theta - i\sin\theta)^{-(n+1)}$

$= r^{-(n+1)} \{ \cos (n+1)\theta + i\sin (n+1)\theta \}$

और $(x+ia)^{-(n+1)} = r^{-n+1} (\cos\theta + i\sin\theta)^{-(n+1)}$

$= r^{-(n+1)} \{ \cos (n+1)\theta - i\sin (n+1)\theta \}$

$\therefore y_n = \dfrac{(-1)^n n!}{2ia} \cdot r^{-(n+1)}. \, 2i \sin (n+1)\theta$

$= \dfrac{(-1)^n\, n!}{a} \left(\dfrac{a}{\sin\theta}\right)^{-(n+1)} \sin (n+1)\theta$

अर्थात, $D^n \left(\dfrac{1}{x^2+a^2}\right) = \dfrac{(-1)^n\, n!}{a^{n+2}} \sin^{n+1}\theta, \sin (n+1)\theta,$

जिसमें $\theta = \tan^{-1} \dfrac{a}{x},$

**उपफल**—यदि $y = \tan^{-1} x$, तो $y_1 = \dfrac{1}{1+x^2}$.

अत:, $y^n = (-1)^{n-1} (n-1)! \sin^n \theta \sin n\theta,$

जिसमें $\theta = \tan^{-1}\dfrac{1}{x} = \cot^{-1} x.$

## प्रश्नावली (9.2)

(1) निम्नलिखित का अवकल गुणांक ज्ञात करो :—

(i) $\dfrac{1}{x^2-a^2}$.

(ii) $\dfrac{x^2+x+1}{x+1}$.

(iii) $\dfrac{(x+1)(x+2)(x+3)}{x-1}$.

(iv) $\dfrac{x^4}{(x-1)(x-2)}$.

(v) $\dfrac{x^2}{(x+1)(x+2)}$

(vi) $\dfrac{a-x}{a+x}$.

(vii) $e^{ax} \cos^2 x \sin x$.

(viii) $\cos^4 x$.

(ix) $e^x \sin^4 x$.

(x) $e^{ax} . \cos x. \sin^2 2x$.

(2) यदि $y = \sin^2 x \cos^3 x$, तो सिद्ध करो कि

$$y_n = \frac{1}{16}\left[2\cos\left(x + \tfrac{1}{2}n\pi\right) - 3^n \cos\left(3x + \tfrac{1}{2}n\pi\right) - 5^n \cos\left(5x + \tfrac{1}{2}n\pi\right)\right].$$

(3) यदि $\dfrac{ax+b}{cx+d} = y$, तो सिद्ध करोकि

$$\frac{d^n y}{dx^n} = (-)^n \underline{|n} \,.\, c^{n-1} (bc - ad)(cx+d)^{-(n+1)}$$

(4) $\dfrac{1}{1+5x+6x^2}$ का $n$—वां अवकल गुणांक क्या होगा ?

(5) यदि $y = \dfrac{1}{x^4 - a^4}$, तो सिद्ध करो कि

$$y_n = \frac{(-1)^n \,|\, n}{4a^3}\left[\frac{1}{(x-a)^{n+1}} - \frac{1}{(x+a)^{n+1}} - \frac{2}{a^{n-1}} \sin^{n+1}\theta \sin(n+1)\theta\right]$$

जिसमें $x = a \cot \theta$.

(6) सिद्ध करो कि $\tan^{-1}\left\{\dfrac{2x}{1-x^2}\right\}$ का $n$—वाँ अवकल गुणांक

$$2(-1)^{n-1} \underline{|(n-1)}.\ \sin^n \phi.\ \sin n\psi.$$

होगा, यदि $x = \cot\phi$.

(7) यदि $y^{\frac{1}{a}} + y^{-\frac{1}{a}} = 2x$, तो सिद्ध करो कि

$$(x^2 - 1)\, y_{n+2} + (2n+1)x\, y_{n+1} + (n^2 - a^2)\, y_n = 0.$$

जिसमें $y_n$, $y$ का $n$—वां अवकल गुणांक है !

(8) यदि $y = \frac{x^2 - x + 1}{x^2 + x + 1}$ और $\tan\ \theta = \frac{\sqrt{3}}{2x+1}$,

तो सिद्ध करो कि

$$\frac{d^n y}{dx^n} = \frac{4}{\sqrt{3}} (-1)^n \ \underline{|n} \cdot \frac{\sin\left[(n+1)\ \theta - \frac{1}{3}\pi\right]}{(x^2 + x + 1)^{\frac{1}{2}n+1}}$$

(9) यदि $y = \frac{1}{x^3 - a^3}$ तो सिद्ध करो कि

$$y^n = \frac{(-1)^n \ \underline{|n}}{3a^2} \cdot \frac{1}{(x-a)^{n+1}} +$$

$$\frac{(-1)^n \ \underline{|n}}{3a^2} \cdot \frac{2\ \cos\left[(n+1)\phi + \frac{2}{3}\pi\right]}{(x^2 + ax + a^2)^{\frac{1}{2}(n+1)}}.$$

जिसमें $\phi = \tan^{-1} \frac{a\sqrt{3}}{2x+a}$.

**दः म्वाव्रे (De Moivre) प्रमेय का प्रयोग**—कभी-कभी दः म्वाव्रे प्रमेय की सहायता से $n$-वाँ अवकल गुणांक निकालने में बड़ी सुविधा होती है, विशेष कर जब फलन में त्रिकोणमितीय अनुपातों के गुणनफल हों।

**उदाहरण**—$\sin^2 x \cos^4 x$ का $n$—वाँ अवकल गुणांक निकालो।

यदि $z = \cos x + i \sin x$, तो $z^{-1} = \cos x - i \sin x$.

अतः, $2 \cos x = z + z^{-1}$, $2\ i \sin x = z - z^{-1}$.

अब, $z_n + z^{-p} = (\cos x + i \sin x)^p + (\cos x - i \sin x)^p$

$= 2 \cos px$,

और $z^p - z^{-p} = (\cos x + i \sin x)^p - (\cos x - i \sin x)^p$

$= 2\ i \sin px$

अतएव, $2^2\ i\ .\ 2^4 \sin x \cos^4 x$

$= (z - z^1)^2\ (z + z^{-1})^4$

$= (z^2 + z^{-2} - 2)\ (z^4 + 4z^2 + 6 + 4z^{-2} + z^{-4})$

$= \{ (z^6 + 4z^4 + 6z^2 + 4 + z^{-2}) + (z^2 + 4 + 6z^{-2} + 4z^{-4} + z^6)$

$-2z^4 - 8z^2 - 12 - 8z^{-2} - 2z^{-4} \}$

$$=(z^6+z^{-6})+2(z^4+z^{-4})-(z^2+z^{-2})-4$$

$$=2\cos 6x+2\cos 4x-2\cos 2x-4,$$

अर्थात्, $\sin^2 x\cos^4 x=-2^{-5}(\cos 6x+\cos 4x-\cos 2x-2)$

$$\therefore D^n(\sin^2 x\cos^4 x)=-2^{-5}\{6^n\cos(6x+3\pi)$$

$$+4^n\cos(4x+2\pi)-2^n\cos(2x+\pi)\}$$

## प्रश्नावली (9.3)

(१) $\sin^4 x\cos^2 x$ का $n$—वाँ अवकल गुणांक निकालो !

(२) निम्नलिखित का $n$—वाँ अवकल गुणांक ज्ञात करो :—

(i) $\sin^2 x\cos^2 x$.

(ii) $\sin x\sin 2x$ Sin $3x$.

(iii) $\cos x\cos 2x\cos 3x$.

(iv) $\sin 2x\sin 3x$.

**लिब्नीज प्रमेय * (Leibnitz's Theorem)**. दो फलनों के गुणनफल का $n$—वां अवकल गुणांक निकालने में यह प्रमेय विशेष रूप से उपयोगी होता है ।

यदि $u$ और $v$ चर $x$ के दो फलन हों तो

$$D^n(uv)=(D^n u).v={}^nC_1(D^{n-1}u)(Dv)+{}^nC_2.$$
$$(D^{n-2}u)(D^n v)+\ldots\ldots{}^nC_r(D^{n-r}u)(D^r v)+\ldots\ldots{}^nC_{n-1}$$
$$(Du)(D^{n-1}v)+u(D^n v).$$

यदि $y=uv$,

तो, अवकलन द्वारा हमें प्राप्त है :

$$y_1=u_1v+uv_1,$$

$$y_2=u_2v+2u_1v_1+uv_1=u_2v+{}^2C_1u_1v_1+uv_2,$$

$$y_3=u_3v+3u_2v_1+3u_1v_2+uv_3$$

$$=u_3v+{}^3C_1u_2v^1+{}^3C_2u_1v_2+uv^3$$

---

*लिब्नीज (1646-1716) एक जर्मन गणितज्ञ था । उसने और न्यूटन ने, एक दूसरे से स्वतन्त्र रूप से, **कलन (Calculus)** का आविष्कार किया था ।

इस प्रकार हम देखते हैं कि उपरिलिखित प्रमेय $n = 1, 2, 3$ के लिये सत्य है। अब हम उक्त प्रमेय को **गणितीय निगमन (Mathematical Induction)** द्वारा सिद्ध करेंगे।

मान लीजिये कि प्रमेय $n$ के किसी धन पूर्णाङ्क मान के लिये सत्य है। तो

$$y_n = u_n v + {}^nC_1 u_{n-1} v_1 + {}^nC_2 u_{n-2} v_2 + \ldots\ldots$$
$$+ {}^nC_r u_{n-r} v^r + \ldots\ldots + u v_n.$$

अतः, अवकलन से,

$$y_{n+1} = (u_{n+1} v + u_n v_1) + {}^nC_1 (u_n v_1 + u_{n-1} v_2) +$$
$${}^nC_2 (u_{n-1} v_2 + u_{n-2} v_3)$$
$$+ \ldots\ldots + {}^nC_{r-1} (u_{n-r+1} v_r + v_{n-r} v_{r+1}) + \ldots (u_1 v_n + u v_{n+1})$$
$$= u_{n+} v + ({}^nC_1 + 1) u_n v_1 + ({}^nC_2 + {}^nC_1) u_{n-1} v_2 + \ldots$$
$$+ ({}^nCr + {}^nC_{r-1}) u_{n-r+1} v_m + \ldots \quad + u v_{n+1}.$$

किन्तु ${}^nCr + {}^nC_{r-1} = {}^{n+1}C_r$

और ${}^nC_1 + 1 = {}^{n+1}C_1$.

अतः, $y_{n+1} = u_{n+1} v + {}^{n+1}C_1 u_n v_1 + {}^{n+1}C_2 u_{n-2} v_2 +$
$\ldots + {}^{n+1}C_r u_{n-r+1} v_r + \ldots + u v_{n+1}$.

अतएव, यदि प्रमेय $n$ अवकलनों के लिये सत्य है तो $(n+1)$ अवकलनों के लिये भी सत्य है। किन्तु हम ऊपर देख चुके हैं कि प्रमेय एक, दो, तीन...अवकलनों के लिये सत्य है।

$\therefore$ प्रमेय $n$ के समस्त धन पूर्णाङ्क मानों के लिये सत्य है।

**उदाहरण**—$x^4 e^{ax}$ का $n$—वाँ अवकल गुणांक निकालो।

हमें प्राप्त है :

$$D^n(e^{ax} x^4) = (D^n e^{ax}) x^4 + {}^nC_1 (D^{n-1} e^{ax}).4x^3 + (D^{n-1} e^{ax}) 12x^2$$
$$+ {}^nC_3 (D^{n-3} e^{ax}) 24 x + {}^nC_4 (D^{n-4} e^{ax}) 24.$$
$$= (a^n e^{ax}) x^4 + {}^nC_1 (a^{n-1} e^{ax}) 4x^3 + {}^nC_2 (a^{n-1} e^{ax}).12x^2$$
$$+ {}^nC_3 (a^{n-3} e^{ax}) 24 x + {}^nC_4 (a^{n-4} e^{ax}) 24.$$

इस का सरलीकरण करने से उत्तर आ जायेगा।

## प्रश्नावली (9.4)

(1) निम्नलिखित फलनों का $n$–वाँ अवकल गुणांक निकालो :

(i) $x^n e^{ax}$ (vi) $e^{ax} \sin bx$.

(ii) $x^n (1-x)^n$. (vii) $\sin x \log (ax+b)$.

(iii) $ex (ax+b)^3$. (viii) $e^x [ax^2+2bx+c]$.

(iv) $e^x . \log x$ (ix) $\cos (ax+b). \log x$.

(v) $x^n (ax+b)^m$ (x) $x^{n-1} \log x$.

(2) $x^{2n}$ का $n$–वाँ अवकल गुणांक दो विधियों से निकाल कर सिद्ध कीजिए कि

$$1 + \frac{n^2}{1^2} + \frac{n^2 (n-1)^2}{1^2 . 2^2} + \frac{n^2 (n-1)^2 (n-2)^2}{1^2 . 2^2 . 3^2} + \ldots\ldots$$

$$= \frac{\lfloor (2n)}{(\lfloor n)^2}.$$

(3) $x^2 e^2 . \cos x$ का $n$–वाँ अवकल गुणांक क्या होगा ?

(4) यदि $x+y=1$ तो सिद्ध करो कि

$$\frac{d^n}{dx^n}(x^n y^n) = \lfloor n . \{ y^n - (nC_1)^2 y^{n-1} x + ({}_nC_2)^2 y^{n-2} x^2$$

$$+ \ldots + (-1)^n x^n \}$$

(5) यदि $y = \sin (m \sin^{-1} x)$, तो सिद्ध करो कि

$$(1-x^2) y_{n+2} = (2n+1) x y_{n+1} + (n^2 - m^2) y^n.$$

(6) यदि $y = e^{m \sin^{-} x}$,

तो सिद्ध करो कि $(1-x^2) y_{n+2} - (2n+1) x y^n{}_{+1} - (n^2+m^2) y = o$

(7) सिद्ध करो कि $Dr (e^{ax} x^n) = a_r{}^{-}{}_n . x^{n-}{}_r D^n (e^{ax} . x^r)$

९.६ इस प्रकरण में हम यह दिखायेंगे कि अवकल समीकरणों का अवकलन किस प्रकार किया जाता है। विधि उदाहरणों से स्पष्ट हो जायगी।

**उदाहरण** (१) $y = (\sin^{-1} x)^2$ तो सिद्ध करोकि

$$(1-x^2)\frac{d^2 y}{dx^2} - x\frac{dy}{dx} - 2 = 0.$$

इस समीकरण का $x$ के अनुसार $n$ बार अवकलन करो। (इलाहाबाद 1950)

हमें प्राप्त है :

$$y_1 = 2\sin^{-1} x.\frac{1}{\sqrt{1-x^2}}. \quad (1)$$

अतः $(1-x^2)y_1^2 = 4(\sin^{-1}x)^2 = 4y.$ (2)

अवकलन करने से,

$(1-x^2).2y_1y_2 - 2xy_1^2 - 4y_1 = 0,$

अर्थात, $(1-x^2)y_2 - xy_1 - 2 = 0.$ (3)

अब इस समीकरण के प्रत्येक पद का $n$ बार अवकलन करना है।

हमें हस्तगत है :

$$D^n\{(1-x^2)y_2\} = (1-x^2)y_{n+2} + n(-2x)y_{n+1} + \frac{n(n-1)}{\underline{|2}}(-2)y_n,$$

$$D^n(-xy_1) = -xy_{n+1} - ny_n,$$

$\therefore$ जोड़ने से, $(1-x^2)y_{n+2} - (2n+1)xy_{n+1} - n^2y^n = 0.$ (4)

**उदाहरण (२)** उपर्युक्त फलन के लिये $(y_n)_0$ का मान निकालो।

चूंकि $y = (\sin^{-1}x)^2,$

अतः $(y)^{\circ} = 0.$

और (1) से $(y_1)_0 = 0$, (3) से $(y_2)_0 = 2.$

अब (4) में $x = 0$ रखने से,

$$(y_{n+2})_0 = n^2(y_n)_0.$$

$$\therefore (y_3)_0 = (y\ \ )_0 = (y_7)_0 = \ldots\ldots = 0.$$

और $(y_4)_0 = 2^2(y_2)_0 = 2.2^2.$

$$(y_6)_0 = 4^2(y_4)_0 = 2.2^2.4^2,$$

$$(y_8)_0 = 6^2(y_6)_0 = 2.2^2.4^2.6^2.$$

$$\ldots\ldots\ldots \qquad \ldots\ldots\ldots \qquad \ldots\ldots\ldots$$

$$(y_n)_0 = 2.2^2.4^2.6^2.(2n-2)^2 = 2(\underline{|(n-1)})^2.$$

यदि $n$ सम है।

## प्रश्नावली (9.5)

(१) यदि $y = e^{m\cos^{-1}x}$, तो
सिद्ध करो कि

$$(1-x^2)\, y_{n+2} - (2n+1)xy_{n+1} - (n^2+m^2)\, y_n = 3,$$

और $y_n$ (o) का मान ज्ञात करो।

(2) यदि $\cos^{-1}\left(\frac{y}{b}\right) = \log\left(\frac{x}{n}\right)^n$.

तो सिद्ध करो कि

$$x^2\, y_{n+2} + (2n+1)\, y_{n+1} + 2n^2\, y_n = 0.$$

(3) यदि $y = (\tan^{-1}x)^2$,
तो सिद्ध करो कि

$$(x^2+1)^2\, \frac{d^2y}{dx^2} + 2x\,(x^2+1)\, \frac{dy}{dx} = 2$$

इसकी सहायता से सिद्ध करो कि

$$(x^2+1)^2\, \frac{d^{n+2}y}{dx^{n+2}} + (4n+2)\, x\,(x^2+1)\, \frac{d^{n+1}y}{dx^{n+1}} +$$

$$2n^2\,(3x^2+1)\, \frac{d^ny}{dx^n} + 2n\,(n-1)\,(2n-1).\, x\, \frac{d^{n-1}y}{dx^{n-1}}$$

$$+\, n\,(n-1)^2\,(n-2)\, \frac{d^{n-2}y}{dx^{n-2}} = 0$$

(4) यदि $y = e^{\frac{1}{2}x^2} \cos x$, तो सिद्ध करो कि

$$y_{2n+2}\,(0) - 4n\, y_{2n}\,(0) + (2n-1)\, 2n\, y_{2n-2})\,(0) = 0$$

(5) यदि $y = \sin^{-1}x$ तो $y_n$ (o) का मान ज्ञात करो।

(6) यदि $y = \{ x + \sqrt{1+x^2} \}^m$ तो $y_n$ (o). का मान ज्ञात करो।

(7) यदि $y = [\log \{ x + \sqrt{1+x^2} \}]^2$, तो सिद्ध करो कि

$$y_{n+2}(0) = -n\, y_n\,(0),$$

और $y_n$ (0) का मान ज्ञात करो।

(8) $y_n(0)$ का मान ज्ञात करो यदि $y = \sin(a \sin^{-1} x)$,

और सिद्ध करो कि $(1-x^2)\, y_{n+2} = (2n+1)\, x\, y_{n+1} + (n^2-a^2) y^n$.

(9) यदि $y = a \cos(\log x) + b \sin(\log x)$, तो सिद्ध करो कि

$$x^2 y_{n+2} + (2n+1)\, x\, y_{n+1} + (n^2+1)\, y_n = 0.$$

(10) यदि $f(x) = \tan x$, तो सिद्ध करो कि

$$f^n(0) - {}^nC_2\, f^{n-2}(0) + {}^nC_4\, f^{n-4}(0) \cdots\cdots = \sin \frac{n\pi}{2}.$$

(11) यदि $y = \dfrac{d^n}{dx_n}(x^2-1)^n$, तो सिद्ध करो कि

$$(x^2-1)\, y_{n+2} + 2x\, y_{n+1} - n(n+1) y_n = 0.$$

इस प्रकार सिद्ध करो कि $y$ लेजाण्ड्र समीकरण

$$(1-x^2)\frac{d^2y}{dx^2} - 2x\frac{dy}{d^n} + n(n+1)y = 0.$$

को सन्तुष्ट करता है।

(12) सिद्ध करो कि $x = 0$ पर $\tan^{-1} x$ का $n$—वाँ अवकल गुणांक 0, $|\underline{n-1}$ या $(-|\underline{n-1})$ होगा यदि $n$ क्रमशः $2p$, $4p+1$ या $4p+3$ के रूप का हो।

## अध्याय १०

# फलनों का प्रसार

## (Expansion of functions)

10.1 **विषय प्रवेश**—विद्यार्थी को अब तक अनेक बार अनन्त श्रेणियों से साम्मुख्य हुआ होगा। द्विपद प्रमेय, लघुगणकीय श्रेणी, घातांकीय प्रमेय—सभी के फल अनन्त श्रेणियों के रूप में ही आते हैं। इसके अतिरिक्त त्रिकोणमितीय फलनों का प्रसार भी अनन्त श्रेणियों के रूप में ही होता है। किन्तु सान्त (Finite) और अनन्त श्रेणियों के व्यवहार में एक आधारिक अन्तर है। हम दो सान्त श्रेणियों को जोड़ सकते हैं, एक में से दूसरी को घटा सकते हैं, उन्हें गुणित कर सकते हैं, एक से दूसरी को भाग दे सकते हैं। यों समझना चाहिये कि हम सान्त श्रेणियों से ऐसे समस्त व्यापार कर सकते हैं जैसे किन्हीं दो बीजीय राशियों से। किन्तु हम देखेंगे कि हम अनन्त श्रेणियों से ऐसी बीजीय क्रियायें सदैव नहीं कर सकते। जब ऐसी श्रेणियां कुछ शर्तों को पूरा करती हैं तभी इस ढंग की क्रियायें सम्भव होती हैं।

इस अध्याय के प्रमुख विषय पर आने से पहले हम कुछ फलन लेते हैं जिनका प्रसार पूर्व परिचित प्रमेयों द्वारा हो सकता है।

**उदाहरण (१)—बीजीय विधि**

$\dfrac{\log(1+x)}{1+x}$ का प्रसार :

हमें हस्तगत है

$$\log(1+x)=x-\frac{x^2}{2}+\frac{x^3}{3}-\frac{x^4}{4}\ \ldots\ldots(-1<x\leqslant 1)$$

$$\frac{1}{1+x}=1-x+x^2-x^3+\ldots\ldots\ldots(-1<x<1)$$

अतः, दोनों श्रेणियों को गुणा करने से,

$$\frac{\log(1+x)}{1+x}=\left(x-\frac{x^2}{2}+\frac{x^3}{3}-\frac{x^4}{4}+\ldots\ldots\right)(1-x+x^2-x^3+\ldots)$$

$$=x-(1+\tfrac{1}{2})x^2+(1+\tfrac{1}{2}+\tfrac{1}{3})x^3-(1+\tfrac{1}{2}+\tfrac{1}{3}+\tfrac{1}{4})x^4+\ldots\ldots,$$

जिसमें $-1<x<1$.

**उदाहरण (२) त्रिकोणमितीय श्रेणियों द्वारा**

$\cot x$ का प्रसार :

$$\cot x=\frac{\cos x}{\sin x}=\left(1-\frac{x^2}{2}+\frac{x^4}{24}-\ldots\right)\left(x-\frac{x^3}{6}+\frac{x^5}{120}-\ldots\right)^{-1}$$

$$=\frac{1}{x}\left(1-\frac{x^2}{2}+\frac{x^4}{24}-\ldots\right)\left\{1-\left(\frac{x^2}{6}-\frac{x^4}{120}+\ldots\right)\right\}^{1}$$

$$=\frac{1}{x}\left(1-\frac{x^2}{2}+\frac{x^4}{24}-\ldots\right)\left\{1+\left(\frac{x^2}{6}-\frac{x^4}{120}+\ldots\right)+\left(\frac{x^2}{6}-\ldots\right)^2+\ldots\right\}$$

$$=\frac{1}{x}\left\{1-\left(\frac{1}{2}-\frac{1}{6}\right)x^2+x^4\left(-\frac{1}{12}+\frac{1}{24}-\frac{1}{120}+\frac{1}{36}\right)\ldots\right\}$$

$$=\frac{1}{x}\left(1-\frac{1}{3}x^2-\frac{1}{45}x^4\ldots\right)$$

**उदाहरण (३) अनिर्धारित गुणांक विधि**

$\sin^{-1}x$ का प्रसार

यदि $y=\sin^{-1}x=a_0+a_1x+a_2x^2+a_3x^3+a_4x^4+\ldots,$ (1)

तो $y_1=\dfrac{1}{\sqrt{1-x^2}}=a_1+2a_2x+3a_3x^2+4a_4x^3+5a_5x^4+\ldots$ (2)

किन्तु, द्विपद प्रमेय से

$$(1-x^2)^{-\frac{1}{2}}=1+\tfrac{1}{2}x^2+\frac{1.3}{2.4}x^4+\frac{1.3.5}{2.4.6}x^6+\ldots \quad (3)$$

(2) और (3) में गुणांकों की तुलना करने से,

$$a_1=1,\ a_2=0,\quad a_3=\frac{1}{2.3},\quad a_4=0,\ a_5=\frac{1.3}{2.4.6},\ldots$$

और (1) में $x=0$ रखने से, $a_0=0$

$$\therefore \sin^{-1}x = x + \frac{1}{2}.\frac{x^3}{3} + \frac{1.3}{2.4}.\frac{x^5}{5} + \frac{1.3.5}{2.4.6}.\frac{x^7}{7} + \ldots\ldots$$

**उदाहरण (४)—अवकलन विधि**

$\operatorname{cosec}^2 x$ का प्रसार

उदाहरण (2) से हमें प्राप्त है :

$$x \cot x = 1 - \frac{1}{3}x^2 - \frac{1}{45}x^4$$

∴ अवकलन द्वारा,

$$\cot x - x \operatorname{cosec}^2 x = -\frac{2}{3}x - \frac{4}{45}x^3 \ldots$$

$$\text{अत:}\ x \operatorname{cosec}^2 x = \left(1 - \frac{1}{3}x^2 - \frac{1}{45}x^4 \ldots\right) + \frac{2}{3}x + \frac{4}{45}x^3 \ldots$$

$$= 1 + \frac{2}{3}x - \frac{1}{3}x^2 + \frac{4}{45}x^3 - \frac{1}{45}x^4 \ldots$$

## प्रश्नावली (10.1)

(1) $\dfrac{\log(1-x)}{(1-x)}$ का प्रसार करो।

(2) $\dfrac{\log(1+x)}{(1-x)}$ का प्रसार करो।

(3) फलन $y = \tan x$ का प्रसार क्या होगा ?

(4) $\dfrac{\cos ax}{\sin bx}$ का प्रसार करो।

(5) $\cos^{-1}x$ का प्रसार क्या होगा ?

(6) $\sin^{-1} x^2$ का प्रसार करो।

(7) सिद्ध करो कि $\tan^{-1}\dfrac{x}{a}$ का प्रसार

$$\frac{1}{a}\left[x-\frac{1}{3a^2}x^3+\frac{1}{5a^4}x^5-\frac{1}{7a^6}x^7+\dots\right]$$ होगा ।

(8) $\dfrac{\sin ax}{\sin bx}$ का प्रसार करो ।

(9) निम्नलिखित फलनों का प्रसार क्या होगा ?

(i) $\dfrac{3\sin x-\sin 3x}{x-\sin x}$

(ii) $\dfrac{x+2\sin x-\sin 3x}{x+\tan x-\tan 2x}$

(iii) $\dfrac{x\log(1+x)}{1-\cos x}$

(iv) $\dfrac{m\sin x-\sin mx}{m(\cos x-\cos mx)}$

(v) $\dfrac{\sin^2 nx-\sin^2 mx}{1-\cos px}$

10.2 हमने उपरिलिखित उदाहरणों में कहीं दो श्रेणियों का गुणन किया है, कहीं एक से दूसरी को भाग दिया है, कहीं किसी श्रेणी का अवकलन किया है। यहाँ यह मान लिया गया है कि यह सब क्रियायें तर्कसंगत हैं। किन्तु, जैसा हम ऊपर लिख आये हैं, यह क्रियायें कुछ दशाओं में ही न्यायोचित होती हैं। ऊपर के उदाहरण हमने केवल अभ्यास के लिये दिये हैं। उदाहरण (3) में हमने दो बातें मान ली हैं : एक तो यह कि फलन $\sin^{-1}x$ का एक अनन्त श्रेणी में प्रसार हो सकता है जिसके पद $x$ के घातों के आरोही क्रम में हों। दूसरी यह कि उक्त श्रेणी का अवकलन भी हो सकता है। किन्तु, हमें ऐसे फलनों के उदाहरण भी मिल सकते हैं जिनमें उपरलिखित शर्तों में से एक भी पूरी न होती हो। फलन $e^{\frac{1}{x}}$ का $x$ के आरोही क्रम के पदों में प्रसार नहीं हो सकता। इस अध्याय में यही समझना चाहिये कि समस्त फल प्रायोगिक हैं। यह तभी सत्य होंगे जब कुछ अन्य शर्तें सन्तुष्ट हों।

10.3 मैक्लॉरिन* प्रमेय (Maclaurin's Theorem): मान लोजिये कि $f(x)$

*इस प्रमेय का आविष्कारक स्टर्लिंग (1717) था किन्तु इसे सबसे पहले मैक्लारिन ने प्रकाशित किया था (1742). कोलिन मैक्लारिन (1698—1746) एडिन्बरा विश्वविद्यालय में गणित के प्रोफ़ेसर थे।

एक फलन है जिसका $x$ के घातों के आरोही क्रम की अनन्त श्रेणी के रूप में प्रसार किया जा सकता है। हम यह भी मान लेंगे कि उक्त श्रेणी का एक एक पद करके अवकलन हो सकता है।

मान लीजिये कि

$$f(x) = a_0 + a_1 x + a_2 x^2 + a_3 x^3 + a_4 x^4 + \ldots\ldots \quad (1)$$

उत्तरोत्तर अवकलन से,

$$f'(x) = a_1 + 2a_2 x + 3a_3 x^2 + 4a_4 x^3 + \ldots \quad (2)$$

$$f''(x) = 1.2a_2 + 2.3\, a_3 x + 3.4\, a_4 x^2 + \ldots \quad (3)$$

$$f'''(x) = 1.2.3\, a_3 + 2.3.4\, a_4 x + \ldots \quad (4)$$

..................................

(1), (2), (3), (4),...... में क्रमश: $x = 0$ रखने से, हमें प्राप्त होगा :

$f(0) = a_0,\ f'(0) = a_1,\ f''(0) = 2!\, a_2,$

$f'''(0) = 3!\, a_3,\ f^{(iv)}(0) = 4!\, a_4, \ldots\ldots$

अत:, गुणांकों के यह मान (1) में रखने से,

$$f(x) = f(0) + x f'(0) + \frac{x^2}{2!} f''(0) + \frac{x^3}{3!} f'''(0) + \ldots$$

$$+ \frac{x^n}{n!} f^{(n)}(0) + \ldots \quad (5)$$

**उदाहरण : $\cos x$ का प्रसार**

यहाँ $f(x) = \cos x$ ; अत: $f(0) = 1,$

$f'(x) = -\sin x$ ; $f'(0) = 0,$

$f''(x) = -\cos x$ ; $f''(0) = -1,$

$f'''(x) = \sin x$ ; $f'''(0) = 0,$

$f^{(iv)}(x) = \cos x$ ; $f^{(iv)}(0) = 1,$

.................. ...............

$f^{(n)}(x) = \cos\left(x + \dfrac{n\pi}{2}\right)$ $f^{(n)}(0) = \cos \dfrac{n\pi}{2}$

यदि $n=4m$, तो $f^{(n)}(0)=\cos 2m\pi=1$,

$n=4m+1$ अथवा $4m+3$, तो $f^{(n)}(0)=0$,

$n=4m+2$ तो $f^{(n)}(0)=\cos(2m+1)\pi=-1$.

अतएव, $\cos x=1-\frac{x^2}{2!}+\frac{x^4}{4!}-\frac{x^6}{6!}+\ldots$

कभी-कभी ऐसा होता है कि फलन का $n$-वाँ अवकल गुणांक नहीं निकल पाता। किन्तु फिर भी यह सम्भव है कि $x=0$ के लिये $n$-वें अवकल गुणांक का मान निकल आये। ऐसी दशा में मैक्लारिन प्रमेय लागू होगा और फलन का प्रसार निकल आयेगा।

## प्रश्नावली (10·2)

निम्नलिखित फलनों का मैक्लॉरिन प्रमेय द्वारा प्रसार करो :—

(1) $\sin x$. (2) $e^x \sec x$

(3) $\log(1+x)$ (4) $\sin x \sinh x$

(5) $e^x$ (6) $e^x \log(1+x)$

(7) $\sin^{-1}x$ (8) $\tan x$

(9) $\tan^{-1}x$ (10) $\sec x$

(11) $e^{\sin x}$ (12) $e^{x\cos x}$

(13) $e^{m\cos^{-1}x}$ (14) $(1+x)^m$

(15) मैक्लॉरिन प्रमेय का प्रयोग करके सिद्ध करो कि

$$\log \sec x=\frac{1}{2}x^2+\frac{1}{12}x^4+\frac{1}{45}x^6+\ldots$$

(16) सिद्ध करो कि

$$e^x\cos x=1+x-\frac{2x^3}{3}-\frac{2^2x^4}{4!}-\frac{2^2x^5}{5!}+\frac{2^3x^7}{7!}+\ldots$$

(17) सिद्ध करो कि $\log(1+\sin x)$ के प्रसार के प्रथम 5 पद

$$x-\frac{1}{2}x^2+\frac{1}{6}x^3-\frac{1}{12}x^4+\frac{1}{24}x^5 \text{ हैं}$$

तथा $\log(1+\sin^2 x)$ के प्रसार के प्रथम तीन पद

$$x^2-\frac{5}{6}x^4+\frac{32}{45}x^6 \text{ हैं।}$$

10·4 टेलर प्रमेय* (Taylor's Theorem)—मान लीजिये कि $f(a+h)$ एक ऐसा फलन है जो $h$ के घातों के आरोही क्रम में प्रसृत किया जा सकता है और जिसे जितनी बार चाहें $h$ के अनुसार अवकलित कर सकते हैं।

मान लीजिये कि

$$f(a+h)=A_0+A_1h+A_2h^2+A_3h^3+A_4h^4+\ldots\ldots \quad (1)$$

यदि हम $u=a+h$ रक्खें तो

$$\frac{d}{dh}f(a+h)=\frac{d}{du}f(u)\frac{du}{dh}=f'(u).\,1$$

$$=f'(a+h)$$

अतः उत्तरोत्तर अवकलन से,

$$f'(a+h)=\quad A_1+2A_2h+3A_3h^2+4A_4h^3+\ldots\ldots \quad (2)$$

$$f''(a+h)=\quad 1.2\,A_2+2.3A_3h+3.4A_4h^2+\ldots\ldots \quad (3)$$

$$f'''(a+h)=\quad 2.3\,A_3+2.3.4A_4h+\ldots\ldots \quad (4)$$

क्रमशः (1), (2), (3) और (4) में $h=o$ रखने से,

$$f(a)=A_0,\ f'(a)=A_1,\ f''(a)=2!\,A_2,$$

$$f'''(a)=3!A_3,\ f''''(a)=4!A_4,\ldots\ldots$$

$$\therefore f(a+h)=f(a)+hf'(a)+\frac{h^2}{2!}f''(a)+\frac{h^3}{3!}f'''(a)+\frac{h^4}{4!}f''''(a)$$

$$+\ldots\ldots+\frac{h^n}{n!}f^{(n)}(a)+\ldots\ldots \quad (5)$$

---

*ब्रुक टेलर (1685-1731) इंग्लैण्ड का एक गणितज्ञ था। इस प्रमेय का आकारी रूप टेलर ने 1715 में प्रकाशित किया था किन्तु इसकी वास्तविक उपपत्ति एक शताब्दी बाद कॉशी ने दी थी।

इसी को टेलर प्रमेय कहते हैं।

यह प्रमेय अधिकतर इस रूप में लिखा जाता है :

$$f(x+h)=f(x)+h\ f'(x)+\frac{h^2}{2!}f''(x)+\ \frac{h^3}{3!}f'''(x)+\ldots$$

$$+\frac{h^n}{n!}f^{(n)}(x)+\ldots \qquad (6)$$

इस में $x$ के स्थान पर शून्य और $h$ के स्थान पर $x$ रखने से हमे मैक्लॉरिन प्रमेय प्राप्त हो जाता है। इस प्रकार हम देखते हैं कि मैक्लारिन प्रमेय टेलर प्रमेय का ही एक विशिष्ट रूप है।

(5) में $a+h=x$ रखने से हमें टेलर प्रमेय का यह रूप भी प्राप्त होता है जो अधिक उपयोगी है :

$$f(x)=f(a)+(x-a)\ f'(a)+\frac{(x-a)^2}{2!}f''(a)+\ \frac{(x-a)^3}{3!}f'''(a)$$

$$+\ldots\ldots+\frac{(x-a)^n}{n!}f^{(n)}(a)+\ldots \qquad (7)$$

**उदाहरण** (i)—log $(x+h)$ का, $x$ के घातों के आरोही क्रम में, प्रसार करो।

हमें प्राप्त है :

$f(x)=\log\ (x+h)$ अतः $f(0)=\log\ h,$

$f'(x)=\dfrac{1}{x+h}$ , अतः $f'(0)=\dfrac{1}{h}$ ,

$f''(x)=\ \dfrac{-1}{(x+h)^2}$ , अतः $f''(0)=-\dfrac{1}{h^2}$ ,

$f'''(x)=\ \dfrac{2!}{(x+h)^3}$ , अतः $f'''(0)=\dfrac{2!}{h^3}$ ,

$f''''(x)=\dfrac{-3!}{(x+h)^4}$ , अतः $f''''(0)=-\dfrac{3!}{h^4}$

.................. . ..................

$$\therefore \log(x+h)=\log h+\frac{x}{h}-\frac{x^2}{2h^2}+\frac{x^3}{3h^3}-\frac{x^4}{4h^4}+\ldots$$

उदाहरण (ii) $\tan^{-1}x$ का प्रसार $(x-\frac{\pi}{4})$ के घातों में करो।

हमें हस्तगत है :

$$f(x)=\tan^{-1}x=\tan^{-1}\left\{\frac{\pi}{4}+\left(x-\frac{\pi}{4}\right)\right\}$$

अतः, (5) में $a$ के स्थान पर $\frac{\pi}{4}$ और $h$ के स्थान पर $(x-\frac{\pi}{4})$ रखने से,

$$f(x)=f\left(\frac{\pi}{4}\right)+\left(x-\frac{\pi}{4}\right)f'\left(\frac{\pi}{4}\right)+\frac{(x-\frac{\pi}{4})^2}{2!}f''\left(\frac{\pi}{4}\right)$$

$$+\frac{(x-\frac{\pi}{4})^3}{3!}f'''\left(\frac{\pi}{4}\right)+\ldots$$

अब, $f(x)=\tan^{-1}x$, $\therefore f(\frac{\pi}{4})=\tan^{-1}\frac{\pi}{4}$,

$$f'(x)=\frac{1}{1+x^2},\qquad \therefore f'\left(\frac{\pi}{4}\right)=\frac{1}{1+\pi^2/16},$$

अतः, § 9. 3 के उदाहरण (2) से,

$$f^{(n)}(x)=(-1)^{n-1}(n-1)!\frac{1}{(x^2+1)^{\frac{n}{2}}}\sin(n\cot^{-1}x)$$

$$\therefore f''(x)=-\frac{1}{x^2+1}\sin(2\cot^{-1}x)=-\frac{2x}{(x^2+1)^2}$$

$$\text{अतः } f''\left(\frac{\pi}{4}\right)=-\frac{\frac{\pi}{2}}{(1+\frac{\pi^2}{4})^2}$$

$$\therefore f(\ )=\tan^{-1}\frac{\pi}{4}+\frac{x-\frac{\pi}{4}}{1+\frac{\pi^2}{16}}-\frac{(x-\frac{\pi}{4})^2}{4\left(+\frac{\pi^2}{16}\right)^2}\ldots\ldots\ldots$$

## प्रश्नावली (10.3)

(1) $\log \sin(x+h)$ का प्रसार टेलर प्रमेय द्वारा $h$ के घातों में करो।

(2) टेलर प्रमेय द्वारा सिद्ध करो कि

$$\tan^{-1}(x+h)=\tan^{-1}x+h\sin z\ \frac{\sin z}{1}-(h\sin z)^2\ \frac{\sin 2z}{2}$$
$$+(h\sin z)^3.\ \frac{\sin 3z}{3}-\ldots,$$

जिसमें $z=\cot^{-1}x$.

(3) $\sin x$ का प्रसार $(x-\frac{1}{2}\pi)$ के घातों में करो।

(4) $\log\sin x$ का प्रसार $(x-a)$ के घातों में करो।

(5) $\sin^{-1}(x+h)$ का प्रसार करो।

(6) $\sin(\frac{1}{2}\pi+\theta)$ का प्रसार $\theta$ के घातों में करो।

(7) $e^h.\sin(x+h)$ का प्रसार ज्ञात करो।

(8) $e^x$ का प्रसार $(x-1)$ के घातों में करो।

(9) $x^3+2x^2+3x+4$ का $(x-2)$ के घातों में प्रसार करो।

(10) $\cos(x+h)$ का प्रसार करो।

## 1.05 रोल प्रमेय* (Rolle's Theorem)

यदि (i) बन्द प्रान्त (Domain) $a\leqslant x\leqslant b$ में $f(x)$ सतत हो।

(ii) खुले प्रान्त $a<x<b$ के प्रत्येक बिन्दु पर $f'(x)$ का अस्तित्व हो, और (iii) $f(a)=f(b)=0$,

तो $a$ और $b$ के बीच कम से कम एक बिन्दु $x$ ऐसा अवश्य होगा जिस पर $f'(x)=0$.

हम यहाँ इस प्रमेय की केवल ज्यामितीय उपपत्ति ही देंगे।

---

*इस प्रमेय का प्रथम प्रकाशन फ्रांस के गणितज्ञ रोल (1652-1719) ने 1691 में किया था।

चूंकि $f(x)$ समूचे अन्तराल में सतत है, अतः उसका वक्र $a$LMNb भी सतत होगा ।

यदि $a$ से $b$ तक $f(x) > 0$ तो उसका वक्र पहले ऊपर उठेगा, फिर नीचे गिरने से पहले कम से कम एक बार वक्र पर का स्पर्शी $x$- अक्ष के समान्तर ही जायेगा। ऐसा एक, तीन, पाँच,...बिन्दुओं पर हो सकता है ।

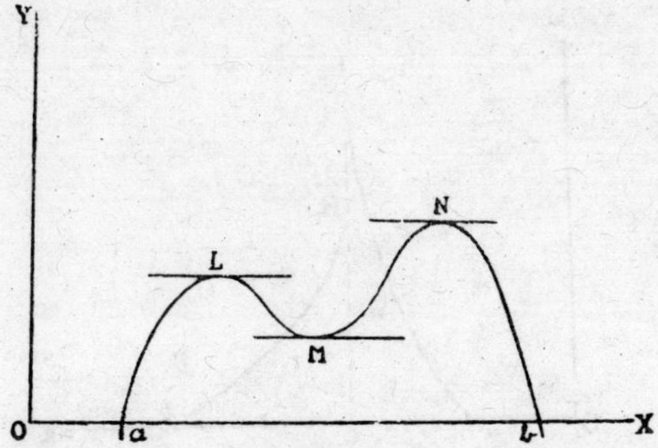


आकृति (10·1)

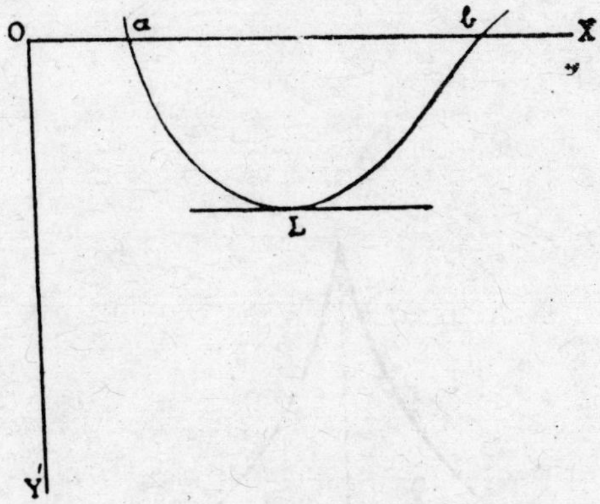


आकृति (10·2)

और यदि $a$ से $b$ तक $f(x) < 0$, तो वक्र पहले नीचे गिरेगा, फिर ऊपर उठेगा । उसके ऊपर उठने से पहले कम से कम एक बिंदु ऐसा आयेगा जिस पर स्पर्शी $x-$ अक्ष के समान्तर हो जायेगा, अर्थात् $f'(x) = 0$.

**टिप्पणी** (i) इस अध्याय में यह मान लिया जायगा कि अन्तराल $(a, b)$ सदैव बन्द है, जब तक कि इसके विरुद्ध स्पष्ट रूप से कुछ न दिया हो।

(ii) यदि उपरिलिखित शर्तों में से एक भी ऐसी है जो अन्तराल में पूरी नहीं होती तो आवश्यक नहीं है कि प्रमेय सत्य हो।

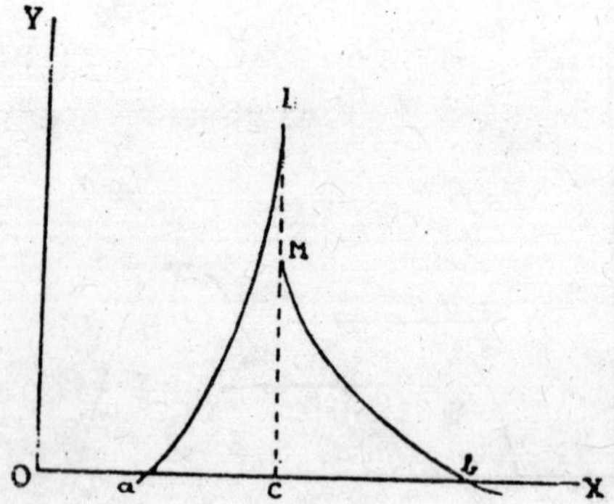


आकृति (10·3)

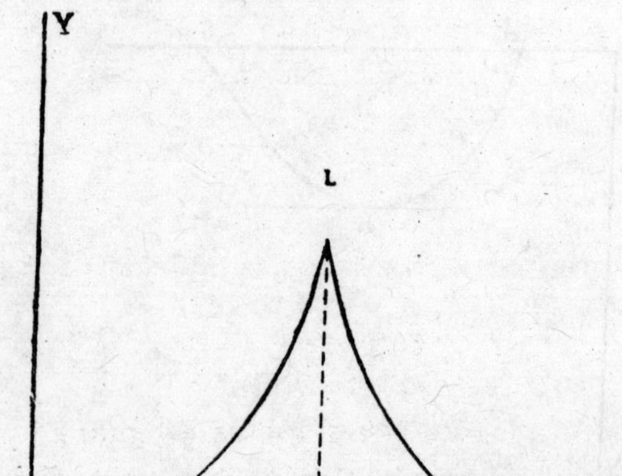


आकृति (10.4)

आकृति (10.3) में $f(x)$ बिन्दु c पर असंतत है। आकृति (10.4) में $f(x)$

तो समस्त अन्तराल में सतत है किन्तु बिन्दु c पर $f'(x)$ का अस्तित्व नहीं है। दोनों आकृतियों में हम देखते हैं कि अन्तराल $(a,b)$ के अन्तर्गत एक भी बिन्दु ऐसा नहीं है जिस पर $f'(x)=0$.

### 10·6 मध्यक मान प्रमेय (Mean Value Theorem)

यदि (i) बन्द अन्तराल $a \leqslant x \leqslant b$ में $f(x)$ सतत हो, और (ii) खुले अन्तराल $a < x < b$ में $f'(x)$ का अस्तित्व हो, तो खुले अन्तराल $(a, b)$ में एक बिन्दु $\xi$ ऐसा अवश्य होगा कि

$$f(b)-f(a)=(b-a)f'(\xi). \tag{1}$$

फलन $\phi(x)$ पर विचार कीजिये :

$$\phi(x)=f(b)-f(x)-\frac{b-x}{b-a}\left\{f(b)-f(a)\right\}$$

परिकल्पना से, $f(x)$ बन्द अन्तराल $(a, b)$ में सतत है। और $(b-x)$ प्रत्यक्षतः सतत है।

अतः $\phi(x)$ भी एक सतत फलन है।

और, अवकलन से,

$$\phi'(x)=-f'(x)+\frac{f(b)-f(a)}{b-a}$$

अब, परिकल्पना से, खुले अन्तराल $(a, b)$ में $f'(x)$ का अस्तित्व है। इस लिए $\phi'(x)$ का भी अस्तित्व है।

और स्पष्ट है कि $\phi(a)=0=\phi(b)$.

$\therefore$ फलन $\phi(x)$ रोल प्रमेय की सभी शर्तें पूरी करता है।

अतएव, खुले अन्तराल $(a, b)$ में कम से कम एक बिन्दु $\xi$ ऐसा अवश्य होगा कि

$$\phi'(\xi)=0,$$

अर्थात्, $$0=-f'(\xi)+\frac{f(b)-f(a)}{b-a} \tag{2}$$

(1) और (2) तुल्य हैं।

**उपप्रमेय** (i) यदि (1) में $f(a)=f(b)$ तो $f'(\xi)=0$.

अतः, रोल प्रमेय की तीसरी शर्त को हम यह व्यापक रूप दे सकते हैं।

$$f(a)=f(b).$$

(ii) $\xi$ खुले अन्तराल $(a, b)$ में स्थित है।

अतएव, $\xi=a+\theta(b-a)$, जिसमें $0<\theta<1$. इसमें $b=a+h$ रखने से हमें उपरिलिखित प्रमेय का दूसरा रूप प्राप्त होता है।

$$f(a+h)=f(a)+hf'(a+\theta h),$$

जिसमें $0<\theta<1$.

**टिप्पणी**—साधारणतः $\theta$, $a$ और $h$ दोनों पर निर्भर होता है। किन्तु कुछ विशिष्ट दशाओं में दोनों में से एक पर ही निर्भर होता है। इसके अतिरिक्त, कभी-कभी $\theta$ के एक से अधिक मान भी निकल आते हैं।

## 10.7—मध्यक मान प्रमेय का ज्यामितीय अर्थ।

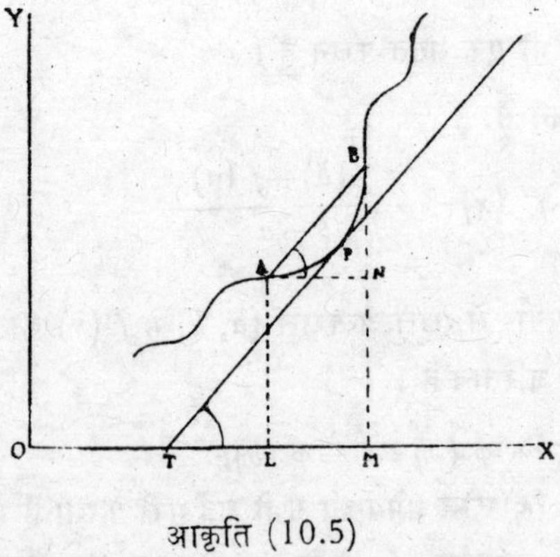


आकृति (10.5)

मान लीजिये कि $f(x)$ का आलेख वक्र APB है जिस में बिन्दुओं A,P,B के भुज क्रमशः $a$, $\xi$, $b$ हैं। और संख्या $\xi$ ऐसी है कि

$$f(b)-f(a)=(b-a)f'(\xi)$$

$OX$ पर A L, B M और B M पर A N लम्ब डालिये।

तो $AL=f(a)$, $BM=f(b)$.

मान लीजिये कि वक्र APB का, बिन्दु P पर का स्पर्शी PT है। तो

$$\frac{f(b)-f(a)}{b-a}=\frac{BM-AL}{LM}=\frac{BN}{AN}=\tan BAN$$

किन्तु $f'(\xi)=\tan PTX$

$$\therefore BAN=PTX$$

अतएव, रोल प्रमेय को हम ज्यामितीय भाषा में इस प्रकार लिख सकते हैं :

यदि फलन $f(x)$ का वक्र APB है जिसके प्रत्येक मध्यवर्ती बिन्दु पर स्पर्शी खींचा जा सकता है, तो A और B के बीच में कम से कम एक बिन्दु P ऐसा अवश्य होगा जिस पर का स्पर्शी जीवा A B के समान्तर होगा।

**उदाहरण**—यदि मध्यक मान प्रमेय में $a=2$, $b=5$, $f(x)=x^2$, तो $\xi$ का मान निकालो।

हमें प्राप्त है : $f(x)=x^2$,

$f(2)=4, f(5)=25.$

$\therefore$ §10.6 (1) में प्रतिस्थापन करने से,

$25-4=3.\ (2\xi).$

$\therefore \xi=3\frac{1}{2}.$

## प्रश्नावली (10.4)

(1) यदि मध्यक मान प्रमेय में $a=1$, $b=2$, $f(x)=x^3$, तो $\xi$ का मान ज्ञात करो।

(2) फलन $\dfrac{\sin x}{e^x}$ के लिये अन्तराल $(0, \pi)$ में मध्यक मान प्रमेय की सत्यता की जाँच करो !

(3) निम्नलिखित फलनों के लिए अंतराल $(a, b)$ में मध्यक मान प्रमेय की सत्यता की जाँच करो !

(i) $(x-a)^m (x-b)^n$ ; $m$ और $n$ धनात्मक संख्याएँ हैं।

(ii) $\log\left[\dfrac{x^2+ab.}{(a+b)\,x}\right].$

(4) मध्यक मान प्रमेय

$$f(b)-f(a)=(b-a).\,f'(\xi)$$

में $\xi$ का मान ज्ञात करो यदि।

(i) $f(x)=\text{A}\,x^2+\text{B}x+\text{C}$, अंतराल $(a, b)$ में।

(ii) $f(x)=x\,(x-1)\,(x-2)$, अंतराल $(0, \frac{1}{2})$ में।

(iii) $f(x)=\sqrt{x}$, $a=16,\ b=25.$

(5) मध्यक मान प्रमेय।

$$f(x+h)=f(x)+h\,f'(x+\theta\,h)$$

में सिद्ध करो कि $\theta=1/2$ यदि

$$f(x)=Ax^2+Bx+\text{C},\ \text{A}\neq 0.$$

(6) मध्यक मान प्रमेय

$$f(a+h)=f(a)+h\,f'(a+\theta\,h)$$

में $\theta$ का मान ज्ञात करो यदि

$a=1$, $h=8$ और $f(x)=\sqrt{x}.$

(7) मध्यक मान प्रमेय

$$f(x+h)=f(x)+h\,f'(x+\theta h)$$

में $\theta$ का मान ज्ञात करो यदि

(i) $f(x)=\dfrac{1}{x}$

(ii) $f(x)=e^x$

(iii) $f(x)=\log x.$

(8) यदि $f(x)=a+bx+cm^x$,

तो सिद्ध करो कि मध्यक मान प्रमेय

$$f(x+h)=f(x)+h.\,f'(x+\theta\,h)$$

में $\theta$ का मान $x$ रहित है।

(9) मध्यक मान प्रमेय

$$f(x+h)=f(x)+hf'(x+\theta h) \qquad (0<\theta<1)$$

में सिद्ध करो कि $\theta$ का सीमान्त मान (Limiting Value) $\frac{1}{2}$ है जब $h\to 0+$, यदि $f(x)=\sin x$ या $\cos x$.

(10) मध्यक मान प्रमेय

$$f(h)=f(0)+hf'(\theta h), \qquad 0<\theta<1)$$

में सिद्ध करो कि

$$\underset{h\to o+}{Lt}\,\theta=\tfrac{1}{2} \text{ या } \frac{1}{\sqrt{3}},$$

जब $f(x)=\cos x$ या $\sin x$.

## 10.8 टेलर प्रमेय—सान्त रूप (Taylor's Theorem; Finite Form)

यदि $(a, b)$ के प्रत्येक बिन्दु पर $f(x)$ के प्रथम $n$ अवकल गुणांकों का अस्तित्व हो तो

$$f(b)=f(a)+(b-a)f'(a)+\frac{(b-a)^2}{2!}f''(a)+\ldots\ldots$$

$$+\frac{(b-a)^{n-1}}{(n-1)!}f^{(n-1)}(a)+\frac{(b-a)^n}{n!}f^{(n)}(\xi) \qquad (1)$$

जिसमें $a<\xi<b$.

इस फलन $\psi(x)$ पर विचार कीजिये :

$$\psi(x)=f(b)-f(x)-(b-x)f'(x)-\frac{(b-x)^2}{2!}f''(x)$$

$$-\frac{(b-x)^3}{3!}f'''(x)-\ldots-\frac{(b-x)^{n-1}}{(n-1)!}f^{(n-1)}(x)$$

$$-\frac{(b-x)_n}{n!}Q, \qquad (2)$$

जिसमें Q एक अचर है जिसका मान हम बाद में निकालेंगे।

स्पष्ट है कि $\psi(b)=0$.

मान लीजिये कि हम Q को ऐसा मान देते हैं कि

$$\psi(a)=0,$$

अर्थात् $0=f(b)-f(a)-(b-a)f'(a)-\frac{(b-a)^2}{2!}f''(a)$

$$-\frac{(b-a)^3}{3!}f'''(a)-\ldots\ldots\frac{(b-a)^{n-1}}{(n-1)!}f^{(n-1)}(a)$$

$$-\frac{(b-a)^n}{n!}Q \qquad (3)$$

यह दिया है कि $f(x)$ के प्रथम $n$ अवकल गुणांकों का अस्तित्व है। अतः $\psi(x)$ ऐसे फलनों की परिमित संख्या से बना है जिन में से प्रत्येक अवकलनीय है। इस लिये $\psi(x)$ भी $(a, b)$ के प्रत्येक बिन्दु पर अवकलनीय है।

इस प्रकार $\psi(x)$ रोल प्रमेय की सभी शर्तों को पूरा करता है।

$\therefore a$ और $b$ के बीच में एक बिन्दु $\xi$ ऐसा अवश्य होगा जिस पर

$$\psi'(\xi)=0.$$

अब, (2) के अवकलन से,

$$\psi'(x)=-f'(x)+f'(x)-(b-x)f''(x)+(b-x)f''(x)$$

$$-\frac{(b-x)^2}{2!}f'''(x)+\frac{(b-x)^2}{2!}f'''(x)-\frac{(b-x)^3}{3!}f^{(iv)}(x)+\ldots$$

$$-\frac{(b-x)^{n-1}}{(n-1)!}f^{(n)}(x)+\frac{(b-x)^{n-1}}{(n-1)!}Q,$$

अर्थात, $\psi'(x)=\frac{(b-x)^{n-1}}{(n-1)!}\left\{Q-f^{(n)}(x)\right\},$

$$\therefore 0=\psi'(\xi)=\frac{(b-\xi)^{n-1}}{(n-1)!}\left\{Q-f^{(n)}(\xi)\right\},$$

अर्थात, $Q = f^{(n)}(\xi)$

(2) में Q का यह मान रखने से, हमें (1) प्राप्त होता है ।

**टिप्पणी** (i) उपरिलिखित प्रमेय के अन्य रूप इस प्रकार हैं ।

$$f(x+h) = f(x) + hf'(x) + \frac{h^2}{2!}f''(x) + \frac{h^3}{3!}f'''(x) + \ldots\ldots$$

$$+ \frac{h^{n-1}}{(n-1)!}f^{(n-1)}(x) + \frac{h^n}{n!}f^{(n)}(x+\theta h), \quad (4)$$

जिसमें $\quad 0 < \theta < 1. \quad (5)$

**टिप्पणी** (ii) (4) में $x = 0$ रखने से हमें संगत मैक्लारिन प्रमेय प्राप्त होता है :

$$f(x) = f(0) + xf'(0) + \frac{x^2}{2!}f''(0) + \frac{x^3}{3!}f'''(0) \ldots\ldots$$

$$+ \frac{x^{n-1}}{(n-1)!}f^{(n-1)}(0) + \frac{x^n}{n!}f^{(n)}(\theta x), \quad (6)$$

जिसमें $0 < \theta < 1$.

**टिप्पणी** (iii) टेलर प्रमेय में प्रथम $n$ पदों के पश्चात

$$\frac{(b-a)^n}{n!}f^{(n)}(\xi), \text{ अथवा } \frac{h^n}{n!}f^{(n)}(x+\theta h),$$

अथवा $\dfrac{(b-a)^n}{n!}f^{(n)}\{a+\theta(b-a)\}$

शेष बचता है । इसे **शेष का लैग्रांज रूप** (**Lagrange's Form of the Remainder**) कहते हैं और $R_n$ से निरूपित करते हैं ।

मैक्लारिन प्रमेय में $R_n = \frac{x^n}{n!} f^{(n)}(\theta x)$.

टिप्पणी (iv) टेलर प्रमेय की शर्तों को इस प्रकार संशोधित कर सकते हैं :

$f^{(n-1)}(x)$ बन्द अन्तराल $(a \leqslant x \leqslant b)$ में संतत है और $f^{(n)}(x)$ का, खुले अन्तराल $(a < x < b)$ में अस्तित्व है।

टिप्पणी (v) टेलर प्रमेय में $n = 1$ रखने से हमें प्राप्त होता है :

$$f(b) = f(a) + (b-a) f'(\xi), \tag{7}$$

जिसमें $a < \xi < b$.

यही मध्यक मान प्रमेय है।

और $n = 2$ रखने से,

$$f(b) = f(a) + (b-a) f'(a) + \frac{(b-a)^2}{2!} f''(\xi), \tag{8}$$

जिसमें $a < \xi < b$.

इसे **द्वितीय क्रम का मध्यक मान प्रमेय (Mean Value Theorem of the Second Order)** कहते हैं।

अस्तु, टेलर प्रमेय को **सार्वीकृत मध्यक मान प्रमेय (Generalised Mean Value Theorem)** कहते हैं।

(7) और (8) में $a = 0$ रखने से मैक्लारिन प्रमेय के संगत रूप प्राप्त होते हैं :

$$f(x) = f(0) + x f'(\theta x),$$

$$f(x) = f(0) + x f'(0) + \frac{x^2}{2!} f''(\theta x),$$

जिनमें $0 < \theta < 1$.

टिप्पणी (vi) यदि § 10.8 (2) में $-\frac{(b-x)^n}{n!} Q$ के स्थान पर हम $-(b-x) Q$ रखें तो

$$\psi'(x) = -\frac{(b-x)^{n-1}}{(n-1)!} f^{(n)}(x) + Q.$$

$\therefore x = \xi$ रखने से, $Q = \dfrac{(b-\xi)^{n-1}}{(n-1)!} f^{(n)}(\xi)$,

जिसमें $a < \xi < b$. यदि पहले की भाँति हम $\xi = a + \theta\ (b-a)$ रखें तो

$$b - \xi = b - a - \theta\ (b-a) = (b-a)\ (1-\theta),$$

और $Q = \dfrac{(b-a)^{n-1}\ (1-a)^{n-1}}{(n-1)!} f^{(n)}\ \{a + \theta(b-\theta)\}$,

जिसमें $0 < \theta < 1$

इस प्रकार,

$$R_n = \frac{(b-a)^n\ (1-\theta)^{n-1}}{(n-1)!} f^{(n)}\ \{a + \theta(b-a)\},$$

जिसमें $0 < \theta < 1$.

इसे **शेष का कॉशी रूप (Cauchy's Form of the Remainder)** कहते हैं।

## प्रश्नावली (10.5)

(1) निम्नलिखित फलनों का प्रसार सान्त रूप में करो, और प्रत्येक प्रसार का शेष लैग्रांज रूप में लिखो।

(i) $(1+x)^m$ (ii) $\sin x$

(iii) $\cos x$ (iv) $a^x$

(v) $e^x$ (vi) $\log(1-x)$

(vii) $\log(1+x)$ (viii) $e^x \cos x$

(ix) $e^{ax} \sin bx$ (x) $\tan^{-1} x$

(2) फलन $\frac{1}{1-x}$ के प्रसार के लिये लैंग्रांज रूप के शेष $R_n$ में $\theta$ का मान ज्ञात करो।

(3) यदि $f(a+h)=f(a)+hf'(a+\theta h)$, $(0<\theta<1)$,

$f''(x)$ अंतराल $(a, a+h)$ में संतत है।

और $f''(a)\neq 0$,

तो सिद्ध करो कि $\underset{h\to\theta}{Lt}\ \theta=\frac{1}{2}$.

(4) सिद्ध करो कि

$$(x+h)^{3/2}=x^{3/2}+\frac{3}{2}x^{\frac{1}{2}}h+\frac{3.1}{2.2}\frac{h^2}{2.!}\frac{1}{\sqrt{x+\theta h}}$$

$(0<\theta<1)$.

$\theta$ का मान ज्ञात करो जब $x=0$.

(5) निम्नलिखित फलनों का प्रसार $x=0$ के समीप तीन पदों और शेष (लैंग्रांज रूप) में करो :

(i) $(\sin)^2 x$.

(ii) $e^{-x^2}$.

(iii) $\cos^3 x$.

10.9 कॉशी मध्यक मान प्रमेय (Cauchy's Mean Value Theorem)

यदि (i) $\phi(x)$ और $\psi(x)$ दोनों वन्द अन्तराल $a \leqslant x \leqslant b$ में सतत हों,

(ii) $\phi'(x)$ और $\psi'(x)$ दोनों का खुले अन्तराल $a<x<b$ में अस्तित्व हो,

और (iii) खुले अन्तराल $a<x<b$ में कहीं पर भी $\psi'(x)$ शून्य न हो, तो $a$ और $b$ के बीच में $x$ का एक ऐसा मान $\xi$ होगा कि

$$\frac{\phi(b)-\phi(a)}{\psi(b)-\psi(a)}=\frac{\phi'(\xi)}{\psi'(\xi)}$$

फलन F $(x)$ पर विचार कीजिये :

$$F(x)=\phi(b)-\phi(x)-\frac{\phi(b)-\phi(a)}{\psi(b)-\psi(a)}\{\psi(b)-\psi(x)\}$$

स्पष्ट है कि $F(a)=0=F(b)$

$$\text{और } F'(x)=-\phi'(x)+\frac{\phi(b)-\phi(a)}{\psi(b)-\psi(a)}\psi'(x) \qquad (1)$$

चूंकि $\phi'(x)$, $\psi'(x)$ दोनों का अस्तित्व है, अतः $F'(x)$ का भी अस्तित्व है।

इस प्रकार F $(x)$ रोल प्रमेय की सभी शर्तों को पूरा करता है।

$\therefore$ $a$ और $b$ के बीच में एक बिन्दु $\xi$ ऐसा होगा कि

$$F'(\xi)=0.$$

(1) में $x=\xi$ रखने से अभीष्ट फल प्राप्त होगा।

**टिप्पणी (i)** इस प्रमेय को हम इस रूप में ढाल सकते हैं,

$$\frac{\phi(x+h)-\phi(x)}{\psi(x+h)-\psi(x)}=\frac{\phi'(x+\theta h)}{\psi'(x+\theta h)},$$

जिसमें $0<\theta<1$.

**टिप्पणी (ii)** उपर्युक्त प्रमेय में $\psi(a)\neq\psi(b)$, क्योंकि, यदि $\psi(a)=\psi(b)$ तो $\psi(x)$ रोल प्रमेय की समस्त शर्तें पूरी करेगा। और तब $\psi'(x)$ अन्तराल $(a, b)$ के किसी बिन्दु $\xi$ पर शून्य हो जायेगा जो परिकल्पना के विरुद्ध है।

**टिप्पणी (iii)** यदि हम $\psi(x)=x$ रखें तो

$$\frac{\phi(b)-\phi(a)}{b-a}=\phi'(\xi),$$

जो मध्यक मान प्रमेय है।

## 10.10 हास्पिटल प्रमेय (Hospital's Theorem)

यदि (i) $\phi(x)$ और $\psi(x)$ दोनों बन्द अन्तराल $a\leqslant x\leqslant b$ में सतत हो,

(ii) $\phi'(x)$ और $\psi'(x)$ दोनों खुले अन्तराल $a<x<b$ में अस्तित्वमय हों,

(iii) $\phi(a)=0=\psi(a)$,

और (iv) अन्तराल $a<x<b$ में $\psi(x)\neq 0$,

तो $$\underset{x\to a}{Lt}\ \frac{\phi(x)}{\psi(x)}=\underset{x\to a}{Lt}\ \frac{\phi'(x)}{\psi'(x)},$$

यदि पिछली सीमा अस्तित्वमय हो।

$x$ के, $b$ से छोटे किसी मान के लिये, हमें प्राप्त है :

$$\frac{\phi(x)}{\psi(x)}=\frac{\phi(x)-\phi(a)}{\psi(x)-\psi(a)},\ \text{चूंकि } \phi(a)=0=\psi(a).$$

$$=\frac{\phi'(\xi)}{\psi'(\xi)},$$

जिसमें $a<\xi<x$. [कॉशी प्रमेय से]

हम जानते हैं कि जब $x\to a$, तब $\xi\to a$.

$$\therefore\ \underset{x\to a}{Lt}\ \frac{\phi(x)}{\psi(x)}=\underset{x\to a}{Lt}\ \frac{\phi'(x)}{\psi'(x)}$$

हम जानते हैं कि यहाँ $x>a$. अतः वास्तव में यह सीमायें **दक्षिण पक्षी हैं,** और इनका अर्थ है :

$$\underset{x\to a+0}{Lt}\ \frac{\phi(x)}{\psi(x)}=\underset{x\to a+0}{Lt}\ \frac{\phi'(x)}{\psi'(x)}.$$

किन्तु इसी प्रकार हम प्रमेय को वाम पक्षी सीमाओं के लिए भी सिद्ध कर सकते हैं।

# अध्याय ११

## अनिर्धारित रूप

### (Undetermined Forms)

11·1 **विषय प्रवेश**—हम जानते हैं कि साधारणतः

$$\underset{x \to a}{Lt} \frac{\phi(x)}{\psi(x)} = \frac{\underset{x \to a}{Lt} \phi(x)}{\underset{x \to a}{Lt} \psi(x)} \qquad (1)$$

किन्तु यदि $\underset{x \to a}{Lt} \phi(x)$ और $\underset{x \to a}{Lt} \psi(x)$ दोनों 0 हो जायँ तो दाहिने पक्ष का व्यंजक का यह रूप

$$\frac{0}{0} \qquad (2)$$

हो जाता है जो निरर्थक है। इसका यह अर्थ नहीं है कि (1) का वाम पक्ष भी निरर्थक है। सम्भव है कि उसका कुछ अर्थ हो अर्थात उक्त सीमा का अस्तित्व हो, किन्तु उसका मान नियम (1) से नहीं निकाला जा सकता। अतएव, उसका मान निकालने की कोई और विधि अपनानी होगी। इस अध्याय में हम उक्त विधियों का ही अध्ययन करेंगे।

रूप (2) को 'अनिर्धारित रूप' कहते हैं। अन्य अनिर्धारित रूप ये हैं :

$\frac{\infty}{\infty}$, $0 \times \infty$, $\infty - \infty$, $0^0$, $1^{\infty}$, $\infty^0$.

इतना स्पष्ट रूप से समझ लेना चाहिये कि हम इनमें से किसी भी रूप का मान नहीं निकाल सकते। उदाहरणतः $0 \times \infty$ का कोई मान नहीं है। वास्तव में यह ऐसे दो फलनों का गुणनफल हैं जिन में से एक की सीमा 0 हो जाती है, दूसरे की $\infty$ जब $x \to a$, अतः अलग-अलग सीमा निकाल कर गुणा करने से तो काम नहीं बनता। हम ऐसी विधि निकालते हैं कि बिना अलग-अलग सीमा निकाले

$$\underset{x \to a}{Lt} \left\{ \text{फलनों का गुणनफल} \right\}$$

का मान निकल आये।

**रूप** $\frac{0}{0}$ : मान लीजिये कि $\phi(x)$ और $\psi(x)$ दो फलन हैं जिनका, $x=a$ के पड़ोस में, टेलर प्रमेय द्वारा प्रसार हो सकता है। इसके अतिरिक्त मान लीजिये कि

$$\phi(a)=0, \qquad \psi(a)=0,$$

तो

$$\underset{x \to a}{Lt} \frac{\phi(x)}{\psi(x)} = \underset{x \to a}{Lt} \frac{\phi'(x)}{\psi'(x)},$$

यदि $\psi'(a) \neq 0$.

यह हास्पिटल प्रमेय का ही दूसरा रूप है। इसकी एक उपपत्ति हम पिछले अध्याय में दे चुके हैं।

हमें टेलर प्रमेय से प्राप्त है ;

$$\underset{x \to a}{Lt} \frac{\phi(x)}{\psi(x)} =$$

$$\underset{x \to a}{Lt} \frac{\phi(a)+(x-a)\phi'(a)+\frac{(x-a)^2}{2!}\phi''(a)+\ldots\ldots+\frac{(x-a)^n}{n!}\phi(n)\{a+\theta(x-a)\}}{\psi(a)+(x-a)\psi'(a)+\frac{(x-a)^2}{2!}\psi''(a)+\ldots\ldots+\frac{(x-a)^n}{n!}\psi(n)\{a+\epsilon(x-a)\}}$$

जिसमें $0<\theta<1$, $0<\epsilon<1$.

किन्तु $\phi(a)=0=\psi(a)$ अतः, $(x-a)$ से भाग देने पर,

$$\underset{x \to a}{Lt} \frac{\phi(x)}{\psi(x)} = \underset{x \to a}{Lt} \frac{\phi'(a)+\frac{x-a}{2!}\phi''(a)+\ldots\ldots}{\psi'(a)+\frac{x-a}{2!}\psi''(a)+\ldots\ldots},$$

दक्षिण पक्ष में, अंश और हर दोनों के, पहले पद को छोड़ कर, प्रत्येक पद में $(x-a)$ सर्वनिष्ठ है । अतः, सीमा लेने पर,

$$\underset{x\to a}{Lt}\ \frac{\phi(x)}{\psi(x)}=\frac{\phi'(a)}{\psi'(a)}=\underset{x\to a}{Lt}\ \frac{\phi'(x)}{\psi'(x)}.$$

**टिप्पणी** (i) इस प्रमेय की प्रतिज्ञा को हम इस प्रकार भी लिख सकते हैं :

यदि (1) $\phi(x)$, $\phi'(x)$, $\psi(x)$, $\psi'(x)$ चारों $x=a$ पर सतत हों,

(2) $\psi(a)=0=\psi(a)$

और (3) $\psi'(a)\neq 0$,

तो $$\underset{x\to a}{Lt}\ \frac{\phi(x)}{\psi(x)}=\underset{x\to a}{Lt}\ \frac{\phi'(x)}{\psi'(x)}.$$

**टिप्पणी** (ii) यदि $\psi'(a)=0$ तो यह प्रमेय लागू नहीं होता । किन्तु, यदि $\phi'(a)=0=\psi'(a)$, तो इसी प्रमेय का दुबारा प्रयोग करके हम सिद्ध कर सकते हैं कि ;

$$\underset{x\to a}{Lt}\ \frac{\phi(x)}{\psi(x)}=\underset{x\to a}{Lt}\ \frac{\phi''(x)}{\psi''(x)}$$

इसी प्रकार, यदि $\phi'(a)$, $\phi''(a),\ldots\phi^{(n-1)}(a)$, $\psi'(a)$, $\psi''(a),\ldots\psi^{(n-1)}(a)$ सब 0 हों, किन्तु

$\phi^{(n)}(a)\neq 0$, $\psi^{(n)}(a)\neq 0$,

तो $$\underset{x\to a}{Lt}\ \frac{\phi(x)}{\psi(x)}=\underset{x\to a}{Lt}\ \frac{\phi^{(n)}(x)}{\psi^{(n)}(x)}$$

**टिप्पणी** (iii) उक्त प्रमेय की प्रतिज्ञा में यह निहित है कि $\phi(x)$, $\psi(x)$ और इन दोनों फलनों के प्रथम $n$ अवकल गुणांक अस्तित्वमय हैं । $n$ से अधिक क्रम वाले अवकल गुणांकों का अस्तित्व हो चाहे न हो ।

**टिप्पणी** (iv) पिछले अध्याय में हम ने इसी प्रमेय को कॉशी मध्यक मान प्रमेय की सहायता से सिद्ध किया था । उक्त उपपत्ति के लिये फलनों के अवकल गुणांकों के अस्तित्व की आवश्यकता नहीं थी । केवल इतना आवश्यक था कि

$$\underset{x\to a}{Lt}\ \frac{\phi'(x)}{\psi'(x)}$$

का अस्तित्व हो ।

टिप्पणी (v) विद्यार्थी को इस बात का ध्यान रखना चाहिये कि हमें भजनफल $\dfrac{\phi(x)}{\psi(x)}$ का अवकल गुणांक नहीं निकालना है, वरन् अंश और हर के अवकल गुणांक-अलग अलग निकाल कर, उनका भजनफल निकालना है। पहली क्रिया का फल

$$\frac{\psi\,\phi' - \phi\,\psi'}{\psi^2}.$$

होगा, दूसरी क्रिया का

$$\frac{\phi'}{\psi'}$$

इन दोनों में आकाश पाताल का अन्तर है।

टिप्पणी (vi) यदि $x \to a$ के स्थान पर $x \to \infty$ तो भी उपर्युक्त साध्य सत्य रहता है।

यदि हम $x = \dfrac{1}{t}$ रक्खें तो

$$\underset{x\to\infty}{Lt}\ \frac{\phi(x)}{\psi(x)} = \underset{t\to 0}{Lt}\ \frac{\phi\left(\dfrac{1}{t}\right)}{\psi\left(\dfrac{1}{t}\right)}$$

और परिकल्पना से $\underset{x\to\infty}{Lt}\ \phi(x) = 0,\ \underset{x\to\infty}{Lt}\ \psi(x) = 0,$

अर्थात, $\underset{t\to 0}{Lt}\ \phi\left(\dfrac{1}{t}\right) = 0,\ \underset{t\to 0}{Lt}\ \psi\left(\dfrac{1}{t}\right) = 0,$

$$\therefore \underset{x\to\infty}{Lt}\ \frac{\phi(x)}{\psi(x)} = \underset{t\to 0}{Lt}\ \frac{\phi'\left(\dfrac{1}{t}\right)\dfrac{1}{t^2}}{\psi'\left(\dfrac{1}{t}\right)\dfrac{1}{t^2}} \quad \left[\text{उपर्युक्त प्रमेय से}\right]$$

$$= \underset{t\to 0}{Lt}\ \frac{\phi'\left(\dfrac{1}{t}\right)}{\psi'\left(\dfrac{1}{t}\right)} = \underset{x\to\infty}{Lt}\ \frac{\phi'(x)}{\psi'(x)}.$$

**टिप्पणी** (vii) जहाँ कहीं सम्भव हो, बिना कलन की सहायता के बीजीय और त्रिकोणमितीय विधियों से भी काम लेना चाहिये, जैसा निम्नलिखित उदाहरणों से स्पष्ट हो जायगा।

**उदाहरण** (1) $\underset{x\to 0}{Lt}\ \dfrac{x-\sin x}{x^3}$ का मान निकालो।

हमें प्राप्त है : $\dfrac{x-\sin x}{x^3}$

$$=\frac{1}{x^3}\left\{x-\left(x-\frac{x^3}{3!}+\frac{x^5}{5!}-\dots\right)\right\}$$

$$=\frac{1}{x^3}\left\{\frac{x^3}{6}-\frac{x^5}{120}+\dots\right\}=\frac{1}{6}-\frac{x^2}{120}+\dots$$

$$\therefore \underset{x\to 0}{Lt}\ \frac{x-\sin x}{x^3}=\frac{1}{6}.$$

**अन्यथा** : $\underset{x\to 0}{Lt}\ \dfrac{x-\sin x}{x^3}=\underset{x\to 0}{Lt}\ \dfrac{1-\cos x}{3x^2}$

हमने यहाँ हास्पिटल प्रमेय का प्रयोग किया है, क्योंकि दिया हुआ व्यंजक $\dfrac{0}{0}$ रूप का था। फल भी इसी रूप का आया है। अतः एक बार फिर हास्पिटल प्रमेय का प्रयोग करने से हमें प्राप्त होगा

$$\underset{x\to 0}{Lt}\ \frac{\sin x}{6x}.$$

यह व्यंजक भी $\dfrac{0}{0}$ रूप का ही है।

अतः एक बार फिर उसी प्रमेय के प्रयोग से,

$$\underset{t\to 0}{Lt}\ \frac{x-\sin x}{x^3}=\underset{x\to 0}{Lt}\ \frac{\cos x}{6}=\frac{1}{6}.$$

**उदाहरण** (2) $\underset{x\to 0}{Lt}\ \dfrac{(e^x-1)\tan^2 x}{x^3}$ का मान निकालो।

हमें प्राप्त है : दी हुई सीमा

$$=\underset{x\to 0}{Lt}\left[\frac{e^x-1}{x}\left(\frac{\tan x}{x}\right)^2\right]$$

$$=\left[\underset{x\to 0}{Lt}\ \frac{e^x-1}{x}\right]\times\left[\underset{x\to 0}{Lt}\ \frac{\tan x}{x}\right]^2=1.$$

उदाहरण (3) यदि $\underset{x\to 0}{Lt}\ \frac{\sin 2x+a\sin x}{x^3}$ परिमित हो तो $a$ और सीमा दोनों का मान निकालो।

दिया हुआ व्यंजक $\frac{0}{0}$ रूप का है।

$\therefore$ अवकलन द्वारा, हमें प्राप्त है,

$$\underset{x\to 0}{Lt}\ \frac{2\cos 2x+a\cos x}{3x^2}.$$

यहाँ हर की सीमा 0 है। अतः यदि सीमा परिमित है तो अंश को भी शून्य होना पड़ेगा।

$\therefore\ 2+a=0$, अर्थात् $a=-2$

अब, दी हुई सीमा $=\underset{x\to 0}{Lt}\ \frac{2(\cos 2x-\cos x)}{3x^2}\qquad\left[\frac{0}{0}\right]$

$$=\underset{x\to 0}{Lt}\ \frac{-4\sin 2x+2\sin x}{6x}\qquad\left[\frac{0}{0}\right]$$

$$=\underset{x\to 0}{Lt}\ \frac{-8\cos 2x+2\cos x}{6}=-\frac{6}{6}=-1.$$

## प्रश्नावली (11·1)

(१) निम्नलिखित सीमायें निकालो :

(i) $\underset{x\to 0}{Lt}\ \frac{e^x-e^{-x}-2x}{x-\sin x}$ (ii) $\underset{x\to 0}{Lt}\ \frac{e^x-e^{-x}-2\log(1+x)}{x\sin x}$

(iii) $\underset{x\to 0}{Lt}\ \frac{e^x+e^{-x}-2\cos x}{x\sin x}$ (iv) $\underset{x\to 0}{Lt}\ \frac{e^x-e^{\sin x}}{x-\sin x}$

(v) $\underset{x\to 0}{Lt}\ \frac{x-\sin x\cos x}{x^3}$ (vi) $\underset{x\to 0}{Lt}\ \frac{\log(1-x^2)}{\log\cos x}$

(vii) $\underset{x\to 1}{Lt}\ \frac{\log x}{x-1}$ (viii) $\underset{x\to 0}{Lt}\ \frac{\tan x-x}{x-\sin x}$

(ix) $\underset{x\to 0}{Lt}\dfrac{x-\log(1+x)}{1-\cos x}$ (x) $\underset{x\to 0}{Lt}\dfrac{e^{2x}-1}{\log(1+x)}$

(xi) $\underset{x\to 0}{Lt}\dfrac{x-\sin^{-1}x}{\sin^3 x}$ (xii) $\underset{x\to 0}{Lt}\dfrac{\log(1+x+x^2)+\log(1-x+x^2)}{\sec x-\cos x}$

(xiii) $\underset{x\to 0}{Lt}\dfrac{e^x\sin x-x-x^2}{x^2+x\log(1-x)}$ (xiv) $\underset{x\to 0}{Lt}\dfrac{a^x-b^x}{x}$

(xv) $\underset{x\to 0}{Lt}\dfrac{x^n-a^n}{x-a}$ (xvi) $\underset{x\to 0}{Lt}\dfrac{\cosh x-\cos x}{x\sin x}$

(xvii) $\underset{x\to 0}{Lt}\dfrac{\sin\log(1+x)}{\log(1+\sin x)}$ (xviii) $\underset{x\to 0}{Lt}\dfrac{\sqrt{x}-\sqrt{a}+\sqrt{x-a}}{\sqrt{(x^2-a^2)}}$

(xix) $\underset{x\to 0}{Lt}\dfrac{\tan nx-n\tan x}{n\sin x-\sin nx}$ (xx) $\underset{x\to 0}{Lt}\dfrac{x\cos x-\log(1+x)}{x^2}$.

(2) $a$, $b$ और $c$ का मान निकालो ताकि

(i) $\dfrac{ae^x-b\cos x+ce^{-x}}{x\sin x}\to 2$ जब $x\to 0$

(ii) $\dfrac{(a+b\cos x)-c\sin x}{x^5}\to 1$ जब $x\to 0$.

(3) $a$ और $b$ का मान निकालो यदि

$$\underset{x\to 0}{Lt}\frac{x(1+a\cos x)-b\sin x}{x^3}=1.$$

(4) निम्नलिखित सीमाओं की पुष्टि करो

(i) $\underset{x\to 1}{Lt}\left[\dfrac{1}{x^2-1}-\dfrac{2}{x^4-1}\right]=\frac{1}{2}$ (ii) $\underset{x\to 0}{Lt}\left[\dfrac{1}{x}-\dfrac{1}{x^2}\log(1+x)\right]=\frac{1}{2}$

(iii) $\underset{x\to 1}{Lt}\left(\dfrac{1}{\log x}-\dfrac{x}{\log x}\right)=-1$

(iv) $\underset{x\to 0}{Lt}\dfrac{\cos x-\log(1+x)+\sin x-1}{e^x-(1+x)}=0$

(v) $\lim_{x\to 0} \frac{\cosh x+\log(1-x)-1+x}{x^2}=0.$

(vi) $\lim_{x\to 0} \frac{\tan x-x}{x^2 \tan x}=\frac{1}{3}.$

(vii) $\lim_{x\to 0} \frac{1+\sin x-\cos x+\log(1-x)}{x \tan^2 x}=-\frac{1}{2}.$

(viii) $\lim_{x\to 0} \frac{\tan^2 x-x^2}{x^2 \tan^2 x}=\frac{2}{3}.$

(ix) $\lim_{x\to 0} \log(1-x).\cos \pi x=-\frac{2}{\pi}.$

(x) $\lim_{x\to 0} \frac{\sin x-\log(e^x \cos x)}{x \sin x}=-\frac{1}{2}.$

(५) यदि $\lim_{x\to 0} \frac{a \sin x-\sin 4x}{\tan^3 x}$ एक अचर राशि है,

तो $a$ का मान और सीमा निकालो ।

11·3 रूप $\frac{\infty}{\infty}$ :

यदि $\lim_{x\to a} \phi(x)=\infty, \quad \lim_{x\to a} \psi(x)=\infty,$

तो $\lim_{x\to a} \frac{\phi(x)}{\psi(x)}=\lim_{x\to a} \frac{\phi'(x)}{\psi'(x)}.$

मान लीजिये कि सीमा का मान $l$ है। यहाँ तीन सम्भावनायें हैं जिन पर हम अलग-अलग विचार करेंगे ।

**दशा I** $l\neq 0, \neq\infty.$

हमें हस्तगत है

$$\lim_{x\to a} \frac{\phi(x)}{\psi(x)}=\lim_{x\to a} \frac{\frac{1}{\psi(x)}}{\frac{1}{\phi(x)}} \quad \left[\frac{0}{0}\right]$$

$$= \underset{x\to a}{Lt} \frac{-\dfrac{\psi'(x)}{\psi^2(x)}}{-\dfrac{\phi'(x)}{\phi^2(x)}} \quad \text{[हास्पिटल प्रमेय से]}$$

$$= \underset{x\to a}{Lt} \left\{ \frac{\psi'(x)}{\phi'(x)} \left( \frac{\phi(x)}{\psi(x)} \right)^2 \right\}$$

अर्थात $\quad l = l^2 \underset{x\to a}{Lt} \dfrac{\psi'(x)}{\phi'(x)}$

$$\therefore \ l = \underset{x\to a}{Lt} \frac{\phi'(x)}{\psi'(x)}$$

**दशा II** $l = 0$.

हमें प्राप्त है :

$$l = \underset{x\to a}{Lt} \frac{\phi(x)}{\psi(x)}$$

$$l+1 = \underset{x\to a}{Lt} \left\{ \frac{\phi(x)}{\psi(x)} + 1 \right\} = \underset{x\to a}{Lt} \frac{\phi(x)+\psi(x)}{\psi(x)}.$$

दक्षिण पक्ष का रूप $\dfrac{\infty}{\infty}$ है। और उक्त सीमा का मान $(l+1)$ अर्थात 1 है।

अतः, दशा I से,

$$l+1 = \underset{x\to a}{Lt} \frac{\phi'(x)+\psi'(x)}{\psi'(x)}$$

$$= \underset{x\to a}{Lt} \frac{\phi'(x)}{\psi'(x)} + 1$$

अतः $l = \underset{x\to a}{Lt} \dfrac{\phi'(x)}{\psi'(x)}$.

**दशा III** $l = \infty$.

यहाँ $\dfrac{1}{\underset{x\to a}{Lt} \dfrac{\phi(x)}{\psi(x)}} = \underset{x\to a}{Lt} \dfrac{\psi(x)}{\phi(x)}$.

दक्षिण पक्ष का रूप $\dfrac{\infty}{\infty}$ है जिसकी सीमा का मान है 0 है। अतः दशा II से,

$$\frac{1}{\underset{x\to a}{Lt} \dfrac{\phi(x)}{\psi(x)}} = \underset{x\to a}{Lt} \frac{\psi'(x)}{\phi'(x)},$$

अर्थात्, $\underset{x \to a}{Lt} \dfrac{\phi(x)}{\psi(x)} = \underset{x \to a}{Lt} \dfrac{\phi'(x)}{\psi'(x)}.$

टिप्पणी (i) यदि दोनों फलनों में से एक या दोनों की सीमा $(-\infty)$ हो, तो भी साध्य सत्य रहेगा।

टिप्पणी (ii) पहिले की भाँति हम सिद्ध कर सकते हैं कि यदि $x \to \infty$ तो भी साध्य सत्य रहेगा

$$\left[ x = \frac{1}{t} \text{ रखने से } \right]$$

11.4 रूप $0 \times \infty$ मान लीजिये कि

$$\underset{x \to a}{Lt} \phi(x) = 0, \qquad \underset{x \to a}{Lt} \psi(x) = \infty$$

और हमें $\underset{x \to a}{Lt} \{\phi(x) \psi(x)\}$ निकालनी है।

तो $\underset{x \to a}{Lt} \{\phi(x) \psi(x)\} = \underset{x \to a}{Lt} \dfrac{\phi(x)}{\dfrac{1}{\psi(x)}}.$

और यह व्यंजक $\dfrac{0}{0}$ रूप का है।

11.5 रूप $\infty - \infty$. मान लीजिये कि

$$\underset{x \to a}{Lt} \phi(x) = \infty, \qquad \underset{x \to a}{Lt} \psi(x) = \infty$$

और हमें $\underset{x \to a}{Lt} \{\phi(x) - \psi(x)\}$ निकालना है।

स्पष्ट है कि

$$\phi(x) - \psi(x) = \frac{\dfrac{1}{\psi(x)} - \dfrac{1}{\phi(x)}}{\dfrac{1}{\phi(x)\psi(x)}}$$

और यह व्यंजक $\dfrac{0}{0}$ रूप का है।

11.6 **रूप** $0^0, 1^\infty, \infty^0, 0^\infty$.

यह समस्त व्यंजक रूप $\{\phi(x)\}^{\psi(x)}$ के रूप के हैं।

मान लीजिये कि $y = \{\phi(x)\}^{\psi(x)}$

तो $\log y = \phi(x) \log \phi(x)$.

स्पष्ट है कि $\log y$ पिछले रूपों में से ही कोई रूप धारण कर लेगा। अतः इस का मान निकाला जा सकता है। और फलतः $y$ का मान भी निकाल सकते हैं।

**टिप्पणी** (i) यदि कोई दिया हुआ व्यंजक कतिपय सटल व्यंजकों के योग, अन्तर, गुणनफल अथवा भजनफल के रूप में प्रदर्शित किया जा सकता है तो प्रयत्न करना चाहिये कि प्रत्येक की सीमा अलग से निकाल लें। और इन सीमाओं का योग, अन्तर, गुणनफल अथवा भजनफल निकाल लें।

**टिप्पणी** (ii) उपरिलिखित प्रकरणों से स्पष्ट है कि समस्त रूपों में सब से सरल रूप $\frac{0}{0}$ है। अतः प्रयत्न यह करना चाहिये कि दिये हुये रूप को जहाँ तक, और जब भी सके, $\frac{0}{0}$ रूप में ढाल लें।

**टिप्पणी** (iii) विद्यार्थी यह सोच सकते है कि $1^\infty$ को अनिर्धारित रूप क्यों माना जाय क्योंकि 1 को हम चाहे जितनी बार अपने आप से गुणित करें, फल 1 ही आयेगा। किन्तु हम वास्तव में यहाँ 1 को अपने आप से गुणित नहीं कर रहे हैं, वरन् एक ऐसे फलन को अपने आप से गुणित कर रहे हैं, जो या तो 1 से कुछ कम रहता है या कुछ अधिक किन्तु जिसका सीमा 1 है इसीलिये यह आवश्यक नहीं है कि गुणनफल 1 ही आये। गुणनफल कुछ भी आ सकता है।

**उदाहरण** (1) $\underset{x\to 0}{Lt} \log x \tan x$ का मान निकालो।

इस व्यंजक का रूप $\infty \times 0$ है।

हमें प्राप्त हैं :

$$\underset{x\to 0}{Lt} \log x \tan x = \underset{x\to 0}{Lt} \frac{\log x}{\cot x} \qquad \left(\frac{\infty}{\infty}\right)$$

$$= \underset{x\to 0}{Lt} \frac{\frac{1}{x}}{-\operatorname{cosec}^2 x} \qquad \left(\frac{\infty}{\infty}\right)$$

$$= -\lim_{x\to 0} \frac{\sin^2 x}{x} \qquad \left(\frac{0}{0}\right)$$

$$= -2 \lim_{x\to 0} \frac{\sin x \cos x}{1} = 0.$$

टिप्पणी—यदि हम व्यंजक $\dfrac{\frac{1}{x}}{\operatorname{cosec}^2 x}$ का इसी रूप में अवकलन करते तो अंश में क्रमशः $\frac{1}{x^2}, \frac{1}{x^3}, \ldots$ आते रहते और सीमा का मान निकालना कठिनतर होता जाता। अतः उसे यह रूप : $\frac{\sin^2 x}{x}$ देना आवश्यक था।

उदाहरण (2) $\lim_{x\to 0} \left(\frac{\tan x}{x}\right)^{\frac{1}{x}}$ का मान निकालो।

इसका रूप $1^{\infty}$ है।

मान लीजिये कि $y = \left(\frac{\tan x}{x}\right)^{\frac{1}{x}}$

तो $\log y = \frac{1}{x} \log \frac{\tan x}{x}$

$$\therefore \lim_{x\to 0} \log y = \lim_{x\to 0} \frac{\log \tan x - \log x}{x} \qquad \left[\frac{0}{0}\right]$$

$$= \lim_{x\to 0} \frac{\cot x \sec^2 x - \frac{1}{x}}{1} \qquad \left[\infty - \infty\right]$$

$$= \lim_{x\to 0} \frac{x - \sin x \cos x}{x \sin x \cos x} \qquad \left[\frac{0}{0}\right]$$

$$= \lim_{x\to 0} \frac{2x - \sin 2x}{x \sin 2x} \qquad \left(\frac{0}{0}\right)$$

$$= \lim_{x\to 0} \frac{2 - 2\cos 2x}{\sin 2x + 2x \cos 2x} \qquad \left[\frac{0}{0}\right]$$

$$= \underset{x \to 0}{Lt} \frac{4 \sin 2x}{4 \cos 2x - 4x \sin 2x} = 0$$

$\therefore y = Lt\ e^{\circ} = 1$

उदाहरण (3)

$\underset{x \to a}{Lt} \left[ \frac{2a^2}{x^4 - a^4} - \frac{1}{x^2 - a^2} \right]$ का मान निकालो ।

दिये हुये व्यंजक का रूप $\infty - \infty$ है।

$$\text{दिया हुआ भिन्न} = \frac{2a^2 - (x^2 + a^2)}{x^4 - a^4} = \frac{a^2 - x^2}{x^4 - a^4} = -\frac{1}{x^2 + a^2}$$

$$\therefore \underset{x \to a}{Lt} \left[ \frac{2a^2}{x^4 - a^4} - \frac{1}{x^2 - a^2} \right] = -\underset{x \to a}{Lt} \frac{1}{x^2 + a^2}$$

$$= \frac{-1}{2a^2}$$

## प्रश्नावली (11.2)

(1) निम्नलिखित सीमाएँ निकालो ।

(i) $\underset{x \to 0}{Lt} (\cos x)^{\cot^2 x}$ (ii) $\underset{x \to 0}{Lt} \frac{(1+x)^{\frac{1}{x}} - e}{x}$

(iii) $\underset{x \to a}{Lt} \frac{\log (x-a)}{\log (e^x - e^a)}$ (iv) $\underset{x \to 0}{Lt} \frac{(e^x - 1) \tan^2 x}{x^3}$

(v) $\underset{x \to 0}{Lt}\ x^{\log \sin x}$ (vi) $\underset{x \to 0}{Lt} \frac{\log \tan x}{\log x}$

(vii) $\underset{x \to \frac{1}{2}\pi}{Lt} (\sin x)^{\tan x}$ (viii) $\underset{x \to 1}{Lt} \log (1-x) \cot (\frac{1}{2} x \pi)$

(ix) $\underset{x \to \infty}{Lt} \frac{\log x}{a^x}$, a >0 (x) $\underset{x \to \infty}{Lt} \left( 1 + \frac{1}{x^2} \right)^x$

(xi) $\underset{x \to 1}{Lt}\ x^{\frac{1}{1-x}}$ (xii) $\underset{x \to 0}{Lt}\ x \log x$

(xiii) $\underset{x\to 0}{Lt} \sin x . \log x$  (xiv) $\underset{x\to 0}{Lt}\left(\frac{\tan x}{x}\right]^{1/x^2}$

(xv) $\underset{x\to 0}{Lt}\ x\log(\tan x)$  (xvi) $\underset{x\to\infty}{Lt}\left[\frac{\log x}{x}\right]^{\frac{1}{x}}$

(xvii) $\underset{x\to 1}{Lt}\ (1-x^2)^{\frac{1}{1-\log x}}$  (xviii) $\underset{x\to e}{Lt}\ (\log x)^{\frac{1}{1-\log x}}$

(ixx) $\underset{x\to\infty}{Lt}\ 2^x \sin\left[\frac{a}{2x}\right)$  (xx) $\underset{x\to 0}{Lt}\left\{\frac{2(\cosh x-1)}{x^2}\right\}^{\frac{1}{x^2}}$

(2) $\underset{x\to\infty}{Lt}\ (a_0 x^m + a_1 x^{m-1} + a_2 x^{m-2} + - - - + a^m)^{\frac{1}{x}}$

जिसमें $m$ एक धनात्मक संख्या है, का मान निकालो :

(3) $\underset{x\to 0}{Lt}\left\{\frac{1}{x^2}-\frac{1}{\sin^2 x}\right\}$ का मान ज्ञात करो

(4) सिद्ध करो कि

$$\underset{x\to\infty}{Lt}\left[x - x^2\log\left(1+\frac{1}{x}\right)\right] = \tfrac{1}{2}.$$

(5) सिद्ध करो कि

$$\underset{x\to 0}{Lt}\left(\frac{1}{x^2}-\cot^2 x\right)=\frac{2}{3}$$

(6) $\underset{x\to 0}{Lt}\ (\cos ax)^{b/x^2}$ का मान निकालो।

(7) $\underset{a\to b}{Lt}\ \frac{a^b-b^a}{a^a-b^b}$ का मान निकालो।

(8) सिद्ध करो कि $\underset{x\to 1}{Lt}\left[\frac{x^x-x}{x-1-\log x}\right]=2$

(9) $\underset{x \to \frac{\pi}{2}}{Lt} \dfrac{a^{\sin x} - a}{\log \sin x}$ का मान निकालो।

(10) $\underset{x \to \frac{\pi}{2}}{Lt} (\sec x)^{\cot x} = 1$

(11) $\underset{x \to 0}{Lt} \dfrac{(1+x)^{\frac{1}{x}} - e + \frac{1}{2} e x}{x^2}$ का मान क्या होगा ?

(12) सिद्ध करो कि

$$\underset{x \to \infty}{Lt} \frac{x^2 + 2x}{5 - 3x^2} = -\tfrac{1}{3}.$$

(13) $\underset{x \to 3}{Lt} \dfrac{\sqrt{3x} - \sqrt{(12-x)}}{2x - 3\sqrt{(19-5x)}}$ का मान निकालो !

(14) $\underset{x \to 0}{Lt} \dfrac{1 - a e^{-x} - b e^{-2x} - c e^{-3x}}{1 - a e^{x} - b e^{2x} - c e^{3x}}$

का मान निम्नलिखित दशाओं में निकालो

(i) $a = 3,\ b = -5,\ c = 4$

(ii) $a = 3,\ b = -4,\ c = 2$

(iii) $a = 3,\ b = -3,\ c = 1$

(15) सिद्ध करो कि

$$\underset{x \to \infty}{Lt} \left[ x \left\{ \left( 1 - \frac{a}{x} \right)^{-x} \left( 1 + \frac{a}{x} \right)^{x} \right\} \right] = a^2 ea$$

# अध्याय १२

# स्पर्शी और अभिलम्ब

## (Tangents and Normals)

### 12.1. स्पर्शी का समीकरण (Equation of the tangent)

मान लीजिये कि किसी वक्र का समीकरण $y=f(x)$ है और उस पर $P(x, y)$ कोई बिन्दु है। मान लीजिये कि $P$ के समीप $Q(x+h, y+k)$ एक अन्य बिन्दु है।

मान लीजिये कि रेखा $PQ$ पर $R$ कोई बिन्दु है, जिसके चालू निर्देशांक **(Current Coordinates)** $X, Y$ हैं।

तो ऋजु रेखा $P\ Q$ का समीकरण

$$Y-y=\frac{(y+k)-y}{(x+h)-x}(X-x),$$

अर्थात्, $$Y-y=\frac{f(x+h)-f(x)}{h}(X-x)$$

हुआ।

जब बिन्दु $Q$ बिन्दु $P$ की ओर प्रवृत्त होकर उससे अभिन्न हो जायगा तब उपर्युक्त समीकरण का रूप

$$Y-y=f'(x)(X-x)$$

हो जायेगा।

अतः, वक्र $\qquad y=f(x) \qquad (1)$

के, बिन्दु $(x, y)$ पर डाले गये स्पर्शी का समीकरण

$$Y-y=\frac{dy}{dx}(X-x) \qquad (2)$$

है।

**टिप्पणी** (i) साधारणतः निर्देशांक ज्यामिति में हम किसी दिये हुये बिन्दु के निर्देशांक $(x_1, y_1)$ से और चालू निर्देशांक$(x, y)$ से निरूपित करते हैं। उक्त संकेतों में स्पर्शी का समीकरण

$$y-y_1=f'(x_1)(x-x_1)$$

होगा। किन्तु, कुछ कारणों से अवकलन गणित में दिये हुये बिन्दु के निर्देशांकों को $x_1, y_1$ से और किसी बिन्दु के चालू निर्देशांकों को $X, Y$ से निरूपित करना अधिक सुविधाजनक प्रतीत होता है।

**टिप्पणी** (ii) यदि वक्र का समीकरण प्राचलीय रूप

$$x=\phi(t), \qquad y=\psi(t)$$

में दिया हो, तो स्पर्शी का समीकरण

$$Y-\psi(t)=\frac{\psi'(t)}{\phi'(t)}\{X-\phi(t)\}$$

अर्थात, $\psi'(t) X-\phi'(t) Y=\phi(t) \psi'(t)-\psi(t) \phi'(t)$ (3)
होगा।

**टिप्पणी** (iii) हम पिछले अध्याय में बता चुके हैं कि $\frac{dy}{dx}$ उस कोण क tangent है जो स्पर्शी की धन दिशा $x$—अक्ष की धन दिशा से बनाता है। और बिन्दु $P$ पर डाले गये स्पर्शी की धन दिशा हम उस दिशा को कहेंगे जिसमें लिये गये बिन्दुओं के भुज $P$ के भुज से बड़े हों।

उक्त कोण को साधारणतः $\psi$ से निरूपित किया जाता है।

स्पष्ट है कि उपर्युक्त आकृतियों में स्पर्शी की धन दिशा तीरों की दिशा में होगी।

यह भी प्रत्यक्ष है कि $\psi$ का मान सदैव $\pm\frac{\pi}{2}$ के बीच में स्थित होगा।

**टिप्पणी** (iv) स्पर्शी $x$—अक्ष के समान्तर होगा यदि $\psi=0$, अर्थात् यदि $\tan\psi=0$, अर्थात् यदि $\frac{dy}{dx}=0$.

स्पर्शी $x$-अक्ष पर लम्ब होगा यदि $\psi = \frac{\pi}{2}$, अर्थात् यदि $\frac{dy}{dx} = \infty$, अर्थात् यदि $\frac{dx}{dy} = 0$.

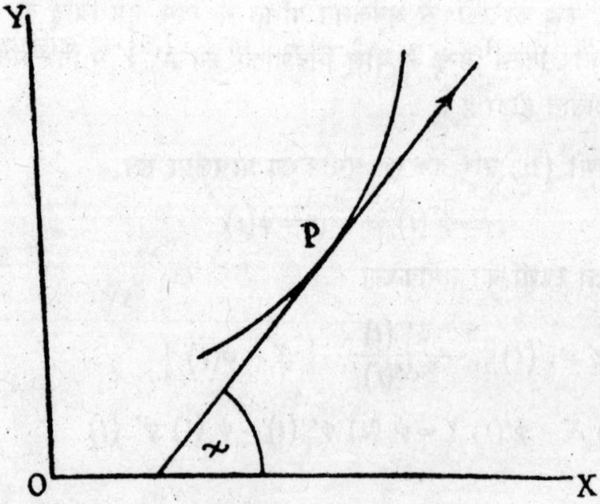


आकृति (12·1)

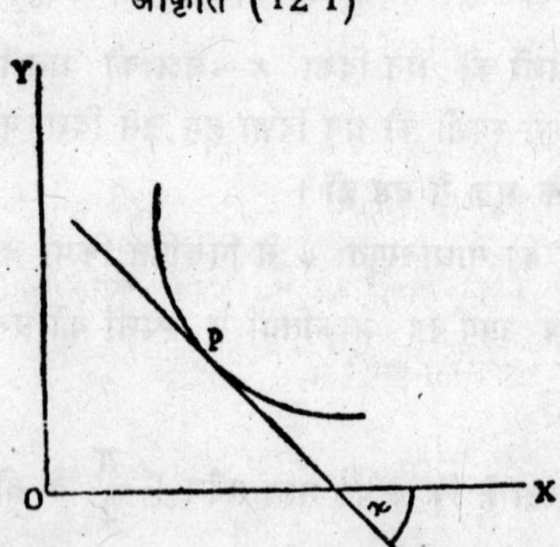


आकृति (12.2)

यदि स्पर्शी के समीकरण को हम इस रूप

$$\frac{dx}{dy}(Y-y)=X-x$$

में लिखें तो स्पष्ट है कि उक्त स्पर्शी का समीकरण

$$X=x$$

होगा ।

**उदाहरण** (i) वक्र $3y=4x^2-1$ के बिन्दु (2,5) पर डाले गये स्पर्शी का समीकरण निकालो ।

हमें प्राप्त है : $3y_1=8x$

$\therefore$ बिन्दु (2, 5) पर $y_1=\frac{16}{3}$

अतः, स्पर्शी का समीकरण

$$Y-5=\frac{16}{3}(X-2),$$

अर्थात्, $16x-3y=17$

हुआ ।

**टिप्पणी** (v) स्पर्शी के समीकरण को सरलतम रूप में ढाल लेना चाहिये ।

**उदाहरण** (ii) दीर्घवृत्त

$$\frac{x^2}{a^2}+\frac{y^2}{b^2}=1$$

के बिन्दु $(x, y)$ पर डाले गये स्पर्शी का समीकरण निकालो ।

समीकरण का अवकलन करने से,

$$\frac{2x}{a^2}+\frac{2y}{b^2}\cdot\frac{dy}{dx}=0,$$

अर्थात्, $$\frac{dy}{dx}=-\frac{b^2x}{a^2y}.$$

$\therefore$ स्पर्शी का समीकरण

$$Y-y=-\frac{b^2x}{a^2y}\ (X-x),$$

अर्थात्, $\frac{y}{b^2}(Y-y)+\frac{x}{a^2}(X-x)=0,$

अर्थात्, $$\frac{xX}{a^2}+\frac{yY}{b^2}=\frac{x^2}{a^2}+\frac{y^2}{b^2}$$

अर्थात्, $$\frac{xX}{a^2}+\frac{yY}{b^2}=1$$

हुआ।

## प्रश्नावली (12.1)

(1) निम्नलिखित वक्रों पर स्थित बिन्दु $(x, y)$ पर डाले गये स्पर्शी का समीकरण निकालो :—

(I) $y^2=4ax$ (ii) $y=a\cosh(x/a)$

(iii) $y=a\log\sin x$ (vi) $(ax)^{2/3}+(by)^{2/3}=(a^2-b^2)^{2/3}$

(v) $\frac{x^m}{a^m}+\frac{y^m}{b^m}=1$ (vi) $\left(\frac{x}{a}\right)^{2/3}+\left(\frac{y}{b}\right)^{2/3}=1$

(2) यदि सरल रेखा $x\cos\alpha+y\sin\alpha=p$, वक्र

$$\frac{x^m}{a^m}+\frac{y^m}{b^m}=1,$$

को स्पर्श करती है तो सिद्ध करो कि

$$(a\cos\alpha)^{\frac{m}{m-1}}+(b\sin\alpha)^{\frac{m}{m-1}}=p^{\frac{m}{m-1}}$$

(3) निम्नलिखित वक्रों पर स्थित बिन्दु $t$ पर डाले गये स्पर्शी का समीकरण लिखो :—

(i) $x=a\cos t,\quad y=b\sin t$

(ii) $x=a\cosh t,\quad y=b\sinh t$

(iii) $x = a \sin^3 t, \quad y = b \cos^3 t$

(iv) $x = a \cos^3 t, \quad y = b \sin^3 t$

(v) $x = a(t + \sin t), \quad y = a(1 - \cos t)$

(4) (i) सिद्ध करो कि वक्र $\left(\frac{x}{a}\right)^3 + \left(\frac{y}{b}\right)^3 = 2$ पर स्थित बिन्दु $(a, b)$ के स्पर्शी का समीकरण $xb + ya = 2ab$ है।

(ii) सिद्ध करो कि वक्र $(x/a)^n + (y/b)^n = 2$, सरल रेखा $(x/a) + (y/b) = 2$ को बिन्दु $(a,b)$ पर स्पर्श करती है, $n$ का चाहे कुछ भी मान क्यों न हो।

(5) (i) यदि सरल रेखा $lx + my = 1$, वक्र $(ax)^n + (by)^n = 1$ को स्पर्श करती है तो सिद्ध करो कि $\left(\frac{l}{a}\right)^{\frac{n}{n-1}} + \left(\frac{m}{b}\right)^{\frac{n}{n-1}} = 1.$

(ii) सिद्ध करो कि सरल रेखा $x \cos \alpha + y \sin \alpha = p$, वक्र $x^m y^n = a^{m+n}$ कों स्पर्श करेगी यदि

$$p^{m+n} m^m n^n = (m+n)^{m+n} a^{m+n} \sin^n \alpha \cos^m \alpha.$$

(6) सिद्ध करो कि वक्र $y^2 = 4a\left\{x + a \sin\left(\frac{x}{a}\right)\right\}$ पर स्थित वे सभी बिन्दु, जिन पर खींची गई स्पर्श रेखाएँ $x$—अक्ष के समान्तर हैं, एक परवलय पर स्थित हैं।

(7) यदि सरल रेखा $x \cos \alpha + y \sin \alpha - p = 0$

$$\text{वक्र } \left(\frac{x}{a}\right)^{\frac{n}{n-1}} + \left(\frac{y}{b}\right)^{\frac{n}{n-1}} = 1,$$

को स्पर्श करती है तो सिद्ध करो कि

$$p^n = (a \cos \alpha)^n + (b \sin \alpha)^n$$

(8) वक्र $x^2+y^2+2gx+2fy+c=0$ पर स्थित किसी बिन्दु $(x, y)$ पर के स्पर्शी का समीकरण निकालो।

(9) वक्र $a x^2+2hxy+by^2+2gx+2fy+c=0$ के किसी बिन्दु पर के स्पर्शी का समीकरण लिखो।

(10) मूल बिन्दु से वक्र $y=\sin x$ पर स्पर्श रेखायें खींची गई हैं। सिद्ध करो कि उनके स्पर्श बिन्दु (points of contact) वक्र $x^2y^2=x^2-y^2$ पर स्थित है।

(11) सिद्ध करो कि वक्र $y^m=ax^{m-1}+x^m$ के किसी बिन्दु $(x, y)$ पर खींचा गई स्पर्श रेखा अक्षों से अन्तः खण्ड

$$\frac{ax}{(m-1)a+mx} \text{ और } \frac{ay}{m(a+x)}$$

काटती है।

(12) सिद्ध करो कि वक्र $\sqrt{x}+\sqrt{y}=\sqrt{a}$ पर खींची गई किसी स्पर्श रेखा द्वारा अक्षों पर काटे हुए अंतः खंडों का योग अचर है।

(13) सिद्ध करो कि रेखा $\frac{x}{a}+\frac{y}{b}=1$, वक्र $y=b\,e^{-x/a}$ उस बिन्दु पर स्पर्श करती है जहाँ वक्र $y$—अक्ष को काटता है।

## 12.2 वक्रों का कटान कोण (Angle of intersection of curves)

निर्देशांक ज्यामिति हमें बताती है कि दो ऋजु रेखाओं

$$y=m_1x+c_1, \qquad y=m_2x+c_2$$

का कटान कोण

$$\tan^{-1}\frac{m_1-m_2}{1+m_1m_2}$$

होता है।

दो वक्रों का कटान कोण निकालने के लिये उनके कटान बिन्दु पर डाले गये स्पर्शियों का कटान कोण निकाला जाता है।

**उदाहरण**—वक्रों $y=2x^2-1, y^2=x$ का कटान कोण निकालो।

दोनों समीकरणों को हल करने से,

$$x = 1, \qquad y = 1.$$

अतएव, वक्रों का कटान बिन्दु $(1, 1)$ हुआ।

अब, पहले वक्र के लिये, $y_1 = 4x = 4$ [बिन्दु $(1, 1)$ पर]

और, दूसरे ,, $y_1 = \dfrac{1}{2\sqrt{x}} = \frac{1}{2}$ [बिन्दु $(1, 1)$ पर]

$\therefore$ कटान कोण $\tan^{-1} \dfrac{4-\frac{1}{2}}{1+4.\frac{1}{2}} = \tan^{-1} \dfrac{\frac{7}{2}}{3} = \tan^{-1} \frac{7}{6}.$

## प्रश्नावली (12.2)

(1) निम्नलिखित वक्रों का कटान कोण निकालो :—

(i) $x^2 - y^2 = a^2$ और $x^2 + y^2 = a^2\sqrt{2}$

(ii) $x^2 - y^2 = 2a^2$ और $x^2 + y^2 = 4a^2$.

(iii) $x^2 = 4ay$ और $2y^2 = ax$.

(iv) $y^2 = ax$ और $x^3 + y^3 = 3\ axy$.

(2) परवलयों $y^2 = 4\ ax$ और $x^2 = 4by$ का, मूल बिन्दु को छोड़कर दूसरे बिन्दु पर कटान कोण निकालो।

(3) सिद्ध करो कि दीर्घवृत्त $\dfrac{x^2}{a^2} + \dfrac{y^2}{b^2} = 1$

और $\dfrac{x^2}{a'^2} + \dfrac{y^2}{b'^2} = 1$

एक-दूसरे को लम्बकोण पर काटेंगे, यदि

$$a - b = a' - b'.$$

(4) वक्रों $a\ x^2 + by^2 = 1$ और $a'x^2 + b'y^2 = 1$ के एक-दूसरे को $90°$ पर काटने की शर्त निकालो।

(5) सिद्ध करो कि वक्र $ax^3 + by^3 = 1$

$$\text{और} \quad a_1 x^3 + b_1 y^3 = 1.$$

एक-दूसरे को 90° पर काटेंगे यदि

$$aa_1 (b-b_1)^{\frac{4}{3}} + bb_1 (a-a_1)^{\frac{4}{3}} = 0.$$

(6) $y = mx$ और $ax^2 + 2hxy + by^2 = 1$ के एक-दूसरे को 90° पर काटने की शर्त निकालो।

12.3 अभिलम्ब (**Normal**) जो ऋजु रेखा किसी वक्र के किसी बिन्दु के मध्येन, उस बिन्दु पर डाले गये स्पर्शी पर लम्ब, खींची जाय, उसे उस बिन्दु पर डाला गया, उस वक्र का, अभिलम्ब कहते हैं।

यदि वक्र पर दिया हुआ बिन्दु $(x, y)$ है तो उसके मध्येन खींची गई किसी रेखा का समीकरण

$$Y - y = m(X - x) \tag{1}$$

हुआ।

और स्पर्शी का समीकरण

$$Y - y = \frac{dy}{dx}(X - x) \tag{2}$$

है।

(1) और (2) परस्पर लम्ब होंगे,

$$\text{यदि} \quad m\frac{dy}{dx} = -1,$$

अर्थात्, यदि $m = -\dfrac{dx}{dy}$.

अतएव, अभिलम्ब का समीकरण

$$Y - y = -\frac{dx}{dy}(X - x),$$

अर्थात्, $$X-x+\frac{dy}{dx}(Y-y)=0$$

हुआ।

उदाहरण—परवलय $y^2=8x$ के बिन्दु (2, 4) पर डाले गये अभिलम्ब का समीकरण निकालो।

यहाँ $y=2\sqrt{2x}$

$$\therefore \quad y_1=\frac{2}{\sqrt{x}}=\sqrt{2} \quad [\text{बिन्दु } (2, 4) \text{ पर}]$$

अतः अभिलम्ब का समीकरण

$$Y-4=-\frac{1}{\sqrt{2}}(X-2),$$

अर्थात्, $X-2+\sqrt{2}\,(Y-4)=0,$

अर्थात् $X+\sqrt{2}\,Y-(2+4\sqrt{2})=0$

हुआ।

## प्रश्नावली (12.3)

(1) बिन्दु $(x, y)$ पर निम्नलिखित वक्रों के लिए अभिलम्ब का समीकरण लिखो :—

(i) $y=a\cosh\frac{x}{a}$

(ii) $y^2=4ax$

(iii) $x^{2/3}+y^{2/3}=a^{2/3}$

(iv) $\frac{x^m}{a^m}+\frac{y^m}{b^m}=1.$

(2) वक्र $x-y(x-2)(x-3)-7=0$ के उस बिन्दु पर के अभिलम्ब का समीकरण लिखो, जहाँ वह $x$—अक्ष को काटता है।

(3) वक्र $x = a(\theta + \sin\theta)$ और $y = a(1 - \cos\theta)$ के बिन्दु $\theta$ पर के अभिलम्ब का समीकरण लिखो।

(4) वक्र $x = a \sin^3 t$,

$$y = b \cos^3 t$$

के बिन्दु $t$ पर के अभिलम्ब का समीकरण लिखो।

(5) दीर्घवृत्त $\dfrac{x^2}{a^2} + \dfrac{y^2}{b^2} = 1$. के किसी बिन्दु $(x, y)$ पर के अभिलम्ब का समीकरण क्या होगा ?

(6) सिद्ध करो कि वक्र

$x = a e^{\theta} (\sin \frac{1}{2}\theta + 2 \cos \frac{1}{2}\theta)$, $y = ae^{\theta} (\cos\frac{1}{2}\theta - 2\sin \frac{1}{2}\theta)$ पर स्थित प्रत्येक बिन्दु पर खींचे गये स्पर्शी और अभिलम्ब, मूल बिन्दु से समान दूरी पर होते हैं।

(7) यदि वक्र $x^{2/3} + y^{2/3} = a^{2/3}$ का अभिलम्ब $x$-अक्ष से कोण $\phi$ बनाता है तो सिद्ध करो कि उसका समीकरण

$$y \cos\phi - x \sin\phi = a \cos 2\phi$$

होगा।

(8) सिद्ध करो कि मूल बिन्दु से, वक्र

$$x = ae^{\theta} (\sin \tfrac{1}{2}\theta + 2 \cos \tfrac{1}{2}\theta)$$
$$y = ae^{\theta} (\cos \tfrac{1}{2}\theta - 2 \sin \tfrac{1}{2}\theta),$$

पर खींचे गये अभिलम्ब की दूरी, स्पर्शी की दूरी से दुगनी है।

(9) सिद्ध करो कि वक्र

$$x = a \cos\theta + a\theta \sin\theta,$$
$$y = a \sin\theta - a\theta \cos\theta$$

के किसी बिन्दु पर खींचे गये अभिलम्ब की मूल बिन्दु से दूरी एक अचर राशि है।

(10) वक्र $ax^2+2hxy+by^2+2gx+2fy+c=0$ पर स्थित बिन्दु $(x, y)$ पर के अभिलम्ब का समीकरण लिखो।

12.8 कार्तीय अध:स्पर्शी अधोलम्ब (**Cartesian Subtangent and Subnormal**)

मान लीजिये कि किसी वक्र के बिन्दु P पर डाले गये स्पर्शी और अभिलम्ब क्रमशः $x$-अक्ष से T और N पर मिलते हैं।

मान लीजिये कि P की कोटि PM है। तो $OM=x$, $MP=y$, $PTX=\psi=MPN$.

TM को बिन्दु $P$ का **अध:स्पर्शी** और MN को **अधोलम्ब** कहते हैं।

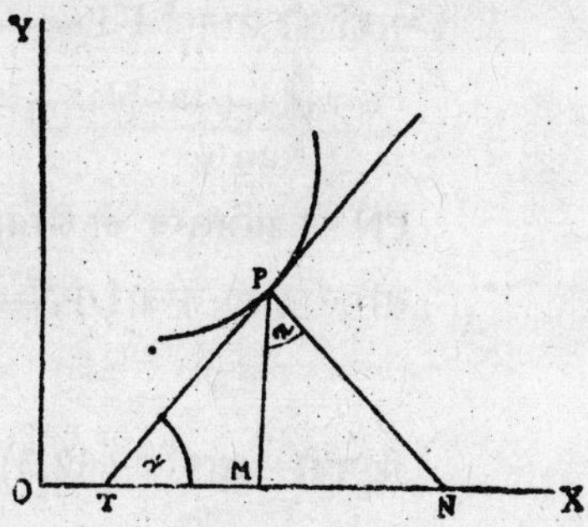


आकृति (12.3)

आकृति से स्पष्ट है कि

$$\text{अध:स्पर्शी } TM=y\cot\psi=y\frac{dx}{dy}=\frac{y}{y_1}, \quad (1)$$

$$\text{अधोलम्ब } MN=y\tan\psi=y\frac{dy}{dx}=yy_1, \quad (2)$$

स्पर्शी का समीकरण

$$Y-y=y_1(X-x) \quad (3)$$

है। अतः, बिन्दु T निकालने के लिये, (3) में $Y=0$ रखने पर,

$$OT=X=x-\frac{y}{y_1}$$

अतः, जो अन्त:खंड स्पर्शी $x$—अक्ष से काटता है, उसकी लम्बाई

$$x-\frac{y}{y_1}$$

है।

इसी प्रकार, जो अन्त:खंड स्पर्शी $y$ – अक्ष से काटता है, उसकी लम्बाई

$$y - xy_1$$

है ।

PT को **स्पर्शी की लम्बाई** कहते हैं ।

प्रत्यक्ष है कि

स्पर्शी की लम्बाई $PT = y \operatorname{cosec} \psi = y\sqrt{1+\cot^2\psi}$

$$= \frac{y\sqrt{1+\tan^2\psi}}{\tan\psi} = \frac{y\sqrt{1+y_1^2}}{y_1}.$$

PN को **अभिलम्ब की लम्बाई** कहते हैं ।

अभिलम्ब की लम्बाई $PN = y \sec \psi = y\sqrt{1+\tan^2\psi}$

$$= y\sqrt{1+y_1^2}.$$

**टिप्पणी**—आकृति (12.3) में $y$ और $y_1$ दोनों धनात्मक हैं । अतएव $\frac{y}{y_1}$ भी धनात्मक है, अर्थात् अध:स्पर्शी TM धनात्मक है और T बिन्दु M के बाईं ओर है ।

हम जानते हैं कि $x$ – अक्ष पर लम्बाइयाँ धनात्मक मानी जाती हैं, यदि O से दाहिनी ओर नापी जायँ । अत:, हमारे लिये यह रूढ़ि बनाना उचित होगा कि T से दाहिनी ओर नापा गया अध:स्पर्शी धनात्मक होगा, बाईं ओर ऋणात्मक । यदि किसी प्रश्न में अध:स्पर्शी ऋणात्मक आये तो समझना चाहिये कि M बिन्दु T के बाईं ओर है ।

इसी प्रकार, हम यह रूढ़ि भी बना सकते हैं कि यदि N बिन्दु M के दाहिनी ओर हो तो अधोलम्ब धनात्मक होगा, अन्यथा ऋणात्मक ।

**उदाहरण—**घातांकी वक्र

$$y = be^{\frac{x}{a}} \tag{1}$$

में सिद्ध करो कि अध:स्पर्शी की लम्बाई अचर होती है और अधोलम्ब कोटि का वर्गानुपाती होता है ।

$$\text{हमें प्राप्त है :} \quad y_1 = \frac{b}{a} e^{\frac{x}{a}} \tag{2}$$

$$\text{अध:स्पर्शी} = \frac{y}{y_1} = a = \text{अचर ।}$$

$$\text{और अधोलम्ब} = y\, y_1 = \frac{1}{a} b^2 e^{2x/a} = \frac{1}{a} y^2 \propto y^2.$$

## प्रश्नावली (12.4)

(i) परवलय

$$y^2 = 4ax$$

में सिद्ध करो कि अधोलम्ब अचर है और अध:स्पर्शी स्पर्श बिन्दु के भुज का समानुपाती है ।

(ii) सिद्ध करो कि अतिपरवलय $xy = c^2$ के किसी बिन्दु पर का अध:स्पर्शी स्पर्श बिन्दु के भुज का समानुपाती है और अधोलम्ब कोटि के घन का समानुपाती है ।

(2) सिद्ध करो कि वक्र $x^m y^n = a^{m+n}$ के किसी बिन्दु पर अध:स्पर्शी उस बिन्दु के भुज का समानुपाती है ।

(3) सिद्ध करो कि वक्र

$$y^2 x^2 = a^2 (x^2 - a^2)$$

के किसी बिन्दु पर का अधोलम्ब, उस बिन्दु के भुज के घन का समानुपाती है ।

(4) (i) दीर्घवृत्त $\dfrac{x^2}{a^2} + \dfrac{y^2}{b^2} = 1$

के किसी बिन्दु पर के अध:स्पर्शी और अधोलम्ब की लम्बाई निकालो ।

(ii) सिद्ध करो कि दीर्घवृत्त $\dfrac{x^2}{a^2} + \dfrac{y^2}{b^2} = 1$ के किसी बिन्दु पर के अध:स्पर्शी की लम्बाई, दीर्घवृत्त के **दीर्घ अक्ष (Major-**

**axis**) को व्यास मानकर खींचे गए वृत्त पर स्थित उसी बिन्दु पर के अध:स्पर्शी की लम्बाई के बराबर है।

(5) वक्र

$$by^2=(x+a)^3$$

के लिए सिद्ध करो कि अध:स्पर्शी का वर्ग, अधोलम्ब का समानुपाती है।

(6) वक्र

$$x=a+b\log\left[b+\sqrt{b^2-y^2}\right]-\sqrt{b^2-y^2}$$

के लिए सिद्ध करो कि अध:स्पर्शी और अधोलम्ब का योग अचर है।

(7) **चक्रज (Cycloid)**

$$x=a\ (t+\sin t),\ y=a\ (1-\cos t)$$

के किसी बिन्दु $t$ पर के अध:स्पर्शी, स्पर्शी, अधोलम्ब, अभिलम्ब और अक्षों से काटे गये अत:खंड निकालो।

(8) किसी वक्र में, सिद्ध करो कि

$$\frac{\text{अधोलम्ब}}{\text{अध:स्पर्शी}}=\left(\frac{\text{अभिलम्ब की लम्बाई}}{\text{स्पर्शी की लम्बाई}}\right)^2$$

(9) सिद्ध करो कि वक्र

$e^{\frac{y}{a}}=x^2-a^2$ के किसी बिन्दु पर के

स्पर्शी और अध:स्पर्शी का योग, उस बिन्दु के निर्देशों के गुणनफल का समानुपाती है।

(10) वक्र

$$x=a\ (\cos t+t\sin t),$$

$$y=a\ (\sin t-t\cos t)$$

के बिन्दु '$t$' पर के अध:स्पर्शी, अधोलम्ब, स्पर्शी और अभिलम्ब की लम्बाई निकालो।

(11) वक्र $y=a^{1-n}x^n$ में $n$ का मान निकालो ताकि अधोलम्ब की लम्बाई अचर हो।

(12) सिद्ध करो कि **रज्जुका (Catenary)**

$y=c \cosh(x/c)$

के किसी बिन्दु पर के अभिलम्ब की लम्बाई $\dfrac{y^2}{c}$ है।

(13) वक्र $y=x^n$ के किसी बिन्दु P पर खींची गई स्पर्श रेखा, $x$-अक्ष को बिन्दु T पर काटती है, और PN, P बिन्दु की कोटि है। तो सिद्ध करो कि $OT=(n-1)$ TN, जिसमें O मूल बिन्दु है।

(14) सिद्ध करो कि **ट्रैक्ट्रिक्स (Tractrix)** $x=a(\cos t+\log \tan t)$, $y=a \sin t$ में, वक्र और $x$-अक्ष के बीच अन्तःखंडित, स्पर्शी का भाग, अचर होता है।

## 12.5 सदिश त्रिज्या और स्पर्शी का अन्तर्गत कोण (Angle between Radius Vector and Tangent)

मान लीजिए कि किसी वक्र का कोणीय समीकरण

$r=f(\theta)$

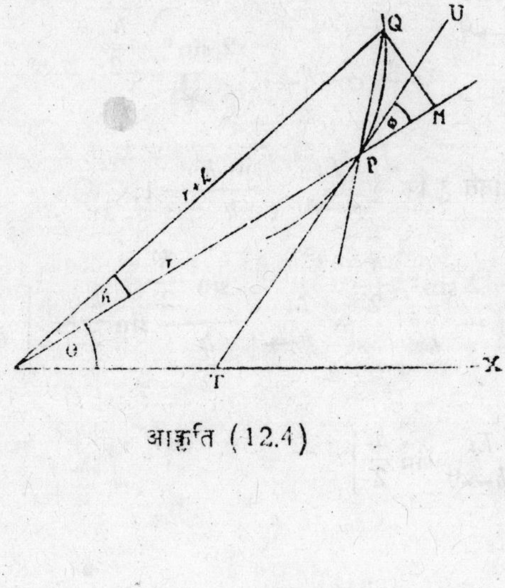


आकृति (12.4)

है। मान लीजिये कि P $(r,\theta)$ उक्त वक्र पर एक बिन्दु है। और Q $(r+k, \theta+h)$, P का एक समीपस्थ बिन्दु।

मान लीजिये कि वक्र के बिन्दु P पर डाला गया स्पर्शी TPU है जो सदिश त्रिज्या OP से कोण $\phi$ बनाता है।

तो हमें $\phi$ का ही मान निकालना है।

Q M लम्ब डालो OP पर।

जब $h \to 0$, $k \to 0$, बिन्दु Q $\to$ बिन्दु P,

छेदक QP $\to$ स्पर्शी TPU, QPM$\to\phi$.

अतः $\tan\phi = \tan \underset{h\to 0}{Lt} \text{QPM} = \underset{h\to 0}{Lt} \tan \text{QPM}$

$$= \underset{h\to 0}{Lt} \frac{\text{QM}}{\text{PM}} = \underset{h\to 0}{Lt} \frac{(r+k)\sin h}{(r+k)\cos h - r}$$

$$= \underset{h\to 0}{Lt} \frac{(r+k)\sin h}{k\cos h - r(1-\cos h)}$$

$$= \underset{h\to 0}{Lt} \frac{(r+k)\dfrac{\sin h}{h}}{\dfrac{k}{h}\cos h - r.\dfrac{2\sin^2\dfrac{h}{2}}{h}}$$

हम जानते हैं कि $\underset{h\to 0}{Lt} \dfrac{\sin h}{h} = 1;$

$$\underset{h\to 0}{Lt} \frac{2\sin^2\dfrac{h}{2}}{h} = \underset{h\to 0}{Lt} \frac{\sin\dfrac{h}{2}}{\dfrac{h}{2}} \sin\frac{h}{2} = \left[\underset{h\to 0}{Lt} \frac{\sin\dfrac{h}{2}}{\dfrac{h}{2}}\right] \times$$

$$\left[\underset{h\to 0}{Lt} \sin\frac{h}{2}\right]$$

$$=1 \times 0 = 0 .$$

और $$\underset{h \to 0}{Lt} \quad \frac{k}{h} = \frac{dr}{d\theta}.$$

$$\therefore \tan \phi = \frac{(r+0).\ 1}{\dfrac{dr}{d\theta} - r.0}$$

अर्थात्, $$\tan \phi = r \frac{d\theta}{dr}. \qquad (1)$$

**टिप्पणी** (i) उपर्युक्त सूत्र में हमने $r$, $\theta$ को किसी निश्चित बिन्दु के दिये हुये निर्देशांक माना है, किन्तु साधारणतः हम चालू निर्देशांकों को $r$, $\theta$ से निरूपित करते हैं। इस प्रसंग में उक्त संकेतन में परिवर्तन करना सुविधाजनक है। किन्तु, जब विद्यार्थी इस तथ्य को एक बार समझ लेगा तो उसे इस विषय में कोई भ्रम न होगा।

**टिप्पणी** (ii) आकृति ( 12.4 ) में $\phi$ एक न्यून कोण था। अतः, $\tan \phi$ और फलतः $r \dfrac{d\theta}{dr}$ धनात्मक था। हम $\phi$ उस कोण को मानेंगे जो सदिश त्रिज्या की धन दिशा स्पर्शी की उस दिशा से बनाता है जिसमें $\theta$ बढ़ता है। इस परिभाषा के अनुसार, जब $\phi$ की वृद्धि के साथ $r$ घटेगा, तब (1) का दक्षिण पक्ष ऋणात्मक होगा। और, जैसा कि आकृति (12.5) से स्पष्ट है, तब $\phi$ एक अधिक कोण होगा और (1) का बाम पक्ष भी ऋणात्मक होगा।

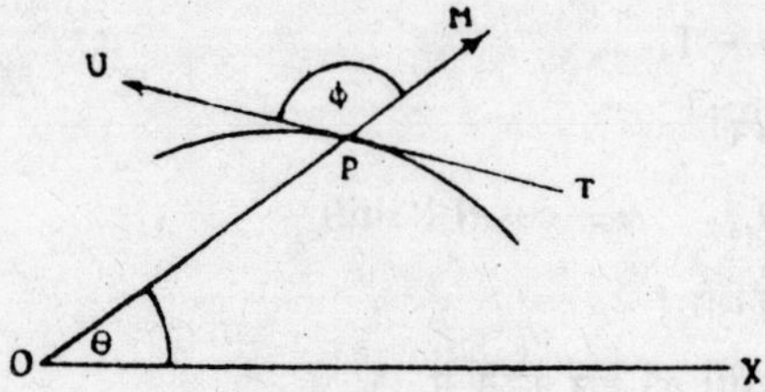


आकृति (12.5)

इस प्रकार, सूत्र (1) सत्य रहेगा चाहे $r \dfrac{d\theta}{dr}$ धनात्मक हो चाहे ऋणात्मक।

### वक्रों का कटान कोण

आकृति (12.6) से स्पष्ट है कि दो वक्रों का कटान कोण या तो $(\phi_1 - \phi_2)$ होगा या $\pi - (\phi_1 - \phi_2)$

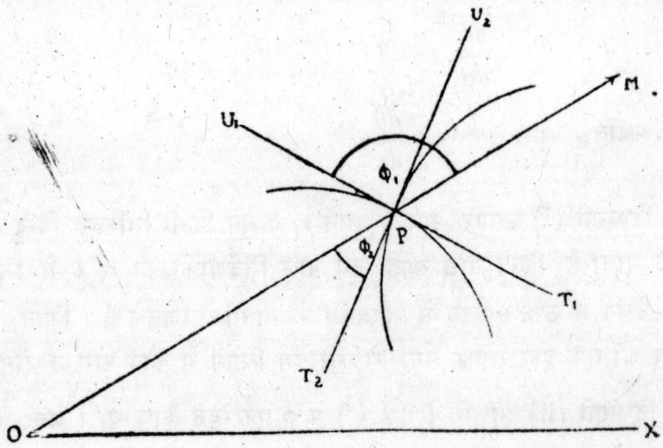


आकृति (12.6)

यदि $\tan \phi_1 = t_1,\ \tan \phi_2 = t_2,$

तो कटान कोण $\pm \tan^{-1} \dfrac{t_1 - t_2}{1 + t_1 t_2}$

होगा। अतः, वक्र एक-दूसरे को समकोण पर काटेंगे

यदि $t_1 t_2 = -1$.

**उदाहरण**—वक्रों

$$r = 2 \sin \theta, \qquad r = \cos \theta + \sin\theta$$

का कटान कोण निकालो।

दोनों समीकरणों को हल करने से,

$$\theta = \frac{\pi}{4} \text{ अथवा } \frac{5\pi}{4}\ ; \qquad r = \sqrt{2}$$

पहले वक्र के लिये

$$1 = 2\cos\theta \frac{d\theta}{dr}$$

$$\therefore \tan\phi_1 = r\frac{d\theta}{dr} = \tfrac{1}{2}\, r\sec\theta = 1, \text{ अर्थात्, } \phi_1 = \frac{\pi}{4}$$

और दूसरे वक्र के लिए

$$1 = \left(-\sin\theta + \cos\theta\right)\frac{d\theta}{dr} = \left(-\frac{1}{\sqrt{2}} + \frac{1}{\sqrt{2}}\right)\frac{d\theta}{dr}$$

$$\therefore \tan\phi_2 = r\frac{d\theta}{dr} = \infty, \text{ अर्थात्, } \phi_2 = \frac{\pi}{2}$$

$$\therefore \text{कटान कोण} = \frac{\pi}{2} - \frac{\pi}{4} = \frac{\pi}{4}.$$

## प्रश्नावली (12.5)

(1) हृदयाम (**Cardioid**)

$$r = a(1 - \cos\theta)$$

के किसी विन्दु की सदिश त्रिज्या और स्पर्शी का अन्तर्गत कोण निकालो ।

(2) वक्रों $r = \sin\theta + \cos\theta$

और $r = 2\cos\theta$

का कटान कोण निकालो ।

(3) समानकोण सर्पिल (**Equiangular Spiral**)

$$r = ae^{b\theta}$$

में सिद्ध करो कि किसी विन्दु की सदिश त्रिज्या, उस विन्दु पर के स्पर्शी से एक अचर कोण वनाती है ।

(4) सिद्ध को कि वक्र $r^m = a^m \cos m\theta$

$$r^m = a^m \sin m\theta$$

एक-दूसरे को 90° पर काटते हैं ।

(5) परवलय

$$\frac{2a}{r}=1+\cos\theta$$

के किसी बिन्दु की सदिश त्रिज्या और स्पर्शी का अन्तर्गत कोण निकालो।

(6) निम्नलिखित वक्रों का कटान कोण निकालो :—

(i) $r=a\ (1+\cos\theta)$, $r=b\ (1-\cos\theta)$.

(ii) $r=ae^{\theta}$, $r=be^{-\theta}$.

(iii) $r=a\sin 2\theta$, $r=a\cos 2\theta$.

(iv) $r=a\log\theta$, $r\log\theta=a$.

(7) सिद्ध करो कि वक्र

$r^n=a^n\sec(n\theta+\alpha)$

और $r^n=b^n\sec(n\theta+\beta)$

एक-दूसरे को ऐसे कोण पर काटते हैं जो $a$ और $b$ से स्वतन्त्र हैं।

(8) सिद्ध करो कि

$$\tan\phi=\frac{x\dfrac{dy}{dx}-y}{y\dfrac{dy}{dx}+x}.$$

(9) वक्र

$$a\theta=(r^2-a^2)^{1/2}-\cos^{-1}(a/r)$$

के लिए सदिश त्रिज्या और स्पर्शी के अन्तर्गत कोण का मान निकालो।

(10) वक्र

$$\frac{l}{r}=1+e\cos\theta$$

और सदिश त्रिज्या के बीच का कोण निकालो।

कोणीय अधःस्पर्शी और अधोलम्ब ( **Polar subtangent and subnormal**)

मान लीजिये, किसी वक्र पर P कोई बिन्दु है। मान लीजिये कि रेखा NOT सदिश त्रिज्या OP पर लम्ब है जिसे P पर खींचे गये स्पर्शी और अभिलम्ब क्रमशः T और N पर काटते हैं।

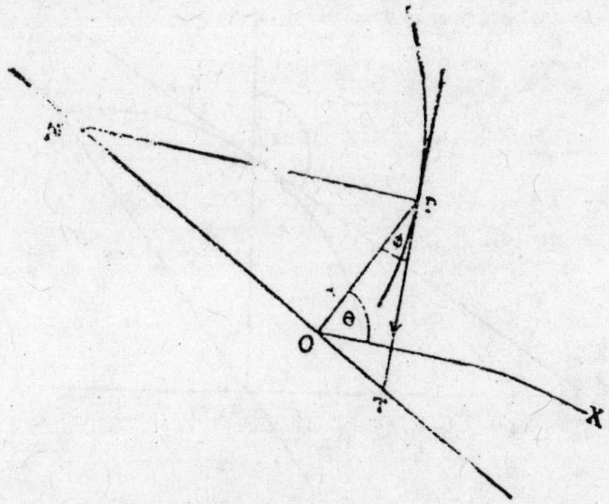

आकृति (12.7)

तो OT को बिन्दु P का कोणीय अधःस्पर्शी और ON को कोणीय अधोलम्ब कहते हैं।

स्पष्ट है कि $OPT=\phi$.

अतः, कोणीय अधःस्पर्शी $OT=r \tan \phi=r^2 \dfrac{d\theta}{dr}$,

और कोणीय अधोलम्ब $ON=r \tan OPN$

$$=r \tan\left(\frac{\pi}{2}-\phi\right)=r \cot\phi=\frac{dr}{a\theta}$$

कोणीय अधःस्पर्शी के सूत्र से स्पष्ट है कि यह धनात्मक होगा यदि $r$ और $\theta$ साथ-साथ बढ़ें। आकृति (12.7) में ऐसी ही स्थिति है। और T बिन्दु O के दाहिनी ओर है। अतः, कोणीय अधःस्पर्शी के चिह्न के विषय में यह नियम निकलता है कि यदि दर्शक O पर खड़ा हो और P की ओर देखे तो कोणीय अधःस्पर्शी की धन दिशा दाहिनी ओर होगी।

यदि किसी स्थिति में कोणीय अध:स्पर्शी ऋणात्मक आये तो समझना चाहिये कि T आदि बिन्दु O के बाईं ओर है और N दाहिनी ओर। स्पष्ट है कि एसी स्थिति में $\theta$ की वृद्धि के साथ-साथ $r$ घटेगा। इस प्रकार $\frac{d\theta}{dr}$ ऋणात्मक होगा, अतएव कोणीय अध:स्पर्शी और अधोलम्ब दोनों ऋणात्मक होंगे।

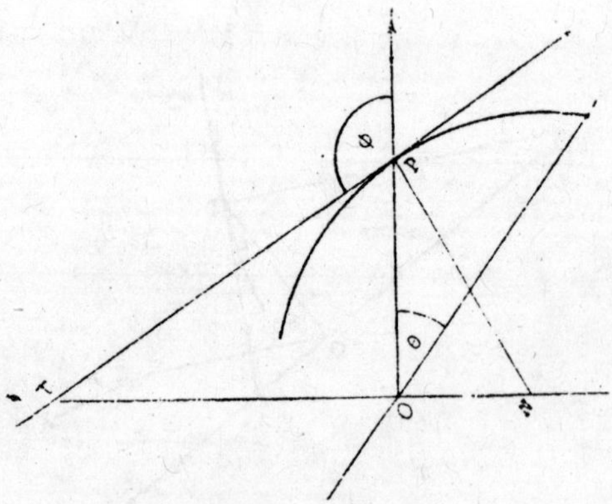

आकृति (12.8)

**उदाहरण**—सिद्ध करो कि समानकोण सर्पिल $r = ae^{\theta \cot \alpha}$ में स्पर्शी सदिश त्रिज्या से अचर कोण बनाता है।

$$\text{यहां} \quad 1 = ae^{\theta \cot \alpha} . \cot \alpha \frac{d\theta}{dr} = r \frac{d\theta}{dr} \cot \alpha$$

अर्थात्, $\tan \phi = r \frac{d\theta}{dr} = \tan \alpha,$

अर्थात्, $\phi = \alpha$

**प्रश्नावली** (12.6)

(1) निम्नलिखित वक्रों के लिए कोणीय अध:स्पर्शी निकालो :—

(i) $r = a(1 + \cos \theta)$.

(ii) $\frac{l}{r} = 1 + e \cos \theta$.

(iii) $r = a\, e^{\theta \cot \alpha}$

(iv) $r = a\,(1 - \cos\theta)$

(2) निम्नलिखित वक्रों के लिए कोणीय अधोलंब निकालो :—

(i) $r = a + b \cos\theta$

(ii) $r = a/\theta$

(3) वक्र $r = e^{\theta}$ के लिए सिद्ध करो कि कोणीय अध:स्पर्शी, कोणीय अधोलंब के बराबर है।

(4) सिद्ध करो कि वक्र $r\theta - a$ में कोणीय अध:स्पर्शी अचर है और वक्र $r = a\theta$ में कोणीय अधोलंब अचर है।

(5) वक्र $r = a\, e^{b\theta^2}$

के लिए सिद्ध करो कि

$$\left(\frac{\text{कोणीय अधोलम्ब}}{\text{कोणीय अध:स्पर्शी}}\right), \theta^2 \text{ का समानुपाती है।}$$

(6) सिद्ध करो की वक्र $r = f(\theta)$ के कोणीय अधोलम्ब के सिरे की निधि वक्र $r - f'\left(\theta - \frac{1}{2}\pi\right)$ है।

इस प्रकार सिद्ध करो कि समान कोण सर्पिल $r = a\, e\theta m$ के कोणीय अधोलंब के सिरे की निधि एक दूसरा समान कोण सर्पिल (Equi-angular sprial) है।

## 12.8 आदि बिन्दु से स्पर्शी पर डाला गया लम्ब

मान लीजिये कि $O$ से $P$ के स्पर्शी पर लम्ब $O\,T$ डाला गया है जिसकी लम्बाई $p$ है।

तो आकृति से स्पष्ट है कि (1)

$$p = r \sin\phi$$

$p$ का यह सूत्र $r$ और $\phi$ के पदों में है।

किन्तु, हम जानते हैं कि $\tan \phi = r \dfrac{d\theta}{dr}$

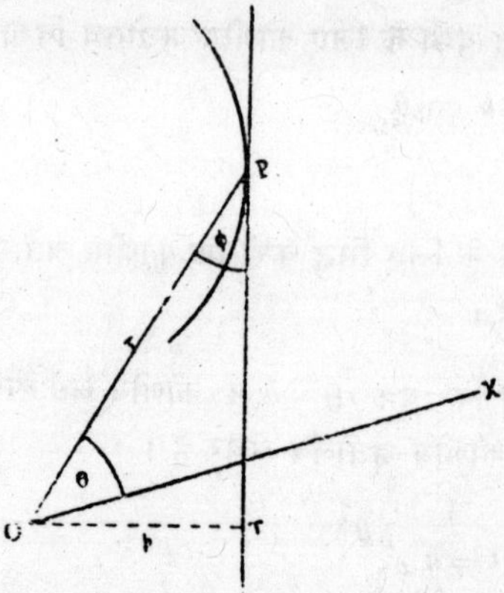

आकृति (12.9)

अतः, हम $p$ की लंबाई $r$ और $\theta$ के पदों में भी निकाल सकते हैं।

हमें प्राप्त है :

$$\frac{1}{p^2} = \frac{1}{r^2}\operatorname{cosec}^2\theta = \frac{1}{r^2}\left(\cot^2\theta + 1\right)$$

$$= \frac{1}{r^2}\left\{\frac{1}{r^2}\left(\frac{dr}{d\theta}\right)^2 + 1\right\},$$

अर्थात्, $$\frac{1}{p^2} = \frac{1}{r^2} + \frac{1}{r^4}\left(\frac{dr}{d\theta}\right)^2 \qquad (2)$$

यदि हम $u = \dfrac{1}{r}$ रक्खें तो $r = \dfrac{1}{u}$.

अतः, $$\frac{dr}{d\theta} = -\frac{1}{u^2} \cdot \frac{du}{d\theta}.$$

$$\therefore \frac{1}{p^2} = u^2 + u^4\left(-\frac{1}{u^2}\cdot\frac{du}{d\theta}\right)^2 = u^2 + \left(\frac{du}{d\theta}\right)^2 \qquad (3)$$

यह सूत्र कभी-कभी उपयोगी सिद्ध होता है।

**टिप्पणी**—$p$ और $r$ के सम्बन्ध को वक्र का **पदिक समीकरण (Pedal Epuation)** कहते हैं। कुछ वक्रों का पदिक समीकरण बहुत सरल रूप में आ जाता है।

**उदाहरण—हृदयम (Cardiode)**

$$r = a\,(1-\cos\,\theta)$$

का पदिक समीकरण निकालो। (1)

यहाँ $\quad 1 = a\sin\,\theta\,\dfrac{d\theta}{dr}.$

$$\therefore\ \frac{dr}{d\theta} = a\sin\theta.$$

$$\therefore\ \frac{1}{p^2} = \frac{1}{r^2} + \frac{1}{r^4}\ a^2\sin^2\theta = \frac{1}{r^2} + \frac{1}{r^2}\,\frac{a^2\sin^2\theta}{a^2(1-\cos\theta)^2}$$

$$= \frac{1}{r^2}\left\{1 + \frac{4\sin^2\dfrac{\theta}{2}\cos^2\dfrac{\theta}{2}}{4\sin^4\dfrac{\theta}{2}}\right\} = \frac{1}{r^2}\left(1+\cot^2\frac{\theta}{2}\right).$$

$$= \frac{1}{r^2}\operatorname{cosec}^2\frac{\theta}{2} = \frac{1}{r^2\sin^2\dfrac{\theta}{2}},$$

अर्थात्, $\quad p = r\sin\dfrac{\theta}{2}.$ (2)

यह सम्बन्ध बहुत बार काम देता है।

अब, $\quad p^2 = r^2\sin^2\dfrac{\theta}{2} = \dfrac{r^2}{2}\left(1-\cos\theta\right) = \dfrac{r^2}{2} - \dfrac{r}{a},$

अर्थात्, $\quad 2ap^2 = r^3.$

यही अभीष्ट पदिक समीकरण है।

## 12.9 पदिक समीकरण निकालना

(i) कार्तीय समीकरण से :—

मान लीजिये कि वक्र का समीकरण यह है :

$$f(x, y) = 0 \tag{1}$$

विन्दु $(x, y)$ पर डाले गये स्पर्शी का समीकरण

$$\frac{dy}{dx} X - Y + \left(y - x \frac{dy}{dx}\right) = 0$$

है।

मूलविन्दु से इस स्पर्शी पर डाले गये स्पर्शी की लम्बाई

$$p = \frac{y - x \dfrac{dy}{dx}}{\sqrt{1 + \left(\dfrac{dy}{dx}\right)^2}} \tag{2}$$

है।

इसके अतिरिक्त,

$$r^2 = x^2 + y^2 \tag{3}$$

(1), (2) और (3) में से $x$ और $y$ का विलोपन करने से $r$ और $p$ में संबंध प्राप्त हो जायगा। वही वक्र का पदिक समीकरण होगा।

(ii) कोणीय समीकरण से :—

मान लीजिये कि वक्र का कोणीय समीकरण

$$f(r, \theta) = 0 \tag{1}$$

है।

और हम जानते हैं कि

$$\frac{1}{p^2} = \frac{1}{r^2} + \frac{1}{r^4}\left(\frac{dr}{d\theta}\right)^2 \tag{2}$$

(1) और (2) में से $\theta$ का विलोपन करने से अभीष्ट पदिक समीकरण प्राप्त होगा।

**उदाहरण (1)** परवलय $y^2 = 4a(x+a)$ का पदिक समीकरण निकालो।

(इलाहाबाद 1950)

यहाँ $2y\dfrac{dy}{dx} = 4a$, अर्थात्, $\dfrac{dy}{dx} = \dfrac{2a}{y}$.

अतः, बिन्दु $(x, y)$ पर खींचा गया स्पर्शी

$$Y - y = \frac{2a}{y}(X - x),$$

अर्थात् $$\frac{2a}{y}X - Y + \left(y - \frac{2ax}{y}\right)$$

है।

$$\therefore p = \frac{y - \dfrac{2ax}{y}}{\sqrt{1 + \dfrac{4a^2}{y^2}}} = \frac{y^2 - 2ax}{\sqrt{y^2 + 4a^2}}$$

$$= \frac{4a(x+a) - 2ax}{\sqrt{4a(x+a) + 4a^2}} = \frac{2a(x+2a)}{\sqrt{4a(x+2a)}}$$

$$= \sqrt{a(x+2a)}$$

किन्तु $r^2 = x^2 + y^2 = x^2 + 4a(x+a) = (x+2a)^2$

$$\therefore p^2 = a(x+2a) = ar.$$

यही पदिक समीकरण है।

**उदाहरण (2)** वक्र $r^m = a^m \cos m\theta$ का पदिक समीकरण निकालो।

लघुगणक लेने से,

$$m \log r = m \log a + \log \cos m\theta.$$

अवकलन करने से,

$$\frac{m}{r} \cdot \frac{dr}{d\theta} = -\frac{m \sin m\theta}{\cos m\theta},$$

अर्थात्, $\cot \phi = -\tan m\theta = \cot \left(\frac{\pi}{2} + m\theta\right)$

$$\therefore \phi = \frac{\pi}{2} + m\theta.$$

और $p = r \sin \phi = r \sin \left(\frac{\pi}{2} + m\theta\right) = r \cos m\theta$

$$= r . \frac{r^m}{a^m}$$

$$\therefore r^{m+1} = a^m p.$$

यही अभीष्ट समीकरण है।

## प्रश्नावली (12.7)

(1) वक्र $r(\theta - 1) = \theta^2$ के स्पर्शी पर मूल बिन्दु से डाले गये लम्ब की लम्बाई ज्ञात करो।

(2) वक्र $r = \dfrac{ae^\theta}{(1+\theta)^2}$, मे स्पर्शी पर मूल बिन्दु से डाले गये लम्ल की लंबाई निकालो।

(3)(i) सिद्ध करो कि **ऐस्ट्राएड (Astroid)**

$$x^{2/3} + y^{2/3} = a^{2/3}$$

का पदिक समीकरण

$$r^2 + 3p^2 = a^2 \text{ है।}$$

(ii) सिद्ध करो कि **परवलय (Parabola)**

$$y^2 = 4ax$$

का पदिक समीकरण यह है :

$$(p^2 r^2 + 4a^2 p^2)(4a^2 + p^2) = (ar^2 - ap^2)^2.$$

(4) अतिपरवलय $xy = c^2$ के किसी $P$ पर खींचीं गई स्पर्श रेखा पर मूल बिन्दु $O$ से डाले गये लम्ब $OY$ की लंबाई निकालो और सिद्ध करो कि आयत $OY.OP$ एक अचर राशि है !

(5) निम्नलिखित वक्रों के पदिक समीकरण निकालो ।

(i) $r = a(1 - \cos\theta)$;

(ii) $r^2 \cos 2\theta = a^2$;

(iii) $r^n = a^n \sin n\theta$;

(iv) $r = a\theta$

(v) $r^2 = a^2 \cos 2\theta$

(vi) $r = ae^{\theta \cot a}$

(6) सिद्ध करो कि ध्रुव (**Pole**) से दीर्घवृत्त

$$\frac{l}{r} = 1 + e \cos\theta$$

के स्पर्शी पर खींचे गए लम्ब की लंबाई का सूत्र है ।

$$\frac{1}{p^2} = \frac{1}{l^2}\left(\frac{2l}{r} - 1 + e^2\right)$$

(7) सिद्ध करो कि दीर्घवृत्त

$$\frac{x^2}{a^2} + \frac{y^2}{b^2} = 1$$

का पदिक समीकरण

$$\frac{1}{p^2} = \frac{1}{a^2} + \frac{1}{b^2} - \frac{r^2}{a^2 b^2}$$

है ।

(8) परवलय $\frac{2a}{r} = 1 - \cos\theta$ में सिद्ध करो कि

(i) $\phi = \pi - \frac{1}{2}\theta$,

(ii) $p = a \operatorname{cosec}\frac{1}{2}\theta$,

और (iii) कोणीय अध:स्पर्शी $= 2a \operatorname{cosec} \theta$.

(9) सिद्ध करो कि सर्पिल $r = a \operatorname{sech} n\theta$ का पदिक समीकरण

$$\frac{1}{p^2} = \frac{A}{r^2} + B, \text{ के रूप का है}$$

और वक्रों $r = ae^{m\theta}$, $r\theta = a$, $r \sin n\theta = a$ और $r \cosh \theta = a$ के पदिक समीकरण भी इसी रूप के हैं।

## 12.10 चाप की लम्बाई का अवकल गुणांक—कार्तीय रूप।

मान लीजिये कि वक्र पर $P(x, y)$ कोई बिन्दु है, और $Q(x+\delta x, y+\delta y)$ उसके समीप कोई अन्य विन्दु।

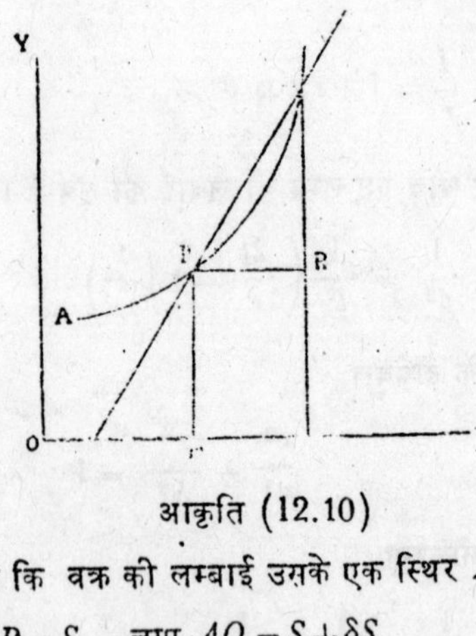


आकृति (12.10)

मान लीजिये कि वक्र की लम्बाई उसके एक स्थिर $A$ से नापी जाती है।

यदि चाप $AP = S$, चाप $AQ = S + \delta S$,

तो चाप $PQ = \delta S$.

हम यह मान लेंगे कि

$$\underset{Q \to P}{Lt} \frac{\text{जीवा } PQ}{\text{चाप } PQ} = 1. \tag{1}$$

आकृति (12.10) से स्पष्ट है कि

$$(\text{जीवा } PQ)^2 = PR^2 + QR^2 = (\delta x)^2 + (\delta y)^2$$

$$\therefore \left(\frac{\text{जीवा } PQ}{\delta x}\right)^2 = 1 + \left(\frac{\delta y}{\delta x}\right)^2,$$

अर्थात् $$\left(\frac{\text{जीवा } PQ}{\delta s}\right)^2 \left(\frac{\delta s}{\delta x}\right)^2 = 1 + \left(\frac{\delta y}{\delta x}\right)^2$$

स्पष्ट है कि जब $Q \to P$, तब $\delta x \to 0$,

$\therefore$ सीमा लेने से, $$\left(\frac{ds}{dx}\right)^2 = 1 + \left(\frac{dy}{dx}\right)^2,$$

अर्थात्, $$\frac{ds}{dx} = \sqrt{1 + \left(\frac{dy}{dx}\right)^2} \tag{2}$$

हम जानते हैं कि $\frac{ds}{dx} \cdot \frac{dx}{dy} = \frac{ds}{dy}$

अतः, (2) के दोनों ओर $\frac{dx}{dy}$ से गुणा करने पर,

$$\frac{ds}{dy} = \sqrt{1 + \left(\frac{dx}{dy}\right)^2} \tag{3}$$

12.11 हमने ऊपर (1) को मान लिया है। अब हम उपरिलिखित साध्य की एक ऐसी उपपत्ति देते हैं जिसमें (1) को मानने की आवश्यकता नहीं रहती।

मान लीजिये कि P और Q पर डाले गये स्पर्शी R पर मिलते हैं।

R से PQ पर RM लम्ब डालिये।

हम यह मान लेते हैं कि

जीवा $PQ <$ चाप $PQ < PR + RQ$ (1)

∵ हमें प्राप्त है :

$$PR + RQ = PM \sec P + MQ \sec Q$$
$$= PM (\sec P - 1) + MQ (\sec Q - 1) + PM + MQ.$$

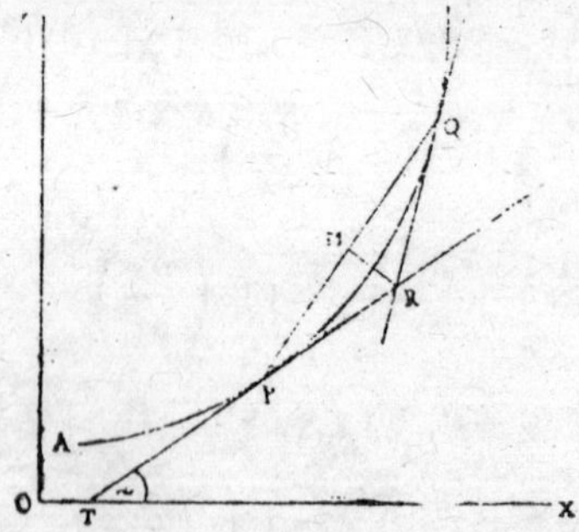

आकृति (12.11)

(1) में यह मान प्रतिस्थापित करके $\delta x$ से भाग देने पर,

$$\frac{PQ}{\delta x} < \frac{\delta s}{\delta x} < \frac{PM}{\delta x}(\sec P - 1) + \frac{MQ}{\delta x}(\sec Q - 1) + \frac{PQ}{\delta x} \qquad (2)$$

किन्तु $PQ^2 = (x + \delta x - x)^2 + (y + \delta y - y)^2 = (\delta x)^2 + (\delta y)^2$

$$\therefore \underset{\delta x \to 0}{Lt} \frac{PQ}{\delta x} = \underset{\delta x \to 0}{Lt} \frac{\sqrt{(\delta x)^2 + (\delta y)^2}}{\delta x}$$

$$= \underset{\delta x \to 0}{Lt} \sqrt{1 + \left(\frac{\delta y}{\delta x}\right)^2}$$

$$= \sqrt{\left\{1 + \left(\frac{dy}{\delta x}\right)^2\right\}}. \qquad 3$$

जब Q विन्दु P से अभिन्न हो जाता है, तब जीवा PQ स्पर्शी PR से अभिन्न हो जाता है। अतः $\angle P$ अर्थात्, $\angle MPR \to 0$.

$\therefore \sec P \to 1$.

इसके अतिरिक्त, (3) से स्पष्ट है कि $\frac{PQ}{\delta x}$ अनन्त नहीं होता। अतः $\frac{PM}{\delta x}$,

$\frac{MQ}{\delta x}$ भी अनन्त नहीं होते ।

$$\underset{\delta x \to 0}{Lt} \frac{PM}{\delta x}\left(\sec P-1\right)=0.$$

और जब $Q \to P$, तब P और Q के स्पर्शी अभिन्न हो जाते हैं और बहिष्कोण $R \to 0$.

किन्तु $\angle P \to 0$,

$\therefore < Q \to 0.$

$$\therefore \underset{\delta x \to 0}{Lt} \frac{MQ}{\delta x}(\sec Q-1)=0.$$

अब, हम जानते हैं कि सीमा लेनेपर कभी-कभी असमतायें समताओं में परिणत हो जाती हैं।

अतः, (2) से,

$$\sqrt{1+\left(\frac{dy}{dx}\right)^2} \leqslant \frac{ds}{dx} \leqslant \sqrt{1+\left(\frac{dy}{dx}\right)^2}$$

$$\therefore \frac{ds}{dx}=\sqrt{1+\left(\frac{dy}{dx}\right)}$$

**उपप्रमेय**—हमने ऊपर सिद्ध किया है कि

$$\underset{\delta x \to 0}{Lt} \frac{PQ}{\delta x}=\underset{\delta x \to 0}{Lt} \frac{\delta s}{\delta x}.$$

अतः हम इससे यह निष्कर्ष निकाल सकते हैं कि

$$\underset{\delta x \to 0}{Lt} \frac{\text{जीवा } PQ}{\text{चाप } PQ}=1.$$

उपर्युक्त साध्य की पहली उपपत्ति में हमने इस फल को मान लिया था ।

## 12.12 चाप की लम्बाई का अवकल गुणांक : कोणीय रूप—

मान लीजिये कि वक्र का समीकरण

$r=f(\theta)$

है।

मान लीजिये कि $P\ (r,\theta)$ उस पर कोई बिन्दु है और $Q\ (r+\delta r,\ \theta+\delta\theta)$ उसके समीप कोई अन्य बिन्दु।

मान लीजिये कि चाप की लम्बाई वक्र के एक स्थिर बिन्दु A से नापी जाती है।

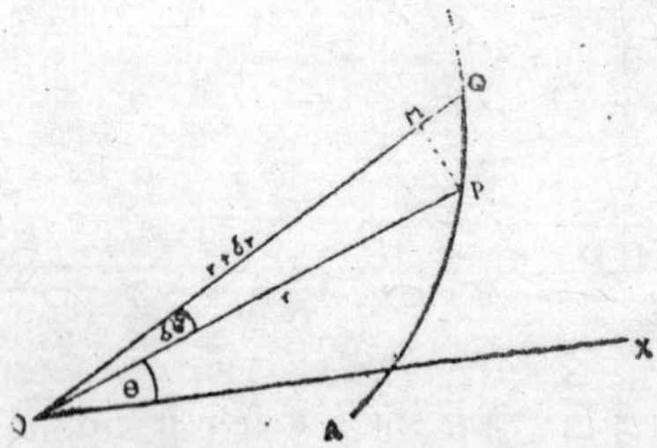


आकृति (12.12)

यदि चाप $AP=s$, चाप $AQ=s+\delta s$,

तो चाप $PQ=\delta s$.

P से OQ पर PM लम्ब डालिये।

तो $PQ^2=PM^2+MQ^2$

$$=(r\sin\delta\theta)^2+\{(r+\delta r)-r\cos\delta\theta)\}^2$$

$$=r^2\sin^2\delta\theta+(\delta r)^2+2r.\delta r\,(1-\cos\delta\theta)$$

$$+r^2(1-\cos\delta\theta)^2$$

$$\therefore \underset{\delta\theta\to 0}{Lt}\ \frac{PQ}{\delta\theta}=\underset{\delta\theta\to 0}{Lt}\ \sqrt{\left\{ r^2\frac{\sin^2\delta\theta}{(\delta\theta)^2}+\left(\frac{\delta r}{\delta\theta}\right)^2\right.}$$

$$\left. +\ 2r.\ \frac{\delta}{\delta\theta}\ \frac{2\sin^2\dfrac{\delta\theta}{2}}{\delta\theta}+\frac{4r^2\sin^4\dfrac{\delta\theta}{2}}{(\delta\theta)^2}\right\}$$

$$=\sqrt{\left\{r^2.\ 1+\left(\frac{dr}{d\theta}\right)^2+2\ \ \frac{dr}{d\theta}.0+0\right\}}$$

$$\therefore \frac{ds}{d\theta}=\underset{\delta\theta\to 0}{Lt}\ \frac{\delta s}{PQ}.\frac{PQ}{\theta\delta}=1.\underset{\delta\phi\to\theta}{Lt}\ \frac{PQ}{\delta\theta},$$

अर्थात, $\frac{ds}{d\theta}=\sqrt{r^2+\left(\frac{dr}{d\theta}\right)^2}$ (1)

दोनों ओर $\frac{d\theta}{dr}$ से गुणा करने पर,

$$\frac{ds}{dr}=\sqrt{1+\left(r\ \frac{d\theta}{dr}\right)^2} \qquad (2)$$

यह दोनों सूत्र उपयोगी हैं ।

12.12. (i) हम जानते हैं कि $\frac{dy}{dx}=\tan\psi$

$$\therefore \frac{ds}{dx}=\sqrt{1+\left(\frac{dy}{dx}\right)^2}\ \ \sqrt{1+\tan^2\psi}=\pm\sec\psi.$$

यदि हम $s$ को इस प्रकार नापें कि $x$ और $s$ साथ-साथ बढ़ें तो sec $\psi$ धनात्मक होगा ।

इस प्रकार, $\frac{dx}{ds}=\cos\psi.$ (1)

(ii) हमें प्राप्त है

$$\frac{dy}{ds}=\frac{dy}{dx}\ \frac{dx}{ds}=\tan\psi\cos\psi\sin\psi. \qquad (2)$$

यहाँ यह मान लिया गया है कि $s$ इस प्रकार नापी जाती है कि $x, y$ और $s$ साथ-साथ बढ़ें ।

(iii) हम जानते हैं कि $\tan\phi=r\frac{d}{dr}$.

(iii) हम जानते हैं कि $\tan\phi = r\dfrac{d\theta}{dr}$.

$$\therefore \cos\phi = \frac{1}{\sqrt{1+\tan^2\phi}} = \frac{1}{\sqrt{1+r^2\left(\dfrac{d\theta}{dr}\right)^2}}$$

$$= \frac{\dfrac{dr}{d\theta}}{\sqrt{\left(\dfrac{dr}{d\theta}\right)^2+r^2}} = \pm\frac{\dfrac{dr}{d\theta}}{\dfrac{ds}{d\theta}} = \pm\frac{dr}{ds}.$$

यदि हम s को इस प्रकार नापें कि $\theta$, $r$, s साथ-साथ बढ़ें तो

$$\cos\phi = \frac{dr}{ds}. \tag{3}$$

इस प्रकार $\phi$ एक न्यून कोण होगा ।

(iv) $$\sin\phi = \tan\phi\cos\phi = r\frac{d\theta}{dr}\cdot\frac{dr}{ds} = r\frac{d\theta}{ds}. \tag{4}$$

(v) इस प्रकार $\left(\dfrac{dr}{ds}\right)^2+\left(r\dfrac{d\theta}{ds}\right)^2 = \cos^2\phi+\sin^2\phi = 1.$

(vi) यदि $x$ और $y$ एक तीसरे प्राचल t के पदों में दिये हों तो

$$\frac{ds}{dt} = \frac{ds}{dx}\frac{dx}{dt} = \sqrt{1+\left(\frac{dy}{dx}\right)^2}\cdot\frac{dx}{dt}$$

$$= \left\{\left(\frac{dx}{dt}\right)^2+\left(\frac{dy}{dt}\right)^2\right\}^{\frac{1}{2}}$$

$$\therefore \frac{ds}{dt} = \sqrt{\left(\frac{dx}{dt}\right)^2+\left(\frac{dy}{dt}\right]^2} \tag{5}$$

उदाहरण—दीर्घवृत्त $x=a\cos t, y= b\sin t$ के लिये सिद्ध करो कि

$$\frac{ds}{dt}=a\sqrt{1-e^2\cos^2 t}.$$

हमें प्राप्त है :

$$\left(\frac{ds}{dt}\right)^2=\left[\frac{dx}{dt}\right]^2+\left[\frac{dy}{dt}\right]^2=a^2\sin^2 t+b^2\cos^2 t$$

$$=a^2(1-\cos^2 t)+b^2\cos^2 t$$

$$=a^2-(a^2-b^2)\cos^2 t=a^2-a^2e^2\cos^2 t$$

$$=a^2(1-e^2\cos^2 t)$$

## प्रश्नावली (12.8)

(1) परवलय $y^2=4ax$ के लिए सिद्ध करो कि

$$\frac{ds}{dx}=\left[\left(1+\frac{a}{x}\right)\right]^{1/2}$$

(2) सिद्ध करो कि, **चक्रज (Cycloid)**

$$x=a(1-\cos t), y=a(t+\sin t)$$

के लिए

$$\frac{ds}{dt}=2a\cos\tfrac{1}{2}t,$$

$$\frac{ds}{dx}=\operatorname{cosec}\tfrac{1}{2}t,$$

और $$\frac{ds}{dy}=\sec\tfrac{1}{2}t.$$

(3) निम्नलिखित वक्रों के लिए $\frac{ds}{dx}$ का मान निकालो ।

(i) $x^{2/3}+y^{2/3}=a^{2/3}$,

(ii) $y = ax^2 + b^x + c,$

(iii) $y = a \cosh (x/a)$

(iv) $y = a \log \left[ \frac{2}{a^2 - x^2} \right]$

(v) $y = \log \cos x$

(4) निम्नलिखित वक्रों के लिए $\frac{ds}{dt}$ का मान निकालो।

(i) $x = t^2, y = t - 1.$

(ii) $x = a \cos t, y = b \sin t.$

(iii) $x = a (\cos t + t \sin t), y = a (\sin t - t \cos t)$

(iv) $x = a \sec t, y = b \tan t.$

(v) $x = ae^t \sin t, y = ae^t \cos t.$

(5) निम्नलिखित वक्रों के लिए $\frac{ds}{d\theta}$ का मान निकालो :—

(i) $r = a (1 + \cos\theta)$

(ii) $r = a e^{\theta \cot a}$

(iii) $r^n = a^n \cos n\theta$

(iv) $r = \frac{1}{2} \sec^2\theta$

(v) $r^m = a^m (\cos m\theta + \sin m\theta)$

(iv) $r^2 = a^2 \cos 2\theta.$

(vii) $r = a\theta$

(6) निम्नलिखित वक्रों के लिए $\frac{ds}{dr}$ का मान निकालो :—

(i) $r = a\theta$. (ii) $r\theta = a.$

(7) वक्र $r = ae^{\phi \cot a}$ के लिए सिद्ध करोकि $\frac{ds}{dr}$ अचर है, जिसमें $s$ मूल विन्दु से नापा गया है।

(8) किसी पदिक वक्र $p=f(r)$ के लिए सिद्ध करो कि

$$\frac{ds}{dr}=\frac{r}{\sqrt{r^2-p^2}}.$$

(9) सिद्ध करो कि वक्र

$$\theta=\cos^{-1}\frac{r}{k}-\frac{\sqrt{k^2-r^2}}{r}$$

के लिये $r\frac{ds}{dr}$ अचर है ।

# अध्याय १३

# अतन्तस्पर्शी

## (Asymptotes)

**विषय प्रवेश**—कुछ वक्र चारों ओर से बन्द होते हैं जैसे वृत्त और दीर्घवृत्त। कुछ वक्र असीम होते हैं जैसे परवलय और अतिपरवलय। इस प्रकार के वक्रों के विषय में एक प्रश्न यह विचारणीय है कि यदि किसी स्पर्शी का स्पर्श बिन्दु अनन्त की ओर चला जाय तो स्पर्शी का क्या होता है।

किसी श्रेणी के सम्बन्ध में तीन सम्भावनायें होती हैं : वह अभिसारी हो सकती हैं अथवा अपसारी अथवा दोलक। इसी प्रकार, स्पर्शी के विषय में भी तीन सम्भावनायें हैं : यह सम्भव है कि जैसे-जैसे स्पर्श मूलबिन्दु से दूर हटता जाय, स्पर्शी भी दूर हटता चला जाय। सम्भव है कि स्पर्शी कभी दूर हट जाय और कभी पास आ जाय। और यह भी सम्भव है कि स्पर्शी सीमान्त रूप में एक निश्चित ऋजु रेखा का रूप धारण कर ले। इस अन्तिम दशा में उक्त निश्चित ऋजु रेखा वक्र का **अनन्तस्पर्शी** (Asymptote) कहलाती है।

अतएव, अनन्तस्पर्शी की परिभाषा इस प्रकार की होगी : मान लीजिये कि किसी वक्र के किसी स्पर्शी का स्पर्श विन्दु $P$ है। जब $P$ अनन्त की ओर जाता है, तब यदि स्पर्शी एक निश्चित ऋजु रेखा की ओर प्रवृत्त हो जाय, जो मूलबिन्दु से परिमित दूरी पर स्थित हो; तो उक्त ऋजु रेखा वक्र का अनन्तस्पर्शी कहलाती है।

हम जानते हैं कि किसी वक्र $y=f(x)$ के बिन्दु $(x, y)$ पर खींचे गये स्पर्शी का समीकरण

$$Y-y=\frac{dy}{dx}(X-x),$$

$$\text{अर्थात, } Y=\frac{dy}{dx}X+\left(y-x\frac{dy}{dx}\right) \tag{1}$$

होता है। स्पष्ट है कि यदि वक्र का कोई अनन्तस्पर्शी है तो, जब $x \to \infty$, तब दोनों राशियों

$$\frac{dy}{dx} \text{ और } y - x\frac{dy}{dx}$$

की सीमायें परिमित और निश्चित होंगी। समीकरण (1) को मानक रूप में लाने के लिये हम

$$\underset{x\to\infty}{Lt}\frac{dy}{dx} = m \quad \text{और} \quad \underset{x\to\infty}{Lt}\left(y - x\frac{dy}{dx}\right) = c \tag{2}$$

रक्खेंगे। तब अनन्तस्पर्शी का समीकरण

$$y = mx \quad c$$

हो जायगा।

यहाँ हम थोड़ी देर के लिये उन अनन्तस्पर्शियों का विचार छोड़े देते हैं जो $y$—अक्ष के समान्तर हों, क्योंकि ऐसे अनन्तस्पर्शियों के लिये $\frac{dy}{dx}$ परिमित नहीं होगा।

(2) से एक परिणाम यह निकलता है कि

$$\underset{x\to\infty}{Lt}\frac{y - x\dfrac{dy}{dx}}{x} = \underset{x\to\infty}{Lt}\frac{c}{x} = 0$$

$$\therefore \underset{x\to\infty}{Lt}\frac{y}{x} = \underset{x\to\infty}{Lt}\frac{dy}{dx} = m \tag{3}$$

$$\text{और } c = \underset{x\to\infty}{Lt}\left(y - x\frac{dy}{dx}\right) = \underset{x\to\infty}{Lt}(y - mx) \tag{4}$$

इस प्रकार, हम देखते हैं कि किसी वक्र के अनन्तस्पर्शी का समीकरण

$$y = mx + c$$

होगा जिसमें $m$ का मान (3) से और फिर $c$ का मान (4) से निकलेगा।

इस विधि से $m$ का मान तो सरलता से निकल आता है किन्तु $c$ का मान निकालने के ये आगे की विधियाँ सरल हैं।

**उदाहरण**—वक्र

$$x^3 + 3x^2y - xy^2 - 3y^3 + x^2 - 2xy + 3y^2 + 4x + 5 = 0$$

के अनन्तस्पर्शियों के समीकरणों में $m$ के क्या मान होंगे ?

(बनारस 1942)

$x^3$ से भाग देने पर,

$$1+\frac{3y}{x}-\frac{y^2}{x^2}-3\frac{y^3}{x^3}+\frac{1}{x}-\frac{2y}{x^2}+\frac{3y^2}{x^3}+\frac{4}{2}+\frac{5}{x^3}=0.$$

अतः, जब $x \to \infty$ और $\frac{y}{x} \to m$, तब

$1+3m-m^2-3m^3=0,$

अर्थात, $(1-m)(1+m)(1+3m)=0.$

$\therefore m=1, -1$ अथवा $-\frac{1}{3}.$

## प्रश्नावली (13.1)

निम्नलिखित वक्रों के अनन्तस्पर्शियों के समीकरणों में $m$ के क्या मान होंगे—

(1) $x^3+y^3=3\,axy.$

(2) $x^3+2x^2y-xy^2-2y^3+xy-y^2=0.$

(3) $4x^3-x^2y-4xy^2+y^3+3x^2+2xy-y^2=7x+2y+5.$

(4) $x^3+2x^2y-xy^2-2y^3+3xy+3y^2+5x+7=0.$

(5) $y^2-x^2-2x-2y-13=0.$

(6) $3x^3+2x^2y-7xy^2+2y^3-14xy+7y^2+14x+5y=10.$

(7) $2x^3+3x^2y-3xy^2-2y^3+3x^2-3y^2+2y-3x+6=0.$

(8) $y^3-6xy^2+11x^2y-6x^3+y^2-x^2+2x+3y=1.$

(9) $x^4-y^4+3x^2y+3xy^2+2xy=0.$

(10) $x^3+3x^2y-xy^2-3y^3+x^2-2xy+3y^2+4x+5y=0.$

सबसे रोचक अनन्तस्पर्शी बीजीय वक्रों के होते हैं। हम यहाँ सार्व बीजीय वक्र का समीकरण लेते हैं :

$$a_0y^n+a_1y^{n-1}x+a_2y^{n-2}x^2+\dots a_{n-1}yx^{n-1}+a_nx$$
$$+b_1y^{n-1}+b_2y^{n-2}x+\dots b_{n-1}yx^{n-2}+b_nx^{n-1}$$

$$+c_2y^{n-2}+c_3y^{n-3}x+\ldots\ldots c_{n-1}yx^{n-3}+c_nx^{n-2}$$
$$+d_3y^{n-3}+\ldots=0. \qquad (1)$$

इस समीकरण में पहली पंक्ति के समस्त पद $n$-घात के हैं, दूसरी में $(n-1)$ घात के, तीसरी में $(n-2)$ घात के इत्यादि। उक्त समीकरण को हम इस प्रकार लिख सकते हैं :

$$x^n\left\{a_0\frac{y^n}{x^n}+a_1\frac{y^{n-1}}{x^{n-1}}+a_2\frac{y^{n-2}}{x^{n-2}}+\ldots+a_{n-1}\frac{y}{x}+a\right\}$$
$$+x^{n-1}\left\{b_1\frac{y^{n-1}}{x^{n-1}}+\frac{y^{n-2}}{x^{n-2}}+\ldots b_{n-1}\frac{y}{x}+b_n\right\}$$
$$+x^{n-2}\left\{c_2\frac{y^{n-2}}{x^{n-2}}+\ldots c_{n-1}\frac{y}{x}+c_n\right\}$$
$$+\ldots=0,$$

अर्थात, $x^n\phi_n\left(\frac{y}{x}\right)+x^{n-1}\phi_{n-1}\left(\frac{y}{x}\right)+x^{-n}\phi_{n-2}\left(\frac{y}{x}\right)$
$$+\cdots=0, \qquad (2)$$

जिसमें $\phi_r\left(\frac{y}{x}\right)$ का अर्थ है $\left(\frac{y}{x}\right)$ का $r$—घात का व्यंजक।

(2) को $x^n$ से भाग देने पर,

$$\phi_n\left(\frac{y}{x}\right)+\frac{1}{x}\phi_{n-1}\left(\frac{y}{x}\right)+\frac{1}{x^2}\phi_{n-2}\left(\frac{y}{x}\right)+\ldots=0. \qquad (3)$$

हम जानते हैं कि यदि सम्प्रति ऐसे अनन्तस्पर्शियों को छोड़ दिया जाय जो $y$—अक्ष के समान्तर हों, तो

$$\underset{x\to\infty}{Lt}\frac{y}{x}=m$$

अतः, (3) से, सीमा लेने पर हमें प्राप्त होगा :

$$\phi_n(m)=0 \qquad (4)$$

इस समीकरण को हल करने से हमें $m$ के मान प्राप्त होंगे। यह समीकरण $n$ घात का है। अतः, हमें $m$ के $n$ मान मिल जायँगे जिनमें से कुछ काल्पनिक भी हो सकते हैं।

अभी $c$ के मान निकालने अवशिष्ट हैं।

(3) का अवकलन करने से,

$$\left\{ \phi_n'\left(\frac{y}{x}\right)+\frac{1}{x}\phi'_{n-1}\left(\frac{y}{x}\right)\right\}\frac{xy'-y}{x^2}-\frac{1}{x^2}\phi_{n-1}\left(\frac{y}{x}\right)$$
$$-\frac{2}{x^3}\phi_{n-2}\left(\frac{y}{x}\right)-\ldots=0.$$

यदि हम इस समीकरण को $x^2$ से गुणा कर दें तो प्रथम दो पदों को छोड़ कर शेष सभी पदों में $\frac{1}{x}$ का कोई न कोई घात रहेगा। अतः, जब $x\to\infty$ तब ऐसे समस्त पद लुप्त हो जायँगे। और § 13.1 से हमें प्राप्त है :

$$\underset{x\to\infty}{Lt}(xy'-y)=-c.$$

अतएव, सीमा लेने पर,

$$c\phi_n'(m)+\phi_{n-1}(m)=0. \tag{5}$$

$m$ के जो मान हमें (4) से प्राप्त होंगे, उनको (5) में प्रतिस्थापित करने से $c$ के संगत मान प्राप्त हो जायँगे।

व्यवहार में हम $m$ और $c$ के केवल वास्तविक मान ही लेते हैं।

**एक सरल नियम**—यदि हम पिछले अनुच्छेद के समीकरण (2) में $y=mx+c$ रक्खें तो हमें प्राप्त होगा

$$x^n\phi_n\left(m+\frac{c}{x}\right)+x^{n-1}\phi_{n-1}\left(m+\frac{c}{x}\right)+\ldots\ldots=0,$$

अर्थात, टेलर श्रेणी से,

$$x^n\left\{\phi_n(m)+\frac{c}{x}\phi_n'(m)+\frac{c^2}{x^2\,2!}\phi_n''(m)+\ldots\right\}$$
$$+x^{n-1}\left\{\phi_{n-1}(m)+\frac{c}{x}\phi_{n-1}(m)+\frac{c^2}{x^2\,2!}\phi''_{n-1}(m)+\ldots\right\}$$
$$\ldots+=0 \tag{1}$$

अब, यदि हम इस समीकरण में $x$ के दो उच्चतम घातों के गुणांकों को शून्य

के बराबर रख दें तो पिछले अनुच्छेद के समीकरण (4) और (5) ही प्राप्त हो जायँगे। अतएव, अनन्तस्पर्शी निकालने के लिये हमें एक सरल नियम प्राप्त हो गया :

वक्र के समीकरण में

$$y = mx + c$$

रख दो। उपलब्ध समीकरण में $x$ के दो उच्चतम घातांकों के गुणांकों को शून्य के बराबर रख दो। इस प्रकार $m$ और $c$ के मान प्राप्त हो जायँगे।

यदि संगत मानों के जोड़े $m_1, c_1, m_2, c_2, \ldots\ldots$ हों तो अनन्तस्पर्शी

$$y = m_1 x + c_1, \quad y = m_2 x + c_2, \ldots\ldots$$

होंगे।

**उदाहरण**—अनुच्छेद 13.1 के उदाहरण के वक्र के अनन्तस्पर्शी निकालो।

$y = mx + c$ रखने से, हमें प्राप्त है :

$$x^3 + 3x^2 (mx + c) - x (m^2x^2 + 2mcx + c^2)$$
$$-3 (m^3x^3 + 3m^2x^2 c + 3mxc^2 + c^3) + x^2 - 2x (mx + c)$$
$$+3 (m^3x^2 + 2mcx + c^2) + 4x + 5 = 0.$$

इस समीकरण में $x^3$ और $x^2$ के गुणांक होंगे क्रमशः

$$1 + 3m - m^2 - 3m^3 \quad (2)$$

और $3c - 2mc - 9m^2 c + 1 - 2m + 3m^2$. (3)

(2) को 0 के बराबर रखने से,

$3m^3 + m^2 - 3m - 1 = 0,$

अर्थात, $(m-1)(m+1)(3m+1) = 0$

$\therefore m = 1, -1$ अथवा $-\frac{1}{3}$.

(3) में $m = 1$ रखने से;

$3c - 2c - 9c + 1 - 2 + 3 = 0,$

अर्थात, $-8c + 2 = 0$, अर्थात, $c = \frac{1}{4}$

$\therefore$ एक अनन्तस्पर्शी $y = x + \frac{1}{4}$ हुआ।

(3) में $m = -1$ रखने से,

$3c + 2c - 9c + 1 + 2 + 3 = 0,$

अर्थात, $-4c+6=0$, अर्थात, $c=\frac{3}{2}$.

इस प्रकार, दूसरा अनन्तस्पर्शी हुआ

$y=-x+\frac{3}{2}$, अर्थात $2(x+y)-3=0$.

अन्त में, (3) में $m=-\frac{1}{3}$ रखने से,

$3c+\frac{2}{3}c-c+1+\frac{2}{3}+\frac{1}{9}=0$,

अर्थात, $\frac{8}{3}c+\frac{16}{9}=0$, अर्थात, $c=-\frac{2}{3}$

अतः, तीसरा अनन्तस्पर्शी हुआ

$y=-\frac{1}{3}x-\frac{2}{3}$, अर्थात, $x+3y+2=0$

## प्रश्नावली (13.2)

प्रश्नावली (13.1) के वक्रों के अनन्तस्पर्शियों के समीकरण निकालिये।

13.4 **छोटी विधि**—यदि हम वक्र के समीकरण के उच्चतम घात पदों में $x=1$ और $y=m$ रखें तो हमें $\phi_n(m)$ प्राप्त हो जाता है। इसी प्रकार $(n-1)$-घात पदों से $\phi_n-1(m)$ प्राप्त हो सकता है। अतः, इस प्रकार हमें अनन्तस्पर्शी निकालने की एक छोटी-सी विधि प्राप्त हो गई :

वक्र के समीकरण के उच्चतम घात पदों में $x=1$, $y=m$ रक्खो। इस प्रकार $\phi_n(m)$ प्राप्त होगा। समीकरण

$$\phi_n(m)=0$$

को हल करके $m$ के मान

$$m_1, m_2, \ldots\ldots m_n$$

निकाल लो।

इसी प्रकार $(n-1)$ घात पदों से $\phi_n-1(m)$ निकाल कर समीकरण

$$c=-\frac{\phi_n-1(m)}{\phi_n'(m)}$$

में $m$ के मान रखने से $c$ के मान

$$c_1, c_2, \ldots\ldots c_n$$

प्राप्त होंगे।

तो अभीष्ट अनन्तस्पर्शी

$$y=m_1x+c_1,\ y=m_2x+c_2, \ldots\ldots y=m_nx+c_n$$

होंगे ।

**उदाहरण**—वक्र

$$(x^2-y^2)(y^2-4x^2)-6x^3+5x^2y+3xy^2-2y^3-x^2+3xy-1=0$$

के अनन्तस्पर्शी निकालो । (नागपुर 1935)

चतुर्घात पदों में $x=1, y=m$ रखने से,

$$(1-m^2)(m^2-4)=0.$$

$$\therefore\ m=\pm 1 \text{ अथवा } \pm 2.$$

अब, $\phi_4(m)=-4+5m^2-m^4.$

$$\therefore\ \phi_4'(m)=10m-4m^3.$$

और त्रिघात पदों में $x=1, y=m$ रखने से,

$$\phi_3(m)=-6+5m+3m^2-2m^3$$

$$\therefore\ c=-\frac{\phi_3(m)}{\phi_4'(m)}=\frac{2m^3-3m^2-5m+6}{10m-4m^3}$$

(i) $m=1$ रखने से, $c_1=0.$

(ii) $m=-1$ रखने से, $c_2=-1,$

(iii) $m=\ \ 2$ रखने से, $c_3=0$

(iv) $m=-2$ रखने से, $c_4=-1.$

अतः अनन्तस्पर्शी यह हैं :

$$x=y,\ x+y+1=0,\ y=2x,\ 2x+y+1=0.$$

## प्रश्नावली (13.3)

प्रश्नावली (13.1) के वक्रों के अनन्तस्पर्शियों के समीकरण छोटी विधि से निकालिये ।

13.5 यदि किसी वक्र के दो अनन्तस्पर्शी समान्तर हों तो उनके समीकरणों के $m$ समान होंगे । अतः समीकरण

$$\phi_n(m)=0$$

से $m$ के जो मान निकलेंगे, उनमें से दो समान होंगे । अतएव, समीकरण सिद्धान्त से $m$ का उक्त मान समीकरण

$$\phi_n'(m)=0$$

को भी सन्तुष्ट करेगा।

अब, हम जानते हैं कि

$$c=-\frac{\phi_{n-1}(m)}{\phi_n'(m)}. \tag{1}$$

अतः, यदि $\phi_{n-1}(m)\neq 0$ तो $c$ के मान के लिये यह सूत्र निरर्थक हो जायगा। $c$ का मान निकालने के लिये हमारा समीकरण इस प्रकार

$$Ac+B=0$$

का हो जायगा जिसमें

$$\underset{x\to\infty}{Lt}\ A=0 \text{ और } \underset{x\to\infty}{Lt}\ B=\phi_{n-1}(m).$$

अतः $c$ का मान $\infty$ अथवा $-\infty$ निक़लेगा। इसका ज्यामितीय अर्थ यह होगा कि ज्यों-ज्यों $x$ का मान बढ़ता जायगा, स्पर्शी मूलबिन्दु से दूर होता जायगा। ऐसी दशा में हम कहेंगे कि अनन्तस्पर्शी का अस्तित्व ही नहीं है।

हम जानते हैं कि परवलय का कोई अनन्तस्पर्शी नहीं होता। एक दृष्टान्त लेकर हम यह बात स्पष्ट करते हैं।

उदाहरण—परवलय

$$y^2=8x$$

के अनन्तस्पर्शी निकालो।

$$y=mx \quad c$$

रखने से हमें प्राप्त है

$$(mx+c)^2-8x=0,$$

अर्थात, $m^2x^2+2\ (mc-4)x-c^2=0.$

$x^2$ और $x$ के गुणांकों के शून्यीकरण से,

$$m^2=0 \text{ और } mc=4$$

अतः $m=0$, किन्तु दूसरे समीकरण का यह रूप

$$0=4$$

हो जाता है, जिसका कोई अर्थ नहीं है।

अतः परवलय का कोई अनन्तस्पर्शी नहीं है।

13.6 **दो समान्तर अनन्तस्पर्शी**—जैसा हम ऊपर कह चुके हैं, यदि समीकरण

$$\phi_n(m) = 0 \qquad (1)$$

के दो मूल समान हों, तो उक्त मानों के लिये समीकरण

$$\phi_n'(m) = 0$$

भी सन्तुष्ट होगा।

अब, मान लीजिए कि $m$ के उक्त मानों के लिये समीकरण

$$\phi_{n-1}(m) = 0$$

भी संतुष्ट हो जाता है।

तो $m$ के उक्त मानों के लिये समीकरण 13.5 (1) अनिर्धारित हो जायगा। यों समझना चाहिये कि उक्त समीकरण का यह रूप

$$0.c + 0 = 0$$

हो जायगा। ऐसी दशा में $c$ को हम जो चाहें सो मान दे सकते हैं।

अतः अनन्तस्पर्शी का समीकरण

$$y = mx + c$$

हो गया जिसमें $m$ का तो एक निश्चित मान है जो समीकरण (1) से प्राप्त होता है, किन्तु $c$ का मान अनिश्चित है। हम $c$ को इच्छानुसार कोई भी मान दे सकते हैं। इस प्रकार हम देखते हैं कि वक्र के अनन्तस्पर्शी अनन्त हैं जो सब एक-दूसरे के समान्तर है। इनमें से प्रत्येक अनन्तस्पर्शी और वक्र के दो उभयनिष्ठ बिन्दु अनन्ती पर स्थित होंगे।

§ 13.3 में वक्र और अनन्तस्पर्शी के उभयनिष्ठ बिन्दुओं के लिये हमें यह समीकरण प्राप्त हुआ था :—

$$\phi_n(m).\, x^n + \{ c\phi_n'(m) + \phi_{n-1}(m) \} x^{n-1}$$
$$+ \{ \tfrac{1}{2}c^2\phi_n''(m) + c\phi_{n-1}'(m) + \phi_{n-2}(m) \} \qquad 0.$$

इसमें $x$ के दो उच्चतम घातों के गुणांकों के शून्यीकरण से हमें $m$ और $c$ के मान प्राप्त हुये थे।

अब ऐसी स्थिति आ गई है कि पहले गुणांक के शून्यीकरण से दूसरा गुणांक स्वतः शून्य हो जाता है। अब मान लीजिये कि हम $x^{n-2}$ के गुणांक को भी शून्य किये देते हैं :

$$\tfrac{1}{2}c^2\phi_n''(m)+c\phi_{n-1}'(m)+\phi_{n-2}(m)=0.$$

इस समीकरण से $c$ के दो मान प्राप्त होंगे। (2) में $c$ के यह मान रखने से हमें ऐसे दो समान्तर अनन्तस्पर्शी मिलेंगे जिनके वक्र से तीन तीन उभयनिष्ठ बिन्दु अनन्ती पर स्थित हैं। इस स्थिति में हम इन्हीं दोनों को अनन्तस्पर्शी का नाम देंगे।

इस प्रकार हमें अनन्तस्पर्शी निकालने की यह विधि प्राप्त हो गई :

वक्र के समीकरण में $y$ के स्थान पर $mx+c$ रक्खो। इस प्रकार प्राप्त समीकरण में $x$ के उच्चतम घात $x^n$ के गुणांक को शून्य के बराबर रक्खो। $m$ के इस प्रकार प्राप्त मानों में से यदि कोई ऐसा हो जो $x^{n-1}$ के गुणांक को भी स्वतः शून्य कर दे तो $x^{n-2}$ के गुणांक को शून्य करके $c$ के मान निकालने चाहिये।

**उदाहरण**—वक्र

$$4x^3-3xy^2-y^3+2x^2-xy-y^2-1=0$$

के अनन्तस्पर्शी निकालिये।

समीकरण में $y=mx+c$ रखने से,

$$4x^3-3x(m^2x^2+2mcx+c^2)-(m^3x^3+3m^2x^2c+3mxc^2+c^3)$$
$$+2x^2-x(mx+c)-(m^2x^2+2mcx+c^2)-1=0,$$

अर्थात्, $$(4-3m^2-m^3)x^3+(-6mc-3m^2c+2-m-m^2)x^2$$
$$+(-3c^2-3mc^2-c-2mc)x-c^3-c^2-1=0.$$

$x^3$ के गुणांक को शून्य करने से

$$m^3+3m^2-4=0,$$

अर्थात्, $$(m-1)(m+2)^2=0.$$

$$\therefore\ m=1 \text{ अथवा } -2.$$

$x^2$ के गुणांक को शून्य करने से,

$$-6mc-3m^2c+2-m-m^2=0.$$

$\therefore$ $m=1$ रखने से,

$+6c+3c=0$, अर्थात $c=0$

इस प्रकार, एक अनन्तस्पर्शी

$$y=x \tag{4}$$

मिल गया।

यदि हम (3) में $m=-2$ रक्खें तो समीकरण

$12\,c-12\,c+2+2-4=0$

प्राप्त होता है जो एक **सर्वसमिका (Identity)** है। अतः, इससे $c$ का मान नहीं निकलता।

अब हम $x$ के गुणांक को शून्य करते हैं :

$-3c^2-3mc^2-c-2mc=0.$

इसमें $m=-2$ रखने से,

$-3c^2+6c^2-c+4c=0,$

अर्थात $3c^2+3c=0.$

$\therefore$ $c=0$ अथवा $-1.$

अतः, दो समान्तर अनन्तस्पर्शी

$$2x+y=0 \text{ और } 2x+y+1=0 \tag{5}$$

प्राप्त हो गये।

(4) और (5) हमारे अभीष्ट अनन्तस्पर्शी हैं।

नोट—हम (3) को इस प्रकार

$3mc\,(m+2)=2-m-m^3$

लिख सकते हैं किन्तु इस से यह निष्कर्ष नहीं निकाल सकते कि जब $m=-2$ तब $c=0$ क्योंकि इस समीकरण का रूप

$0.\,c=0$

है। यह एक सर्वसमिका है।

## प्रश्नावली (13.4)

निम्नलिखित वक्रों के अनन्तस्पर्शियों के समीकरण निकालिए :—

(1) $y^3+x^2y+2xy^2-y+1=0.$

(2) $x^2(x-y)^2-a^2(x^2+y^2)=0.$

(3) $y^3-xy^2-x^2y+x^3+x^2-y^2-1=0.$

(4) $x^3+3x^2y-4y^3-x+y+13=0.$

(5) $y^3-5xy^2+8x^2y-4x^3-4y^2+12xy-8x^2+3y-3x+2=0.$

(6) $x^3+3x^2y-4y^3-x+y+3=0.$

(7) $y^3+x^2y+2xy^2-y+5=0.$

(8) $x^3+x^2y-xy^2-y^3-3x-y+1=0.$

(9) $x^3-5x^2y+8xy^2-4y^3+x^2-3xy+2y^2+1=0.$

(10) $x^3-x^2y-xy^2+y^3+2x^2-4y^2+2xy+x+y=0.$

(11) $\frac{a^2}{x^2}+\frac{b^2}{y^2}=1.$

(12) $(x-y+1)(x-y-2)(x+y)=8x-1.$

(13) $x^2y^2(x^2-y^2)^2=(x^2+y^2)^3.$

(14) $y^3-x^2y+2xy^2-y+1=0.$

(15) $(x-y)^2(x-2y)(x-3y)-2a(x^3-y^3)-2a^2(x-2y)(x+y)=0.$

13 7 **दो से अधिक समान्तर स्पर्शी**—मान लीजिये कि समीकरण

$$\phi_n(m)=0 \qquad (1)$$

के तीन मूल समान हैं। तो समीकरण (1) के मूल समीकरणों

$$\phi_n'(m)=0 \qquad \phi_n''(m)=0 \qquad (2)$$

के भी मूल होंगे।

यदि यह मूल §13.3 (1) में $x^{n-2}$ के गुणांक को भी स्वतः शून्य कर दें तो हमें इस प्रकार की सर्वसमिका

$$0.\,c^2+0.\,c+0=0$$

प्राप्त होगी। इससे $c$ का मान नहीं निकल सकेगा। वास्तव में $m$ के उक्त मानों के लिये $c$ का कोई भी मान लेने से एक अनन्तस्पर्शी मिल जायगा। इस प्रकार

ऐसे अनन्तस्पर्शी अनन्त हो जायँगे जिनके वक्र से तीन स्पर्श बिन्दु अनन्ती पर स्थित हों।

अब हम $x$ के अगले उच्चतम घात $x^{n-3}$ के गुणांक को शून्य के बराबर रक्खेंगे। $c$ के इस प्रकार प्राप्त मानों को समीकरण

$$y = mx + c$$

में रखने से हमें ऐसे अनन्तस्पर्शी प्राप्त होंगे जिनके, वक्र से चार स्पर्श बिन्दु, अनन्ती पर स्थिति हों। ऐसी स्थिति में हम केवल इन्हीं अनन्तस्पर्शियों को 'अनन्तस्पर्शी' की संज्ञा देंगे।

यदि समीकरण (1) के तीन से भी अधिक मूल समान हों तो हम इसी प्रकार आगे बढ़ते जायेंगे।

यदि हम वक्र के समीकरण का तीन बार अवकलन करें, उसे $x$ के किसी उपयुक्त घात से गुणा करें और तब सीमा ले लें जब $x \to \infty$, तो भी हमें वही समीकरण प्राप्त होगा जो $x^{n-2}$ के गुणांक के शून्यीकरण से प्राप्त होता है किन्तु यह विधि उतनी सरल नहीं होगी।

13.3 **$x$—अक्ष के समान्तर अनन्तस्पर्शी**—जो अनन्तस्पर्शी $x$—अक्ष के समांतर होते हैं, उनके समीकरण इस प्रकार

$$y = a$$

के होते हैं। अतः, ऐसे अनन्तस्पर्शियों के समीकरणों में $m = 0$ होता है। अतएव, इस प्रकार के अनन्तस्पर्शी भी उपरिलिखित विधि से निकल सकते हैं। किन्तु ऐसे अनन्तस्पर्शियों को निकालने की एक बहुत ही सरल विधि है।

हम यहाँ वक्र के समीकरण § 12.3 (1) को $x$ के अवरोही घात क्रम में लिखते हैं:

$$a_n x^n + (a_{n-1} y + b_n) x^{n-1} + (a_{n-2} y^2 + b_{n-1} y + c_n) x^{n-2}$$
$$+ (a_{n-3} y^3 + b_{n-2} y^2 + c_{n-1} y + a_n) x^{n-3} + \ldots\ldots = 0. \quad (1)$$

इस समीकरण में $y = mx + c$ रखने से,

$$a_n x^n + \{ a_{n-1}(mx + c) + b_n \} x^{n-1} + \{ a_{n-2}(m^2x^2 + 2mcx + c^2)$$
$$+ b_{n-1}(mx + c) + c_n \} x^{n-2}$$
$$+ \{ a_{n-3} (m^3x^3 + 3m^2x^2c + 3mxc^2 + c^3)$$
$$+ b_{n-2}(m^2x^2 + 2mcx + c^2)$$

$$+c_{n-1}(mx+c)+d_n\} \; x^{n-3}+\ldots\ldots=0. \qquad (2)$$

$x^n$ के गुणांक के शून्यीकरण से.

$$a_n+a_{n-1}m+a_{n-2}m^2+a_{n-3}m^3+\ldots\ldots=0. \qquad (3)$$

इस समीकरण का एक मूल $m=0$ तभी हो सकता है जब

$$a_n=0.$$

और तब (3) का एक मूल $m=0$ निकल आयेगा।

अब (2) में $x^{n-1}$ के गुणांक को शून्य के बराबर रखिये :

$$a_{n-1}\,c+b_n+2a_{n-2}\,mc+b_{n-1}\,m+\ldots\ldots=0.$$

इस समीकरण में $m=0$ रखने से,

$$a_{n-1}\,c+b_n=0. \qquad (4)$$

अतः अनन्तस्पर्शी का समीकरण

$$y=mx+c$$

हुआ जिसमें $m=0$ और $c$ का मान (4) से निकालेगा।

इस प्रकार, अनन्तस्पर्शी

$$a_{n-1}\,y+b_n=0 \qquad (5)$$

हुआ।

हम ऊपर देख चुके हैं कि (1) में $x^n$ का गुणांक $a_n$ तो पहले ही शून्य हो चुका है। अत: $x^{n-1}$ के गुणांक को शून्य करने से समीकरण (5) ही प्राप्त होगा।

इस प्रकार हमें यह नियम प्राप्त हो गया :

वक्र के समीकरण में $x$ के उच्चतम घात के गुणांक को शून्य करने से वह अनन्तस्पर्शी प्राप्त हो जाते हैं जो $x$—अक्ष के समान्तर हों। किन्तु, स्पष्ट है कि यदि उक्त गुणांक कोई अचर हो तो यह विधि काम नहीं देगी।

यदि $a_{n-1}=0=b_n$,

तो (4) एक सर्वसमिका बन जायगा और वक्र के समीकरण में $x^{n-1}$ का गुणांक भी शून्य हो जायगा। ऐसी दशा में हम $x^{n-2}$ के गुणांक को शून्य कर देंगे। और इसी प्रकार आगे भी।

उदाहरण—वक्र

$$x^2y^2=k^2\ (x^2+y^2) \qquad (1)$$

के वह अनन्तस्पर्शी निकालो जो $x$–अक्ष के समान्तर हों।

हमें प्राप्त है :

$$(y^2-k^2)\ x^2-k^2\ y^2=0$$

अतः उक्त अनन्तस्पर्शी

$$y=\pm k \qquad (2)$$

हुये।

13.9 **$y$ – अक्ष के समान्तर अनन्तस्पर्शी**—जो अनन्तस्पर्शी $y$ – अक्ष के समान्तर हों उनके समीकरण इस प्रकार

$$x=a$$

के होंगे। ऐसे समीकरणों का समावेश इस रूप

$$y=mx+c$$

में नहीं होता। अतः ऐसे अनन्तस्पर्शियों के समीकरण उपरलिखित विधि से नही प्राप्त हो सकते।

किन्तु, यदि हम $x$ और $y$ का हेर-फेर कर लें तो जो स्थिति $x$ – अक्ष की थी वहीं हेर-फेर के पश्चात $y$-अक्ष की हो जायगी। अतः हमें यह नियम सहज ही प्राप्त हो गया :

वक्र के समीकरण में $y$ के उच्चतम घात के गुणांक को शून्य करने से वह अनन्तस्पर्शी प्राप्त होंगे जो $y$–अक्ष के समान्तर हों। किन्तु यदि उक्त गुणांक कोई अचर हो तो यह विधि लागू नहीं होगी।

उदाहरण—ऊपर दिये हुये उदाहरण के वक्र में सिद्ध करो कि उसके अनन्तस्पर्शी एक वर्ग का निर्माण करते हैं।

(का० हि० वि० 1944)

समीकरण को इस रूप

$$(x^2-k^2)\ y^2-k^2\ x^2=0$$

में ढालिये।

अतः $y$ के समान्तर अनन्तस्पर्शी

$$x = \pm k \tag{3}$$

हुये।

स्पष्ट है कि चारों अनन्तस्पर्शी एक वर्ग बनाते हैं और वक्र चतुर्घातीय है। अतः उसके चार से अधिक अनन्तस्पर्शी हो ही नहीं सकते। यह बात आगे बिल्कुल स्पष्ट हो जायगी।

अब हम इसी प्रश्न को पहली विधि से निकालते है।

$$y = mx + c$$

रखने से, वक्र का समीकरण

$$x^2(m^2x^2 + 2mcx + c^2) - k^2x^2 - k^2(m^2x^2 + 2mcx + c^2) = 0$$

हो गया।

अतः, $m^2x^4 + 2mcx^3 + (c^2 - k^2 - k^2m^2)\, x^2 - 2mc\, k^2x - k^2c^2 = 0.$

हमें प्राप्त है : $m^2 = 0$

$$\therefore\ m = 0,\ 0.$$

$m$ के इस मान के लिये $x^3$ का गुणांक स्वतः शून्य हो जाता है।

$\therefore$ $x^2$ का गुणांक शून्य करने से,

$$c = \pm k.$$

अतः, अनन्तस्पर्शी

$$y = \pm k$$

हो गये।

## प्रश्नावली (13.5)

(1) वक्र

$$(x^2 + y^2)\, x - ay^2 = 0$$

के वह अनन्तस्पर्शी निकालो जो $y$-अक्ष के समान्तर हैं।

निम्नलिखित वक्रों के लिए अक्षों के समान्तर अनन्तस्पर्शियों के समीकरण लिखो।

(2) $xy^2 = a^2\, (x - a).$

(3) $x^3 + x^2y + xy^2 + 3x^3y + 6y^2 + 2 = 0.$

(4) $y = \dfrac{x}{x^2-1}$.

(5) $xy^2=(x+y)^2$.

(6) $x^4+y^2\,(x^2-a^2)=0$.

(7) $x^2y-3x^2-5xy+6y+2x+2=0$.

(8) $x^2y^2=a^2y^2+b^2x^2$.

(9) $(x^3+a^3)\,y=bx^3$.

(10) $xy^3+y^3-x-3y^2+y+1=0$.

(11) $x^2y^3+x^3y^2=x^3+y^3+x^2+y^2$.

(12) $x^3+3xy^2+y^2+2x^2+3x+4=0$.

(13) $x^4+x^2y^2-a^2\,(x^2+y^2)=0$.

(14) $y^4+4y^3+x^2y^2+2xy^2-4x^2-y^2+y+8=0$.

(15) $y^3+2xy^2+xy^3+x^2y^2-x^2-y+1=0$.

13.10 **विकल्प विधि**—इस विधि में पहले वक्र के समीकरण के $n$-घात पदों के खण्ड कर लिये जाते हैं।

1. मान लीजिये कि वक्र के समीकरण के $n$—घात पदों का एक खण्ड $(y-ax)$ है जो पुनरागत नहीं है। तो वक्र का समीकरण इस रूप

$$(y-ax)\,F_{n-1}+P_{n-1}=0 \tag{1}$$

में ढाला जा सकता है जिसमें $F_{n-1}$ में केवल $(n-1)$—घात के पद हैं और $P_{n-1}$ में $(n-1)$ और उससे निम्न घातों के पद हैं।

यदि हम §13.4 के अनुसार उपरिलिखित समीकरए के $n$-घात पदों में $x=1,\ y=m$ रक्खें तो स्पष्ट है कि उक्त पदों के गुणनखण्डों में से एक $(m-a)$ होगा। अत: $m$ का एक मान $a$ होगा। इस प्रकार वक्र के एक अनन्तस्पर्शी का समीकरए इस प्रकार

$$y-ax=c$$

का होगा।

और §13.1 से

$$c=\lim_{x\to\infty}(y-ax).$$

अब यदि बिन्दु $(x, y)$ वक्र (1) पर स्थित है तो

$$y-ax=-\frac{P_{n-1}}{F_{n-1}}.$$

$$\therefore c=-\underset{x\to\infty}{Lt}\frac{P_{n-1}}{F_{n-1}}.$$

और § 13.1 (3) से हम यह भी जानते है कि

$$\underset{x\to\infty}{Lt}\frac{y}{x}=a.$$

अतएव, हम (2) को सीमा निकाल सकते हैं जैसा कि उदाहरण से स्पष्ट हो जायगा।

**उदाहरण**—§13.1 में दिये गये उदाहरण के वक्र के अनन्तस्पर्शी इस विधि से निकालिये।

हमें हस्तगत है

$$(y-x)(y+x)(3y+x)-x^2+2xy-3y^2-4x-5=0. \tag{3}$$

यहाँ स्पष्ट है कि

$$P_{n-1}=-x^2+2xy-3y^2-4x-5,$$

जिसमें द्वितीय, प्रथम और शून्य घात के पद हैं।

(3) से हमें प्राप्त है :

$$y-x+\frac{-x^2+2xy-3y^2-4x-5}{(y+x)(3y+x)}=0. \tag{4}$$

$\therefore$ अनन्तस्पर्शी का समीकरण

$$y=x+c, \tag{5}$$

हुआ जिसमें $c=\underset{\substack{x\to\infty\\ \frac{y}{x}\to 1}}{Lt}\dfrac{x^2-2xy+3y^2+4x+5}{(y+x)(3y+x)}$

$$=Lt\frac{1-\dfrac{2y}{x}+3\dfrac{y^2}{x^2}+\dfrac{4}{x}+\dfrac{5}{x^2}}{\left(\dfrac{y}{x}+1\right)\left(\dfrac{3y}{x}+1\right)}$$

$$=\frac{1-2+3}{(1+1)(3+1)}=\frac{2}{8}=\frac{1}{4}$$

∴ अनन्तस्पर्शी

$$y=x+\tfrac{1}{4}$$

हुआ ।

(4) को (5) के रूप में ढालने की भी आवश्यकता नहीं थी । हम (4) के रूप में ही सीमा ले सकते थे ।

दूसरा अनन्तस्पर्शी :

$$y+x+\underset{\substack{x\to\infty\\ \frac{y}{x}\to-1}}{Lt}\frac{-x^2+2xy-3y^2-4x-5}{(y-x)(3y+x)}=0,$$

$$\text{अर्थात्, } y+x+Lt\frac{-1+\frac{2y}{x}-\frac{3y^2}{x^2}-\ldots}{\left(\frac{y}{x}-1\right)\left(\frac{3y}{x}+1\right)}=0,$$

$$\text{अर्थात्, } y+x+\frac{-1-2-3}{(-1-1)(-3+1)}=0,$$

$$\text{अर्थात्, } y+x-\tfrac{3}{2}=0.$$

तीसरा अनन्तस्पर्शी :

$$3y+x+\underset{\substack{x\to\infty\\ \frac{y}{x}\to-\frac{1}{3}}}{Lt}\frac{-x^2+2xy-3y^2-4x-5}{(y-x)(y+x)}=0,$$

$$\text{अर्थात्, } 3y+x+Lt\frac{-1+\frac{2y}{x}-\frac{3y^2}{x^2}-\ldots}{\left(\frac{y}{x}-1\right)\left(\frac{y}{x}+1\right)}=0,$$

$$\text{अर्थात्, } 3y+x+\frac{-1-\frac{2}{3}-\frac{1}{3}}{(-\frac{1}{3}-1)(-\frac{1}{3}+1)}=0,$$

$$\text{अर्थात्, } x+3y+\tfrac{9}{4}=0.$$

## प्रश्नावली (13.6)

(1) विकल्प विधि द्वारा वक्र

$$(y-x)(y+x)(y-2x)-7xy+3y^2+2x^2+x+y+1=0$$

के अनन्तस्पर्शियों के समीकरण लिखो।

विकल्प विधि द्वारा निम्नलिखित वक्रों के अनन्तस्पर्शियों के समीकरण लिखो :

(2) $(x+y)(x-y)(2x-y)-4x(x-2y)+4x=0.$

(3) $(x-y)(x-2y)(x-3y)+5x^2+3y^2-8xy+5x-6y=0.$

(4) $(x+y)(x+2y)(x+3y)-3x^2-6x+2y^2+5y\;\;1=0.$

(5) $(x^2-y^2)(y^2-4x^2)-6x^3\;\;5x^2y\;\;3xy^2-2y^3-x^2+$
$$3xy-1=0.$$

(6) $x^4-y^4=a^2xy.$

(7) $y^3-xy^2-x^2y+x^3+x^2-y^2=1.$

(8) $(y-a)^2(x^2-a^2)=x^4+a^4.$

(9) $(x-y+1)(x+y+1)(x-2y+3)=5x-2y+1.$

(10) $(x+y+1)(x+2y+3)(x+3y+5)-7x^2+9xy-11y^2$
$$+13x-15y+17=0.$$

13.11 II. मान लीजिये कि $n$-घात पदों का एक गुणनखण्ड $(y-ax)^2$ है किन्तु $(y-ax)$ $(n-1)$-घात पदों का गुणनखण्ड नहीं है। तो समीकरण का यह रूप

$$(y-ax)^2 F_{n-2}+P_{n-1}=0 \qquad (1)$$

हो जायगा।

अतः हमें दो समान्तर स्पर्शी इस प्रकार

$$y-ax=\pm Lt\sqrt{-\frac{P_{n-1}}{F_{n-2}}}$$

के मिलने चाहिये। किन्तु दक्षिण पक्ष की सीमा $\pm\infty$ होगी।

इसका अर्थ यह हुआ कि वक्र का इस प्रकार का कोई भी अनन्तस्पर्शी नहीं है।

किन्तु यदि वक्र में कोई भी पद $(n-1)$-घात का न हो तो वक्र का समीकरण इस प्रकार

$$(y-ax)^2 F_{n-2}+P_{n-2}=0 \qquad (2)$$

का होगा। उक्त दशा पर हम आगे विचार करेंगे।

III मान लीजिये कि $n$-घात पदों का एक गुणनखण्ड $(y-ax)^2$ है और $(n-1)$-घात पदों का एक गुणनखण्ड $(y-ax)$ है। तो समीकरण का वह रूप

$$(y-ax)^2 F_{n-2}+(y-ax)\, G_{n-2}+P_{n-2}=0 \qquad (3)$$

हो जायगा जिसमें $F_{n-2}$ और $G_{n-2}$ के समस्त पद $(n-2)$-घात के होंगे और $P_{n-2}$ में $(n-2)$, $(n-3)$...और निम्नतर घातों के।

$F_{n-2}$ से भाग देने पर हमें प्राप्त होगा :

$$(y-ax)^2+(y-ax)\frac{G_{n-2}}{F_{n-2}}+\frac{P_{n-2}}{F_{n-2}}=0.$$

यदि हम निहित दोनी व्यंजकों की सीमायें लें जब $x\to\infty$ और $\frac{y}{x}\to a$ तो हमें इस प्रकार का समीकरण

$$(y-ax)^2+B\,(y-ax)+c=0$$

प्राप्त होगा। गुणनखण्डन से, दो अनन्तस्पर्शी

$$y-ax=c, \qquad y-ax=k$$

निकल आयेंगे जो समान्तर होंगे।

IV : यदि $n$-घात पदों का एक गुणनखण्ड $(y-ax)^3$, $(y-ax)^4$, अथवा कोई उच्चतर घात हो तो फिर हम उसी प्रकार आगे बढ़ेंगे जैसा उपरिलिखित II और III में।

टिप्पणी—मान लीजिये कि वक्र का समीकरण इस रूप

$$(ax+by+c)\, F_{n-1}+A_{n-1}=0 \qquad (4)$$

में दिया है जिसमें $F_{n-1}$ के सारे पद $(n-1)$-घात के हैं और $A_{n-1}$ के पद $(n-1)$-घात और निम्नतर घातों के हैं।

उक्त समीकरण को §13.10 (1) के रूप में रखने से,

$$(ax+by)\, F_{n-1}+(c\, F_{n-1}+A_{n-1})=0. \qquad (5)$$

अतः उपरिलिखित की भाँति हमें प्राप्त होगा :

$$ax+by+\underset{x\to\infty}{Lt}\frac{cF_{n-1}+A_{n-1}}{F_{n-1}}=0.$$

$$\frac{y}{x}\to-\frac{a}{b}$$

अर्थात्, $$ax+by+c+\underset{x\to\infty}{Lt}\frac{A_{n-1}}{F_{n-1}}.$$

$$\frac{y}{x}\to-\frac{a}{b}$$

स्पष्ट है कि हमें (4) को (5) के रूप में लाने की कोई आवश्यकता नहीं है हम $F_{n-1}$ से भाग देकर तुरन्त सीमा निकाल कर अनन्तस्पर्शी प्राप्त कर सकते हैं।

उदाहरण 1--वक्र

$y^3+x^2y+2xy^2+1-y=0$ (सी० पी० 1941,44)

के अनन्तस्पर्शी निकालो।

हमें प्राप्त है :

$y(x+y)^2-y+1=0.$

अतएव, एक अनन्तस्पर्शी तो

$$y=0$$

हो गया।

इसके अतिरिक्त,

$$(x+y)^2+\left(\frac{1}{y}-1\right)\ 0$$

$$\therefore x+y=\pm\underset{y\to\infty}{Lt}\sqrt{1-\frac{1}{y}}=\pm1.$$

इस प्रकार तीनों अनन्तस्पर्शी

$$y=0,\ x+y=\pm1$$

प्राप्त हो गये।

उदाहरण 2—वक्र

$x^3-4xy^2-3x^2+12xy-12y^2+8x+2y+4=0$

के अनन्तस्पर्शी निकालो। (का. हि. वि. 1950)

$y$ का उच्चतम पद $y^2$ है जिसका गुणांक $-4(x+3)$ है।

अतः एक अनन्तस्पर्शी

$$x+3=0$$

हो गया।

अब हम समीकरण को इस रूप में ढालते हैं :

$$x(x-2y)\ (x+2y)-3\ (x-2y)^2+8x+2y+4=0.$$

अतः, $x+2y-3Lt\dfrac{x-2y}{x}+Lt\ \dfrac{8x+2y+4}{x(x-2y)}=0,$

अर्थात, $x+2y-3\ \underset{\substack{x\to\infty \\ \frac{y}{x}\to-\frac{1}{2}}}{Lt}\ \dfrac{1-\dfrac{2y}{x}}{1}=0,$

अर्थात, $x+2y-6=0$

और $x-2y-3\ Lt\ \dfrac{x-2y}{x\ (x+2y)}=0,$

अर्थात, $x-2y-3\ \underset{\substack{x\to\infty \\ \frac{y}{x}\to\frac{1}{2}}}{Lt}\ \dfrac{\dfrac{1}{x}-\dfrac{2y}{x^2}}{1+\dfrac{2y}{x}}=0,$

अर्थात, $x-2y=0.$

इस प्रकार, अनन्तस्पर्शी

$$x+3=0,\ x+2y=6,\ x=2y$$

हुये।

**उदाहरण** 3—वक्र

$$(x-y)^2\ (x^2+y^2)-10\ (x-y)\ x^2+12y^2+2x+y=0$$

के अनन्तस्पर्शी निकालो।

हमें प्राप्त है :

$$(x-y)^2-10\ (x-y)\ \underset{}{Lt}\ \frac{x^2}{x^2+y^2}+\ Lt\ \frac{12y^2+2x+y}{x^2+y^2}=0,$$

अर्थात, $$(x-y)^2-10\ (x-y)\ \underset{\substack{x\to\infty \\ \frac{y}{x}\to 1}}{Lt}\ \frac{1}{1+\frac{y^2}{x^2}}+12\underset{\substack{x\to\infty \\ \frac{y}{x}\to 1}}{Lt}\ \frac{\frac{y^2}{x^2}}{1+\frac{y^2}{x^2}}=0,$$

अर्थात, $(x-y)^2-5(x-y)+6=0,$

अर्थात, $(x-y-2)\ (x-y-3)=0.$

## प्रश्नावली (13.7)

निम्नलिखित वक्रों के अनन्तस्पर्शियों के समीकरण लिखो :—

(1) $(x-y-1)^2\ (x^2+y^2+2)+6\ (x-y-1)\ (xy+3)-8x^2$
$+2x+3=0.$

(2) $x^2\ (x-y)^2+a^2\ (x^2-y^2)=a^2xy.$

(3) $(x-y)^2\ (x-2y)\ (x-3y)-2a\ (x^3-y^3)$
$-2a^2\ (x-2y)(x+y)=0.$

(4) $x^2\ (x+y)\ (x-y)^2+2x^3\ (x-y)+2x-3y-4y^3=0.$

(5) $(x+y)^3\ (x-y)^2-2\ (x+y)^2\ (x-y)^2$
$-2\ (x^2+y^2)\ (x+y)+2\ (x-y)^2+4(x-y)-6\ (x+y)=0.$

(6) $(x+y)\ (x-y)^2\ (x-2y)+3xy\ (x-y)+x^2+y^2+x+y$
$+1=0.$

(7) $(x-y)^2\ (x^2+y^2)-10\ (x-y)\ x^2+12y^2+2x+y=0.$

(8) $(y^2+xy-2x^2)^2+(y^2+xy-2x^2)\ (2y+x)-7y^2-19xy$
$+x-28x^2=0.$

(9) $x^2\ (x+3y)^2+(x^2+y^2)\ (x+3y)+9y^2+3xy+9=0.$

13.12 **प्रत्यक्ष अनन्तस्पर्शी**—यदि किसी वक्र का समीकरण इस रूप

$$F_n+P_{n-2}=0 \qquad (1)$$

में ढाला जा सके जिसमें $F_n$ में $n$, $(n-1)$...और निम्नतर घातों के पद हो और $P_{n-2}$ में अधिक से अधिक $(n-2)$ घात के पद हों और $F_n$ के $n$ एकघात गुणनखण्ड किये जा सकें जो ऐसी $n$ ऋजु रेखाओं को निरूपित करें जिनमें से कोई सी भी दो न तो अभिन्न हों, न समान्तर, तो वक्र के समस्त अनन्तस्पर्शी

$$F_n=0 \tag{2}$$

से प्राप्त हो जायेंगे।

मान लीजिये कि $F_n$ का एक गुणनखण्ड $(ax+by+c)$ है।

उपरिलिखित से स्पष्ट है कि यह गुणनखण्ड पुनरागत नहीं हो सकता।

तो हम (1) को इस रूप

$$(ax+by+c)\,F_{n-1}+P_{n-2}=0$$

में ढाल सकते हैं जिसमें $F_{n-1}$ $(n-1)$ घात का व्यंजक है जिसका कोई गुणन-खण्ड इस रूप

$$ax+by+c$$

का नहीं है।

अतः जो अनन्तस्पर्शी

$$ax+by+c=0$$

के समान्तर है, उसका समीकरण

$$ax+by+c+\underset{x\to\infty}{Lt}\;\frac{P_{n-2}}{F_{n-1}}=0$$

$$\frac{y}{x}\to-\frac{a}{b}$$

होगा।

किन्तु $F_{n-1}$ $(n-1)$ घात का है और $P_{n-2}$ $(n-2)$ अथवा उससे भी निम्नतर घात का।

$$\therefore Lt\,\frac{P_{n-2}}{F_{n-1}}=0.$$

$\therefore$ अनन्तस्पर्शी $ax+by+c=0$

हुआ।

उदाहरण—स्पष्ट है कि वक्र

$$(x+y)\ (2x-3y-1)\ (y+1)+x+y-7=0$$

के अनन्तस्पर्शी

$$x+y=0,\ 2x-3y=1,\ y+1=0$$

हैं।

## प्रश्नावली (13.8)

निम्नलिखित वक्रों के प्रत्यक्ष अनन्तस्पर्शी लिखो :

(1) $(a_1x+b_1y+c_1)\ (a_2x+b_2y+c_2)+c=0.$

(2) $(x^2-5x+6)\ (x+y-2)+1=0.$

(3) $(x^2-y^2)\ (x+y+1)+2=0.$

(4) $(x^2-3x+2)\ (x^2-5xy+6y^2)+c=0.$

(5) $\dfrac{x^2}{a^2}-\dfrac{y^2}{b^2}=1.$

(6) $y^2\ (x^2-a^2)+x=0.$

(7) $x^4-y^4=a^2xy.$

(8) $(x-y+1)\ (x+y+1)\ (x-2y+1)\ (x+2y+1)=x^2+y^2+2x-5y+1.$

(9) $(x+a)\ (x+2a)\ (x+3a)+3x+2=0.$

(10) $(x^2-y^2)\ (x^2-4y^2)+3x-6y+5=0.$

**13.13 कुछ निष्कर्ष (i) अनन्तस्पर्शियों की संख्या—**

हम जानते हैं कि $m$ के मान निकालने का समीकरण

$$\phi_n(m)=0 \tag{1}$$

है जिसका घात $n$ है। अतः इससे $m$ के $n$ मान प्राप्त होंगे। यदि यह सब मान एक-दूसरे से भिन्न हों तो इनमें से प्रत्येक मान के लिये $c$ का एक ही मान होगा क्योंकि समीकरण

$$c=-\frac{\phi_{n-1}\ (m)}{\phi_n'\ \ (m)}$$

$c$ में एक ही घात का है।

कुछ दशाओं में $c$ का समीकरण द्विघाती होता है किन्तु उन दशाओं में $m$ के दो मान समान होते हैं।

कुछ दशाओं में $c$ का समीकरण त्रिघाती होता है किन्तु उन दशाओं में $m$ के तीन मान समान होते हैं इत्यादि।

अतः किसी भी दशा में जितने मान $m$ के होते हैं उतने ही $c$ के होते हैं।

इस प्रकार हम देखते हैं कि किसी $n$-घात बीजीय वक्र के $n$ ही अनन्तस्पर्शी होते हैं। इनमें से कुछ अनन्तस्पर्शी काल्पनिक भी हो सकते हैं। अतएव हम यह नियम प्रतिपादित कर सकते हैं कि

"किसी $n$-घात बीजीय वक्र के अधिक से अधिक $n$ ही अनन्तस्पर्शी हो सकते हैं।"

कभी-कभी ऐसा भी होता है कि $m$ के किसी वास्तविक मान के लिये भी अनन्तस्पर्शी प्राप्त नहीं होता जैसा परवलय में।

(ii) यदि किसी बीजीय वक्र के समीकरण के उच्चतम घातों का शून्यीकरण करें तो जो ऋजु रेखायें प्राप्त होंगी, वह वक्र के अनन्तस्पर्शियों के समान्तर होंगी।

यह तो उपरिलिखित प्रकरणों से स्पष्ट ही है।

**उदाहरण** : वक्र

$$(y-x)^2\ x^2=4\ (y-x)^2+16$$

के समस्त अनन्तस्पर्शी निकालो। (का० हि० वि० 1948)

हमें प्राप्त है

$$(y-x)^2(x-2)(x+2)-16=0.$$

अतः स्पष्ट है कि अनन्तस्पर्शी

$$x=\pm 2, \qquad y=x, y=x$$

हैं। पिछले दो अनन्तस्पर्शी अभिन्न हैं।

और वक्र का समीकरण चतुर्घाती है। अतः उसके चार से अधिक अनन्तस्पर्शी हो ही नहीं सकते।

13.14 **वक्र और उसके अनन्तस्पर्शियों के कटान बिन्दु** :—

किसी $n$–घात वक्र का कोई अनन्तस्पर्शी उसे $(n-2)$ बिन्दुओं में काटता है।

हमने §13.2 में देखा है कि वक्र का समीकरण इस रूप

$$x^n\phi_n\left(\frac{y}{x}\right)+x^{n-1}\phi_{n-1}\left(\frac{y}{x}\right)+x^{n-2}\phi_{n-2}\left(\frac{y}{x}\right)+\ldots=0 \quad (1)$$

में ढाला जा सकता है।

यदि इसका कोई अनन्तस्पर्शी

$$y=mx+c \quad (2)$$

है तो दोनों के कटान बिन्दुओं के भुज समीकरण

$$x^n\phi_n\left(m+\frac{c}{x}\right)+x^{n-2}\phi_{n-1}\left(m\quad\frac{c}{x}\right)$$

$$+x^{n-2}\phi_{n-2}\left(m\ ;\ \frac{c}{x}\right)+\ldots=0 \quad (3)$$

के मूल होंगे।

जैसा हम §13.3 (1) में देख चुके है, इस समीकरण का तुल्य रूप

$$x^n\phi_n(m)+\{c\phi'_n(m)+\phi_{n-1}(m)\}x^{n-1}$$
$$+\{\tfrac{1}{2}c^2\phi_n''(m)+c\phi_{n-1}'(m)\quad\phi_{n-2}(m)\}x^{n-2}+\ldots=0 \quad (4)$$

है। चूंकि (2) एक अनन्तस्पर्शी है। इस समीकरण में $x^n$ और $x^{n-1}$ के गुणांक शून्य होंगे।

अतः समीकरण (4) का घात $(n-2)$ ही रह जायगा जिससे $x$ के $(n-2)$ मान निकल आयेंगे।

**उपप्रमेय** (i) $n$-घात वक्र के $n$ अनन्तस्पर्शी वक्र को $n(n-2)$ बिन्दुओं में काटते हैं।

(ii) साधारणतः इन कटान बिन्दुओं में से एक $(n-2)$ घात का वक्र खींचा जा सकता है।

(iii) यदि वक्र का समीकरण §13.12 (1) के रूप का, अर्थात

$$F_n+P_{n-2}=0 \quad (5)$$

हो तो कटान वक्र

$$P_{n-2}=0 \quad (6)$$

होगा।

वक्र का समीकरण (5) है और अनन्तस्पर्शियों का

$$F_n=0. \tag{7}$$

अतः समीकरण

$$(F_n+P_{n-2})-F_n=0,$$

अर्थात (6) कटान वक्र को निरूपित करेगा।

**विशिष्ट दशायें** (1) त्रिघात वक्र के लिये $n=3$. अतः अनन्तस्पर्शी वक्र को 3 (3 − 2) अर्थात तीन बिन्दुओं में काटते हैं। कटान वक्र का घात (3 − 2) अर्थात 1 है। अतः कटान वक्र एक ऋजु रेखा होगी।

(2) चतुर्घात वक्र के लिये $n=4$. अतः अनन्तस्पर्शी उसे 4. (4 − 2) = 8 बिन्दुओं में काटते है। कटान वक्र का घात (4 − 2) अर्थात 2 है। अतः कटान वक्र एक शांकव होगा।

**उदाहरण**—सिद्ध करो कि वक्र

$$x^3-2y^3+xy(2x-y)+y(x-y)+1=0 \tag{1}$$

के अनन्तस्पर्शी उसे तीन बिन्दुओं में काटते हैं जो ऋजु रेखा

$$x-y+1=0$$

पर स्थित हैं। (सागर 1948, का० हि० वि० 1955)

त्रिघात पदों में $y=m$, $x=1$ रखने से,

$$1-2m^3+2m-m^2=0,$$

अर्थात, $$(m-1)(m+1)(2m+1)=0.$$

$$\therefore m=1, -1 \text{ अथवा } -\tfrac{1}{2}$$

और $$c=-\frac{\phi_{n-1}(m)}{\phi_n'(m)}=\frac{m(m-1)}{2(1-m-3m^2)}.$$

$$\therefore c=0, -2 \text{ अथवा } \tfrac{1}{6}$$

अतः अनन्तस्पर्शियों का समीकरण

$$(x-y)(x+y+1)(x+2y-1)=0,$$

अर्थात, $$x^3+2x^2y-xy^2+xy-y^2-x+y-2y^3=0 \tag{2}$$

हुआ।

(1) में से (2) को घटाने से कटान वक्र

$$x-y+1=0$$

आ गया ।

## प्रश्नावली (13.9)

(1) सिद्ध करो कि वक्र

$$x^4-5x^2y^2+4y^4+x^2-y^2+x+y+1=0$$

और इसके अनन्तस्पर्शियों के आठों कटान बिन्दु एक आयताकार अतिपरवलय पर स्थित हैं ।

(इलाहाबाद 1946, का० हि० वि० 1956)

(2) चतुर्थ घात के एक ऐसे वक्र का समीकरण लिखो जिसके अनन्तस्पर्शियों के समीकरण $x=0, y=0, x=y, x+y=0$ है, जो बिन्दु $(a, b)$ से गुजरता है, और जो अनन्तस्पर्शियों को फिर आठ विन्दुओं पर काटता है जो वृत्त $x^2+y^2=a^2$ पर स्थित है ।

(3) सिद्ध करो कि वक्र

$$x^2y^2=a^2(x^2+y^2)$$

के अनन्तस्पर्शी एक वर्ग की भुजाएँ हैं जिसकी लम्बाई $2a$ है !

(4) वक्र $x^2y-xy^2+xy+y^2+x-y=0$

के अनन्तस्पर्शियों के समीकरण लिखो और सिद्ध करो कि वे वक्र को फिर तीन बिन्दुओं पर काटते हैं जो वक्र $x+y=0$ पर स्थित हैं ।

(5) तृतीय घात के एक ऐसे वक्र का समीकरण लिखो जिसके अनन्तस्पर्शी वही हैं जो वक्र

$$x^3-6x^2y+11xy^2-6y^3+x+y+1=0$$

के हैं, और जो बिन्दुओं (0,0)(1,0) और (0,1) से गुजरता है ।

(6) वक्र $4(x^4+y^4)-17x^2y^2-4x(4y^2-x^2)+2(x^2-2)=0$, के अनन्तस्पर्शियों के समीकरण लिखो और सिद्ध करो कि ये अनन्तस्पर्शी, वक्र और दीर्घवृत्त $x^2+4y^2=4$ के कटान बिन्दुओं से होकर जाते हैं ।

(7) वक्र

$$3x^3+2x^2y-7xy^2+2y^3-14xy+7y^2+4x+5y=0$$

के सभी अनन्तस्पर्शियों के समीकरण लिखो और सिद्ध करो कि ये अनन्त-स्पर्शी वक्र को फिर तीन बिन्दुओं पर काटते हैं जो एक सरल रेखा पर स्थित हैं। उक्त सरल रेखा का समीकरण भी ज्ञात करो।

(8) एक तृतीय घात वाले ऐसे वक्र का समीकरण ज्ञात करो जो $y$-अक्ष को मूल-बिन्दु पर स्पर्श करता है, बिन्दु $(3,2)$ से गुजरता है और जिसके अनन्तस्पर्शी वही हैं जो वक्र

$$x^3-6x^2y+11xy^2-6y^3+x+y+1=0$$

के हैं।

(9) सिद्ध करो कि वक्र

$$(x^2-y^2)(y^2-4x^2)+6x^3-5x^2y-3xy^2+2y^3-x^2+3xy-1=0$$

के चारों अनन्तस्पर्शी, वक्र को फिर आठ बिन्दुओं, पर काटते हैं, जो वृत्त $x^2+y^2=1$ पर स्थित हैं।

**13.15 प्रसार द्वारा अनन्तस्पर्शी निकालना**—वक्र

$$y=mx+c+\frac{A}{x}+\frac{B}{x^2}+\frac{C}{x^3}+\ldots \quad (1)$$

का अनन्तस्पर्शी

$$y=mx+c \quad (2)$$

होगा।

हमें प्राप्त है :

$$\frac{y}{x}=m+\frac{c}{x}+\frac{A}{x^2}+\frac{B}{x^3}+\ldots$$

$$\lim_{x\to\infty}\frac{y}{x}=m$$

और (1) से;

$$(y-mx)=c+\frac{A}{x}+\frac{B}{x^2}+\frac{C}{x^3}+\ldots$$

$$\therefore \lim_{x \to \infty} (y - mx) = c \tag{4}$$

अतः §13.1 (2) से स्पष्ट है कि (2) वक्र का अनन्तस्पर्शी है।

**उदाहरण**—अतिपरवलय

$$\frac{x^2}{a^2} - \frac{y^2}{b^2} = 1$$

के अनन्तस्पर्शी निकालिये।

हमें हस्तगत है

$$\frac{y}{b} = \pm\sqrt{\frac{x^2}{a^2} - 1} = \pm \frac{x}{a}\sqrt{1 - \frac{a^2}{x^2}}$$

$$= \pm \frac{x}{a}\left(1 - \frac{a^2}{2x^2} - \frac{a^4}{8x^4} + \ldots\right)$$

$$= \pm \frac{x}{a} \mp \frac{a}{2x} \mp \frac{a^3}{8x^3} \pm \ldots$$

$\therefore$ अनन्तस्पर्शी $\dfrac{y}{b} = \pm \dfrac{x}{a}$

हुये।

13.16 **अनन्तस्पर्शी के सापेक्ष वक्र की स्थिति**—मान लीजिए कि वक्र का समीकरण

$$y = mx + c + \frac{A}{x} + \frac{B}{x^2} + \frac{C}{x^3} + \ldots \tag{1}$$

है।

तो अनन्तस्पर्शी

$$y = mx + c \tag{2}$$

हुआ।

**दशा I.** $A > 0$

मान लीजिये कि वक्र पर $P_1$ कोई बिन्दु है जिसकी कोटि $P_1 M$ अनन्तस्पर्शी को $P_2$ में काटता है।

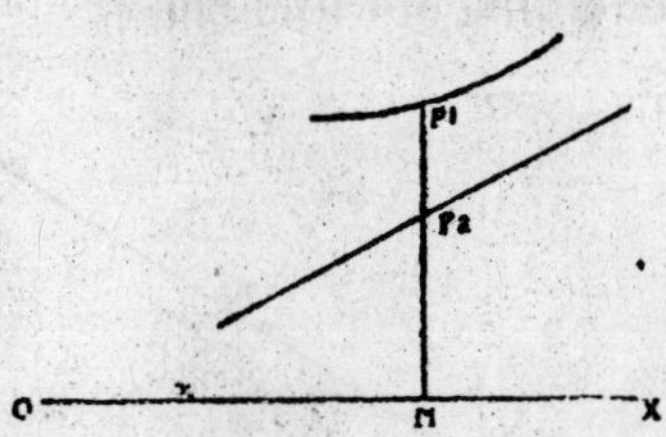


आकृति (13.1)

तो, यदि बिन्दु $P_1\ (x, y_1)$, $P_2\ (x, y_2)$ हैं तो

$$y_1 = mx + c + \frac{A}{x} + \frac{B}{x^2} + \frac{C}{x^3} + \dots \qquad (3)$$

और $y_2 = mx + c \qquad (4)$

(4) को (3) में से घटाने से,

$$y_1 - y_2 = \frac{A}{x} + \frac{B}{x^2} + \frac{C}{x^3} + \dots$$

$$= \frac{1}{x}\left(A + \frac{B}{x} + \frac{C}{x^2} + \dots\right) \qquad (5)$$

यदि हम $x$ को धनात्मक और पर्याप्त बड़ा ले लें तो व्यंजक

$$\frac{B}{x} + \frac{C}{x^2} + \dots \qquad (6)$$

का संख्यात्मक मान $A$ से छोटा होगा।

और $A > 0$; अत:

$$A + \frac{B}{x} + \frac{C}{x^2} + \dots \quad > 0,$$

चाहे (6) धनात्मक हो चाहे ऋणात्मक।

$\therefore$ (5) से, $y_1 - y_2 > 0$

अतः वक्र अनन्तस्पर्शी के ऊपर स्थित है।

किन्तु, यदि $x$ को ऋणात्मक और पर्याप्त बड़ा ले लें तो

$$y_1 - y_2 < 0$$

अर्थात्, वक्र अनन्तस्पर्शी के नीचे स्थित होगा।

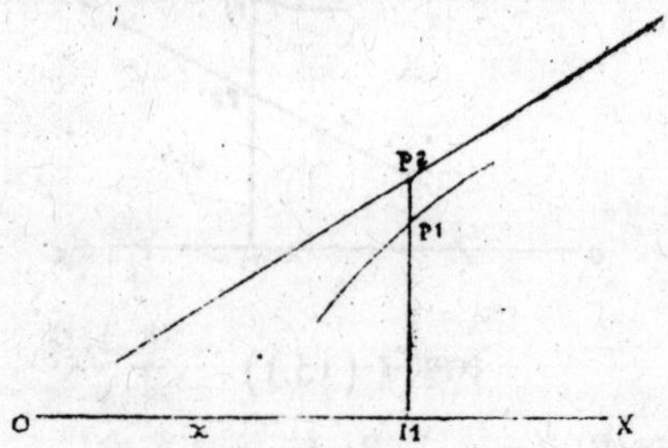


आकृति (13.2)

अतएव, हमारा निष्कर्ष यह है कि
यदि $A>0$ तो, जब $x>0$, तब वक्र अनन्तस्पर्शी के ऊपर स्थित होगा।
और जब $x<0$, तब वक्र अनन्तस्पर्शी के नीचे स्थित होगा।

**दशा** 2—$A<0$

इसी प्रकार हम सिद्ध कर सकते हैं कि
यदि $A<0$ तो, जब $x>0$, तब वक्र अनन्तस्पर्शी के नीचे स्थित होगा।
और जब $x<0$, तब वक्र अनन्तस्पर्शी के ऊपर स्थित होगा।

**दशा** 3—$A=0$ $B>0$.

यहाँ

$$y_1 - y_2 = \frac{B}{x^2} + \frac{C}{x^3} + \frac{D}{x^4} + \ldots$$

$$= \frac{1}{x^2}\left(B + \frac{C}{x} + \frac{D}{x^2} + \ldots\right)$$

यदि हम $x$ को पर्याप्त बड़ा ले लें तो उपरिलिखित की भाँति व्यंजक

$$B + \frac{C}{x} + \frac{D}{x^2} + \ldots > 0,$$

चाहे $x$ धनात्मक हो चाहे ऋणात्मक ।

$\therefore$ सदैव $y_1 - y_2 > 0$

अतः वक्र सदैव अनन्तस्पर्शी के ऊपर ही रहेगा ।

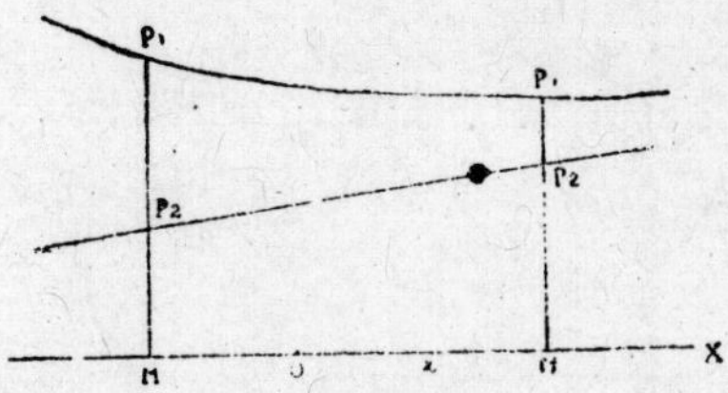


आकृति (13.3)

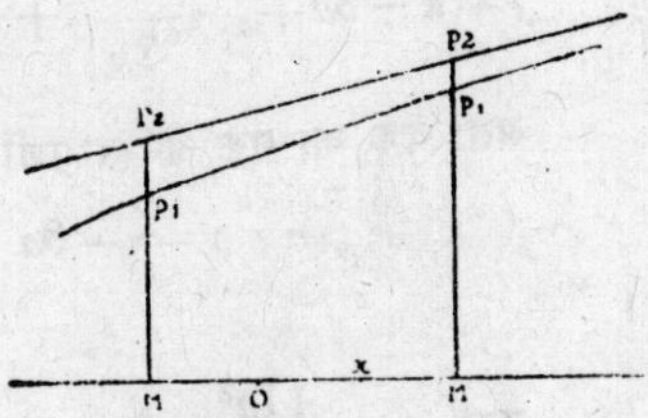


आकृति (13.4)

**दशा** 4 : $A=0, B<0$

इस दशा में वक्र सदैव अनन्तस्पर्शी के नीचे ही रहेगा ।

**दशा** 5 : $A=0=B;\ C\neq 0$

उपरिलिखित की भाँति हम उक्त तर्क को आगे बढ़ा सकते हैं ।

**उदाहरण** – वक्र

$$y^2 = \frac{x(x-a)(x-2a)}{x+3a} \qquad (7)$$

में अनन्तस्पर्शी की स्थिति बताओ ।

हमें हस्तगत है

$$y^2 = \frac{x^2\left(1-\dfrac{a}{x}\right)\left(1-\dfrac{2a}{x}\right)}{1+\dfrac{3a}{x}}$$

$$\therefore y^2 = x^2\left(1-\frac{a}{x}\right)\left(1-\frac{2a}{x}\right)\left(1+\frac{3a}{x}\right)^{-1}.$$

अतएव, यदि $x$ बड़ा है तो

$$y = \pm x\left(1-\frac{6a}{x}+\frac{20a^2}{x^2}+\dots\right)^{\frac{1}{2}}$$

$$=\pm x\left(1-\frac{3a}{x}+\frac{11a^2}{2x^2}+\ldots\right). \tag{8}$$

अतएव, यदि $\frac{y}{x}$ के धन मानों पर ही विचार करें तो

$$y=x-3a+\frac{11a^2}{2x}+\ldots$$

अत: वक्र का एक अनन्तस्पर्शी

$$y=x-3a$$

है।

यहाँ $A=\frac{11a^2}{2}>0$

$\therefore$ जब $x>0$, वक्र अनन्तस्पर्शी के ऊपर है,
और जब $x<0$, वक्र अनन्तस्पर्शी के नीचे है।

यदि हम (8) में ऋण चिन्ह लें तो

$$y=-x+3a-\frac{11a^2}{2x}+\ldots$$

अतः दूसरा अनन्तस्पर्शी

$$y=-x+3a$$

है।

यहाँ $A=-\frac{11a^2}{2}<0.$

$\therefore$ जब $x>0$, वक्र इस अनन्तस्पर्शी के नीचे है।

और जब $x<0$, अनन्तस्पर्शी के ऊपर है।

वक्र के समीकरण से स्पष्ट है कि एक अनन्तस्पर्शी

$$x=-3a \tag{9}$$

भी है।

यह समीकरण इस रूप

$$y=mx+c$$

का नहीं है। अतः हमें एक दूसरा ढंग अपनाना पड़ेगा।

मान लीजिये कि समीकरण यह है :

$$x = -3a + \frac{A}{y} + \frac{B}{y^2} + \frac{C}{y^3}$$

तो (7) से,

$$y^2\left(\frac{A}{y} + \frac{B}{y^2} + \frac{C}{y^3} + \ldots\right)$$

$$= \left(-3a + \frac{A}{y} + \frac{B}{y^2} + \ldots\right)\left(-4a + \frac{A}{y} + \frac{B}{y^2} + \ldots\right)$$

$$\left(-5a + \frac{A}{y} + \ldots\right)$$

$y$ के प्रथम घातों के गुणांकों और अचर पदों के समानीकरण से,

$$A = 0,$$

$$B = -60a^3$$

$$\therefore x = -3a - \frac{60a^3}{y^2} + \ldots \qquad (10)$$

(9) और (10) की तुलना हमें (2) और (1) से करनी है। यहाँ $\frac{1}{y}$ का गुणांक 0 है और $\frac{1}{y^2}$ का ऋणात्मक।

यह स्थिति दशा 4 से मिलती है जिसमें वक्र अनन्तस्पर्शी से नीचे रहता था, अर्थात ऋण $y$ की दिशा में। यहाँ वक्र अनन्तस्पर्शी की उस दिशा में होगा जिसमें $x$ ऋण होता जाता है। अतएव वक्र इस अनन्तस्पर्शी के बाईं ओर है।

## प्रश्नावली (13.10)

(1) वक्र

$$x^2y - x^3 - x^2 - 3x + 2 = 0$$

के अनन्तस्पर्शियों के समीकरण लिखो।

(2) सिद्ध करो कि वक्र $y = \frac{x(x^2+a^2)}{(x^2-a^2)}$

$x$ के बड़े मानों के लिए अनन्तस्पर्शी के ऊपर स्थित है ।

(3) वक्र $y^2 = \dfrac{x(x-a)(x-2a)}{(x+3a)}$

के अनन्तस्पर्शी निकालो और यह भी ज्ञात करो कि वक्र उनके किस तरफ स्थित है ।

(4) वक्र $x^3+y^3=3axy$

के अनन्तस्पर्शी के समीकरण लिखो और उसके सापेक्ष वक्र की स्थिति लिखो ।

(5) वक्र $x^2(x-y)+y^2=0$

के अनन्तस्पर्शियों के समीकरण लिखो और उसके सापेक्ष वक्र की स्थिति भी लिखो ।

(6) यदि वक्र

$$ax^2+2hxy+by^2+2gx+2fy+c=0 \qquad (h^2>ab)$$

के अनन्तस्पर्शी मूलबिन्दु से गुजरते हैं तो सिद्ध करो कि

$$af^2+bg^2=2fgh$$

(7) वक्र $(x-3)(x-2)y^2-9x^2=0$

के अनन्तस्पर्शियों के समीकरण लिखो और यह भी ज्ञात करो कि प्रत्येक अनन्तस्पर्शी के किस ओर वक्र की शाखाएँ स्थित हैं ।

13.17 **कोणीय वक्रों के अनन्तस्पर्शी**—मान लीजिये कि वक्र का कोणीय समीकरण

$$\frac{1}{r}=u=f(\theta) \qquad (1)$$

है ।

हम जानते हैं कि

$$p=r\cos(\theta-\alpha) \qquad (2)$$

एक ऐसी ऋजु रेखा है जिस पर आदि बिन्दु से डाला गया लम्ब $p$ लम्वाई का है और आदि रेखा से कोण $\alpha$ बनाता है ।

अब हमें $p$ और $\alpha$ इस प्रकार निर्धारित करने हैं कि (2) वक्र (1) का अनन्तस्पर्शी हो जाय ।

मान लीजिये कि वक्र (1) पर $P\,(u,\,0)$ कोई बिन्दु है ।

$OP$ पर $OT$ लम्ब डालिये जो $P$ के स्पर्शी से $T$ पर मिले ।

तो $OT$ बिन्दु $P$ का कोणीय अध:स्पर्शी हुआ ।

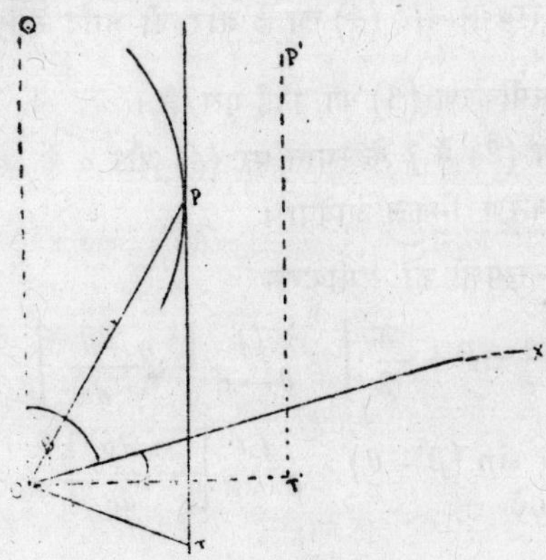

आकृति (13.5)

$$\therefore\ OT = r^2 \frac{d\theta}{dr}.$$

अब मान लीजिये कि समीकरण

$$f(\theta) = 0 \tag{3}$$

का एक मूल $\theta = \beta$ है

यदि $f(\theta)$ एक सतत फलन है, तो, जब $\theta \to \beta$, $f(\theta) \to 0$

$\therefore$ (1) से, $r \to \infty$

अत: $PT$ अनन्तस्पर्शी बन जायगा और $OT$ का मान

$$\underset{\theta \to \beta}{Lt} \left( r^2 \frac{d\theta}{dr} \right) \tag{4}$$

हो जायगा ।

सीमा में, जब $P$ अनन्त को चला जायगा, $OP$ की स्थिति $OQ$ जैसी हो जायगी और $P'T'$ उसके समान्तर हो जायगा ।

$$\therefore\ QOT' = \frac{\pi}{2}.$$

$$\text{अत: } T'OX = \beta - \frac{\pi}{2}. \qquad (5)$$

इस प्रकार हम देखते हैं कि अनन्तस्पर्शी एक ऐसी ऋजु रेखा है जिस पर आदि बिन्दु से डाला गया लम्ब लम्बाई (4) का है और जो आदि रेखा से कोण $\left(\beta - \frac{\pi}{2}\right)$ बनाता है जिसमें $\beta$ समीकरण (3) का कोई मूल है।

तो समीकरण (2) में $p$ के स्थान पर (4) और $\alpha$ के स्थान पर (5) रखने से अनन्तस्पर्शी का समीकरण निकल आयेगा।

अतएव, अनन्तस्पर्शी का समीकरण

$$r \cos\left[\theta - \beta + \frac{\pi}{2}\right] = \underset{\theta \to \beta}{Lt}\left[r^2 \frac{d\theta}{dr}\right]$$

अर्थात्,

$$r \sin(\beta - \theta) = \underset{\theta \to \beta}{Lt}\left[-\frac{d\theta}{du}\right]$$

हो गया।

**व्यावहारिक नियम**—वक्र के कोणीय समीकरण को इस रूप

$$u = \frac{1}{r} = f(\theta)$$

में ढालो।

समीकरण $f(\theta) = 0$ को हल करो। मान लो कि $\theta = \beta$ उनमें से कोई हल है।

अब

$$\underset{\substack{u \to 0, \\ \theta \to \beta}}{Lt}\left[-\frac{d\theta}{du}\right] \qquad (6)$$

का मान निकालो।

यदि इस सीमा का मान $p$ है तो अनन्तस्पर्शी

$$p = r \sin(\beta - \theta)$$

होगा।

**अनन्तस्पर्शी की ज्यामितीय रचना**—आदि रेखा से कोण $\left(\beta - \frac{\pi}{2}\right)$ बनाती हुई एक ऋजु रेखा $OT'$ खींचो।

$OT'$ को (6) के बराबर काट लो।

$OT'$ पर $T'\ P'$ लम्ब डालो।

तो $T'\ P'$ ही अनन्तस्पर्शी होगा।

**उदाहरण—वक्र**

$$r \sin\ \theta = 2 \cos 2\theta$$

के अनन्तस्पर्शी निकालो। (आगरा, 1950)

हमें प्राप्त है

$$u = \frac{1}{r} \quad \frac{\sin\theta}{2 \cos 2\ \theta} \tag{7}$$

$\therefore u = 0$ रखने से, $\beta = k\ \pi$.

और (7) के अवकलन से,

$$1 = \frac{1}{2} \frac{\cos\theta \cos 2\ \theta - 2 \sin\theta \sin 2\ \theta}{\cos^2 2\ \theta} \quad \frac{d\theta}{du}$$

$$\therefore 2 = \underset{\theta \to k\ \pi}{Lt} \left[ \frac{\cos\ \theta \cos 2\ \theta - 2 \sin\theta \sin 2\ \theta}{\cos^2 2\ \theta} \quad \frac{d\theta}{du} \right]$$

$$= \frac{(-1)^k\ (-1) 2^k}{(-1)^{4k}} \underset{\theta \to k\pi}{Lt} \left[ \frac{d\theta}{du} \right]$$

$$\therefore \underset{\theta \to k\pi}{Lt} \left[ -\frac{d\theta}{du} \right] = -2\ (-1)^k$$

अतएव, अनन्तस्पर्शी

$$r \sin\ (\theta - k\pi) = 2\ (-1)k,$$

अर्थात $$r \sin = 2$$

हुआ।

टिप्पणी—हमने इस अध्याय में केवल ऋजु रेखात्मक अनन्तस्पर्शियों पर ही विचार किया है।

## प्रश्नावली (13.11)

निम्नलिखित कोणीय वक्रों के अनन्तस्पर्शियों के समीकरण लिखो।

(1) $r = a\ (\cos\ \theta + \sec\ \theta)$.

(2) $r^{\theta} = a$

(3) $r\,\theta\,\cos\theta = a\cos 2\theta$.

(4) $r = a\sec\theta + b\tan\theta$.

(5) $r\sin n\theta = a$.

(6) $r\cos 2\theta = a\sin 3\theta$.

(7) $r^n \sin n\theta = a^n \ (n > 1)$.

(8) $r = a\tan\theta$.

(9) $r\log\theta = a$.

(10) सिद्ध करो कि वक्र

$$r = a\tan n\theta + b\sec n\theta$$

के अनन्तस्पर्शी दो वर्गों में हैं, और प्रत्येक वर्ग के अनन्तस्पर्शी एक निर्धारित वृत्त को स्पर्श करते हैं।

(11) सिद्ध करो कि वक्र

$$r\tan n\theta = a$$

के समस्त अनन्तस्पर्शी, वृत्त

$$r = a/n$$

को स्पर्श करते हैं।

# अध्याय १४

## वक्रता (Curvature)

14.1 हम देखते हैं कि सड़कों पर जगह-जगह भिन्न-भिन्न प्रकार के चिन्ह बने रहते हैं। जैसे

आकृति (14.1)

यह चिह्न सवारियों के चालकों को सावधान करने के लिये होते हैं और जान-बूझ कर बढ़ा-चढ़ा कर दिखाये जाते हैं। यदि चालक सावधान न हों और मोड़ पर भी गाड़ी तेज चलाये जायँ तो आशंका है कि गाड़ी किनारे के किसी पेड़ या मकान से टकरा जायगी, और दुर्घटनाग्रस्त हो जायगी। इस प्रकार के पद भी इसी बात के द्योतक हैं :

तीखा मोड़, गहरा मोड़, अन्धा मोड़।

इस अध्याय में हम वक्रों के मोड़ों का ही गणितीय अध्ययन करेंगे। संलग्न आकृति में दो वक्र दिये हैं। हमारी सहज बुद्धि हमें बताती है कि पहले वक्र में, दूसरे वक्र की अपेक्षा, अधिक 'मोड़' अथवा 'वक्रता' है। या यों कहिये कि दूसरा वक्र पहले की अपेक्षा 'कुछ सीधा-सा' लगता है।

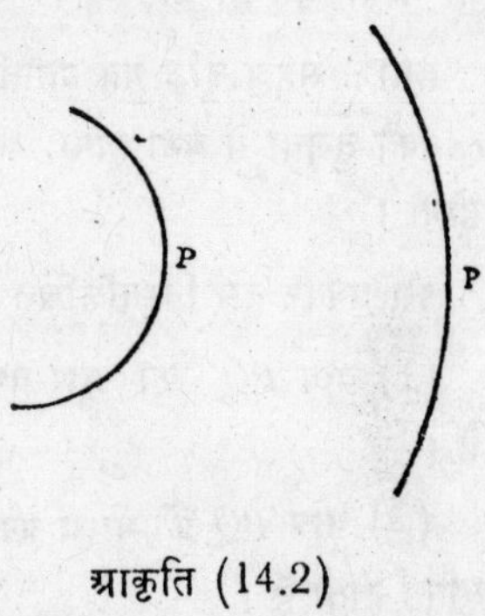



आकृति (14.2)

'वक्र' हमारे लिये कोई नया शब्द नहीं है। 'वक्र दृष्टि' और 'अष्टावक्र' जैसे पदों में यह हमारे प्राचीन साहित्य में दृष्टि-गोचर होता है।

अब प्रश्न यह है कि गणितीय भाषा में हम उपर्युक्त दोनों वक्रों की वक्रता की तुलना किस प्रकार करेंगे। एक बात तो स्पष्ट दिखाई देती है : यदि हम वक्र के छोटे से भाग को, जो $P$ के समीप है, एक वृत्तीय चाप मान लें तो पहले चाप की त्रिज्या छोटी होगी, दूसरे की बड़ी। अतः, वक्रता उक्त वृत्तीय चाप की त्रिज्या की व्युत्क्रमानुपाती है।

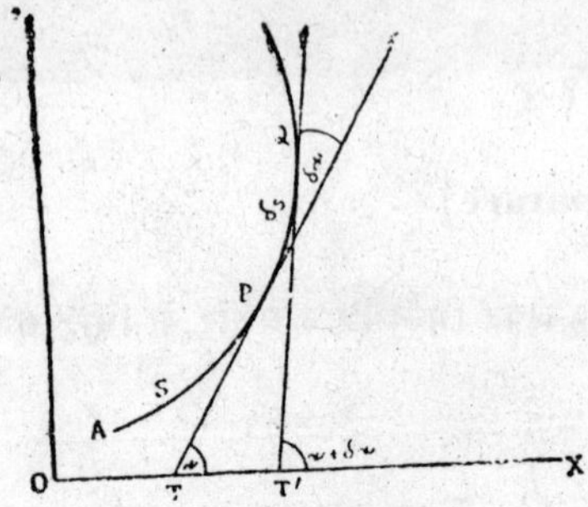

आकृति (14.3)

14.2 मान लीजिये कि वक्र पर $P$ कोई बिन्दु है और $Q$ उसके समीपस्थ कोई अन्य बिन्दु।

यदि चाप की लम्बाई एक स्थिर बिन्दु $A$ से नापी जाय तो मान लीजिये कि :

चाप $AP = s$, चाप $AQ = s + \delta s$.

तो चाप $PQ = \delta s$.

मान लीजिये कि बिन्दुओं $P$, $Q$ पर डाले गये स्पर्शी $x$-अक्ष की धन दिशा में कोण $\psi$, $\psi + \delta\psi$ बनाते हैं।

तो जब कोई बिन्दु वक्र पर चलकर $P$ से $Q$ तक जाता है, स्पर्शी $PT$ स्पर्शी $QT'$ में परिणत हो जाता है। अतः $\delta\psi$ वह कोण है जिसमें घूमने से $P$ का स्पर्शी $Q$ के स्पर्शी में परिणत हो जाता है।

हमारी सहज बुद्धि यह बताती है कि यदि वक्र का मोड़ अधिक होगा तो $\delta\psi$ चाप $\delta s$ की तुलना में बड़ा होगा; और यदि वक्र का मोड़ थोड़ा होगा तो $\delta\psi$ भी छोटा होगा।

इस प्रकार हमें निम्नलिखित परिभाषायें स्वतः प्राप्त हो गईं :

(1) चाप $PQ$ की **पूर्ण वक्रता (Total curvature)** $\delta\psi$ से निरूपित होती है।

(2) चाप $PQ$ की **माध्य वक्रता (Average curvature)** अनुपात $\delta\psi$ $\delta s$ से निरूपित होती है।

(2) किसी वक्र की, बिन्दु $P$ पर की, वक्रता हम

$$\underset{Q\to P}{Lt}\ \frac{\delta\psi}{\delta s},\ \text{अर्थात्}\ \frac{d\psi}{ds}$$

से निरूपित कर सकते हैं।

14.3 **वृत्त की वक्रता**—किसी वृत्त की वक्रता अचर होती है। हमारी सहज बुद्धि हमें बताती है कि किसी भी वृत्त की वक्रता, उसकी परिधि के समस्त बिन्दुओं पर एकसमान होती है। हम इसी तथ्य को यहाँ गणितीय विधि से सिद्ध करते हैं।

केन्द्र $O$ और त्रिज्या $r$ का एक वृत्त लीजिये।

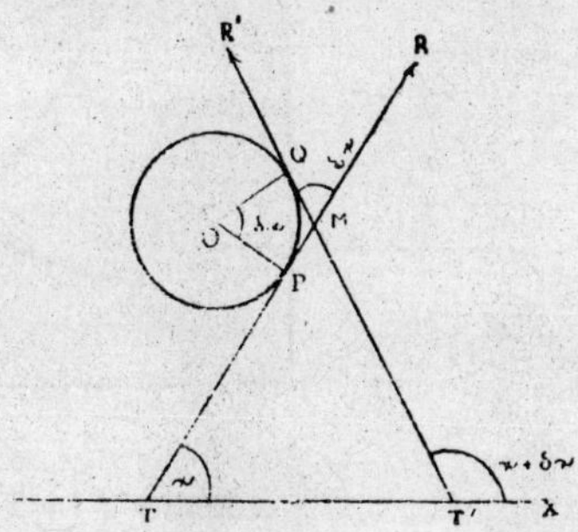


आकृति (14.4)

मान लीजिये कि वृत्त पर $P,Q$ कोई बिन्दु हैं और चाप $PQ=\delta s$.

यदि $P,Q$ पर डाले गये स्पर्शी $TR$, $T'R'$ बिन्दु $M$ पर मिलें तो

$$POQ=RMR'=\delta\psi.$$

$$\therefore\ \frac{\text{चाप } PQ}{OP}=POQ,\ \text{अर्थात्},\ \frac{\delta s}{r}=\delta\psi.$$

$$\text{अतः}\quad \frac{\delta\psi}{\delta s}=\frac{1}{r}.$$

सीमा स्थिति में, जब $Q\to P$, तब

$$\frac{d\psi}{ds}=\frac{1}{r}.$$

इस प्रकार हम देखते हैं कि किसी वृत्त की वक्रता उसकी त्रिज्या का व्युत्क्रम होती है।

अतएव, परिधि के समस्त बिन्दुओं के लिये, वृत्त की वक्रता एक समान होती है।

14.3 **विकल्प परिभाषायें**—मान लीजिये कि वक्र पर $P, Q$ दो समीपस्थ बिन्दु हैं जिन पर डाले गये अभिलम्ब $N$ पर मिलते हैं।

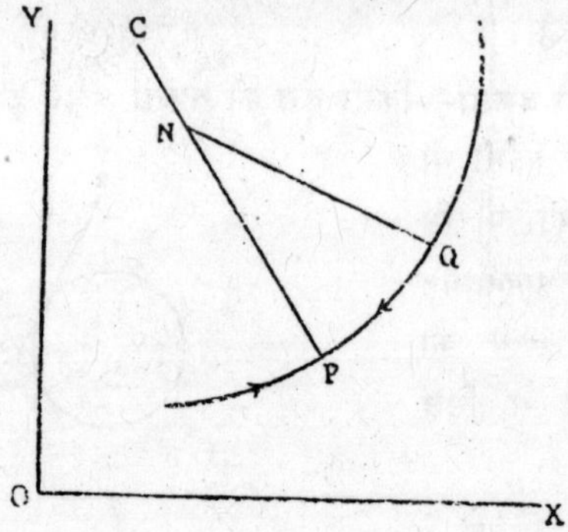


आकृति (14.5)

जब बिन्दु $Q$ खिसक कर बिन्दु $P$ से अभिन्न हो जाता है तब यदि बिन्दु $N$ एक निश्चित स्थान $C$ ग्रहण कर ले तो $C$ को वक्र का बिन्दु $P$ पर का **वक्रता केन्द्र (Centre of Curvature)** कहते हैं।

यह आवश्यक है कि $C$ की स्थिति अद्वितीय हो चाहे बिन्दु $Q$ बिन्दु $P$ की ओर दाहिनी ओर से आये चाहे बाईं ओर से।

$CP$ की लम्बाई को वक्र की, बिन्दु $P$ पर की, **वक्रता त्रिज्या (Radius of Curvature)** कहते हैं। इस लम्बाई को साधारणतः ग्रीक वर्ण $\rho$ से निरूपित करते हैं।

यदि केन्द्र $C$ और त्रिज्या $CP$ से एक वृत्त खींचा जाय तो उसे वक्र का, बिन्दु $P$ पर का, **वक्रता वृत्त (Circle of Curvature)** कहते हैं।

वक्रता वृत्त की कोई सी जीवा, जो $P$ के मध्येन खींची जाय, **वक्रता जीवा (Chord of Curvature)** कहलाती है।

पिछले अनुच्छेद से स्पष्ट है कि हम किसी वक्रता की, बिन्दु $P$ पर की, वक्रता का माप उसकी वक्रता त्रिज्या के व्युत्क्रम को मान सकते हैं। अतएव, अब जहाँ कहीं हम वक्रता का उल्लेख करेंगे, हमारा तात्पर्य $1/\rho$ से होगा।

14.4 दोनों परिभाषाओं की तुल्यता—आकृति (14.4) की ही भाँति एक आकृति बनाइये।

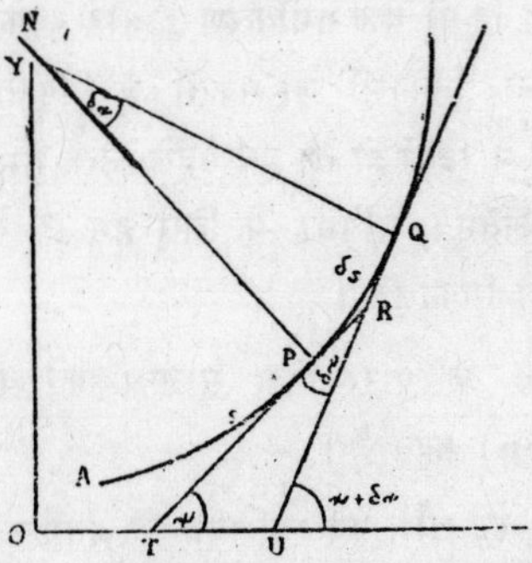

आकृति (14.6)

स्पष्ट है कि बिन्दु $P$ वाली वक्रता त्रिज्या

$$\underset{\delta s \to 0}{Lt} \; PN$$

होगी।

अब, $\triangle PNQ$ से हमें प्राप्त है

$$\frac{PN}{\text{जीवा } PQ} = \frac{\sin NQP}{\sin PNQ} = \frac{\sin NQP}{\sin TRU} = \frac{\sin NQP}{\sin \delta\psi}$$

$$\therefore \rho = \underset{\delta s \to 0}{Lt} \; PN = \underset{\delta\psi \to 0}{Lt} \; \frac{\text{जीवा } PQ \sin NQP}{\sin \delta\psi}$$

$$= \underset{\delta\psi \to 0}{Lt} \; \frac{\text{जीवा} PQ}{\delta s} \; \frac{\delta s}{\delta\psi} \; \frac{\delta\psi}{\sin \delta\psi} \sin NQP.$$

किन्तु जब $\delta\psi \to 0, \dfrac{\delta\psi}{\sin \delta\psi} \to 1,$

$$NQP \to Lt \left(\frac{\pi}{2} - PQU\right) = \frac{\pi}{2}, \text{ चूंकि } PQU \to 0.$$

और $\dfrac{\text{जीवा } PQ}{\delta s} \to 1.$

$$\therefore \rho = \underset{\delta\psi \to 0}{Lt} \quad \frac{\delta s}{\delta\psi} = \frac{ds}{d\psi}. \qquad (1)$$

**टिप्पणी** (i) यदि किसी वक्र समीकरण $s$ और $\psi$ के पदों में ही दिया हो तो (1) से उसकी वक्रता तुरन्त निकाली जा सकती है। किन्तु यदि समीकरण कार्तीय अथवा कोणीय निर्देशांकों में दिया हो तो हमें पहले उक्त समीकरण को $s$ और $\psi$ के पदों में ढालना होगा। अतएव, सुविधा के लिए हम $P$ के मान के सूत्र कार्तीय, कोणीय...निर्देशांकों में भी निकालेंगे।

(ii) $s$ और $\psi$ के पारस्परिक सम्बन्ध को वक्र का **नैज समीकरण (Intrinsic Equation)** कहते हैं।

(iii) $P$ और $Q$ पर खींचे गये स्पर्शियों के अंतर्गत कोण को चाप $PQ$ का **वक्रता कोण (Angle of Contingence)** कहते हैं।

(iv) वक्र $y=f(x)$ में स्पर्शी की उस दिशा को धनात्मक माना जायगा जिस दिशा में $x$ बढ़ता है।

वक्र $r=f(\theta)$ में स्पर्शी की उस दिशा को धनात्मक माना जायगा जिस दिशा में $\theta$ बढ़ता है।

**उदाहरण—चक्रज (Cycloid)**

$$s = 4a \sin \psi$$

की वक्रता त्रिज्या निकालिये।

हमें प्राप्त है

$$\rho = \frac{ds}{d\psi} = 4a \cos \psi.$$

## प्रश्नावली (14.1)

निम्नलिखित वक्रों के बिन्दु $(s, \psi)$ पर की वक्रता त्रिज्या निकालिए—

(1) $s = 8a \sin^2 \frac{1}{6} \psi$

(2) $s = a \tan \psi \sec \psi + a \log (\sec \psi + \tan \psi)$

(3) $s = c \tan \psi$

(4) $s = c \log \sec \psi$

(5) $s=4a \sin \frac{1}{3} \psi$

(6) $s=a\psi + a\ (e^{m\psi}-1)$

(7) $s=a \log \tan (\frac{1}{4}\pi+\frac{1}{2}\psi)$

(8) सिद्ध करो कि वक्र

$$s=a \log \cot (\tfrac{1}{4}\pi-\tfrac{1}{2}\psi)+a \sin \psi \sec^2\psi$$

के लिए

$$\rho= a \sec^3\psi.$$

**14.5 कार्तीय सूत्र—स्पष्ट फलन**

हम जानते हैं कि

$$\frac{dy}{dx}=\tan\psi.$$

अतः, अवकलन से,

$$\frac{d^2y}{dx^2}=\sec^2\psi\frac{d\psi}{dx}$$

$$=\sec^2\psi.\ \frac{d\psi}{ds}\cdot\frac{ds}{dx}$$

$$=\left\{1+\left(\frac{dy}{dx}\right)^2\right\}\cdot\frac{1}{\rho}\left\{1+\left(\frac{dy}{dx}\right)^2\right\}^{\frac{1}{2}}$$

$$\therefore \rho=\frac{\left\{1+\left(\frac{dy}{dx}\right)^2\right\}^{\frac{3}{2}}}{\frac{d^2y}{dx^2}}=\frac{(1+y_1{}^2)^{\frac{3}{2}}}{y_2}. \qquad (1)$$

**टिप्पणी** (1) रीत्यनुसार, हम $(1+y_1{}^2)^{\frac{3}{2}}$ के साथ धन चिह्न लेते हैं। अतः $\rho$ का चिह्न $y_2$ के चिह्न पर आश्रित होगा।

(2) उपर्युक्त सूत्र विफल हो जायगा यदि $y_1$ अनन्त हो अथवा $y_2$ शून्य हो।

किन्तु परिभाषा से स्पष्ट है कि वक्रता त्रिज्या का मान वक्र पर ही निर्भर होता है, न कि अक्षों पर। अतः, अक्षों के हेर-फेर से हम यह सूत्र भी सिद्ध कर सकते हैं :

$$\rho = \frac{\left\{1+\left(\frac{dx}{dy}\right)^2\right\}^{\frac{3}{2}}}{\frac{d^2x}{dy^2}} = \frac{(1+x_1{}^2)^{\frac{3}{2}}}{x_2}.$$

यदि $x_1$ अनन्त हो अथवा $x_2$ शून्य हो तो यह सूत्र काम नहीं देगा।

14.6 **अस्पष्ट फलन**—यदि वक्र का समीकरण

$$f(x, y)=0$$

हो तो

$$\frac{dy}{dx} = -\frac{f_x}{f_y}\ \text{, अर्थात, } f_x + f_y \frac{dy}{dx} = 0.$$

∴ अवकलन से,

$$f_{xx} + f_{xy}\frac{dy}{dx} + \left(f_{yx} + f_{y_y}\frac{dy}{dx}\right)\frac{dy}{dx} + f_y\frac{d^2y}{dx^2} = 0.$$

अतः, यदि $f_{xy} = f_{yx}$,

$$\text{तो } f_{xx} + 2f_{xy}\frac{dy}{dx} + f_{yy}\left(\frac{dy}{dx}\right)^2 + f_y\frac{d^2y}{dx^2} = 0,$$

$$\text{अर्थात, } f_{xx} - 2f_{xy}\frac{fx}{f_y} \mp f_{yy}\frac{f_x{}^2}{f_y{}^2} + f_y\frac{d^2y}{dx^2} = 0.$$

$$\therefore \frac{d^2y}{dx^2} = -\frac{f_{xx}f_y{}^2 - 2f_{xy}f_xf_y \quad f_{yy}fx^2}{f_y{}^3}.$$

§14.5 (1) के सूत्र में $\frac{ay}{dx}$, $\frac{d^2y}{dx^2}$ के मान प्रतिस्थापित करने से,

$$\rho = \frac{[(f_x)^2 + (f_y)^2]^{\frac{3}{2}}}{f_x{}^2(f_y)^2 - f_{xy}f_xf_y + f_y{}^2(f_x)^2}.$$

14.7 **प्राचलीय समीकरण** : $x=\phi(t)$, $y=\psi(t)$.

यदि $\phi'(t) \neq 0$ तो

$$\frac{dy}{dx} = \frac{\psi'(t)}{\phi'(t)}.$$

$$\therefore \frac{d^2y}{dx^2} = \frac{\phi'(t)\psi''(t) - \psi'(t)\phi''(t)}{[\phi'(t)]^2} \cdot \frac{1}{(t)}$$

§ 14.5 (1) के सूत्र में $\frac{dy}{dx}$, $\frac{d^2y}{dx^2}$ के मान प्रतिस्थापित करने से,

$$\rho = \frac{[\phi'^2(t) + \psi'(t)]^{\frac{3}{2}}}{\phi'(t)\psi''(t) - \psi'(t)\phi''(t)}. \qquad (1)$$

उदाहरण (1) परवलय $y^2 = 4ax$ के किसी बिन्दु $(x, y)$ की वक्रता त्रिज्या निकालो। (अलीगढ़ 1948)

हमें प्राप्त है : $2yy_1 = 4a$, अर्थात, $y_1 = \frac{2a}{y}$.

$$\therefore y_2 = -\frac{2a}{y^2} y_1 = -\frac{2a}{y^2} \cdot \frac{2a}{y} = -\frac{4a^2}{y^3}$$

$$\therefore \rho = \frac{\left[1 + \frac{4a^2}{y^2}\right]^{\frac{3}{2}}}{-\frac{a^2}{y^3}} = -\frac{(y^2 + 4a^2)}{4a^2}$$

$$= -\frac{[4a(a+x)]^{\frac{3}{2}}}{4a^2} = -\frac{2}{\sqrt{a}}(a+x)^{\frac{3}{2}}$$

उदाहरण (2) दीर्घवृत्त

$$x = a \cos t, \qquad y = b \sin t$$

के किसी बिन्दु $t$ पर की वक्रता त्रिज्या निकालो।

हमें हस्तगत है

$$\frac{dx}{dt} = -a \sin t, \frac{dy}{dt} = b \cos t \qquad (2)$$

$$\therefore \frac{dy}{dx} = -\frac{b}{a} \cot t$$

$$\therefore \frac{d^2y}{dx^2} = \frac{d}{dx}\left(-\frac{b}{a}\cot t\right) = \frac{d}{dt}\left(-\frac{b}{a} \quad t\right)\frac{dt}{dx}$$

$$\frac{b}{a}\operatorname{cosec}^2 t\left(-\frac{1}{a}\right)\operatorname{cosec} t$$

$$\therefore \rho = \frac{\left\{1+\frac{b^2}{a^2}\cot^2 t\right\}^{\frac{3}{2}}}{\frac{b}{a^2}\operatorname{cosec}^3 t} = \frac{(a^2\sin^2 t + b^2\cos^2 t)^{\frac{3}{2}}}{ab}$$

**विकल्प विधि**—(2) के अवकलन से,

$$\frac{d^2x}{dt^2} = -a\cos t,\ \frac{d^2y}{dt^2} = -b\sin t.$$

$\therefore$ 14.7 (1) से,

$$\rho = \frac{[a^2\sin^2 t + b^2\cos^2 t]^{\frac{3}{2}}}{(-a\sin t)(-b\sin t) - (b\cos t)(-a\cos t)}$$

$$= \frac{(a^2\sin^2 t + b^2\cos^2 t)^{\frac{3}{2}}}{ab}.$$

## प्रश्नावली (14.2)

निम्नलिखित वक्रों के किसी बिन्दु $(x, y)$ पर वक्रता त्रिज्या का मान निकालो :

(1) $y = a\log\sec(x/a)$.

(2) $y = \frac{1}{2}a\,(e^{x/a} + e^{-x/a})$.

(3) $x^{2/3} + y^{2/3} = a^{2/3}$.

(4) $\frac{x^2}{a^2} + \frac{y^2}{b^2} = 1$.

(5) $y = \log\sin x$.

(6) $xy = a^2$.

(7) $x^3 = ay^2$.

(8) $x^m + y^m = 1$.

(9) वक्र $y = e^{-x^2}$ के बिन्दु (0,1) पर वक्रता त्रिज्या निकालो।

(10) सिद्ध करो कि वक्र

$$x^{2/3}+y^{2/3}=a^{2/3}$$

के बिन्दु $(a\cos^3\theta, a\sin^3\theta)$ पर वक्रता त्रिज्या का मान

$$3a\sin\theta\cos\theta$$

है। [उत्कल 1950, का० हि० वि० 1942]

(11) चक्रज $x=a(\theta+\sin\theta), y=a(1-\cos\theta)$

में सिद्ध करो कि

$$\rho=4a\cos\tfrac{1}{2}\theta.$$ (आगरा 1949, का० हि० वि० 1955)

निम्नलिखित वक्रों के लिए बिन्दु $t$ पर $\rho$ का मान ज्ञात करो :

(12) $x=a(\cos t+t\sin t), \quad y=a(\sin t-t\cos t)$.

(13) $x=at^2, \quad y=2at$.

(14) $x=t-c\sinh\dfrac{t}{c}\cosh\dfrac{t}{c}, \; y=2c\cosh\dfrac{t}{c}$.

(15) $x=a\sin 2t(1+\cos 2t), \quad y=2a\sin^2\theta\cos 2\theta$.

(16) सिद्ध करो कि दीर्घवृत्त $\dfrac{x^2}{a^2}+\dfrac{y^2}{b^2}=1$ में दीर्घ अक्ष के किसी बिन्दु पर की वक्रता त्रिज्या, दीर्घवृत्त के नाभिगलम्ब (**Latus rectum**) के आधे के बराबर होती है।

(17) ($a$) यदि परवलय $y^2=4ax$ के किसी बिन्दु $P$ पर की वक्रता त्रिज्या $\rho$ है तो सिद्ध करो कि $\rho^2$, $(SP)^3$ का समानुपाती है, जिसमें $S$ परवलय की नाभि है।

($b$) यदि परवलय की किसी नाभिग जीवा के सिरों पर की वक्रता त्रिज्या के मान $\rho_1$ और $\rho_2$ हैं तो सिद्ध करो कि

$$(\rho_1)^{-2/3}+(\rho_2)^{-2/3}=l^{-2/3},$$

जिसमें $l$ अर्ध नाभिगलम्ब है।

(18) दीर्घवृत्त $\frac{x^2}{a^2}+\frac{y^2}{b^2}=1$

में सिद्ध करो कि

$$\rho=\frac{a^2\,b^2}{p^3}.$$

जिसमें $p$, मूलबिन्दु से $(x, y)$ पर खींचे गए स्पर्शी पर, डाले गये लम्ब का मान है।

(19) दीर्घवृत्त $\frac{x^2}{a^2}+\frac{y^2}{b^2}=1$

में सिद्ध करो कि $\rho=\frac{(CD)^3}{ab}$

जिसमें $CD, CP$ का अर्ध-संयुग्मी व्यास ( **Semi-Conjugate diameter** ) है।

(20) चक्रज $x=a\,(\theta=\sin\theta)$, $y=a\,(1-\cos\theta)$ के दो बिन्दुओं $P$ और $Q$ पर खींची गई स्पर्श रेखायें एक-दूसरे पर लंब हैं। यदि $P$ और $Q$ पर की वक्रता त्रिज्याओं के मान $P_1$ और $P_2$ हों तो सिद्ध करो कि

$$\rho_1{}^2 ; \rho_2{}^2=16\,a^2,.$$

14.8 **कुछ अन्य सूत्र**—(1) यदि $x$ और $y$, $s$ के पदों में दिये हों तो

$$\cos\psi=\frac{dx}{ds}$$

$\therefore$ अवकलन से,

$$-\sin\psi\frac{d\psi}{ds}=\frac{d^2x}{ds^2}$$

$$\text{अतः}, \rho=\frac{ds}{d\psi}=-\frac{\sin\psi}{\dfrac{d^2x}{ds^2}}=-\frac{\dfrac{dy}{ds}}{\dfrac{d^2x}{ds^2}} \qquad (1)$$

(2) इसी प्रकार हम सिद्ध कर सकते हैं कि

$$\rho = \frac{\dfrac{dx}{ds}}{\dfrac{d^2y}{ds^2}} \qquad (2)$$

(3)—(1) और (2) के वर्गों को जोड़ने से,

$$\frac{1}{\rho^2} \quad \left(\frac{d^2x}{ds^2}\right)^2 + \left(\frac{d^2y}{d^2}\right)^2. \qquad (3)$$

(4) **मूलबिन्दु पर की वक्रता**—पिछले सूत्रों से हम किसी भी बिन्दु पर की वक्रता निकाल सकते हैं। इसी प्रकार $x=0, y=0$ रखकर मूलबिन्दु पर की वक्रता भी निकाल सकते हैं। किन्तु कुछ दशाओं में मूलबिन्दु पर की वक्रता और भी सुगमता से निकाली जा सकती है।

मान लीजिये कि हम वक्र के समीकरण को इस रूप में ढाल सकते हैं :

$$y = px + \frac{qx^2}{2!} + \frac{rx^3}{3!} + \frac{sx^4}{4!} + \ldots\ldots \qquad (4)$$

चूँकि वक्र मूलबिन्दु में से होकर जाता है, इस समीकरण में कोई अचर पद नहीं होगा।

(4) के अवकलन से,

$$\frac{dy}{dx} = p + qx + \frac{rx^2}{2!} + \frac{sx^3}{3!} + \ldots\ldots \qquad (5)$$

$$\therefore \left(\frac{dy}{dx}\right)_{0,0} = p.$$

(5) के अवकलन से,

$$\frac{d^2y}{dx^2} = q + rx + \frac{sx^2}{2!} + \ldots$$

$$\therefore \left(\frac{d^2y}{dx^2}\right)_{0,0} = q$$

$$\therefore (\rho) \text{ मूल बिन्दु} = \frac{(1+p^2)^{3/2}}{q}$$

**उदाहरण**—वक्र

$$y = 3x^4 + 2x^2 - 11x$$

की, मूलबिन्दु पर की, वक्रता त्रिज्या निकालो।

हमें प्राप्त है :

$$y_1 = 12x^3 + 4x - 11 \qquad \therefore (y_1)_0 = -11$$

$$y_2 = 36x^2 + 4 \qquad \therefore (y_2)_0 = 4$$

$$\therefore \rho = \frac{(1+121)^{3/2}}{4} = \frac{(122)^{3/2}}{4}$$

यों भी, उपर्युक्त अनुच्छेद से,

$$p = -11, \ q = 4.$$

अतः स्पष्ट है।

14.9 **न्यूटन की विधि**—मान लीजिये कि कोई वक्र मूलबिन्दु के मध्येन जाता है और मूलबिन्दु पर डाला गया स्पर्शी $x$-अक्ष ही है। तो स्पष्ट है कि मूलबिन्दु पर

$$x = y = y_1 = 0.$$

अतः, मॅक्लॉरिन प्रमेय से,

$$y = 0 + 0.x + \frac{qx^2}{2!} + \frac{rx^3}{3!} + \ldots\ldots$$

$x^2$ से भाग देकर सीमा लेने से,

$$\underset{x \to 0}{Lt} \ \frac{2y}{x^2} = q.$$

अतः पिछले अनुच्छेद से,

$$(\rho)_0 = \frac{(1+p^2)^{3/2}}{q} = \frac{(1+0)^{3/2}}{Lt \dfrac{2y}{x^2}}$$

$$= \underset{x \to 0}{Lt} \ \frac{x^2}{2y}$$

टिप्पणी—यदि वक्र पर, मूलबिन्दु पर डाला गया स्पर्शी $y$-अक्ष हो तो

$$(\rho)_0 = \underset{x \to 0}{Lt} \frac{y^2}{2x}.$$

यह दोनों सूत्र न्यूटन के सूत्र कहलाते हैं।

उदाहरण—शांकव

$$(x+y)^2 + x = 0$$

की, मूलबिन्दु पर, वक्रता त्रिज्या निकालो।

**प्रथम विधि :**

**न्यूटन की विधि से**—लघुतम घात पदों के शून्यीकरण से,

$$x = 0.$$

अतः शांकव पर, मूलबिन्दु पर, स्पर्शी $y$-अक्ष है।

अब, $2x$ से भाग देने पर,

$$\frac{x}{2} + y + \frac{y^2}{2x} + \tfrac{1}{2} = 0.$$

$\therefore$ सीमा लेने पर,

$$\underset{\substack{x \to 0, \\ y \to 0}}{Lt} \frac{y^2}{2x} = -\tfrac{1}{2}$$

$$\therefore \ \rho = \tfrac{1}{2}.$$

**द्वितीय विधि :**

**प्रत्यक्ष विधि से**—हमें प्राप्त है

$$x^2 + 2xy + y^2 + x = 0.$$

$\therefore$ अवकलन से,

$$2x\frac{dx}{dy} + 2x + 2y\frac{dx}{dy} + 2y + \frac{dx}{dy} = 0. \qquad (6)$$

$\therefore$ मूलबिन्दु पर, $\dfrac{dx}{dy} = 0,$

और (6) के अवकलन से,

$$2\left(\frac{dx}{dy}\right)^2+2x\frac{d^2x}{dy^2}+2\frac{dx}{dy}+2\frac{dx}{dy}+2y\frac{d^2x}{dy^2}+2+\frac{d^2x}{dy^2}=0.$$

∴ मूलबिन्दु पर,

$$\frac{d^2x}{dy^2}=-2.$$

अतः, वक्रता त्रिज्या

$$=\frac{\left\{\left(\frac{dx}{dy}\right)^2\right\}^{3/2}}{\frac{d^2x}{dy^2}}=\tfrac{1}{2}.$$

**तृतीय विधि :**

**मैक्लारिन प्रमेय से—** यदि

$$x=\frac{qy^2}{2!}+\frac{ry^3}{3!}+\ldots$$

तो $\left(\frac{qy^2}{2!}+\ldots y\right)^2+\frac{qy^2}{2!}+\ldots=0,$

अर्थात, $\left(1+\frac{q}{2}\right)y^2+y$ के उच्चतर घात$=0.$

$\therefore\ q=-2.$

$$\text{अतः } \rho=\frac{\{1+p^2\}^{2/2}}{q}=\tfrac{1}{2}.$$

## प्रश्नावली (14.3)

निम्नलिखित वक्रों की, मूलबिन्दु पर की त्रिज्या, निकालो :—

(1) $y=x^4-4x^3-18x^2+5$

(2) $y^2=x^2(a+x)/(a-x)$

(3) $ax^2+2hxy+by^2+2gx+2fx+c=0.$

(4) $x^3+y^3=3\,axy.$

(5) $x^2+y^2+3x+4y=0.$

(6) $(x-y)^2+2x=0.$

(7) $y^2=4x.$

(8) $(x+y)^3+3(x+y)^2-3xy+3(x+y)=0.$

(9) $a_1x+a_2y+b_1x^2+b_2xy+b_3y^2+c_1x^3+\ldots\ldots=0.$

(10) यदि वक्र का समीकरण

$$x=a\log\{s+\sqrt{(a^2+s^2)}\},$$
$$y=\sqrt{a^2+s^2}$$

हो तो वक्रता की त्रिज्या का मान निकालो।

(11) वक्र $(x+y)^2+2y=0$ की, मूलबिन्दु पर की, वक्रता त्रिज्या निकालो।

(12) निम्नलिखित वक्रों के लिए सिद्ध करो कि यदि

(i) $y=a\cos^m\psi$ तो $\rho=m\times$ (अभिलंब)

(ii) $y=a\,e^{m}\,\psi$ तो $\rho=m\times$ (स्पर्शी)

14.10 **कोणीय वक्र $r=f(\theta)$**

यहाँ हमें $\frac{ds}{d\psi}$ का मान $r$ और उसके अवकलनों के पदों में निकालना है।

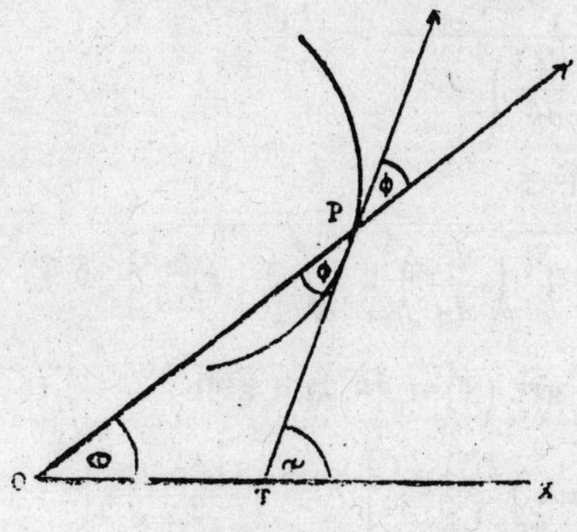


आकृति (14.7)

हमें प्राप्त है :

$\psi=\theta+\phi.$

$$\therefore \frac{d\psi}{ds}=\frac{d\theta}{ds}+\frac{d\phi}{ds}=\frac{d\theta}{ds}+\frac{d\phi}{d\theta}\cdot\frac{d\theta}{dS}$$

$$=\frac{d\theta}{ds}\left(1+\frac{d\phi}{d\theta}\right). \quad (1)$$

अब, हम जानते हैं कि

$$\tan\phi=r\frac{d\theta}{dr}=\frac{r}{\frac{dr}{d\theta}}.$$

$$\text{अतः } \sec^2\phi\ \frac{d\phi}{d\theta}=\frac{\frac{dr}{d\theta}\cdot\frac{dr}{d\theta}-r.\ \frac{d^2r}{d\theta^2}}{\left(\frac{dr}{d\theta}\right)^2}$$

$$=\frac{r_1^{\,2}-rr_2}{r_1^{\,2}}$$

$$\therefore \frac{d\phi}{d\theta}=\frac{r_1^{\,2}-rr_2}{(1+\tan^2\phi)r_1^{\,2}}=\frac{r_1^{\,2}-rr_2}{\left[1+r^2\left(\frac{d\theta}{dr}\right)^2\right]\left(\frac{dr}{d\theta}\right)^2}$$

$$=\frac{r_1^{\,2}-rr_2}{\left(\frac{dr}{d\theta}\right)^2+r^2}=\frac{r_1^{\,2}-rr_2}{r^2+r_1^{\,2}}. \quad (2)$$

इसके अतिरिक्त

$$\frac{ds}{d\theta}=\sqrt{r^2+\left(\frac{dr}{d\theta}\right)^2}=\sqrt{r^2+r_1^{\,2}} \quad \left[\ \S\ 12.10\ (2)\ \right] \quad (3)$$

(1), (2) और (3) से हमें प्राप्त होगा

$$\frac{d\psi}{ds}=\frac{1}{\sqrt{r^2+r_1^{\,2}}}\left[1+\frac{r_1^{\,2}-rr_2}{r^2+r_1^{\,2}}\right]$$

$$=\frac{r^2+2r_1^{\,2}-rr_2}{(r^2+r_1^{\,2})^{2/2}}$$

$$\therefore \rho = \frac{(r^2+r_1^2)^{3/2}}{r^2+2r_1^2-r_2} \tag{4}$$

**उपप्रमेय**—यदि हम $r=\frac{1}{u}$ रक्खें तो

$$\frac{dr}{d\theta} = -\frac{1}{u^2} \frac{du}{d\theta}$$

$$\frac{d^2r}{d\theta^2} = \frac{2}{u^3}\left(\frac{du}{d\theta}\right)^2 - \frac{1}{u^3}. \frac{d^2u}{d\theta^2}.$$

अतः, (4) में प्रतिस्थापित करने से,

$$\rho = \frac{\left[\frac{1}{u^2}+\frac{1}{u^4}u_1^2\right]^{\frac{3}{2}}}{\frac{1}{u^2}+\frac{2}{u^4}u_1^2-\frac{1}{u}\left(\frac{2}{u^3}u_1^2-\frac{1}{u^2}u_2\right)}$$

$$= \frac{(u^2+u_1^2)^{\frac{3}{2}}}{u^3(u+u'')}. \tag{5}$$

**टिप्पणी**—यदि $r^2+2r_1^2-rr_2=0$,

अर्थात $u+u''=0$

तो सूत्र (4) और (5) विफल हो जाते हैं।

**14.11 पदिक समीकरणों के लिये सूत्र**—

आकृति (14.7) से, $\psi=\theta+\phi$

$$\therefore \frac{1}{\rho} = \frac{d\psi}{ds} = \frac{d\theta}{ds}+\frac{d\phi}{ds} = \frac{d\theta}{ds}+\frac{d\phi}{dr}.\frac{dr}{ds}$$

$$= \frac{1}{r}\sin\phi+\cos\phi\frac{d\phi}{dr} \qquad [\S\ 12.12\ (3), (4)]$$

$$= \frac{1}{r}\left(\sin\phi+r\cos\phi\frac{d\phi}{dr}\right) = \frac{1}{r}.\frac{d}{dr}\left(r\sin\phi\right)$$

$$= \frac{1}{r}.\frac{dp}{dr}. \qquad [\S\ 12.8\ (1)]$$

$$\therefore \rho = r\frac{dr}{dp}. \tag{1}$$

**उदाहरण**—वक्र $r^m = a^m \cos m\theta$

की वक्रता त्रिज्या निकालो ।

(पटना १९५०, का० हि० वि० १९५२)

**पहली विधि**—लघुगणकीय अवकलन से,

$$\frac{m}{r} \quad \frac{dr}{d\theta} = -\frac{m \sin m\theta}{\cos m\theta}$$

$$\therefore r_4 = \frac{dr}{d\theta} = -r \tan m\theta.$$

$$\text{अतः, } r_2 = \frac{d^2r}{d\theta^2}$$

$$= -r\, m \sec^2 m\theta - \tan m\theta \quad \frac{dr}{d\theta}$$

$$= -r\, m \sec^2 m\, \theta + r \tan^2 m\theta.$$

$$\therefore \rho = \frac{[\, r^2 + r^2 \tan^2 m\, \theta\, ]^{3/2}}{r^2 + 2r^2 \tan^2 m\, \theta - r\, (-r\, m \sec^2 m\, \theta + r \tan^2 m\, \theta)}$$

[ § 14.10 (4)]

$$= \frac{r^3 \sec^3 m\, \theta}{r^2 \sec^2 m\, \theta + m\, r^2 \sec^2 m\, \theta}$$

$$= \frac{r}{(m+1) \cos m\, \theta} = \frac{1}{m+1}. \quad \frac{a^m}{r^{m-1}}.$$

**दूसरी विधि**— § 12.9 के उदाहरण (2) से, उपर्युक्त वक्र का पदिक समीकरण यह है :

$$pa^m = r^{m+1}.$$

$$\therefore \text{ अवकलन से, } \quad \frac{dp}{dr} = \frac{m+1}{a^m} r^m.$$

$$\text{अतः } \rho = r \ \frac{dr}{dp} = \frac{ra^m}{m+1} \quad \frac{1}{rm}$$

$$= \frac{1}{m+1} \quad \frac{a^m}{r_{m\,,\,1}}$$

## 14.12 स्पर्श कोणीय रूप ((Tangential Polar Form)

हमें प्राप्त है :

$$\frac{dp}{d\psi} = \frac{dp}{dr} \cdot \frac{dr}{ds} \cdot \frac{ds}{d\psi}$$

$$= \frac{dp}{dr} \cos \phi \cdot r \frac{dr}{dp} \text{ [§12.12 (3) और §14.11 (1)]}$$

$$= r \cos \phi. \qquad (1)$$

और हम जानते हैं कि $p = r \sin \phi.$ (2)

∴ वर्गित करके जोड़ने से,

$$p^2 + \left(\frac{dp}{d\psi}\right)^2 = r^2.$$

अब, अवकलन से,

$$2r \frac{dr}{dp} = 2p + 2\frac{dp}{d\psi} \cdot \frac{d^2p}{d\psi^2} \cdot \frac{d\psi}{dp}.$$

$$\therefore \rho = r \frac{dr}{dp} = p + \frac{d^2p}{d\psi^2}. \qquad (3)$$

### प्रश्नावली (14.4)

निम्नलिखित वक्रों के लिए बिन्दु $(r, \theta)$ पर की वक्रता त्रिज्या निकालो :

(1) $r = a \sec \left\{ \frac{\sqrt{r^2 - a^2}}{a} - \theta \right\}$

(2) $r = ae^{\theta \cot a}.$

(3) $r = a(1 - \cos \theta).$

(4) $r = a\theta.$

(5) $r = a^{\theta}.$

(6) $r = a \cos \theta.$

(7) $r(1 + \cos \theta) = a.$

(8) $r = a + b \cos \theta.$

(9) वक्र $r = a \sin n\theta$ के लिए मूलबिन्दु पर वक्रता की त्रिज्या का मान निकालो ।

(10) हृदयाम

$$r = a\,(1+\cos\theta)$$

को किसी जीवा, जो ध्रुव से होकर जाती है, के सिरों पर वक्रता की त्रिज्याओं के मान $\rho_1$ और $\rho_2$ हैं। तो सिद्ध करो कि

$$\rho_1^2+\rho_2^2 = \frac{16\,a^2}{9}.$$

निम्नलिखित वक्रों के बिन्दु ( $p$, $r$ ) पर वक्रता की त्रिज्या का मान निकालो :

(11) $pr = a^2$.

(12 $\dfrac{1}{p^2} = \dfrac{1}{a^2}+\dfrac{1}{b^2}-\dfrac{r^2}{a^2\,b^2}$.

(13) $r^3 = a^2 p$.

(14) $p^2 = \dfrac{r^4}{r^2+a^2}$.

(15) $r^3 = 2\,ap^2$.

(16) वक्र $p = \dfrac{r^{n+1}}{a^n}$ में सिद्ध करो कि वक्रता त्रिज्या सदिश त्रिज्या के $(n-1)$th घात की समानुपाती है। (पटना 1935)

(17) यदि वक्र का समीकरण

$p = a\sin\psi\cos\psi$

हो तो वक्रता की त्रिज्या का मान निकालो।

(18) वक्रों

(i) $p = a\,(1+\sin\psi)$ और (ii) $p = a\,\text{cosec}\,\psi$

के किसी बिन्दु पर वक्रता की त्रिज्या का मान ज्ञात करो।

(19) सिद्ध करो कि वक्रों $r = a\,\theta$ और $r\theta = a$ के कटान बिन्दुओं पर वक्रों की वक्रता 1 : 3 के अनुपात में हैं।

(20) यदि वक्र का समीकरण $r = f(\theta)$ हो और यदि $u = \dfrac{1}{r}$ हो तो सिद्ध करो कि

$$\text{वक्रता} = \left( \frac{d^2u}{d\theta^2} + u \right) \sin^3\phi.$$

इस सूत्र के द्वारा अथवा किसी और विधि से सिद्ध करो कि

$$\text{वक्रता} = \frac{1}{r} \cdot \frac{dp}{dr}$$

(21) दीर्घवृत्त $p^2 = a^2 \cos^2\psi + b^2 \sin^2\psi$

की वक्रता की त्रिज्या का मान ज्ञात करो।

14.13 वक्रता जीवा

(i) मान लीजिये कि बिन्दु $P$ वाले वक्रता वृत्त का व्यास $PN$ है।

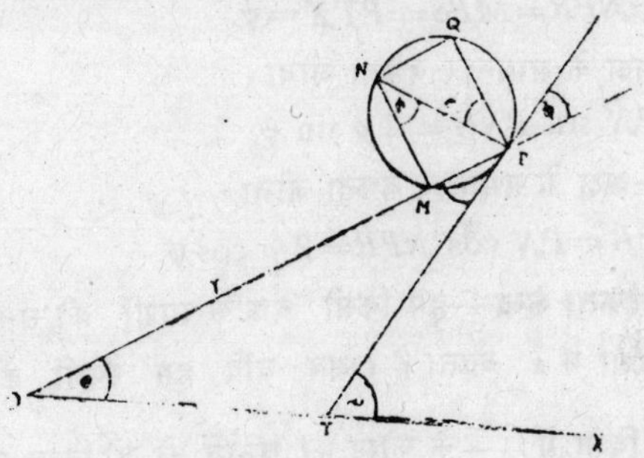


आकृति (14.8)

यदि $OP$ वृत्त से $M$ पर मिलती है तो $PM$ को हम आदि बिन्दु के मध्येन खींची गई वक्रता जीवा कहेंगे।

स्पष्ट है कि

$MNP = NPQ = OPT = \phi.$

$\therefore\ MP = NP \sin MNP = 2\rho \sin\phi.$

$PQ$ बिन्दु $P$ की वह वक्रता जीवा है जो सदिश त्रिज्या पर लम्ब है।

और $PQ = PN \cos NPQ \quad 2\rho \cos\phi.$

(ii) मान लीजिये कि बिन्दु $P$ वाले वक्रता वृत्त का व्यास $PN$ है और $PQ$, $PR$ उक्त वृत्त की जीवायें हैं क्रमशः $x$ और $y$-अक्ष के समान्तर।

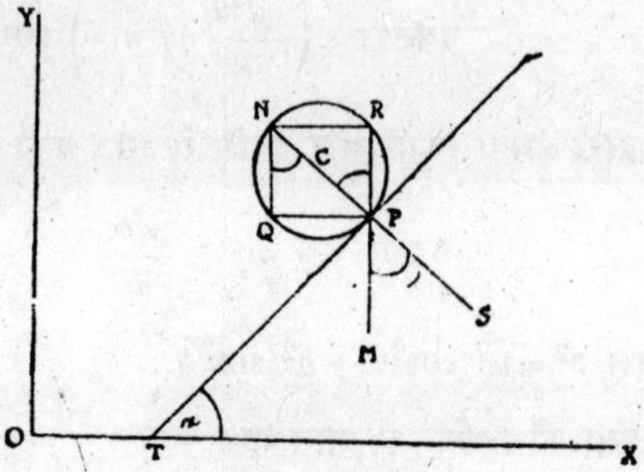


आकृति (14.9)

तो स्पष्ट है कि

$PNQ = NPR = MPS = PTX = \psi$.

$\therefore$ $x$-अक्ष के समान्तर वक्रता जीवा

$PQ = PN \sin PNQ = 2\rho \sin \psi$

और $y$-अक्ष के समान्तर वक्रता जीवा

$PR = PN \cos NPR = 2\rho \cos \psi$

14.14 **वक्रता केन्द्र**—हम किसी वक्र के स्पर्शी की धन दिशा उस दिशा को मानते हैं जिस दिशा में $x$ बढ़ता है। अब यदि हम स्पर्शी को **वामावर्त (Anti-clockwise)** दिशा में $\frac{\pi}{2}$ के कोण पर घुमायें तो जो दिशा प्राप्त होगी, उस दिशा को हम अभिलम्ब की धन दिशा मानेंगे।

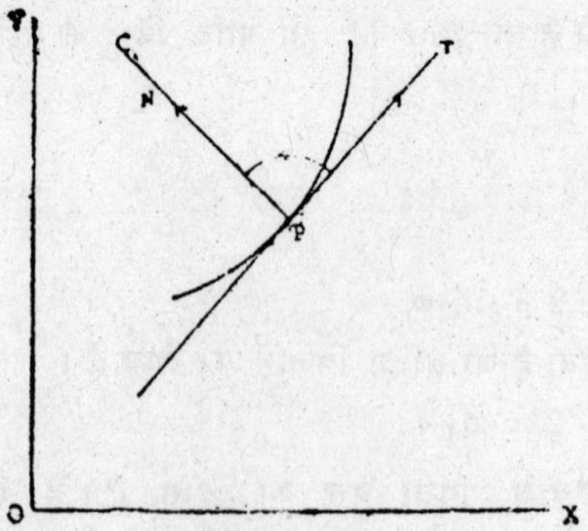


आकृति (14.10)

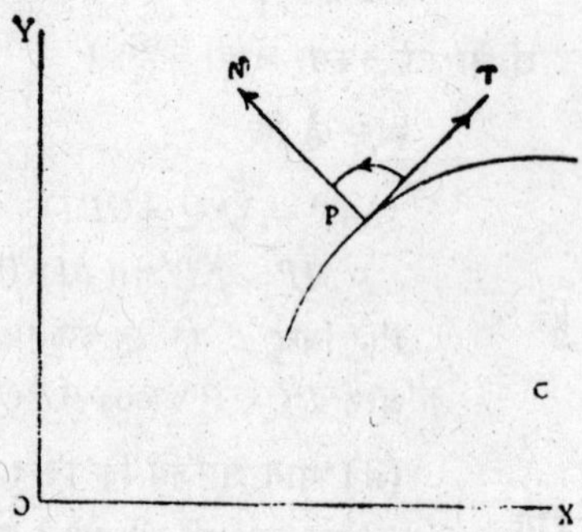


आकृति (14.11)

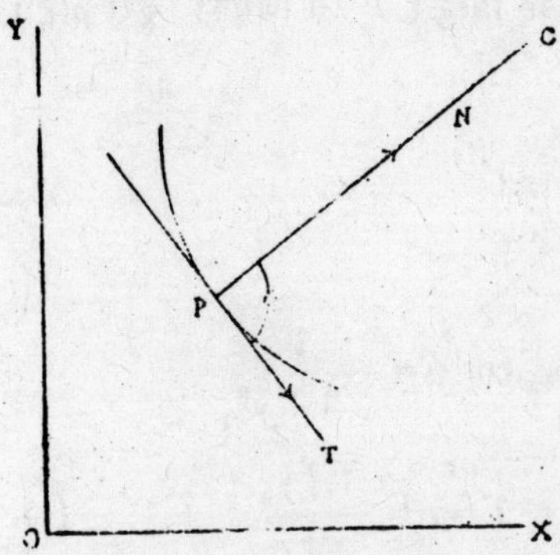


आकृति (14.12)

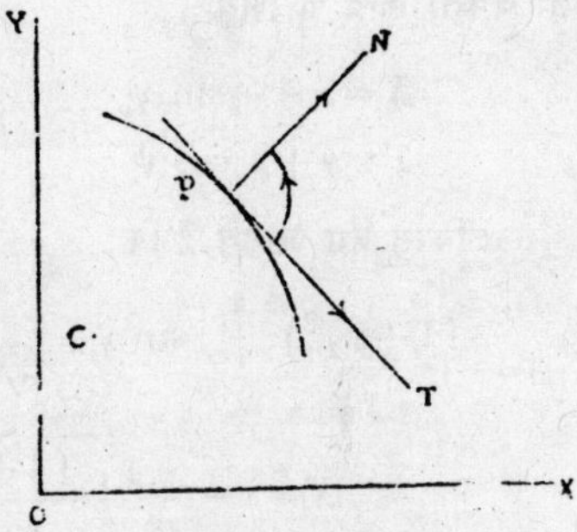


आकृति (14.13)

इस समस्त आकृतियों को देखने से पता चलता है कि $C$ सदैव वक्र के 'अन्दर' की ओर रहेगा। अर्थात $C$ वक्र की उस दिशा में रहेगा जिस दिशा में वक्र अन्दर धसा हुआ हो। अगले किसी अध्याय में हम इस दिशा को वक्र का अवतल पक्ष (Concave side) कहेंगे। दूसरी दिशा को **उत्तल पक्ष (Convex side)** कहेंगे।

14.15 **वक्रता केन्द्र के निर्देशांक**—मान लीजिए कि वक्र $y=f(x)$ है।

यदि बिन्दु $P\ (x, y)$ वाला स्पर्शी $x$-अक्ष से कोण $\psi$ बनाता है तो अभिलम्ब $x$—अक्ष से कोण $\left(\frac{\pi}{2}+\psi\right)$ बनायेगा।

अतः, अभिलम्ब के समीकरण

$$\frac{X-x}{\cos\left(\frac{\pi}{2}+\psi\right)}=\frac{Y-y}{\sin\left(\frac{\pi}{2}+\psi\right)}=r.$$

$$\text{अर्थात्, } \frac{X-x}{-\sin\psi}=\frac{Y-y}{\cos\psi}=r$$

हुये।

अभिलम्ब के जिस बिन्दु की दूरी $P$ से $r$ होगी, उसके निर्देशांक

$$(x-r\sin\psi,\ y+r\cos\psi)$$

होंगे।

और वक्रता केन्द्र अभिलम्ब पर स्थित वह बिन्दु है $P$ से जिसकी दूरी $\rho$ है। अतः वक्रता केन्द्र के लिये

$$X = x - \rho \sin \psi,$$
$$Y = y + \rho \cos \psi.$$

किन्तु हम जानते हैं कि

$$\rho = \frac{(1+y_1^2)^{3/2}}{y_2}, \quad \sin \psi = \frac{y_1}{\sqrt{1+y_1^2}}, \cos \psi = \frac{1}{\sqrt{1+y_1^2}}.$$

$$\therefore X = x - \frac{y_1(1+y_1^2)}{y_2}, \quad Y = y + \frac{1+y_1^2}{y_2} \qquad (1$$

**14.16 ज्यामितीय विधि**--आकृति (14.14) में, यदि $C$ वक्रता केन्द्र है तो

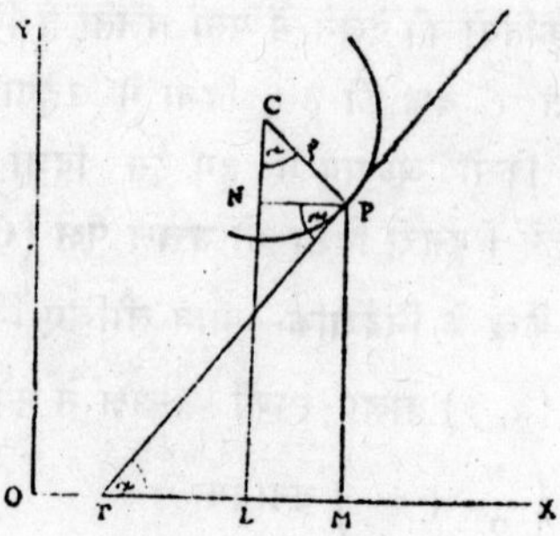


आकृति (14.14)

$$PC = \rho,$$

और $X = OL = OM - OL$

$$= OM - NP$$
$$= x - \rho \sin \psi, \qquad (1)$$
$$Y = LC = LN + NC$$
$$= MP + NC$$
$$= y + \rho \cos \psi \qquad (2)$$

इन सूत्रों में $\rho$, $\sin \psi$ और $\cos \psi$ के मान रखने से वऋता केन्द्र के निर्देशांक प्राप्त हो जायेंगे।

टिप्पणी 1—पिछले अनुच्छेद की विधि ज्यामितीय विधि से बढ़िया है, क्योंकि $C$ की भिन्न-भिन्न स्थितियों के लिये भिन्न-भिन्न आकृतियाँ बनानी होंगी जैसे 14.14 में। उनमें से कहीं पर सूत्रों (1) और (2) के पदों में धन चिन्ह लेना होगा, कहीं ऋण चिन्ह। इस प्रकार उक्त विधि में त्रुटि की सम्भावना अधिक है।

टिप्पणी 2—अब हमें वक्रता वृत्त की त्रिज्या और केन्द्र दोनों ज्ञात हो गये। अतः स्पष्ट है कि उसका समीकरण

$$(X-x)^2+(Y-y)^2=\rho^2$$

होगा।

उदाहरण—परवलय $y^2=4ax$ के किसी बिन्दु $(x, y)$ के वक्रता केन्द्र के निर्देशांक निकालो।

हमें प्राप्त है

$$2yy_1=4a, \text{ अर्थात्, } y_1=\frac{2a}{y}=\sqrt{\frac{a}{x}},$$

$$\text{और } y_2=-\tfrac{1}{2}\sqrt{a}.\ x^{-3/2}$$

$$\therefore X=x+\frac{\sqrt{\frac{a}{x}}\left(1+\frac{a}{x}\right)}{\frac{1}{2}\sqrt{a}.\ x^{-3/2}}$$

$$=x+\frac{2x\left(1+\frac{a}{x}\right)}{1}=2a+3x;$$

$$Y=2\sqrt{ax}-\frac{1+\frac{a}{x}}{\frac{1}{2}\sqrt{a}\ x^{-3/2}}$$

$$=2\sqrt{ax}-\frac{2x^{\frac{3}{2}}+2a\sqrt{x}}{\sqrt{a}}=-\frac{2x^{3/2}}{\sqrt{a}}$$

## प्रश्नावली (14.5)

(1) सिद्ध करो कि दीर्घवृत्त

$$x+a \cos t, y=b \sin t$$

के किसी बिन्दु 't' पर के वक्रता केन्द्र के निर्देशांक

$$x=\frac{a^2-b^2}{a} \cos^3 t, y=-\frac{a^2-b^2}{a} \sin^3 t$$

हैं।

(अलीगढ़, 1950)

(2) सिद्ध करो कि $\left(-\frac{x^3}{4a^2}, \quad 2a+\frac{3x^2}{4a}\right)$, परवलय

$$x^2=4ay$$

के वक्रता केन्द्र के निर्देशांक हैं।

(3) वक्र

$$r^n=a^n \cos n\theta$$

की ध्रुव से जाने वाली वक्रता जीवा निकालो।

(4) हृदयाभ

$$r=a(1+\cos\theta)$$

की, ध्रुव से होकर जाने वाली, वक्रता जीवा निकालो। (सागर 1949)

(5) वक्र $y=a \log \sec\left(\frac{x}{a}\right)$ में सिद्ध करो कि $y$-अक्ष के समान्तर खींची गई, वक्रता जीवा की लम्बाई अचर है। (लखनऊ 1949)

(6) समानकोणीय सर्पिल $r=a e^{m\theta}$ में सिद्ध करो कि ध्रुव से होकर गुजरने वाली वक्रता जीवा की लम्बाई $2r$ है।

(7) यदि वक्र $y=a e^{x/a}$ के लिए

$C_x$ और $C_y$ अक्षों के समान्तर वक्रता जीवाएँ हों तो सिद्ध करो कि

$$\frac{1}{(C_x)^3}+\frac{1}{(C_y)^2}=\frac{1}{2aC_x}.$$ (पटना 1948)

(8) परवलय के लिए सिद्ध करो कि नाभि से होकर जाने वाली वक्रता जीवा, और अक्षों के समान्तर वक्रता जीवा, उस बिन्दु से नाभि की दूरी की चार गुनी है। (बनारस 1943, राजपूताना 1953)

(9) सिद्ध करो कि वक्र $r^n = a^n \cos n\theta$ के वक्रता केन्द्र से ध्रुव की दूरी

$$\frac{[a^{2n}+(n^2-1)\, r^{2n}]^{1/2}}{(n+1)\, r^{n-1}}$$ है।

(10) वक्र $y = c \cosh (x/c)$ के लिए, सिद्ध करो कि वक्रता केन्द्र के निर्देशांक

$$X = x - y\left\{\left(\frac{y^2}{c^2}\right) - 1\right\}^{1/2},\ Y = 2y,$$

हैं।

(11) वक्र $p = f(r)$ के लिए सिद्ध करो कि ध्रुव से होकर जाने वाली वक्रता जीवा $\frac{2f(r)}{f'(\ )}$ है। (उत्कल 1949)

(12) वक्र $y = c \cosh (x/c)$ में सिद्ध करो कि $y$-अक्ष के समान्तर वक्रता जीवा, कोटि की दूनी है।

(13) दीर्घवृत्त $\frac{x^2}{a^2} + \frac{y^2}{b^2} = 1$ के किसी बिन्दु पर वक्रता केन्द्र के निर्देशांक निकालो।

(14) यदि परवलय

$$\sqrt{x} + \sqrt{y} = \sqrt{a}$$

के किसी बिन्दु $(x, y)$ पर वक्रता केन्द्र के निर्देशांक $(\alpha, \beta)$ हों तो सिद्ध करो कि

$$\alpha + \beta = 3\,(x+y).$$

(15) यदि वक्र $y = c \cosh (x/c)$ के लिए अक्षों के समान्तर वक्रता जीवा के मान $C_x$ और $C_y$ हों तो सिद्ध करो कि

$$4c^2\,(C_x^2 + C_y^2) = C_y^4.$$

(16) वक्र $p \quad ae^{br}$ में सिद्ध करो कि ध्रुव से होकर जाने वाली वक्रता जीवों की लम्बाई अचर है !

(17) सिद्ध करो कि चक्रज के बिन्दुओं पर के वक्रता केन्द्र के निर्देशांक एक समान चक्रज पर स्थित है।

(पटना, पूरक परीक्षा 1944)

(18) यदि वक्र $y^3 = a^2x$ के वक्रता केन्द्र के निर्देशांक $\alpha$ और $\beta$ हों तो सिद्ध करो कि

$$\alpha = \frac{a^4 + 15y^4}{6\,a^2y},\ \beta = \frac{a^4y - 9y^5}{2\,a^4}.$$

(19) सिद्ध करो कि परवलय

$$y = mx + \frac{x^2}{a}$$

में मूलबिन्दु पर की, $y$-अक्ष के समान्तर वक्रता जीवा की लम्बाई

$$(1+m^2)a$$

है और वक्रता वृत्त का समीकरण

$$x^2 + y^2 = (1+m^2)\,a\,(y - m\,x)$$ है ।

(20) सिद्ध करो कि परवलय $y^2 = 4ax$ के बिन्दु $(am^2, 2am)$ पर के वक्रता वृत्त का समीकरण

$$x^2 + y^2 - 6\,am^2x - 4\,ax + 4\,am^3y = 3\,a^2m^4$$

है । (दिल्ली ऑनर्स 1957, मद्रास 1947)

# अध्याय १५

# उच्चिष्ठ और निम्निष्ठ

## (Maxima & Minima)

15.1 **विषय-प्रवेश**—'उच्चिष्ठ' और 'निम्निष्ठ' के सामान्य अर्थ हैं 'सबसे ऊंचा और सबसे नीचा।'

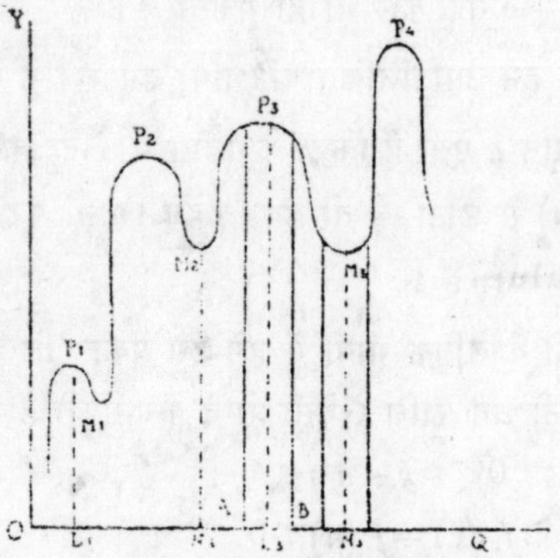


आकृति (15.1)

तनिक संलग्न आकृति पर विचार कीजिये। स्पष्ट दिखाई देता है कि दिया हुआ वक्र बिन्दुओं $P_1, P_2, P_3, P_4$ पर 'ऊपर उठा हुआ' है और बिन्दुओं $M_1$, $M_2, M_3$ पर 'नीचे धँसा हुआ' है।

मान लीजिये कि हम पहले प्रकार के बिन्दुओं में से एक $P_3$ ले लें। मान लीजिये कि $P_3 L_3 \perp$ $x$-अक्ष।

$L_3$ के बायीं ओर एक बिन्दु $A$ और दाहिनी ओर एक बिन्दु $B$ लीजिये। मान लीजिये कि

$$AL_3 + L_3B = \delta,$$

जिसमें $\delta$ एक छोटी सी धन राशि है।

अब स्पष्ट है कि यदि हम छोटे अन्तराल $AB$ में ($L_3$ को छोड़कर) कोई अन्य बिन्दु लें और उस पर लम्ब डालें, जिसे वक्र तक बढ़ा दें तो उक्त लम्ब $L_3P_3$

से छोटा रहेगा। यों समझिये कि यदि हम $P_3$ के समीप के उन बिन्दुओं पर विचार करें जिससे डाले गये लम्ब $AB$ के अन्दर पड़ें तो $P_3\ L_3$ ऐसे समस्त लम्बों में से सबसे बड़ा होगा। अतएव, इस छोटे अन्तराल में $P_3$ वास्तव में उच्चिष्ठ बिन्दु है।

यदि $OL_3 = c$ और वक्र का समीकरण

$$y = f(x)$$

है तो

$$P_3\ L_3 = f(c)$$

अतएव, $f(c) > f(c+h)$,

अर्थात्, $f(c+h) - f(c) < 0$,

जिसमें $h$ का मान $-\delta$ से $+\delta$ तक कुछ भी हो सकता है।

संकेतन बदल कर हम उपरिलिखित परिभाषा इस रूप में दे सकते हैं :

यदि $x$ का एक मान $a$ ऐसा है कि $a$ के पड़ोस में $x$ के किसी भी अन्य मान के लिये $f(x)$ का मान $f(a)$ से छोटा है तो हम कहेंगे कि $a$ पर $f(x)$ का **उच्चिष्ठ मान (Maximum Value)** है।

इसी परिभाषा को वैश्लेषिक भाषा में हम इस प्रकार लिख सकते हैं :

यदि हम एक छोटी धन राशि $\epsilon$ ऐसी प्राप्त कर सकते हैं कि यदि

$$0 < | x - a | < \epsilon \qquad (1)$$

तो $$f(x) - f(a) < 0, \qquad (2)$$

तो हम कहेंगे कि $a$ पर $f(x)$ का उच्चिष्ठ मान है।

इसी प्रकार हम निम्निष्ठ मान (Minimum Value) की परिभाषा दे सकते हैं :

यदि $x$ का एक मान $a$ ऐसा है कि $a$ के पड़ोस में $x$ के किसी भी अन्य मान के लिये $f(x)$ का मान $f(a)$ से बड़ा है, तो हम कहेंगे कि $a$ पर $f(x)$ का **निम्निष्ठ मान (Minimum Value)** है।

इस परिभाषा का वैश्लेषिक रूप यह होगा :

यदि हम एक छोटी धन राशि $\epsilon$ ऐसी प्राप्त कर सकते हैं कि

यदि $$0 < |x - a| < \epsilon$$

तो $$f(x) - f(a) > 0, \qquad (3)$$

तो हम कहेंगे कि $a$ पर $f(x)$ का निम्निष्ठ मान है।

**टिप्पणी 1**—(1) में हमने $0 < |x-a|$ लिया है, $\leqslant 0 \; |x-a|$ नहीं लिया है, क्योंकि यदि $x$ को बिन्दु $a$ पर ही लेंगे तो असमता (2) समता में परिणत हो जायगी।

**टिप्पणी 2**—वास्तव में बिन्दु ही उच्चिष्ठ और निम्निष्ठ होते हैं किन्तु साहचर्य के कारण फलन के मानों को भी उच्चिष्ठ और निम्निष्ठ की संज्ञायें दी जाती हैं।

**टिप्पणी 3**—फलन के मानों को हम 'महत्तम' और 'लघुतम' भी कह सकते थे, किन्तु यह बात ध्यान देने योग्य है कि यह शब्द तभी लागू होंगे जब हम बहुत छोटे अन्तरालों पर ही विचार करें। आकृति (15.1) में अन्तराल $OQ$ में कई उच्चिष्ठ और कई निम्निष्ठ मान हैं। इतना ही नहीं, निम्निष्ठ मान दूसरे उच्चिष्ठ मान से भी बड़ा हो सकता है जैसे $M_2$ (निम्निष्ठ) पर $f(x)$ का मान $P_1$ (उच्चिष्ठ) पर के मान से बड़ा है।

**टिप्पणी 4**—उच्चिष्ठ और निम्निष्ठ दोनों को मिलाकर **चरम मान** (**Extreme Value** अथवा **Extremum**) भी कहते हैं।

15.2 **चरम मानों के लिये आवश्यक अनुबन्ध**—$f(x)$ का $x=c$ पर **चरम** मान होने के लिये यह आवश्यक है कि

$$f'(c)=0.$$

मान लीजिये कि $f(x)$ का एक उच्चिष्ठ मान $f(c)$ है।

तो $c$ का एक पड़ोस $(c-\delta, c+\delta)$ ऐसा होगा कि यदि इसमें $(c+h)$ कोई बिन्दु है तो

$$f(c+h) < f(c).$$

इस असमता में $h$ धनात्मक भी हो सकता है, ऋणात्मक भी।

$$\text{यदि } h>0 \text{ तो } \frac{f(c+h)-f(c)}{h} < 0 \tag{1}$$

$$\text{यदि } h<0 \text{ तो } \frac{f(c+h)-f(c)}{h} > 0 \tag{2}$$

यदि $h$ धन मानों में से होकर शून्य हो जाता है तो

$$f'(c) \leqslant 0 \tag{3}$$

और यदि $h$ ऋण मानों में से होकर शून्य होता है तो

$$f'(c) \geqslant 0 \tag{4}$$

(3) और (4) तभी साथ-साथ सत्य हो सकते हैं जब

$$f'(c) = 0. \tag{5}$$

इसी प्रकार हम $f(x)$ के निम्निष्ठ मान के लिये भी (5) को सिद्ध कर सकते हैं।

टिप्पणी (i) इस साध्य का ज्यमितीय अर्थ यह है कि "वक्र के किसी भी चरम बिन्दु पर स्पर्शी $x$-अक्ष के समान्तर होता है।"

आकृति (15.1) से यह बात स्पष्ट हो जाती है।

(ii) चरम मान के लिये अनुबन्ध $f'(c)=0$ आवश्यक है किन्तु पर्याप्त नहीं है।

उदाहरणार्थ, फलन

$$f(x) = 5\ (x-2)^3$$

पर विचार कीजिये।

यहाँ $f'(x) = 15\ (x-2)^2$

अत: $f'(2) = 0.$

और $f(2) = 0$

अब, यदि $x > 2$ तो $f(x) > 0$,

अर्थात, $f(x) > f(2)$.

और यदि $x < 2$ तो $f(x) < 0$,

अर्थात, $f(x) < f(2)$.

इस प्रकार हम देखते हैं कि $x=2$ पर $f'(x)=0$; फिर भी उक्त बिन्दु पर $f(x)$ का चरम मान नहीं है।

**टिप्पणी** (iii) यदि $x=c$ पर $f'(x)=0$ तो हम कहते हैं कि उक्त बिन्दु पर $f(x)$ का **स्तब्ध मान (Stationary Value)** है। भाषा में 'स्तब्ध' का प्रयोग तब होता है जब कोई बोलते-बोलते चुप हो जाय। यह बात आकृति से स्पष्ट हो जायगी कि किसी फलन $f(x)$ का स्तब्ध मान तब आता है जब $f'(x)$ की वृद्धि की दर शून्य हो जाय।

स्पष्ट है कि चरम मान स्तब्ध मान भी होते हैं किन्तु इसका विलोम सत्य नहीं है।

टिप्पणी (iv) स्पष्ट है कि किसी अन्तराल में किसी फलन के अधिकतम और न्यूनतम मान या तो उनमें से होंगे जिनके लिये $f'(x)=0$ या छोर बिन्दुओं $a$, $b$ पर होंगे।

उदाहरण—फलन

$$f(x)=9x^4-8x^3-18x^2+24x+4$$

के अन्तराल (0,3) में अधिकतम और न्यूनतम मान निकालो।

यहाँ $f'(x)=36x^3-24x^2-36x+24$

$$=12(x-1)(x+1)(3x-2)$$

$\therefore f'(x)=0$ यदि $x=1,-1$ अथवा $\frac{2}{3}$

बिन्दु $x=-1$ तो दिये हुये अन्तराल में है नहीं।

अत: $f(x)$ के अधिकतम और न्यूनतम मान इन

$$f(1), f(\tfrac{2}{3}), f(0), f(3)$$

में से ही कोई हो सकते हैं।

अब, $f(0)=4$,

$$f(\tfrac{2}{3})=\frac{308}{27}$$

$$f(1)=11$$

$$f(3)=427$$

अत: फलन का अधिकतम मान 427 और न्यूनतम मान 4 है।

## प्रश्नावली (15.1)

(1) $x$ के किन मानों के लिए फलन

$$f(x)=2x^3-21x^2+36x-20$$

उच्चिष्ठ और निम्निष्ठ मान ग्रहण करता है ?

फलन के उच्चिष्ठ और निम्निष्ठ मान भी निकालो।

(म० प्र०, 1936)

(2) फलन

$$f(x)=\frac{x^2-7x+6}{x-10}$$

$x$ के किन मानों के लिए उच्चिष्ठ और निम्निष्ठ मान ग्रहण करता है ? उक्त मान भी निकालो। (म० प्र० 1939)

(3) सिद्ध करो कि निम्नलिखित फलनों के न तो कोई उच्चिष्ठ मान हैं और न निम्निष्ठ :

(i) $\dfrac{ax+b}{cx+d}$ (ii) $\dfrac{\sin(x+a)}{\sin(x+b)}$ (iii) $2x^3-6x^2+18x+5.$

(iv) $x^5-10x^3+50x+75.$

(4) $x=0$ पर निम्नलिखित फलनों की, उच्चिष्ठ और निम्निष्ठ मानों के लिए, जाँच करो :

(i) $\sin x - x + \dfrac{x^3}{3!} - \dfrac{x^5}{5!}.$

(ii) $\cos x - 1 + \dfrac{x^2}{2!} - \dfrac{x^4}{4!}.$

(5) फलन $f(x)=x^4-4x^3-2x^2+12x+4$

के अंतराल $(-1, 4)$ में उच्चिष्ठ और निम्निष्ठ मान निकालो।

(6) सिद्ध करो कि फलन $x^5-5x^4+5x^3-1$ का उच्चिष्ठ मान $x=1$ पर है, और जब $x=3$ है तो निम्निष्ठ है, तथा $x=0$ पर न तो उच्चिष्ठ है और न निम्निष्ठ।

(7) अंतराल $(0,1)$ में फलन

$$3x^4-2x^3-6x^2+6x+3$$

के उच्चिष्ठ और निम्निष्ठ मान निकालो।

15.3 **चरम मानों के लिये पर्याप्त अनुबन्ध**—इस साध्य के दो भाग हैं :

(क) $f(x)$ का $c$ पर चरम मान हो, इसके लिये आवश्यक और पर्याप्त अनुबन्ध यह है कि $c$ पर $f'(x)$ का चिन्ह परिवर्तन हो;

(ख) यदि उक्त चिन्ह धन से ऋण हो जाता है तो $f(c)$ एक उच्चिष्ठ मान है; और यदि चिन्ह ऋण से धन हो जाता है तो निम्निष्ठ मान है।

**दशा** (1) मान लीजिये कि $x=c$ पर $f'(x)$ का चिह्न धन से ऋण हो जाता है।

$c$ के वाम पक्ष के पड़ोस $(c-\delta, c)$ में $f'(x)$ धनात्मक है। अतः उक्त पड़ोस में $f(x)$ **एकदिष्ट वर्धमान (Montonically increasing)** है।

अतएव, इस पड़ोस में $f(x)$ का महत्तम मान $f(c)$ है,

अर्थात, $f(x) < f(c)$ यदि $c-\delta \leqslant x < c$. (1)

$c$ के दक्षिण पक्ष के पड़ोस $(c, c+\eta)$ में $f'(x)$ ऋणात्मक है। अतः उक्त पड़ोस में $f(x)$ एकदिष्ट ह्रासमान (**Monotonically decreasing**) है

अतएव, इस पड़ोस में भी $f(x)$ का महत्तम मान $f(c)$ ही है,

अर्थात, $f(x) < f(c)$ यदि $c < x \leqslant c+\eta$ (2)

(1) और (2) से स्पष्ट है कि $f(x)$ का एक उच्चिष्ठ मान $f(c)$ है।

**दशा** (2) मान लीजिये कि $x=c$ पर $f'(x)$ का चिह्न ऋण से धन हो जाता है।

उपरिलिखित की भाँति हम सिद्ध कर सकते हैं कि $f(x)$ का उक्त बिन्दु के पड़ोस में, लघुतम मान $f(c)$ है।

अतः $f(x)$ का एक निम्निष्ठ मान $f(c)$ है।

**दशा** (3) यदि $x=c$ पर $f'(x)$ का चिह्न परिवर्तित न हो तो या तो उक्त चिह्न $c$ के पड़ोस $(c-\delta, c+\eta)$ में धनात्मक ही रहेगा, या ऋणात्मक ही। अतः उक्त समस्त पड़ोस में या तो $f(x)$ एकदिष्ट वर्धमान रहेगा या एकदिष्ट ह्रासमान। ऐसी दशा में $f(c)$ फलन $f(x)$ का चरम मान नहीं हो सकता।

**ज्यामितीय अर्थ**—यदि बिन्दु $P$ पर $f(x)$ का उच्चिष्ठ (निम्निष्ठ) मान है तो $P$ के बाईं ओर वक्र पर डाला गया स्पर्शी $x$-अक्ष से न्यून कोण (अधिक कोण) बनायेगा और $P$ के दाहिनी ओर वक्र पर डाला गया स्पर्शी $x$-अक्ष से अधिक कोण (न्यून कोण) बनायेगा।

यदि $P$ के दोनों ओर के स्पर्शी $x$-अक्ष से न्यून कोण (अधिक कोण) बनाते हैं तो $P$ पर $f(x)$ का न तो उच्चिष्ठ मान होगा न निम्निष्ठ मान।

**उदाहरण**—फलन

$$12x^5-45x^4+40x^3+6$$

के चरम बिन्दुओं की स्थिति और प्रकार का पता चलाओ।

(का० हि० वि० 1952)

हमें प्राप्त है

$$f(x)=12x^5-45x^4+40x^3+6$$

$$\therefore f'(x) = 60\ x^4 - 180\ x^3 + 120\ x^2$$
$$= 60\ x^2\ (x-1)(x-2).$$

अतः $f(x)$ के चरम बिन्दु $0, 1, 2$ पर ही हो सकते हैं।

अब, यदि $x < 0$, तो $f'(x) > 0$;

यदि $0 < x < 1$, तो $f'(x) > 0$;

यदि $1 < x < 2$, तो $f'(x) < 0$;

यदि $x > 2$, तो $f'(x) > 0$.

$x = 0$ से पहले और पीछे $f'(x)$ धनात्मक है। अतः 0 पर $f(x)$ का कोई चरम बिन्दु नहीं है।

$x = 1$ से पहले $f'(x)$ धन है और पीछे ऋण।

$\therefore f(1)$ उच्चिष्ठ मान है।

$x = 2$ से पहले $f'(x)$ ऋण है और पीछे धन।

$\therefore f(2)$ निम्निष्ठ मान है।

अतः $x = 1$ पर $f(1)$ अर्थात 13 उच्चिष्ठ मान है।

और $x = 2$ पर $f(2)$ अर्थात $(-10)$ निम्निष्ठ मान है।

**टिप्पणी**—संख्यात्मक प्रश्नों में सावधानी के लिये विद्यार्थी को $x$ को कोई मूर्त मान देकर फल की जाँच कर लेनी चाहिये। मान लीजिये कि हम उपरिलिखित उदाहरण में अन्तराल $(0 < x < 1)$ पर विचार कर रहे हैं। तो $x = \frac{1}{3}$ रखने से,

$$f'(x) = 60.\ \frac{1}{9}.\ \left(-\frac{2}{3}\right)\left(-\frac{5}{3}\right) = +$$

स्पष्ट है कि फल धनात्मक है।

## प्रश्नावली (15.2)

निम्नलिखित फलनों के चरम बिन्दुओं की स्थिति और प्रकार का पता लगाओ :

(1) $x^5 - 5x^4 + 5x^3 + 22.$

(2) $x^5 - 10x^4 + 25x^3 - 8.$

(3) $3x^5 - 20x^3 - 4.$

(4) $12x^5 - 75x^4 + 80x^3 + 3.$

(5) $3x^5 - 5x^3 + 3.$

(6) $x^5 - 15x^3 - 62.$

(7) $3x^4 - 4x^3 + 2.$

(8) $3x^4 + 4x^3 + 1.$

(9) $6x^4 - 32x^3 - 36x^2 + 2.$

(10) $6x^5 - 45x^4 + 110x^3 - 90x^2 + 19$

(11) सिद्ध करो कि फलन

$$f(x) = x + \frac{1}{x}$$

का उच्चिष्ठ मान, इसके निम्निष्ठ मान से कम है।

(12) निम्नलिखित फलनों की, उच्चिष्ठ और निम्निष्ठ मानों के लिए जाँच करो :

(i) $\sin x$ (ii) $\cos x$ (iii) $x^{2n+1}$ (iv) $x^{2n}$ (v) $e^x \sin x$.

(13) सिद्ध करो कि

(i) $\dfrac{x}{\log x}$ का न्यूनतम मान $e$ है।

(ii) $\left(\dfrac{1}{x}\right)^x$ का अधिकतम मान $e^{\frac{1}{e}}$ है।

15.4 **द्वितीय और उच्चतर अवकलजों का प्रयोग**—अभी तक हमने $f(x)$ के केवल प्रथम अवकलज की सहायता से ही काम चलाया है। अब हम यह सिद्ध करेंगे कि बहुत सी दशाओं में $f(x)$ के उच्चतर अवकलजों का प्रयोग करने से चरम मानों का ज्ञान और भी सुगमता से हो सकता है।

इस अनुच्छेद में हम यह मान लेंगे कि $f(x)$ के जितने भी अवकलज इस प्रक्रिया में आयेंगे, सबके सब सतत होंगे।

**प्रमेय (क)**—$x = c$ पर $f(x)$ का उच्चिष्ठ मान हो, इसके लिये आवश्यक और पर्याप्त अनुबन्ध यह है :

$$f'(c) = 0, \qquad f''(c) < 0.$$

द्विपदी शेष वाले टेलर प्रमेय से,

$$f(c+h) = f(c) \quad hf'(c) + \frac{h^2}{2!} f''(c + \theta_2 h); \qquad (0 < \theta_2 < 1)$$

$$\therefore f(c+h)-f(c)=h\left[f'(c)+\frac{h}{2!}f''(c+\theta_2 h)\right]. \qquad (1)$$

यदि $f(c)$ उच्चिष्ठ मान है तो, चाहे $h$ धन हो चाहे ऋण, जब तक $h$ छोटा है,

$$f(c+h)-f(c)<0.$$

$\therefore$ (1) का दक्षिण पक्ष भी ऋणात्मक ही रहेगा।

किन्तु

$$\frac{1}{2}f''(c+\theta_2 h)$$

एक सान्त संख्या है।

अतः $$\frac{h}{2}f''(c+\theta_2 h)$$

का मान बहुत छोटा होगा यदि $h$ छोटा है।

इस प्रकार, (1) में गुरु कोष्ठकों के अन्दर के व्यंजक का चिह्न $f'(c)$ के चिह्न पर ही निर्भर होगा।

इसका यह अर्थ हुआ कि (1) के दक्षिण पक्ष का चिह्न $hf'(c)$ के चिह्न पर निर्भर होगा। अतएव, यदि $h>0$ तो उसका एक चिह्न होगा। और यदि $h<0$ तो दूसरा चिह्न होगा।

किन्तु हम चाहते हैं कि (1) के दक्षिण पक्ष का चिह्न सदैव ऋणात्मक रहे, यह तभी हो सकता है जब $f'(c)=0$.

अतः उच्चिष्ठ मान के लिये एक आवश्यक अनुबन्ध यह निकल आया कि

$$f'(c)=0. \qquad (2)$$

अब (1) का यह रूप

$$f(c+h)-f(c)=\frac{h^2}{2!}f''(c+\theta_2 h) \qquad (3)$$

हो गया।

दक्षिण पक्ष में $h^2$ तो सदैव धनात्मक है।

अतः, यदि $h$ छोटा है तो (3) सदैव ऋणात्मक होगा यदि

$$f''(c)<0. \qquad (4)$$

अतएव, उच्चिष्ठ मान के लिये आवश्यक और पर्याप्त अनुबन्ध (2) और (4) हो गये।

**प्रमेय (ख)** $x=c$ पर $f(x)$ का निम्निष्ठ मान हो, इसके लिये आवश्यक और पर्याप्त अनुबन्ध यह है :

$$f'(c)=0, \qquad f''(c)>0.$$

उपरिलिखित की भाँति ही हम इसे भी सिद्ध कर सकते हैं। यहाँ यह दिखाना होगा कि उक्त दशा में

$$f(c+h)-f(c)$$

सदैव धनात्मक रहता है।

**उदाहरण**—§15.3 के उदाहरण को इस अनुच्छेद की सहायता से हल करो।

हमें प्राप्त है :

$$f'(x)=60x^4-180x^3+120x^2$$
$$=60x^2(x-1)(x-2)$$

$\therefore f'(x)=0$ यदि $x=0,1$ अथवा 2.

और $f''(x)=240x^3-540x^2+240\ x$
$$=60x(4x^2-9x+4)$$

यदि $x=0$, तो $f''(x)=0$;

$x=1$, तो $f''(x)=-60$

$x=2$, तो $f''(x)=240$

$\therefore x=2$ पर निम्निष्ठ मान है,

$x=1$ पर उच्चिष्ठ मान है :

किन्तु $x=0$ पर $f''(x)=0$; अत: इससे कोई निष्कर्ष नहीं निकलता।

**व्यापक प्रमेय (ख)**—मान लीजिये कि

$$f'(c)=f''(c)=\cdots\cdots=f^{(n-1)}(c)=0, \text{ किन्तु } f^{(n)}(c)\neq 0.$$

तो

(i) यदि $n$ सम है और $f^{(n)}(c)<0$ तो $f(c)$ उच्चिष्ठ मान है;

(ii) यदि $n$ सम है ओर $f^{(n)}(c)>0$ तो $f(c)$ निम्निष्ठ मान है;

(iii) यदि $n$ विषम है तो $f(c)$ न उच्चिष्ठ है न निम्निष्ठ।

इस प्रमेय को सिद्ध करने के लिये हम $n$-पदी शेष के टेलर प्रमेय का प्रयोग करेंगे।

यहाँ

$$f(c+h)=f(c)+hf'(c)+\frac{h^2}{2!}f''(c)+\ldots\ldots+\frac{h^{n-1}}{(n-1)!}f^{(n-1)}(c)$$

$$+\frac{h^2}{2!}f^{(n)}(c+\theta_n h). \qquad (0<\theta_n<1)$$

अतः, परिकल्पना से,

$$f(c+h)-f(c)=\frac{h^n}{n!}f^{(n)}(c+\theta_n h). \qquad (5)$$

हम जानते हैं कि $f^{(n)}(c)\neq 0$.

$\therefore c$ का एक पड़ोस $(c-\delta,\ c+\delta)$ ऐसा होगा जिसके प्रत्येक बिन्दु $x$ पर $f^{(n)}(x)$ का वही चिन्ह होगा जो $f^{(n)}(c)$ का।

अतः उक्त अन्तराल के प्रत्येक बिन्दु $(c+h)$ पर $f^{(n)}(c+\theta_n h)$ का वही चिह्न होगा जो $f^{(n)}(c)$ का।

और यदि $n$ सम है तो $\frac{h^n}{n!}$ सदैव धनात्मक है।

$\therefore$ जब $n$ सम है तब

$f(c+h)-f(c)<0$ यदि $f^{(n)}(c)<0$

और $f(c+h)-f(c)>0$ यदि $f^{(n)}(c)>0$,

फल स्पष्ट है।

जब $n$ विषम होगा तब (5) के दक्षिण पक्ष का चिह्न $h$ के चिह्न के साथ बदलेगा। अतएव, उक्त बिन्दु पर कोई चरम मान नहीं होगा।

15.5 व्यावहारिक नियम—समीकरण

$$f'(x)=0$$

को हल करो। मान लो कि इसके मूल $\alpha_1, \alpha_2, \ldots$ हैं।

$f''(x)$ निकाल कर उसमें बारी-बारी से $x=\alpha_1,\ \alpha_2, \ldots$ रक्खो।

यदि $f''(\alpha_1)<0$ तो $\alpha_1$ पर उच्चिष्ठ मान है;

यदि $f''(\alpha_1)>0$ तो $\alpha_1$ पर निम्निष्ठ मान है।

बहुत से प्रश्नों में $f''(x)$ निकालने से ही चरम मान मिल जाते हैं। किन्तु यदि $f''(x)=0$ तो इससे उच्चतर अवकल गुणांक निकालने पड़ते हैं। अतः यहाँ पूरी तालिका दी जाती है।

(i) $f'(a)=0, \quad f''(a)<0;$ उच्चिष्ठ।

$f'(a)=0, \quad f''(a)>0;$ निम्निष्ठ।

(ii) $f'(a)=0, \quad f''(a)=0; f'''(a)\neq 0;$ कोई चरम मान नहीं।

(iii) $f'(a)=0, f''(a)=0, f'''(a)=0, f^{(iv)}(a)<0,$ उच्चिष्ठ।

$f^{(iv)}(a)>0,$ निम्निष्ठ।

(iv) $f'(a)=f''(a)=f'''(a)=f^{(iv)}(a)=0, \quad f^{(v)}(a)\neq 0;$ कोई चरम मान नहीं।

... ... ...

[(2m−1)] $f'(a)=f''(a)=f'''(a)=\ldots=f^{(2m-1)}(a)=0;$

$f^{(2m)}(a)<0,$ उच्चिष्ठ।

$f^{(2m)}(a)>0,$ निम्निष्ठ।

[(2m)] $f'(a)=f''(a)=f'''(a)=\ldots=f^{(2m-1)}(a)$

$=f^{(2m)}(a)=0;$

$f^{(2m+1)}(a)\neq 0;$ कोई चरम मान नहीं।

**टिप्पणी** (1) जैसा हम पहले कह चुके हैं, उपरिलिखित साध्य के लिये यह आवश्यक है कि $f(x)$ के प्रथम $n$ अवकल गुणांक अस्तित्वमय हों और सतत हों। इससे उच्चतर अवकल गुणांक चाहे असतत हों, चाहे अस्तित्वहीन।

(2) आकृति से स्पष्ट है कि $f(x)$ के दो समान मानों के बीच में कम से कम एक चरम मान अवश्य होगा, चाहे उच्चिष्ठ हों चाहे निम्निष्ठ। चरम मान, 3, 5, 7,...हो सकते हैं किन्तु उनकी संख्या सदैव विषम होगी।

(3) उच्चिष्ठ और निम्निष्ठ मान एक के बाद एक आते हैं।

**उदाहरण**—सिद्ध करो कि $x=\dfrac{\pi}{3}$ पर फलन

$$f(x)=\sin x(1+\cos x)$$

का उच्चिष्ठ मान है। (का० हि० वि० 1957)

यहाँ $f'(x)=\sin x\,(-\sin x)+\cos x\,(1+\cos x)$

$=2\cos^2 x+\cos x-1=(\cos x+1)\,(2\cos x-1)$

अतः समीकरण $f'(x)=0$ के मूल हैं

$$x=\pi \text{ और } \frac{\pi}{3}$$

अब, $f''(x)=-4\cos x\sin x-\sin x=-\sin x(1+4\cos x)$.

यदि $x=\frac{\pi}{3}$ तो $f''(x)<0$.

$\therefore$ इस बिन्दु पर $f(x)$ का उच्चिष्ठ मान है।

$x=\pi$ के लिये $f''(x)=0$.

अतः इससे कोई निष्कर्ष नहीं निकलता। इस दशा में हमें अगला उच्चतर अवकल गुणांक निकालना होगा।

## प्रश्नावली (15.3)

(1) $x$ के किन मानों के लिए फलन

$$12x^5-5x^4+400x^3+6$$

उच्चिष्ठ और निम्निष्ठ मान ग्रहण करता है?

[इलाहाबाद, 1929; उत्कल, 1952]

(2) फलन

$$x^3-18x^2+96$$

के उच्चिष्ठ और निम्निष्ठ मान निकालो। [दिल्ली, 1946]

(3) फलन $\sin x+\cos 2x$

के उच्चिष्ठ और निम्निष्ठ मान निकालो।

(4) फलन $2x^3-15x^2+36x+10$

की, उच्चिष्ठ और निम्निष्ठ मानों के लिए, जाँच करो।

(5) फलन $x^2+y^2$ के उच्चिष्ठ और निम्निष्ठ मान निकालो; दिया हुआ है कि

$$ax^2+by^2+2hxy=1.$$

[$x=r\cos\theta$, और $y=r\sin\theta$ लेने पर, $r^2$ के उच्चिष्ठ और निम्निष्ठ मान निकालो, यदि $\frac{1}{r^2}=a\cos^2\theta+b\sin^2\theta+h\sin 2\theta$]

(6) $(x-1)(x-2)(x-3)$ का उच्चिष्ठ मान निकालो।

(7) वक्र $\dfrac{c^4}{r^2} = \dfrac{a^2}{\sin^2\theta} + \dfrac{b^2}{\cos^2\theta}$

की सदिश त्रिज्या के अधिकतम और न्यूनतम मान निकालो।

[दिल्ली, अलीगढ़]

(8) सिद्ध करो कि वक्र

$$\frac{a^2}{x^2} + \frac{b^2}{y^2} = 1$$

की सदिश त्रिज्या का न्यूनतम मान $a+b$ है।

(9) यदि $xy(y-x) = ?a^3$ तो सिद्ध करो कि $x = a$ पर $y$ निम्निष्ठ मान ग्रहण करता है।

(10) यदि $\dfrac{dy}{dx} = (x-a)^{2m}.(x-b)^{2n+1}$, जिसमें $m$ और $n$ धनात्मक पूर्ण संख्यायें हैं, तो सिद्ध करो कि $x = a$ पर $y$ का न तो उच्चिष्ठ मान है और न निम्निष्ठ परन्तु $x = b$ पर निम्निष्ठ मान है।

(11) यदि $y$, $x$ का फलन है और

$$y = a(1-\cos\theta), \quad x = a(\theta - \sin\theta),$$

तो सिद्ध करो कि $\theta = \pi$ पर $y$ का उच्चिष्ठ मान है।

(12) फलन

$$f(x) = 1 + 2\sin x + 3\cos^2 x \quad (0 \leqslant x \leqslant \tfrac{1}{2}\pi)$$

के उच्चिष्ठ और निम्निष्ठ मान ज्ञात करो।

(13) $f(x) = a\sin x + b\cos x$ के उच्चिष्ठ और निम्निष्ठ मान ज्ञात करो।

(14) फलन

$$f(x) = x^3 - 12x^2 + 45x$$

के उच्चिष्ठ और निम्निष्ठ मान ज्ञात करो। (पटना, 1942)

(15) $a^{x+1} - a^x - x$ के उच्चिष्ठ और निम्निष्ठ मान ज्ञात करो।

15.6 उपरिलिखित प्रकरणों में हमने ऐसी ही दशाओं का विवेचन किया है जो साधारणतः दृष्टिगोचर होती हैं। किन्तु कभी-कभी आकृति (15.2) जैसी दशा भी दिखाई पड़ जाती है। इसमें $A$ और $B$ पर चरम मान हैं किन्तु इनमें से किसी भी बिन्दु पर $f'(x)$ शून्य नहीं है।

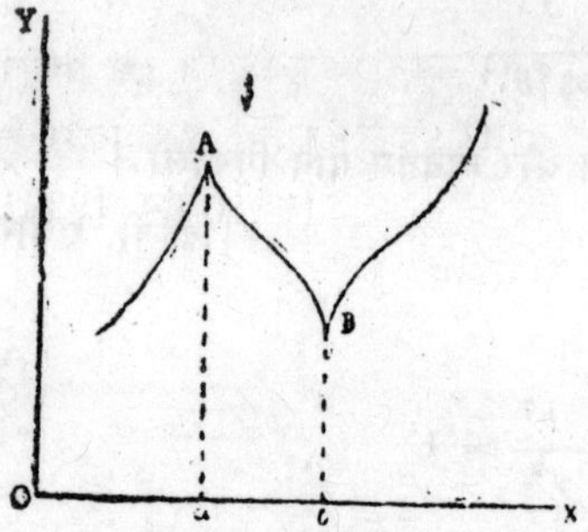


आकृति (15.2)

यों कहना चाहिये कि इन बिन्दुओं पर $f'(x)$ का अस्तित्व ही नहीं है।

किन्तु हम स्पष्ट रूप से देखते हैं कि $A$ पर $\frac{dy}{dx}$ धन से ऋण हो जाता है। अतः इस बिन्दु पर हमें उच्चिष्ठ मान प्राप्त हो गया।

और $B$ पर $\frac{dy}{dx}$ ऋण से धन हो जाता है। अतएव, $B$ पर हमें निम्निष्ठ मान प्राप्त हो गया।

इन तथ्यों से यह स्पष्ट है कि §15.3 की विधि ही उत्तम है।

बीजीय वक्रों के लिये तो अधिकतर $f''(x)$ निकालना सुगम होता है। किन्तु अन्य प्रकार के वक्रों के लिये कभी-कभी व्यंजक बहुत जटिल हो जाते हैं। ऐसी दशाओं में विशेष युक्तियाँ वड़ी सुविधाजनक होती हैं।

साधारणतः समीकरण $f'(x)=0$ से हमें $x$ के मानों की सीमायें मिल जाती हैं। मान लीजिये कि उक्त सीमायें $a$ और $b$ हैं। कभी-कभी इस प्रकार के तर्कों से काम निकल आता है :

(i) यदि $a$ और $b$ पर $f(x)=0$ और दोनों के बीच में धनात्मक है, और उसका एक ही स्तब्ध मान है, तो निश्चित है कि उक्त मान ही उच्चिष्ट भी होगा, महत्तम भी।

(ii) यदि $a$ और $b$ पर $f(x)$ अनन्त है और उसका एक ही स्तब्ध मानहै, तो निश्चित है कि उक्त मान निम्निष्ठ भी हो, लघुतम भी।

अब हम यहाँ कुछ व्यावहारिक प्रश्न देते हैं।

उदाहरण (1)—एक दीघवृत्त के अन्दर एक समद्विबाहु त्रिभुज इस प्रकार खींचा गया है कि उसका शीर्ष दीर्घाक्ष के एक सिरे पर स्थित है। इस प्रकार के महत्तम त्रिभुज का क्षेत्रफल कितना होगा ? (इलाहाबाद 1939)

यदि दीर्घवृत्त के अर्धाक्ष $a$, $b$ हैं तो उसका समीकरण

$$\frac{x^2}{a^2}+\frac{y^2}{b^2}=1 \quad (1)$$

होगा।

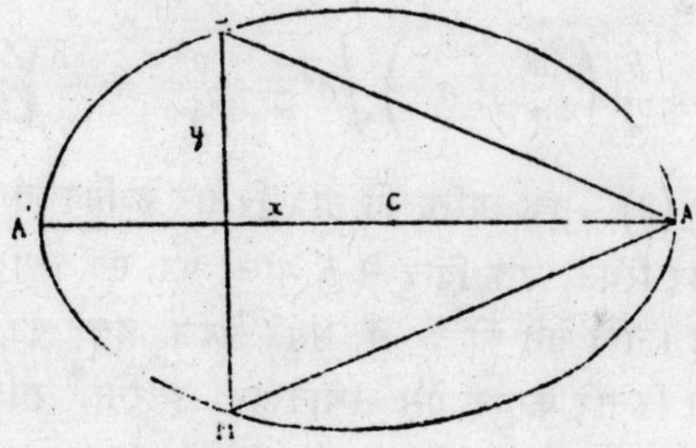


आकृति (15.3)

अब, $\triangle ALM$

$$=(x+a)y=\frac{b}{a}(x+a)\sqrt{a^2-x^2} \quad (1)$$

$$\therefore \frac{d\triangle}{dx}=\frac{b}{a}\left[\sqrt{a^2-x^2}+(x+a)\frac{-x}{\sqrt{a^2-x^2}}\right]$$

इसको 0 के बराबर रखने से,

$$2x^2+ax-a^2=0,$$

अर्थात, $(x+a)(2x-a)=0$

$x=-a$ लेने से तो $\triangle$ सरल रेखा $AA'$ में परिणत हो जायगा।

$$\therefore x=\frac{a}{2}$$

अब, हम जानते हैं कि दीर्घवृत्त में

$$-a \leqslant x \leqslant a. \qquad (2)$$

और (1) से $\Delta = 0$, यदि $x = \pm a$.

इसके अतिरिक्त, अन्तराल (2) के अन्य समस्त मानों के लिये $\Delta$ धनात्मक है।

और $\Delta$ का एक ही स्तब्ध मान $\frac{a}{2}$ है।

$\therefore$ इसी मान के लिये $\Delta$ महत्तम है।

$x = \frac{a}{2}$ रखने से,

$$\Delta = \frac{b}{a}\left(\frac{a}{2} + a\right)\sqrt{a^2 - \frac{a^2}{4}} = \frac{3\sqrt{3}}{4}ab.$$

**उदाहरण (2)**—एक व्यक्ति की नाव किनारे के निकटतम बिन्दु से $a$ मील दूर है। वह किनारे पर स्थित, उक्त बिन्दु से $b$ मील पर, एक स्थान पर जल्दी से जल्दी पहुँचना चाहता है। नाव खेने की दर से, उसके पैदल चलने का अनुपात $\sec \alpha$ है। सिद्ध करो कि उसे किनारे के एक ऐसे स्थान पर उतरना चाहिये जो उक्त स्थान से $(b - a \cot \alpha)$ मील दूर है। (राजपूताना 1949, का० हि० वि० 1959)

आकृति में, $A$ नाव की स्थिति है और $B$ किनारे का निकटतम बिन्दु। उसे $C$ तक पहुँचना है।

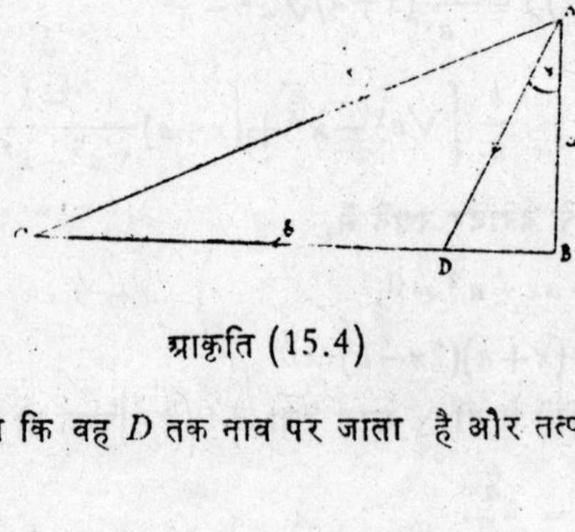

आकृति (15.4)

मान लीजिये कि वह $D$ तक नाव पर जाता है और तत्पश्चात् $D$ से $C$ तक पैदल चलता है।

मान लीजिये कि $DAB = \gamma$.

यदि खेने की दर $v$ है तो पैदल चलने की दर $(v \sec \alpha)$ हुई । अपेक्षित समय

$$T = \frac{AD}{v} + \frac{CD}{v \sec \alpha} = \frac{a \sec \gamma}{v} + \frac{b - a \tan \gamma}{v \sec \alpha}$$

$$= \frac{a}{v}\left[\sec \gamma + \frac{b - a \tan \gamma}{a \sec \alpha}\right] \qquad (3)$$

$$\therefore \frac{dT}{d\gamma} = \frac{a}{v}\left[\sec \gamma \tan \gamma - \cos \alpha \sec^2 \gamma\right]$$

$$= \frac{a}{v} \sec \gamma \left(\tan \gamma - \sec \alpha \sec \gamma\right) = \frac{a}{v} \sec^2 \gamma (\sin \gamma - \cos \alpha).$$

इसको शून्य के बराबर रखने से,

$$\sin \gamma = \cos \alpha.$$

आकृति से स्पष्ट हैं कि $\gamma$ के मान की सीमायें $\pm \frac{\pi}{2}$ हैं । और इन दोनों मानों के लिये $T \to \infty$.

$\therefore$ इस मान के लिये $T$ निम्निष्ठ होगा ।

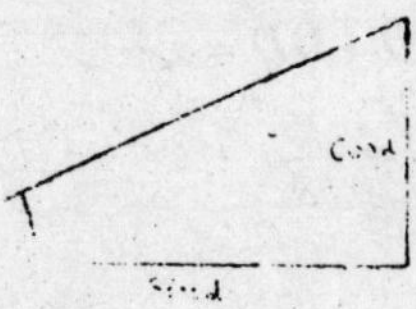

आकृति (15.5)

$\gamma$ का यह मान प्रतिस्थापित करने से,

$$CD = b - a \tan \gamma$$

$$= a\left(\frac{b}{a} \cot \alpha\right) = b - a \cot \alpha.$$

**उदाहरण** (3)—त्रिज्या $r$ के एक गोले का परिगत शंकु खींचा गया है । सिद्ध करो कि जब शंकु का आयतन लघुतम होगा, उसका उच्चत्व $4r$ और अर्ध-शीर्ष कोण $\sin^{-1} \frac{1}{3}$ होगा । (मद्रास 1953)

आकृति में मान लीजिये कि गोले के केन्द्र 0 से शंकु के शीर्ष $A$ की दूरी $x$ है। मान लीजिये कि

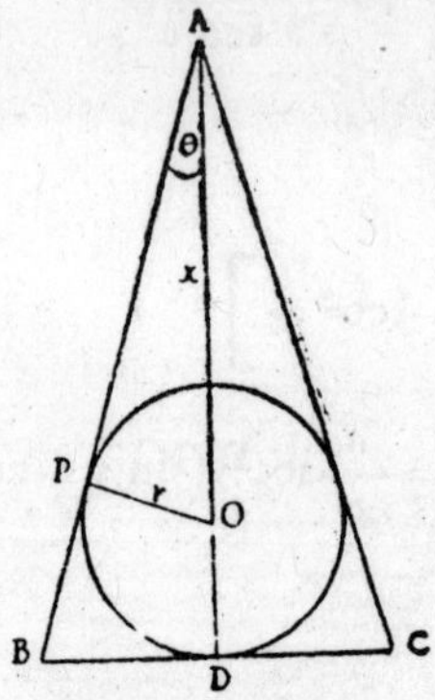


आकृति (15.6)

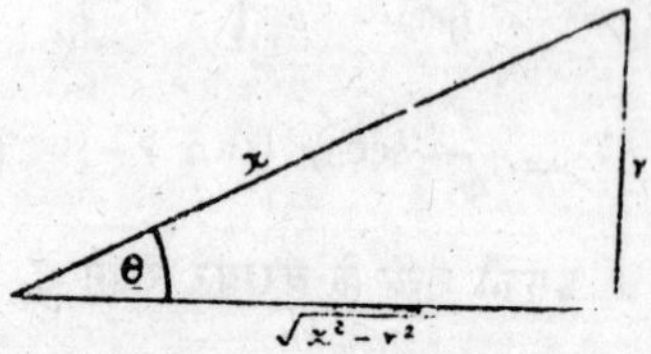


आकृति (15.7)

$BAD=\theta$

शंकु का आयतन $v=\frac{1}{3}\pi.\ BD^2 AD.$

अब, हमें प्राप्त है :

$$AD=AO+OD=x+r.$$

और $\sin\theta=\dfrac{PO}{AO}=\dfrac{r}{x}$

$$\frac{BD}{AD}=\tan\theta.$$

$$\therefore BD=AD\ \tan\theta=\frac{(x+r)\ r}{\sqrt{x^2-r^2}}=r\sqrt{\frac{x+r}{x-r}}.$$

$$\text{अत: } v=\frac{\pi}{3}r^2\ \frac{x+r}{x-r}\ (x+r)=\frac{\pi r^2}{3}\cdot\frac{(x+r)^2}{x-r}.$$

$$\therefore \frac{dv}{dx}=\frac{\pi r^2}{3}\cdot\frac{(x-r)2(x+r)-(x+r)^2}{(x-r)^2}$$

$$=\frac{\pi r^2}{3}\cdot\frac{(x+r)(x-3r)}{(x-r)^2}.$$

अतएव, $\frac{dv}{dx} = 0$ यदि $x = 3r$.

आकृति से स्पष्ट है कि $x \geqslant r$.

अब $v \to \infty$, यदि $x \to r$ अथवा $x \to \infty$.

$\therefore v$ का लघुतम मान $x = 3r$ पर होगा क्योंकि यही एक स्तब्ध मान है।

उक्त दशा में, शंकु का उच्चत्व $AD$

$$= r + 3r = 4r.$$

और $$\sin\theta = \frac{r}{x} = \frac{r}{3r} = \frac{1}{3}.$$

## प्रश्नावली (15.4)

(1) सिद्ध करो कि दिए हुए पृष्ठ वाले एक खुले हुए सिलिण्डराकार शंकु की ऊँचाई जिसका आयतन अधिकतम है, उसके आधार की त्रिज्या के बराबर है। [अलीगढ़, 1953]

(2) किसी दिए हुए स्थान को तम्बू द्वारा घेरना है। तम्बू का आकार शंकु का है? ऊँचाई और त्रिज्या में अनुपात निकालो ताकि कम से कम किरमिच द्वारा स्थान घेरा जा सके।

(3) सिद्ध करो कि अधिकतम वक्र पृष्ठ वाले लाम्बिक गोल सिलिंडर की त्रिज्या, जो किसी दिए शंकु के अंदर समा सके शंकु की त्रिज्या के आधे के बराबर होगी?

(4) सिद्ध करो कि किसी समद्विबाहु त्रिभुज, जिसके अंदर $r$ त्रिज्या वाला वृत्त खींचा जा सकता है, की न्यूनतम परिधि $6r\sqrt{3}$ होगी।

(5) उस बड़े से बड़े सिलिंडर का आयतन निकालो जो ऊँचाई $h$ और शीर्ष कोण $2\alpha$ वाले शंकु के अंदर समा सके। [दिल्ली, 1955]

(6) अधिकतम पृष्ठ वाले उस लांबिक गोल सिलिंडर का पृष्ठ निकालो, जो $r$ त्रिज्या वाले गोले के अन्दर समा सके।

(7) सिद्ध करो कि अधिकतम वक्र पृष्ठ वाले लाम्बिक गोल सिलिण्डर का वक्र पृष्ठ उस गोले के पृष्ठ के आधे के बराबर है जिसके भीतर वह सिलिण्डर समा सके।

(8) $r$ त्रिज्या वाले गोले का परिगत शंकु खींचा गया है। सिद्ध करो कि जब शंकु का आयतन न्यूनतम है तब उसकी ऊँचाई $4r$ है, और उसके शीर्ष-कोण का आधा $\sin^{-1}\frac{1}{3}$ है?

(9) धातु के एक आयताकार टुकड़े के चारों कोनों से बराबर भुजा वाले वर्गाकार टुकड़े काट लिए गए हैं, और भुजाओं को इस प्रकार मोड़ दिया गया है कि वे एक आयताकार खुला संदूक बनाती हैं। सिद्ध करो कि जब, आयताकार बक्से का आयतन अधिकतम है तो उसकी गहराई

$$\tfrac{1}{6}\left\{(a+b)-(a^2-ab+b^2)^{1/2}\right\}$$

है जिसमें $a$ और $b$ धातु के टुकड़े की लम्बाई और चौड़ाई है?

(बनारस, 1953)

(10) यह मानकर किसी मोटरबोट को चलाने में पेट्रोल का खर्चा (प्रति घन्टा) उसकी चाल के घन का समानुपाती है, सिद्ध करो कि $c$ मील प्रति घन्टे वाली धारा के विपरीत मोटर बोट चलाने में पेट्रोल का न्यूनतम खर्च तब होगा जब मोटरबोट की चाल $\frac{3}{2}c$ मील प्रति घंटा रक्खी जाय?

(11) दीर्घवृत्त के किसी बिन्दु पर खींची गई स्पर्श रेखा अक्षों को बिन्दुओं $P$ और $Q$ पर काटती हैं। सिद्ध करो कि $PQ$ का न्यूनतम मान दीर्घवृत्त के अक्षों के आधे के योग के बराबर है? यह भी सिद्ध करो कि स्पर्श बिन्दु पर $PQ$ अर्ध अक्षों के अनुपात में विभाजित होती है?

(12) सिद्ध करो कि दीघवृत्त $\dfrac{x^2}{a^2}+\dfrac{y^2}{b^2}=1$ के किसी बिन्दु पर खींची गई स्पर्श रेखा और इसके अक्षों द्वारा बनाए गए त्रिभुज का आयतन न्यूनतम होगा यदि स्पर्श रेखा बिन्दु $\left(\dfrac{a\sqrt{2}}{2}, \dfrac{b\sqrt{2}}{2}\right)$ पर खींची गई हो?

(13) सिद्ध करो कि किसी वृत्त के अंदर खींचा जाने वाला अधिकतम आयतन वाला आयत एक वर्ग होता है? (सी० पी०, 1936)

(14) डाक द्वारा पार्सल भेजने का नियम यह है कि पार्सल की लम्बाई और परिधि (girth) का योग 6 फुट से अधिक न हो और उसकी लम्बाई $3\frac{1}{2}$ फुट से अधिक न हो। यदि पार्सल का रूप एक लाम्बिक गोल

सिलिंडर का हो तो पार्सल का अधिकतम आयतन ज्ञात करो ताकि वह नियम के अंदर भेजा जा सके ।

क्या परिणाम में कोई अंतर पड़ता यदि अधिकतम लम्बाई $1\frac{3}{4}$ फुट ही होती ?

(15) सिद्ध करो कि किसी वृत्त के अंदर खींचे जाने वाले त्रिभुज का आयतन अधिकतम होगा जब त्रिभुज समद्विबाहु हो ।

(16) वक्र $y=f(x)$ पर कोई बिन्दु $P$ है और $Q$ कोई बिन्दु है जो वक्र पर स्थित नहीं है । सिद्ध करो कि $PQ$ की लम्बाई के अधिकतम या न्यूनतम होने के लिए आवश्यक अनुबंध यह है कि $PQ$, बिन्दु $P$ पर खीचे गए स्पर्शी पर लम्ब हो ?

(17) पृथ्वी से कोण $\alpha$ बनाते हुए कोई पत्थर वेग $u$ से फेंका गया है । यदि किसी समय $t$ पर उसकी ऊँचाई सूत्र

$$u \sin \alpha . t - \tfrac{1}{2} g t^2$$

द्वारा दी जाय तो पत्थर द्वारा तय की हुई अधिकतम ऊँचाई ज्ञात करो और उसके लिए समय $t$ भी ज्ञात करो ?

(18) बिन्दु $(a, b)$ से होकर जाने वाली एक सरल रेखा अक्षों की धन दिशा पर अंतःखंड $OP$ और $OQ$ काटती है । तो

(i) त्रिभुज $OPQ$ का न्यूनतम क्षेत्रफल ज्ञात करो ।

(ii) $OP+OQ$ का न्यूनतम मान ज्ञात करो ।

(iii) $PQ$ की न्यूनतम लम्बाई ज्ञात करो ।

(iv) आयत $OP.OQ$ का न्यूनतम क्षेत्रफल ज्ञात करो ।

(19) उन दो संख्यायों को ज्ञात करो जिनका अंतर 1 हो और जिनके व्युत्क्रमों के वर्गों को योग न्यूनतम हो ।

(20) किसी संख्या $A$ के ऐसे दो भाग करो कि पहले के $p$-वें घात और दूसरे के $q$-वें घात का गुणनफल अधिकतम हो ।

(21) $l$ लम्बाई वाले तार के दो टुकड़े कर दिये गये हैं। उनमें से एक टुकड़े को वृत्त के रूप में मोड़ दिया गया है! इन दोनों के क्षेत्रफलों का योग न्यूनतम कब होगा।

(22) अधिकतम क्षेत्रफल वाले उस आयत को ज्ञात करो जो वक्र

$$\left(\frac{x}{a}\right)^{2/3}+\left[\frac{y}{b}\right]^{2/3}=1$$

के अन्दर खींचा जा सके।

(23) एक दीघवृत्त के अंदर एक समद्विबाहु त्रिभुज इस प्रकार खींचा गया है कि उसका शीर्ष लघु अक्ष के एक सिरे पर है। इस प्रकार बने महत्तम त्रिभुज का क्षेत्रफल कितना होगा?

(24) कागज के किसी आयताकार टुकड़े, जिसकी चौड़ाई 1 फुट है, का एक सिरा मोड़कर दूसरी भुजा से छुआ दिया गया है। शिकन की न्यूनतम लम्बाई क्या होगी?

(25) उपरोक्त प्रश्न में मुड़े हुए कागज का क्षेत्रफल भी ज्ञात करो जब शिकन की लम्बाई न्यूनतम हो।

(26) दो जहाज, जिनके बीच का कोण $\theta$ है, जल मार्ग द्वारा वेगों $u$ और $v$ से चल रहे हैं। किसी समय यदि वे जल मार्गों के कटान बिन्दु से $a$ और $b$ दूरी पर हों तो जहाजों के बीच की दूरी ज्ञात करो।

(27) बिन्दु $(h, k)$ से होकर जाने वाली सरल रेखा अक्षों पर $a$ और $b$ लम्बाई के अंतःखंड काटती है। यदि रेखा और $x$-अक्ष के बीच का अंतःकोण $\theta$ हो तो सिद्ध करो कि $a^n+b^n$ न्यूनतम होगा जब

$$\tan\theta=\left[\frac{k}{h}\right]^{1/(n+1)}$$

(28) किसी समकोण त्रिभुज के कर्ण और एक भुजा का योग दिया हुआ है। सिद्ध करो कि त्रिभुज का क्षेत्रफल अधिकतम होगा यदि इन भुजाओं के बीच का कोण $\frac{\pi}{3}$ हो।

(29) किसी दीघवृत्त के केन्द्र से, दीर्घवृत्त के किसी बिन्दु पर खींचे गये स्पर्शी पर लम्ब डाला गया है। सिद्ध करो कि स्पर्श बिन्दु और लम्ब के निचले सिरे के बीच की अधिकतम दूरी $(a-b)$ है, जिसमें $a$ और $b$ दीघवृत्त के अर्ध अक्षों के मान हैं।

(30) सिद्ध करो कि उस अधिकतम समबाहु त्रिभुज की ऊँचाई, जो किसी दिये हुए त्रिभुज के परिगत खीचा गया हो,

$$\left\{a^2+b^2-2ab\cos\left(C+\frac{\pi}{3}\right)\right\}^{1/2}$$

होगी।

# अध्याय १६

## अवतलता और उत्तलता

## (Concavity and Convexity)

16.1. **परिभाषायें**—वक्र $y = f(x)$ पर कोई बिन्दु $P$ लीजिये जिसका भुज $x$ है।

वक्र पर, बिन्दु $P$ पर, स्पर्शी खींचिये।

थोड़ी देर के लिये हम ऐसे स्पर्शियों को छोड़ देते हैं जो $y$-अक्ष के समान्तर हों।

तो यहाँ तीन प्रकार की सम्भावनायें हो सकती हैं :—

आकृति (16.1)

आकृति (16.2)

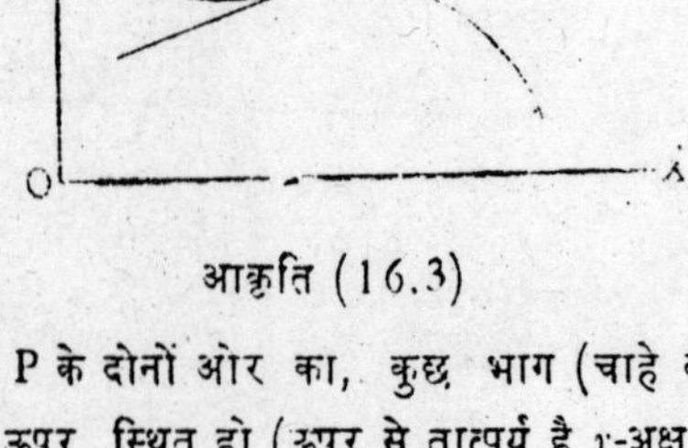


आकृति (16.3)

(i) वक्र का, P के दोनों ओर का, कुछ भाग (चाहे वह भाग कितना ही छोटा हो) स्पर्शी के ऊपर स्थित हो (ऊपर से तात्पर्य है $y$-अक्ष की धन दिशा की ओर)—जैसा आकृति (16.1) में दिया है।

ऐसी दशा में हम कहेंगे कि वक्र $P$ पर **ऊपर की ओर अवतल** (**Concave upwards**) और **नीचे की ओर उत्तल** (**Convex dowrwords**) है ।

(ii) वक्र का, $P$ के दोनों ओर का, कुछ भाग (चाहे वह भाग कितना ही छोटा हो) स्पर्शी के नीचे स्थित हो (नीचे से तात्पर्य है $y$-अक्ष की ऋण की दिशा ओर)–जैसा आकृति (16.2) में दिया है ।

ऐसी दशा में हम कहेंगे कि वक्र $P$ पर **ऊपर की ओर उत्तल** (**Convex upwards**) और **नीचे की ओर अवतल** (**Concave downwards**) है ।

(iii) वक्र का, $P$ के एक ओर का, भाग स्पर्शी के ऊपर और दूसरी ओर का स्पर्शी के नीचे हो जैसा आकृति (16.3) में । यहाँ स्पर्शी वक्र का एक ओर से दूसरी ओर पारण कर जाता है ।

ऐसी दशा में हम कहते हैं कि $P$ बिन्दु पर वक्र का **नति-परिवर्तन बिन्दु** (**point of Inflection**) है ।

संलग्न आकृति में तीनों दशाओं का अन्तर स्पष्ट दिखाई देता है । $A$ से $B$ तक वक्र नीचे की ओर अवतल है; $B$ से $C$ तक ऊपर की ओर अवतल है; फिर $C$ से $D$ तक नीचे की ओर अवतल है ।

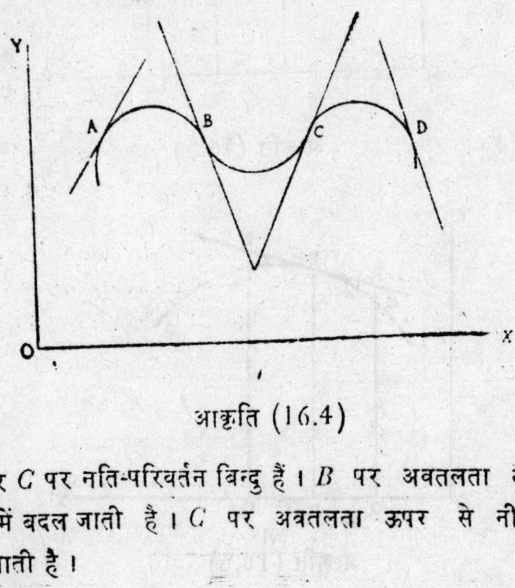


आकृति (16.4)

$B$ और $C$ पर नति-परिवर्तन बिन्दु हैं । $B$ पर अवतलता नीचे की ओर से ऊपर की ओर में बदल जाती है । $C$ पर अवतलता ऊपर से नीचे की ओर में परिवर्तित हो जाती है ।

16.2. संलक्षण (**Criteria**)—किसी बिन्दु $P\ [c, f(c)]$ पर वक्र $y=f(x)$ की प्रकृति का निर्धारण : वक्र नीचे की ओर अवतल है या ऊपर की ओर, अथवा बिन्दु पर वक्र का नति-परिवर्तन है ।

वक्र पर $P$ के समीप एक बिन्दु $Q\ [c+h, f(c+h)]$ लो ।

यदि $h>0$ तो $Q$ बिन्दु $P$ के दाहिनी ओर स्थित होगा ;

यदि $h<0$ तो $Q$ बिन्दु $P$ के बाईं ओर स्थित होगा ।

मान लीजिये कि $PM$, $QQ'$ क्रमश: $x$-अक्ष पर लम्ब हैं ।

मान लीजिये कि $P$ का स्पर्शी $QQ'$ से $R$ में मिलता है ।

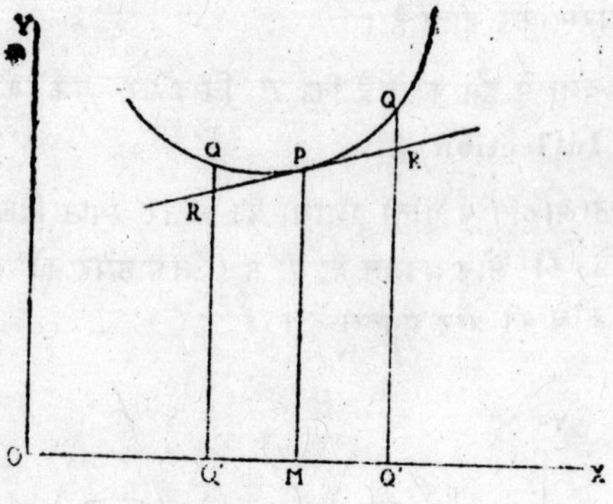


आकृति (16.5)

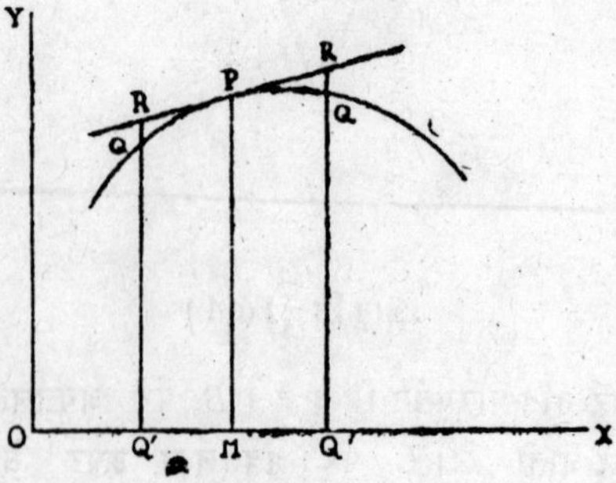


आकृति (16.6)

स्पर्शी $P\,R$ का समीकरण

$$y-f(c)=f'(c)(x-c)$$

होगा ।

$\therefore$ $R$ की कोटि $Q'\,R=f(c)+h\,f'(c)$.

और $Q$ की कोटि $Q\,Q'=f(c+h)$.

अतः $Q\,R=Q\,Q'-Q'\,R$

$$=f(c+h)-f(c)-h\,f'(c).$$

आकृति (16.5) में, जिसमें वक्र की अवतलता ऊपर की ओर है, $P$ के दोनों ओर $Q\,R>0$,

क्योंकि $Q\,Q'>Q'\,R$.

आकृति (16.6) में, जिसमें वक्र की अवतलता नीचे की ओर है, $P$ के दोनो ओर $QR<O$,

क्योंकि $QQ'<Q'R$.

आकृति (16.7) में $P$ पर नति-परिवर्तन विन्दु है । यहाँ $P$ के एक तरफ अवतलता ऊपर की ओर है, दूसरी तरफ नीचे की ओर ।

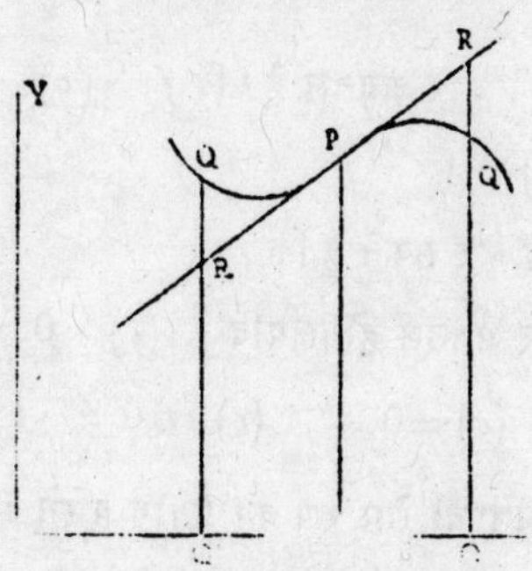


आकृति (16.7)

उक्त दशा में $P$ के एक ओर $Q\,R<0$, दूसरी ओर $Q\,R>0$, क्योंकि एक ओर $Q\,Q'>Q'\,R$, दूसरी ओर $Q\,Q'<Q'\,R$.

अतः तीनों दशाओं में हमें $Q\,R$,

अर्थात्, $f(c+h)-f(c)-h\,f'(c)$

पर विचार करना है, जिसमें $h$ छोटा है ।

द्विपदी शेष टेलर प्रमेय से हमें प्राप्त है :

$$f(c+h)=f(c)+hf'(c)+\frac{h^2}{2!}f''(c+\theta_2 h).$$

$$\therefore\ QR=\frac{h^2}{2}f''(c+\theta_2 h) \qquad (0<\theta_2<1)$$

**दशा 1**— $f''(c)>0.$

चूँकि $x=c$ पर $f''(x)>0$, $c$ का एक पड़ोस $(c-\delta,\ c+\delta)$ ऐसा होगा जिसके किसी भी बिन्दु $(c+h)$ पर $f''(x)>0$.

अब, यदि $(c+h)$ उक्त पड़ोस का कोई बिन्दु है, तो $(c+\theta_2 h)$ भी उक्त पड़ोस का बिन्दु होगा।

$$\therefore f''(c+\theta_2 h)>0$$

और $$\frac{h^2}{2}>0$$

$$\therefore QR>0.$$

अतः $P$ पर वक्र ऊपर की ओर अवतल है यदि $f''(c)>0$.

दशा 2— $f''(c)<0.$

ऊपर की भाँति हम सिद्ध कर सकते हैं कि

$P$ पर वक्र नीचे की ओर अवतल होगा यदि $f''(c)<0$.

**दशा 3**— $f''(c)=0,\ f'''(c)\neq 0.$

यहाँ हम टेलर प्रमेय के त्रिपदी शेष रूप का प्रयोग करेंगे :

$$f(c+h)=f(c)+hf'(c)+\frac{h^2}{2!}f''(c)+\frac{h^3}{3!}f'''(c+\theta_3 h).$$

इससे $$QR=\frac{h^3}{3!}f'''(c+\theta_3 h), \qquad (0<\theta_3<1)$$

क्योंकि $f''(c)=0.$

पहले की भाँति यहाँ भी $c$ का एक पड़ोस $(c-\delta,\ c+\delta)$ ऐसा होगा जिसके प्रत्येक बिन्दु $x$ पर $f'''(x)$ का वही चिह्न होगा जो $f'''(c)$ का। यदि $(c+h)$

उक्त पड़ोस का कोई बिन्दु है तो $(c+\theta_3 h)$ भी उक्त पड़ोस का ही विन्दु होगा, क्योंकि $0<\theta_3<1$.

अतः $f(c+\theta_3 h)$ का वही चिह्न होगा जो $f'''(c)$ का।

किन्तु $\frac{h^3}{3!}$ का चिह्न $h$ के चिह्न के साथ बदलता है।

अर्थात्, यदि $h>0$ तो $\frac{h^3}{3!}>0$;

और यदि $h<0$ तो $\frac{h^3}{3!}<0$.

अतएव, इस दशा में $QR$ का चिह्न, $P$ के दोनों ओर एक-सा नहीं रहता। उसके एक ओर चिह्न धनात्मक रहता है, दूसरी ओर ऋणात्मक।

और यही नति-परिवर्तन बिन्दु का लक्षण है।

अतएव, $x=c$ पर वक्र का नति-परिवर्तन बिन्दु होगा

यदि $f''(c)=0, \quad f'''(c)\neq 0.$

16.3 व्याप्ति—मान लीजिये कि

$$f''(c)=f'''(c)=\ldots\ldots=f^{(n-1)}(c)=0, \text{ किन्तु } f^{(n)}(c)\neq 0.$$

यहाँ हम टेलर प्रमेय के $n$-पदी शेष रूप का प्रयोग करेंगे :

$$f(c+h)=f(c)+hf'(c)+\frac{h^2}{2!}f''(c)+\ldots\ldots\frac{h^{n-1}}{(n-1)!}f^{(n-1)}(c)$$

$$+\frac{h^n}{n!}f^n(c+\theta_n h). \qquad (0<\theta_n<1)$$

अतः परिकल्पना से,

$$f(c+h)=f(c)+hf'(c)+\frac{h^n}{n!}f(c+\theta_n h).$$

अतएव,

$$QR=f(c+h)-f(c)-hf'(c)$$

$$= \frac{h^n}{n!} f(c+\theta_n h).$$

उपरिलिखित की भाँति हम यह सिद्ध कर सकते हैं कि यदि $n$ सम है तो यदि $f^{(n)}(c) > 0$, वक्र ऊपर की ओर अवतल है।

और यदि $f^{(n)}(c) < 0$, तो वक्र नीचे की ओर अवतल है।

अन्त में, यदि $n$ विषम है तो वक्र का $P$ पर नति-परिवर्तन है।

चाहे $n$ कितना ही बड़ा हो, नति-परिवर्तन बिन्दु पर स्पर्शी वक्र का पारण करता है।

यदि $n$ सम है तो स्पर्शी वक्र का पारण नहीं करता। यदि $n>2$ तो ऐसे बिन्दु को वक्र का **तरंगन बिन्दु (Point of Undulation)** कहते हैं। देखने में उक्त बिन्दु वक्र के किसी भी साधारण बिन्दु जैसा ही दिखाई पड़ता है।

आकृति (16.8)

आकृति (16.9)

वास्तव में नति-परिवर्तन बिन्दु पर दो पारणों के पश्चात् तीसरा पारण होता है। आकृति (16.8) में नति-परिवर्तन से पहले की स्थिति दिखाई गई है। इसमें तीन भिन्न-भिन्न कटान बिन्दु $P$, $Q$, $R$ हैं। जब यह तीनों बिन्दु संपाती हो जाते हैं तब $P$ पर नति-परिवर्तन होता है।

इसी प्रकार तरंगन बिन्दु पर चार पारण होते हैं। यह नीचे दी हुई आकृतियों से स्पष्ट हो जायगा :

आकृति (16.10) में तरंगन से पहले की अवस्था दी गई है। इसमें चार कटान बिन्दु $P$, $Q$, $R$, $S$ हैं। जब यह चारों संपाती हो जाते हैं तब तरंगत बिन्दु की सृष्टि होती है।

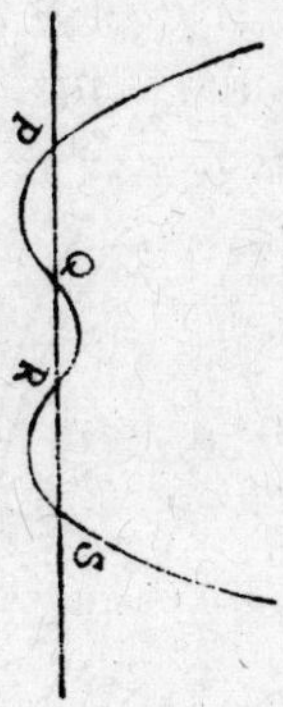


आकृति (16.10)

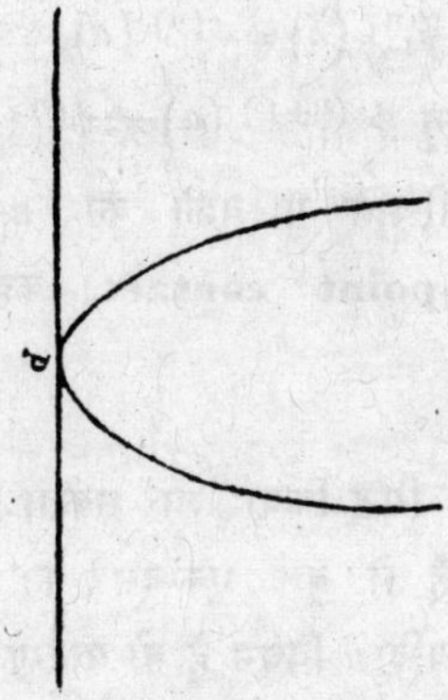


आकृति (16.11)

16.4. **वक्रों का स्पर्श (Contact of Curves)**—मान लीजिये कि दो वक्रों के समीकरण

$$y = \phi(x), \qquad y = \psi(x)$$

हैं।

यदि $\phi(a) = \psi(a)$ तो वक्र एक-दूसरे को एक बिन्दु पर काटते हैं। मान लीजिये कि उक्त बिन्दु $P$ है।

यदि $\phi(a) = \psi(a)$ और $\phi'(a) = \psi'(a)$ तो $P$ पर दोनों वक्रों का स्पर्शी उभयनिष्ठ है। अतः वक्र एक-दूसरे को $P$ पर स्पर्श करते हैं। यह साधारण स्पर्श अथवा **द्विबिन्दु स्पर्श (Two-point Contact)** कहलाता है। इसके लिये यह आवश्यक है कि $\phi''(a) \neq \psi''(a)$.

यदि $\phi(a) = \psi(a)$, $\phi'(a) = \psi'(a)$, $\phi''(a) = \psi''(a)$, किन्तु $\phi'''(a) \neq \psi'''(a)$ तो वक्रों में तीन संपाती विन्दु उभयनिष्ठ हैं। इस प्रकार के स्पर्श को **त्रिबिन्दु स्पर्श (Three-point Contact)** कहते हैं।

व्यापक रूप में,

यदि $\phi(a)=\psi(a)$,

$\phi'(a)=\psi'(a)$,

$\phi''(a)=\psi''(a)$,

... ... ... ... ...

$\phi^{(n)}(a)=\psi^{(n)}(a)$,

किन्तु $\phi^{(n+1)}(a)\neq\psi^{(n+1)}(a)$,

तो उक्त स्थिति में वक्रों का $n$–बिन्दु स्पर्श (*n*–**point contact**) कहलाता है।

यह सिद्ध किया जा सकता है कि यदि $n$ सम है तो वक्र एक-दूसरे का पारण नहीं करते; यदि $n$ विषम है तो पारण करते हैं।

नति-परिवर्तन बिन्दु की स्थिति में $n=3$; अतः वक्र एक-दूसरे का पारण करेंगे। वक्रों की स्थिति इस प्रकार की होगी :

आकृति (16.12)

16.5. अब हम § 15.5 और पिछले प्रकरणों के अनुबन्धों को मिलाकर एक तालिका बना सकते हैं :

$f'(a)=0, f''(a)\neq 0$ : चरम मान

$f'(a)=0, f''(a)=0, f'''(a)\neq 0$ : नति-परिवर्तन

$f'(a)=f''(a)=f'''(a)=0, f^{(iv)}(a)\neq 0$ : चरम मान

$f'(a)=f''(a)=f'''(a)=f^{(iv)}(a)=0, f^{(v)}(a)\neq 0$; नति-परिवर्तन

... ... ... ... ... ... ... ... ... ... ... ... ... ......

$f'(a)=f''(a)=\ldots=f^{(2m-1)}(a)=0, f^{(2m)}(a)\neq 0$ : चरम मान

$f'(a)=f''(a)=\ldots=f^{(2m)}(a)=0, f^{(2m+1)}(a)\neq 0$: नति-परिवर्तन

**टिप्पणी**—नति-परिवर्तन के लिये यह आवश्यक नहीं है कि $f'(a)=0$.

चरम मानों की अनुबन्ध तालिका $f'(a)$ से आरम्भ होती है; नति-परिवर्तन की $f''(a)$ से।

**16.6. नति-परिवर्तन के लिये एक अन्य संलक्षण (Criterion)**—हम जानते हैं कि नति-परिवर्तन बिन्दु पर वक्र की अवतलता उत्तलता में परिणत हो जाती है, और विलोमतः। अतः, यदि $P$ एक ऐसा बिन्दु है कि उसके एक ओर के पड़ोस में वक्र अवतल (उत्तल) है और दूसरी ओर के पड़ोस में उत्तल (अवतल), तो $P$ पर वक्र का नति-परिवर्तन होगा। इस प्रकार हमें नति-परिवर्तन का एक नया संलक्षण मिल गया :

यदि $x=c$ पर $f''(x)$ का चिह्न बदल जाता है तो उक्त बिन्दु पर वक्र का नति-परिवर्तन होगा।

कुछ लेखक इसी गुणधर्म द्वारा नति-परिवर्तन बिन्दु की परिभाषा देते हैं।

**उदाहरण (1)**—सिद्ध करो कि वक्र $y=x^4$ मूलबिन्दु पर ऊपर की ओर अवतल है।

यहाँ $$\frac{dy}{dx}=4x^3,\ \frac{d^2y}{dx^2}=12x^2,\ \frac{d^3y}{dx^3}=24x,\ \frac{d^4y}{dx^4}=24.$$

अतः, मूलबिन्दु पर

$$\frac{dy}{dx}=\frac{d^2y}{dx^2}=\frac{d^3y}{dx^3}=0,\ \frac{d^4y}{dx^4}>0.$$

$\therefore$ वक्र मूलबिन्दु पर ऊपर की ओर अवतल है।

**उदाहरण (2)**—बताओ कि वक्र

$$y=x^4-10x^3+36x^2+7x+3$$

$x$ के किन मानान्तरालों के लिये (क) ऊपर की ओर (ख) नीचे की ओर, अवतल है।

नति-परिवर्तन कहाँ-कहाँ पर हैं ?

यहाँ, $y_1=4x^3-30x^2+72x+7,$

$$y_2 = 12x^2 - 60x + 72 = 12\,(x-2)\,(x-3),$$

$$y_3 = 24x - 60 = 12\,(2x-5).$$

यदि $x$ अन्तराल $(-\infty, 2)$ में स्थित है तो $y_2 > 0$; अतः वक्र ऊपर की की ओर अवतल है।

यदि $x$ अन्तराल $(2, 3)$ में स्थित है तो $y_2 < 0$; अतः वक्र नीचे की ओर अवतल है।

यदि $x$ अन्तराल $(3, \infty)$ में स्थित है तो $y_2 > 0$; अतः वक्र फिर ऊपर की ओर अवतल है।

जब $x = 2$, तब $y_2 = 0$ और $y_3 \neq 0$;

और जब $x = 3$, तब भी $y_2 = 0$ और $y_3 \neq 0$.

अत: बिन्दुओं $x = 2$ और $x = 3$ पर वक्र का नति-परिवर्तन है।

**दूसरी विधि**—हम देखते हैं कि $x = 2$ पर $y_2$ का चिह्न $+$ से $-$ हो जाता है।

अत: $x = 2$ पर वक्र का नति-परिवर्तन है।

इसी प्रकार $x = 3$ पर $y_2$ का चिह्न $-$ से $+$ हो जाता है।

अतएव, $x = 3$ पर भी वक्र का नति-परिवर्तन है।

## प्रश्नावली (16.1)

(1) वक्र $y(a^2 + x^2) = x^3$ के लिए सिद्ध करो कि मूलबिन्दु पर नति-परिवर्तन है और उन बिन्दुओं पर भी जिनके लिए $x = \pm a\sqrt{3}$, नति-परिवर्तन है।

(2) सिद्ध करो कि वक्र

$$y^2 = (x-a)^2 (x-b)$$

के नति-परिवर्तन बिन्दु रेखा $3x + a = 4b$ पर स्थित है।

(लखनऊ 1948)

(3) सिद्ध करो कि वक्र $y = c \sin\,(x/a)$ और $x$-अक्ष के सभी कटान बिन्दु वक्र के नति-परिवर्तन बिन्दु हैं। (ललनऊ 1950)

(4) सिद्ध करो कि वक्र

$$(a^2+x^2)=a^2x$$

के लिए नति-परिवर्तन के तीन बिन्दु हैं। उन बिन्दुओं को भी ज्ञात करो।

(5) निम्नलिखित वक्रों के नति-परिवर्तन के बिन्दु ज्ञात करो :

(i) $y=ax^3+bx^2+cx+d$

(ii) $y=\dfrac{a^2(a-x)}{a^2+x^2}$

(iii) $y^2=x(x+1)^2$ (दिल्ली 1947)

(iv) $a^2y^2=x^2(a^2-x^2)$ (दिल्ली 1955)

(6) सिद्ध करो कि वक्र

$$ay^2=x(x-a)(x-b)$$

के नति-परिवर्तन के दो और केवल दो ही बिन्दु हैं।

(7) वक्र $a^{m-1}y=x^m$ में सिद्ध करो कि मूलबिन्दु पर नति-परिवर्तन है यदि $m$ विषम है और 2 से बड़ा है।

(8) वक्र $x^3+y^3=a^3$ के लिए सिद्ध करो कि उन बिन्दुओं पर जहाँ यह अक्षों को काटती है, नति-परिवर्तन है।

(9) निम्नलिखित वक्रों के लिए नति-परिवर्तन बिन्दु निकालो :

(i) $x=a(2\theta-\sin\theta)$, $y=a(2-\cos\theta)$

(ii) $x=a\tan t$, $y=a\sin t\cos t$.

16.7. **किसी रेखा के अनुसार अवतलता और उत्तलता**—मान लीजिये कि किसी वक्र पर $P$ कोई बिन्दु है और $l$ एक ऋजु रेखा है जो $P$ में से होकर नहीं जाती। वक्र पर, बिन्दु $P$ पर, स्पर्शी डालिये।

स्पर्शी और $l$ के अन्तर्गत दो कोण बनेंगे जिनमें से साधारणतः एक न्यून होगा, दूसरा अधिक।

यदि वक्र का, $P$ के दोनों ओर का, भाग (चाहे वह कितना ही छोटा हो) उक्त न्यून कोण के बाहर स्थित हो, तो हम कहेंगे कि वक्र $P$ पर, रेखा $l$ के अनुसार उत्तल है।

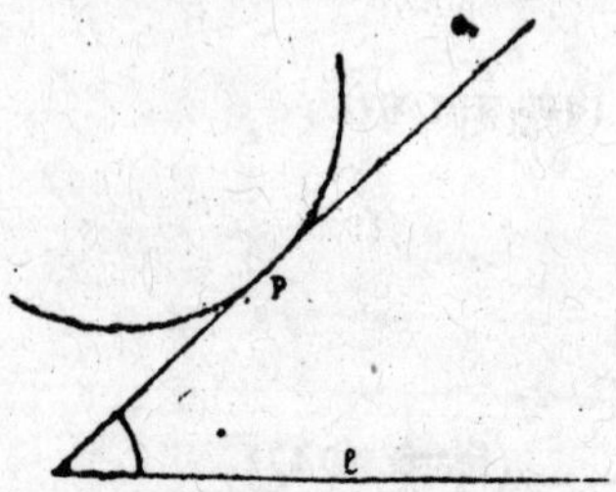


आकृति (16.13)

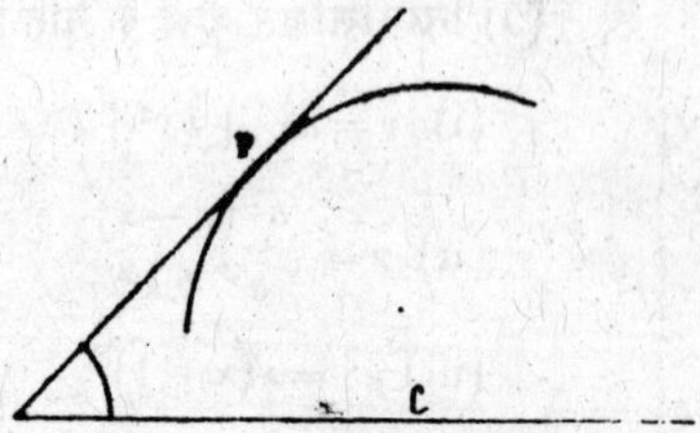


आकृति (16.14)

यदि वक्र का, $P$ के दोनों ओर का, भाग (चाहे वह कितना ही छोटा हो) उक्त न्यून कोण के अन्दर स्थित हो, तो हम कहेंगे कि वक्र $P$ पर, रेखा $l$ के अनुसार अवतल है।

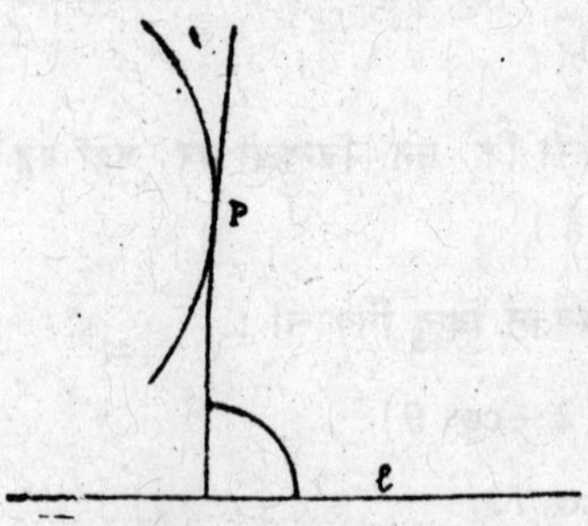


आकृति (16.15)

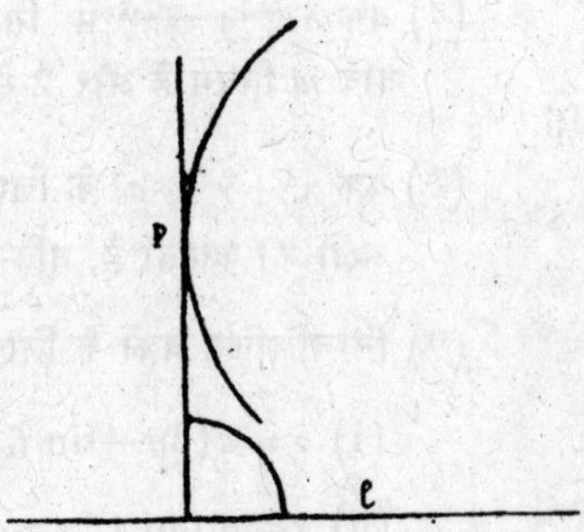


आकृति (16.16)

यदि स्पर्शी रेखा $l$ पर लम्ब हो तो भी उपरिलिखित परिभाषाओं में थोड़े से ही संशोधन की आवश्यकता पड़ेगी।

16.8. इस प्रकरण में हम $x$-अक्ष के अनुसार, वक्र की अवतलता और उत्तलता का विचार करेंगे।

उपर्युक्त परिभाषाओं के अनुसार आकृति (16.5) का वक्र $x$-अक्ष के प्रति $P$ पर उत्तल है। आकृति (16.6) का वक्र अवतल है।

उक्त दोनों आकृतियों में वक्र $x$-अक्ष के ऊपर स्थित है।

यदि वक्र $x$-अक्ष के नीचे स्थित हो तो स्थिति बदल जायगी :

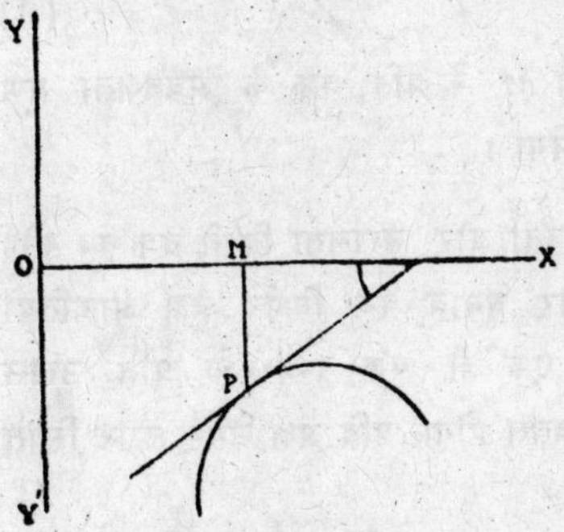


आकृति (16.17)

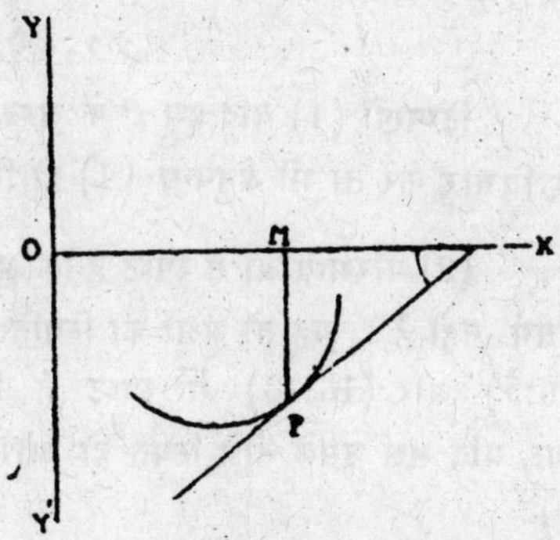


आकृति (16.18)

आकृति (16.17) का वक्र $P$ पर $x$-अक्ष के प्रति उत्तल है; आकृति (16.18) का अवतल।

चारों आकृतियों पर विचार करने से निम्नलिखित निष्कर्ष निकलते हैं :

**वक्र $x$-अक्ष के ऊपर**

(i) वक्र $x$-अक्ष के प्रति उत्तल है यदि $P$ पर ऊपर की ओर अवतल हो।

आकृति (16.5) : $y_2 > 0$

(ii) वक्र $x$-अक्ष के प्रति अवतल है यदि $P$ पर नीचे की ओर अवतल हो।

आकृति (16.6) : $y_2 < 0$

**वक्र $x$-अक्ष के नीचे**

(iii) वक्र $x$-अक्ष के प्रति उत्तल है यदि $P$ पर नीचे की ओर अवतल हो।

आकृति (16.17) : $y_2 < 0$

(iv) वक्र $x$-अक्ष के प्रति अवतल है यदि $P$ पर ऊपर की ओर अवतल हो।

आकृति (16.18) : $y_2 > 0$.

इन चारों स्थितियों को एक सूत्र में बांध कर हम इस प्रकार लिख सकते हैं :

वक्र $P$ पर, $x$ – अक्ष के प्रति, उत्ताल अथवा अवतल होगा।

यदि क्रमानुसार

$$y\, y_2 \gtrless 0. \tag{1}$$

टिप्पणी (1) यदि हम $P$ के लम्ब मूल $M$ के प्रति, वक्र के अवतलता गुण पर विचार करें तो भी अनुबन्ध (1) ही निकलेगा।

(2) परिभाषाओं से स्पष्ट है कि अवतलता और उत्तालता किसी वक्र का कोई स्वधर्म नहीं है। यह तो अक्षों की स्थिति और चुनाव पर निर्भर है। आकृतियों (16.5) और (16.18) से स्पष्ट है कि एक ही वक्र $x$-अक्ष के प्रति उत्ताल होगा, यदि अक्ष उसके नीचे स्थित हो, और अवतल होगा यदि अक्ष उसके ऊपर स्थित हो।

अतः अक्षों के बदलने से अक्ष का अवतलता गुण बदल जाता है।

किन्तु नति-परिवर्तन किसी वक्र का स्वधर्म होता है। जहां कहीं स्पर्शी वक्र का पारण करता है, वहीं वक्र का नति-परिवर्तन होगा। स्पष्ट है कि नति-परिवर्तन गुण अक्षों की स्थिति पर निर्भर नहीं है।

इससे यह निष्कर्ष निकलता है कि यदि दोनों आश्रय अक्षों का हेर-फेर कर दिया जाय तो नति-परिवर्तन विन्दुओं की स्थिति में कोई परिवर्तन नहीं होगा। अतएव हम नति-परिवर्तन के अनुबन्ध $x$ और $y$ का हेर-फेर करके भी निकाल सकते हैं।

जहां कहीं वक्र का स्पर्शी $x$-अक्ष पर लम्ब हो, $\dfrac{dy}{dx}$ अनन्त हो जाता है।

अतः हम $\dfrac{d^2y}{dx^2}$ नहीं निकाल सकते।

उक्त स्थिति में हम $\dfrac{d^2y}{dx^2}$ के बदले $\dfrac{d^2x}{dy^2}$ पर विचार कर सकते हैं।

उदाहरण—लघुगणक वक्र

$$y = \log x$$

के अवतलता गुण पर विचार करो।

यहाँ,

$$\frac{dy}{dx} = \frac{1}{x},$$

$$\frac{a^2y}{dx^2} = -\frac{1}{x^2},$$

जो सदैव ऋणात्मक है।

अतएव, वक्र सदैव नीचे की ओर अवतल है।

यह तो हुई बिन्दुओं के प्रति अवतलता।

अब, मान लीजिये कि हम वक्र की अवतलता का, $x$-अक्ष के प्रति विचार करते हैं।

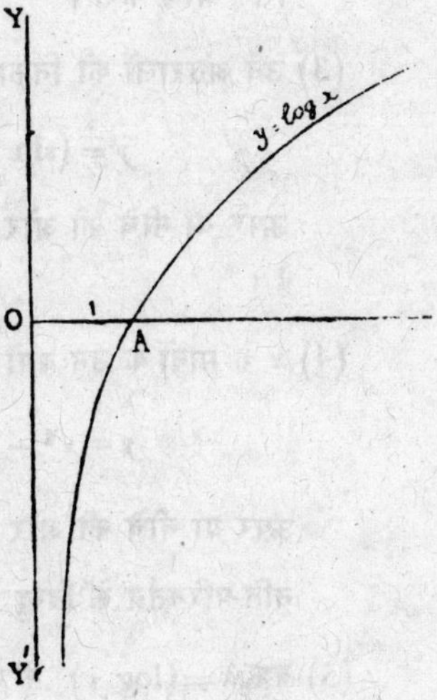


आकृति (16.19)

हम जानते हैं कि

यदि $0 < x < 1$, तो $\log x < 0$.

और $y_2$ सदैव $< 0$.

$\therefore$ यदि $0 < x < 1$ तो $yy_2 > 0$.

अत: वक्र $x$-अक्ष के प्रति उत्तल है।

और यदि $x > 1$ तो $\log x > 0$

$$\therefore \qquad yy_2 < 0.$$

अत: वक्र $x$-अक्ष के प्रति अवतल है।

यही तथ्य आकृति से भी स्पष्ट हैं।

## प्रश्नावली (16.2)

(1) सिद्ध करो कि वक्र $y=e^x$ प्रत्येक स्थान पर ऊपर की ओर अवतल है।

(2) वक्र $y=\sin x$ की अंतराल $(0, 2\pi)$ में अवतलता और उत्तलता के लिए जांच करो।

(3) उन अंतरालों को निकालो जिनके लिए वक्र

$$y=(\sin x+\cos x).\ e^x$$

ऊपर या नीचे की ओर अवतल है; $x$ का मान $(0, 2\pi)$ में विचरता है।

(4) $x$ के मानों के उन वर्गों को निकालो जिनके लिए वक्र

$$y=x^4-6x^3+12x^2+3x+5$$

ऊपर या नीचे की ओर अवतल है।

नति-परिवर्तन के विन्दु भी ज्ञात करो।

(5) वक्र $x=(\log y)^3$ के नति-परिवर्तन बिन्दु ज्ञात करो।

(6) वक्र $y=e^{-x}(x^2+4x+2)$

के लिए $x$ के उन मानों के वर्गों को ज्ञात करो जिनके लिए वक्र नीचे या ऊपर की ओर अवतल हो।

वक्र के नति-परिवर्तन बिन्दु भी ज्ञात करो।

(7) सिद्ध करो कि वक्र

$$y^3+3a\ x^2+x^3=0$$

(i) $x$-अक्ष के प्रति प्रत्येक स्थान पर अवतल है।

(ii) का $x=-3a$ पर नति-परिवर्तन होता है।

### 16.9. वृत्त जिससे वक्र का त्रिबिन्दु स्पर्श हो।

किसी वृत्त का समीकरण यह है :

$$(X-a)^2+(Y-b)^2=r^2. \tag{1}$$

यदि वक्र $y=f(x)$ का वह बिन्दु $(x, y)$ है जिससे (1) का त्रिबिन्दु स्पर्श है तो हमें हस्तगत है

$$X=x,\ Y=y,\ \frac{dY}{dX}=\frac{dy}{dx} \text{ और } \frac{d^2Y}{dX^2}=\frac{d^2y}{dx^2}. \tag{2}$$

(1) के अवकलन से,

$$X-a+(Y-b)\frac{dY}{dX}=0, \tag{3}$$

$$1+\left(\frac{dY}{dX}\right)^2+(Y-b)\frac{d^2Y}{dX^2}=0. \tag{4}$$

अतः, समीकरण (2) से (1), (3) और (4) में प्रतिस्थापन करने से,

$$(x-a)^2+(y-b)^2=r^2, \tag{5}$$

$$(x-a)+(y-b)\frac{dy}{dx}=0, \tag{6}$$

और $$1+\left(\frac{dy}{dx}\right)^2+(y-b)\frac{d^2y}{dx^2}=0. \tag{7}$$

इन तीनों समीकरणों से $a$, $b$, $r$ के मान निकल सकते हैं।

अब, (7) से,

$$b \quad y+\frac{1+y_1^2}{y_2}, \tag{8}$$

और तब (6) से,

$$a=x-\frac{y_1(1+y_1^2)}{y_2}. \tag{9}$$

§ 14.15 के सूत्रों (1) से तुलना करने से यह निष्कर्ष निकलता है कि उपरिलिखित वृत्त का केन्द्र, बिन्दु $P$ वाला, वक्रता केन्द्र ही है।

और (5) से पता चलता है कि बिन्दु $(x, y)$ उक्त वृत्त पर स्थित है।

अतः वृत्त की त्रिज्या भी $P$ वाली वक्रता त्रिज्या के बराबर ही हुई।

इस प्रकार हम देखते हैं कि उपरिलिखित वृत्त, वक्र का बिन्दु $P$ वाला, वक्रता वृत्त ही है।

यों समझना चाहिये कि किसी वक्र से उसके वक्रता वृत्त का त्रिबिन्दु स्पर्श होता है।

इसी कारण वक्रता वृत्त वक्र का पारण करता है।

# अध्याय १७

# विचित्र बिन्दु

## (Singular Points)

17.1. **परिभाषायें**—पिछले अध्याय में हमने नति-परिवर्तन बिन्दुओं पर विचार किया है। आकृतियों से स्पष्ट है कि ऐसे बिन्दु साधारण बिन्दु नहीं होते, वरन् इनमें कुछ विलक्षणता होती है।

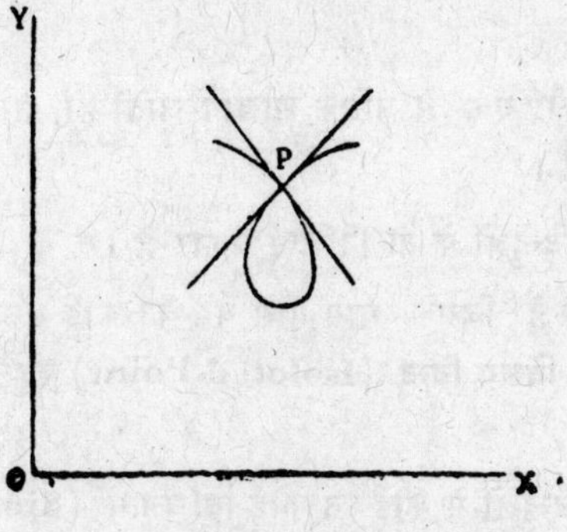


आकृति (17.1)

आकृति (17.2)

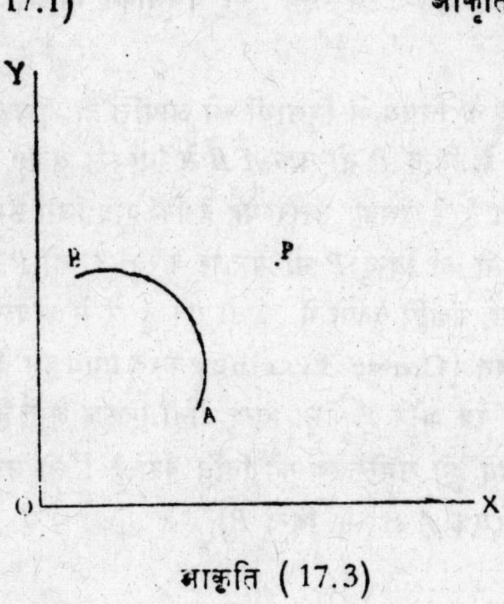


आकृति (17.3)

किन्तु केवल नति-परिवर्तन बिन्दु ही ऐसे बिन्दु नहीं हैं जिन्हें विलक्षण कहा जा सके। इस अध्याय में हम इस प्रकार के समस्त बिन्दुओं पर विचार करेंगे।

जिस बिन्दु के मध्येन किसी वक्र की दो शाखायें जाती हों, उसे **द्विक् बिन्दु (Double Point)** कहते हैं।

आकृतियों (17.1) और (17.2) के बिन्दु $P$ द्विक् बिन्दु हैं।

यदि वक्र की दोनों शाखाओं पर, द्विक् बिन्दु पर, दो भिन्न-भिन्न स्पर्शी खींचे जा सकें तो बिन्दु वक्र का **नोड (Node)** कहलाता है, जैसे आकृति (17.1) में।

यदि वक्र की दोनों शाखाओं पर, द्विक् बिन्दु पर, स्पर्शी उभयनिष्ठ हो, तो बिन्दु वक्र का **कस्प (Cusp)** कहलाता है, जैसे आकृति (17.2) में।

जिस बिन्दु के मध्येन किसी वक्र की तीन शाखायें जाती हों, उसे **त्रिक बिन्दु (Triple Point)** कहते हैं।

जिस बिन्दु के मध्येन किसी वक्र की एक से अधिक शाखायें जाती हों, उसे **बहुल बिन्दु (Multiple Point)** कहते हैं।

द्विक् बिन्दु और त्रिक् बिन्दु बहुल बिन्दुओं के ही विशिष्ट प्रकार हैं।

यदि किसी वक्र का कोई बिन्दु ऐसा है जिसके आस पास वक्र का कोई अन्य बिन्दु नहीं है, तो उक्त बिन्दु को वक्र का **विलग बिन्दु (Isoloted Point)** कहते हैं, जैसे आकृति (17.3) में।

उपरिलिखित समस्त प्रकार के बिन्दुओं में कोई न कोई विचित्रता (**Singularity**) होती है। अतः इन सब को मिलाकर विचित्र बिन्दु ((**Singular Point**) कहते हैं।

विलग बिन्दु के विषय में विद्यार्थी को आपत्ति हो सकती है। वह यह कहेगा कि आकृति (17.3) में बिन्दु $P$ तो वक्र $A B$ से बिल्कुल अलग है। उसे वक्र का अंग कैसे माना जा सकता है? इसका उत्तर यह है कि यदि जिस समीकरण को वक्र $A B$ सन्तुष्ट करता है, उसी को बिन्दु $P$ भी सन्तुष्ट करता हो तो $P$ को वक्र $A B$ से पृथक् नहीं माना जा सकता, यद्यपि देखने में दोनों एक-दूसरे से बिल्कुल अलग हैं। अगले अध्याय में **वक्रानुरेखन (Curve Tracing)** करते समय हम देखेंगे कि एक ही समीकरण से $A B$ जैसा वक्र और $P$ जैसा बिन्दु दोनों निकल आते हैं। ऐसी स्थिति में यदि कोई यह पूछे कि दिये हुये समीकरण की निधि क्या है? तो उत्तर होगा :

निधि है : (वक्र $A B$ + बिन्दु $P$),

ऐसे बिन्दुओं का उद्भव दो प्रकार से होता है। मान लीजिये कि दिया हुआ समीकरण

$$y^2=(x-1)^2\ (x-2) \qquad (1)$$

है।

स्पष्ट है कि बिन्दु (1, 0) इस वक्र पर स्थित है।

अब समीकरण (1) को इस रूप

$$y=\pm\ (x-1)\sqrt{x-2}$$

में ढालिये।

यहाँ, यदि हम $x$ को 1 से थोड़ा-सा भी अधिक या थोड़ा-सा भी कम लें तो दोनों दशाओं में $y$ काल्पनिक हो जाता है। अतः, स्पष्ट है कि (1, 0) के आसपास वक्र का कोई अन्य बिन्दु नहीं है। (1,0) वक्र का विलग बिन्दु है।

$$\text{यहाँ } y_1=\pm\left[\sqrt{x-2}+\frac{x-1}{2\sqrt{x-2}}\right]=\pm\frac{3x-5}{2\sqrt{x-2}}$$

अतः, बिन्दु (1, 0) पर $y_1$ का मान काल्पनिक आता है। इसलिये उक्त बिन्दु पर वक्र का स्पर्शी भी काल्पनिक है और विलग बिन्दु पर साधारणतः यही होता भी है। किन्तु कभी-कभी ऐसी विलक्षण स्थिति भी आ जाती है कि विलग बिन्दु पर स्पर्शी वास्तविक निकल आता है।

वक्र

$$y^2=x^4\ (x^2-9) \qquad (1)$$

पर विचार कीजिये।

स्पष्ट है कि मूलबिन्दु उक्त वक्र पर स्थित है।

किन्तु $y=\pm x^2\sqrt{x^2-9}$.

अतः, यदि $x$ का कोई भी छोटा-सा मान हो, चाहे धनात्मक चाहे ऋणात्मक, तो $y$ काल्पनिक ही आयेगा।

$\therefore$ मूलबिन्दु वक्र का विलग बिन्दु है।

परन्तु यहां

$$y_1=\pm\left[x^2\ \frac{x}{\sqrt{x^2-9}}+2x.\sqrt{x^2-9}\right]$$

$$= \pm \frac{3x\,(x^2-6)}{\sqrt{x^2-9}}.$$

मूलबिन्दु पर $y_1 = 0$.

इसलिये, वक्र पर, मूलबिन्दु पर डाले गये स्पर्शी का समीकरण हुआ

$$y = 0, \tag{3}$$

जो वास्तविक है।

कुछ लेखक विलग बिन्दु की यह परिभाषा देते हैं :

"वक्र का कोई बिन्दु जिस पर डाला गया स्पर्शी काल्पनिक हो, विलग बिन्दु कहलाता है।"

उपरिलिखित से स्पष्ट है कि यह परिभाषा ग़लत है।

17.2. **मूलबिन्दु पर डाले गये स्पर्शी**—किसी बहुल बिन्दु की प्रकृति जानने के लिये यह आवश्यक है कि उस पर डाले गये स्पर्शियों के समीकरण निकाल लिये जायें। इस हेतु बहुधा हमें मूलबिन्दु को उक्त बहुल बिन्दु पर स्थानान्तरित करना पड़ता है। अतः मूलबिन्दु पर डाले गये स्पर्शियों के समीकरण निकालने से काम चल जाता है।

**प्रमेय**—यदि किसी वक्र का समीकरण, जो मूलबिन्दु के मध्येन जाता हो, परिमेय, पूर्णांक और बीजीय हो तो समीकरण के लघुतम पदों के शून्यीकरण से मूलबिन्दु पर डाले गये स्पर्शी प्राप्त हो जाते हैं।

मान लो कि वक्र का समीकरण

$$(a_1x+a_2y)+(b_1x^2+b_2xy+b_3y^2)+(c_1x^3+c_2x^2y+c_3xy^2+c_4y^3)+\ldots\ldots\ldots=0 \tag{1}$$

है।

चूंकि वक्र मूलबिन्दु के मध्येन जाता है, अतः इसमें अचर पद नहीं होगा।

यदि वक्र पर $P\,(x,\,y)$ कोई बिन्दु है तो जीवा $OP$ का समीकरण

$$\frac{Y}{X} = \frac{y}{x} \tag{2}$$

होगा।

जब $P$ मूलबिन्दु से संपाती हो जायगा, तब जीवा $O\,P$ स्पर्शी $O\,T$ में परिणत हो जायगी।

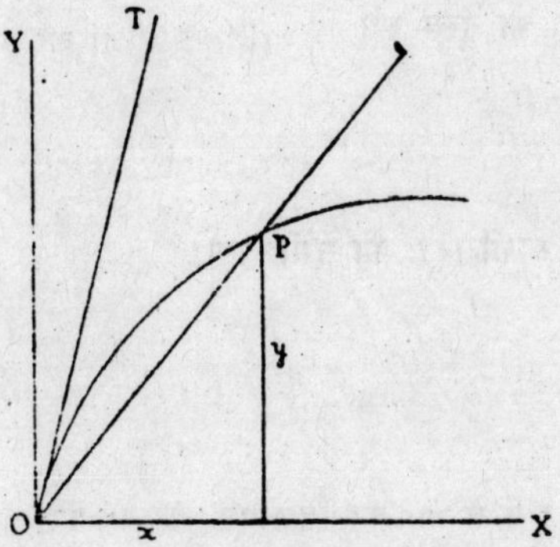


आकृति (17.4)

यदि $O\,T$ की प्रवणता $m$ है तो

$$m = \underset{\substack{x \to 0,\\ y \to 0}}{Lt} \frac{y}{x}. \tag{3}$$

हम थोड़ी देर के लिए माने लेते हैं कि स्पर्शी $y$-अक्ष नहीं है, अर्थात् $m$ अनन्त नहीं है।

**दशा—I** $a_2 \neq 0$

(1) को $x$ से भाग देने पर, हमें प्राप्त है :

$$\left(a_1 + a_2 \frac{y}{x}\right) + \left(b_1 x + b_2 y + b_3 y . \frac{y}{x}\right) + \left(c_1 x^2 + c_2 xy + c_3 y^2 + c_4 y^2 . \frac{y}{x}\right) + \ldots\ldots = 0.$$

जब $x \to 0, y \to 0, \frac{y}{x} \to m$, तब इस समीकरण का यह रूप

$$a_1 + a_2 \, Lt \frac{y}{x}$$

हो जाता है ।

इस समीकरण का तुल्य रूप

$$a_1 + a_2 m = 0 \qquad (4)$$

है ।

अब, (2) से स्पर्शी $OT$ का समीकरण

$$\frac{Y}{X} = m \qquad (5)$$

होगा ।

(4) और (5) में से $m$ का विलोपन करने पर, स्पर्शी के समीकरण का यह रूप

$$a_1 X + a_2 Y = 0$$

हो जायगा ।

यदि $a_2$ शून्य हो तो हम (1) को $y$ से भाग देकर आगे बढ़ेंगे ।

(4) के स्थान पर हमें समीकरण

$$\frac{a_1}{m} = 0$$

प्राप्त होगा ।

इसका तुल्य रूप

$$x = 0$$

है ।

अतः चाहे $a_2$ शून्य हो चाहे न हो, दोनों अवस्थाओं में समीकरण (1) के लघुतम पदों को शून्य के बराबर रखने से हमें मूलबिन्दु पर डाले गये स्पर्शी का समीकरण प्राप्त हो जायगा ।

दशा II—$a_1 = a_2 = 0$;

मान लीजिये कि $b_2$ और $b_3$ में से दोनों शून्य नहीं हैं ।

वक्र का समीकरण

$$(b_1x^2+b_2xy+b_3y^2)+(c_1x^3+c_2x^2y+c_3xy^2+c_4y^3)+ \\ +\ldots\ldots \quad =0 \qquad (6)$$

हो जायगा।

$x^2$ से भाग देने पर हमें प्राप्त है :

$$\left(b_1+b_2\frac{y}{x}+b_3\frac{y^2}{x^2}\right)+\left(c_1x+c_2y+c_3y.\frac{y}{x}+c_4y.\frac{y^2}{x^2}\right) \\ +\ldots\ldots \quad =0. \qquad (7)$$

जब $x\to 0, y\to 0, \dfrac{y}{x}\to m$, तब

$$b_1+b_2m+b_3m^2=0. \qquad (8)$$

यह एक वर्ग समीकरण है। इससे $m$ के दो मान निकलेंगे। उन्हें (5) में प्रतिस्थापित करने से बिन्दु पर डाले गये दोनों स्पर्शियों के समीकरण प्राप्त हो जायँगे। स्पष्ट है कि मूलविन्दु उक्त वक्र पर एक द्विक् बिन्दु है।

(5) और (8) में से $m$ का विलोपन करने पर उक्त स्पर्शियों का समीकरण

$$b_1X^2+b_2XY+b_3Y^2=0$$

प्राप्त होगा।

यदि $b_2$ और $b_3$ दोनों शून्य हो जायँ तो समीकरण (6) का यह रूप

$$b_1x^2+(c_1x^3+c_1x^2y+c_3xy^2+c_4y^3)+\ldots \quad =0$$

हो जायगा।

$y^2$ से भाग देकर सीमा लेने पर,

जब $x\to 0, y\to 0, \dfrac{x}{y}\to m$,

तब हमें स्पर्शियों का समीकरण इस रूप

$$\frac{b_1}{m^2}=0,$$

अर्थात् इस रूप $b_1x^2=0$

में प्राप्त होगा।

इस प्रकार हम देखते हैं कि प्रत्येक दशा में स्पर्शियों के समीकरण लघुतम पदों के शून्यीकरण से ही प्राप्त होते हैं ।

**दशा III**—यदि $a_1 = a_2 = 0$, $b_1 = b_2 = b_3 = 0$, तो इसी प्रकार हम शेष गुणांकों पर विचार कर सकते हैं ।

**टिप्पणी (i)** यदि मूलबिन्दु पर डाला गया स्पर्शी $y$-अक्ष ही हो तो भी हम अक्षों का हेर-फेर करके उपरिलिखित नियम सिद्ध कर सकते हैं ।

**टिप्पणी (ii)**—यदि हम § 17.2 के वक्र (2) पर यह नियम लगायें तो मूल-बिन्दु पर डाले गये स्पर्शियों का समीकरण

$$y^2 = 0$$

आता है जो § 17.2 (3) से अभिन्न है ।

17.3. **संख्याओं पर ऐतिहासिक टिप्पणी**—संख्या की **संकल्पना (concept)** में क्रमिक विकास हुआ है । एक समय था जब केवल धन पूर्णांकों को ही 'संख्या' की संज्ञा दी जाती थी । ऋण पूर्णाङ्कों का अस्तित्व ही स्वीकार नहीं किया जाता था । ऐसी स्थिति में समीकरण

$$x^2 + x - 2 = 0, \qquad \text{अर्थात्} \qquad (x-1)(x+2) = 0$$

का एक ही वास्तविक मूल $(x = 1)$ माना जाता था । द: कार्ते **(Des Cartes)** ऋण मूलों को **मिथ्या मूल (False Roots)** कहा करता था ।

कुछ समय पश्चात् गणितज्ञों ने ऋण पूर्णाङ्कों के अस्तित्व को भी स्वीकार कर लिया । फिर भिन्नों की बारी आई । यदि हम भिन्नों को स्वीकार न करें तो इस समीकरण

$$2x - 5 = 0$$

का हल ही न निकल सकेगा ।

इसी प्रकार हम भिन्नों और **अपरिमेय संख्याओं (Irrational Numbers)** द्वारा संख्या क्षेत्र का विस्तार करते गये ।

अब हम **सम्मिश्र संख्याओं (Complex Numbers)** पर आते हैं । मान लीजिये कि हम समीकरण

$$x^2 - 5x + 8 = 0 \qquad (1)$$

पर विचार कर रहे हैं।

इसका विवेचक $25-32$, अर्थात् $(-7)$ है।

जब तक हम राशि $\sqrt{-7}$ को कोई अर्थ न दें, समीकरण (1) का हल नहीं हो सकता। और गणित विज्ञान यह चाहता है कि जहाँ तक हो सके, नियम सर्वव्यापी बनें। उनमें यथासाध्य कोई अपवाद न हों। और कारणों के अतिरिक्त एक कारण यह भी था जो हमें **काल्पनिक संख्याओं (Imaginary Numbers)** का अस्तित्व मानना पड़ा। सच पूछा जाय तो 'काल्पनिक' नाम गलत है। यह संख्यायें भी उतनी ही वास्तविक हैं जितनी $8, 11\frac{1}{2}, 100\frac{7}{8}, \ldots$। अन्तर केवल इतना है कि काल्पनिक संख्याओं को हम अपनी कापी अथवा श्याम पट्ट पर उस प्रकार व्यक्त नहीं कर सकते जिस प्रकार साधारण संख्याओं को। अतः यदि काल्पनिक संख्याओं को **'अज्यामितीय संख्यायें' (Non-Geometrical Numbers)** कहा जाता तो अधिक उपयुक्त था।

एक दूसरे दृष्टिकोण से देखा जाय तो यह संख्यायें अज्यामितीय भी नहीं हैं। हमने यह रूढ़ि बनाई है कि $x$-अक्ष पर दाहिनी ओर के बिन्दुओं के भुज धनात्मक माने जायँगे, बाईं ओर के ऋणात्मक। यदि हम यह रूढ़ि न बनायें तो ऋण संख्याओं का भी ज्यामितीय निरूपण दुस्तर हो जायगा। आगे चलकर विद्यार्थी देखेंगे कि अपरिमेय संख्याओं के निरूपण के लिये एक विशेष युक्ति **डेडीकाइन्ड काट (Dedekind Cut)** का सहारा लेना पड़ता है। इसी प्रकार सम्मिश्र संख्याओं के निरूपण के लिये हमने **आरगन्ड आरेख (Argand Diagram)** की विधि निकाली। इस विधि से अब हम काल्पनिक संख्याओं का भी ज्यामितीय निरूपण कर लेते हैं। अतः, अब 'वास्तविक' और 'काल्पनिक' संख्याओं में नाम मात्र का ही अन्तर रह गया है। संख्या $(3+5i)$ उतनी ही काल्पनिक है जितनी $(-8\frac{1}{2})$। यों समझना चाहिये कि 'काल्पनिक संख्या' की परिभाषा इस प्रकार देनी होगी :

'वह संख्या जिसमें $\sqrt{-1}$ का समावेश हो।'

अब मान लीजिये कि हमें समीकरण

$$x-3+2\,i\,(y-5)=0 \qquad (2)$$

पर विचार करना है।

हम जानते हैं कि समीकरण

$$ax+by+c=0$$

एक ऋजु रेखा का निरूपण करता है ।

अत: स्वसंगति (**consistency**) के लिये हमें यह मानना पड़ेगा कि (2) भी एक ऋजु रेखा का ही निरूपण करता है ।

किन्तु हम इस ऋजु रेखा का, साधारण $x$ और $y$ अक्षों द्वारा, निरूपण नहीं कर सकते । इसके निरूपण के लिये कुछ नई रूढ़ियाँ बनानी पड़ेंगी । जहाँ तक हमारी वर्तमान रूढ़ियों का प्रश्न है, हम ऋजु रेखा (2) का ज्यामितीय निरूपण कर ही नहीं सकते ।

किन्तु यदि $x=3$, $y=5$ तो समीकरण (1) सन्तुष्ट हो जाता है ।

अतः, यह मानना पड़ेगा कि वास्तविक बिन्दु (3, 5) काल्पनिक रेखा (2) पर स्थित है ।

इस बिन्दु के निर्देशांक वास्तविक इसलिये बन जाते हैं कि इनके लिये समीकरण (2) के वाम पक्ष का काल्पनिक भाग

$3\,i\,(y-5)$

शून्य हो जाता है ।

ऐसी ही स्थिति सदैव उत्पन्न होगी जब किसी रेखा के समीकरण

$$A+i\,B=0$$

में $B=0$ हो जायगा ।

अतएव, (2) एक ऐसी ऋजु रेखा को निरूपित करता है जिस पर केवल एक ही वास्तविक बिन्दु है : (3, 5). स्पष्ट है कि (3, 5) उक्त रेखा का विलग बिन्दु है ।

इसी प्रकार, समीकरण

$$x+y-3-2\,i\,(3x+2y-7)=0 \qquad (3)$$

एक काल्पनिक ऋजु रेखा का निरूपण करता है जिस पर केवल एक वास्तविक बिन्दु है जो ऋजु रेखाओं

$$x+y=3,$$
$$3x+2y=7$$

का कटान बिन्दु है । स्पष्ट है कि उक्त बिन्दु (1, 2) ऋजु रेखा (3) का विलग बन्दु है ।

उदाहरण—सिद्ध करो कि बिन्दु (1,2) पर वक्र

$$y^3-7y^2+2xy-x^2-2x+14y-9=0$$

का एक कस्प है।

मूलबिन्दु को बिन्दु (1, 2) पर स्थानान्तरित करने के लिये

$$x=X+1, \qquad y=Y+2$$

रक्खो।

परिणामी समीकरण

$$(Y+2)^3-7(Y+2)^2+2(X+1)(Y+2)-(X+1)^2+14(Y+2)$$
$$-2(X+1)-9=0,$$

अर्थात् $$Y^3-Y^2+2XY-X^2=0$$

होगा।

अब, लघुतम घात पदों को शून्य के बराबर रखने से मूलबिन्दु पर डाले गये स्पर्शियों का समीकरण

$$(X-Y)^2=0$$

आता है।

चूंकि यह दोनों स्पर्शी संपाती हैं, नया मूलबिन्दु एक कस्प है।

अर्थात्, बिन्दु (1,2) वक्र का कस्प है।

## प्रश्नावली 17.1

(1) निम्नलिखित वक्रों के लिए मूलबिन्दु पर डाले गये स्पर्शी का समीकरण लिखो :—

(i) $a^2(x^2-y^2)=x^2y^2$

(ii) $y^2(a^2-x^2)=x^2(b-x)^2$

(iii) $(x^2+y^2)^3=a^2(x^2-y^2)^2$.

(2) सिद्ध करो कि बिन्दु (1, 1) पर वक्र

$$y^3-2y^2+2xy+x^2-4x-y+3=0$$

का एक कस्प है।

(3) सिद्ध करो कि बिन्दु $(-1, 1)$ पर वक्र

$$x^3+y^3+4x^2-xy-5y^2+6x+6y=0$$

का एक नोड है।

(4) सिद्ध करो कि वक्र

$$y^3=(x-a)^2(2x-a)$$

का बिन्दु $(a,0)$ पर एक कस्प है। (अलीगढ़, 1946)

(5) यदि वक्र का समीकरण

$$y^3+3ax^2+x^3=0$$

हो तो सिद्ध करो कि वह विन्दु जिसके लिए $x=0$ वक्र के लिए कस्प है।

(6) सिद्ध करो कि मूलबिन्दु पर वक्र

$$y^2=ax^2+bx^3$$

का एक नोड, कस्प या विलग बिन्दु होगा यदि क्रमानुसार $a$ धनात्मक, शून्य अथवा ऋणात्मक हो। (दिल्ली ऑनर्स 1950)

**17.4. द्विक बिन्दुओं की खोज**—मान लो कि विन्दु $(h,k)$ वक्र का एक द्विक बिन्दु है। मूलबिन्दु को बिन्दु $(h, k)$ पर ले जाओ। यदि नया मूलबिन्दु द्विक विन्दु है तो परिणामी समीकरण में अचर पद और प्रथम घात पद शून्य होने चाहियें। इस प्रकार अचर पद और $x$ और $y$ के गुणांकों के शून्यीकरण से हमें $h$ और $k$ में तीन समीकरण मिल जायेंगे। यदि $h, k$ के कोई ऐसे मान मिल जायँ जो तीनों समीकरणों को सन्तुष्ट कर दें तो विन्दु $(h, k)$ एक द्विक बिन्दु होगा।

अतएव, तीनों समीकरणों में से कोई से दो हल कर लो। यदि $h, k$ के मान जो इस प्रकार प्राप्त हों, तीसरे समीकरण को भी सन्तुष्ट करें तो $(h, k)$ एक द्विक है, अन्यथा नहीं।

यदि $h, k$ के ऐसे कोई भी मान प्राप्त न हों जो तीनों समीकरणों को सन्तुष्ट करें तो वक्र पर कोई द्विक बिन्दु होगा ही नहीं।

**उदाहरण**—वक्र

$$x^3+2x^2+2xy-y^2+5x-2y=0$$

के द्विक बिन्दुओं की स्थिति बताओ।

$x, y$ के स्थान पर क्रमशः $(x+h)$, $(y+k)$ रखने से,

$$(x+h)^3+2(x+h)^2+2(x+h)\ (y+k)-(y+k)^2$$
$$+5(x+h)-2(y+k)=0,$$

अर्थात्, $(h^3+2h^2+2hk-k^2+5h-2k)$
$$+(3h^2+4h+2k+5)x+(2h-2k-2)y$$
$+x, y$ के उच्च घात पद $=0.$

अतः, हमें प्राप्त है :

$$h^3+2h^2+2hk-k^2+5h-2k=0, \qquad (1)$$
$$3h^2+4h+2k+5=0, \qquad (2)$$
$$h-k-1=0. \qquad (3)$$

(2) और (3) को हल करने से,

$h=-1, \qquad k=-2.$

और यह मान (1) को भी सन्तुष्ट करते हैं।

अतः $(-1, -2)$ ही वक्र पर एक मात्र द्विक बिन्दु है।

17.5. **आंशिक अवकलन**--मान लीजिये कि $f(x, y)$ दो चरों $x$ और $y$ का फलन है।

यदि हम $y$ को अचर मान कर, $x$ के सापेक्ष $f$ का अवकल गुणांक निकालें तो उसे

'$f$ का $x$ के सापेक्ष **प्रथम आंशिक अवकल गुणांक** (**First Partial Diffrential Coefficient**) कहते हैं। इसका चिह्न

$$\frac{\partial f}{\partial x} \text{ अथवा } f_x$$

है।

अब यदि हम फिर इसका आंशिक अवकल गुणांक निकालें तो फल को

'$f$ का $x$ के सापेक्ष **द्वितीय आंशिक अवकल गुणांक** (**Second Partial Differential Coefficient**)' कहेंगे। इसका चिह्न

$$\frac{\partial^2 f}{\partial x^2} \text{ अथवा } f_{xx}$$

है।

यदि $\dfrac{\partial f}{\partial x}$ को $y$ के सापेक्ष ($x$ को अचर मान कर) अवकलित करें तो लब्ध फल को इस प्रकार

$$\frac{\partial^2 f}{\partial y \partial x} \text{ अथवा } f_{yx}$$

लिखेंगे ।

इसी प्रकार हम $\dfrac{\partial^2 f}{\partial x \partial y}$ और $\dfrac{\partial^2 f}{\partial y^2}$ की भी परिभाषायें दे सकते हैं ।

**उदाहरण**—मान लो कि

$$f(x, y) = 3x^4 - 5x^3y + 11x^2y^2 + 7y - 2x + 1,$$

तो $f_x = 12x^3 - 15x^2y + 22xy^2 - 2.$

$$f_{xx} = 36x^2 - 30xy + 22y^2,$$

$$f_{xxx} = 72x - 30y;$$

$$f_y = -5x^3 + 22x^2y + 7,$$

$$f_{yy} = 22x^2,$$

$$f_{yyy} = 0;$$

$$f_{xy} = -15x^2 + 44xy,$$

$$f_{yx} = -15x^2 + 44xy.$$

**17.6. द्विक बिन्दुओं के अस्तित्व के लिये आवश्यक अनुबन्ध**—यदि किसी वक्र का समीकरण $f(x, y) = 0$ हो तो मूलबिन्दु को बिन्दु $(h, k)$ पर स्थानान्तरित करने से, समीकरण

$$f(x+h,\ y+k) = 0 \tag{1}$$

हो जायेगा ।

हम यहां दो चरों के टेलर प्रमेय को मान लेते हैं जो बाद में सिद्ध किया जायगा ।

अतः (1) से हमें प्राप्त होगा :

$$f(h, k)+x\left(\frac{\partial f}{\partial x}\right)_{x=h,\ y=k}+y\left(\frac{\partial f}{\partial y}\right)_{x=h,\ y=k}$$

$$+\tfrac{1}{2}\left\{x^2\left(\frac{\partial^2 f}{\partial x^2}\right)_{x=h,\ y=k}+2xy\left(\frac{\partial^2 f}{\partial x\partial y}\right)_{x=h,\ y=k}\right.$$

$$\left.+y^2\left(\frac{\partial^2 f}{\partial y^2}\right)_{x=h,\ y=k}\right\}+\text{उच्च घात पद}=0. \qquad (2)$$

अतः, यदि $(h, k)$ द्विक बिन्दु है तो

$$f(h, k)=0, \quad \frac{\partial f}{\partial x}=0, \quad \frac{\partial f}{\partial y}=0.$$

यदि यह समीकरण सन्तुष्ट हो जाते हैं तो (2) के लघुतम घात पदों के शून्यीकरण से

$$x^2\left(\frac{\partial^2 f}{\partial x^2}\right)_{h,\ k}+2xy\left(\frac{\partial^2 f}{\partial x\partial y}\right)_{h,\ k}+y^2\left(\frac{\partial y}{\partial y^2}\right)_{h,\ k}=0.$$

यह वक्र पर, नये मूलबिन्दु पर डाले गये, स्पर्शियों का समीकरण है।

बिन्दु, नोड, कस्प अथवा विलग बिन्दु होगा यदि यह स्पर्शी क्रमशः

वास्तविक और भिन्न,

वास्तविक और संपाती,

अथवा काल्पनिक

होंगे,

अर्थात्, यदि क्रमशः

$$\left(\frac{\partial^2 f}{\partial x\partial y}\right)^2+\left(\frac{\partial^2 f}{\partial x^2}\right)\left(\frac{\partial^2 f}{\partial y^2}\right) \gtreqless 0.$$

**टिप्पणी**—यदि $f_{xx}, f_{xy}, f_{yy}$ तीनों शून्य हो जायें तो बिन्दु $(x, y)$ दो से उच्च क्रम का बहुल बिन्दु होगा।

**उदाहरण**—वक्र

$x^4-2y^3-3y^2-2x^2-1=0$

के बहुल बिन्दु निकालो।

यहाँ, $f=x^4-2y^3-3y^2-2x^2+1.$

$\therefore f_x = 4x^3 - 4x = 4x(x-1)(x+1)$

तो $f_x = 0$ यदि $x=0, 1,$ अथवा $-1$.

और $f_y = -6y^2 - 6y = -6y\ (y+1)$.

$\therefore f_y = 0$ यदि $y = 0$ अथवा $-1$.

अतः प्रथम दोनों आंशिक अवकलज इन बिन्दुओं पर लुप्त हो जाते हैं :

$(0, 0), (0, -1), (1, 0), (1, -1), (-1, 0), (-1, -1)$.

इनमें से केवल तीन विन्दु वक्र पर स्थित हैं :

$(1, 0), (-1, 0), 0, -1)$.

अतः, बहुल बिन्दु यही तीन हो सकते हैं।

अब, $f_{xx} = 12x^2 - 4 = 4\ (3x^2 - 1)$,

$f_{xy} = 0$,

$f_{yy} = -12y - 6 = -6\ (2y+1)$.

$\therefore (f_{xy})^2 - f_{xx} f_{yy} = 24\ (3x^2 - 1)\ (2y+1)$. (3)

(i) बिन्दु $(1, 0)$ पर (3) का मान $= 72 > 0$;

(ii) बिन्दु $(-1, 0)$ पर (3) का मान $= 72 > 0$;

(iii) बिन्दु $(0, -1)$ पर (3) का मान $= 24 > 0$.

अतः तीनों बिन्दु नोड हैं।

## प्रश्नावली (17.2)

(1) वक्र

$x^4 - 2ay^3 - 3a^2y^2 - 2a^2x^2 + a^4 = 0$

के द्विक बिन्दुओं की स्थिति बताओ।

निम्नलिखित वक्रों के बहुल विन्दुओं की स्थिति और प्रकृति का पता लगाओ :—

(2) $x^4 + y^3 - 2x^2 + 3y^2 = 0$.

(3) $(y^2 - a^2)^3 + x^4 (2x + 3a)^2 = 0$.

(4) $x^4 + y\ (y + 4a)^3 + 2x^2 (y - 5a)^2 = 5a^2x^2$.

(5) $x^2 (x - y) + y^2 = 0$.

(6) $x^3+2x^2+2xy-y^2+5x-2y=0$.

(7) $y^3=x^3+ax^2$.

(8) $(x+2y+1)^2+4(x-1)^5=0$.

(9) $(x+y)^3=\sqrt{2}\,(y-x+2)^2$.

(10) $x^2y^2=(a+y)^2(b^2-y^2)$ और $b<a$ तथा $b>a$ की दशाओं की भिन्नता का विवेचन करो।

(11) सिद्ध करो कि वक्र $y^2=bx\tan\left(\frac{x}{a}\right)$ के लिये मूलबिन्दु एक नोड या विलग बिन्दु होगा यदि क्रमानुसार $a$ और $b$ के चिन्ह समान अथवा विपरीत हों।

(12) वक्र $y(y-6)=x^2(x-2)^3-9$ के द्विक बिन्दुओं की स्थिति और प्रकृति का पता लगाओ।

(13) वक्र $x^3-y^2-7x^2+4y+15x-13=0$ के द्विक बिन्दुओं की स्थिति और प्रकृति का पता लगाओ।

**17.7. कस्पों के प्रकार**—हम जानते हैं कि कस्प पर वक्र के दोनों स्पर्शी संपाती हो जाते हैं। यदि उभयनिष्ठ स्पर्शी और उभयनिष्ठ अभिलम्ब के सापेक्ष वक्र की दोनों शाखाओं की स्थिति पर विचार करें तो हमें पांच प्रकार की अवस्थायें प्राप्त होंगी।

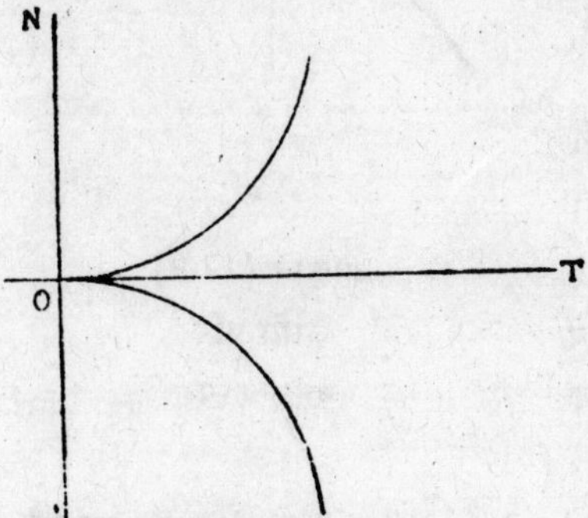


आकृति (17.5)
प्रथम जाति
एकल कस्प

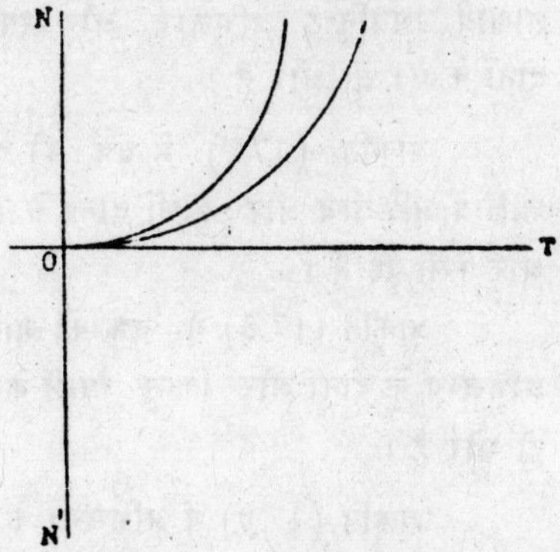


आकृति (17.6)
द्वितीय जाति
एकल कस्प

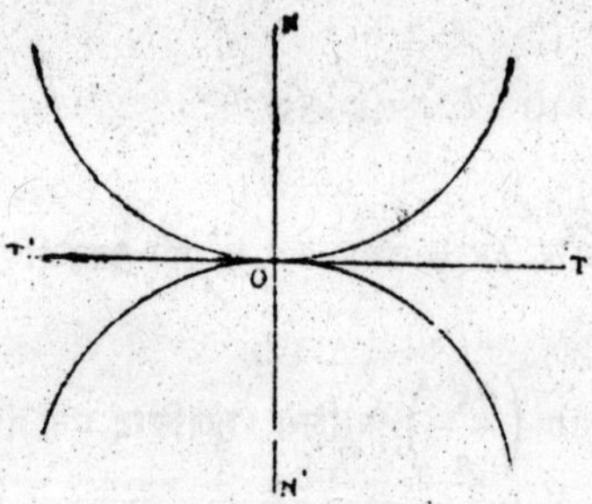


आकृति (17.7)
प्रथम जाति
द्विक कस्प

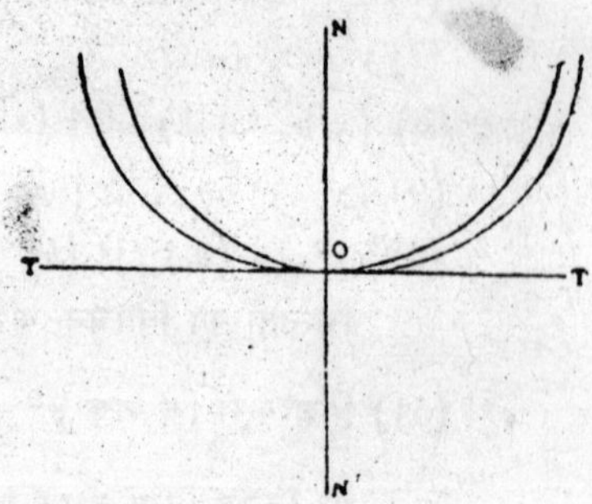


आकृति (17.8)
द्वितीय जाति
द्विक कस्प

आकृति (17.5) मे वक्र की दोनों शाखायें उभयनिष्ठ अभिलम्ब के एक ही ओर किन्तु उभयनिष्ठ स्पर्शी की भिन्न-भिन्न दिशाओं में हैं।

आकृति (17.6) में वक्र की दोनों शाखायें उभयनिष्ठ अभिलम्ब और स्पर्शी दोनों के एक ही ओर हैं।

आकृति (17.7) में वक्र की दोनों शाखायें अभिलम्ब और स्पर्शी दोनों के दोनों ओर फैली हुई हैं।

आकृति (17.8) में वक्र की शाखायें अभिलम्ब के दोनों ओर किन्तु स्पर्शी के एक ही ओर हैं।

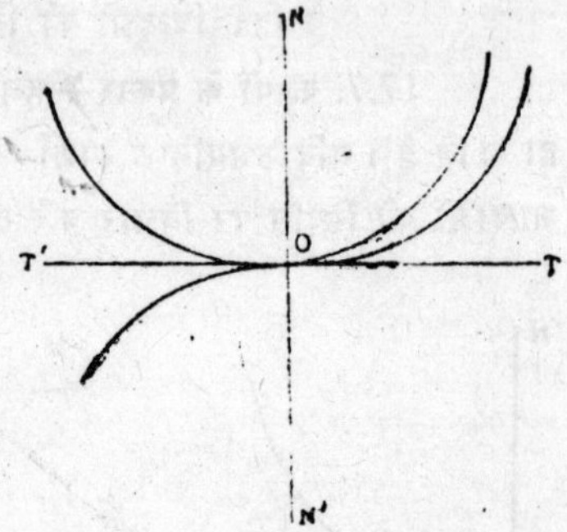


आकृति (17.9)
जाति परि-
वर्तन कस्प

आकृति (17.9) में अभिलम्ब के एक ओर आकृति (17.5) वाला कस्प है, दूसरी ओर आकृति (17.6) वाला।

प्रथम जाति के कस्प को भृंगाकार (सींगों वाला) कस्प (**Keratoid Cusp**) भी कहते हैं।

द्वितीय जाति के कस्प को चंच्वाकार (चोंच वाला) कस्प (**Ramphoid Cusp**) भी कहते हैं।

आकृति (17.9) वाले कस्प को सन्नति-परिवर्तन बिन्दु (**Point of Osculinflexion**) भी कहते हैं।

17.8. **मूलबिन्दु पर कस्प की प्रकृति, जब स्पर्शी $x$-अक्ष हो।**

पहले हम § 17.2 से मूलबिन्दु पर डाले गये स्पर्शियों के समीकरण निकालेंगे। यदि स्पर्शी संपाती हों तो मूलबिन्दु एक कस्प होगा।

यदि स्पर्शी $x$-अक्ष हो तो समीकरण का, $y$ के लिये, हल कर लो। $x$ के छोटे मानों के लिये $y$ के मान वास्तविक हैं या काल्पनिक; और यदि वास्तविक हैं तो धनात्मक हैं या ऋणात्मक— इन तथ्यों से कस्प की प्रकृति का पता चल जायगा।

**उदाहरण**—पता चलाओ कि मूलबिन्दु पर वक्र

$$x^4-2x^2y-xy^2+y^2=0$$

का किस प्रकार का कस्प है।

मूलबिन्दु पर डाले गये स्पर्शी

$$y^2=0$$

जो संपाती हैं। अतः मूलबिन्दु एक कस्प है।

अब, $(1-x)y^2-2x^2y+x^4=0$

$$\therefore\ y=\frac{x^2\pm\sqrt{x^4-x^4(1-x)}}{1-x}=\frac{x^2\pm x^{\frac{5}{2}}}{1-x}$$

$$=\frac{x^2(1+\sqrt{x})}{1-x}\ \text{अथवा}\ \frac{x^2(1-\sqrt{x})}{1-x}$$

$$=\frac{x^2}{1-\sqrt{x}}\ \text{अथवा}\ \frac{x^2}{1+\sqrt{x}}.$$

यदि $x>0$ और छोटा है तो $\sqrt{x}<1$; अतः $y$ के दोनों मान + हैं।

यदि $x<0$ और छोटा है तो $y$ काल्पनिक है।

यह स्थिति आकृति (17.6) की है।

अतएव, मूलबिन्दु पर $y$ का द्वितीय जाति का एकल कस्प है।

२४

टिप्पणी (i)—यदि मूलबिन्दु पर डाला गया स्पर्शी $y$-अक्ष हो तो वक्र के समीकरण को, $x$ के लिये, हल करो, और $y$ के छोटे मान लेकर $x$ के मानों पर विचार करो।

(ii) यहाँ हमारा अभीष्ट मूलबिन्दु के समीप की ही, वक्र की शकल, जानने का है। अतः आवश्यकतानुसार उन पदों की उपेक्षा कर सकते हैं जिनका मान $x$ के छोटे मानों के लिये बहुत छोटा है। यह याद रखना चाहिये कि $x$ के छोटे मानों के लिये $x$ के छोटे घातों का महत्व बड़े घातों से अधिक है। साधारणतः $x$ के द्वितीय से ऊपर के घातों को छोड़ देने से काम चल जाता है, किन्तु इस विषय में बड़ी सावधानी से काम लेना चाहिये। ऐसा न हो कि $x$ के किसी घात को छोड़ देने से वक्र के समीकरण की प्रकृति ही बदल जाय। यह बात विशिष्ट समीकरणों पर ही निर्भर होगी; कोई व्यापक नियम नहीं बनाया जा सकता।

इसी प्रकार यथावसर $y$ के उच्च घातों की भी उपेक्षा की जा सकती है।

17.9. **अन्य दशायें**—अब मान लीजिये कि वक्र पर, मूलबिन्दु पर डाला गया स्पर्शी न $x$-अक्ष है न $y$-अक्ष, वरन् रेखा

$$aX + bY = 0$$

है।

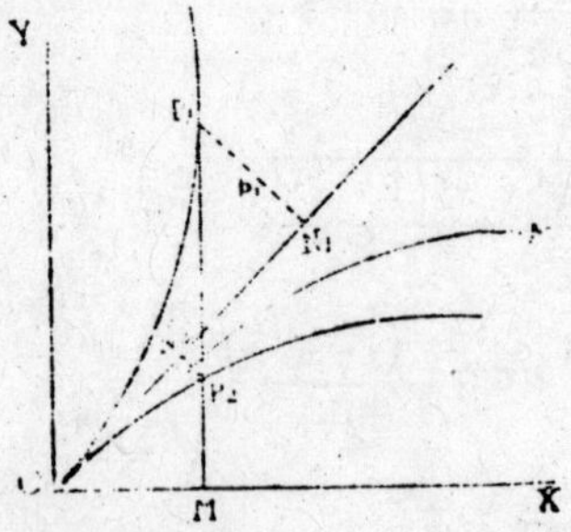

आकृति (17.10)

यदि विन्दु $P(x, y)$ से इस स्पर्शी पर लम्ब डाला जाय तो उसकी लम्बाई

$$\frac{ax+by}{\sqrt{a^2+b^2}} \tag{1}$$

होगी।

यदि हम इसको $q$ के बराबर रक्खे और (1) और वक्र के समीकरण में से $y$ का विलोपन कर दें तो हमें $q$ और $x$ में एक सम्बन्ध प्राप्त हो जायगा।

(1) में हर तो एक धन अचर है। अतः व्यवहार में इसको हटा देने से परिणाम में कोई अन्तर नहीं पड़ेगा। अतः यदि हम समीकरण

$$p = ax + by \tag{2}$$

और वक्र के समीकरण में से $y$ का विलोपन कर लें तो हमें $p$ और $x$ में एक सम्बन्ध प्राप्त हो जायगा। उक्त सम्बन्ध को हम $p$ के लिये हल कर लेंगे। तब हम इस बात पर विचार करेंगे कि $x$ के धन और ऋण मानों के लिये $p$ के किस प्रकार के मान आते हैं। यदि $x$ के छोटे धन मानों के लिये $p$ के दो मान विपरीत चिह्नों वाले आते हैं, जैसा कि आकृति (17.10) में दिया है, तो स्पष्ट है कि कस्प प्रथम जाति का है। यदि दोनों मान एक ही चिह्न के आते हैं, जैसा कि आकृति (17.11) में दिया है तो कस्प द्वितीय जाति का है। और इसी प्रकार।

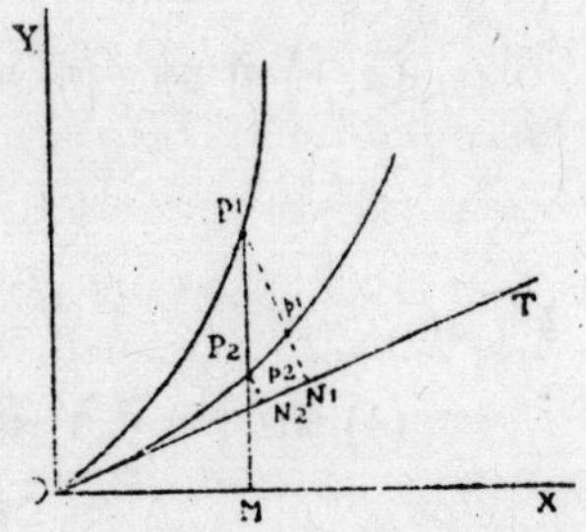


आकृत (17.11)

**उदाहरण (i)— वक्र**

$$x^3 + 2x^2 + 2xy - y^2 + 5x - 2y = 0 \tag{3}$$

के द्विक बिन्दुओं की स्थिति और प्रकृति बताओ।

(का० हि० बि० 1942)

यदि $f = x^3 + 2x^2 + 2xy - y^2 + 5x - 2y$,

तो $\dfrac{\partial f}{\partial x} = 3x^2 + 4x + 2y + 5$,

$\dfrac{\partial f}{\partial y} = 2x - 2y - 2$.

अतः $\dfrac{\partial f}{\partial x} = 0$, $\dfrac{\partial f}{\partial y} = 0$ रखने से

$$x = -1, y = -2.$$

मूलबिन्दु को $(-1,-2)$ पर ले जाने से वक्र का समीकरण

$$(x-1)^3+2(x-1)^2+2(x-1)(y-2)-(y-2)^2+5(x-1)$$
$$-2(y-2)=0,$$

अर्थात्, $x^3-(x-y)^2=0$ (4)

हो गया।

अतः, नये मूलबिन्दु पर डाले गये स्पर्शियों का समीकरण

$$(x-y)^2=0$$

है। मूलबिन्दु एक कस्प है।

$(x, y)$ से इस स्पर्शी पर डाले गये लम्ब की लम्बाई

$$\frac{x-y}{\sqrt{2}}$$

है। अतः $$p=x-y.$$ (5)

(4) और (5) में से $y$ का विलोपन करने पर

$$x^3=p^2$$

$$\therefore p=\pm x^{\frac{3}{2}}$$

यदि $x<0$ तो $p$ के दो वास्तविक मान आते हैं, एक धनात्मक, दूसरा ऋणात्मक।

यदि $x<0$ तो $p$ के दोनों मान काल्पनिक हो जाते हैं।

अतः बिन्दु $(-1,-2)$ पर वक्र का प्रथम जाति का एकल कस्प है।

**उदाहरण—(ii)** वक्र

$$y^2-2x^2y+x^5+x^6=0$$

पर मूलबिन्दु की क्या प्रकृति है ?

मूलबिन्दु पर डाले गये स्पर्शी

$$y^2=0$$

हैं। अतः मूलबिन्दु एक कस्प है।

यदि $x^6$ की उपेक्षा कर दें तो

$$y=\frac{x^2\pm\sqrt{x^4-x^5}}{1}.$$

यदि $x>0$ तो $y$ के दोनों मान वास्तविक हैं, क्योंकि $x^4>x^5$.

और $$x^4>x^4-x^5$$

अतः, $y$ के दोनों मान धनात्मक हैं।

यदि $x<0$ तो भी $y$ के दोनों मान वास्तविक हैं, क्योंकि उक्त दशा में $x^4$ और $(-x^5)$ दोनों धनात्मक हैं।

और $$x^4<x^4-x^5,$$

क्योंकि $x^5$ ऋणात्मक है।

अतः $y$ का एक मान धनात्मक है, दूसरा ऋणात्मक।

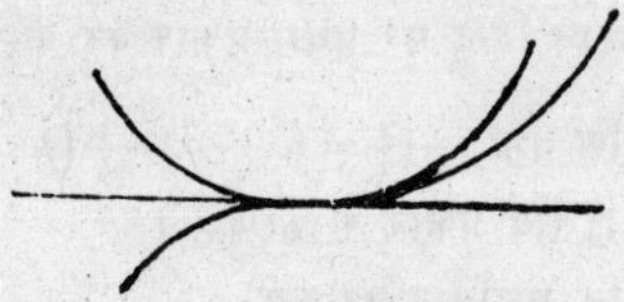

आकृति (17.12)

आकृति (17.12) जैसी बनेगी। स्पष्ट है कि मूलबिन्दु पर सन्नति-परिवर्तन है।

## प्रश्नावली (17.3)

निम्नलिखित वक्रों के कस्प कहाँ और किस प्रकार के हैं :—

(1) $x^5-ax^3y-a^2x^2y+a^2y^2=0$.

(2) $x^2(x+y)-y^2=0$.

(3) $x^2(x-y)+y^2=0$.

(4) $a^4y^2=x^5(2a-x)$.

(5) $x^3+y^3-2ay^2=0$.

(6) सिद्ध करो कि वक्र
$$y^3=(x-a)^2(2x-a)$$
का बिन्दु $(a, 0)$ पर एकल कस्प है।

(7) सिद्ध करो कि मूलबिन्दु पर वक्र
$$y^2=2x^2y+x^3y+x^3$$
का प्रथम जाति का एकल कस्प है।

(8) सिद्ध करो कि वक्र

$$x^3+y^3=ax^2$$

का मूलबिन्दु पर प्रथम प्रकार का कस्प है और $x=a$ पर सनति-परिवर्तन है।

(9) वक्र

$$x^5+16x^2y-64y^2=0$$

के विचित्र बिन्दुओं को ज्ञात करो।

(10) सिद्ध करो कि वक्र

$$(ax)^{2/3}+(by)^{2/3}=(a^2-b^2)^{2/3}$$

का अक्षों से कटान बिन्दु पर प्रथम प्रकार का कस्प है।

(11) सिद्ध करो कि वक्र $y-b=(x-a)^{\frac{1}{3}}+(x-a)^{\frac{3}{4}}$ के लिए $x=a$ पर स्थित बिन्दु द्वितीय प्रकार के कस्प हैं।

(12) सिद्ध करो कि मूलबिन्दु पर वक्र

$$x^4-2ax^2y-axy^2+a^2y^2=0$$

का द्वितीय प्रकार का कस्प है।

(का० हि० वि० 1952)

(13) निम्नलिखित वक्रों पर कस्पों के प्रकार ज्ञात करो :—

(i) $y^2=x^3$

(ii) $(y-4x^2)^2=x^5$

(iii) $y^2-x^4=0.$

# अध्याय १८

## वक्रानुरेखन

## (Curve Tracing)

18.1. **वक्रानुरेखन**—इस अध्याय में हम वक्रानुरेखन के विषय पर व्यापक दृष्टि से विचार करेंगे। इस विषय का उद्देश्य यह है कि बिना अत्यधिक परिश्रम के वक्र की सन्निकट आकृति प्राप्त हो जाय जिसमें उसकी मोटी-मोटी सभी विशेषतायें दृष्टिगोचर हों।

**कार्तीय समीकरण**—साधारणत: कार्तीय वक्रों के समीकरणों को हम $y$ के लिये हल करके $x$ के पदों में उसके मान निकाल सकते हैं। इस अध्याय में हम मुख्यत: ऐसे वक्रों पर ही विचार करेंगे। कुछ वक्रों के समीकरणों को $x$ के लिये हल करना सुगम होता है। ऐसे वक्रों के अनुरेखन के लिए हम $y$ को स्वतन्त्र मान लेते हैं। कार्यविधि प्राय: वही रहती है।

**कोणीय समीकरण**—जिन वक्रों के समीकरण कोणीय रूप में दिये होते हैं, उन्हें हम $r$ के लिये हल कर लेते हैं। शेष कार्यविधि आगे दी जायगी।

कभी-कभी ऐसे कार्तीय समीकरण आ पड़ते हैं जिन्हें न $x$ के लिये हल कर सकते हैं, न $y$ के लिये। ऐसी दशा में बहुधा समीकरणों को कोणीय रूप में ढाल देने से काम बन जाता है।

### 18.2. कार्तीय समीकरणों के लिये कार्यविधि—

(1) वक्र के समीकरण को जितने भी भिन्न-भिन्न रूपों में ढाल सको, ढाल लो। कभी-कभी वक्र के कुछ गुण इसी क्रिया से स्पष्ट हो जाते हैं।

(2) पता चलाओ कि वक्र किसी रेखा के प्रति सममित तो नहीं है। सममिति के विषय में निम्नलिखित नियमों का प्रयोग करो :

(i) यदि वक्र के समीकरण में $y$ के समस्त घात सम हों तो वक्र $x$-अक्ष के प्रति सममित होगा।

(ii) यदि वक्र के समीकरण में $x$ के समस्त घात सम हों तो वक्र $y$-अक्ष के प्रति समंमित होगा।

सामान्यतः, यदि $x$ का चिह्न बदलने से समीकरण में कोई परिवर्तन नहीं होता तो वक्र $y$-अक्ष के प्रति सममित होगा।

(iii) यदि वक्र के समीकरण में $x$ और $y$ के हेर फेर से समीकरण ज्यों का त्यों बना रहे तो वक्र रेखा $x=y$ के प्रति सममित होगा।

(iv) यदि $x$ और $y$ दोनों के चिह्न बदल दिये जायँ और समीकरण अपरिवर्तित रहे तो वक्र की **सम्मुख चरणों में सममिति (Symmetry in opposite Quadrants)** है। इसका अर्थ यह है कि यदि वक्र को $180°$ के कोण पर घुमाया जाय तो वक्र ज्यों का त्यों बना रहेगा।

(3) देखो कि वक्र मूलबिन्दु में से होकर जाता है या नहीं। यदि जाता हो तो मूलबिन्दु पर डाले गये स्पर्शियों के समीकरण निकालो। यदि मूलबिन्दु बहुल बिन्दु है तो पता चलाओ कि किस प्रकार का है।

जब हम $x$ के बहुत छोटे मानों पर विचार कर रहे हों तो बहुधा $x$ के उच्च घातों की उपेक्षा की जा सकती है।

(4) देखो कि वक्र आश्रय अक्षों को काटता है या नहीं। यदि काटता हो तो कटान बिन्दुओं पर डाले गये स्पर्शियों के समीकरण निकालो।

(5) $x$ और $y$ के मान युग्मों की एक तालिका बनाओ।

वक्रों पर बहुधा कुछ बिन्दु ऐसे होते हैं जिनका अस्तित्व समीकरण को देखते ही स्पष्ट हो जाता है। पहले ऐसे ही बिन्दुओं के निर्देशांक लिख लो।

देखो कि जैसे-जैसे $x$ बढ़ता है $y$ के मानों में किस प्रकार का परिवर्तन होता है। जब $x \to \infty$ तब $y$ का क्या रूप हो जाता है?

इसी प्रकार जब $x$ घटता है तब $y$ के मान किस प्रकार के आते हैं। जब $x \to -\infty$ तब $y$ का क्या रूप हो जाता है?

पता चलाओ कि क्या $x$ के कोई ऐसे मान हैं जिनके लिये $y$ अनन्त हो जाय।

यदि वक्र में किसी प्रकार की सममिति हो तो वक्र के एक ही भाग को बिन्दुओं द्वारा खींच कर शेष भाग सममिति-गुण की सहायता से खींचे जा सकते हैं।

देखो कि क्या $x$ के कोई ऐसे मान हैं जिनके लिये $y$ काल्पनिक हो जाता है। और क्या $y$ के कोई ऐसे मान हैं, जिनके लिये $x$ काल्पनिक हो जाता है ? इन तथ्यों से यह पता चल जाता है कि समतल के किन अंशों में वक्र का कोई भी भाग है ही नहीं।

(6) वक्र के अनन्तस्पर्शी निकालो।

जो अनन्तस्पर्शी $x$ अथवा $y$ अक्ष के समान्तर हों उनका पता तो (5) से ही चल जायगा। कुछ अन्य अनन्तस्पर्शियों की स्थिति का ज्ञान भी (5) में लिखी कार्य-विधि से हो जाता है।

यह याद रखना चाहिये कि जब हम $x$ और $y$ के अनन्त मानों पर विचार करते हैं तो इनके लघु घातों की उपेक्षा कर सकते हैं।

यदि सरलता से पता चल जाये तो इस बात का भी पता चलाओ कि वक्र किसी अनन्तस्पर्शी के ऊपर स्थित है या नीचे; दाहिनी ओर है या बाईं ओर।

(7) $\frac{dy}{dx}$ और $\frac{d^2y}{dx^2}$ के मान निकालो।

पता चलाओ कि कहाँ पर वक्र के चरम मान हैं और कहाँ पर नति-परिवर्तन बिन्दु।

कभी-कभी इन बिन्दुओं के बीच के बिन्दुओं पर भी $y$ का मान निकाल लेने से वक्र का रूप जानने में सुगमता होती है। जैसे, मान लीजिये कि $x=a$ और $x=b$ पर वक्र के चरम मान हैं। तो $x=\frac{a+b}{2}$ रख कर देख लीजिये कि $y$ का क्या मान निकलता है।

(8) पता चलाओ कि वक्र के बहुल बिन्दु कहाँ-कहाँ पर हैं।

मूलबिन्दु की प्रकृति के विषय में तो तुम (3) में ही विचार कर चुके हो। यहाँ शेष बहुल बिन्दुओं की प्रकृति निकालनी चाहिये।

(9) यदि आवश्यकता हो तो मूलबिन्दु को किसी अन्य उपयुक्त बिन्दु पर स्थानान्तरित कर लो। इसके पश्चात् फिर नये मूलबिन्दु से उपरिलिखित कार्यविधि सम्पन्न करो।

साधारणतः उपरलिखिति तथ्यों से ही वक्र की रूपरेखा तैयार हो जाती है। कभी-कभी तो इन समस्त तथ्यों की आवश्यकता भी नहीं होती।

कभी-कभी (5) के अन्तर्गत, वक्र पर स्थित कुछ बिन्दुओं के निर्देशांक निकालना कठिन होता है। किन्तु ऐसी स्थिति में भी यह पता चल जाता है कि जब $x$ के मान दो राशियों $a$ और $b$ के बीच में स्थित होते हैं तब वक्र की आकृति किस प्रकार की होती है : ऊपर की ओर चढ़ता है या नीचे की ओर उतरता है; दाहिने जाता है अथवा बायें।

18.3. **उदाहरण** (i) वक्र $y^2 = x^3$ का अनुरेखन करो।

हमें प्राप्त है : $y^2 = x^3$ (1)

(1) $y = \pm x^{\frac{3}{2}}$, अथवा $x = y^{\frac{2}{3}}$

(2) समीकरण के [illegible] रूप में $y$ का केवल द्वितीय घात है। अतः वक्र $x$-अक्ष के प्रति सममित है।

(3) वक्र मूलबिन्दु में से होकर जाता है।

मूलबिन्दु पर डाले गये स्पर्शियों का समीकरण

$$y^2 = 0$$

है। अतः मूलबिन्दु एक कस्प है।

यदि $x > 0$ और छोटा है तो $y$ के दो वास्तविक मान हैं, एक धनात्मक, दूसरा ऋणात्मक।

यदि $x < 0$ तो $y$ काल्पनिक है।

अतएव, मूलबिन्दु पर प्रथम जाति का एकल कस्प है।

(4) वक्र आश्रय अक्षों से मूलबिन्दु के अतिरिक्त कहीं नहीं मिलता।

(5) मान तालिका :

$x = 0,\ 1,\ \ 2,\ \ 3$

$y = 0,\ \pm 1,\ \pm 2\sqrt{2},\ \pm 3\sqrt{3}$

ज्यों-ज्यों $x$ बढ़ता है, $y$ का संख्यात्मक मान बढ़ता जाता है। जब $x \to \infty$,

$\cdot\ y \to \pm\infty$

(6) वक्र का कोई अनन्तस्पर्शी नहीं है।

(7) $\frac{dy}{dx} = {}^{3}\sqrt{x}, \quad \frac{d^2y}{dx^2} = \frac{3}{4}x^{-\frac{1}{2}}$

$\frac{dy}{dx}$ मूलबिन्दु पर ही शून्य है।

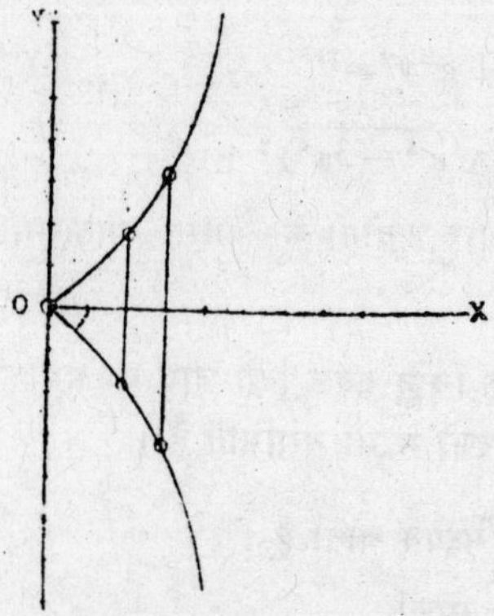


आकृति (18.1)

अतः वक्र के, मूलबिन्दु को छोड़ कर किसी भी अन्य बिन्दु पर, डाला गया स्पर्शी $x$-अक्ष के समान्तर नहीं है।

और $y_2$ कहीं पर शून्य नहीं है; वरन् मूलबिन्दु पर अनन्त है।

अतः वक्र में न तो कहीं पर चरम मान है, न नति-परिवर्तन।

(8) यहाँ

$$f(x,y) = x^3 - y^2\ ; \quad \frac{\partial f}{\partial x} = 3x^2, \quad \frac{\partial f}{\partial y} = -2y$$

मूलबिन्दु को छोड़ कर कहीं भी यह तीनों राशियाँ शून्य नहीं होती। अतः वक्र का, मूलबिन्दु को छोड़ कर, कोई भी बहुल बिन्दु नहीं है।

इन तथ्यों पर ध्यान देने से वक्र की आकृति निकल आती है।

**उदाहरण** (ii) वक्र

$$y^2(a^2+x^2)=x^2(a^2-x^2) \tag{2}$$

का अनुरेखन करो।

(1) वक्र के समीकरण के तुल्य रूप :

$$y=\pm x\sqrt{\frac{a^2-x^2}{a^2+x^2}}, \tag{3}$$

$$x^4+(y^2-a^2)\,x^2+a^2y^2=0, \tag{4}$$

$$2x^2=(a^2-y^2)\pm\sqrt{a^4-3a^2y^2+y^4} \tag{5}$$

(2) समीकरण में $x$ और $y$ दोनों के समस्त घात सम हैं। अतः वक्र दोनों अक्षों के प्रति सममित है।

यदि $x$ और $y$ दोनों के चिह्न बदल दिये जायँ तो समीकरण में कोई परिवर्तन नहीं होता। अतएव सम्मुख चरणों में भी सममिति है।

(3) वक्र मूलबिन्दु के मध्येन जाता है।

मूलबिन्दु पर डाले गये स्पर्शी

$$x=y,\ x=-y$$

हैं। अतः मूलबिन्दु एक नोड है।

(4) वक्र $x$-अक्ष को इन बिन्दुओं

$$(0,\ 0),\ (a,\ 0),\ (-a,\ 0)$$

पर काटता है।

वक्र $y$-अक्ष को केवल मूलबिन्दु पर ही काटता है।

(5) मान तालिका :

$$x=0,\ a,\ -a,\ \pm\frac{a}{2}\ .$$

$$y=0,\ 0,\ 0,\pm\frac{a}{2}\sqrt{\frac{3}{5}}\ .$$

समीकरण (3) से स्पष्ट है कि $x$ सदैव $a$ और $-a$ के बीच ही रहता है। अन्यथा $y$ काल्पनिक हो जाता है।

अतएव, समूचा वक्र दो समान्तर रेखाओं

$$x = a,\ x = -a.$$

के बीच स्थित है।

$y$ भी कभी अनन्त नहीं होता।

(6) वक्र का कोई अनन्तस्पर्शी नहीं है।

(7) $$\frac{dy}{dx} = \pm \frac{a^4 - 2a^2x^2 - x^4}{(a^2 - x^2)^{\frac{1}{2}}(a^2 + x^2)^{3/2}}.$$

यह शून्य हो जाता है यदि $x^4 + 2a^2x^2 - a^4 = 0$,

अर्थात् यदि $x^2 = (-1 \pm \sqrt{2})a^2$.

अतएव, $y_1$ केवल उन्हीं बिन्दुओं पर शून्य होगा जहाँ

$$x = \pm \sqrt{\sqrt{2} - 1}\ a.$$

$(a, 0)$ पर $y_1 \to \infty$.

अत: उक्त बिन्दु पर डाला गया स्पर्शी $x$-अक्ष पर लम्ब है।

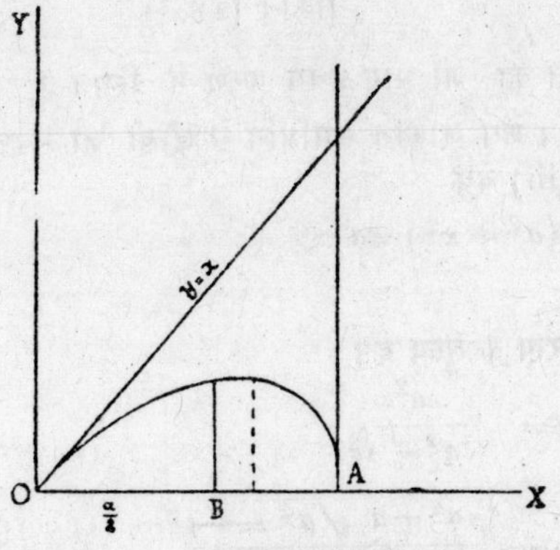


आकृति (18.2)

(8) $y_2$ निकालने में तो एक जटिल व्यंजक प्राप्त होगा।

किन्तु हम देखते हैं कि बिन्दुओं (0, 0), (a, 0) पर $y=0$.

और इन दोनों के बीच में $y>0$.

और दोनों के बीच में एक ही बिन्दु

$$x=\sqrt{\sqrt{2}-1}\,a$$

ऐसा है जिस पर $y_1=0$. अतः उक्त बिन्दु पर वक्र का उच्चिष्ठ बिन्दु है।

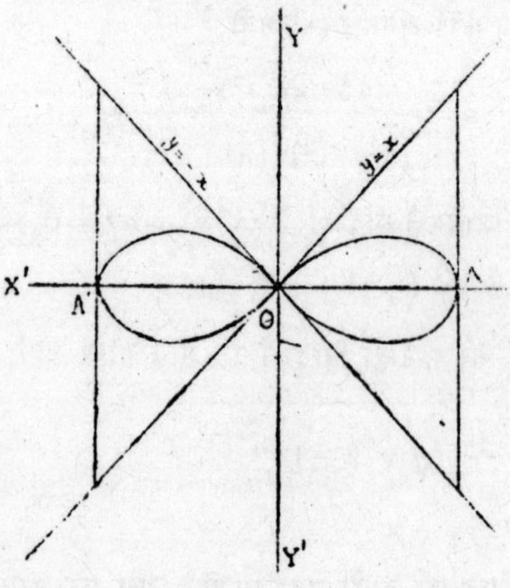


आकृति (18.3)

अतः आकृति का जो भाग प्रथम चरण में स्थित है, उसकी शकल आकृति (18.2) जैसी होगी। शेष आकृति सममिति से खींची जा सकती है।

**उदाहरण (iii)** वक्र

$$y(a^2+x^2)=a^2x \tag{6}$$

का अनुरेखन करो।

(1) समीकरण के तुल्य रूप :

$$y=\frac{a^2x}{a^2+x^2} \tag{7}$$

$$x=\frac{a^2\pm a\sqrt{a^2-4y^2}}{2y}$$

(2) यदि $x$ और $y$ के चिह्न बदल दें तो समीकरण में कोई अन्तर नहीं पड़ता।

अतः वक्र सम्मुख चरणों में सममित है।

(3) वक्र मूलबिन्दु के मध्येन जाता है।

मूलबिन्दु पर डाला गया स्पर्शी

$$x = y$$

है।

मूलबिन्दु कोई बहुल बिन्दु नहीं है।

(4) वक्र अक्षों को मूलबिन्दु के अतिरिक्त कहीं नहीं काटता।

(5) मान तालिका :

$$x = 0, \quad \frac{a}{2}, \quad a, \frac{3a}{2}, \quad 2a, 3a, \; 4a.$$

$$y = 0, \quad \frac{2a}{5}, \quad \frac{a}{2}, \quad \frac{6a}{13}, \quad \frac{2a}{5}, \quad \frac{3}{10}a, \quad \frac{4}{17}a.$$

हम देखते हैं कि ज्यों-ज्यों $x$ बढ़ता जाता है, $y$ घटता जाता है, किन्तु धनात्मक रहता है।

जब $x \to \infty, y \to 0$.

यदि $x < 0$ तो $y < 0$.

अतः पूरा वक्र पहले और तीसरे चरण में ही समाया हुआ है।

(6) वक्र का एक अनन्तस्पर्शी है :

$$y = 0.$$

(7) $$\frac{dy}{dx} = \frac{a^2(a^2 - x^2)}{(a^2 + x^2)^2}$$

अतः $y_1 = 0$ यदि $x = \pm a$.

जब $x < a$, तब $y_1 > 0$;

जब $x > a$, तब $y_1 < 0$.

$\therefore$ $x=a$ पर वक्र का उच्चिष्ठ बिन्दु है ।

और $$\frac{d^2y}{dx^2}=\frac{2a^2x(x-a\sqrt{3})(x+a\sqrt{3})}{(a^2+x^2)^3}=\frac{2a^2x(x^2-3a^2)}{(a^2+x^2)^3}$$

यदि $x>0$ और छोटा है तो $y_2<0$;

यदि $x<0$ और छोटा है तो $y_2>0$.

अतः मूलबिन्दु पर $y_2$ का चिह्न बदल जाता है ।

$\therefore$ मूलबिन्दु पर वक्र का नति-परिवर्तन होता है ।

इसी प्रकार बिन्दु $\left(a\sqrt{3}, \frac{a\sqrt{3}}{4}\right)$ पर भी नति-परिवर्तन बिन्दु है ।

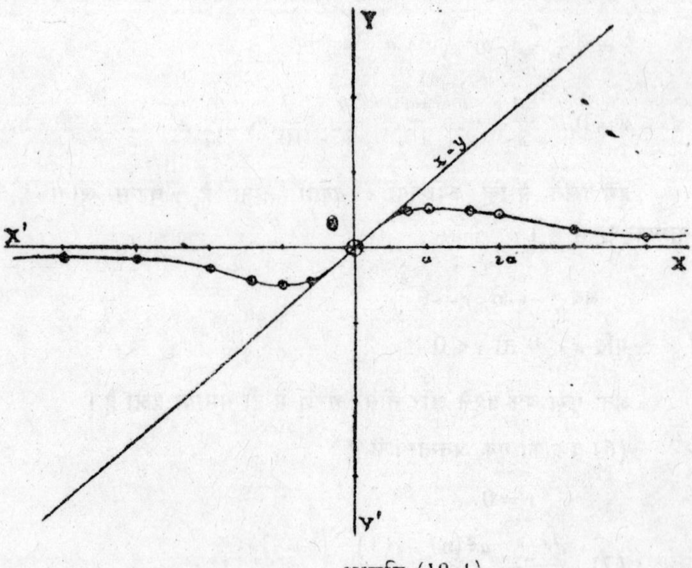


आकृति (18.4)

(8) वक्र पर कोई भी बहुल बिन्दु नहीं है ।

**उदाहरण (iv)** वक्र

$$x^4=ay^2(y-x) \tag{8}$$

का अनुरेखन करो ।

(1) समीकरण के तुल्य रूप :

$$x^4 + axy^2 - ay^3 = 0; \quad (9)$$

$$ay^3 = x(ay^2 + x^3) \quad (10)$$

(2) वक्र में किसी प्रकार की भी सममिति नहीं है।

(3) वक्र मूलबिन्दु के मध्येन जाता है।

मूलबिन्दु पर डाले गये स्पर्शी

$y^2 = 0$ और $y = x$

हैं। अतः मूलबिन्दु पर कस्प भी है, नोड भी।

वक्र की जो शाखायें मूलबिन्दु पर कस्प बनाती हैं, उनका उभयनिष्ठ स्पर्शी $x$-अक्ष है।

मूलबिन्दु पर डाला गया दूसरा स्पर्शी

$$y = x$$

है। यहाँ दो संपाती स्पर्शी नहीं आ रहे हैं, अलग-अलग दो स्पर्शी भी नहीं मिल रहे हैं।

अतएव वक्र की जो दो शाखायें मूलबिन्दु पर नोड बनाती हैं, उनके स्पर्शी

$$y = 0, \qquad y = x$$

हैं।

(4) वक्र आश्रय अक्षों को मूलबिन्दु के अतिरिक्त कहीं नहीं काटता।

(5) मान तालिका :

$$x = 0, -\frac{4a}{27}, \quad -\frac{9a}{64}, \quad \frac{25a}{64}.$$

$$y = 0, -\frac{8a}{81}, \quad -\frac{27a}{256}, \quad \frac{125a}{256}.$$

(8) से स्पष्ट है कि जब $x = y$ तब $x = 0$.

अतः रेखा $x = y$ वक्र से मूलबिन्दु के अतिरिक्त कहीं नहीं मिलती।

जब हम $x$ के बड़े मानों पर विचार करते हैं तब $x^4$ का महत्व $axy^2$ से अधिक है। अतः वक्र का आचरण लगभग ऐसा होगा जैसा वक्र

$$x^4 = ay^3,$$

अर्थात्, $x = a^{1/4} . y^{3/4}$ अथवा $y = \frac{1}{a^{1/3}} . x^{4/3}$

का। स्पष्ट है कि जब $x \to \pm\infty$, तब $y \to +\infty$.

अतः वक्र का एक अंश दाहिनी ओर अनन्ती को जाता है, दूसरा बाईं ओर अनन्ती को जाता है, किन्तु दोनों भागों में $y$ धनात्मक ही रहता है। अतएव, वक्र के दोनों भाग ऊपर की ओर ही उठकर अनन्तों को जाते हैं।

(8) का वाम पक्ष सदैव धनात्मक रहता है। और दाहिनी ओर $y^2 > 0$; अतः वक्र के समस्त बिन्दुओं के लिये

$$y - x > 0.$$

इसका अर्थ यह हुआ कि समूचा वक्र रेखा

$$x = y$$

के एक ही ओर स्थित है जिसे हम रेखा का 'ऊपर का पार्श्व' कह सकते हैं।

(6) वक्र का कोई अनन्तस्पर्शी नहीं है।

(7) अवकलन से,

$4x^3 - 3ay^2 y_1 + ay^2 + 2axyy_1 = 0,$

अर्थात्, $4x^3 + ay^2 = ayy_1 \ (3y - 2x),$

अर्थात्, $a\, y_1 = \dfrac{4x^3 + ay^2}{y\,(3y - 2x)}$ (11)

हम (3) में देख चुके हैं कि मूलबिन्दु पर डाला गया एक स्पर्शी $x$-अक्ष है। अतः (0, 0) पर $y_1 = 0$.

(11) से पता चलता है कि यदि $3y = 2x$ तो $y_1$ अनन्त हो जाता है।

इस रेखा से वक्र का कटान बिन्दु निकालने पर बिन्दु

$\left(-\dfrac{4a}{27}, \ -\dfrac{8a}{81}\right)$ आता है।

इसके अतिरिक्त $y_1 = 0$ यदि $4x^3 = -ay^2$.

अत: (8) से

$4x^4 = 4ay^2(y-x) = -16x^3(y-x)$,

अर्थात्, $x = -4(y-x)$, अर्थात्, $3x = 4y$. (12)

रेखा (12) और वक्र का कटान बिन्दु $\left(-\frac{9a}{64}, -\frac{27a}{256}\right)$ आता है।

अत: उक्त बिन्दु पर वक्र का उच्चिष्ठ मान है।

(11) का दुबारा अवकलन कर के $y_1 = 0$ रखने से,

$$\left(\frac{d^2y}{dx^2}\right)_{y_1=0} = \frac{2(18x^2y - 8x^3 + ay^2)}{y(3y-2x)^2}.$$

इस व्यंजक में $\frac{2}{(3y-2x)^2}$ तो सदैव + है। शेष व्यंजक में

$x = -\frac{3^2a}{2^6}$, $y = -\frac{3^3a}{2^8}$ रखने से, उसका मान

$$= -\frac{2^8}{3^3}a\left[18.\frac{3^4a^2}{2^{12}}\left(-\frac{3^3a}{2^8}\right) + 2^3.\frac{3^6a^3}{2^{18}} + a.\frac{3^6a^2}{2^{16}}\right]$$

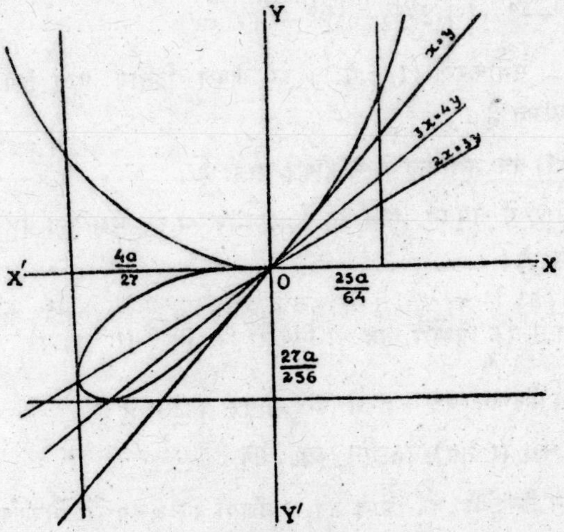


आकृति (18.5)

$$= -\frac{2^8}{3^3} a^3 \left[ -\frac{3^9}{2^{19}} + \frac{3^6}{2^{15}} + \frac{3^6}{2^{16}} \right]$$

$$= -\frac{3^3}{2^{11}} a^3 \left[ -3^3 + 2^4 + 2^3 \right] > 0.$$

अत: उक्त बिन्दु पर वक्र का निम्निष्ठ बिन्दु है। इन तथ्यों से वक्र खींचा जा सकता है।

उदाहरण (v) वक्र

$$y^2 = \frac{x(x-a)(x-2a)}{x+3a}. \tag{13}$$

का अनुरेखन करो।

[ऐसे प्रश्नों में हम $a$ जैसे अचरों को धनात्मक मान सकते हैं]

(1) समीकरण के तुल्य रूप :

$$(x+3a)\, y^2 = x\,(x-a)\,(x-2a) \tag{14}$$

$$y = \pm \sqrt{\frac{x\,(x-a)\,(x-2a)}{x+3a}}. \tag{15}$$

$$x^3 - 3ax^2 + 2a^2x - xy^2 - 3ay^2 = 0 \tag{16}$$

(2) समीकरण (14) में $y$ का केवल द्वितीय घात है। अत: वक्र $x$-अक्ष के प्रति सममित है।

(3) वक्र मूलबिन्दु में से होकर जाता है।

(16) में लघुतम घात पद के शून्यीकरण से मूलबिन्दु पर डाला गया स्पर्शी $x=0$ आता है।

इससे एक निष्कर्ष यह भी निकला कि बिन्दु (0, 0) पर $\frac{dy}{dx}$ अनन्त है।

(4) वक्र $x$-अक्ष को इन बिन्दुओं पर काटता है :

$(0, 0), (a, 0), (2a, 0)$.

इन बिन्दुओं पर डाले गये स्पर्शियों को अलग से निकालना आवश्यक है। इसका कारण शीघ्र ही ज्ञात हो जायगा।

वक्र $y$-अक्ष को, मूलबिन्दु के अतिरिक्त, कहीं नहीं काटता।

(5) मान तालिका :

$$x=0,\ a,\ 2a,\ 3a,\ -4a,$$

$$y=0,\ 0,\ 0,\ \pm a,\ \pm\ 2\sqrt{30}\ a.$$

जब $0<x<a, y^2>0$; $y$ के दो बराबर, विपरीत चिह्नों के मान हैं।

जब $a<x<2a, y^2<0$; $y$ काल्पनिक है।

जब $x>2a, y^2>0$; $y$ के दो बराबर, विपरीत चिह्नों के मान हैं।

जब $-3a<x<0, y^2<0$; $y$ काल्पनिक है।

जब $x<-3a, y^2>0$; $y$ के दो बराबर, विपरीत चिह्नों के मान हैं।

अतएव, वक्र का कोई भी भाग रेखाओं

$$x=a, \qquad x=2a$$

के बीच में नहीं है। इसी प्रकार वक्र का कोई भी भाग रेखाओं

$$x=0, \qquad x=-3a$$

के बीच में नहीं है।

जब $x\to\infty, y\to\pm\infty$.

जब $x\to-\infty, y\to\pm\infty$.

(6) वक्र का एक अनन्तस्पर्शी तो $x+3a=0$ है ही।

शेष दो अनन्तस्पर्शी

$$x-y=3a, \qquad x+y=3a$$

भी सरलता से निकल आते हैं।

हम § 13.16 के उदाहरण में देख चुके हैं कि वक्र प्रथम पाद में अनन्तस्पर्शी $x-y=3a$ के ऊपर है, दूसरे पाद में उसके नीचे है।

और वक्र प्रथम पाद में अनन्तस्पर्शी $x+y=3a$ के नीचे है, दूसरे पाद में ऊपर।

इसके अतिरिक्त उक्त स्थान पर हम यह भी सिद्ध कर चुके हैं कि वक्र अनन्तस्पर्शी $x+3a=0$ के बाईं ओर है।

(7) समीकरण (16) के अवकलन से,

$$3x^2-6ax+2a^2-y^2-2xyy_1-6ayy_1=0.$$

अतएव, $\quad y_1=0, \qquad (17)$

यदि $y^2=3x^2-6ax+2a^2$.

(16) और (17) के हल करने से चरम बिन्दु निकल सकते हैं, किन्तु कदाचित् इसकी आवश्यकता नहीं है। हम जानते हैं कि $y$ बिन्दुओं (0, 0) और (0, $a$) पर शून्य है, और इनके बीच में $y$ का एक मान सदैव धनात्मक रहता है, दूसरा सदैव ऋणात्मक। अतः इन बिन्दुओं के बीच में कम से कम एक उच्चिष्ठ मान और एक निम्निष्ठ मान होगा।

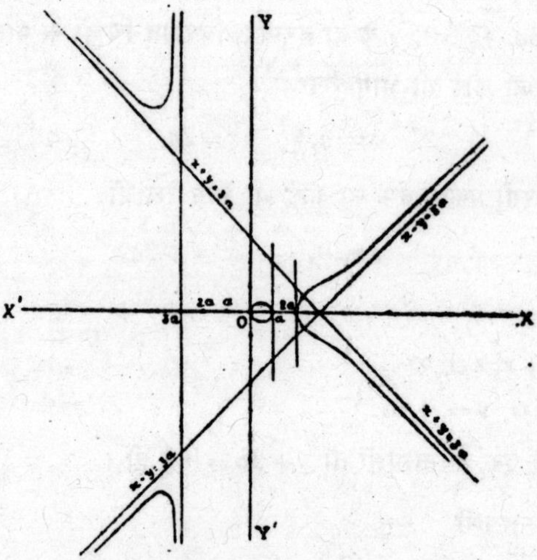


आकृति (18.6)

$y_1$ और $y_2$ के मान निकालने में तो जटिल व्यंजक दृष्टिगोचर होंगे। किन्तु यदि हम मूलबिन्दु को बिन्दु ($a$, 0) पर ले जायें तो वक्र का समीकरण

$$y^2(x+4a)=(x+a)\ x\ (x-a)$$

हो जायगा। इस नये मूलबिन्दु पर डाले गये स्पर्शी का समीकरण लघुतम घात पदों के शून्यीकरण से

$$x=0$$

आयेगा। स्पष्ट है कि बिन्दु $(a, 0)$ पर स्पर्शी $y$-अक्ष के समान्तर है।

इसी प्रकार हम सिद्ध कर सकते हैं कि बिन्दु $(2a, 0)$ पर डाला गया स्पर्शी भी $y$-अक्ष के समान्तर होगा।

इन तथ्यों से वक्र की आकृति निकल आती है।

आकृति को देखने से और भी दो एक बातें स्पष्ट हो जाती हैं।

बाईं ओर ऊपर के कोने में समतल का जो भाग अनन्तस्पर्शियों

$$x+y=3a, \qquad x+3a=0$$

द्वारा घिरा हुआ है, उसमें वक्र दाहिनी और बाईं दोनों ओर अनन्त को जाता है। अतः इन दोनों के बीच में एक निम्नष्ठि बिन्दु अवश्य होगा।

बाईं ओर नीचे के कोने में समतल का जो भाग अनन्तस्पर्शियों

$$x-y=3a, \qquad x+3a=0$$

द्वारा घिरा हुआ है, उसमें वक्र दाहिनी और बाईं दोनों ओर (ऋणात्मक) अनन्ती को जाता है। अतः इन दोनों के बीच में एक उच्चिष्ठ बिन्दु अवश्य होगा।

यह बात सममिति से भी निकल सकती है।

इन बिन्दुओं के निर्देशांक निकाले जा सकते हैं।

(8) वक्र में दो नति-परिवर्तन बिन्दु भी हैं। एक प्रथम पाद में, दूसरा चौथे पाद में।

यदि आवश्यकता हो तो इन बिन्दुओं के निर्देशांक भी निकाले जा सकते हैं।

## प्रश्नावली (18.1)

निम्नलिखित वक्रों का अनुरेखन करो :—

(1) $y^2(x-a)=x^2(x+a)$

(2) $y^2(a+x)=x^2(3a-x)$ (का० हि० वि० 1956)

(3) $y^2x^2=x^2-a^2$

(4) $x=(y-1)(y-2)(y-3)$ (इलाहाबाद, 1933)

(5) $x^3+y^3=3ax^2, (a>0)$.

(6) $a^2y^2 = x^2(a^2 - x^2)$

(7) $x^2y^2 = (a+y)^2(a^2-y^2)$

(8) $x(x^2+y^2) = a(x^2-y^2)$

(9) $y^2(x^2+y^2) - 4x\ (x^2+2y^2) + 16x^2 = 0$

(यू० पी० सी० एस० 1933)

(10) $y(x^2+4a^2) = 8a^3$ (का० हि० वि० 1939)

(11) $x(y-x)^2 = ay^2$ (इलाहाबाद 1932)

(12) $x^2(x^2-4a^2) = y^2(x^2-a^2)$ (आगरा 1941)

(13) $(x^2-a^2)\ (y^2-b^2) = a^2b^2$ (का० हि० वि० 1959)

(14) $y = \dfrac{x^2+1}{x^2-1}$ (ढाका 1937)

(15) $x(x-2a)\,y^2 = a^2(x-a)(x-3a)$

(इलाहाबाद 1940, का० हि० वि० 1946)

(16) $y^2(x^2+y^2) + a^2(x^2-y^2) = 0$ (आगरा 1935)

(17) $y^2 = \dfrac{(x-a)^3}{(x+a)}$ (अलीगढ़ 1949)

(18) $y^2(a+x) = (a-x)x^2$ (लखनऊ 1950)

(19) $x^2(x-y) + y^2 = 0$

(20) वक्र $y^2 = (x-a)\ (x-b)\ (x-c)$ का अनुरेखन करो यदि $a, b, c$ धनात्मक हैं और

( i ) $a < b < c$

(ii) $a = b < c$

(iii) $a < b = c$

(iv) $a = b = c$.

18.4. कोणीय वक्र (**Polar Curves**). कार्यविधि—

(1) **सममिति**—(i) यदि $\theta$ का चिह्न बदलने से समीकरण में कोई विकार न आये तो वक्र आदि रेखा के प्रति सममित है ।

(ii) यदि $\theta$ के स्थान पर $(\pi-\theta)$ रखने से समीकरण अपरिवर्तित रहे तो वक्र $y$-अक्ष के प्रति सममित है ।

(iii) यदि $\theta$ के स्थान पर $\left(\theta+\dfrac{\pi}{2}\right)$ रखने से समीकरण विकृत न हो तो वक्र को एक समकोण पर घुमाने से उसमें कोई परिवर्तन नहीं होगा ।

(iv) यदि समीकरण में $\theta$ के स्थान पर $(\theta+\pi)$ रखने से उसमें कोई परिवर्तन न हो तो वक्र सम्मुख पादों में सममित होगा । यदि समीकरण में $r$ के घात केवल सम हों तो भी वक्र सम्मुख चरणों में सममित होगा ।

(2) $\theta$, $r$ की एक मान तालिका बनाओ ।

देखो कि $\theta$ के मानों के अनुसार $r$ के मानों में किस प्रकार के परिवर्तन होते हैं । अधिकांश कोणीय समीकरणों में आवर्ती फलन ($\sin\theta$, $\cos\theta$,......) ही आते हैं । अत: ऐसे समीकरणों में $\theta$ के, 0 से $2\pi$ तक के मान ही लेना यथेष्ट होता है । यदि वक्र में किसी प्रकार की सममिति हो तो इससे भी छोटे अन्तराल के मानों पर विचार करने से ही काम चल जाता है ।

देखो कि $\theta$ के किन मानों के लिये $r=0$.

देखो कि $\theta$ के किसी मान के लिये $r$ अनन्त तो नहीं होता । संभव है कि उक्त दिशा में वक्र का कोई अनन्तस्पर्शी हो ।

(3) सूत्र

$$\tan\phi=r\frac{d\theta}{dr}$$

की सहायता से, वक्र के विशिष्ट बिन्दुओं पर, वक्र की दिशा निकाल लो । जहाँ $\phi=0$, वहाँ स्पर्शी और सदिश त्रिज्या संपाती होंगे । यदि कहीं पर $\phi=\dfrac{\pi}{2}$ तो वहाँ पर स्पर्शी सदिश त्रिज्या पर लम्ब होगा ।

(4) वक्र के अनन्तस्पर्शी निकालो ।

**टिप्पणी** (i) वक्रानुरेखन में जहाँ कहीं आवश्यकता हो समीकरणों को कार्तीय से कोणीय निर्देशांकों में, अथवा कोणीय से कार्तीय निर्देशांकों में, परिवर्तित कर देना

चाहिये। कुछ वक्रों का अनुरेखन कोणीय निर्देशांकों द्वारा बड़ी सुगमता से हो जाता है, कुछ का कार्तीय निर्देशांकों द्वारा। इतना ही नहीं, कुछ वक्रों के कुछ गुण कार्तीय निर्देशांकों द्वारा सरलता से निकल आते हैं, कुछ कोणीय निर्देशांकों द्वारा। यह बात नीचे के उदाहरणों से स्पष्ट हो जायगी।

कोणीय वक्रों के अनुरेखन के लिये भी सदैव दोनों अक्ष खींच लेने चाहिये।

(ii) समीकरणों में जो कोई अक्षर आयें, उन्हें धनात्मक मान कर आकृति बनानी चाहिये।

(iii) इस अध्याय की प्रश्नावलियों के प्रश्न करने से पहले अगला अध्याय पढ़ लेना चाहिये।

**उदाहरण** (i) वक्र

$$r = a \cos 3\theta \tag{1}$$

का अनुरेखन करो।

(1) वक्र आदि रेखा के प्रति सममित है।

(2) मान तालिका :

समीकरण (1) में

$$r = 0 \text{ यदि } \theta = \frac{2n+1}{6}\pi,$$

$$\text{अर्थात् यदि } \theta = \frac{\pi}{6}, \frac{\pi}{2}, \frac{5\pi}{6}, \frac{7\pi}{6}, \frac{3\pi}{2}, \frac{11\pi}{6}, \ldots\ldots$$

अतः यदि हम $\theta$ के, $\frac{\pi}{6}$ लम्बाई के अन्तरालों पर विचार करें तो सुगम होगा।

जब $\theta$, 0 से $\frac{\pi}{6}$ तक बढ़ता है तो $r$, $a$ से 0 तक घटता है।

,, $\frac{\pi}{6}$ से $\frac{\pi}{3}$ ,, $r$, 0 से $-a$ ,,

,, $\frac{\pi}{3}$ से $\frac{\pi}{2}$ ,, $r$, $-a$ से 0 तक बढ़ता है।

जब $\theta$, $\frac{\pi}{2}$ से $\frac{2\pi}{3}$ तक बढ़ता है तो $r$, 0 से $a$ तक बढ़ता है।

,, $\frac{2\pi}{3}$ से $\frac{5\pi}{6}$ ,, $r$, $a$ से 0 तक घटता है।

,, $\frac{5\pi}{6}$ से $\pi$ ,, $r$, 0 से $-a$ ,,

,, $\pi$ से $\frac{7\pi}{6}$ ,, $r$, $-a$ से 0 तक बढ़ता है।

$\theta$ के, इसके आगे के मान लेने से, वक्र की कोई नई शाखा नहीं मिलेगी।

इस तालिका से पता चलता है कि $r$ का अधिकतम संख्यात्मक मान $a$ और न्यूनतम संख्यात्मक मान 0 है। अत: वक्र चारों ओर से बन्द होगा।

$r$ कभी अनन्त नहीं होता।

(3) समीकरण (1) के अवकलन से,

$$1 = -3a \sin 3\theta . \frac{d\theta}{dr}$$

$$\therefore \tan\phi = r\frac{d\theta}{dr} = a\cos 3\theta . \frac{-1}{3a\sin 3\theta}$$

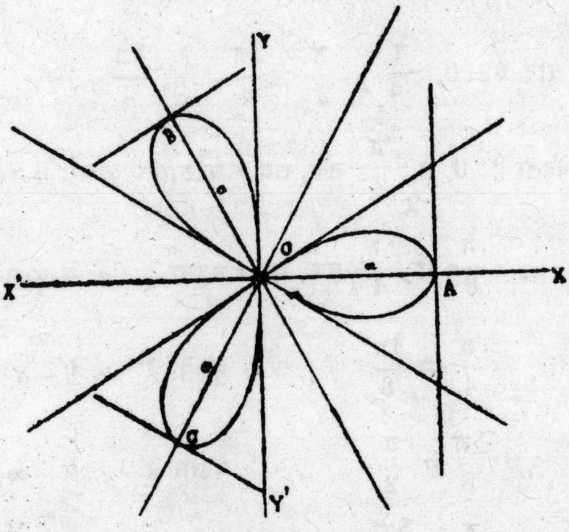


आकृति (18.7)

$$= -\tfrac{1}{3} \cot 3\theta.$$

अत: $\phi = \dfrac{\pi}{2}$ यदि $\theta = 0,\ \dfrac{\pi}{3}$ अथवा $\dfrac{2\pi}{3}$.

अतएव, उक्त बिन्दुओं पर स्पर्शी सदिश त्रिज्या पर लम्ब है।

(4) वक्र का कोई अनन्तस्पर्शी नहीं है।

**उदाहरण (ii)** वक्र

$$r \sin 4\theta = a \tag{2}$$

का अनुरेखन करो।

(1) यदि वक्र को एक समकोण पर घुमाया जाय तो उसमें कोई विकार नही आयेगा।

(2) हमें प्राप्त है

$$r = \frac{a}{\sin 4\theta} \tag{3}$$

अत: $r$ कभी शून्य नहीं होता।

$r$ अनन्त होगा यदि $\sin 4\theta = 0$,

अर्थात्, यदि $\theta = 0, \dfrac{\pi}{4}, \dfrac{\pi}{2}, \dfrac{3\pi}{4}, \pi, \dfrac{5\pi}{4}, \ldots\ldots$

जब $\theta$ बढ़ता है 0 से $\dfrac{\pi}{8}$ तक, तब $r$ घटता है $\infty$ से $a$ तक;

जब $\theta$ ,, $\dfrac{\pi}{8}$ से $\dfrac{\pi}{4}$ तक, तब $r$ बढ़ता है $a$ से $\infty$ तक;

जब $\theta$ ,, $\dfrac{\pi}{4}$ से $\dfrac{3\pi}{8}$ ,, $r$ बढ़ता है $-\infty$ से $-a$ तक;

जब $\theta$ ,, $\dfrac{3\pi}{8}$ से $\dfrac{\pi}{2}$ ,, $r$ घटता है $-a$ से $-\infty$ तक;

जब $\theta$ ,, $\dfrac{\pi}{2}$ से $\dfrac{5\pi}{8}$ ,, $r$ घटता है $\infty$ से $a$ तक;

जब $\theta$ बढ़ता है $\frac{5\pi}{8}$ से $\frac{3\pi}{4}$ तक, तब $r$ बढ़ता है $a$ से $\infty$ तक;

जब $\theta$ ,, $\frac{3\pi}{4}$ से $\frac{7\pi}{8}$ ,, $r$ बढ़ता है $-\infty$ से $-a$ तक;

जब $\theta$ ,, $\frac{7\pi}{8}$ से $\pi$ ,, $r$ घटता है $-a$ से $-\infty$ तक।

इन तथ्यों से ऐसा प्रतीत होता है कि वक्र की आठ शाखायें हैं जिनमें से प्रत्येक अनन्ती को जाती है।

इसके अतिरिक्त $\theta$ के यह मान

$$\frac{\pi}{4}, \frac{3\pi}{4}$$

ऐसे हैं जिन पर $r$, $+\infty$ से $-\infty$ में कूद जाता है।

और $\theta$ के यह मान

$$\frac{\pi}{2}, \pi$$

ऐसे हैं जिन पर $r$, $-\infty$ से $+\infty$ में कूद जाता है।

(3) समीकरण (3) से

$$\log r = \log a - \log \sin 4\theta$$

$\therefore$ अवकलन द्वारा,

$$\frac{1}{r} = -\frac{4 \cos 4\theta}{\sin 4\theta} \cdot \frac{d\theta}{dr}$$

अतः, $\tan \phi = r\frac{d\theta}{dr} = -\frac{1}{4} \tan 4\theta$

$\therefore \phi = 0$ यदि $\theta = 0, \frac{\pi}{4}, \frac{\pi}{2}, \frac{3\pi}{4}, \pi, \ldots\ldots$

अतएव, इन दिशाओं में स्पर्शी और सदिश त्रिज्यायें संपाती हैं।

और $\phi = \frac{\pi}{2}$ यदि $\phi = \frac{\pi}{8}, \frac{3\pi}{8}, \frac{5\pi}{8}, \frac{7\pi}{8}, \ldots\ldots$

(4) वक्र का समीकरण यह है :

$$u = \frac{1}{r} = \frac{\sin 4\theta}{a}. \tag{4}$$

इसका दक्षिण पक्ष 0 होगा यदि

$$\theta = 0, \frac{\pi}{4}, \frac{\pi}{2}, \frac{3\pi}{4}, \pi, \frac{5\pi}{4}, \ldots\ldots \tag{5}$$

अब, (4) से,

$$1 = \frac{4 \cos 4\theta}{a} \cdot \frac{d\theta}{du}$$

$$\therefore -\frac{d\theta}{du} = -\frac{a}{4 \cos 4\theta}.$$

यदि (5) में से कोई मान $\frac{n\pi}{4}$ हो तो

$$\underset{\substack{u \to 0 \\ \theta \to \frac{n\pi}{4}}}{Lt} \left(-\frac{d\theta}{du}\right) = -\frac{a}{4} \underset{\theta \to \frac{n\pi}{4}}{Lt} (\sec 4\theta) = -\frac{a}{4}(-1)^n.$$

अतः संगत अनन्तस्पर्शी

$$r \sin\left(\frac{n\pi}{4} - \theta\right) = -(-1)^n \frac{a}{4},$$

अर्थात् $r \sin\left(\theta - \frac{n\pi}{4}\right) = (-1)^n \frac{a}{4}$

हुआ। इस प्रकार हमें निम्नलिखित अनन्तस्पर्शी प्राप्त हो गये :

$$r \sin \theta = \frac{a}{4}, \text{ अर्थात्, } y = \frac{a}{4}; \tag{i}$$

$$r \sin\left(\theta - \frac{\pi}{4}\right) = -\frac{a}{4}\text{, अर्थात्, } x - y = \frac{a}{2\sqrt{2}};$$

$$r \sin\left(\theta - \frac{\pi}{2}\right) = \frac{a}{4}, \tag{ii}$$

$$\text{अर्थात्, } r \cos \theta = -\frac{a}{4}\text{, अर्थात्, } x = -\frac{a}{4}; \tag{iii}$$

$$r \sin\left(\theta - \frac{3\pi}{4}\right) = -\frac{a}{4}\text{, अर्थात्, } x + y = \frac{a}{2\sqrt{2}}; \tag{iv}$$

$$r \sin(\theta - \pi) = \frac{a}{4};$$

$$\text{अर्थात्, } r \sin \theta = -\frac{a}{4}\text{, अर्थात्, } y = -\frac{a}{4}; \tag{v}$$

$$r \sin\left(\theta - \frac{5\pi}{4}\right) = -\frac{a}{4},$$

$$\text{अर्थात्, } -r \sin\left(\frac{\pi}{4} - \theta\right) = \frac{a}{4}\text{, अर्थात्, } x - y = -\frac{a}{2\sqrt{2}}; \tag{vi}$$

$$r \sin\left(\theta - \frac{3\pi}{2}\right) = \frac{a}{4},$$

$$\text{अर्थात्, } r \cos \theta = \frac{a}{4}\text{, अर्थात्, } x = \frac{a}{4}; \tag{vii}$$

$$r \sin\left(\theta - \frac{7\pi}{4}\right) = -\frac{a}{4},$$

$$\text{अर्थात्, } -r \sin\left(\theta + \frac{\pi}{4}\right) = \frac{a}{4}\text{, अर्थात्, } x + y = -\frac{a}{2\sqrt{2}} \tag{viii}$$

$\theta$ के अन्य मान लेने से कोई नया अनन्तस्पर्शी प्राप्त नहीं होगा। इन तथ्यों से हम सरलता से वक्र खींच सकते हैं।

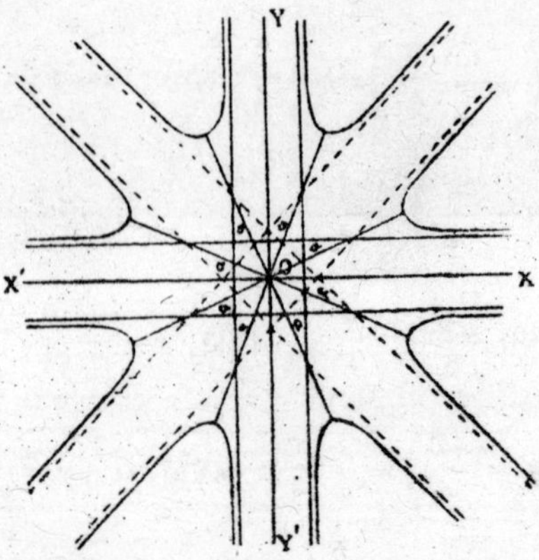


आकृति (18.8)

**उदाहरण** (iii) वक्र

$$x^4 - xy - y^4 = 0 \qquad (1)$$

का अनुरेखन करो।

(1) समीकरण के तुल्य रूप :

$$x^4 = y(x + y^3) \qquad (2)$$

$$(x - y)(x + y)(x^2 + y^2) = xy \qquad (3)$$

(2) वक्र के सम्मुख चरणों में सममिति है।

(3) वक्र मूलबिन्दु में से होकर जाता है। मूलबिन्दु पर डाले गये स्पर्शी दोनों अक्ष हैं।

(4) वक्र अक्षों को मूलबिन्दु के अतिरिक्त कहीं नहीं काटता।

(5) वक्र का समीकरण चतुर्थ घात का है। अतः मान तालिका बनाना कठिन है। किन्तु उसका कोणीय समीकरण

$$r^2 = \tfrac{1}{2} \tan 2\theta = \tfrac{1}{2} \frac{\sin 2\theta}{\cos 2\theta}$$

है।

अतः $r = 0$ यदि $\theta = 0, \ \frac{\pi}{2}, \ \pi, \ \frac{3\pi}{2}, \ 2\pi, \ldots\ldots$

और $r = \infty$ यदि $\theta = \frac{\pi}{4}, \frac{3\pi}{4}, \frac{5\pi}{4}, \frac{7\pi}{4}, \ldots\ldots$

जब $\theta$ बढ़ता है 0 से $\frac{\pi}{4}$ तक, तब $r^2$ बढ़ता है 0 से $\infty$ तक; अतः $r$ का एक मान 0 से $\infty$ तक बढ़ता है, दूसरा 0 से $-\infty$ तक घटता है।

जब $\theta$ बढ़ता है $\frac{\pi}{4}$ से $\frac{\pi}{2}$ तक, तब $r^2$ ऋणात्मक रहता है; अतः $r$ काल्पनिक रहता है।

अतएव, वक्र का कोई भाग रेखाओं $\theta = \frac{\pi}{4}$ और $\theta = \frac{\pi}{2}$ के बीच में स्थित नहीं है।

जब $\theta$ बढ़ता है $\frac{\pi}{2}$ से $\frac{3\pi}{4}$ तक, तब $r^2$ बढ़ता है 0 से $\infty$ तक; अतः $r$ का एक मान 0 से $\infty$ तक बढ़ता है, दूसरा 0 से $-\infty$ तक घटता है।

जब $\theta$ बढ़ता है $\frac{3\pi}{4}$ से $\pi$ तक, तब $r^2$ ऋणात्मक रहता है, अतः $r$ काल्पनिक रहता है।

अतएव, वक्र का कोई भाग रेखाओं $\theta = \frac{3\pi}{4}$ और $\theta = \pi$ के बीच में स्थित नहीं है।

(6) वक्र के दो अनन्तस्पर्शी हैं :

$$x = y, \; x + y = 0.$$

(7) अवकलन से हमें प्राप्त है :

$$4x^3 - xy_1 - y^2 - 4y^3 y_1 = 0,$$

$$12x^2 - y_1 - xy_2 - y_1 - 4y^3 y_2 - 12 y^2 y^2 = 0.$$

अतः मूलबिन्दु पर $y_1 = 0 = y_2$.

अतएव, मूलबिन्दु पर नति-परिवर्तन है।

(8) वक्र पर कोई बहुल बिन्दु नहीं है ।

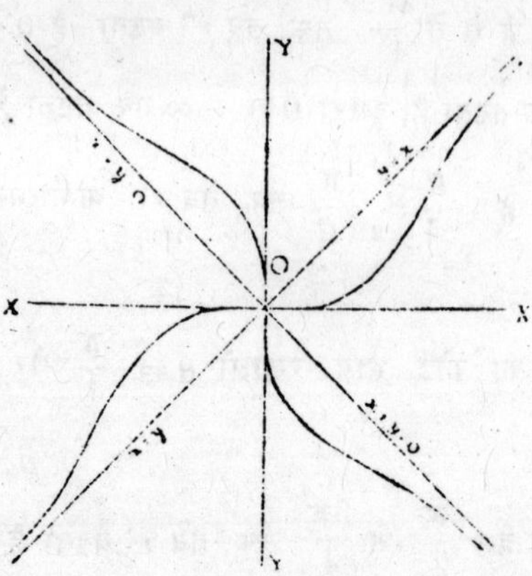

आकृति (18.9)

## प्रश्नावली (18.2)

निम्नलिखित कोणीय वक्रों का अनुरेखन करो ।

(1) $r = a \sin 3\theta$

(2) $r = \dfrac{a\theta^2}{1+\theta^2}$

(3) $r = a + b \cos \theta$

(4) $r \cos^3 \theta = a \cos 2\theta$

(5) $r = a (\sec \theta + \cos \theta)$

(6) $r^2 \theta = a^2$

(7) $r^2 \cos \theta = a^2 \sin^3 \theta.$

निम्नलिखित वक्रों का अनुरेखन करो :—

(8) $x^5 + y^5 = 5ax^2y^2$

(9) $x^5+y^5=5a^2x^2y$ (इलाहाबाद 1945; का० हि० वि० 1958)

(10) $x^4+y^4=a^2(x^2-y^2)$

(11) $x^4+y^4=4axy^2$

(12) $(x-y)^2(x+y)(2x+y)=a^2y^2$ (राजपूताना 1950)

(13) वक्र $y^3=x^3+ax^2$ पर द्विक बिन्दुओं की स्थिति और प्रकृति बताओ तथा वक्र का अनुरेखन भी करो।

(का० हि० वि० 1948)

(14) वक्र $\dfrac{a^2}{x^2}-\dfrac{b^2}{y^2}=1$ के लिए अनन्तस्पर्शी के समीकरण, द्विक बिन्दुओं की स्थिति तथा नति-परिवर्तन के बिन्दु (यदि कोई हों) निकालो तथा वक्र का अनुरेखन करो।

(इलाहाबाद 1950; का० हि० वि० 1953)

(15) वक्र

$$x^2y^2(x^2-y^2)^2=(x^2+y^2)^2$$

के अनन्तस्पर्शियों के समीकरण निकालो और वक्र का अनुरेखन करो।

(बनारस 1930)

(16) वक्र $x^2=y^2(x+1)^3$

का अनुरेखन करो।

(17) वक्र $y=\frac{1}{2}x+x^{-1}$

का अनुरेखन करो।

(18) वक्र

$$(y-x)^2x-3y(y-x)+2x=0$$

के अनन्तस्पर्शियों के समीकरण निकालो और वक्र का अनुरेखन करो।

(राजपूताना 1949)

(19) सिद्ध करो कि वक्र

$$x^2 y + xy^2 + xy + y^2 + 3x = 0$$

का कोई भाग $x = -4$ और $x = -1$ या $x = 0$ और $x = 3$ के बीच स्थित नहीं है। वक्र का अनुरेखन करो।

(20) वक्र

$$x(y - x) = (x + y)(x^2 + y^2)$$

का अनुरेखन करो।

# अध्याय १६

# कुछ विख्यात वक्र

## (Some Well-known Curves)

### 19.1. अग्नेसिका (Witch of Agnesi)

वक्र

$$xy^2 = 4a^2(2a - x) \tag{1}$$

अग्नेसिका (Witch of Agnesi) कहलाता है।

(1) समीकरण के तुल्य रूप :

$$y^2 = \frac{4a^2(2a-x)}{x}$$

$$= 4a^2\left(\frac{2a}{x} - 1\right). \text{ अतः } y = \pm 2a\sqrt{\frac{2a}{x} - 1} \tag{2}$$

(2) वक्र $x$-अक्ष के प्रति सममित है।

(3) वक्र के समीकरण (2) से हम यह निष्कर्ष निकालते हैं कि $\frac{2a}{x} - 1 \geqslant 0$

अतः $\frac{2a}{x} \geqslant 1$

अर्थात्, $x \leqslant 2a$,

अर्थात्, $x$-अक्ष की धन दिशा में वक्र $x = 2a$ रेखा के बाईं ओर ही स्थित है।

(4) वक्र मूलबिन्दु से होकर नहीं जाता।

(5) वक्र पर स्थित एक बिन्दु $(2a, 0)$ है।

(6) मान तालिका :

$x = 0, \quad a, \quad 2a, \quad -a$

$y = \pm\infty, \quad \pm 2a, \quad 0,$ काल्पनिक,

उपरोक्त तालिका से स्पष्ट है कि $x$ का मान ऋणात्मक नहीं हो सकता । उक्त दशा में $y$ का मान काल्पनिक हो जाता है ।

अतः वक्र पूर्णतः $x=0$ और $x=2a$ के बीच में स्थित है ।

(7) $x$ का मान 0 होने पर $y$ अनन्त हो जाता है । यदि $x$ का मान 0 से थोड़ा बड़ा लें तो हम देखते हैं कि $y$ का मान बड़ा रहता है । ज्यों-ज्यों हम $x$ के मान को 0 से अधिक लेते जाते हैं त्यों-त्यों $y$ का मान 0 की ओर अग्रसर होता जाता है और $x=2a$ पर $y$ का मान 0 हो जाता है ।

(8) $x=0$ वक्र का अनन्तस्पर्शी है ।

(9) अवकलन से,

$$y^2+2xyy_1=-4a^2,$$

अर्थात्, $$2xyy_1=-4a^2-y^2.$$

$$\therefore y_1=-\frac{4a^2+y^2}{2xy}.$$

अब, वक्र पर उच्चिष्ठ या निम्निष्ठ मानों के लिए

$$y_1=0,$$

अर्थात् $$y^2+4a^2=0$$

$$\therefore y^2=-4a^2=-(2a)^2$$

जिससे $y$ के काल्पनिक मान आते हैं । अतः वक्र का कोई निम्निष्ठ अथवा उच्चिष्ठ मान नहीं है ।

इन तथ्यों से वक्र खींचा जा सकता है ।

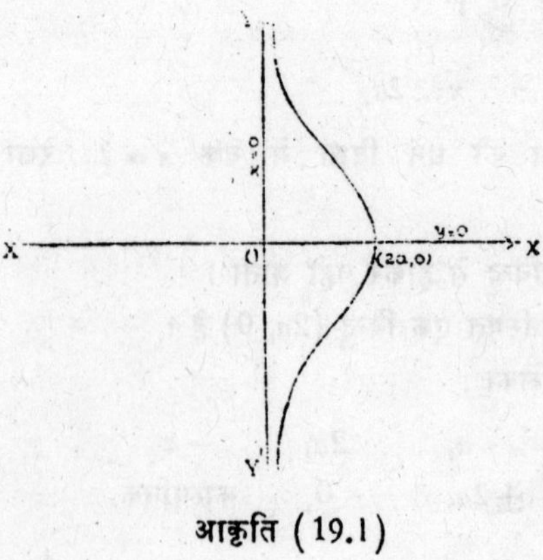


आकृति (19.1)

## 19.2. डायोक्लीज का सिसॉयड (Cissoid of Diocles)

वक्र

$$y^2(2a-x)=x^3 \tag{1}$$

डायोक्लीज का सिसॉयड कहलाता है।

(1) वक्र के समीकरण के तुल्य रूप :

$$y^2=\frac{x^3}{2a-x},$$

$$y=\pm\sqrt{\frac{x^3}{2a-x}}$$

$$=\pm x\sqrt{\frac{x}{2a-x}}. \tag{2}$$

समीकरण (2) से स्पष्ट है कि जब $x=0$ तो $y=0$.

जब $x$ ऋणात्मक हो तो $y$ का मान काल्पनिक हो जाता है। अतः वक्र का कोई भी भाग $y$-अक्ष के बाईं ओर नहीं है। वक्र पूर्णतः $y$-अक्ष के दाहिनी ओर स्थित है।

(2) वक्र के समीकरण में $y$ का केवल द्वितीय घात है। अतः वक्र $x$-अक्ष के प्रति सममित है।

(3) वक्र मूलबिन्दु में से होकर जाता है।

(4) वक्र के समीकरण में लघुतम घात पद के शून्यीकरण से मूलबिन्दु पर डाला गया स्पर्शी $y^2=0$ आता है।

चूँकि मूलबिन्दु पर स्पर्शी के दो समीकरण अभिन्न हैं, अतः मूलबिन्दु पर वक्र का एक कस्प है।

यदि $x>0$ और छोटा है तो $y$ के दो वास्तविक मान हैं, एक धनात्मक और दूसरा ऋणात्मक।

यदि $x<0$ तो $y$ काल्पनिक हो जाता है। अतएव मूलबिन्दु पर वक्र का एकल जाति का कस्प है।

(5) वक्र निर्देश अक्षों से मूलबिन्दु के अतिरिक्त कहीं नहीं मिलता।

(6) मान तालिका :—

$$x = 0, \quad \frac{a}{2}, \quad a, \quad \frac{3a}{2}, \quad 2a$$

$$y = 0, \quad \pm\frac{a}{2\sqrt{3}}, \quad \pm a, \pm\frac{3a\sqrt{3}}{2}, \pm\infty.$$

ज्यों-ज्यों $x$ का मान 0 से धनात्मक दिशा में बढ़ता जाता है $y$ का संख्यात्मक मान भी बढ़ता जाता है।

जब $x$ का मान $y$ के बराबर हो जाता है तो $x = a$. अतः रेखा $y = x$ वक्र को बिन्दु $(a, a)$ पर काटती है।

जब $x$ का मान $a$ से आगे बढ़ता है तो $y$ का संख्यात्मक मान तेजी से बढ़ता है और जब $x$ का मान $2a$ हो जाता है तो $y$ अनन्त हो जाता है।

(7) $x = 2a$ वक्र का अनन्तस्पर्शी है।

(8) अवकलन द्वारा,

$$\frac{dy}{dx} = \frac{x^{1/2}(3a-x)}{(2a-x)^{3/2}},$$

$$\frac{d^2y}{dx^2} = \frac{2a+(7a-1)x-2x^2}{2x^{1/2}(2a-x)^{5/2}}.$$

$\frac{dy}{dx}$, मूलबिन्दु और $x = 3a$ पर शून्य है। परन्तु $x = 3a$ पर वक्र को कोई शाखा नहीं है। इसलिए वक्र के, मूलबिन्दु को छोड़कर, किसी भी अन्य बिन्दु पर, डाला गया स्पर्शी $x$-अक्ष के समान्तर नहीं है। मूलबिन्दु पर $x$-अक्ष ही स्पर्शी है।

और $y_2$ कहीं पर भी शून्य नहीं है, वरन् मूलबिन्दु और $x = 2a$ पर अनन्त है। अतः वक्र में न तो कहीं पर चरम मान है और न नति-परिवर्तन।

(9) यहाँ $\quad f(x, y) = x^3 + (x-2a)y^2$

$$\frac{\partial f}{\partial x} = 3x^2 + y^2,$$

$$\frac{\partial f}{\partial y} = (x-2a)2y.$$

मूलबिन्दु को छोड़कर ये तीनों राशियाँ एक साथ कहीं भी शून्य नहीं होतीं। $x=2a$ पर केवल $\frac{\partial f}{\partial y}$ शून्य हो जाता है, परन्तु $x=2a$ पर $y$ का मान अनन्त हो जाता है। अतः मूलबिन्दु को छोड़कर, वक्र का, कोई भी बहुल बिन्दु नहीं है।

इन तथ्यों पर ध्यान देने से वक्र की आकृति निकल आती है।

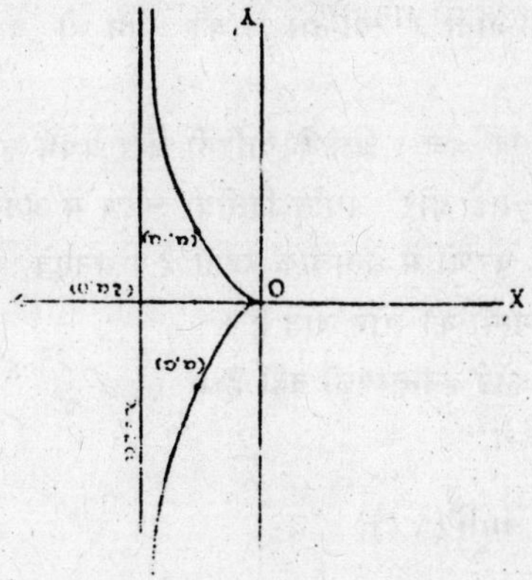

आकृति (19.2)

19.3. **रज्जुका (Catenary)** :—

वक्र, जिसका समीकरण

$$y=c\cosh(x/c)$$

है, रज्जुका कहलाता है।

(1) वक्र मूलबिन्दु से होकर नहीं जाता।

(2) समीकरण में $x$ का चिह्न बदलने से कोई अन्तर नहीं पड़ता। अतः वक्र $y$-अक्ष के प्रति सममित है।

(3) वक्र $x$-अक्ष को किसी बिन्दु पर भी नहीं काटता। वक्र $y$-अक्ष को बिन्दु $(0, c)$ पर काटता है।

(4) $x$ के समस्त धनात्मक और ऋणात्मक मानों के लिए $y$ का मान धनात्मक है। $y$ का मान कभी ऋणात्मक नहीं होता, अतः वक्र पूर्णतः $x$-अक्ष के ऊपर की

ओर ही स्थित है । या यों कहिये कि वक्र का कोई भी भाग तृतीय और चतुर्थ चरणों में स्थित नहीं है ।

(5) मान तालिका :

$$x = 0, \quad \pm c, \quad \pm 2c, \quad \pm 3c, \ldots\ldots$$
$$y = c, \quad \cosh(1), \quad \cosh(2), \quad \cosh(3), \ldots\ldots$$

और $\cosh\theta$ का मान $\theta$ के मान के साथ बढ़ता जाता है । अतः ज्यों-ज्यों $x$ के मान में वृद्धि होती जाती है त्यों-त्यों $y$ का मान भी बढ़ता जाता है और जब $x \to \pm\infty, y \to \infty$

अतः वक्र का एक अंश $y$ अक्ष के दाहिनी ओर प्रथम चरण में अनन्ती की ओर जाता है और दूसरा बाईं ओर अर्थात् द्वितीय चरण में अनन्ती की ओर जाता है । परन्तु $y$ का मान दोनों चरणों में धनात्मक रहता है । अतएव, वक्र के दोनों भाग ऊपर की ओर ही उठकर अनन्ती की ओर जाते हैं ।

(6) वक्र का कोई अनन्तस्पर्शी नहीं है ।

(7) अवकलन से,

$$\frac{dy}{dx} = \sinh(x/c),$$

$$\frac{d^2y}{dx^2} = \frac{1}{c}\cosh(x/c).$$

बिन्दु $(0, c)$ पर $\frac{dy}{dx} = 0$, और अन्य किसी बिन्दु पर $\frac{dy}{dx}$ का मान 0 नहीं है । अतः बिन्दु $(0, c)$ पर खींचा गया स्पर्शी ही $x$-अक्ष के समान्तर है ।

और $\left(\frac{d^2y}{dx^2}\right)_{\substack{x=0\\y=c}} = \frac{1}{c}$ जो धनात्मक है ($\because c$ धनात्मक है)

$\therefore$ बिन्दु $(0, c)$ पर वक्र का निम्निष्ठ मान है ।

इसके अतिरिक्त और किसी बिन्दु पर चरम मान नहीं है ।

$$f(x, y) = y - c\cosh(x/c),$$

$$\frac{\partial f}{\partial x} = -\sinh(x/c),$$

$$\frac{\partial f}{\partial y}=1.$$

कहीं भी ये तीनों राशियाँ एक साथ शून्य नहीं होती । राशि $\frac{\partial f}{\partial y}$ का मान तो अचर है । बिन्दु $(0, c)$ पर $\frac{\partial f}{\partial x}$ का मान शून्य हो जाता है तथा $f(x, y)$ का मान भी शून्य हो जाता है । अतः वक्र का कोई भी बहुल बिन्दु नहीं है, क्योंकि $(0, c)$ बहुल बिन्दु नहीं है ।

इन तथ्यों पर ध्यान देने से वक्र की आकृति स्पष्ट हो जाती है ।

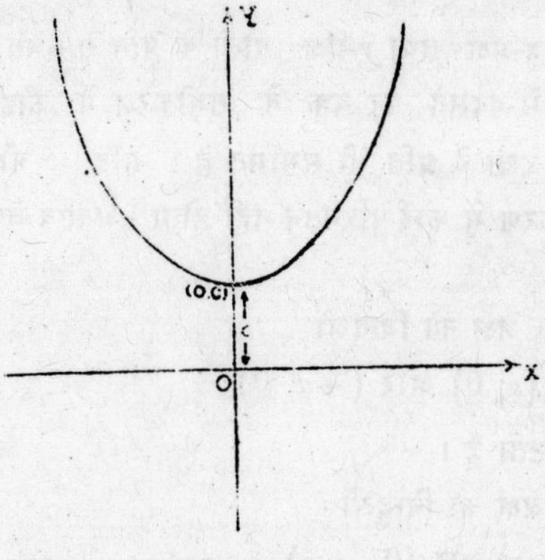


आकृति (19.3)

## 19.4. ऐस्ट्रॉयड (Astroid)

वक्र, जिसका समीकरण

$$x^{2/3}+y^{2/3}=a^{2/3}$$

है, ऐस्ट्रॉयड कहलाता है ।

(1) वक्र के समीकरण के तुल्य रूप:—

(i) वक्र का प्राचली समीकरण :

$$x=a\cos^3 t,$$
$$y=a\sin^3 t.$$

$$\text{(ii) } y^{2/3}=a^{2/3}-x^{2/3},$$

$$y=(a^{2/3}-x^{2/3})^{3/2},$$

$$y^2=(a^{2/3}-x^{2/3})^3$$

$$=a^2-x^2-3a^{4/3}x^{2/3}+3a^{2/3}x^{4/3}$$

$$=a^2-3a^{2/3}x^{2/3}(a^{2/3}-x^{2/3})-x^2.$$

(2) वक्र मूलबिन्दु से होकर नहीं जाता, अर्थात् मूलबिन्दु वक्र पर स्थित नहीं है।

(3) परिमेयकरण (**Rationalization**) करने पर वक्र के समीकरण में $x$ और $y$ दोनों सम घातों में आते हैं।

अतः वक्र $x$-अक्ष तथा $y$-अक्ष दोनों के प्रति सममित है। इसके अतिरिक्त $x$ और $y$ को आपस में बदलने पर वक्र के समीकरण में कोई परिवर्तन नहीं होता। अतएव वक्र $x=y$ रेखा के प्रति भी सममित है। यदि $x$ और $y$ के चिह्न बदल दिए जायँ तो भी समीकरण में कोई परिवर्तन नहीं होता। अतएव वक्र, सम्मुख चरणों में भी सममित है।

(4) वक्र $x$ अक्ष को बिन्दुओं

$(a, 0)$ और $(-a, 0)$

पर काटता है।

वक्र $y$-अक्ष को बिन्दुओं

$(0, a)$ और $(0, -a)$

पर काटता है।

(5) मान तालिका :

$$x=0, \quad a, -a, \quad \pm\frac{a}{2}$$

$$y=\ \pm a, \quad 0, \quad 0, \quad \pm a\left[1-\left(\tfrac{1}{4}\right)^{\frac{1}{3}}\right]^{\frac{3}{2}}$$

वक्र के समीकरण से स्पष्ट है कि $x$ सदैव $a$ और $-a$ के बीच में ही रहता है, अन्यथा $y$ काल्पनिक हो जाता है।

इसी प्रकार यह भी स्पष्ट है कि $y$ सदैव $a$ और $-a$ के बीच में रहता है, अन्यथा $x$ काल्पनिक हो जाता है।

अतएव समूचा वक्र चार रेखाओं $x=a,\ x=-a$

$$y=a,\ y=-a$$

के बीच में स्थित है।

इसके अतिरिक्त $y$ कभी अनन्त नहीं होता।

(6) वक्र का कोई भी अनन्तस्पर्शी नहीं है।

(7) $\dfrac{dy}{dx}=-\left(\dfrac{y}{x}\right)^{1/3}$,

$$\frac{d^2y}{dx^2}=\frac{a^{2/3}}{3x^{4/3}y^{1/3}}.$$

और $\dfrac{dy}{dx}=0$ जब $y=0$

तथा जब $y=0$ तो $x=\pm a$.

$\therefore$ बिन्दु $(a, 0)$ तथा $(-a, 0)$ ही वक्र के चरम बिन्दु हो सकते हैं। परन्तु इन मानों पर $\dfrac{d^2y}{dx^2}$ का मान अनन्त हो जाता है, अतः वक्र के लिए किसी बिन्दु पर न तो उच्चिष्ठ मान है न निम्निष्ठ।

(8) $f(x, y)=x^{2/3}+y^{2/3}-a^{2/3}$,

$$\frac{\partial f}{\partial x}=\frac{2}{3}x^{-1/3}=\frac{2}{3x^{1/3}},$$

$$\frac{\partial f}{\partial y}=\frac{2}{3y^{1/3}}.$$

$f(x, y)=0$ जब $x=0$ और $y=\pm a$,

अथवा जब $y=0$ और $x=\pm a$

$\dfrac{\partial f}{\partial x}$ और $\dfrac{\partial f}{\partial y}$ इन बिन्दुओं के लिए शून्य नहीं है। अतः वक्र का कोई बहुल बिन्दु नहीं है।

(9) बिन्दुओं $(\pm a, 0)$ पर $x$-अक्ष ही स्पर्शी है।

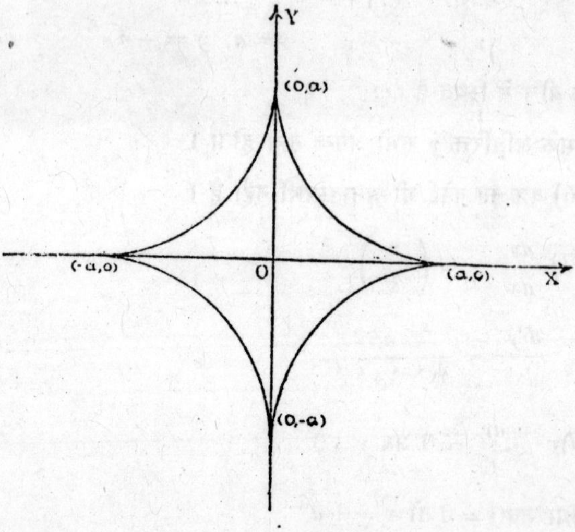


आकृति (19.4)

19.5. दीर्घवृत्त केन्द्रज (Evolute of Ellipse)—

$$\text{दीर्घवृत्त} \quad \frac{x^2}{a^2}+\frac{y^2}{b^2}=1$$

के केन्द्रज को समीकरण

$$(ax)^{2/3}+(by)^{2/3}=(a^2-b^2)^{2/3}$$

द्वारा निरूपित करते हैं।

(1) वक्र मूलबिन्दु से होकर नहीं जाता।

(2) § 19.4 की भाँति, वक्र $x$ और $y$ दोनों अक्षों के प्रति सममित है।

$x$ और $y$ के चिह्न बदल देन पर वक्र का समीकरण ज्यों का त्यों रहता है, अतः वक्र सम्मुख चरणों में सममित है।

(3) $x$-अक्ष के साथ वक्र के कटान बिन्दु यह हैं—

$$(ax)^{2/3}=(a^2-b^2)^{2/3}$$

$$x=\pm\frac{a^2-b^2}{a}$$

वक्र के $y$-अक्ष के साथ कटान विन्दु यह हैं--

$$(by)^{2/3}=(a^2-b^2)^{2/3}$$

$$y=\pm\frac{a^2-b^2}{b}.$$

अतः वक्र $x$ और $y$ अक्षों को बिन्दुओं $\left(\frac{a^2-b^2}{a}, 0\right)$, $\left(\frac{b^2-a^2}{a}, 0\right)$, $\left(0, \frac{a^2-b^2}{b}\right)$ और $\left(0, \frac{b^2-a^2}{b}\right)$ पर काटता है।

रेखा $x=y$ के साथ वक्र के कटान विन्दु

$$(ax)^{2/3}+(bx)^{2/3}=(a^2-b^2)^{2/3}$$

$$x^{2/3}(a^{2/3}+b^{2/3})=(a^2-b^2)^{2/3}$$

$$x^{2/3}=\frac{(a^2-b^2)^{2/3}}{a^{2/3}+b^{2/3}}$$

$$x=\pm\frac{a^2-b^2}{(a^{2/3}+b^{2/3})^{3/2}}$$

हैं। अतः रेखा $x=y$ वक्र को प्रथम चरण में विन्दु $\left(\frac{a^2-b^2}{(a^{2/3}+b^{2/3})^{3/2}}, \frac{a^2-b^2}{(a^{2/3}+b^{2/3})^{3/2}}\right)$ पर और तृतीय चरण में विन्दु $\left(\frac{b^2-a^2}{(a^{2/3}+b^{2/3})^{3/2}}, \frac{b^2-a^2}{(a^{2/3}+b^{2/3})^{3/2}}\right)$ पर काटती है।

(4) समीकरण को इस प्रकार

$$(by)^{2/3}=\left[(a^2-b^2)^{2/3}-(ax)^{2/3}\right]$$

$$\text{या}\quad y=\frac{\left[(a^2-b^2)^{2/3}-(ax)^{2/3}\right]^{3/2}}{b}$$

लिखने पर हम देखते हैं कि $x$ के उन धनात्मक मानों के लिए जो 0 और $\frac{a^2-b^2}{a}$ के बीच में स्थित हैं, $y$ का मान धनात्मक है। जहाँ $x=\frac{a^2-b^2}{a}$, $y$ का मान शून्य

है। यदि $x$ का मान $\dfrac{a^2-b^2}{a}$ से बड़ा हो तो $y$ काल्पनिक हो जाता है। इसी प्रकार हम देखते हैं कि $x$ के ऋणात्मक मानों के लिए जब $x$, 0 और $\dfrac{b^2-a^2}{a}$ के बीच स्थित है तो $y$ वास्तविक है। इसके अतिरिक्त सभी मानों के लिए $y$ काल्पनिक है।

ठीक इसी प्रकार यदि वक्र का समीकरण इस प्रकार

$$(ax)^{2/3}=[(a^2-b^2)^{2/3}-(by)^{2/3}]$$

$$\text{या}\quad x=\frac{[(a^2-b^2)^{2/3}-(by)^{2/3}]^{3/2}}{a}$$

लिखें तो हम देखते हैं कि $y$ के उन मानों के लिए जो $\dfrac{a^2-b^2}{b}$ और $\dfrac{b^2-a^2}{b}$ के बीच में स्थित हैं, $x$ वास्तविक है। $y$ के और सभी मानों के लिए $x$ काल्पनिक है। अतः पूर्ण वक्र रेखाओं

$$x=\frac{a^2-b^2}{a},\ x=\frac{b^2-a^2}{a},\ y=\frac{a^2-b^2}{b}\ \text{और}\ y=\frac{b^2-a^2}{b}$$

के बीच में स्थित है।

इसके अतिरिक्त, $y$ कभी अनन्त नहीं होता।

(5) वक्र का कोई भी अनन्तस्पर्शी नहीं है।

(6) $$\frac{dy}{dx}=-\frac{a^{2/3}y^{1/3}}{b^{2/3}x^{1/3}},$$

$$\frac{d^2y}{dx^2}=\frac{a^{2/3}(a^2-b^2)^{2/3}}{3b^{4/3}.x^{4/3}.y^{1/3}}$$

$\dfrac{dy}{dx}=0$ जब $y=0$, अर्थात् बिन्दु $\left(\pm\dfrac{a^2-b^2}{a},\ 0\right)$ ही वक्र के चरम बिन्दु हो सकते हैं। परन्तु इन बिन्दुओं पर $\dfrac{d^2y}{dx^2}$ अनन्त हो जाता है। इसलिए वक्र पर कोई भी चरम बिन्दु नहीं है।

और, चूंकि $y_2$ अनन्त हो जाता है इसलिए वक्र का कोई नति-परिवर्तन बिन्दु भी नहीं है।

(7) $f(x, y) = (ax)^{2/3} + (by)^{2/3} - (a^2 - b^2)^{2/3}$,

$$\frac{\partial f}{\partial x} = \frac{2}{3} a^{2/3} x^{-\frac{1}{3}} = \frac{2a^{2/3}}{3x^{1/3}},$$

$$\frac{\partial f}{\partial y} = \frac{2}{3} b^{2/3} y^{-\frac{1}{3}} = \frac{2b^{2/3}}{3y^{1/3}}.$$

ये तीनों राशियाँ किन्हीं भी बिन्दुओं पर एक साथ शून्य नहीं होतीं।

अतः वक्र का कोई भी बहुल बिन्दु नहीं है।

इन तथ्यों के आधार पर हम वक्र खींच सकते हैं।

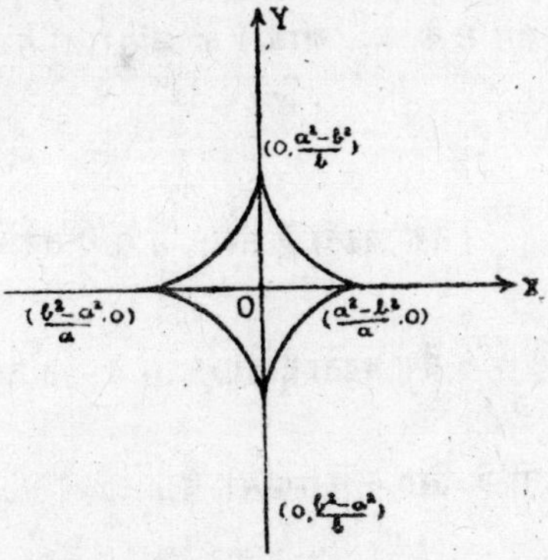


आकृति (19.5)

19.6. **बर्नोली का द्विपाश (Lemniscate of Bernoulli):—**

समीकरण

$$r^2 = a^2 \cos 2\theta \tag{1}$$

द्वारा निरूपित वक्र बर्नोली का द्विपाश कहलाता है।

(1) $\theta$ का चिह्न बदलने पर वक्र के समीकरण में कोई विकार नहीं आता। अतः वक्र आदि रेखा के प्रति सममित है।

$\theta$ के समान पर $(\pi - \theta)$ रखने पर भी समीकरण अपरिवर्तित रहता है, अतः वक्र $y$-अक्ष के प्रति भी सममित है।

$\theta$ के स्थान पर $(\pi + \theta)$ रखने पर भी समीकरण अपरिवर्तित रहता है। अतः

वक्र सम्मुख चरणों में भी सममित है। यों भी $r$ का घात सम है। अतः वक्र सम्मुख चरणों में सममित है।

(2) मान तालिका :

समीकरण (1) में

$$r=0 \text{ यदि } \theta=\frac{(2n+1)\pi}{4},$$

$$\text{अर्थात्, यदि } \theta=\frac{\pi}{4},\quad \frac{3\pi}{4},\quad \frac{5\pi}{4},\quad \frac{7\pi}{4},\quad \frac{9\pi}{4},\ \ldots$$

अतः यदि हम $\theta$ के, $\frac{\pi}{4}$ लम्बाई के अंतरालों पर विचार करें तो सुगम होगा।

जब $\theta$, 0 से $\frac{\pi}{4}$ तक बढ़ता है तो $r$, $a$ से 0 तक घटता है।

जब $\theta$, $\frac{\pi}{4}$ से $\frac{\pi}{2}$ तक बढ़ता है तो $r^2$, 0 से $-a$ तक घटता है, अर्थात् $\theta$ के $\frac{\pi}{4}$ से $\frac{\pi}{2}$ तक के मानों के लिए $r$ काल्पनिक है।

इसी प्रकार $\theta$ के $\frac{\pi}{2}$ से $\frac{3\pi}{4}$ तक के मानों के लिए भी $r$ काल्पनिक है।

अतः वक्र की कोई भी वास्तविक शाखा $\theta=\frac{\pi}{4}$ से $\theta=\frac{3\pi}{4}$ के बीच स्थित नहीं है।

जब $\theta$, $\frac{3\pi}{4}$ से $\pi$ तक बढ़ता है तो $r$, 0 से $a$ तक बढ़ता है।

$\theta$ के, इसके आगे के मान लेना अनावश्यक है, क्योंकि वक्र आदि रेखा के प्रति सममित है।

इस तालिका से पता चलता है कि $r$ का अधिकतम संख्यात्मक मान $a$, और न्यूनतम संख्यात्मक मान 0 है। अतः वक्र चारों ओर से बन्द है।

$r$ कभी अनन्त नहीं होता।

(3) समीकरण (1) के अवकलन से,

$$2r = -2a^2\sin 2\theta \frac{d\theta}{dr}$$

$$\therefore \tan\phi = r\frac{d\theta}{dr} = \frac{-r.r}{a^2\sin 2\theta} = \frac{-r^2}{a^2\sin 2\theta}$$

$$= -\frac{a^2\cos 2\theta}{a^2\sin 2\theta} = -\cot 2\theta$$

$$= \tan\left(\frac{\pi}{2} + 2\theta\right)$$

$$\therefore \phi = \frac{\pi}{2} + 2\theta.$$

अत: यदि $\theta = 0$ तो $\phi = \frac{\pi}{2}$; $\theta = \frac{\pi}{2}$ तो $\phi = \frac{3\pi}{2}$

$\theta = \pi$ तो $\phi = \frac{5\pi}{2}$; $\theta = \frac{3\pi}{2}$ तो $\phi = \frac{7\pi}{2}$

...... ...... ......

अतएव उक्त बिन्दुओं पर के स्पर्शी सदिश त्रिज्या पर लम्ब हैं।

(4) वक्र का कोई अनन्तस्पर्शी नहीं है।

इन तथ्यों के आधार पर वक्र खींचा जा सकता है।

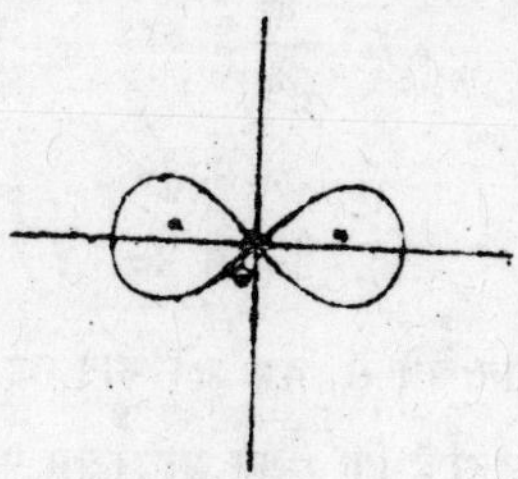

आकृति (19.6)

19.7. हृदयाभ (Cardiod) :—

समीकरण

$$r = a(1 + \cos\theta) \qquad (1)$$

द्वारा निरूपित वक्र हृदयाभ कहलाता है ।

(1) $\theta$ का चिह्न बदलने पर वक्र के समीकरण में कोई परिवर्तन नहीं होता । अतः वक्र आदि रेखा के प्रति सममित है ।

वक्र न $y$-अक्ष के प्रति सममित है, न सम्मुख चरणों में ।

(2) मान तालिका :

समीकरण (1) में

$r=0$ यदि $\theta=(2n+1)\pi$,

अर्थात्, यदि $\theta=\pi, 3\pi, 5\pi, 7\pi, \ldots\ldots$

जब $\theta=0, \quad r=2a$

$$\theta=\frac{\pi}{2}, \; r=a$$

$$\theta=\pi, \quad r=0$$

$$\theta=\frac{3\pi}{2}, \; r=a$$

$$\theta=2\pi, \quad r=2a.$$

इस प्रकार हम देखते हैं कि जब $\theta$, 0 से $\frac{\pi}{2}$ तक बढ़ता है, $r$, $2a$ से $a$ तक घटती है ।

,, $\frac{\pi}{2}$ से $\pi$ ,, , $r$, $a$ से 0 तक घटता है

,, $\pi$ से $\frac{3}{2}\pi$ ,, , $r$, 0 से $a$ तक बढ़ता है

,, $\frac{3}{2}\pi$ से $2\pi$ ,, , $r$, $a$ से $2a$ ,,

$\theta$ के, इसके आगे के मान लेने से, वक्र की कोई नई शाखा नहीं मिलेगी ।

इस तालिका से पता चलता है कि $r$ का अधिकतम संख्यात्मक मान $2a$ है और न्यूनतम संख्यात्मक मान 0.

अतः वक्र चारों ओर से बन्द है

$r$ कभी अनन्त नहीं होता ।

(3) समीकरण (1) के अवकलन से,

$$1=-a\sin\theta\ \frac{d\theta}{dr}$$

$$\therefore \tan\phi = r\frac{d\theta}{dr}=\frac{a(1+\cos\theta)}{-a\sin\theta}=-\frac{1+\cos\theta}{\sin\theta}$$

$$=-\cot\tfrac{1}{2}\theta$$

$$=\tan\left(\frac{\pi}{2}+\frac{\theta}{2}\right)$$

$$\therefore \phi=\frac{\pi}{2}+\frac{\theta}{2}.$$

अतः, यदि $\theta=0$ तो $\phi=\frac{\pi}{2}$ ; $\theta=\frac{\pi}{2}$ तो $\phi=\frac{3\pi}{4}$

$\theta=\pi$ तो $\phi=\pi$ ; $\theta=\frac{3\pi}{2}$ तो $\phi=\frac{5\pi}{4}$

$\theta=2\pi$ तो $\phi=\frac{3\pi}{2}$ ; ......

अतएव $\theta=0$ और $\theta=2\pi$ पर स्पर्शी सदिश त्रिज्या पर लम्ब है।

$\theta=\pi$ पर स्पर्शी सदिश त्रिज्या से अभिन्न है ।

(4) वक्र का कोई अनन्तस्पर्शी नही है।

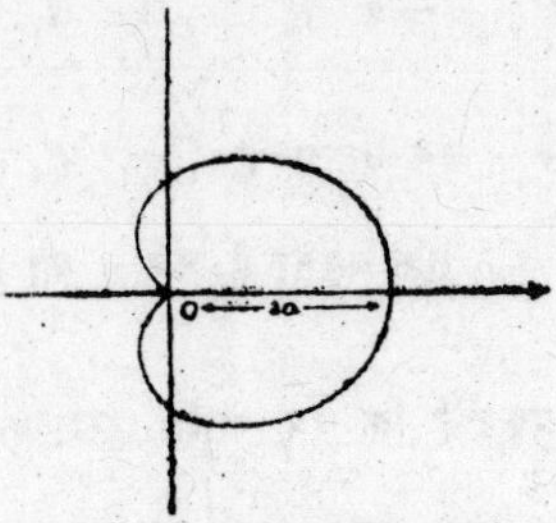

आकृति (19.7)

## 19.8. लाइमाकॉन (Limacon)

समीकरण

$r=a+b$

द्वारा निरूपित वक्र लाइमाकॉन कहलाता है।

(1) वक्र आदि रेखा के प्रति सममित है।

मान तालिका :—

दशा 1 :— जब $a > b$

$r = a + b$, जब $\theta = 0$

$r = a + \frac{b}{\sqrt{2}}$ जब $\theta = \frac{\pi}{4}$

$r = a$ जब $\theta = \frac{\pi}{2}$

$r = a - b$ जब $\theta = \pi$

इसके आगे $\theta$ का मान लेने से कोई लाभ नहीं है, क्योंकि वक्र आदि रेखा के प्रति सममित है।

उपरोक्त तालिका से हम देखते हैं कि

$r$ का मान $a + b$ से $a + \frac{b}{\sqrt{2}}$ तक घटता है जब $\theta$, 0 से $\frac{\pi}{4}$ तक बढ़ता है

$r$ का मान $a + \frac{b}{\sqrt{2}}$ से $a$ ,, ,, $\theta$, $\frac{\pi}{4}$ से $\frac{\pi}{2}$ ,,

$r$ ,, $a$ से $a - b$ ,, ,, $\theta$, $\frac{\pi}{2}$ से $\pi$ ,,

$r$ ,, $a - b$ से $a$ तक बढ़ता है ,, $\theta$, $\pi$ से $\frac{3\pi}{2}$ ,,

$r$ का मान $a$ से $a + b$ तक बढ़ता है जब $\theta$ का मान $\frac{3}{2}\pi$ से $2\pi$ तक बढ़ता है।

इस तालिका से यह भी प्रकट है कि वक्र आदि रेखा को बिन्दुओं $(a+b, 0)$ और $(a-b, 0)$ पर काटता है। तथा $y$-अक्ष को $\left[\text{रेखा } \theta = \frac{\pi}{2} \text{ को}\right]$ $a$ दूरी पर काटता है।

वक्र चारों ओर से बन्द है, क्योंकि $r$ का अधिकतम मान $(a+b)$ है और न्यूनतम मान $(a-b)$.

(3) वक्र का कोई अनन्तस्पर्शी नहीं है ।

अत: वक्र $r=a+b\cos\theta$, जब $a>b$ हो, तो निम्न आकृति का होगा :

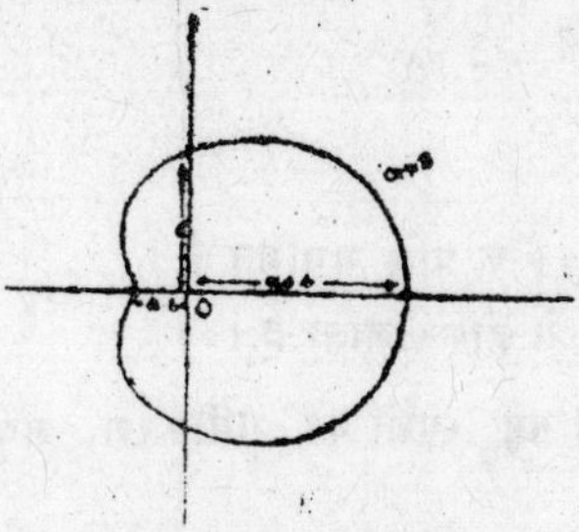

आकृति [19.8 (1)]

**दशा 2**—जब $a<b$.

मान तालिका :—

$$r=a+b \text{ जब } \theta=0$$

$$r=a \quad \text{जब } \theta=\frac{\pi}{2}$$

$$r=0 \quad \text{जब } \theta=\cos^{-1}\left(-\frac{a}{b}\right)$$

इस मान के बाद, $r<0$ क्योंकि जब $\theta$ का मान इस मान से आगे बढ़ता है, $\cos\theta$ का संख्यात्मक मान बढ़ता है, परन्तु ऋणात्मक रहता है, अत: $r$ संख्यात्मक मान में बढ़ता है, जब तक $\theta=\pi$ नहीं हो जाता । और जब $\theta=\pi$ हो जाता है तो $r=-(b-a)$.

इस प्रकार लाइमाकॉन, जब $a<b$, निम्न प्रकार का होगा :—

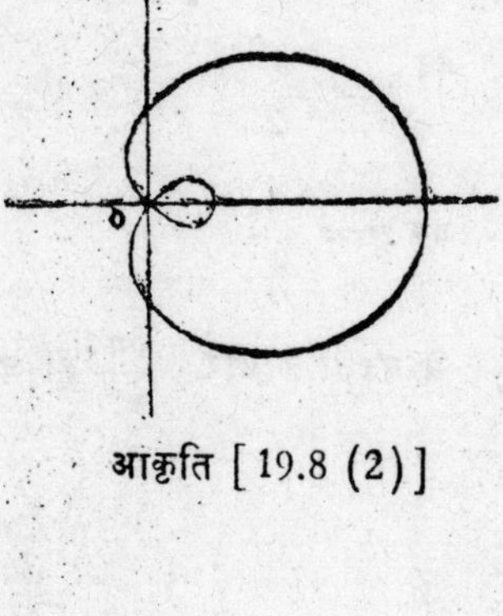

आकृति [19.8 (2)]

## 19.9 द:कार्ते का फ़ोलियम (Folium of Descartes)

द:कार्ते के फ़ोलियम का समीकरण

$$x^3+y^3=3\ axy$$

हैं।

(1) वक्र रेखा $x=y$ के प्रति सममित है।

(2) वक्र मूलबिन्दु से होकर जाता है।

मूलबिन्दु पर खींचे गये स्पर्शी का समीकरण, लघुतम घात के पद को शून्य करने पर, यह आता है :

$$xy=0,$$

$$\text{अर्थात्}\quad \left.\begin{array}{l} x=0, \\ y=0. \end{array}\right\}$$

चूंकि मूलबिन्दु पर डाले गए स्पर्शी दो भिन्न रेखाएँ, $x$-अक्ष और $y$-अक्ष, हैं, अतः मूलबिन्दु पर वक्र का एक नोड है।

(3) वक्र का समीकरण त्रिघाती है। वक्र के समीकरण को कोणीय निर्देशांकों में परिवर्तित करने पर वक्र का तुल्य रूप यह हो जाता है :

$$r=\frac{3a\cos\theta\sin\theta}{\cos^3\theta+\sin^3\theta}.$$

(4) **मान तालिका :**

$$r=0\quad \text{जब}\ \theta=0$$

$$r=\frac{3a}{\sqrt{2}}\quad \text{जब}\ \theta=\frac{\pi}{4}$$

$$r=0\quad \text{जब}\ \theta=\frac{\pi}{2}$$

$$r=\infty\quad \text{जब}\ \theta=\frac{3\pi}{4}$$

अतः जब $\theta$ का मान $\frac{\pi}{2}$ से बढ़ता है और $\frac{3\pi}{4}$ हो जाता है तो $r$ का मान अनन्त हो जाता है।

स्पष्ट है कि वक्र बन्द नहीं है।

पुनः, $r=0$ जब $\theta=\pi$

$$r=\frac{-3a}{\sqrt{2}} \text{ जब } \theta=\frac{5\pi}{4}$$

$$r=0 \text{ जब } \theta=\frac{3\pi}{2}$$

$$r=\infty \text{ जब } \theta=\frac{7\pi}{4}$$

$$r=0 \text{ जब } \theta=2\pi$$

(5) समीकरण को इस प्रकार

$$(x+y)(x^2-xy+y^2)-3axy=0.$$

लिखने पर अनन्तस्पर्शी का समीकरण

$$x+y+a=0$$

निकल आता है।

(6) $$\frac{dy}{dx}=\frac{ay-x^2}{y^2-ax},$$

$$\frac{d^2y}{dx^2}=\frac{-2a^3xy}{(y^2-ax)^3}$$

अतः $\frac{dy}{dx}=0$ जहाँ $x^2=ay$

और $$\left(\frac{d^2y}{dx^2}\right)_{x^2=ay}=\frac{-2a^8}{(x^3-a^3)^3}$$

अर्थात् यदि $x>a$ तो $\left(\frac{d^2y}{dx^2}\right)_{x^2=ay}=$ ऋणात्मक

यदि $x<a$ तो $\left(\frac{d^2y}{dx^2}\right)_{x^2=ay}=$ धनात्मक

और यदि $x=a$ तो $\left(\frac{d^2y}{dx^2}\right)_{x^2=ay}=\infty.$

इस प्रकार हम देखते हैं कि $\frac{d^2y}{dx^2}$ का मान बिन्दु $(2^{1/3}a, 2^{2/3}a)$ पर शून्य नहीं होता, अतः वक्र का मूलबिन्दु को छोड़कर, कोई भी बहुल बिन्दु नही है।

इन तथ्यों द्वारा हम वक्र खींच सकते हैं।

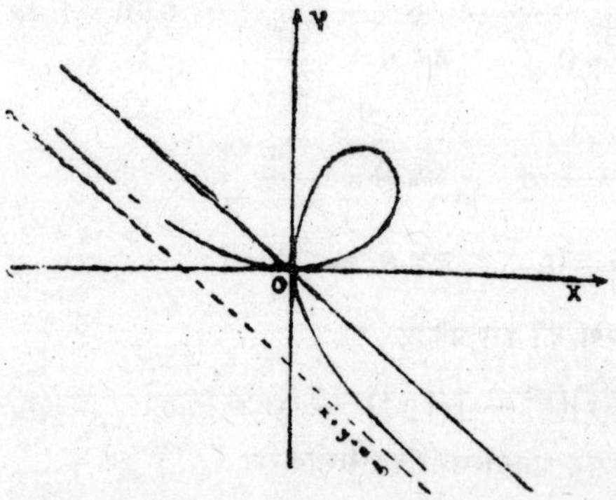

आकृति (19.9)

**19.10. निकोमिड़ीज़ का शंखाभ (Conchoid of Nicomedes)**—

वक्र, जिसका समीकरण

$$r = a \operatorname{cosec} \theta \pm b \quad (1)$$

है, निकोमिड़ीज़ का शंखाभ कहलाता है।

(1) वक्र के समीकरण का तुल्य रूप :

$$r \sin \theta = a \pm b \sin \theta. \quad (2)$$

कार्तीय रूप :

$$y = a \pm b \sin \theta$$

या $(y-a)\sqrt{x^2+y^2} = \pm by$,

अर्थात्, $(y-a)^2(x^2+y^2) = b^2y^2 \quad (3)$

(2) वक्र $y$-अक्ष के प्रति सममित है।

(3) $\theta$ का मान शून्य नहीं है, क्योंकि

यदि $\theta \to 0$ तो $r \to \infty$.

(4) यदि $\theta = \frac{\pi}{4}$ तो $r = a\sqrt{2} \pm b$,

$$\theta = \frac{\pi}{2} \text{ तो } r = a \pm b.$$

(5) समीकरण (3) का अध्ययन करने पर हम देखते हैं कि

(i) वक्र मूलबिन्दु से होकर जाता है।

(ii) मूलबिन्दु पर डाले गए स्पर्शियों का समीकरण यह है :

$$a^2(x^2 + y^2) = b^2y^2,$$

अर्थात् $a^2x^2 = (b^2 - a^2)y^2,$

अर्थात् $$x = \pm \frac{(b^2 - a^2)y}{a}$$

अतः मूलबिन्दु पर वक्र का नोड है।

(iii) $$x^2 + y^2 = \frac{b^2y^2}{(y-a)^2}$$

$$\therefore x^2 = \frac{b^2y^2}{(y-a)^2} - y^2,$$

अर्थात् $$x^2 = y^2 \left[\frac{b^2}{(y-a)^2} - 1\right]$$

$$= y^2 . \frac{b^2 - (y^2 - 2ay + a^2)}{(y-a)^2}$$

$$y^2 . \frac{(b^2 - a^2) + 2ay - y^2}{(y-a)^2}$$

$$\therefore \quad x^2 = \frac{b^2 - (y-a)^2}{(y-a)^2} . y^2$$

$\therefore$ जब $y \to a$ तो $x^2 \to \infty$; और $a - b < y < a + b$.

(iv) अनन्तस्पर्शी का समीकरण $y = a$ है।

अतः वक्र खींचा का सकता है।.

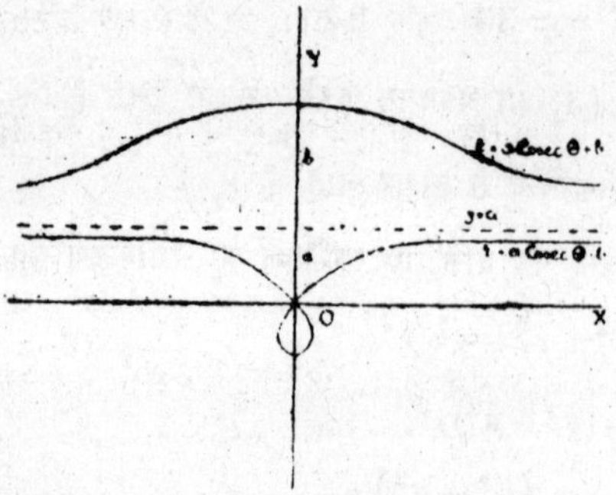


आकृति (19.10)

**19.11. पंच-पत्र पद्म (Five-Leaved rose)—**

समीकरण $r = a \sin (2m+1)\,\theta$ (1)

के वक्रानुरेखन से $(2m+1)$ पत्तियों वाला पद्म मिलता है। अर्थात् उपरोक्त समीकरण द्वारा निरूपित वक्र में $(2m+1)$ पाश (loops) होते हैं।

इसलिए वक्र, जिसका समीकरण

$$r = a \sin 5\theta \tag{2}$$

है, पाँच पाश वाला होगा।

(1) वक्र $y$-अक्ष के प्रति सममित है।

(2) मान तालिका :

समीकरण (2) में

$$r = 0 \text{ यदि } \theta = \frac{n\pi}{5},$$

अर्थात्, यदि $\theta = 0, \frac{\pi}{5}, \frac{2\pi}{5}, \frac{3\pi}{5}, \frac{4\pi}{5}, \pi, \ldots\ldots$

अतः यदि हम $\theta$ के, $\frac{\pi}{10}$ लम्बाई के अंतरालों पर विचार करें तो सुगम होगा।

जब $\theta$, 0 से $\frac{\pi}{10}$ तक बढ़ता है तो $r$, 0 से $a$ तक बढ़ता है।

जब $\theta$, $\frac{\pi}{10}$ से $\frac{\pi}{5}$ तक बढ़ता है तो $r$, $a$ से 0 तक घटता है।

जब $\theta$, $\frac{\pi}{5}$ से $\frac{3\pi}{10}$ तक बढ़ता है तो $r$, 0 से $-a$ तक घटता है।

जब $\theta$, $\frac{3\pi}{10}$ से $\frac{2\pi}{5}$ तक बढ़ता है तो $r$, $-a$ से 0 तक बढ़ता है।

जब $\theta$, $\frac{2\pi}{5}$ से $\frac{\pi}{2}$ तक बढ़ता है तो $r$, 0 से $a$ तक बढ़ता है।

जब $\theta$, $\frac{\pi}{2}$ से $\frac{3\pi}{5}$ तक बढ़ता है तो $r$, $a$ से 0 तक घटता है।

$\frac{3\pi}{5}$ से $\frac{7\pi}{10}$ तक बढ़ता है तो $r$, 0 से $-a$ तक घटता है।

जब $\theta$, $\frac{7\pi}{10}$ से $\frac{4\pi}{5}$ तक बढ़ता है तो $r$, $-a$ से 0 तक बढ़ता है।

जब $\theta$, $\frac{4\pi}{5}$ से $\frac{9\pi}{10}$ तक बढ़ता है तो $r$, 0 से $a$ तक बढ़ता है।

जब $\theta$, $\frac{9\pi}{10}$ से $\pi$ तक बढ़ता है तो $r$, $a$ से 0 तक घटता है।

इसी प्रकार ...... ...... ......

इस तालिका से पता लगता है कि $r$ का अधिकतम संख्यात्मक मान $a$ और न्यूनतम संख्यात्मक मान 0 है। अतः वक्र चारों ओर से बन्द है।

$r$ कभी अनन्त नहीं होता।

(5) वक्र का कोई अनन्तस्पर्शी नहीं है।

(4) समीकरण (2) के अवकलन से,

$$1 = 5a \cos 5\theta . \frac{d\theta}{dr}$$

$$\therefore \tan\phi = r \frac{d\theta}{dr} = \frac{\theta \sin 5\theta}{5\, a \cos 5\theta} = \tfrac{1}{5} \tan 5\theta$$

अतः $\phi = \frac{\pi}{2}$ जब $\theta = \frac{\pi}{10}, \frac{3\pi}{10}, \frac{\pi}{2}, \cdots$

अतएव उक्त बिन्दुओं पर स्पर्शी त्रिज्या पर लम्ब है ।

उक्त तथ्यों के आधार पर वक्र खींचा जा सकता है ।

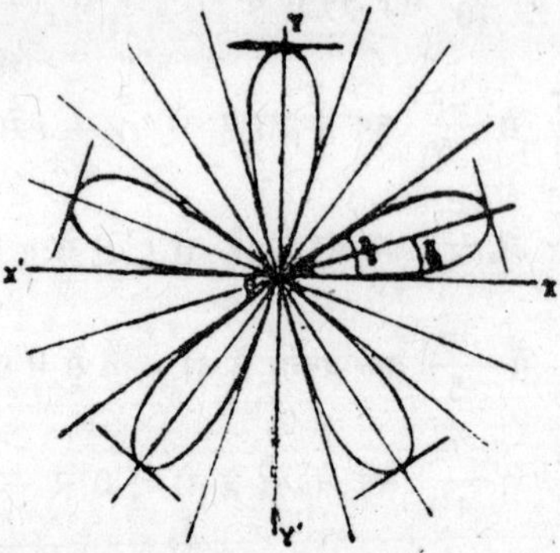


आकृति (19.1 i)

19.12. **पंच-पत्र पद्म (Five-Leaved Rose)**—

समीकरण

$$r = a\cos(2m+1)\theta \tag{1}$$

द्वारा निरूपित वक्र में भी $(2m+1)$ पाश होते हैं ।

अत: वक्र $r = a\cos 5\theta$ (2)

में पांच पाश होंगे ।

(1) वक्र आदि रेखा के प्रति सममित है ।

(2) मान तालिका :

समीकरण (2) में

$$r = 0 \text{ यदि } \theta = \frac{2m+1}{10}\pi,$$

अर्थात्, यदि $\theta = \frac{\pi}{10}, \frac{3\pi}{10}, \frac{\pi}{2}, \frac{7\pi}{10}, \frac{9\pi}{10}, \frac{11\pi}{10}, \frac{13\pi}{10}, \frac{3\pi}{2}, \ldots\ldots$

अतः यदि हम $\theta$ के, $\frac{\pi}{10}$ लम्बाई के अंतरालों पर ही विचार करें तो सुगम होगा ।

जग $\theta$, 0 से $\frac{\pi}{10}$ तक बढ़ता है तो $r$, $a$ से 0 तक घटता है

जब $\theta$, $\frac{\pi}{10}$ से $\frac{\pi}{5}$ ,, ,, $r$, 0 से $-a$ ,,

जब $\theta$, $\frac{\pi}{5}$ से $\frac{3\pi}{10}$ ,, ,, $r, -a$ से 0 तक बढ़ता है।

जब $\theta$, $\frac{3\pi}{10}$ से $\frac{2\pi}{5}$ ,, ,, $r$, 0 से $a$ ,,

जब $\theta$, $\frac{2\pi}{5}$ से $\frac{\pi}{2}$ ,, ,, $r$, $a$ से 0 तक घटता है।

जब $\theta$, $\frac{\pi}{2}$ से $\frac{3\pi}{5}$ ,, ,, $r$, 0 से $-a$ ,,

जब $\theta$, $\frac{3\pi}{5}$ से $\frac{7\pi}{10}$ ,, ,, $r, -a$ से 0 तक बढ़ता है।

जब $\theta$, $\frac{7\pi}{10}$ से $\frac{4\pi}{5}$ ,, ,, $r$, 0 से $a$ ,,

जब $\theta$, $\frac{4\pi}{5}$ से $\frac{9\pi}{10}$ ,, ,, $r$, $a$ से 0 तक घटता है।

जब $\theta$, $\frac{9\pi}{10}$ से $\pi$ ,, ,, $r$, 0 से $-a$ ,,

जब $\theta$, $\pi$ से $\frac{11\pi}{10}$ ,, ,, $r$, $-a$ से 0 तक बढ़ता है।

$\theta$ के, इसके आगे के मान लेने से, वक्र की कोई नई शाखा नहीं मिलेगी।

इस तालिका से पता चलता है कि $r$ का अधिकतम संख्यात्मक मान $a$ और न्यूनतम संख्यात्मक मान 0 है। अतः वक्र चारों ओर से बन्द होगा।

$r$ कभी अनन्त नहीं होता।

(3) समीकरण (2) के अवकलन से,

$$1 = -5\,a \sin 5\theta \frac{d\theta}{dr}.$$

$$\therefore \tan\phi = r\frac{d\theta}{dr} = a\cos 5\theta \cdot \left(-\frac{1}{5a\sin 5\theta}\right)$$

$$= -\tfrac{1}{5}\cot 5\theta.$$

अत: $\phi = \frac{\pi}{2}$ यदि $\theta = 0$, $\frac{\pi}{5}$ अथवा $\frac{2\pi}{5}$.

अतएव उक्त बिन्दुओं पर स्पर्शी सदिश त्रिज्या पर लम्ब है ।

(4) वक्र का कोई अनन्तस्पर्शी नहीं है ।

उक्त तथ्यों के आधार पर वक्र खींचा जा सकता है ।

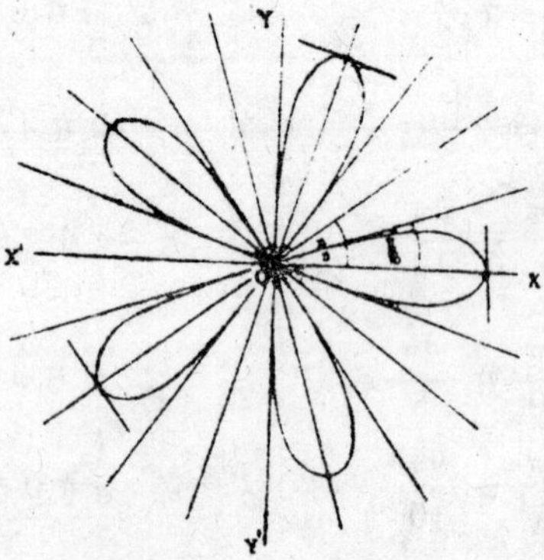


आकृति ( 12.12)

## 19.13. अष्ट-पत्र पद्म (Eight-Leaved Rose)

समीकरण

$$r = a\sin 2m\theta$$

द्वारा निरूपित वक्र में $4m$ पाश होते हैं । अर्थात्, यदि $m = 1$ तो वक्र में 4 पाश होंगे । अत: समीकरण

$$r = a\sin 4\theta$$

द्वारा निरूपित वक्र आठ पत्तियों वाला पद्म होगा ।

(1) वक्र सम्मुख चरणों में सममित है ।

(2) मान तालिका :

समीकरण $r=a \sin 4\theta$ में

$r=0$ यदि $\theta=\frac{k\pi}{4}$,

अर्थात्, यदि $\theta=0, \frac{\pi}{4}, \frac{\pi}{2}, \frac{3\pi}{4}, \pi, \frac{5\pi}{4}, \frac{3\pi}{2}, \frac{7\pi}{4}, 2\pi$.

अत: $\theta$ के, $\frac{\pi}{8}$ लम्बाई वाले अंतरालों पर विचार करना ही सुगम होगा।

जब $\theta$, 0 से $\frac{\pi}{8}$ तक बढ़ता है तो $r$, 0 से $a$ तक बढ़ता है।

जब $\theta$, $\frac{\pi}{8}$ से $\frac{\pi}{4}$ ,, $r$, $a$ से 0 तक घटता है।

जब $\theta$, $\frac{\pi}{4}$ से $\frac{3\pi}{8}$ ,, $r$, 0 से $-a$ तक घटता है।

जब $\theta$, $\frac{3\pi}{8}$ से $\frac{\pi}{2}$ ,, $r$, $-a$ से 0 तक बढ़ता है।

जब $\theta$, $\frac{\pi}{2}$ से $\frac{5\pi}{8}$ ,, $r$, 0 से $a$ ,,

जब $\theta$, $\frac{5\pi}{8}$ से $\frac{3\pi}{4}$ ,, $r$, $a$ से 0 तक घटता है।

जब $\theta$, $\frac{3\pi}{4}$ से $\frac{7\pi}{8}$ ,, $r$, 0 से $-a$ ,,

जब $\theta$, $\frac{7\pi}{8}$ से $\pi$ ,, $r$, $-a$ से 0 तक बढ़ता है।

इसके आगे $\theta$ के मान लेने से वक्र की कोई नई शाखा नहीं मिलेगी, क्योंकि वक्र सम्मुख चरणों में सममित है।

इस तालिका से पता चलता है कि $r$ का अधिकतम संख्यात्मक मान $a$ और न्यूनतम मान 0 है। अत: वक्र चारों ओर से बन्द है।

$r$ कभी अनन्त नहीं होता।

(3) वक्र के समीकरण के अवकलन से,

$$1 = 4a \cos 4\theta \frac{d\theta}{dr}.$$

$$\therefore \tan \phi = r \frac{d\theta}{dr} = \frac{a \sin 4\theta}{4a \cos 4\theta} = \frac{1}{4} \tan 4\theta.$$

अतः $\phi = \dfrac{\pi}{2}$ जब $\theta = \dfrac{\pi}{8}, \quad \dfrac{3\pi}{8}, \quad \dfrac{5\pi}{8}, \ldots$

अतएव उक्त बिन्दुओं पर स्पर्शी सदिश त्रिज्या पर लम्ब है।

(4) वक्र का कोई अनन्तस्पर्शी नहीं है।

उक्त तथ्यों के आधार पर वक्र खींचा जा सकता है।

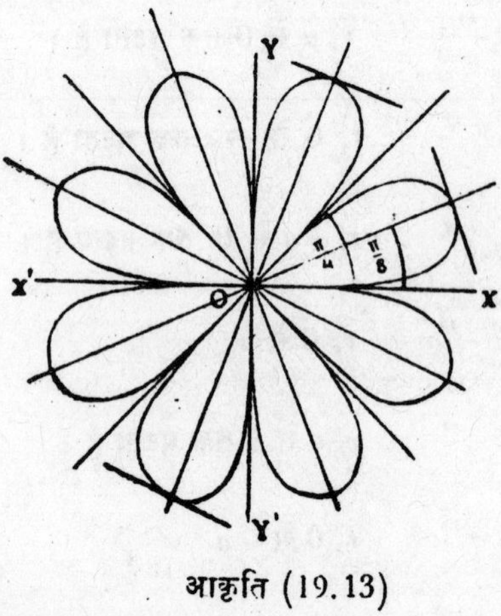


आकृति (19.13)

## 19.14. अष्ट-पत्र पद्म (Eight-leaved Rose)

समीकरण

$r = a \cos 4\theta$

द्वारा निरूपित वक्र आठ पाश वाला वक्र है। अतः इसे भी आठ पत्तियों वाला पद्म कहते हैं।

(1) (i) वक्र आदि रेखा के प्रति सममित है।

(ii) वक्र $y$-अक्ष के प्रति सममित है।

(iii) वक्र सम्मुख चरणों में सममित है।

(iv) वक्र के समीकरण में $\theta$ के स्थान पर $\left(\frac{\pi}{2}+\theta\right)$ रखने पर समीकरण में कोई परिवर्तन नहीं आता, अतः वक्र को एक समकोण पर घुमाने से उसमें कोई परिवर्तन नहीं होगा।

(2) मान तालिका —

$r=0$ जब $\theta=\frac{2k+1}{8}\pi$,

अर्थात्, जब $\theta=\frac{\pi}{8}, \frac{3\pi}{8}, \frac{5\pi}{8}, \frac{7\pi}{8}, \frac{9\pi}{8}, \frac{11\pi}{8}, \frac{13\pi}{8}, \frac{15\pi}{8}$

जब $\theta$, 0 से $\frac{\pi}{8}$ तक बढ़ता है $r$, $a$ से 0 तक घटता है।

जब $\theta$, $\frac{\pi}{8}$ से $\frac{2\pi}{8}$ " $r$, 0 से $-a$ "

जब $\theta$, $\frac{2\pi}{8}$ से $\frac{3\pi}{8}$ " $r$, $-a$ से 0 तक बढ़ता है।

जब $\theta$, $\frac{3\pi}{8}$ से $\frac{4\pi}{8}$ " $r$, 0 से $a$ "

जब $\theta$, $\frac{4\pi}{8}$ से $\frac{5\pi}{8}$ " $r$, $a$ से 0 तक घटता है।

जब $\theta$, $\frac{5\pi}{8}$ से $\frac{6\pi}{8}$ " $r$, 0 से $-a$ "

जब $\theta$, $\frac{6\pi}{8}$ से $\frac{7\pi}{8}$ " $r$, $-a$ से 0 तक बढ़ता है।

इसके आगे $\theta$ के मान लेने से वक्र की कोई नई शाखा नहीं मिलेगी।

इस तालिका से यह पता चलता है कि $r$ का अधिकतम संख्यात्मक मान $a$ और न्यूनतम संख्यात्मक मान 0 है। अतः वक्र चारों ओर से बन्द है।

$r$ कभी अनन्त नहीं होता।

(3) वक्र का कोई अनन्तस्पर्शी नहीं है।

(4) वक्र के समीकरण के अवकलन से

$$1 = -4a \sin 4\theta \frac{d\theta}{dr}.$$

$$\therefore \tan\phi = r\frac{d\theta}{dr} = \frac{a\cos 4\theta}{-4a\sin 4\theta} = -\tfrac{1}{4}\cot 4\theta.$$

अत: $\phi = \frac{\pi}{2}$ यदि $\theta = 0, \frac{\pi}{4}$ अथवा $\frac{\pi}{2}, \ldots$

अतएव उक्त बिन्दुओं पर स्पर्शी सदिश त्रिज्या पर लम्ब है।

उक्त तथ्यों के आधार पर वक्र खींचा जा सकता है।

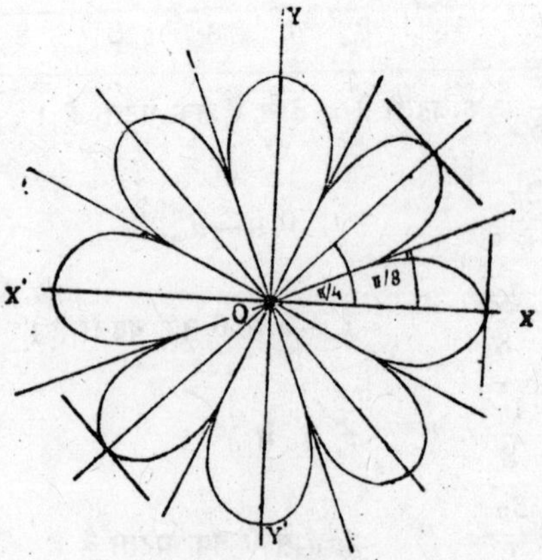


आकृति (19.14)

## 19.15 समानकोण सर्पिल (Equiangular Spiral)—

समीकरण

$$r = ae^{m\theta}. \qquad (1)$$

द्वारा निरूपित वक्र समानकोण सर्पिल कहलाता है।

(1) वक्र किसी रेखा के प्रति सममित नहीं है।

(2) मान तालिका :

$r=a$ जब $\theta=0$

$r=ae^{\frac{m\pi}{2}}$ जब $\theta=\frac{\pi}{2}$

$r=ae^{m\pi}$ जब $\theta=\pi.$

ज्यों-ज्यों $\theta$ का मान बढ़ता जाता है, $r$ का मान भी बढ़ता है। ज्यों-ज्यों $\theta$ का मान घटता है, $r$ का मान भी घटता जाता है।

(3) वक्र के समीकरण के अवकलन से

$$1=ame^{m\theta}\frac{d\theta}{dr}$$

$$\text{अतः } \tan\phi=r\frac{d\theta}{dr}=\frac{ae^{m\theta}}{ame^{m\theta}}=\frac{1}{m}.$$

$$\therefore \phi=\frac{\pi}{2} \text{ जब } m=0.$$

(4) वक्र का कोई अनन्तस्पर्शी नहीं है।

इन तथ्यों से वक्र खींचा जा सकता है।

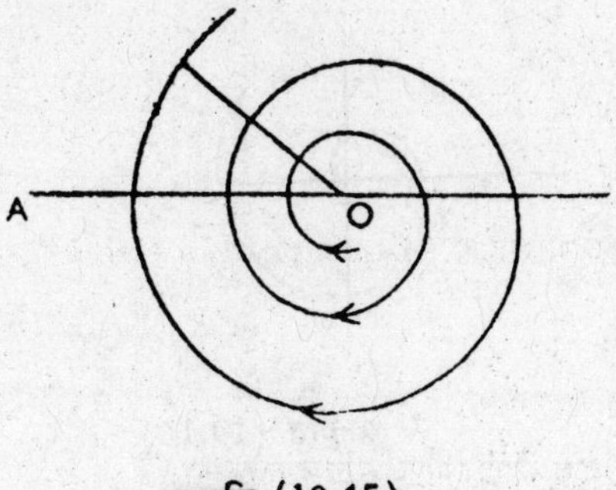


आकृति (19.15)

19.16. आर्किमेडीज़ का सर्पिल (**Spiral of Archimedes**)—

समीकरण

$r=a\ \theta$

द्वारा निरूपित वक्र आर्किमेडीज़ का सर्पिल कहलाता है।

(1) वक्र किसी रेखा के प्रति सममित नहीं है।

(2) मान तालिका :

$r=0$ जब $\theta=0$

$r=a$ जब $\theta=1$

$r=\frac{a\pi}{4}$ जब $\theta=\frac{\pi}{4}$

$r=\frac{a\pi}{2}$ जब $\theta=\frac{\pi}{2}$

...... ......

(3) वक्र के समीकरण के अवकलन से,

$$1=a\frac{d\theta}{dr}.$$

$$\therefore \tan\phi=r\frac{d\theta}{dr}=\frac{a\theta}{a}=\theta.$$

अत: $\phi=\frac{\pi}{2}$ जब $\theta=\infty$

अर्थात् $\theta=\infty$ के लिए स्पर्शी सदिश त्रिज्या पर लम्ब है।

(4) वक्र का कोई अनन्तस्पर्शी नहीं है।

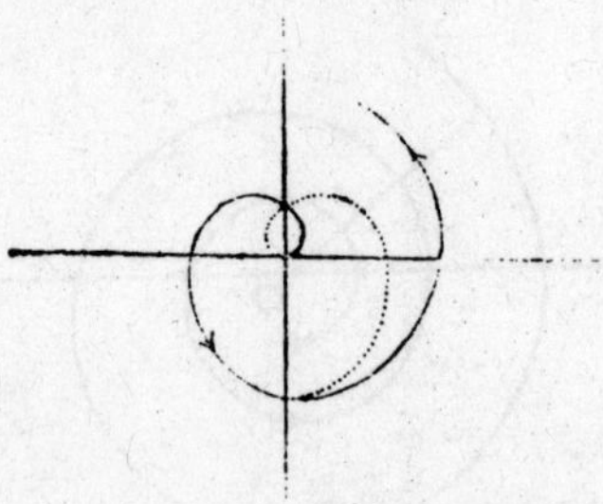

आकृति (19.16)

### 19.17. व्युत्क्रम सर्पिल (Reciprocal Spiral) :—

व्युत्क्रम सर्पिल, समीकरण

$$r\theta=a \tag{1}$$

द्वारा निरूपित होता है।

(1) वक्र किसी अक्ष के प्रति सममित नहीं है।

(2) मान तालिका :—

$\theta=0, \quad r\to\infty$

$\theta=\frac{\pi}{4}, \quad r=\frac{4a}{\pi}$

$\theta=\frac{\pi}{2}, \quad r=\frac{2a}{\pi}$

$\theta=\frac{3\pi}{2}, \quad r=\frac{2a}{3\pi}$

$\theta=\pi, \quad r=\frac{a}{\pi}.$

इस प्रकार हम देखते हैं कि $r$ का मान, ज्यों-ज्यों $\theta$ का मान बढ़ता है, कम होता जाता है। अर्थात ज्यों-ज्यों $\theta$ का मान बढ़ता है, वक्र मूलबिन्दु की ओर अग्रसर होता जाता है।

(3) वक्र के समीकरण के अवकलन से,

$$1=-\frac{a}{\theta^2}\cdot\frac{d\theta}{dr}$$

$$\therefore \quad \frac{d\theta}{dr}=\frac{-\theta^2}{a}.$$

अतः $\tan\phi=r\cdot\frac{d\theta}{dr}=\frac{a}{\theta}\times\frac{-\theta^2}{a}=-\theta.$

$\therefore$ जब $\theta=0,\ \phi=0$; जब $\theta=\frac{\pi}{4},\ \phi=\tan^{-1}\left(\frac{-\pi}{4}\right),\ldots\ldots$

अर्थात् वक्र के किसी बिन्दु पर स्पर्शी, सदिश त्रिज्या पर लम्ब नहीं है।

(4) अनन्तस्पर्शी का समीकरण $r\sin\theta=a$ है।

अतः वक्र इस प्रकार का होगा।

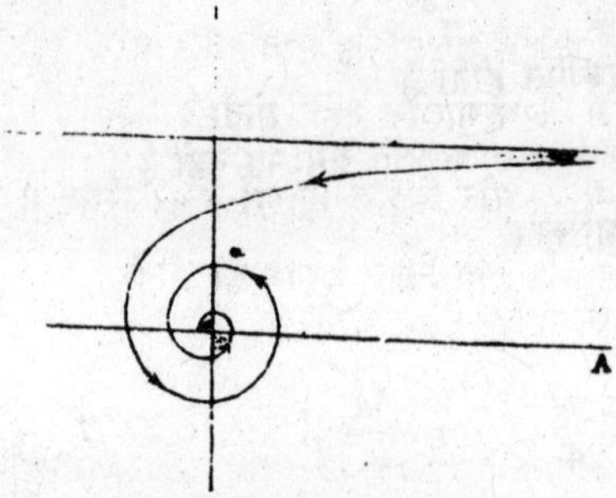


आकृति (19.17)

## 19.18. चक्रज (Cycloid)

चक्रज, समीकरणों

$$x=a(\theta+\sin\theta)$$
$$y=a(1-\cos\theta)$$

द्वारा निरूपित किया जाता है।

(1) समीकरण का तुल्य रूप :

$$x=a\ \text{vers}^{-1}\frac{y}{a}+\sqrt{2ay-y^2}$$

(2) मान तालिका :—

जब $\theta=0;\ \frac{\pi}{2};\ \pi.$

तो क्रमश: $x=0;\ a\left(\frac{\pi}{2}+1\right);\ a\pi.$

और $y=0;\ a;\ 2a.$

और जब $\theta=\frac{3\pi}{2};\ 2\pi;\ \frac{-\pi}{2};\ -\pi,$

तो क्रमश: $x=a\left[\frac{3}{2}\pi-1\right];\ 2a\pi;\ -a\left(\frac{\pi}{2}+1\right)\pi$

$y=a;\ 0;\ a;\ 2a$

$\theta=2\pi$ के पश्चात्, $y$ के मान फिर दुहराने लगते हैं।

(3) वक्र मूलबिन्दु से होकर जाता है।

(4) मूलबिन्दु पर डाले गए स्पर्शी का समीकरण $y=0$ है।

(5) $y$ का अधिकतम संख्यात्मक मान $2a$ और न्यूनतम संख्यात्मक मान 0 है। $y$ कभी ऋणात्मक नहीं होता।

अतः वक्र प्रथम और द्वितीय चरणों में ही स्थित है।

इसलिए वक्र की आकृति निम्न प्रकार की होगी :

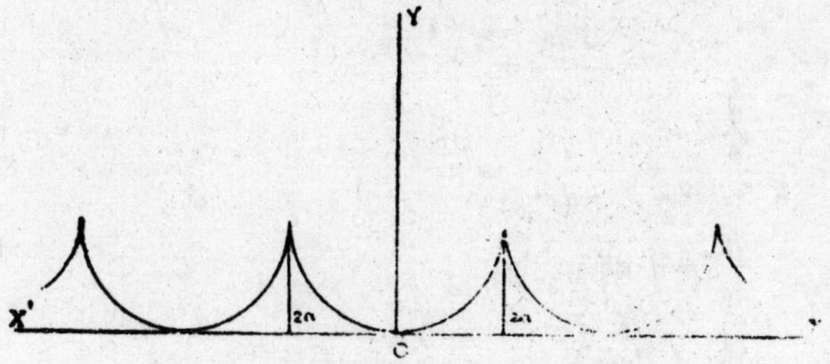


आकृति (19.18)

## 19.19. प्रतिलोमित चक्रज (Inverted Cycloid)

प्रतिलोमित चक्रज के समीकरण :

$$x=a(\theta-\sin\theta),$$
$$y=a(1-\cos\theta).$$

(1) वक्र के समीकरण का तुल्य रूप : $x=a\,Vers^{-1}\left(\dfrac{y}{a}\right)-\sqrt{2ay-y^2}.$

(2) जब $\theta=;\dfrac{\pi}{2};\pi.$

तो $x=0;\ a\left(\dfrac{\pi}{2}-1\right);\ a\pi.$

और $y=0;\ a\ ;\ 2a.$

जब $\theta=\dfrac{3\pi}{2}\ ;\ 2\pi.$

$$x=a\left(\frac{3}{2}\pi+1\right)\ ;\ 2a\pi$$

$$y=a;\ 0.$$

$2\pi$ के पश्चात् $y$ के मान फिर दुहराने लगते हैं।

(3) वक्र मूलबिन्दु से होकर जाता है।

(4) वक्र के समीकरण द्वारा यह मालूम है कि $y$ कभी ऋणात्मक नहीं होता, अतः वक्र प्रथम और द्वितीय चरणों में ही स्थित है।

(5) वक्र के समीकरण के तुल्य रूप के अवकलन से

$$\frac{dy}{dx}=\frac{\sqrt{2ay-y^2}}{y},$$

$$\frac{d^2y}{dx^2}=-\frac{a}{y^2}.$$

$\therefore \frac{dy}{dx}=0$ जब $y=2a$

और $\left(\frac{d^2y}{dx^2}\right)_{y=2a}=-\frac{1}{4a}=-ve\ (a>0).$

अतः बिन्दु $(a\pi, 2a)$ चरम बिन्दु है और इस बिन्दु पर वक्र का मान उच्चिष्ठ है।

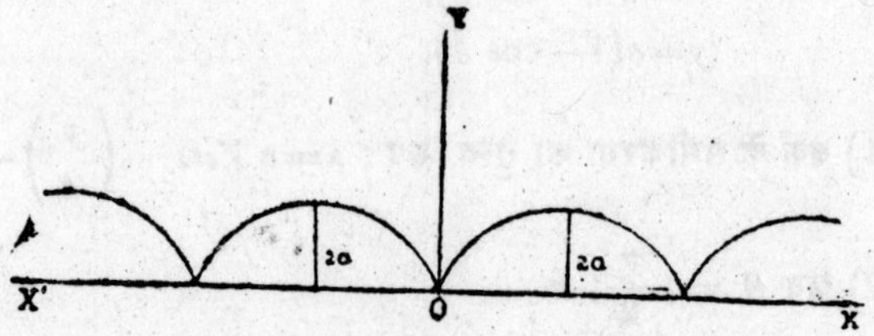


(आकृति 19.19)

19.20. ट्रैक्ट्रिक्स (**Tractrix**)—

समीकरण

$$x=\sqrt{a^2-y^2}+\frac{a}{2}\log\frac{a-\sqrt{a^2-y^2}}{a+\sqrt{a^2-y^2}}$$

द्वारा निरूपित वक्र ट्रैक्ट्रिक्स कहलाता है।

(1) समीकरण के तुल्य रूप :

(i) $s=c \log \sec \psi$

(ii) $x=a\left[\cos t+\log \tan \frac{t}{2}\right]$,

$y=a \sin t$,

समीकरण से हमें प्राप्त है :

$$\frac{2[x-\sqrt{a^2-y^2}]}{a}=\log \frac{a-\sqrt{a^2-y^2}}{a+\sqrt{a^2-y^2}},$$

$$=\log \frac{\{a-\sqrt{a^2-y^2}\}^2}{a^2-(a^2-y^2)},$$

$$=2 \log \frac{a-\sqrt{a^2-y^2}}{y},$$

अर्थात् $\quad \frac{a-\sqrt{a^2-y^2}}{y}=e^{\left\{\frac{x-\sqrt{a^2-y^2}}{a}\right\}}$

(2) वक्र $y$-अक्ष के प्रति सममित है

(3) वक्र का $y$-अक्ष के साथ कटान बिन्दु $(0, a)$ है।

(4) समीकरण के अवकलन से,

$$\frac{dy}{dx}=\tan t.$$

अतः $\frac{dy}{dx}=0$ जब $t=0$, अर्थात् $y=0$

और $\frac{dy}{dx}=\infty$ यदि $t=\frac{\pi}{2}$ अर्थात् यदि $y=a$

और $\frac{d^2y}{dx^2}=\frac{1}{a}\tan t.$

अतः $\frac{d^2y}{dx^2}=0$ जब $t=0$

और $\frac{d^2y}{dx^2}=\infty$ जब $t=\frac{\pi}{2}$.

अतः वक्र का कोई भी उच्चिष्ठ या निम्निष्ठ बिन्दु नहीं है।

(5) मान तालिका :

$t = 0, \quad \dfrac{\pi}{2}.$

$x = \pm \infty, \; 0.$

$y = 0, \quad a.$

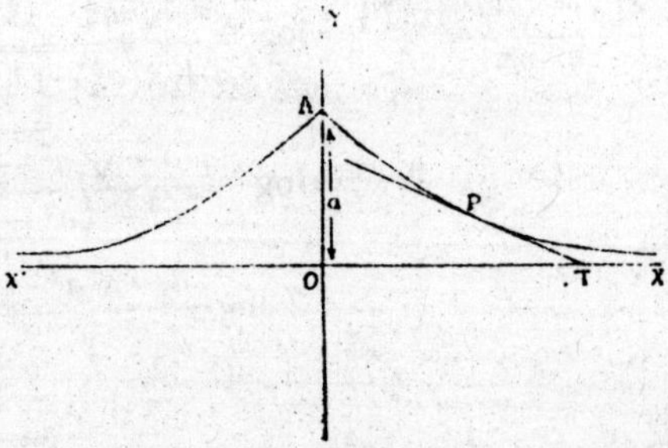


आकृति (19.20)

# अध्याय २०

# अन्वालोप और केन्द्रज

## (Envelopes and Evolutes)

**20.1. विषय प्रवेश**—हम जानते हैं कि यदि कोई वृत्त है जिसका केन्द्र मूलबिन्दु और त्रिज्या $a$ है तो उसका समीकरण

$$x^2+y^2=a^2 \tag{1}$$

होगा।

जिस वृत्त की त्रिज्या 3 होगी, उस का समीकरण

$$x^2+y^2=9 \tag{2}$$

होगा।

इसी प्रकार 8 त्रिज्या वाले वृत्त का समीकरण

$$x^2+y^2=64 \tag{3}$$

होगा।

इस प्रकार हम देखते हैं कि (1) में $a$ एक ऐसा अचर है जिसे भिन्न-भिन्न मान देने से हमें भिन्न-भिन्न वृत्त प्राप्त होते हैं। मान लीजिये कि हम इन वृत्तों में से एक पर विचार करते हैं जिसका समीकरण (3) है। तो उक्त वृत्त की त्रिज्या तो बिलकुल निश्चित 8 है। इस त्रिज्या में कोई परिवर्तन नहीं हो सकता। किन्तु यदि हम उक्त वृत्त को छोड़ कर किसी दूसरे वृत्त पर जायेंगे तो उसकी त्रिज्या भिन्न होगी।

अतः हमारा निष्कर्ष यह निकला कि समीकरण (1) ऐसे वृत्तों को निरूपित करता है जिनके समीकरण $a$ को भिन्न-भिन्न मान देकर निकाले जा सकते हैं। $a$ का मान किसी एक वृत्त के लिये निश्चित रहता है किन्तु भिन्न-भिन्न वृत्तों के लिये बदलता रहता है। ऐसे अचर को **प्राचल (Parameter)** कहते हैं। हम इस सम्बन्ध में इस प्रकार की भाषा का प्रयोग करेंगे :

समीकरण (1) एक वृत्त परिवार (**Family of circles**) को निरूपित करता है जिसका प्राचल $a$ है।

अब एक और उदाहरण लीजिये :

हम जानते हैं कि

$$y^2=8x \tag{4}$$

एक परवलय है जिसका स्पर्शी

$$y=mx+\frac{2}{m} \tag{5}$$

है।

$m$ के भिन्न-भिन्न मानों के लिये हमें भिन्न-भिन्न ऋजु रेखायें प्राप्त होंगी जो सब की सब परवलय (4) को स्पर्श करेंगी। अतएव समीकरण (5) एक ऋजु रेखा परिवार को निरूपित करता है जिसका प्राचल $m$ है।

अब यदि हम (4) के बदले परवलय

$$y^2=4ax \tag{6}$$

लें तो स्पर्शी का समीकरण

$$y=mx+\frac{a}{m} \tag{7}$$

हो जायगा।

यदि $a$ एक निश्चित अचर है तो $m$ को बदलने से हमें भिन्न-भिन्न स्पर्शी प्राप्त होंगे। अतएव समीकरण (7) एक ऋजु रेखा परिवार को निरूपित करता है जिसका प्राचल $m$ है।

यदि किसी समीकरण में कई अचर हों तो साधारणतः उनमें से एक ऐसा होगा जो भिन्न-भिन्न वक्रों के लिये बदलता रहेगा, शेष अचर निश्चित रहेंगे। उक्त बदलने वाले अचर को ही प्राचल कहेंगे।

अतएव, समीकरण

$$f(x, y, a)=0 \tag{8}$$

एक वक्र परिवार (**Family of Curves**) को निरूपित करता है जिसका प्राचल $a$ है।

ऐसे वक्र परिवार को जिसके समीकरण में एक ही प्राचल हो, **एक-प्राचल परिवार** (**One-parameter family**) कहते हैं।

**20.2 अन्वालोप (Envelope)**—हम जानते हैं कि परवलय (4) और ऋजु रेखा (5) में यह सम्बन्ध है :

(i) $m$ के प्रत्येक मान के लिए रेखा (5) परवलय (4) को स्पर्श करती है।

(ii) परवलय (5) के प्रत्येक बिन्दु पर रेखा परिवार (5) की कोई न कोई सदस्या (Member) उसको अवश्य स्पर्श करती है।

ऐसी स्थिति में हम कहते हैं कि परवलय (4) रेखा परिवार (5) का **अन्वालोप (Enevlope)** है।

अतएव किसी वक्र परिवार का अन्वालोप उस वक्र को कहते हैं जो परिवार के प्रत्येक सदस्य को स्पर्श करता है, और जिसके प्रत्येक बिन्दु पर उसे परिवार का कोई न कोई सदस्य स्पर्श करता है।

**20.3. अन्वालोप : दूसरी परिभाषा**—मान लीजिये कि समीकरण

$$f(x, y, a)=0$$

एक वक्र परिवार का निरूपण करता है। (1)

इसमें प्राचल $a$ को भिन्न-भिन्न मान देने से हमें उक्त परिवार के भिन्न-भिन्न वक्र प्राप्त होंगे।

मान लीजिये कि $a$ के मान $(a+\delta a)$ वाला वक्र

$$f(x, y, a+\delta a)=0 \quad (2)$$

है।

मान लीजिये कि (1) और (2) का कटान बिन्दु एक निश्चित स्थिति $P$ ग्रहण कर लेता है जब $\delta a \to 0$.

तो $a$ के विभिन्न मानों के लिये जो $P$ का **बिन्दुपथ (Locus)** प्राप्त होगा उसे वक्र परिवार (1) का अन्वालोप कहते हैं। हम आगे देखेंगे कि दोनों परिभाषायें तुल्य हैं।

**20.4. अन्वालोप निकालने की विधि**—मान लीजिये कि वक्र परिवार के दो सदस्य (1) और (2) हैं।

तो इन के कटान बिन्दु पर दोनों समीकरण सन्तुष्ट होंगे।

$$\therefore f(x, y, a+\delta a)-f(x, y, a)=0.$$

अत: $$\frac{f(x, y, a+\delta a)-f(x, y, a)}{\delta a}=0. \tag{3}$$

जब $\delta a \to 0$, तब सीमा स्थिति में (3) का यह रूप

$$\frac{\partial f}{\partial a}=0 \tag{4}$$

हो जायगा।

(1) और (4) में से $a$ का विलोपन करने पर हमें इस प्रकार

$$\phi(x, y)=0 \tag{5}$$

का समीकरण प्राप्त होगा। वही अभीष्ट अन्वालोप होगा।

अतएव, अन्वालोप का समीकरण निकालने के लिये हमें यह व्यावहारिक नियम प्राप्त हो गया :

यदि वक्र परिवार का समीकरण

$$f(x, y, a)=0 \tag{6}$$

है, तो इसको $a$ के सापेक्ष अवकलित करके समीकरण

$$\frac{\partial f}{\partial a}=0 \tag{7}$$

प्राप्त करो।

(6) और (7) में से $a$ का विलोपन करने से अन्वालोप का समीकरण प्राप्त हो जायगा।

उदाहरण (i) ऋजु रेखा परिवार

$$y=m x+\frac{2}{m}. \tag{8}$$

का अन्वालोप निकालो।

प्राचल $m$ के सापेक्ष अवकलन करने से,

$$0 = x - \frac{2}{m^2}.$$

$$\text{अतः } m = \pm\sqrt{\frac{2}{x}}. \tag{9}$$

$m$ का यह मान (8) में रखने से,

$$y = \pm\sqrt{2x} \pm \sqrt{2x} = \pm 2\sqrt{2x}$$

$$\therefore y^2 = 8x.$$

यह परवलय उक्त रेखा परिवार का अन्वालोप हो गया। और इसी की आशा भी थी।

उदाहरण (ii) ऐसे वृत्तों का अन्वालोप निकालो जो मूलबिन्दु के मध्येन जाते हैं और जिनका केन्द्र $y$-अक्ष पर स्थित है।

स्पष्ट है कि वृत्त परिवार का समीकरण

$$x^2 + y^2 = 2by \tag{10}$$

है। इसका प्राचल $b$ है।

$b$ के सापेक्ष अवकलन करने से,

$$0 = 2y \tag{11}$$

इस प्रकार अवकलन करते ही $b$ का विलोपन हो गया। स्पष्ट है कि अन्वालोप $x$-अक्ष है।

**20.5.** कभी-कभी अन्वालोप का समीकरण बड़ी सरलता से निकल आता है।

मान लीजिये कि वक्र परिवार का समीकरण

$$A\alpha^2 + B\alpha + C = 0, \tag{1}$$

है जिसमें $A$, $B$, $C$ चरों $x, y$ के फलन हैं।

तो $\alpha$ के सापेक्ष अवकलन करने से,

$$2A\alpha + B = 0 \tag{2}$$

(1) और (2) में से $\alpha$ का विलोपन करने पर,

$$A\left(-\frac{B}{2A}\right)^2+B\left(-\frac{B}{2A}\right)+C=0,$$

अर्थात्, $B^2-4AC=0.$ (3)

यही अन्वालोप का समीकरण है।

**उदाहरण**—ऋजु रेखा परिवार

$$y=mx+a\sqrt{1+m^2}$$

का अन्वालोप निकालो।

हमें प्राप्त है : $(y-mx)^2=a^2(1+m^2)$,

अर्थात्, $m^2(a^2-x^2)+2\,mxy+(a^2-y^2)=0.$

$\therefore$ अन्वालोप $4x^2y^2-4(a^2-x^2)(a^2-y^2)=0,$

अर्थात्, वृत्त $x^2+y^2=a^2$

हो गया। और यही आना भी चाहिये था।

**टिप्पणी**—यदि $a$ का विलोपन करने से हमें

$$x=\phi(a),$$
$$y=\phi(a)$$

प्राप्त हो जायँ तो यही अन्वालोप के प्राचली समीकरण (**parametric Equations**) होंगे।

## प्रश्नावली (20.9)

(1) निम्नलिखित ऋजु रेखा परिवारों के अन्वालोप निकालो :—

(i) $y=mx+am^p$; जिसमें $m$ प्राचल है।

(ii) $x\cos^3\theta+y\sin^3\theta=a$; प्राचल $\theta$ है।

(iii) $y=mx+\sqrt{(a^2m^2+b^2)}$, प्राचल $m$ है।

(iv) $x\sin\theta-y\cos\theta=a\theta$, प्राचल $\theta$ है।

(v) $y=mx+am^3$, प्राचल $m$ है।

(vi) $y=m^2x+\dfrac{1}{m^2}$, ,,

(vii) $x \cos m\theta + y \sin m\theta = a (\cos n\theta)^{m/n}$; प्राचल $\theta$ है ।

(2) वक्र परिवार

$$\frac{x^3}{a^3} \cos\theta + \frac{b^3}{y^3} \sin\theta = 1$$

का अन्वालोप निकालो ।

(3) वृत्त परिवार

$$x^2 + y^2 - 2ax \cos\alpha - 2ay \sin\alpha = c^2,$$

जिसमें $\alpha$ प्राचल है, का ग्रन्वालोप निकालो ।

(4) सिद्ध करो कि वृत्त परिवार

$$(x-a)^2 + y^2 = a^2 \qquad \text{(पी॰ यू॰ 1942)}$$

का कोई अन्वालोप नहीं है ।

(5) रेखा परिवार

$$x \cos\alpha + y \sin\alpha = l \sin\alpha \cos\alpha,$$

जिसमें $\alpha$ प्राचल है, का अन्वालोप निकालो ।

(6) वृत्त परिवार

$$(x-a)^2 + (y-a)^2 = 2a$$

के अन्वालोप का समीकरण निकालो ।

(7) रेखा परिवार

$$\frac{ax}{\cos\alpha} - \frac{by}{\sin\alpha} = a^2 - b^2$$

के अन्वालोप का समीकरण निकालो, जबकि $\alpha$ प्राचल है ।

(8) रेखा परिवार

$$y - \alpha x - \frac{a}{\alpha} = 0$$

के अन्वालोप का समीकरण निकालो यदि $\alpha$ प्राचल है ।

(9) सिद्ध करो कि वृत्त

$$x^2 + y^2 = a^2,$$

रेखा

$$x \cos \alpha + y \sin\alpha = a$$

का अन्वालोप है।

(10) सिद्ध करो कि वृत्त परिवार

$$tx^3 + t^2 y = a$$

के अन्वालोप का समीकरण (प्राचल $t$)

$$x^6 + 4ay = 0 \text{ है।}$$

(11) $\theta$ के भिन्न-भिन्न मानों के लिए वक्र परिवार

$$\left(\frac{a^2}{x}\right)\cos\theta - \left(\frac{b^2}{y}\right)\sin\theta = c$$

का अन्वालोप निकालो। (पटना 1931)

(12) वक्र परिवार

$$x \cos^n \theta + y \sin^n \theta = a$$

का अन्वालोप निकालो।

(13) वक्र परिवार

$$\frac{x^2}{a^2} + \frac{y^2}{k^2 - a^2} = 1$$

का अन्वालोप निकालो यदि $a$ प्राचल है। (इलाहाबाद, 1946)

(14) सिद्ध करो कि सरल रेखाओं

$$y \cos\theta - x \sin\theta = a - a \sin\theta . \log \tan\left(\frac{\theta}{2} + \frac{\pi}{4}\right),$$

जिनका प्राचल $\theta$ है, का अन्वालोप, रज्जुका

$$y = a \cos \text{h}\left(\frac{x}{a}\right)$$

है।

(15) सिद्ध करो कि रेखा $x \cos \alpha + y \sin \alpha = f(\alpha)$ के अन्वालोप की वक्रता त्रिज्या $f(\alpha) + f''(\alpha)$ है। (आगरा 1935)

**20.6.** किसी वक्र परिवार के किसी भी सदस्य का कोई विचित्र बिन्दु उसके अन्वालोप पर स्थिति होता है।

यदि वक्र परिवार

$$f(x, y, a)=0 \tag{1}$$

है तो विचित्र बिन्दु के लिये

$$\frac{\partial f}{\partial x}=0=\frac{\partial f}{\partial y}. \tag{2}$$

हमें यह सिद्ध करना है कि उक्त बिन्दु के लिये

$$\frac{\partial f}{\partial a}=0. \tag{3}$$

(1) का पूर्ण अवकल लेने से,

$$\frac{\partial f}{\partial x}\,dx+\frac{\partial f}{\partial y}\,dy+\frac{\partial f}{\partial a}\,da=0. \tag{4}$$

अतएव, (2) और (4) से (3) प्राप्त हो जाता है।

इस प्रकार यह सिद्ध हो जाता है कि किसी वक्र परिवार के विचित्र विन्दुओं का बिन्दुपथ उसके अन्वालोप का ही अंश होता है।

**20.7.** किसी वक्र परिवार का अन्वालोप साधारणतः उसके प्रत्येक सदस्य को छूता है।

मान लीजिये कि वक्र परिवार

$$f(x, y, a)=0 \tag{1}$$

है। यदि हम (1) और

$$\frac{\partial f}{\partial a}=0 \tag{2}$$

में से $a$ का विलोपन कर दें तो अन्वालोप का समीकरण प्राप्त हो जायगा।

मान लीजिये कि (1) और (2) को $x$ और $y$ के लिये हल करने से हमें समीकरण

$$\left.\begin{aligned} x&=\phi(a), \\ y&=\psi(a) \end{aligned}\right\} \qquad (3)$$

प्राप्त होते हैं तो यही अन्वालोप के प्राचली समीकरण हुये।

अब, समीकरण (3) समीकरण (1) को $a$ के प्रत्येक मान के लिये सन्तुष्ट करते हैं।

यदि हम $x$ और $y$ को $a$ के फलन मान कर (1) का अवकलन करें तो

$$\frac{\partial f}{\partial x} \cdot \frac{dx}{da} + \frac{\partial f}{\partial y} \cdot \frac{dy}{da} + \frac{\partial f}{\partial a} = 0.$$

(2) की सहायता से इस समीकरण का यह रूप

$$\frac{\partial f}{\partial x}\, \phi'(a) + \frac{\partial f}{\partial y}\, \psi'(a) = 0 \qquad (4)$$

हो जायगा।

अब वक्र (1) के बिन्दु $(x, y)$ पर डाले गये स्पर्शी की दिशा निकालने के लिये हम $x$ के प्रति उसका अवकलन करेंगे :

$$\frac{\partial f}{\partial x} + \frac{\partial f}{\partial y} \cdot \frac{dy}{dx} = 0,$$

अर्थात्, $$\frac{\partial f}{\partial x} + \frac{\partial f}{\partial y} \cdot \frac{dy}{da} \Big/ \frac{dx}{da} = 0.$$

(3) की सहायता से इसका यह रूप

$$\frac{\partial f}{\partial x} + \frac{\partial f}{\partial y} \cdot \frac{\psi'(a)}{\phi'(a)} = 0 \qquad (5)$$

हो जायगा।

समीकरण (4) और (5) अभिन्न हैं। अतः कटान बिन्दु $(x, y)$ पर वक्र '$a$' और अन्वालोप के स्पर्शियों की दिशा एक ही है। अतः उभयनिष्ठ बिन्दु पर दोनों वक्रों के स्पर्शी अभिन्न हैं, अर्थात्, वक्र और अन्वालोप एक दूसरे को स्पर्श करते हैं।

यदि वक्र के किसी बिन्दु पर

$$\frac{\partial f}{\partial x} = 0 = \frac{\partial f}{\partial y},$$

तो उपर्युक्त तर्क विफल हो जायगा। अतः यह सम्भव है कि वक्र के किसी विचित्र बिन्दु पर अन्वालोप उसे स्पर्श न करे।

**उपप्रमेय**—हम जानते हैं कि किसी ऋजु रेखा अथवा शांकव में कोई विचित्र विन्दु होता ही नहीं। अतएव यह निष्कर्ष निकलता है :

किसी ऋजु रेखा अथवा शांकव परिवार का अन्वालोप परिवार के प्रत्येक सदस्य को समस्त उभयनिष्ठ बिन्दुओं पर छूता है।

20.7. **दोनों परिभाषाओं की तुल्यता**—उपर्युक्त में हमने अन्वालोप की दूसरी परिभाषा से उसका समीकरण निकाला। और तब यह सिद्ध कर दिया कि साधारणतः अन्वालोप परिवार के प्रत्येक सदस्य को छूता है। और अन्वालोप के इसी गुण द्वारा हमने उसकी पहली परिभाषा दी थी। अतः सिद्ध हुआ कि साधारणतः अन्वालोप की दोनों परिभाषायें तुल्य हैं।

किन्तु कभी-कभी अपवादी दशायें भी आ जाती हैं। अन्वालोप की दूसरी परिभाषा अधिक व्यापक है। इसके द्वारा कभी-कभी ऐसे वक्र दृष्टिगोचर होते हैं जो पहली परिभाषा को सन्तुष्ट नहीं करते।

मान लीजिये कि वक्रों की स्थिति ऐसी है जैसी संलग्न आकृति में दी हुई है।

मान लीजिये कि $C_1$, $C_2$ वक्र समुदाय के दो समीपस्थ सदस्य हैं और $PE$ अन्वालोप है। मान लीजिये कि परिवार के प्रत्येक सदस्य पर एक कस्प है।

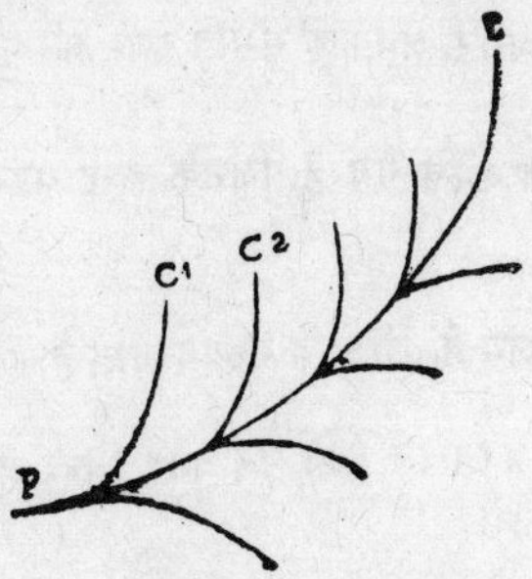


आकृति (20.1)

जब $C_2$ और $C_1$ अभिन्न हो जायेंगे तब दोनों वक्रों का, विन्दु $P$ पर डाला गया स्पर्शी उभयनिष्ठ हो जायगा। और वही स्पर्शी अन्वालोप का भी, विन्दु $P$ पर, स्पर्शी होगा। इस प्रकार वक्र और अन्वालोप एक-दूसरे को $P$ पर छुयेंगे।

अब एक दूसरी स्थिति पर विचार कीजिये। जब आकृति (20.2) में $C_2$ और $C_1$ अभिन्न हो जायेंगे तब दोनों का उभयनिष्ठ स्पर्शी **कस्प-पथ (Cusp Locus)** का स्पर्शी नहीं होगा। $C_1$ और $C_2$ का स्पर्शी $PT$ होगा किन्तु कस्प-पथ का स्पर्शी $PU$ होगा।

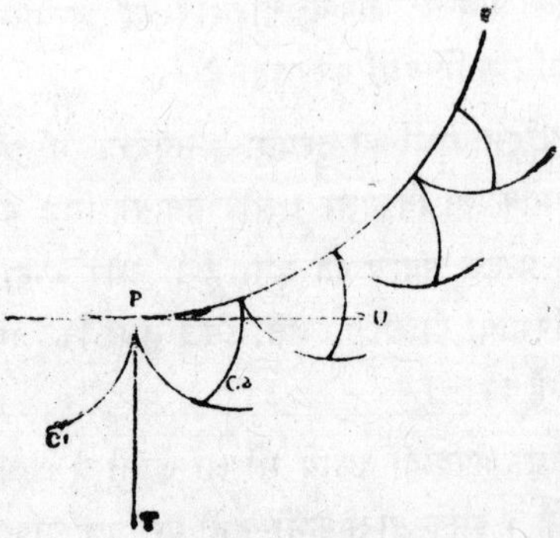

आकृति (20.2)

अतः जब हम दूसरी परिभाषा के अनुसार $C_1$, $C_2$ का अन्वालोप निकालेंगे तो $PF$ जैसा वक्र आयेगा। यह वक्र परिवार के सदस्यों $C_1$, $C_2$,...को नहीं छूता, अतः पहली परिभाषा के अनुसार अन्वालोप नहीं है, दूसरी परिभाषा के अनुसार है।

इस विषय का विस्तार अवकल समीकरणों की पुस्तकों में मिलेगा।

**उदाहरण** (1) वृत्त खींचे गये हैं जिनके केन्द्र परवलय

$$y^2=4ax \tag{1}$$

पर स्थित हैं और जो परवलय के शीर्ष के मध्येन जाते हैं। वृत्तों का अन्वालोप निकालो।

यदि $(at^2, 2at)$ परवलय (1) पर कोई बिन्दु है तो उसके शीर्ष (0, 0) से उसकी दूरी

$$=(a^2t^4+4a^2t^2)^{\frac{1}{2}}.$$

अतः वृत्त परिवार का समीकरण यह होगा :

$$(x-at^2)^2+(y-2at)^2=a^2t^4+4a^2t^2,$$

अर्थात्, $x^2+y^2-2at^2x-4aty=0.$ (2)

$t$ के प्रति इसका अवकलन करने से,

$$-4atx-4ay=0, \text{ अर्थात् } t=-\frac{y}{x}.$$

(2) में यह मान प्रतिस्थापित करने से,

$$x^2+y^2-\frac{2ay^2}{x}+4a\frac{y^2}{x}=0,$$

अर्थात् $x(x^2+y^2)+2ay^2=0.$

यही अभीष्ट अन्वालोप है।

**उदाहरण** (2) दीर्घवृत्त परिवार

$$\frac{x^2}{a^2}+\frac{y^2}{b^2}=1 \quad (3)$$

का अन्वालोप निकालो यदि (का० हि० वि० 1954)

$$a+b=c. \quad (4)$$

**प्रथम विधि**--हम (3) को इस रूप

$$\frac{x^2}{a^2}+\frac{y^2}{(c-a)^2}=1 \quad (5)$$

में ढाल सकते हैं।

(5) का, प्राचल $a$ के सापेक्ष अवकलन करने से,

$$-\frac{2x^2}{a^3}+\frac{2y^2}{(c-a)^3}=0, \qquad \text{अर्थात्, } \frac{c-a}{a}=\frac{y^{2/3}}{x^{2/3}},$$

$$\text{अर्थात्, } \frac{c}{a}=\frac{y^{2/3}}{x^{2/3}}+1=\frac{x^{2/3}+y^{2/3}}{x^{2/3}}$$

$$\therefore\ a=\frac{c\,x^{2/3}}{x^{2/3}+y^{2/3}}$$

$$\text{अतः } c-a=c-\frac{c\,x^{2/3}}{x^{2/3}+y^{2/3}}=\frac{cy^{2/3}}{x^{2/3}+y^{2/3}}$$

(5) में यह मान प्रतिस्थापित करने से,

$$\frac{\frac{x^2}{c^2\, x^{4/3}}}{(x^{2/3}+y^{2/3})^2}+\frac{\frac{y^2}{c^2\, y^{4/3}}}{(x^{2/3}+y^{2/3})^2}=1,$$

अर्थात्, $x^{2/3}(x^{2/3}+y^{2/3})^2+y^{2/3}\ (x^{2/3}+y^{2/3})^2=c^2,$

अर्थात्, $(x^{2/3}+y^{2/3})^3=c^2,$

अर्थात्, $x^{2/3}+y^{2/3}\quad =c^{2/3}.$

यही अभीष्ट अन्वालोप है ।

**द्वितीय विधि**—मान लीजिये कि $a$ और $b$ एक तीसरे प्राचल $t$ के फलन हैं । तो (3) और (4) के अवकलन से,

$$-\frac{2x^2}{a^3}\cdot\frac{da}{dt}-\frac{2y^2}{b^3}\cdot\frac{db}{dt}=0,$$

अर्थात्, $$\frac{x^2}{a^3}\frac{da}{dt}+\frac{y^2}{b^3}\frac{db}{dt}=0 \qquad (6)$$

और $$\frac{da}{dt}+\frac{db}{dt}=0 \qquad (7)$$

(6) और (7) की तुलना से,

$$\frac{x^2}{a^3}=\frac{y^2}{b^3}.$$

$$\therefore \frac{\frac{x^2}{a^2}}{a}=\frac{\frac{y^2}{b^2}}{b}=\frac{\frac{x^2}{a^2}+\frac{y^2}{b^2}}{a+b}=\frac{1}{c}.$$

$\therefore a=(cx^2)^{1/3}, \qquad b=(c\,y^2)^{1/3}.$

(4) में प्रतिस्थापित करने से,

$(cx^2)^{1/3}+(cy^2)^{1/3}=c,$

अर्थात्, $x^{2/3}+y^{2/3}=c^{2/3}.$

उदाहरण (3) वक्र

$$r^n = a^n \cos n\theta \tag{8}$$

की सदिश त्रिज्याओं को व्यास मान कर वृत्त खींचे गये हैं। उनका अन्वालोप निकालो। (का० हि० वि० 1949)

मान लीजिये कि वक्र पर $P(r, \theta)$ कोई बिन्दु है। तो

$$r = a \cos^{\frac{1}{n}} n\theta. \tag{9}$$

अत्र, जो वृत्त $OP$ को व्यास मान कर खींचा जायगा उसका कोणीय समीकरण यह होगा :

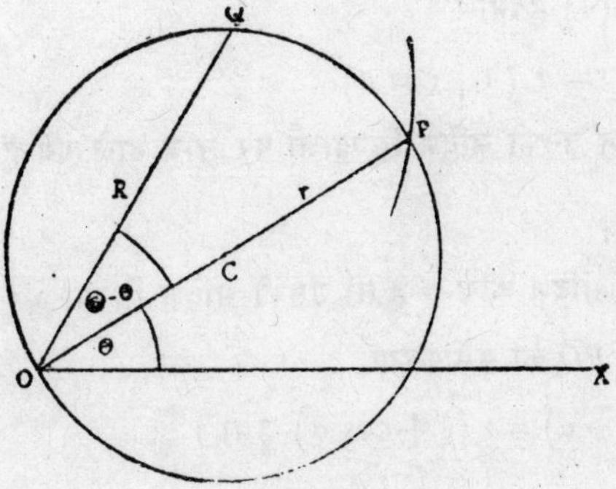


आकृति (20.3)

$$R = r \cos(\Theta - \theta),$$

$$\text{अर्थात्} \quad R = a \cos^{\frac{1}{n}} n\theta \cos(\Theta - \theta). \tag{10}$$

इस समीकरण का प्राचल $\theta$ है। इसके सापेक्ष लघुगणकीय अवकलन करने से,

$$\log R = \log a + \frac{1}{n} \log \cos n\theta + \log \cos(\Theta - \theta),$$

$$0 = -\frac{1}{n} \cdot n \sin n\theta + \tan(\Theta - \theta).$$

$\therefore \tan(\Theta - \theta) = \tan n\theta.$

अतः $\Theta - \theta = n\theta + m\pi,$

अर्थात्, $\theta = \dfrac{\Theta}{n+1} - \dfrac{m\pi}{n+1}$ .

(10) में $\theta$ का यह मान रखने से अन्वालोप का समीकरण प्राप्त हो जायगा। यदि $m=0$ लें तो अन्वालोप

$$R = a \cos^{\frac{1}{n}} \frac{n\Theta}{n+1} \cos \frac{n\Theta}{n+1}$$

होगा। अब हम इसमें $R, \Theta$ के स्थान पर $r, \theta$ रख सकते हैं।

**उदाहरण** (4) हृदयाभ

$$r = a\ (1 + \cos\theta) \tag{11}$$

के विन्दुओं के मध्येन उनकी सदिश त्रिज्याओं पर लम्ब डाले गये हैं। उनका अन्वालोप निकालो।

यदि $P$ का सदिश कोण $\alpha$ है तो उसकी सदिश त्रिज्या $a\ (1 + \cos\alpha)$ हुई।

अतः लम्ब $PQ$ का समीकरण

$r \cos(\theta - \alpha) = a\ (1 + \cos\alpha)$ हुआ। (12)

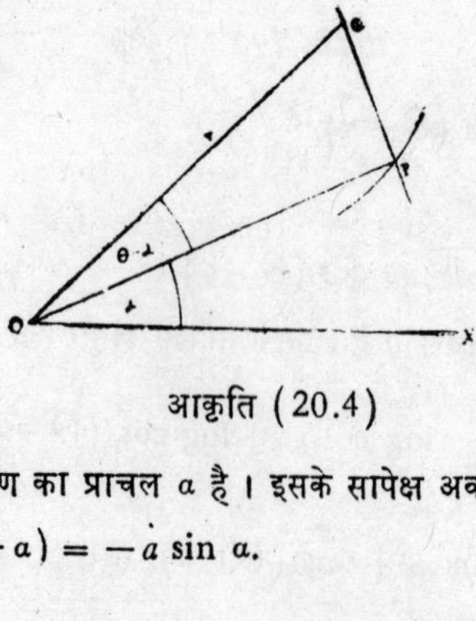

आकृति (20.4)

इस समीकरण का प्राचल $\alpha$ है। इसके सापेक्ष अवकलन करने से,

$r \sin(\theta - \alpha) = -a \sin\alpha.$ (1?

हमें इन दोनों समीकरणों में से $\alpha$ का विलोपन करना है। इसके लिये हम इन्हें इन रूपों में ढाले लेते हैं :

$$(r\cos\theta - a)\cos\alpha + r\sin\theta\sin\alpha = a, \tag{14}$$

$$r\sin\theta\cos\alpha + (a - r\cos\theta)\sin\alpha = 0. \tag{15}$$

अतः, (15) से, $\tan\alpha = \dfrac{r\sin\theta}{r\cos\theta - a}$.

$$\therefore \frac{\sin\alpha}{r\sin\theta} = \frac{\cos\alpha}{r\cos\theta - a} = \frac{1}{\sqrt{(r\sin\theta)^2 + (r\cos\theta - a)^2}}$$

$$= \frac{1}{\sqrt{r^2 + a^2 - 2ra\cos\theta}}$$

(14) में प्रतिस्थापित करने से,

$$\frac{(r\cos\theta - a)^2 + r^2\sin^2\theta}{\sqrt{r^2 + a^2 - 2\,ra\cos\theta}} = a,$$

अर्थात्, $r^2 - 2ar\cos\theta + a^2 = a^2$,

अर्थात्, $r = 2a\cos\theta$,

जो एक वृत्त है।

## प्रश्नावली (20.2)

(1) दीर्घवृत्त

$$\frac{x^2}{a^2} + \frac{y^2}{b^2} = 1$$

की सदिश त्रिज्या को व्यास मानकर वृत्त खींचे गए हैं। इस वृत्त परिवार का अन्वालोप निकालो। (इलाहाबाद 1950)

(2) रेखा परिवार

$$\frac{x}{a} + \frac{y}{b} = 1$$

के अन्वालोप का समीकरण ज्ञात करो, यदि प्राचल $a$ और $b$ समीकरण

$$a^n + b^n = c^n,$$

जिसमें $c$ एक अचर है, द्वारा संबंधित हों।

(3) रेखा परिवार

$$\frac{x}{a} + \frac{y}{b} = 1$$

के अन्वालोप का समीकरण ज्ञात करो, यदि प्राचल $a$ और $b$ निम्नलिखित संबंधों को संतुष्ट करते हों।

(i) $a^2 + b^2 = c^2$.

(ii) $ab = c^2$.

(4) सिद्ध करो कि परवलय परिवार

$$\sqrt{\left(\frac{x}{a}\right)} + \sqrt{\left(\frac{y}{b}\right)} = 1$$

जिसमें $a + b = c$, का अन्वालोप एक एस्ट्रॉयड (**Astroid**) है।

(5) उन दीर्घवृत्तों के अन्वालोप निकालो, जिनके अक्ष निर्देश अक्ष हों और जिनके अर्ध अक्ष $a$ और $b$ संबंधों

(i) $a^2 + b^2 = c^2$

(ii) $ab = c^2$

द्वारा अनुबद्ध हों।

(6) रेखा $\frac{x}{a} + \frac{y}{b} = 1$

का अन्वालोप निकालो, यदि

$a^m b^n = c^{m+n}$, जिसमें $c$ एक अचर राशि है।

(7) सिद्ध करो कि वक्र परिवार

$$\sqrt{\left[\frac{x}{a}\right]} + \sqrt{\left[\frac{y}{b}\right]} = 1,$$

यदि $ab = c^2$

का अन्वालोप एक अतिपरवलय है जिसके अनन्तस्पर्शी निर्देश अक्ष हैं ।

(8) निम्नलिखित वक्रों की सदिश त्रिज्यायों के सिरों पर सरल रेखाएँ, खींची गई हैं, जो उन पर लम्ब भी हैं, इन सरल रेखाओं के अन्वालोप निकालो—

(i) $r = a(1+\cos\theta)$ (अलीगढ़ 1930)

(ii) $r^n \cos n\theta = a^n$

(iii) $x^n = a^n \cos n\theta$. (लखनऊ, 1950)

(9) निम्नलिखित वक्रों की सदिश त्रिज्यायों को व्यास मानकर वृत्त खींचे गए हैं । उनके अन्वालोप निकालो ।

(i) $\dfrac{l}{r} = 1 + e\cos\theta$

(ii) $r\cos^n\left(\dfrac{\theta}{n}\right) = a.$

(iii) $y^2 = 4ax.$ (आगरा 1951)

(10) दीर्घवृत्त $\dfrac{x^2}{a^2} + \dfrac{y^2}{b^2} = 1$ के किसी बिन्दु से अक्षों पर लम्ब डाले गए हैं, और उनके पदों को मिला दिया गया है । सिद्ध करो कि इस प्रकार प्राप्त सरल रेखा, वक्र

$$\left[\frac{x}{a}\right]^{2/3} + \left[\frac{y}{b}\right]^{2/3} = 1$$

को सदैव स्पर्श करती है ।

(11) उन वृत्तों के अन्वालोप निकालो, जो मूलबिन्दु से होकर जाते हैं और जिनके केन्द्र दीर्घवृत्त $\dfrac{x^2}{a^2} + \dfrac{y^2}{b^2} = 1$ पर स्थित हैं ।

(बम्बई 1947)

(12) वक्रों

$$\frac{x^m}{a^m} + \frac{y^m}{b^m} = 1,$$

के अन्वालोप निकालो, यदि

$$a^p + b^p = c^p. \qquad \text{(बनारस 1952)}$$

20.8. **केन्द्रज (Evolute)**—किसी वक्र के वक्रता केन्द्र का बिन्दुपथ उसका केन्द्रज कहलाता है।

**उदाहरण**—पराचक्रज

$$x = a\cos^3\theta,\ y = a\sin^3\theta,$$

अर्थात्, $$x^{2/3} + y^{2/3} = a^{2/3}$$

का केन्द्रज निकालो।

हमें हस्तगत है : $$\frac{dy}{dx} = \frac{\frac{dy}{d\theta}}{\frac{dx}{d\theta}} = \frac{3a\sin^2\theta\cos\theta}{-3a\cos^2\theta\sin\theta} = -\tan\theta,$$

$$\frac{d^2y}{dx^2} = \frac{d\theta}{dx}\cdot\frac{d}{d\theta}\left[-\tan\theta\right] = -\sec^2\theta.\frac{1}{-3a\cos^2\theta\sin\theta}$$

$$= \frac{1}{3a}\sec^4\theta\operatorname{cosec}\theta.$$

$$\therefore\ X = a\cos^3\theta + \frac{\tan\theta(1+\tan^2\theta)}{\sec^4\theta\operatorname{cosec}\theta}.3a$$

$$= a\cos^3\theta + 3a\sin^2\theta\cos\theta, \qquad \text{(i)}$$

$$Y = a\sin^3\theta + \frac{1+\tan^2\theta}{\sec^4\theta\operatorname{cosec}\theta}.\ 3a$$

$$= a\sin^3\theta + 3a\cos^2\theta\sin\theta \qquad \text{(ii)}$$

(i) और (ii) को जोड़ने और घटाने से,

$$X+Y = a(\cos\theta+\sin\theta)^3,\ \text{अर्थात्},\ (X+Y)^{1/3} = a^{1/3}(\cos\theta+\sin\theta),$$

$$X-Y=a(\cos\theta-\sin\theta)^3, \text{ अर्थात्, } (X-Y)^{1/3}=a^{1/3}(\cos\theta-\sin\theta).$$

वर्ग लेकर जोड़ने से,

$$(X+Y)^{2/3}+(X-Y)^{2/3}=2a^{2/3}$$

यही अभीष्ट केन्द्रज है।

20.9. **अभिलम्बों का अन्वालोप**—वक्रता के अध्याय में हम बता चुके हैं कि यदि हम किसी वक्र पर पास-पास के दो बिन्दु लें और उन पर अभिलम्ब खींचें, तो जब दोनों बिन्दु अभिन्न हो जायँगे, तब सीमा स्थिति में, दोनों अभिलम्बों का कटान बिन्दु ही वक्रता केन्द्र हो जायगा। अतः हम किसी वक्र के केन्द्रज की यह परिभाषा भी दे सकते हैं :

किसी वक्र का केन्द्रज उसके अभिलम्बों का अन्वालोप होता है।

इस से एक निष्कर्ष यह भी निकलता है कि

किसी वक्र के अभिलम्ब उसके केन्द्रज को छूते हैं।

उदाहरण—परवलय

$$y^2=4ax \tag{1}$$

का केन्द्रज निकालो। (इलाहाबाद 1950, बनारस 1950)

पहली विधि— 14.16 के उदाहरण से, यदि परवलय का वक्रता केन्द्र $(X, Y)$ है तो

$$X=2a+3x;$$

$$Y=-\frac{2x^{3/2}}{\sqrt{a}}.$$

$$\therefore Y^2=\frac{4x^3}{a}=\frac{4}{a}(X-2a)^3\cdot\frac{1}{27},$$

अर्थात्, $27ay^2=4(X-2a)^3$.

अतः केन्द्रज

$27ay^2=4(x-2a)^3$

हुआ।

३०

दूसरी विधि—परवलय (1) का कोई अभिलम्ब

$$y = mx - 2\,am - am^3 \tag{2}$$

है।

प्राचल $m$ के सापेक्ष इसका अवकलन करने से,

$$0 = x - 2a - 3\,am^3$$

अतः, $m = \left[\dfrac{x-2a}{3}\right]^{\frac{1}{2}}$

(2) में इस मान का स्थानापतन करने से,

$$y = \left[\frac{x-2a}{3\,a}\right]^{\frac{1}{2}}\left[x - 2a - a.\ \frac{x-2a}{3a}\right],$$

अर्थात्, $27\,a\,y^2 = 4(x-2a)^3$.

20.10. **केन्द्रज के चाप की लम्बाई**—किसी वक्र के किन्हीं दो बिन्दुओं की वक्रता त्रिज्याओं का अन्तर, उसके केन्द्रज के संगत बिन्दुओं के बीच के चाप की लम्बाई के बराबर होता है।

यदि वक्रता केन्द्र के निर्देशांक $(X, Y)$ हों तो आकृति से स्पष्ट है कि

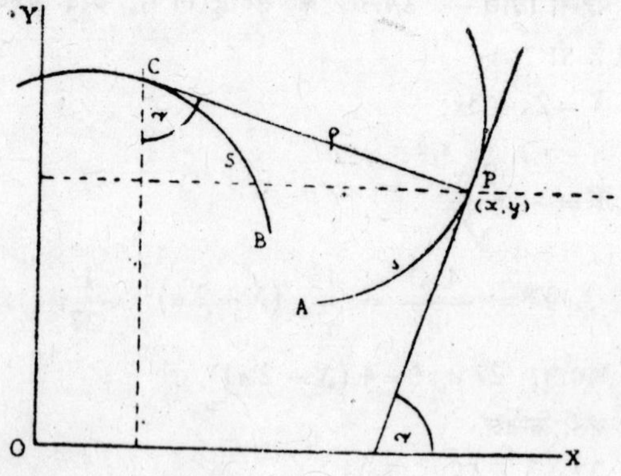


आकृति (20.5)

$$\left.\begin{aligned} X &= x - \rho \sin \psi, \\ Y &= y + \rho \cos \psi. \end{aligned}\right\} \qquad (1)$$

मान लीजिये कि एक स्थिर बिन्दु $A$ से नापने से वक्र की, $P(x, y)$ तक की लम्बाइ $s$ है। और एक स्थिर बिन्दु $B$ से नापने से केन्द्रज के चाप की, $C(X, Y)$ तक की लम्बाई $S$ है।

हम जानते हैं कि

$$\frac{dx}{ds} = \cos \psi, \quad \frac{dy}{ds} = \sin \psi, \quad \frac{d\psi}{ds} = \frac{1}{\rho}.$$

अब, (1) के अवकलन से,

$$\frac{dX}{ds} = -\frac{d\rho}{ds} \sin \psi, \quad \frac{dY}{ds} = \frac{d\rho}{ds} \cos \psi.$$

वर्ग करके जोड़ने से,

$$\left(\frac{d\rho}{ds}\right) = \left\{\left(\frac{dX}{ds}\right)^2 + \left(\frac{dY}{ds}\right)^2\right\}^{1/2} = \left\{1 + \left(\frac{dY}{dX}\right)^2\right\}^{1/2} \frac{dX}{ds}$$

$$= \frac{dS}{dX} \cdot \frac{dX}{ds} = \frac{dS}{ds}$$

$$\frac{dS}{d\rho} = 1.$$

अतः $S = \rho + c$,

जिसमें $c$ एक अचर है।

यदि वक्र के दो बिन्दुओं $P_1$ और $P_2$ पर की वक्रता त्रिज्यायें $\rho_1$ और $\rho_2$ हों और $S$ के संगत मान $S_1$ और $S_2$ हों तो

$$S_1 = \rho_1 + c,$$

$$S_2 = \rho_2 + c.$$

$$\therefore S_2 - S_1 = \rho_2 - \rho_1.$$

**उदाहरण**—परवलय

$$y^2 = 4ax \qquad (1)$$

के केन्द्रज के उस चाप की लम्बाई निकालो जो परवलय के बीच अन्तःखण्डित होत है ।

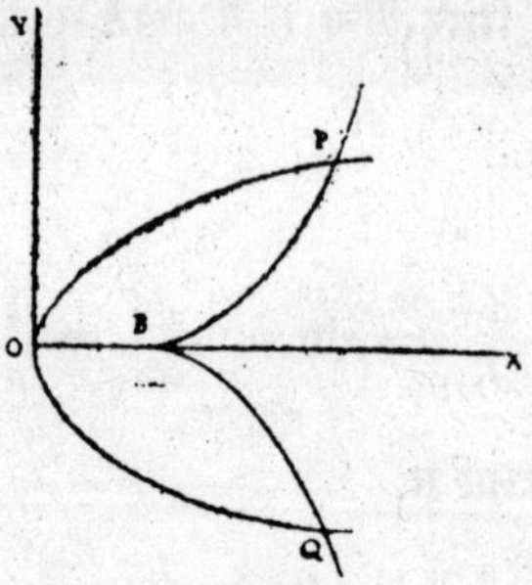


आकृति (20.6)

केन्द्रज का समीकरण

$$27\,a\,y^2=4\,(x-2a)^3$$

है । (2)

मान लीजिये कि केन्द्रज $PBQ$ है जो परवलय को $P$, $Q$ पर काटता है ।

$P$, $Q$ के निर्देशांक निकालने के लिये (1) और (2) को हल कीजिये ।

तो $27a.\ 4\,ax=2(x-2a)^3$,

अर्थात्, $x^3-6\,ax^2-15a^2x-8a^3=0$.

इस समीकरण के मूल $-a, -a,\ 8a$ हैं । किन्तु परवलय में $x$ ऋणात्मक नहीं हो सकता ।

$\therefore$ $P$, $Q$ के निर्देशांक

$$(8a, 4\sqrt{2}\,a),\ (8a, -4\sqrt{2}\,a)$$

हुये ।

यदि बिन्दु $(x, y)$ का संगत वक्रता केन्द्र $(X, Y)$ है तो

$$X=3x+2a, \quad Y=-\frac{y^3}{4a^2}.$$

$x=y=0$ रखने से,

$O$ का संगत वक्रता केन्द्र $B\ (2a,\ 0)$ हुआ ।

और $X=8a$, $Y=4\sqrt{2}\,a$ रखने से,

$P$ वक्रता केन्द्र है बिन्दु

$$R\,(2a, -2\sqrt{2}\,a)$$

का ।

$O$ की संगत वक्रता त्रिज्या $=OB=2a$,

और $R$ " " $=RP$

$$=\sqrt{(8a-2a)^2+(4\sqrt{2}\,a+2\sqrt{2}\,a)^2}=6\sqrt{3}\,a.$$

$\therefore$ चाप $BP=RP-OB=6\sqrt{3}\,a-2a=2a\,(3\sqrt{3}-1)$

अत: केन्द्रज का चाप $PBQ$

$$=2.\,BP=4a\,(3\sqrt{3}-1).$$

20.11. **प्रतिकेन्द्रज (Involute)**—यदि एक वक्र दूसरे का केन्द्रज हो तो दूसरे वक्र को पहले का प्रतिकेन्द्रज कहते हैं ।

यह सिद्ध किया जा सकता है कि प्रत्येक वक्र के अनन्त प्रतिकेन्द्रज होते हैं ।

## प्रश्नावली (20.3)

(1) दीर्घवृत्त

$$\frac{x^2}{a^2}+\frac{y^2}{b^2}=1$$

का केन्द्रज निकालो । (आगरा, 1952)

(2) सिद्ध करो कि वक्र, जिसका पदिक समीकरण

$$r^2-a^2=mp^2$$

है, का केन्द्रज वह वक्र है जिसका पदिक समीकरण

$$r^2-(1-m)\,a^2=mp^2$$ (बनारस, 1941)

है ।

(3) सिद्ध करो कि अतिपरवलय

$$2xy=a^2$$

के केन्द्रज का समीकरण

$$(x+y)^{2/3}-(x-y)^{2/3}=2a^{2/3}$$

है ।

(4) सिद्ध करो कि दीर्घवृत्त

$$\frac{x^2}{a^2}+\frac{y^2}{b^2}=1$$

का केन्द्रज, दीर्घवृत्त परिवार

$$a^2x^2 \sec^4\alpha+b^2y^2 \operatorname{cosec}^4\alpha=(a^2-b^2)^2,$$

जिसमें $\alpha$ प्राचल है, का अन्वालोप है । (आगरा 1935)

(5) सिद्ध करो कि दीर्घवृत्त

$$\frac{x^2}{a^2}+\frac{y^2}{b^2}=1$$

के केन्द्रज की पूरी लम्बाई

$$4\left(\frac{a^2}{b}-\frac{b^2}{a}\right)$$

है ।

(6) सिद्ध करो कि समानकोणीय सर्पिल का केन्द्रज एक समान समानकोणीय सर्पिल है ।

(7) सिद्ध करो कि ट्रैक्ट्रिक्स (Tractrix)

$$x=a\,(\cos t+\log \tan \tfrac{1}{2} t),$$

$$y=a \sin t$$

का केन्द्रज रज्जुका

$$y=a \cosh\left(\frac{x}{a}\right)$$ है । (लखनऊ 1950)

(8) वक्र

$$x=a\,(3 \cos t-2 \cos^3 t),$$

$$y = a\,(3 \sin t - 2 \sin^3 t)$$

के किसी बिन्दु पर के अभिलंब का समीकरण लिखो और उसके केन्द्रज का भी समीकरण निकालो ।

(9) सिद्ध करो कि वक्र

$$x^{2/3} + y^{2/3} = a^{2/3},$$

के अभिलंब का समीकरण

$$x \sin \phi - y \cos \phi + a \cos 2\phi = 0$$

के रूप में लिखा जा सकता है, और अभिलंब के अन्वालोप का समीकरण निकालो ।

# अध्याय २१

# आंशिक अवकलन

## (Partial Differentiation)

21.1. **दो चरों के फलन**—हमने अध्याय 1 में एक चर के फलन की परिभाषा दी थी। अब हम उक्त परिभाषा का विस्तार करते हैं। वहाँ हमने इस प्रकार

$$y=\sqrt{9-x^2} \tag{1}$$

के फलन से आरम्भ किया था। मान लीजिये, यहाँ हम इस प्रकार

$$z=\sqrt{9-x^2-y^2}$$

के फलन से आरम्भ करते हैं। (2)

यदि $x=0, y=0$ तो $z=\pm 3$;

$x=1, y=2$ तो $z=\pm 2$;

$x=2, y—2$ तो $z=\pm 1$.

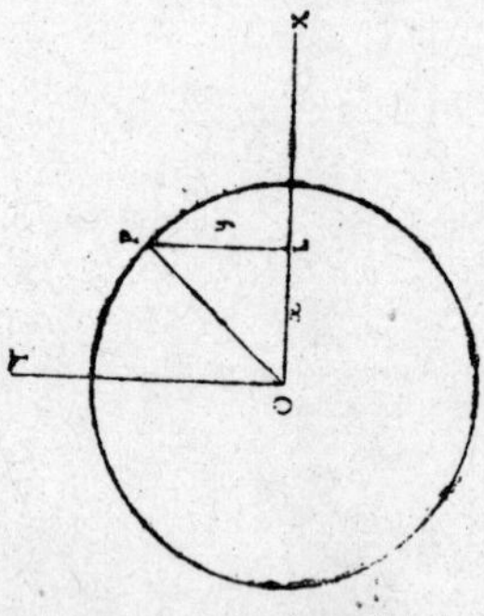

आकृति (21.1)

इसी प्रकार, ज्यों-ज्यों हम $x$ और $y$ को भिन्न-भिन्न मान देते जायँगे, $z$ के संगत मान निकलते चले आयेंगे।

यदि हम (1) को इस रूप

$$x^2+y^2=9 \tag{3}$$

में ढालें तो एक वृत्त प्राप्त होता है जिसका केन्द्र मूलबिन्दु है और त्रिज्या 3. यदि

$(x, y)$ उक्त वृत्त की परिधि पर स्थित कोई बिन्दु है तो $x$ उसका भुज और $y$ उसकी कोटि है। अतः (3) वृत्त की परिधि के समस्त बिन्दुओं को निरूपित करता है।

इसी प्रकार हम (2) को इस रूप

$$x^2+y^2+z^2=9 \tag{4}$$

में ढाल सकते हैं। यह एक गोला है जिसका केन्द्र मूलबिन्दु ग्रौर त्रिज्या 3 है। यदि $(x, y, z)$ उक्त गोले के पृष्ठ पर स्थित कोई बिन्दु है तो $x, y, z$ उसके निर्देशांक हैं जो आकाश में उसकी स्थिति निर्धारित करते हैं।

समीकरण (1) उक्त गोले के पृष्ठ के समस्त बिन्दुओं को निरूपित करता है।

आकृति (21.1) में $y$ लम्बाई है उस लम्ब की जो $P\ (x, y)$ से $x$-अक्ष पर डाला गया है।

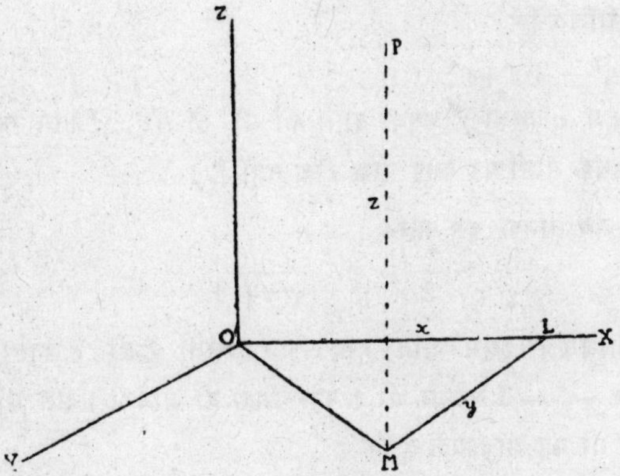


आकृति (21.2)

आकृति (21.2) में $z$ लम्बाई है उस लम्ब की जो $P\ (x, y, z)$ से $x-y$ समतल पर डाला गया है।

**परिभाषा**—यदि तीन चर $x, y$ और $z$ इस प्रकार सम्बद्ध हों कि $x$ ग्रौर $y$ को कोई मान देने से $z$ के मान निश्चित रूप से निकल आयें तो $z$ को $x$ और $y$ का फलन कहते हैं।

उक्त दशा में $x$ और $y$ स्वतन्त्र चर कहलाते हैं और $z$ परतन्त्र चर।

साधारणत: दो चरों के फलनों को इस प्रकार

$f(x, y), F(x, y), \phi(x, y), \psi(x, y)$

निरूपित करते हैं। कभी-कभी ऐसे फलनों के लिये एक अक्षर $z$ का भी प्रयोग होता है।

दो चरों के अन्य फलनों के उदाहरण :

$$\sin\left(\frac{x}{x^2-y^2}\right), \left(\cos\frac{2xy}{x^2+y^2}\right), ax^2+2hxy+by^2.$$

यदि $\phi(x, y)=2x^2-3xy+4y^2-1$,

तो स्पष्ट है कि $\phi(1, -2)=23$.

साधारणत: चरों के मानों का एक **प्रान्त (Domain)** हुआ करता है। यह प्रान्त सान्त भी हो सकता है, अनन्त भी।

मान लीजिये कि

$z=3x^2-2xy+y^2$.

इसमें हम $x$ अथवा $y$ अथवा दोनों को सौ, दो सौ,...जितना चाहें उतना बड़ा ले सकते हैं। इनके मानों पर कोई रोक टोक नहीं है।

किन्तु अब तनिक इस फलन

$$z=\sqrt{x-2}+\sqrt{y+3}$$

पर विचार कीजिये। इसमें यदि हम $x<2$ लेते हैं तो $z$ काल्पनिक हो जाता है। इसी प्रकार $y<-3$ लेने से भी $z$ काल्पनिक हो जायगा। अत: यदि $z$ को वास्तविक रखना है तो यह आवश्यक है कि

$$x\geqslant 2 \quad \text{और} \quad y\geqslant -3.$$

यहाँ $x$ और $y$ के मान नीचे की ओर सीमित हैं, ऊपर की ओर असीम $n$।

अब इस प्रकार का फलन

$$z=\sqrt{(2-x)(x-1)}+\sqrt{(3-y)(y-5)}$$

लीजिये। इसमें $z$ को वास्तविक रखने के लिये यह आवश्यक है कि

$$1\leqslant x\leqslant 2, \qquad 3\leqslant y\leqslant 5.$$

अत: $x, y$ के मानों का प्रान्त आयत $ABCD$ है जिसकी भुजाओं के समीकरण यह :

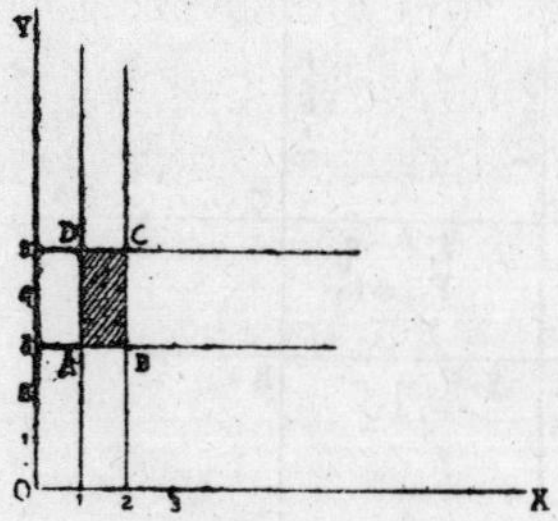

आकृति (21.3)

$$x=1, \quad x=2,$$
$$y=3, \quad y=5.$$

21·2 **किसी बिन्दु $(a, b)$ का पड़ौस (Neighbourhood)**—एक चर के फलनों पर विचार करते समय हम किसी फलन $f(x)$ की बिन्दु $a$ पर सीमा निकालते हैं अथवा उक्त बिन्दु पर $f(x)$ के सातत्य का विवेचन करते हैं। उक्त विवेचन में हम

आकृति (21.4)

$x$ के उन समस्त मानों पर विचार करते हैं जो अन्तराल $(a-\delta, a+\delta)$ में स्थित हों, जिसमें $\delta$ कोई धन संख्या है। $x$ के उक्त मानों के लिये $f(x)$ के मान किस प्रकार के होंगे, इस बात पर विचार करके ही हम $f(x)$ के सातत्य गुण की परीक्षा करते हैं। उक्त अन्तराल

$$a-\delta \leqslant x \leqslant a+\delta \qquad (\delta>0)$$

बिन्दु $a$ का पड़ोस कहलाता है। यह ऋजु रेखा $OX$ का ही अंग होता है। इस की लम्बाई $2\delta$ और केन्द्र $a$ होता है।

अब दो चरों के फलन पर आइये। मान लीजिये कि हम बिन्दु $P(a, b)$ पर विचार कर रहें हैं। मान लीजिये कि $\delta, \eta$ दो धन राशियाँ हैं। यदि $x, y$ के मान ऐसे हैं कि

$$a-\delta \leqslant x \leqslant a+\delta, \qquad b-\eta \leqslant y \leqslant b+\eta,$$

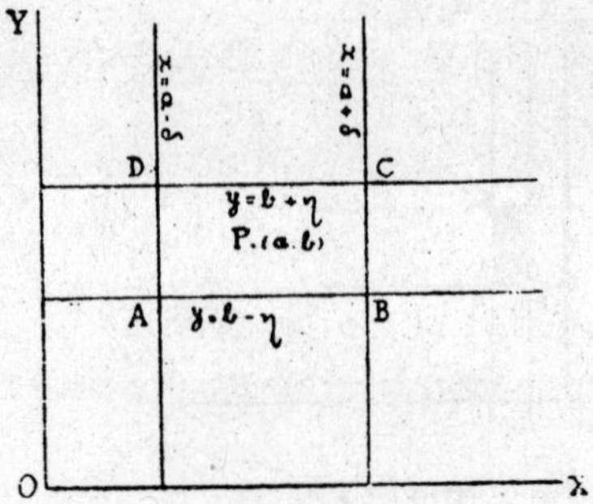


आकृति (21.5)

तो स्पष्ट है कि बिन्दु $P$ एक ऐसे आयत में स्थित होगा जिसकी भुजाओं के समीकरण

$$x=a-\delta, \quad x=a+\delta, \quad y=b-\eta, \quad y=b+\eta$$

हैं। इस आयत को ही बिन्दु $P$ का पड़ौस कहते हैं। इसकी भुजाओं की लम्बाईयाँ $2\delta$, $2\eta$ और केन्द्र $P(a, b)$ हैं।

21.3 **दो चरों के फलन की सीमा**—हमने एक पिछले अध्याय में एक चर के फलन की सीमा की परिभाषा दी थी। उसी परिभाषा का विस्तार करके हम दो चरों के फलन की सीमा की व्याख्या कर सकते हैं।

मान लीजिये कि $(x, y)$ का विचाराधीन फलन $f(x, y)$ है और हम $(x, y)$ के बिन्दु $(a, b)$ के समीपस्थ मानों पर विचार कर रहे हैं। यदि $l$ एक ऐसी संख्या है कि हम $x$ के मान, $a$ के अति समीप और $y$ के मान, $b$ के अति समीप लेकर $f(x, y)$ और $l$ के अन्तर को छोटे से छोटा बना सकते हों तो हम कहेंगे कि

'$(a, b)$ पर $f(x, y)$ की सीमा $l$ है।'

विश्लेषण की भाषा में हम इस परिभाषा को इस प्रकार व्यक्त करेंगे :

मान लीजिये कि एक छोटी से छोटी संख्या $\epsilon$ दी हुई है। यदि हम दो संगत संख्यायें $\delta$, $\eta$ ऐसी निर्धारित कर सकें कि जब तक $x$ और $a$ का अन्तर $\delta$ से, और $y$ और $b$ का अन्तर $\eta$ से कम रहे तब तक $f(x, y)$ और $l$ का अन्तर $\epsilon$ से कम रहे तो हम $l$ को, $(a, b)$ पर $f(x, y)$ की सीमा कहेंगे।

सांकेतिक भाषा में हम कहेंगे कि

'यदि कोई छोटी से छोटी धन संख्या, $\epsilon$ दी हुई है और हम ऐसी धन संख्यायें $\delta$, $\eta$ निर्धारित कर सकते हैं कि

$$|f(x, y)-l| < \epsilon \quad \text{यदि } \left.\begin{array}{l} 0<|x-a|<\delta, \\ 0<|y-b|<\eta \end{array}\right\} \tag{1}$$

तो $l$, बिन्दु $(a, b)$ पर $f(x, y)$ की सीमा कहलायेगी।

हम इसी तथ्य को इस प्रकार

$$\underset{\substack{x\to a,\\ y\to b}}{Lt} f(x, y)=l \tag{2}$$

भी लिख सकते हैं।

तीसरे अध्याय में हमने सीमा का ज्यामितीय प्रदर्शन करने के लिये आकृति (3.7) में $l$ लम्बाई का एक लम्ब $x$-अक्ष पर डाला था। यहाँ हमको अन्तराल $(a-\delta, a+\delta)$ के स्थान पर आयत

$$x=a-\delta, \quad x=a+\delta, \quad y=b-\eta, y=b+\eta$$

लेना होगा और $l$ लम्बाई का लम्ब $x-y$ समतल पर डालना होगा। अतएव यहाँ सीमा का ज्यामितीय निरूपण त्रिविम (**Three-dimensional**) होगा।

**टिप्पणी** 1--असमतायें (1) समता में नहीं बदल सकतीं, अर्थात्, हम $x=a$, $y=b$ नहीं ले सकते। आकृति (21.5) में हम $(x, y)$ को बिन्दु $P$ के अतिरिक्त आयत $ABCD$ में कहीं पर भी ले सकते हैं।

**टिप्पणी** 2--संख्या $l$ का फलन $f(x, y)$ के मानों से कोई सम्बन्ध नहीं है। साधारणतः, यह फलन के, किसी भी बिन्दु पर के, मान के बराबर नहीं होता।

**टिप्पणी** 3—हम $\epsilon$ को स्वेच्छा से जितना चाहें उतना छोटा ले सकते हैं। $\delta$, $\eta$ के मान $\epsilon$ पर निर्भर होंगे।

**21.4. दो चरों के फलनों का सातत्य—**

हम कहेंगे कि फलन $f(x, y)$ बिन्दु $(a, b)$ पर सतत है यदि

$$\underset{\substack{x\to a,\\ y\to b}}{Lt} f(x, y)=f(a, b), \tag{1}$$

अर्थात्, यदि

फलन की सीमा = फलन का वास्तविक मान।

इसी तथ्य को हम इस प्रकार लिख सकते हैं :

$$Lt\, f(a+h,\, b+k) = f(a,\, b),$$

जब $(h,\, k) \to (0, 0)$.

अब हम सीमा और सातत्य की परिभाषायें मिलाकर सातत्य की वैश्लेषिक परिभाषा दे सकते हैं :

'यदि कोई छोटी से छोटी धन संख्या $\epsilon$ दी हुई है और हम ऐसी धन संख्यायें $\delta$, $\eta$ निर्धारित कर सकते हैं कि

$$|f(x, y) - f(a,\, b)| < \epsilon \quad \text{यदि } \left.\begin{array}{l} 0 \leqslant |x-a| < \delta, \\ 0 \leqslant |y-b| < \eta, \end{array}\right\} \qquad (2)$$

तो हम कहेंगे कि फलन $f(x, y)$ विन्दु $(a, b)$ पर सतत है।

**टिप्पणी** (1)—एक चर के फलन की भाँति हम ऐसे फलनों की परिभाषा दे सकते हैं जो किसी पूरे आयत में सतत हों। स्पष्ट है कि यहाँ अन्तराल के स्थान पर ऐसा आयत लेना होगा जैसा आकृति (21.5) में दिया है।

**टिप्पणी** ( ) — § 21.3 और 21.4 में यह आवश्यक है कि $x$ और $y$ साथ-साथ क्रमशः $a$ और $b$ की ओर प्रवृत्त हों। यदि यह दोनों क्रियायें एक साथ न हो कर आगे-पीछे हों तो सम्भव है कि अभीष्ट फल प्राप्त न हो। इन दोनों सीमाओं

$$\underset{x\to a}{Lt} \left\{ \underset{y\to b}{Lt} f(x, y) \right\} \quad \text{और} \quad \underset{y\to b}{Lt} \left\{ \underset{x\to a}{Lt} f(x, y) \right\}$$

में वास्तविक अन्तर है। यह दोनों सीमायें साधारणतः बराबर होती हैं, किन्तु कभी-कभी विभिन्न भी आ जाती है। उदाहरण :

$$\underset{x\to 0}{Lt} \left\{ \underset{y\to 0}{Lt} \frac{2y-x}{y+x} \right\} = \underset{x\to 0}{Lt} \frac{-x}{x} = -1,$$

किन्तु $$\underset{y\to 0}{Lt} \left\{ \underset{x\to 0}{Lt} \frac{2y-x}{y+x} \right\} = \underset{y\to 0}{Lt} \frac{2y}{y} = 2.$$

**टिप्पणी** (3)—यदि कोई फलन दोनों चरों में सतत हो तो प्रत्येक चर में अलग अलग भी सतत होगा।

मान लीजिये कि हम $y$ का एक निश्चित मान $c$ लेते हैं जो असमता

$$0 \leqslant |y-b| < \eta$$

को सन्तुष्ट करता है ।

तो $f(x, y)$ का मान $f(x, c)$ बन जाता है जो एक एक-चर फलन है ।

(2) से स्पष्ट है कि हम किसी भी $\epsilon$ के अनुसार एक धन संख्या $\delta$ ऐसी निर्धारित कर सकते हैं कि

$$|f(x, c) - f(a, c)| < \epsilon \qquad \text{यदि } 0 \leqslant |x - \epsilon| < \eta$$

अतः, फलन $f(x, c)$ बिन्दु $a$ पर सतत है ।

किन्तु उक्त प्रमेय का विलोम सत्य नहीं है । उदाहरण

$$f(x, y) = \frac{xy}{x^2 + y^2}$$

यदि हम $x = 0$ लें तो यह फलन $y = 0$ पर सतत है ।

और यदि हम $y = 0$ लें तो यह फलन $x = 0$ पर सतत है ।

किन्तु यदि हम साथ-साथ $x = 0 = y$ लें तो फलन का कोई निश्चित मान ही नहीं है ।

21.5. अध्याय 17 में हम आंशिक अवकल गुणांकों की परिभाषा दे चुके हैं ।

**उदाहरण**—यदि $u = e^{xyz}$ तो सिद्ध करो कि

$$\frac{\partial^3 u}{\partial x \partial y \partial z} = (1 \quad 3xyz + x^2y^2z^2)e^{xyz}$$

हमें प्राप्त है : (लखनऊ 1949, इलाहाबाद 1951)

$$\frac{\partial u}{\partial z} = xy_e^{xyz}$$

$$\therefore \frac{\partial^2 u}{\partial y \partial z} = xye^{xyz}\, xz + xe^{xyz}$$

$$= x\, e^{xyz}(1 + xyz)$$

$$\therefore \frac{\partial^3 u}{\partial x \partial y \partial z} = e^{xyz}\,(1 + xyx) + xyz\, e^{xyz}(1 + xyz)$$

$$+ xe^{xyz}\, yz$$

$$= e^{xyz}\{(1 + xyz) \quad xyz(1 + xyz) + xyz\}$$

$$= exyz\{1 + 3xyz + x^2y^2z^2\}$$

## प्रश्नावली (21.1)

(1) यदि $u=(x^2+y^2+z^2)^{-1/2}$, तो सिद्ध करो कि

$$\frac{\partial^2 u}{\partial x^2}+\frac{\partial^2 u}{\partial y^2}+\frac{\partial^2 u}{\partial z^2}=0.$$

(2) यदि $u=\tan^{-1}\dfrac{xy}{\sqrt{(1+x^2+y^2)}}$, तो सिद्ध करो कि

$$\frac{\partial^2 u}{\partial x\partial y}=\frac{1}{(1+x^2+y^2)^{3/2}}.$$

(3) यदि $u=f(x+cy)+\xi(x-cy)$, तो सिद्ध करो कि

$$\frac{\partial^2 u}{\partial y^2}=c^2\frac{\partial^2 u}{\partial x^2}.$$

(4) यदि $z(x+y)=x^2+y^2$, तो सिद्ध करो कि

$$\left(\frac{\partial z}{\partial x}-\frac{\partial z}{\partial y}\right)^2=4\left(1-\frac{\partial z}{\partial x}-\frac{\partial z}{\partial y}\right).$$ [इलाहाबाद 1925]

(5) निम्नलिखित फलनों के लिए $\dfrac{\partial f}{\partial x}$ और $\dfrac{\partial f}{\partial y}$ का मान ज्ञात करो।

(i) $f=x^y$.

(ii) $f=\dfrac{x^2}{a^2}+\dfrac{y^2}{b^2}-1$.

(iii) $f=\tan^{-1}\dfrac{x^2+y^2}{x^2-y^2}$.

(iv) $f=e^{x^2+y^2}$

(6) यदि (i) $u=ax^2+by^2+2hxy$

(ii) $u=\log\left\{\dfrac{x^2+y^2}{xy}\right\}$

तो सिद्ध करो कि $\dfrac{\partial^2 u}{\partial x\partial y}=\dfrac{\partial^2 u}{\partial y\partial x}$.

(7) यदि $u=\log(x^3+y^3+z^3-3xyz)$, तो सिद्ध करो कि

$$\frac{\partial^2 u}{\partial x^2}+\frac{\partial^2 u}{\partial y^2}+\frac{\partial^2 u}{\partial z^2}=-\frac{3}{(x+y+z)^2}.$$

(कलकत्ता 1946)

(8) निम्नलिखित फलनों के लिये $\frac{\partial^2 f}{\partial x^2}$, $\frac{\partial^2 f}{\partial y^2}$, $\frac{\partial^2 f}{\partial x\partial y}$ और $\frac{\partial^2 f}{\partial y\partial x}$ के मान ज्ञात करो :—

( i ) $f(x, y)=x\cos y+y\cos x$.

(ii ) $\log(xy^2+yx^2)$.

(iii) $e^{x^2+xy+y^2}$

(iv) $\log(x^2+y^2)$.

(9) यदि $f(x, y, z)=\begin{vmatrix} x^2 & y^2 & z^2 \\ x & y & x \\ 1 & 1 & 1 \end{vmatrix}$,

तो सिद्ध करो कि

$$\frac{\partial f}{\partial x}+\frac{\partial f}{\partial y}+\frac{\partial f}{\partial z}=0.$$

(10) यदि $u=ax^2+2hxy+by^2$, तो सिद्ध करो कि

$$\left(\frac{\partial u}{\partial x}\right)^2 \cdot \frac{\partial^2 u}{\partial y^2}-2\frac{\partial u}{\partial x}\cdot\frac{\partial u}{\partial y}\cdot\frac{\partial^2 u}{\partial x\partial y}+\left(\frac{\partial u}{\partial y}\right)^2\frac{\partial^2 u}{\partial x^2}=8u(ab-h^2).$$

(11) यदि $u=\log(x^2+y^2+z^2)$, तो सिद्ध करो कि

$$x\frac{\partial^2 u}{\partial y\partial z}=y\frac{\partial^2 u}{\partial z\partial x}=z\frac{\partial^2 u}{\partial x\partial y}.$$

**21.6 प्रथम आंशिक अवकल गुणांक का ज्यामितीय अर्थ—**

मान लीजिये कि

$$z=f(x, y) \qquad (1)$$

यदि हम त्रिविम निर्देशांक लें और $x-y$ समतल के प्रत्येक बिन्दु $(x, y)$ पर $z$ लम्बाई का एक लम्ब उक्त समतल पर डालें तो लम्ब की चोटी एक पृष्ठ का सृजन करेगी।

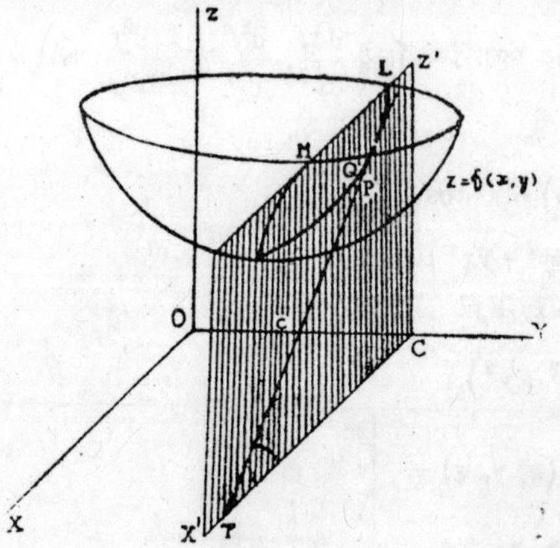


आकृति (21.6)

अतः समीकरण (1) एक पृष्ठ को निरूपित करता है।

स्पष्ट है कि समीकरण

$$y = c \tag{2}$$

एक समतल का निरूपण करता है जो $x-z$ समतल के समान्तर है और उससे $c$ दूरी पर स्थित है।

(1) और (2) का कटान एक समतल वक्र होगा।

मान लीजिये कि आकृति (21.6) में उक्त वक्र $L\ P\ M$ है। मान लीजिये कि $P$ उस पर कोई बिन्दु है और $Q$ उस के समीपस्थ कोई अन्य बिन्दु।

जब $Q \to P$ तब $Q\ P$ वक्र $L\ P\ M$ का वह स्पर्शी है जो बिन्दु $P$ पर डाला जाय।

जो कोण उक्त स्पर्शी समतल $Z'\ C\ X'$, अर्थात्, समतल (2) से बनाता है उसकी स्पज्या (**tangent**)

$$\underset{h \to 0}{Lt} \frac{f(x+h, c)-f(x, c)}{h}$$

होगी। यहाँ $f(x, c)$ को हम एक-चर फलन मान सकते हैं क्योंकि $c$ तो एक अचर है।

स्पष्ट है कि इसी सीमा को हम

$$\left(\frac{\partial f}{\partial x}\right)_{y=c} \tag{3}$$

लिख सकते हैं।

अत: हमारा निष्कर्ष यह निकला कि

$P$ पर $\frac{\partial z}{\partial x}$ उस कोण के tangent के बराबर है जो पृष्ठ

$$z=f(x, y) \tag{4}$$

और समतल

$$y=c$$

के कटान वक्र का, बिन्दु $P$ पर डाला गया स्पर्शी $x$-अक्ष के समान्तर खींची गई किसी रेखा से बनाता है।

आकृति (21. 6) में उक्त कोण $P\ T\ C$ है।

इसी प्रकार हम सिद्ध कर सकते हैं कि

$P$ पर $\frac{\partial z}{\partial y}$ उस कोण के tangent के बराबर है जो पृष्ठ (8) और समतल

$$x = \text{अचर}$$

के कटान वक्र का, बिन्दु $P$ पर डाला गया स्पर्शी $y$-अक्ष के समान्तर खींची गई किसी रेखा से बनाता है।

21.7 **समघात (Homogeneous) फलन**—यदि $x, y$ के किसी फलन के समस्त पदों का $x, y$ का संयुक्त घात $n$ हो तो हम कहते हैं कि फलन $x, y$ में $n$ घात का समघात फलन है।

फलन

$$3x^2-2xy+5y^2$$

में प्रत्येक पद का घात 2 है अतः यह द्वितीय घात का समघात फलन है।

फलन

$$5x^3+7x^2y-ay^3-xy$$

समघात नहीं है क्योंकि पहले तीन पद तो त्रिघाती हैं किन्तु चौथा पद नहीं है।

$n$ घात का समघात फलन इस प्रकार

$$a_0x^n+a_1x^{n-1}y+a_2x^{n-2}y^2+\ldots\ldots+a_{n-1}xy^{n-1}+a_ny^n \qquad (1)$$

का होगा।

(1) को हम इस रूप

$$x^n\left[a_0+a_1\frac{y}{x}+a_2\left(\frac{y}{x}\right)^2+\ldots\ldots+a_n\left(\frac{y}{x}\right)^n\right]$$

में डाल सकते हैं।

किन्तु उपरिलिखित परिभाषा से हम केवल बहुपदों को ही समघात फलन कह सकते हैं। समघातीयता की अभिकल्पना की व्याप्ति करने के लिये हम कह सकते हैं कि कोई भी फलन जो इस रूप

$$x^n\phi\left(\frac{y}{x}\right)$$

में ढाला जा सके, समघात है। इस प्रकार यह फलन भी समघात कहलायेंगे :

$$x^n\cos\frac{y}{x},\quad \frac{\sqrt{y}}{x}+\frac{1}{\sqrt{x}}.\quad \frac{y+x}{y-x}$$

इन में से पहले फलन का घात $n$ है।

दूसरा फलन

$$=x^{-\frac{1}{2}}\left[\sqrt{\frac{y}{x}}+\frac{1+\frac{x}{y}}{1-\frac{x}{y}}\right]$$

$$= x^{-\frac{1}{2}}\left[\sqrt{\frac{y}{x}} + \frac{\frac{y}{x}+1}{\frac{y}{x}-1}\right]$$

अतः इसका घात $(-\frac{1}{2})$ है।

21.8 **समघात फलनों पर आयलर प्रमेय**—यदि $f(x, y)$ चरों $x, y$ का $n$ घात का समघात फलन हो तो

$$x\frac{\partial f}{\partial x}+y\frac{\partial f}{\partial y}=nf.$$

हम $f(x, y)$ को इस रूप

$$x^n \phi\left(\frac{y}{x}\right)$$

अर्थात् इस रूप

$$x^n \phi(v)$$

में ढाल सकते हैं।

यदि हम $\frac{d\phi}{dv}$ के स्थान पर $\phi'$ लिखें तो हमें प्राप्त है :

$$\frac{\partial f}{\partial x}=\frac{\partial}{\partial x}\left\{x^n \phi(v)\right\}=n\, x^{n-1}\,\phi(v)+x^n\,\phi'(v).\frac{-y}{x^2}$$

और $$\frac{\partial f}{\partial y}=\frac{\partial}{\partial y}\left\{x^n \phi(v)\right\}= x^n\,\phi'(v).\frac{1}{x}$$

क्रमशः $x$ और $y$ से गुणा करके जोड़ने से,

$$x\frac{\partial f}{\partial x}+y\frac{\partial f}{\partial y}=nx^n\phi(v)=nf(x, y).$$

**उप-प्रमेय 1**—उपरिलिखित संकेतन में,

$$x^2\frac{\partial^2 f}{\partial x^2}+2xy\frac{\partial^2 f}{\partial x\partial y}\;y^2\frac{\partial^2 f}{\partial y^2}=n(n-1)f.$$

उप-प्रमेय 2—यदि $f(x_1, x_2, \ldots x_m)$ $n$ घात का समघात फलन हो तो

$$x_1 \frac{\partial f}{\partial x_1} + x_2 \frac{\partial f}{\partial x_2} + \ldots + x_m \frac{\partial f}{\partial x_m} = nf.$$

उदाहरण—समघात फलन

$$f(x, y, z) = 5xyz + 3x^2y - 2xy^2 + z^3$$

के लिये आयलर प्रमेय का सत्यापन करो।

हमें प्राप्त है :

$$\frac{\partial f}{\partial x} = 5yz + 6xy - 2y^2.$$

$$\frac{\partial f}{\partial y} = 5xz + 3x^2 - 4xy,$$

$$\frac{\partial f}{\partial z} = 5xy + 3z^2$$

$$\therefore \quad x\frac{\partial f}{\partial x} + y\frac{\partial f}{\partial y} + z\frac{\partial f}{\partial z} = x(5yz + 6xy - 2y^2)$$

$$+ y(5xz + 3x^2 - 4xy) + z(5xy + 3z^2)$$

$$= 15xyz + 9x^2y - 6xy^2 + 3z^3$$

$$= 3(5xyz + 3x^2y - 2xy^2 + z^3) = 3f.$$

## प्रश्नावली (21.2)

(1) निम्नलिखित समघात फलनों के लिये आयलर प्रमेय का सत्यापन करो :—

(i) $f(x, y) = x^3 + y^3 + 3x^2y + 3xy^2.$

(ii) $f(x, y, z) = axy + byz + czx.$

(iii) $f(x, y) = ax^2 + 2hxy + by^2.$

(iv) $f(x, y) = \dfrac{x^{1/4} + y^{1/4}}{x^{1/5} + y^{1/5}}$

(v) $f(x, y) = \sin^{-1} \frac{x}{y} + \tan^{-1} \frac{y}{x}$. (सागर 1948)

(2) यदि $u = \tan^{-1} \frac{x^3+y^3}{x-y}$, तो सिद्ध करो कि

$$x\frac{\partial u}{\partial x} + y\frac{\partial u}{\partial y} = \sin 2u.$$

(3) यदि $u = \tan^{-1} \frac{x^3+y^3}{x-y}$, तो

$$x^2\frac{\partial^2 u}{\partial x^2} + 2xy\frac{\partial^2 u}{\partial x \partial y} + y^2 \cdot \frac{\partial^2 u}{\partial y^2}$$

का मान ज्ञात करो। [दिल्ली विश्वविद्यालय ऑनर्स 1953]

(4) यदि $z(x+y) = x^2+y^2$, तो सिद्ध करो कि

$$\left(\frac{\partial z}{\partial x} - \frac{\partial z}{\partial y}\right)^2 = 4\left(1 - \frac{\partial z}{\partial x} - \frac{\partial z}{\partial y}\right).$$ (इलाहाबाद)

(5) (i) यदि $u = \sin^{-1} \frac{x^2+y^2}{x+y}$, तो सिद्ध करो कि

$$x\frac{\partial u}{\partial x} + y\frac{\partial u}{\partial y} = \tan u.$$ (काश्मीर 1953 पी० यू० 1954)

(ii) यदि $u = \sin \frac{\sqrt{x} - \sqrt{y}}{\sqrt{} + \sqrt{y}}$, तो सिद्ध करो कि

$$x\frac{\partial u}{\partial x} + y\frac{\partial u}{\partial y} = 0.$$ (पी० यू० 1955)

(6) यदि $u$, $n$ घात का एक समघात फलन है, तो सिद्ध करो कि

$$x\frac{\partial^2 u}{\partial_z xx} + y\frac{\partial^2 u}{\partial x \partial y} = (n-1)\frac{\partial u}{\partial x}.$$

$$x\frac{\partial^2 u}{\partial x \partial y} + y\frac{\partial^2 u}{\partial y^2} = (n-1)\frac{\partial u}{\partial y}.$$

(7) आयलर के प्रमेय

$$x\frac{\partial u}{\partial x}+y\frac{\partial u}{\partial y}=n\,u,$$

(जिसेमें $u$, $x$ और $y$ में $n$ घात का समघात फलन है) की सहायता से सिद्ध करो कि

$$x^2\frac{\partial^2 u}{\partial x^2}+2xy\frac{\partial^2 u}{\partial x\partial y}+y^2\frac{\partial^2 y}{\partial y^2}=n(n-1)u.$$

(बम्बई 1952, बनारस 1957)

(8) यदि $z=xy\,f\left(\frac{x}{y}\right)$, तो सिद्ध करो कि

$$x\frac{\partial z}{\partial x}+y\frac{\partial z}{\partial y}=2z$$

21.9 संयुक्त (**Composite**) फलन—मान लो कि

$$z=f(x, y) \quad (1)$$

और $$x=\phi(t), \quad (2)$$

$$y=\psi(t), \quad (3)$$

अर्थात् $x$, $y$ एक तीसरे चर $t$ के फलन हैं।

ऐसी दशा में हम कहते हैं कि $z$ चर $t$ का संयुक्त फलन है।

**प्रमेय**— यदि $x$ और $y$ के सापेक्ष $z$ के आंशिक अवकल गुणांक, और $t$ के सापेक्ष $x$ और $y$ के अवकल गुणांक संतत हों तो

$$\frac{dz}{dt}=\frac{\partial z}{\partial x}\cdot\frac{dx}{dt}+\frac{\partial z}{\partial y}\cdot\frac{dy}{dt}. \quad (4)$$

मान लीजिये कि यदि $t$ में $\delta t$ की वृद्धि होती है तो $x$, $y$, $z$ में परिणामी वृद्धियाँ $\delta x$, $\delta y$, $\delta z$ होती हैं।

तो हमें प्राप्त है :

$$x+\delta x=\phi(t+\delta t), \qquad y+\delta y=\psi(t+\delta t),$$

$$z+\delta z=f(x+\delta x, y+\delta y)$$

$$\therefore \delta z=(z+\delta z)-z$$

$$= f(x+\delta x, y+\delta y) - f(x, y)$$

$$= [f(x+\delta x, y+\delta y) - f(x, y+\delta y)] + [f(x, y+\delta y) - f(x, y)]$$

हम पहले कोष्ठक में $y$ को और दूसरे में $x$ को अचर मान सकते हैं।

अतः टेलर प्रमेय में शेष का लैग्रांज रूप लेने पर,

$$\delta z = \delta x\, f_x(x+\theta_1 \delta x, y+\delta y) + \delta y\, f_y(x, y+\theta_2 \delta y),$$

जिसमें $0 < \theta_1 < 1, \quad 0 < \theta_2 < 1.$

$$\therefore \frac{\delta z}{\delta t} = \frac{\delta x}{\delta t} f_x(x+\theta_1 \delta x, y+\delta y) + \frac{\delta y}{\delta t} f_y(x, y+\theta_2 \delta y). \quad (5)$$

जब $\delta t \to 0$, तब $\delta x \to 0, \delta y \to 0.$

और संकल्पना से, $z$ के आंशिक अवकल गुणांक सतत हैं।

$$\therefore \underset{\substack{\delta x \to 0,\\ \delta y \to 0}}{Lt} f_x(x+\theta_1 \delta x, y+\delta y) = f_x(x, y) = \frac{\partial z}{\partial x},$$

और $$\underset{\delta y \to 0}{Lt} f_y(x, y+\theta_2 \delta y) = f_y(x, y) = \frac{\partial z}{\partial y}.$$

अतः (5) में सीमा लेने से,

$$\frac{dz}{dt} = \frac{\partial z}{\partial x} \cdot \frac{dx}{dt} + \frac{\partial z}{\partial y} \cdot \frac{dy}{dt}. \quad (6)$$

**परिभाषा**—यहाँ $\frac{dz}{dt}$ को $z$ का $t$ के सापेक्ष पूर्ण अवकल गुणांक (Total Differential Coefficient) कहते हैं।

**उप-प्रमेय 1**—यदि

$$z = f(x_1, x_2, \ldots x_n)$$

और $x_1, x_2, \ldots x_n$ सब $t$ के फ़लन हों तो

$$\frac{dz}{dt} = \frac{\partial z}{\partial x_1} \cdot \frac{dx_1}{dt} + \frac{\partial z}{\partial x_2} \cdot \frac{dx_2}{dt} + \cdots + \frac{\partial z}{\partial x_n} \cdot \frac{dx_n}{dt}.$$

उप-प्रमेय 2— मान लीजिये कि फलन

$$z=f(x, y)$$

के, $x$ और $y$ के सापेक्ष आंशिक अवकल गुणांक सतत हैं।

मान लीजिये कि फलनों

$$x=\phi(u, v),$$
$$y=\psi(u, v)$$

के भी, $u$ और $v$ के सापेक्ष आंशिक अवकल गुणांक सतत हैं।

तो $$\frac{\partial z}{\partial u}=\frac{\partial z}{\partial x}\cdot\frac{\partial x}{\partial u}+\frac{\partial z}{\partial y}\cdot\frac{\partial y}{\partial u}, \tag{8}$$

$$\frac{\partial z}{\partial v}=\frac{\partial z}{\partial x}\cdot\frac{\partial x}{\partial v}+\frac{\partial z}{\partial y}\cdot\frac{\partial y}{\partial v}. \tag{9}$$

यहाँ $\frac{\partial z}{\partial u}$ निकालने के लिये हम $v$ को अचर मान सकते हैं।

उदाहरण 1—यदि

$x=am^2,\ y=2am,\ z=2x^2y-3xy^2$

तो $\frac{dz}{dm}$ निकालो।

प्रत्यक्ष प्रतिस्थापन द्वारा जाँच करो।

यहाँ, $\frac{\partial z}{\partial x}=4xy-3y^2, \qquad \frac{\partial z}{\partial y}=2x^2-6xy,$

और $\frac{dx}{dm}=2am, \quad \frac{dy}{dm}=2a$

अतः, (6) से,

$$\frac{dz}{dm}=\frac{\partial z}{\partial x}\cdot\frac{dx}{dm}+\frac{\partial z}{\partial y}\cdot\frac{dy}{dm}$$

$$=2am\ (4xy-3y^2)\cdot 2a(2x^2-6xy)$$

$$=2am(8a^2m^3-12a^2m^2)+2a(2a^2m^4-12a^2m^3)$$

$$=20a^3m^4-48a^3m^3 \qquad (10)$$

और, प्रत्यक्ष प्रतिस्थापन से,

$$z=4am(a^2m^4)-3am^2\ (4a^2m^2)$$

$$=4\ a^3m^5-12\ a^3m^4$$

$$\therefore \frac{dz}{dm}=20\ a^3m^4-48\ a^3m^3. \qquad (11)$$

उदाहरण—यदि

$$x=e^{u}+e^{-v}, \quad y=e^{-u}-e^{v}$$

और $z$ चरों $x$, $y$ का फलन हो तो सिद्ध करो कि

$$\frac{\partial z}{\partial u}-\frac{\partial z}{\partial v}=x\ \frac{\partial z}{\partial x}-y\ \frac{\partial z}{\partial y}$$

[ढाका विश्वविद्यालय 1955]

हमें (8) और (9) से प्राप्त है :

$$\frac{\partial z}{\partial u}=\frac{\partial z}{\partial x}.\ \frac{\partial x}{\partial u}+\frac{\partial z}{\partial y}.\frac{\partial}{\partial u}$$

$$=e^{u}\ \frac{\partial z}{\partial x}-e^{-u}\ \frac{\partial z}{\partial y},$$

$$\frac{\partial z}{\partial v}=\frac{\partial z}{\partial x}.\ \frac{\partial x}{\partial v}+\frac{\partial z}{\partial y}.\ \frac{\partial y}{\partial v}$$

$$=-e^{-v}\ \frac{\partial z}{\partial x}-e^{v}\ \frac{\partial z}{\partial y}$$

$\therefore$ घटाने से, $\dfrac{\partial z}{\partial u}-\dfrac{\partial z}{\partial v}=(e^{u}+e^{-v})\ \dfrac{\partial z}{\partial x}-(e^{-u}-e^{v})\ \dfrac{\partial z}{\partial y}$

$$=x\ \frac{\partial z}{\partial x}-y\ \frac{\partial z}{\partial y}.$$

## प्रश्नावली (21.3)

(1) यदि $z^2 = x^2 + y^2$, $x = a \cos \theta, y = a \sin \theta$,

तो $\frac{dz}{d\theta}$ निकालो ।

प्रत्यक्ष प्रतिस्थापन द्वारा जांच करो ।

(2) यदि $x = am^2, y = -2am, z = x^3 + y^3 + 3x^2y + 3xy^2$,

तो $\frac{dz}{dm}$ निकालो । प्रत्यक्ष प्रतिस्थापन द्वारा जांच भी करो ।

(3) यदि $x = u^2 + v^2$, $y = u^2 - v^2$ और $z$, चरों $x, y$ का फलन हो तो सिद्ध करो कि

$$\frac{\partial z}{\partial x} = \frac{1}{2}\left[\frac{1}{u} \cdot \frac{\partial z}{\partial u} + \frac{1}{v} \cdot \frac{\partial z}{\partial v}\right].$$

और $$\frac{\partial z}{\partial y} = \frac{1}{2}\left[\frac{1}{u} \cdot \frac{\partial z}{\partial u} - \frac{1}{v} \cdot \frac{\partial z}{\partial v}\right]$$

(4) यदि $x = e^{-u} + e^{v}$,

$y = e^{u} - e^{-v}$

और $z$ चरों $x, y$ का फलन हो तो सिद्ध करो कि

$$\frac{\partial z}{\partial v} - \frac{\partial z}{\partial u} = x \frac{\partial z}{\partial x} - y \frac{\partial z}{\partial y}.$$

(5) यदि $u = f(y-z, z-x, x-y)$, तो सिद्ध करो कि

$$\frac{\partial u}{\partial x} + \frac{\partial u}{\partial y} + \frac{\partial u}{\partial z} = 0.$$ (आगरा 1953)

(6) यदि $u$, चरों $x, y$ का फलन हो तथा

$$x = \xi \cos \alpha - \eta \sin \alpha,$$
$$y = \xi \sin \alpha + \eta \cos \alpha,$$

तो सिद्ध करो कि

$$\frac{\partial^2 u}{\partial x^2} + \frac{\partial^2 u}{\partial y^2} = \frac{\partial^2 u}{\partial \xi^2} + \frac{\partial^2 u}{\partial \eta^2}.$$ (बम्बई 1937)

21.10. **अस्पष्ट (Implicit) फलन**––मान लीजिये कि

$$f\,(x, y)=0. \tag{i}$$

जिसमें $f$ चरों $x, y$ का कोई भी फलन है।

कुछ दशाओं में हम (i) को इस रूप

$$y=\phi(x) \tag{ii}$$

में ढाल सकते हैं। जैसे

$$x^2+y^2-11=0.$$

और $$y=\sqrt{11-x^2}$$

एक दूसरे के तुल्य हैं।

किन्तु ऐसी भी अनेक दशायें हैं जिनमें (i) को (ii) के रूप में ढालना दुस्तर है जैसे

$$x^3+x^2+xy^3+y^2-1=0. \tag{iii}$$

ऐसी दशा में भी हम सैद्धान्तिक रूप से मान लेते हैं कि (i) में $x$ के प्रत्येक मान के लिये $y$ का एक, और केवल एक ही, मान निकल आता है। अतएव, सम्बन्ध (i) में भी $y$ चर $x$ का फलन है।

अब प्रश्न यह उठता है कि ऐसी दशा में $x$ के सापेक्ष $y$ का अवकल गुणांक किस प्रकार निकाला जाय।

हमें § 21.9 (4) से प्राप्त है:

$$\frac{df}{dt}=\frac{\partial f}{\partial x}\cdot\frac{dx}{dt}+\frac{\partial f}{\partial y}\cdot\frac{dy}{dt} \tag{iv}$$

इस में $f$ चरों $x, y$ का फलन है, और $x$ और $y$ दोनों $t$ के फलन हैं।

अब, मान लीजिये कि $x$ और $t$ अभिन्न हो जाते हैं। तो

$$\frac{dx}{dt}=1$$

अतएव, (iv) का यह रूप हो जायगा:

$$\frac{df}{dt}=\frac{\partial f}{\partial x}+\frac{\partial f}{\partial y}\cdot\frac{dy}{dx} \tag{v}$$

अब, यदि यह सूत्र (i) के फलन पर लगाया जाय तो

$$0=\frac{\partial f}{\partial x}+\frac{\partial f}{\partial y}.\ \frac{dy}{dx}.$$

$$\therefore \frac{dy}{dx}=-\frac{\dfrac{\partial f}{\partial x}}{\dfrac{\partial f}{\partial y}}=-\frac{f_x}{f_y} \qquad [f_y\neq 0]$$

**उप-प्रमेय**—यदि $f$ कोई फलन है $n$ चरों $x_1, x_2, x_3, \ldots x_n$ का जिनमें से $x_2, x_3, \ldots x_n$ सब फलन हैं $x_1$ के, तो $x_1$ के सापेक्ष $f$ के अवकल गुणांक का सूत्र यह होगा :

$$\frac{df}{dx_1}=\frac{\partial f}{\partial x_1}+\frac{\partial f}{\partial x_2}.\ \frac{dx_2}{dx_1}+\frac{\partial f}{\partial x_3}.\ \frac{dx_3}{dx_1}+\ldots+\frac{\partial f}{\partial x_n}.\ \frac{dx_n}{dx_1}$$

**उदाहरण**—(iii) में $\frac{dy}{dx}$ का मान निकालो।

हमें प्राप्त है :

$$f\equiv x^3+x^2+xy^3+y^2-1=0. \qquad (v)$$

अत: $f_x=3x^2+2x+y^3,$

$f_y=y^3+2y$

$$\therefore \frac{dy}{dx}=-\frac{3x^2+2x+y^3}{y^3+2y}.$$

यदि हम प्रत्यक्ष विधि अपनायें तो (vi) के अवकलन से,

$$3x^2+2x+y^3+3xy^2\ \frac{dy}{dx}+2y\ \frac{dy}{dx}=0.$$

भाग देने से वही मान प्राप्त होगा।

## प्रश्नावली (21.4)

(1) निम्नलिखित में $\frac{dy}{dx}$ का मान निकालो :—

(i) $x \sin(x-y)-(x+y)=0.$

(ii) $x^y=y^x$

(iii) $(\tan x)^y+y^{\cot x}=a.$

(iv) $x^y+y^x=a^b.$ [म० प्र० 1944]

(v) $x^y+y^x=(x+y)^{x+y}.$

(vi) $(\cos x)^y=(\sin y)^x.$

(vii) $ax^2+2hxy+by^2=1.$

(viii) $x^4+y^4+x^3y+xy^3+x^2y^2=5.$

(ix) $\left(\frac{x}{a}\right)^{\frac{n}{n-1}}+\left(\frac{y}{b}\right)^{\frac{n}{n-1}}=1.$

(2) यदि $u=x^2-y^2+\sin yz$, जिसमें $y=e^x$, और $z=\log x$, तो $\frac{du}{dx}$ का मान ज्ञात करो !

(3) $\frac{du}{dx}$ का मान ज्ञात करो यदि $u=\sin(x^2+y^2)$, जिसमें $a^2x^2+b^2y^2=c^2$, (दिल्ली 1952).

21.11 **अस्पष्ट फलन का द्वितीय आंशिक अवकल गुणांक**—हमने पिछले प्रकरण में सिद्ध किया है कि

यदि $f(x, y)=0,$

$$\text{तो} \quad \frac{dy}{dx}=-\frac{\frac{\partial f}{\partial x}}{\frac{\partial f}{\partial y}} \qquad (1)$$

इस समीकरण के अवकलन से हम $\frac{d^2y}{dx^2}$ निकाल सकते हैं।

इस सम्बन्ध में मानक संकेतन के अनुसार, हम

$$\frac{\partial f}{\partial x},\quad \frac{\partial f}{\partial y},\quad \frac{\partial^2 f}{\partial x^2},\quad \frac{\partial^2 f}{\partial x \partial y},\quad \frac{\partial^2 f}{\partial y^2}$$

के स्थान पर क्रमशः $p$, $q$, $r$, $s$ और $t$ लिखेंगे।

अतः (1) का तुल्य रूप

$$\frac{dy}{dx} = -\frac{p}{q}$$

हुआ।

$\therefore$ अवकलन से,

$$\frac{d^2 y}{dx^2} = -\frac{q\dfrac{dp}{dx} - p\dfrac{dq}{dx}}{q^2} \tag{2}$$

किन्तु यदि हम $p$ को $x, y$ का फलन मानें तो § 21.10 (v) से,

$$\frac{dp}{dx} = \frac{\partial p}{\partial x} + \frac{\partial p}{\partial y}\cdot\frac{dy}{dx} = \frac{\partial^2 f}{\partial x^2} + \frac{\partial^2 f}{\partial y \partial x}\cdot\frac{dy}{dx}$$

$$= r + s\left(-\frac{p}{q}\right) = \frac{qr - ps}{q}.$$

इसी प्रकार,

$$\frac{dq}{dx} = \frac{\partial q}{\partial x} + \frac{\partial q}{\partial y}\cdot\frac{dy}{dx} = \frac{\partial^2 f}{\partial x \partial y} + \frac{\partial^2 f}{\partial y^2}\cdot\frac{dy}{dx}$$

$$= s + t\left(-\frac{p}{q}\right) = \frac{qs - pt}{q}$$

(1) और (2) में यह मान प्रतिस्थापित करने से,

$$\frac{d^2 y}{dx^2} = -\frac{q\cdot\dfrac{qr - ps}{q} - p\cdot\dfrac{qs - pt}{q}}{q^2}$$

$$= -\frac{q^2 r - 2pqs + p^2 t}{q^3}.$$

टिप्पणी :—यहाँ हमने

$$\frac{\partial^2 f}{\partial x \partial y} \text{ और } \frac{\partial^2 f}{\partial y \partial x}.$$

दोनों के स्थान पर $s$ रक्खा है। साधारणत: यह दोनों बराबर होते हैं किन्तु, जैसा आगे पता चलेगा, कभी-कभी विभिन्न भी हो जाते हैं। अत: उपर्युक्त सूत्र तभी लागू होगा जब यह दोनों बराबर हों।

उदाहरण—यदि

$$2x^3+5ax^2-3xy^2+y=0,$$

तो $\frac{d^2y}{dx^2}$ निकालो !

यदि समीकरण के वाम पक्ष के स्थान पर $f(x, y)$ रक्खें तो

$$p=f_x=6x^2+10ax-3y^2,$$

$$q=f_y=-6xy+1,$$

$$r=f_{xx}=12x+10a,$$

$$s=f_{xy}=-6y,$$

$$t=f_{yy}=-6x.$$

$$\therefore \frac{d^2y}{dx^2}=-\frac{1}{(1-6xy)^3}\left[\begin{array}{r}(1-6xy)^2(12x+10a)\\+2(6x^2+10ax-3y^2)(1-6xy).(6y)\end{array}\right]$$

$$+(6x^2+10ax-3y^2)^2.(-6x)$$

$$=\frac{1}{(6xy-1)^3}\left[\begin{array}{l}(12x+10a)(6xy-1)^2+12y(1-6xy)\\(6x^2+10ax-3y^2)\end{array}\right]$$

$$-6x\left[6x^2+10ax-3y^2\right]^2$$

$$=\frac{1}{(6xy-1)^3}\left[\begin{array}{r}(12x+10a)(36x^2y^2-12xy+1)\\+72x^2y+120ax-36y^3-412x^3y^2\end{array}\right]$$

$$-720ay^2+216xy^4+360ax^2y^2y^2+216xy^4-216x-600a^2x^3$$

$$-54$$

$$=\frac{1}{(6xy-1)^3}\left[\begin{array}{r}12x+10a-120axy-72x^2y^2\\+216x^3y^2+120ax-36y^3+162xy^4\end{array}\right.$$

$$-216x^5-600a^2x^3-720ax^4$$

एक फलन है और हमें $x, y, A, \frac{\partial A}{\partial x}, \frac{\partial A}{\partial y}, \ldots\ldots$ को दो अन्य चरों $u, v$ के पदों में रखना है जब कि

$$u = \phi(x, y), \qquad v = \psi(x, y). \tag{ii}$$

हम जानते हैं कि

$$\left.\begin{aligned}\frac{\partial A}{\partial x} &= \frac{\partial A}{\partial u} \cdot \frac{\partial u}{\partial x} + \frac{\partial A}{\partial v} \cdot \frac{\partial v}{\partial x},\\ \frac{\partial A}{\partial y} &= \frac{\partial A}{\partial u} \cdot \frac{\partial u}{\partial y} + \frac{\partial A}{\partial v} \cdot \frac{\partial v}{\partial y}.\end{aligned}\right\} \tag{iii}$$

हम (ii) से $\frac{\partial u}{\partial x}, \frac{\partial v}{\partial x}, \frac{\partial u}{\partial y}, \frac{\partial v}{\partial y}$ के मान निकाल कर (iii) में प्रतिस्थापित कर सकते हैं।

इसी प्रकार हम उत्तरोत्तर अवकलन द्वारा द्वितीय, तृतीय,...अवकल गुणांक निकाल सकते हैं।

यदि चर दो से अधिक हों तो भी हम इस विधि का सरलता से प्रसार कर सकते हैं।

उदाहरण—यदि

$$u = x^2 - 2xy - y^2, \quad v = y, \tag{iv}$$

तो सिद्ध करो कि समीकरण

$$(x+y) \frac{\partial z}{\partial x} + (x-y) \frac{\partial z}{\partial y} = 0 \tag{v}$$

का तुल्य रूप

$$\frac{\partial z}{\partial v} = 0 \tag{vi}$$

हो जाता है। (ढाका 1936)

हमें प्राप्त है :

$$\frac{\partial z}{\partial x} = \frac{\partial z}{\partial u} \cdot \frac{\partial u}{\partial x} + \frac{\partial z}{\partial v} \cdot \frac{\partial v}{\partial x}$$

## प्रश्नावली (21.5)

(1) यदि $ax^2+2hxy+by^2=1$, तो $\frac{d^2y}{dx^2}$ का मान ज्ञात करो।

(आन्ध्र, 1951).

(2) $\frac{d^2y}{dx^2}$ का मान ज्ञात करो यदि $ax^2+2hxy+by^2+2qx+2fy+c=0$.

(3) यदि $x\sqrt{1-y^2}+y\sqrt{1-x^2}=a$, तो सिद्ध करो कि

$$\frac{d^2y}{dx^2}=-\frac{a}{(1-x^2)^{3/2}}.$$

निम्नलिखित समीकरणों के लिये $\frac{d^2y}{dx^2}$ का मान ज्ञात करो :—

(i) $x^4+y^4=4a^2xy$.

(ii) $x^3+y^3=3axy$

(5) दिया हुआ है :

$$f(x,y)=x^3+y^3-3axy=0;$$

सिद्ध करो कि

$$\frac{d^2y}{dx^2}\cdot\frac{d^2x}{dy^2}=\frac{4a^6}{xy(xy-2a^2)^3}.$$

(6) यदि $f(x, y)=0$ और $p\neq 0$, तो सिद्ध करो कि

$$\frac{dx}{dy}=\frac{-q}{p},\quad \frac{d^2x}{dy^2}=-\frac{q^2r-2pqs+p^2t}{p^3}$$

21·12 **सावधानी**—मान लीजिये कि एक आयत $OXVY$ है जिसकी भुजायें $x$, $y$ और विकर्ण $d$ है। तो आयत का क्षेत्रफल

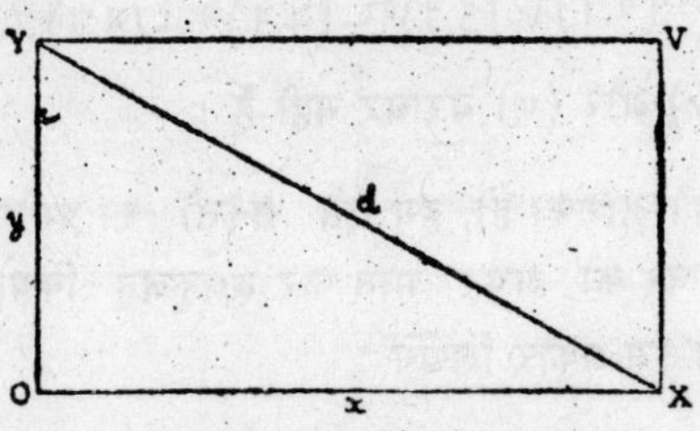


आकृति (21.7)

$$A = xy \qquad \text{(i)}$$

$$\therefore \frac{\partial A}{\partial x} = y \qquad \text{(ii)}$$

किन्तु $\quad A = x\sqrt{d^2 - x^2}$

$$\therefore \frac{\partial A}{\partial x} = \sqrt{d^2 - x^2} - x.\frac{x}{\sqrt{d^2 - x^2}} = \frac{d^2 - 2x^2}{\sqrt{d^2 - x^2}}$$

$$= y - \frac{x^2}{y} \qquad \text{(iii)}$$

स्पष्ट है कि (ii) और (iii) बराबर नहीं हैं। इस का कारण यह है कि (ii) में हम ने $y$ को अचर माना है और (iii) में $d$ को।

उदाहरणार्थ, मान लीजिये कि

$$x = 4, \quad y = 3; \quad \text{तो } d = 5.$$

स्पष्ट है कि $A = 12$.

अब मान लीजिये कि हम एक अन्य आयत बनाते हैं जिसमें
$x = 4.1, \quad y = 3.$
$\therefore$ तो $A$ में वृद्धि $= 12.3 - 12 \quad = \cdot 3$ (iv)
अब एक तीसरा आयत लीजिये जिसमें

$$x = 4.1, \quad d = 5.1$$

तो $A$ में वृद्धि $= (4.1)\sqrt{(5.1)^2 - (4.1)^2} - (4.1)\,(5.1)$ (v)

स्पष्ट है कि (iv) और (v) बराबर नहीं है।

जहाँ भी भ्रम की आशंका हो, हम ऐसे संकेतों का प्रयोग करेंगे जिससे स्पष्ट हो जाय कि हमने किस चर को अचर मान कर अवकलन किया है। इस विचार से हम (ii) और (iii) को इस प्रकार लिखेंगे :

$$\left(\frac{\partial A}{\partial x}\right)_{y=\text{अचर}} = \qquad \left(\frac{\partial A}{\partial x}\right)_{d=\text{अचर}} = y - \frac{x^2}{y}.$$

कभी-कभी एक चर समुच्चय को दूसरे चर समुच्चय में बदलना आवश्यक हो जाता है। मान लीजिये कि हम कार्तीय निर्देशांकों को कोणीय निर्देशाकों में परिवर्तित करना चाहते हैं। तो

$$x=r\cos\theta,\qquad y=r\sin\theta \tag{i}$$

इन्हीं सम्बन्धों को हम इस प्रकार भी लिख सकते हैं :

$$r=\sqrt{x^2+y^2},\qquad \theta=\tan^{-1}\frac{y}{x} \tag{ii}$$

(i) में हमने $x, y$ को $r, \theta$ के पदों में लिखा है। (ii) में हमने $r, \theta$ क $x, y$ के पदों में लिखा है। किन्तु हम इन्हीं सम्बन्धों को इस प्रकार भी व्यक्त करो सकते हैं :

$$x=\sqrt{r^2-y^2},\qquad x=y\cot\theta \tag{iii}$$

(i) से, $\dfrac{\partial x}{\partial r}=\cos\theta,$

किन्तु (iii) से, $\dfrac{\partial x}{\partial r}=\dfrac{r}{\sqrt{r^2-y^2}}=\dfrac{r}{x}=\sec\theta$

स्पष्ट है कि $\dfrac{\partial x}{\partial r}$ के यह दोनों भान बराबर नहीं हैं। वास्तव में हमें यह दोनों सम्बन्ध इस रूप में लिखने चाहिये :

$$\left(\frac{\partial x}{\partial r}\right)_{\theta=\text{अचर}}=\cos\theta,\qquad \left(\frac{\partial x}{\partial r}\right)_{y=\text{अचर}}=\sec\theta,$$

इनमें से पहले समीकरण में यह निहित है कि हमने $x$ को $r, \theta$ के पदों में व्यक्त करके, फिर $\theta$ को अचर मान कर, अवकलन किया है। दूसरे समीकरण में यह निहित है कि हमने पहले $x$ को $r, y$ के पदों में व्यक्त करके, फिर $y$ को स्थिर मान कर अवकलन किया है। यदि केवल

$$\frac{\partial x}{\partial r}$$

लिखा हो तो इसका यही अर्थ होगा कि दूसरा चर $\theta$ है जिसको अचर माना गया है।

21.14 **चरों का परिवर्तन**— मान लीजिये कि

$$A=f(x,y) \tag{i}$$

इसी प्रश्न को हम प्रत्यक्ष विधि से भी कर सकते हैं। समीकरण के अवकलन से,

$$6x^2+10ax-3y^2-6xy\frac{dy}{dx}+\frac{dy}{dx}=0. \qquad \text{(i)}$$

$$\therefore \frac{dy}{dx}=\frac{6x^2+10ax-3y^2}{6xy-1}. \qquad \text{(ii)}$$

समीकरण के पुनः अवकलन से

$$12x+10a-6y\frac{dy}{dx}-6y\frac{dy}{dx}-6x\left(\frac{dy}{dx}\right)^2 -6xy\frac{d^2y}{dx^2}+\frac{d^2y}{dx^2}=0.$$

(ii) से $\frac{dy}{dx}$ का मान रखने पर

$$\therefore 12x+10a-12y.\left(\frac{6x^2+10ax-3y^2}{6xy-1}\right)-6x\left(\frac{6x^2+10ax-3y^2}{6xy-1}\right)^2 =(6xy-1)\frac{d^2y}{dx^2}.$$

$$\text{अतः } \frac{d^2y}{dx^2}=\frac{1}{(6xy-1)^3}\left[\begin{array}{l}(12x+10a)(6xy-1)^2-12y\\ (6xy-1)(6x^2+10ax-3y^2)\\ -6x(6x^2+10ax-3y^2)^2\end{array}\right.$$

$$=\frac{1}{(6xy-1)^3}\left[\begin{array}{l}(12x+10a)(36x^2y^2-12xy+1)\\ +72x^2y+120ax-36y^3-412x^3y^2\\ -720ax^2y^2+216xy^4-216x^5\\ -600a^2x^3-54xy^4-720ax^4\\ +216x^3y^2+360ax^2y^2\end{array}\right]$$

$$=\frac{1}{(6xy-1)^3}\left[\begin{array}{l}12x+10a-120axy-72x^2y^2\\ +216x^3y^2+120ax-36y^3+162xy^4\\ -216x^5-600a^2x^3-720ax^4\end{array}\right]$$

$$=(2x-2y)\frac{\partial z}{\partial u}$$

और $$\frac{\partial z}{\partial y}=\frac{\partial z}{\partial u}\cdot\frac{\partial u}{\partial y}+\frac{\partial z}{\partial v}\cdot\frac{\partial v}{\partial y}.$$

$$=(-2x-xy)\frac{\partial z}{\partial u}+\frac{\partial z}{\partial v}.$$

अतः (v) से,

$$(x+y)(2x-2y)\frac{\partial z}{\partial u}+(x-y)(-2x-2y)\frac{\partial z}{\partial u}+\frac{\partial z}{\partial v}=0,$$

अर्थात्, $$\frac{\partial z}{\partial v}=0.$$

21.15 अब मान लीजिये कि

$$A=f(x, y) \tag{i}$$

और $$x=\phi(u, v), \qquad y=\psi(u, v). \tag{ii}$$

यदि हम $u$ और $v$ को $x, y$ के पदों में स्पष्ट रूप में व्यक्त कर सकें तब तो पिछले अनुच्छेद की विधि ही लागू हो जायगी। किन्तु कभी-कभी यह सम्भव नहीं होता; सम्भव होता भी है तो दुस्तर होता है। ऐसी स्थिति में इस प्रकार की विधि अपनाते हैं।

हमें (ii) से प्राप्त है

$$\frac{\partial A}{\partial u}=\frac{\partial A}{\partial x}\cdot\frac{\partial x}{\partial u}+\frac{\partial A}{\partial y}\cdot\frac{\partial y}{\partial u}, \tag{iii}$$

$$\frac{\partial A}{\partial v}=\frac{\partial A}{\partial x}\cdot\frac{\partial x}{\partial v}+\frac{\partial A}{\partial y}\cdot\frac{\partial y}{\partial v}. \tag{iv}$$

हम इन दोनों समीकरणों से $\frac{\partial A}{\partial x}$. $\frac{\partial A}{\partial y}$ के मान $\frac{\partial A}{\partial u}$, $\frac{\partial A}{\partial v}$ के पदों में निकाल सकते हैं।

तत्पश्चात् हम $x$, $y$, $A$, $\frac{\partial A}{\partial x}$, $\frac{\partial A}{\partial y}$ ,...के किसी भी फलन में उक्त मानों को प्रतिस्थापित कर सकते हैं।

उदाहरण—समीकरण

$$\frac{\partial^2 u}{\partial x^2}+\frac{\partial^2 u}{\partial y^2}=0$$

को कोणीय निर्देशांकों में परिवर्तित करो।

हम जानते हैं कि

$$r=\sqrt{x^2+y^2}, \qquad \theta=\tan^{-1}\frac{y}{x}.$$

अतः $$\frac{\partial r}{\partial x}=\frac{2x}{2\sqrt{\quad+y^2}}=\frac{x}{r}=\cos\theta,$$

$$\frac{\partial r}{\partial y}=\frac{2y}{2\sqrt{x^2+y^2}}=\frac{y}{r}=\sin\theta,$$

$$\frac{\partial \theta}{\partial x}=\frac{1}{1+\frac{y^2}{x^2}}\cdot\frac{-y}{x^2}=-\frac{y}{x^2+y^2}=-\frac{\sin\theta}{r},$$

$$\frac{\partial \theta}{\partial y}=\frac{1}{1+\frac{y^2}{x^2}}\cdot\frac{1}{x}=\frac{x}{x^2+y^2}=\frac{\cos\theta}{r}.$$

$$\therefore \frac{\partial u}{\partial x}=\frac{\partial u}{\partial r}\cdot\frac{\partial r}{\partial x}+\frac{\partial u}{\partial \theta}\cdot\frac{\partial \theta}{\partial x}=\cos\theta\frac{\partial u}{\partial r}-\frac{\sin\theta}{r}\cdot\frac{\partial u}{\partial \theta}.$$

अतः $$\frac{\partial u}{\partial x}=\left(\cos\theta\frac{\partial}{\partial r}-\frac{\sin\theta}{r}\frac{\partial}{\partial \theta}\right)u;$$

$$\therefore \frac{\partial^2 u}{\partial x^2} = \left(\cos\theta\frac{\partial}{\partial r} - \frac{\sin\theta}{r}\frac{\partial}{\partial\theta}\right)\left(\cos\theta\frac{\partial u}{\partial r} - \frac{\sin}{r}\frac{\partial u}{\partial\theta}\right)$$

$$= \cos\theta^2 \frac{\partial^2 u}{\partial r^2} - \cos\theta.\ \mathrm{Sin}\theta\ \frac{\partial u}{\partial\theta}\frac{\partial}{\partial r}\left(\frac{1}{r}\right)$$

$$-\frac{\sin\theta}{r}\cos\theta\ \frac{\partial u}{\partial r}.\frac{\partial}{\partial\theta}\left(\cos\theta\right)$$

$$\frac{\sin\theta}{v^2} + \sin\theta\ r^2\ \frac{\partial u}{\partial\theta}\ \frac{\partial}{\partial\theta}\left(\sin\theta\right) + \frac{\sin^2\theta}{r}.\frac{\partial}{\partial\theta}\left(\frac{\partial u}{\partial\theta}\right)$$

$$-\frac{\cos\theta\mathrm{Sin}\theta}{r}\ \frac{\partial}{\partial r}\left(\frac{\partial u}{\partial\theta}\right) - \frac{\sin\theta}{r}\frac{\cos\theta\partial}{\partial\theta}\left(\frac{\partial u}{\partial r}\right)$$

$$= \mathrm{Cos}^2\theta\ \frac{\partial^2 u}{\partial r^2} + \frac{\cos\theta\ \sin\theta}{r^2}.\frac{\partial u}{\partial\theta} + \frac{\sin^2\theta\ \cos\theta}{r}\ \frac{\partial u}{\partial r}$$

$$+\frac{\sin\theta\cos\theta}{r^2}\frac{\partial u}{\partial\theta} + \frac{\sin^2\theta}{r^2}.\frac{\partial^2 u}{\partial\theta^2} - \frac{2\cos\theta\ \sin\theta}{r}\ \frac{\partial^2 u}{\partial r\partial\theta}$$

$$= \cos\theta^2\ \frac{\partial^2 u}{\partial r^2} - \frac{2\ \sin\theta\ \cos\theta}{r}\ \frac{\partial^2 u}{\partial r\partial\theta} + \frac{\sin^2\theta}{r^2}.\frac{\partial^2 u}{\partial\theta^2}$$

$$+\frac{\sin^2\theta}{r}\ \frac{\partial u}{\partial r} + \frac{2\ \sin\theta\ \cos\theta}{r^2}\ \frac{\partial u}{\partial\theta}$$

इसी प्रकार, हमें प्राप्त होगा।

$$\frac{\partial^2 u}{\partial y^2} = \sin^2\theta\ \frac{\partial^2 u}{\partial r^2} + \frac{2\ \sin\theta\ \cos\theta}{r}\ \frac{\partial^2 u}{\partial r\ \partial\theta} + \frac{\cos^2\theta}{r^2}\ \frac{\partial^2 u}{\partial\theta^2}$$

$$+\frac{\cos^2\theta}{r}\ \frac{\partial u}{\partial r} - \frac{2\ \sin\theta\ \cos\theta}{r^2}\ \frac{\partial u}{\partial\theta}$$

दोनों को जोड़ने से,

$$\frac{\partial^2 u}{\partial x^2}+\frac{\partial^2 u}{\partial y^2}=\frac{\partial^2 u}{\partial r^2}+\frac{1}{r}\ \frac{\partial^2 u}{\partial \theta^2}+\frac{1}{r}\ \frac{\partial u}{\partial r}$$

अतएव, अभीष्ट समीकरण यह है :

$$r^2\ \frac{\partial^2 u}{\partial r^2}+r\ \frac{\partial u}{\partial r}+\frac{\partial^2 u}{\partial \theta^2}=0.$$

## प्रश्नावली (२१.६)

(१) यदि $z=\frac{\cos y}{x}$ और $x=u^2-v,\ y=e^v$,

तो $\frac{\partial z}{\partial v}$ का मान ज्ञात करो।

(२) यदि $x=r\cos\theta$ और $y=r\sin\theta$, तो सिद्ध करो कि

(i) $dx^2+dy^2=dr^2+r^2\ d\theta^2$.

(ii) $xdy-ydx=r^2\ d\theta$.

(३) यदि $f(x, t, y)=0$, तो सिद्ध करो कि

$$\left(\frac{dx}{dt}\right)_{y\ \text{अचर}}\times\left(\frac{dt}{dy}\right)_{x\ \text{अचर}}\times\left(\frac{dy}{dx}\right)_{t\ \text{अचर}}=-1$$

(४) समीकरण

$$\frac{\partial^2 u}{\partial x^2}+\frac{\partial^2 u}{\partial y^2}=0$$

को कोणीय रूप में परिवर्तित करके सिद्ध करो कि फलन

$$u=\sin n\theta\ \left(Ar^n+\beta r^{-n}\right)$$

उपरोक्त समीकरण को संतुष्ट करता है ! (आंध्र विश्वविद्यालय 1936)

(५) यदि $\theta = t^n . e^{-r^2/4t}$, तो $n$ के किन मानों के लिए

$$\frac{1}{r^2} \quad \frac{\partial}{\partial r}\left(r^2 \frac{\partial \theta}{\partial r}\right) = \frac{\partial \theta}{\partial t}.$$ (इलाहाबाद, 1934)

(६) यदि $u = f(r)$, जिसमें $r^2 = x^2 + y^2$, तो सिद्ध करो कि

$$\frac{\partial^2 u}{\partial x^2} + \frac{\partial^2 u}{\partial y^2} = f''(r) + \frac{1}{r} \quad f'(r)$$

(आंध्र विश्वविद्यालय, 1950)

(७) यदि $r^2 = x^2 + y^2$, तो सिद्ध करो कि

$$\frac{\partial^2 r}{\partial x^2} + \frac{\partial^2 r}{\partial y^2} = \frac{1}{r}\left[\left(\frac{\partial r}{\partial x}\right)^2 + \left(\frac{\partial r}{\partial y}\right)^2\right]$$ (अलीगढ़. 1953)

(८) यदि $x = r \cos \theta, y = r \sin \theta, z = f(x, y)$,

तो सिद्ध करो कि

$$\frac{\partial z}{\partial x} = \frac{\partial z}{\partial r}.\cos \theta - \frac{1}{r}\frac{\partial z}{\partial \theta}. \sin \theta.$$

यह भी सिद्ध करो कि

$$\frac{\partial^2 (r^n \cos n\theta)}{\partial x \, \partial y} = -(n-1)r^{n-2} \sin(n-2)\theta.$$

(बम्बई, 1935)

(९) सिद्ध करो कि समीकरण

$$\frac{\partial^2 \phi}{\partial r^2} + \frac{1}{r} \quad \frac{\partial \phi}{\partial r} + \frac{1}{r^2} \quad \frac{\partial^2 \phi}{\partial \theta^2} = 0$$

फलन $\phi = (Ar^n + Br^{-n}) \cos n(\theta - a)$

द्वारा संतुष्ट होता है ;

(१०) यदि $z=\dfrac{\text{Sin } u}{\cos v}$, $u=\dfrac{\cos y}{\sin x}$, $v=\dfrac{\cos x}{\sin y}$,

तो सिद्ध करो कि

$$\frac{\partial z}{\partial x}=-\frac{u \cot x \cos u \sin y+z \sin v \sin x}{\cos v \sin y}$$

(११) यदि $f=\dfrac{x+y}{1-xy}$; $x=\tan(2u-v^2)$,

और $y=\dfrac{1}{\tan(u^2v)}$,

तो सिद्ध करो कि

$$\frac{\partial u}{\partial v}=-\frac{(1+x^2)(1+y^2)(2v+u^2)}{(1-xy)^2}$$

$f_{xy}$ और $f_{yx}$—पिछले प्रकरणों में हमने मान लिया है कि साधारणत: $f_{xy}$ और $f_{yx}$ बराबर होते हैं। किन्तु कभी-कभी यह असमान भी हो जाते हैं। इस फलन पर विचार कीजिये :

$$f(x, y)=\frac{xy(x^2+y^2)}{x^2-y^2} \quad (x, y\neq 0)$$ [दिल्ली विश्वविद्यालय, ग्रानर्स 1954]

$f(0, 0)=0$

यहाँ $f_x(o, o)=\underset{h\to 0}{Lt}\dfrac{f(0+h,0)-f(0,0)}{h}=\underset{h\to 0}{Lt}\dfrac{0}{h}=0$,

और $f_x(o, k)=\underset{h\to 0}{Lt}\dfrac{f(0+h,k)-f(0, )}{h}$

$$= \underset{h \to 0}{Lt} \frac{\frac{hk(h^2+k^2)}{h^2-k^2} - 0}{h}$$

$$= \underset{h \to 0}{Lt} \frac{k(h^2+k^2)}{h^2-k^2} = -k$$

$$\therefore f_{yx}(0,0) = \underset{h \to 0}{ht} \frac{fx(0,0+k) - fx(0,0)}{k}$$

$$= \underset{k \to 0}{Lt} \frac{-k-0}{k} = -1 \qquad \text{(i)}$$

अब, $f_y(o, o) = \underset{k \to 0}{Lt} \frac{f(0, 0+k) - f(0, 0)}{k}$

$$= \underset{k \to 0}{Lt} \frac{0}{k} = 0,$$

और $f_y(h, 0) = \underset{k \to 0}{Lt} \frac{f(h, 0+k) - f(h, 0)}{k}$

$$= \underset{k \to 0}{Lt} \frac{\frac{h\,k(h^2+k^2)}{h^2-k^2} - 0}{k} = \underset{k \to 0}{Lt} \frac{h(h^2+k^2)}{h^2-k^2} = h.$$

$$\therefore f_{xy}(0,0) = \underset{h \to 0}{Lt} \frac{f_y(0+h, 0) - f_y(0, 0)}{h}$$

$$= \underset{h \to 0}{Lt} \frac{h-0}{h} = 1$$

इस प्रकार (i) और (ii) से हम देखते हैं कि

$f_{xy}(0, 0) \neq f_{yx}(0, 0)$

इसका अर्थ यह हुआ कि $f_{xy}$ और $f_{yx}$ तभी बराबर होंगे जब $f$ कोई शर्त पूरी करे।

प्रमेय—यदि फलन

$$z=f(x, y)$$

के द्वितीय आंशिक अवकल गुणांक

$$\frac{\partial^2 z}{\partial x\, \partial y} \text{ और } \frac{\partial^2 z}{\partial y \partial x}$$

दोनों सतत हों तो

$$\frac{\partial^2 z}{\partial x \partial y}=\frac{\partial^2 z}{\partial y \partial x}$$

मान लीजिये कि

$$F(h, k)=f(x+h, y+\text{k})-f(x+h, y)-f(x, y+\text{k})+f(x,y) \qquad (1)$$

यदि हम इस संकेतन

$$\phi(x)=f(x, y+\text{k})-f(x, y) \qquad (2)$$

का प्रयोग करें तो (1) को इस प्रकार लिख सकते हैं :

$$F(h, \text{k})=\phi(x+h)-\phi(x) \qquad (3)$$

अतः, मध्यक मान प्रमेय से,

$$\phi(x+h)-\phi(x)=h\,\phi'(x+\theta_1 h) \qquad (0<\theta_1<1) \qquad (4)$$

और हम जानते हैं कि

$$\phi'(x)=f_x(x, y+\text{k})-f_x(x, y) \qquad (5)$$

$\therefore$ (1), (4) और (5) से,

$$F(h, \text{k})=h\,[f_x(x+\theta_1 h, y+\text{k})-f_x(x+\theta_1 h, y)] \qquad (6)$$

$$=h\text{k}\, f_{yx}(x+\theta_1 h, y+\theta_2 \text{k}) \qquad (0<\theta_2<1),$$

(4) से।

इस प्रकार,

$$\frac{F(h, k)}{hk} = f_{yx}\ (x+\theta_1 h, y+\theta_2 k) \tag{7}$$

अब, यदि हम (2) के स्थान पर फलन

$$\psi(y) = f\ (x+h, y) - f(x, y)$$

लेकर चलें तो (7) के स्थान पर हमे प्राप्त होगा :

$$\frac{F(h, k)}{hk} = f_{xy}\ (x+\theta_3 h,\ y+\theta_4 k), \tag{8}$$

जिसमें $0 < \theta_3 < 1,\ 0 < \theta_4 < 1$

अतएव, (7) और (8) से,

$$f_{yx}\ (x+\theta_1 h, y+\theta_2 k) = f_{xy}\ (x+\theta_3 h, y+\theta_4 k)$$

अन्त में, हमें दिया है कि $f_{yx}$ और $f_{xy}$ दोनों सतत हैं।

$\therefore$ जब $h \to o,\ k \to o$, तब, सीमा लेने पर हमें प्राप्त होगा :

$$\frac{\partial^2 f}{\partial x \partial y} = \frac{\partial^2 f}{\partial y \partial x} \tag{9}$$

२१.१७ **दो-चर फलनों का टेलर प्रमेय**—मान लीजिये कि हमें फलन

$$f\ (x+h, y+k)$$

का प्रसार करना है। तो पहले हम $x$ को चर और $(y+k)$ को अचर मान लेते हैं। इस प्रकार,

$$f\ (x+h,\ y+k) = (x,\ y+k) + h\frac{\partial}{\partial x} f\ (x, y+k)$$

$$+ \frac{h^2}{2!}\ \frac{\partial^2}{\partial x^2} f\ (x, y+k) + \frac{h^3}{3!}\ \frac{\partial^3}{\partial x^3} f\ (x, y+k) + \cdots$$

इस समीकरण के दक्षिण पक्ष के प्रत्येक पद में $f\ (x, y+k)$ का समावेश है। इन पर एक-चर फलन के टेलर प्रमेय का प्रयोग करने से, हमें प्राप्त होगा।

$$f(x+h, y+k) = f(x, y) + k\frac{\partial}{\partial y} f(x, y) + \frac{k^2}{2!}\frac{\partial^2}{\partial y^2} f(x, y) + \cdots\cdots$$

$$+ h.\frac{\partial}{\partial x}\left[ f(x, y) + k\frac{\partial}{\partial y} f(x, y) + \frac{k^2}{2!}\frac{\partial^2}{\partial y^2} f(x, y) + \cdots\cdots \right]$$

$$+ \frac{h^2}{2!}\frac{\partial^2}{\partial x^2}\left\{ f(x, y) + k\frac{\partial}{\partial y} f(x, y) + \frac{k^2}{2!}\frac{\partial^2}{\partial y^2} f(x, y) + \cdots\cdots \right\} + \cdots\cdots$$

दक्षिण पक्ष के पदों का पुनर्विन्यास करने से,

$$f(x+h, y+k) = f(x, y) + \left( h\frac{\partial f}{\partial x} + k\frac{\partial f}{\partial y} \right) + \frac{1}{2!}\left( h^2\frac{\partial^2 f}{\partial x^2} + 2hk\frac{\partial^2 f}{\partial x \partial y} + k^2\frac{\partial^2 f}{\partial y^2} \right) + \cdots\cdots$$

सांकेतिक रूप में हम इस समीकरण को इस रूप में भी ढाल सकते हैं :

$$f(x+h, y+k) = f(x, y) + \left( h\frac{\partial}{\partial x} + k\frac{\partial}{\partial y} \right) f + \frac{1}{2!}\left( h\frac{\partial}{\partial x} + k\frac{\partial}{\partial y} \right)^2 f + \frac{1}{3!}\left( h\frac{\partial}{\partial x} + k\frac{\partial}{\partial y} \right)^3 f + \cdots\cdots + \frac{1}{n!}\left( h\frac{\partial}{\partial x} + k\frac{\partial}{\partial y} \right)^n f + \cdots \quad (1)$$

टिप्पणी (१)—यहाँ यह स्पष्ट रूप से समझ लेना चाहिये कि

$$\left( h\frac{\partial}{\partial x} + k\frac{\partial}{\partial y} \right)^n f$$

का यह अर्थ है कि पहले हमें

$$\left( h\frac{\partial}{\partial x} + k\frac{\partial}{\partial y} \right)^n$$

का प्रसार इस प्रकार करना है मानो $\frac{\partial}{\partial x}$ और $\frac{\partial}{\partial y}$ कोई साधारण बीजीय

राशियाँ हों और तब फल की दाहिनी ओर $f$ रख देना है। इस प्रकार,

$$\left( h \frac{\partial}{\partial x} + k \frac{\partial}{\partial y} \right)^2 f$$

का यह अर्थ नहीं लगाना चाहिये :

$$\left( h \frac{\partial f}{\partial x} + 4 \frac{\partial f}{\partial y} \right)^2$$

अर्थात, $h^2 \left( \frac{\partial f}{\partial x} \right)^2 + 2\, h\, k \frac{\partial f}{\partial x} \frac{\partial f}{\partial y} + k^2 \left( \frac{\partial f}{\partial y} \right)^2,$

वरन् यह अर्थ लगाना चाहिये :

$$\left( h^2 \frac{\partial^2}{\partial x^2} + 2\, h\, k \frac{\partial^2}{\partial x \partial y} + k^2 \frac{\partial^2}{\partial y^2} \right) f$$

अर्थात, $h^2 \frac{\partial^2 f}{\partial x^2} + 2\, hk \frac{\partial^2 f}{\partial x \partial y} + k^2 \frac{\partial^2 f}{\partial y^2}$

**टिप्पणी** (२)—यहाँ हमने उपर्युक्त टेलर प्रमेय की केवल आकारी उपपत्ति ( formal proof ) दी है। किन अवस्थाओं में यह उपपत्ति लागू होती है, यह विषय इस पुस्तक के क्षेत्र के बाहर की बात है।

जिस प्रकार एक-चर फलन के टेलर प्रमेय को हम सान्त रूप दे सकते हैं और $n$ पदों के पश्चात के शेष को कई रूपों में ढाल सकते हैं, उसी प्रकार इस प्रमेय में भी कर सकते हैं। किन्तु यह सब विस्तार की बातें हम यहाँ छोड़े देते हैं।

उपप्रमेय—यदि $f$, $m$ चरों का फलन हो तो

$$f(x_1 + h_1, x_2 + h_2, \cdots, x_m + h_m) = f(x_1, x_2, \cdots x_m)$$

$$\left( h_1 \frac{\partial}{\partial x_1} + h_2 \frac{\partial}{\partial x_2} + \cdots\cdots + h_m \frac{\partial}{\partial x_m} \right) f$$

$$+\frac{1}{2!}\left(h_1\frac{\partial}{\partial x_1}+h_2\frac{\partial}{\partial x_2}+\cdots+h_m\frac{\partial}{\partial x_m}\right)^2 f+\cdots$$

$$+\frac{1}{n!}\left(h_1\frac{\partial}{\partial x_1}+h_2\frac{\partial}{\partial x_2}+\quad+h_m\frac{\partial}{\partial x_m}\right)^n f+\cdots$$

उदाहरण (१) किसी दीर्घवृत्त के प्रत्येक अक्ष को नापने में 2% की गलती हो गई है। तो उसका क्षेत्रफल निकालने में कितने प्रतिशत की गलती होगी।

यदि दीर्घवृत्त के अर्धाक्ष $a$, $b$ हों तो उसका क्षेत्रफल $A=\pi ab$.

तो $\log A=\log\pi+\log a+\log b$

$$\therefore \frac{\delta A}{A}=\frac{\delta a}{a}+\frac{\delta b}{b}$$

अत: $$100\frac{\delta A}{A}=\frac{100\,\delta a}{a}+\frac{100\,\delta b}{b}$$

किन्तु $\delta a=\frac{2a}{100}$, $\quad \delta b=\frac{2b}{100}$

$$\therefore 100\frac{\delta A}{A}=2+2=4$$

$$\therefore \frac{\delta A}{A}=\frac{4}{100}=4\%.$$

उदाहरण (२) किसी शंकु का पूर्ण पृष्ठ $S$ उसकी ऊँचाई $h$ और अर्ध-शीर्ष कोण $\alpha$ के पदों में निकाला गया है। यदि $h$ और $\alpha$ को नापने में छोटी-छोटी त्रुटियाँ $\delta h$ और $\delta S$ हो गई हों तो $S$ में कितनी त्रुटि हुई होगी?

यह भी सिद्ध करो कि यदि $\alpha=\frac{\pi}{6}$ तो $h$ में $+1\%$ की त्रुटि का शोधन $\alpha$ में $-0.33°$ की त्रुटि से हो सकता है।

(मैथ० ट्राइपांस १९२४)

आधार का क्षेत्रफल $=\pi r^2=\pi h^2\tan^2\alpha$.

और वक्र पृष्ठ $= \pi \, r \, l = \pi \, h^2 \tan \alpha \sec \alpha$

$\therefore \; S = \pi \, h^2 \, (\tan^2 \alpha + \tan \alpha \sec \alpha)$

अतः, टेलर प्रमेय से,

$$\delta \; S = \frac{\delta S}{\delta h} \, \delta h + \frac{\delta S}{\partial \alpha} \partial \alpha \text{ (लगभग)}$$

$$= 2 \pi \, h \, (\tan^2 a + \tan \alpha \sec \alpha)$$
$$+ \pi \, h^2 \, (2 \tan a \sec^2 a + \sec^3 a + \tan^2 a \sec a) \, \delta \, a \qquad \text{(i)}$$

अतः $S$ के परिकलन में $\delta \, S$ की त्रुटि होगी जिसका मान यह है।
अब, मान लीजिये कि

$$a = \frac{\pi}{6} \text{ और } \delta \, h = \frac{h}{100}$$

तो (i) से,

$$\delta \, S = \frac{2 \pi \, h^2}{100} \left[ \frac{1}{3} + \frac{1}{\sqrt{3}} \cdot \frac{2}{\sqrt{3}} \right] + \pi \, h^2 \left[ 2 \cdot \frac{1}{\sqrt{3}} \cdot \frac{4}{3} \right.$$

$$\left. + \frac{8}{3\sqrt{3}} + \frac{1}{3} \cdot \frac{2}{\sqrt{3}} \right] \delta \propto \; = 2 \pi h^2 \times .01 + \pi h^2 \times 3.4646 \; \delta \, a$$

$$\therefore \delta \, S = 0 \text{ यदि } \delta \; a = -\frac{2 \times .001}{3.4646} \text{ रेडियन}$$

$$= -\frac{2 \times .01 \times 57.3}{3.4646} \text{ अंश}$$

$$= -.33 \text{ अंश}$$

## प्रश्नावली (२१.७)

(१) सिद्ध करो कि फलन

$$f \, (x, y) = x^2 \tan^{-1} \frac{y}{x} - y^2 \tan^{-1} \frac{x}{y} \, (xy \neq 0)$$

$f(x, y) = 0$ [$x$ और $y$ के अन्य मानों के लिए]

के लिए $\frac{\delta^2 f}{\partial x \partial y} \neq \frac{\partial^2 f}{\partial y \partial x}$

(२) सिद्ध करो कि

(i) $$\left(h \frac{\partial}{\partial x} + k \frac{\partial}{\partial y}\right)^2 z = h^2 \frac{\partial^2 z}{\partial x^2} + 2hk \frac{\partial^2 z}{\partial x \partial y} + k^2 \frac{\partial^2 z}{\partial y^2}$$

(ii) $$\left(h \frac{\partial}{\partial x} + k \frac{\partial}{\partial y}\right)^3 z = h^3 \frac{\partial^3 z}{\partial x^3} + 3h^2 \frac{\partial^3 z}{\partial x^2 \partial y} + 3hk^2 \frac{\partial^3 z}{\partial x \partial y^2} + k^3 \frac{\partial^3 z}{\partial y^3}$$

(३) किसी मीनार की ऊंचाई, किन्हीं दो बिन्दुओं से उसकी चोटी द्वारा बनाए गए उन्नति कोणों $\theta$ और $\phi$ द्वारा ज्ञात की गई है। यदि बिन्दुओं के बीच की दूरी $a$ फुट हो तो सिद्ध करो कि कोणों $\theta$ और $\phi$ के नापने में की गई त्रुटि $d\theta$ और $d\phi$ के कारण मीनार की ऊंचाई में

$$a(\sin^2\theta \, d\phi - \sin^2\phi \, d\theta) \operatorname{cosec}^2(\theta - \phi)$$

त्रुटि होगी। [आन्ध्र, 1937]

(४) $y$ का मान, $x$ के मान के नाप द्वारा समीकरण $y = f(x, t)$ से ज्ञात किया जाता है, जिसमें $t$ एक प्राचल है जो $x$ से समीकरण $\phi(x, t) = 0$ द्वारा संबंधित है।

सिद्ध करो कि यदि $x$ के नापने में थोड़ी त्रुटि हो जाय, तो $y$ के मान में लगभग त्रुटि, समीकरण

$$\partial y = \frac{\dfrac{\partial f}{\partial x}\cdot\dfrac{\partial \phi}{\partial t} - \dfrac{\partial f}{\partial t}\cdot\dfrac{\partial \phi}{\partial x}}{\dfrac{\partial \phi}{\partial t}}.\delta x$$

द्वारा दी जाती है। (पंजाब 1944)

(५) यदि $z = 2xy^2 - 3x^2y$, और $x$ का मान 2″ प्रति सिकिण्ड की दर से बढ़ता है जब $x$ का मान $x=3$ से बढ़ता है, तो सिद्ध करो कि, यदि $y$ का मान $y=1$ से गुजरता है, तो $z$ का मान अचर रखने के लिये $y$ का मान $2\frac{2}{15}$ इंच प्रति सिकिण्ड की दर से घटना चाहिए। (बनारस, 1931)

(६) किसी त्रिभुज में, यदि कोणों और भुजाओं के मान में थोड़ी वृद्धि हो जाय, तो सिद्ध करो कि

(i) $c.\ \Delta A + a\cos B.\ \Delta C = 0$; ($a$ और $b$ अचर हैं)

(ii) $\cos C.\ \Delta a + \cos A.\ \Delta c = 0$; ($b$ और $B$ अचर हैं)

(पटना, 1932).

(७) किसी त्रिभुज A $B$ $C$ में भुजा a का मान, $b$, $c$ और A के मानों द्वारा ज्ञात किया जाता है। यदि $b$, $c$ और A को नापने में त्रुटि $d\,b$, $d\,c$ और $d$ A हो तो सिद्ध करो कि परिकलन द्वारा प्राप्त $a$ के मान में त्रुटि समीकरण

$$da = \cos B.\ dc + \cos C.\ d\,b + b\sin C.\ d\,A$$

द्वारा दी जा सकती है।

## २१.१८ पूर्ण अवकल (Total Differentials)

मान लीजिए कि

$$z = f(x, y) \quad \text{(i)}$$

एक फलन है।

यदि $x$ और $y$ में वृद्धियाँ $\delta x$, $\delta y$ होती हैं तो मान लीजिये कि $z$ की परिणामी वृद्धि $\delta z$ हैं।

हमें प्राप्त है :

$$z + \delta z = f(x + \delta x, y + \delta y) \quad (२)$$

∴ घटाने से,

$$\delta z = f(x + \delta x, y + \delta y) - f(x, y)$$

$$= [f(x + \delta x, y + \delta y) - f(x + \delta x, y)]$$

$$+ \; [f(x+\delta x, y) - f(x, y)] \tag{३}$$

पहले कोष्ठक में हम $x + \delta x$ को अचर मान सकते हैं। तो मध्यक मान प्रमेय से,

$$f(x+\delta x, y+\delta y) - f(x+\delta x, y) = \delta y . f_y (x+\delta x, y+\theta_1 \delta y),$$

जिसमें $0 < \theta_1 < 1$.

(३) के दूसरे कोष्ठक में हम $y$ को अचर मान सकते हैं। अतः

$$f(x+\delta x, y) - f(x, y) = \delta x \, f_x (x+\theta_2 \delta x, y),$$

जिसमें $0 < \theta_2 < 1$.

अतएव, (३) से,

$$\delta z = \delta y . f_y (x+\delta x, y+\theta_1 \delta y) + \delta x . f_x (x+\theta_2 \delta x, y), \tag{4}$$

जिसमें $0 < \theta_1 < 1$, $0 < \theta_2 < 1$.

यदि $f_x(x, y)$ और $f_y(x, y)$ दोनों सतत हों तो हम (4) को इस रूप में ढाल सकते हैं :

$$\delta z = \delta y \, [f_y (x, y) + \epsilon] + \delta x \, [f_x (x, y) + \eta],$$

जिसमें $\xi \to 0$, $\eta \to 0$.

अर्थात, $\delta z = \dfrac{\partial z}{\partial x} \delta x + \dfrac{\partial z}{\partial y} \delta y + \eta \delta x + \epsilon \delta y$.

रेखांकित व्यंजक को हम $z$ का अवकल कहते हैं। $\delta z$ का मुख्य भाग यही है। यदि इसके स्थान पर $d z$ लिखें तो

$$d z = \frac{\partial z}{\partial x} \delta x + \frac{\partial z}{\partial y} \partial y. \tag{5}$$

अब मान लीजिये कि

$$z = x.$$

तो $\dfrac{\partial z}{\partial x} = \dfrac{d z}{d x} = 1$, $\quad \dfrac{\partial z}{\partial y} = 0$.

और (5) से, $d z = 1 . \delta x$

अतएव, अवकल संकेतन में,

$$d\,x = d\,z = 1.\ \delta x + 0$$

इसी प्रकार हम सिद्ध कर सकते हैं कि

$$dy = \delta y.$$

यह मान (5) में प्रतिस्थापित करने से,

$$dz = \frac{\partial z}{\partial x} dx + \frac{\partial z}{\partial y} dy.$$

**टिप्पणी**—यहाँ यह बात ध्यान देने योग्य है कि $\delta x$ और $dx$ में कोई अन्तर नहीं है, इसी प्रकार $\delta y$ और $dy$ में कोई अन्तर नहीं है, किन्तु $dz$ वास्तव में $\delta z$ नहीं है, वरन $\delta z$ का मुख्यांश है।

# उत्तरमाला

## प्रश्नावली 3.1

(१) (क) 10 (ख) 9 (ग) $-3$ (घ) $\frac{1}{2}$ (ङ) $\frac{1}{a}$ .

(४) $nb^{n-1}$ (५) (क) $a$ (ख) $\frac{a}{b}$ (६) $\frac{b}{d}$ ; $\frac{a}{c}$ .

## प्रश्नावली 3.2

(२) (क) 0 (ख) 0 (ग) 0 (घ) 1 (ङ) 0.

(३) $\frac{1}{3}$ .

## प्रश्नावली 4.2

(८) $\frac{1}{2}(2n+1)\pi; -1; \frac{4}{3}; n\pi; \frac{1}{2}n\pi; \pm 3, \pm 4.$

## प्रश्नावली 5.1

(१) $2x, 6x^5, -3x^{-4}, \frac{1}{3}x^{-2/3}, \frac{4}{3}x^{1/3}, -\frac{5}{6}x^{-11/6},$

$\frac{1}{2}x^{-1/2}, \frac{3}{2}\sqrt{x}, -\frac{3}{2}x^{-5/2}$

(२) $2a+b$ (३) $\frac{ad-bc}{(cx+d)^2}$ (४) $n.x^{n-1}$ (५) $\frac{-a}{2(ax-b)^{3/2}}$,

(६) $3x^2+4x$

(७) $4x^3+5$ (८) $3x\sqrt{x^2+a^2}$ (९) $\frac{q}{(p-qx)^2}$ (१०) $\frac{-1}{2(x+a)^{3/2}}$

(११) $m\,am.\,x^{m-1}$ (१२) $\frac{x}{(1-x^2)^{3/2}}$ (१३) $1+x+\frac{x^2}{2!}+\frac{x^3}{3!}+\cdots$

(१४) $x^2(3+4x+5x^2)-\frac{1}{x^6}(3x^2+4x+5)$.

## प्रश्नावली 5.2

(१) $3ax^2+2bx+c$ (२) $2nx^{n-1}.[a^n+x^n]$.

(३) $4b(a+bx)^3$. (४) $3x^2+10x+a^x\log a$.

(५) $n\left[x^{n-1}-\frac{1}{x^{n+1}}\right]$ (६) $ax^{a-1}+e^x$

(७) $2.e^{2x}+\frac{1}{x}.\log_a e$. (८) $\frac{1}{x}\left[\log_a e+1\right]$

(९) $2px+q+\frac{}{x}$ (१०) $anx^{n-1}+b.e^x+\frac{c}{x}.\log_a e+\frac{d}{x}$.

(११) $x^4+3.e^x$ (१२) $2ax+2h-\frac{pq}{x^2}+\frac{1}{x}$.

(१३) $\left(x^3+\frac{1}{x^3}\right)+\left(x^2+\frac{1}{x^2}\right)+\left(x+\frac{1}{x}\right)$.

(१४) $x^{m-1}(a-x)^{n-1}[ma-mx-nx]$

(१५) $n.x^{n-1}(a^2-x^2)^{n-1}(a^2-3x^2)$.

## प्रश्नावली 5.3

(१) $a\cos ax$ (२) $-a\sin ax$ (३) $m\sec^2 mx$ (४) $-m\,\text{cosec}^2 mx$.

(५) $n\sec nx\tan nx$ (६) $-n\,\text{cosec}\,nx\cot nx$ (७) $\sin 2x$.

(८) $-\sin 2x$ (९) $\cos x - \sin x + 3x^2$ (१०) $\tan^2 x$ (११) $\frac{\cos\sqrt{x}}{2\sqrt{x}}$

(१२) $2x \cos x^2$ (१३) $-2x \sin x^2$ (१४) $\frac{1}{x} + e^x + \cos x$

(१५) $(m+n)\, x^{m+n-1} + \frac{1}{x} + \sec^2 x.$

## प्रश्नावली 5.4

(१) 0 (२) $\frac{2x}{\sqrt{1-x^4}}, \frac{3x^2}{\sqrt{1-x^6}}$ (३) $\frac{2x}{\sqrt{x^4-1}.\,[\sqrt{1+x^2} \pm \sqrt{1-x^2}]}$

(४) 0 (५) $\frac{1}{2\sqrt{x}.\,(1+x)}$ (६) $nx^{n-1} + \frac{1}{\sqrt{1-x^2}}$ (७) $\frac{3\,(x^3-x-1)}{\sqrt{1-x^2}}$

(८) $\frac{x+\sqrt{1-x^2}.}{x\sqrt{1-x^2}}$ (९) $e^x + \frac{1-x+x^2}{x(1+x^2)}$ (१०) 0

(११) $\frac{a}{\sqrt{1-a^2x^2}}, \frac{-a}{\sqrt{1-a^2x^2}}, \frac{m}{1+m^2x^2}, \frac{-m}{1+m^2x^2}$

(१२) $\frac{1}{\sqrt{a^2-x^2}}, \frac{1}{\sqrt{b^2-x^2}}, \frac{m}{m^2+x^2}, \frac{-m}{m^2+x^2}$

(१३) $\frac{2}{1+x^2}, \frac{2}{1+x^2},$ (१४) $\frac{1-a^2}{ax^2} - \frac{1}{\sqrt{1-x^2}}$

(१५) $\cos x + \frac{1}{\sqrt{1-x^2}}, -\sin x - \frac{1}{\sqrt{1-x^2}}.$

## प्रश्नावली 5.5

(१) $\frac{-\sin x}{2\sqrt{\cos x}}$, $\sin 2x$, $2x.\cos x^2$, $-2x.\sin x^2$.

(२) $\frac{x.\,(2b-3ax-x^4)}{(x^3+b^2)}, \frac{-(x \sin x \log x + \cos x)}{x\,(\log x)^2}, \frac{x-\sin 2x}{x^3\cos^2 x}$

(३) $3x^2 \cos x^3$, $e^x.\cos e^x$, $2\cos 2x$, $\cot x$.

(४) $e^{\tan x}\sec^2 x,\ -\frac{1}{x}\sin(\log x^2),\ \cos 2x,\ 3x^2\sin x+x^3\cos x.$

(५) $\frac{a}{2\sqrt{x}},\ \frac{1}{1+x^2},\ \frac{-x}{\sqrt{a^2-x^2}}.$

(६) $\frac{-\sin(\log x)}{x},\ \frac{1}{(\sin^{-1}x).\sqrt{1-x^2}}$

(७) $nx^{n-1}\sin ax+ax^n\cos ax.$

## प्रश्नावली (6.1)

(१) $5x^4+4x^3+3x^2-2x-1.$

(२) $6(x^5+x+1)$

(३) $a(b+4cx).(b+cx)^2$

(४) $5e+\frac{6}{x}.$

(५) $\frac{-nb(ax+b)^{n-1}}{x^n+1}$

(६) $9a^x\log_e a+\frac{3}{x}.\log_a e$

(७) $8x.(x^2-2)$

(८) $3(x^2-1)$

(९) $2x+3$

(१०) $2(x+1)$

(११) $2(2x^3+15x^2+35x+25)$

(१२) $2x.(2x^2-5)$

(१३) $\frac{3}{x^4}.\left(2x^6-x^2+4\right)$

## प्रश्नावली (6.2)

(१) $nx^{n-1}\sin ax+ax^n\cos ax$

(२) $x^{n-1}[n\cos x-x\sin x].$

(३) $n(2x-a-b).(a-x)^{n-1}(b-x)^{n-1}.$

(४) $e^x.\left\{(a+b)\log x+b(1+x\log x)+\frac{a}{x}\right\}.$

(५) $x^3\cos x+x^2(\cos x+3\sin x)+x(\cos x+2\sin x)+(\sin x+\cos x).$

(६) $x(1+2\log x)$

(७) $e^{ax}.x^{n-1}.(n+ax)$.

(८) $(a^2-x^2)^{-3/2}+3x^2(a^2-x^2)^{-5/2}$

(९) $e^{ax}[a \sin bx+b \cos bx]$.

(१०) $m \cos mx \cos nx-n \sin mx.\sin nx$.

(११) $n(x \sin nx)^{n-1}[nx \cos nx+\sin nx]$.

(१२) $34-30x$.

(१३) $\dfrac{2x \sec^2 x+\tan x}{2\sqrt{x}}$

(१४) $18x^2+22x+6$.

(१५) $\dfrac{\sqrt{x}\cos\sqrt{x}+\sin\sqrt{x}}{2\sqrt{x}}$

(१६) $\cos x \sin 2x \sin 3x \sin 4x+2 \sin x \cos 2x \sin 3x \sin 4x$.
$+3 \sin x \sin 2x \cos 3x \sin 4x+4 \sin x \sin 2x \sin 3x \cos 4x$.

(१७) $-\frac{1}{2}(x^2+2bx+a^2)(a^2-x^2)^{-1/2}.(b+x)^{-3/2}$

(१८) $\frac{1}{2} \sin 4x$

(१९) $\sec x.(\sec^2 x+\tan^2 x)$.

(२०) $\tan x.\log x+x \log x.\sec^2 x+\tan x$.

(२१) $x^{n-1}\tan^{m-1}ax.[amx.\sec^2 ax+n \tan ax]$.

(२२) $e^{ax}.\operatorname{cosec} x[x^2+3x^2\log_e x+ax^3.\log_e x+x^3 \log_e x.\cot x]$

(२३) $\sin^{m-1}ax \cos^{n-1}bx[ma \cos ax \cos bx-nb \sin ax \sin bx]$.

(२४) $x^4.\left[5 \sin^{-1}x+\dfrac{x}{\sqrt{1-x^2}}\right]$

(२५) $e^x\left[\cos^{-1}x-\dfrac{1}{\sqrt{1-x^2}}\right]$

(२६) $\dfrac{1}{x}\tan^{-1}x+\dfrac{\log_e x}{1+x^2}$

(२७) $x^6.e^x\left[(7+x)\sec^{-1}x \quad \frac{1}{\sqrt{x^2-1}}\right]$

(२८) $\frac{1}{\sqrt{1-x^2}}\left(\cos^{-1}x-\sin^{-1}x\right)$.

(२९) $\frac{a\tan^{-1}bx}{\sqrt{1-a^2x^2}}+\frac{b\sin^{-1}bx}{1+b^2x^2}$

(३०) $\frac{n\cos^{-1}mx}{\sqrt{1-n^2x^2}}-\frac{m\sin^{-1}nx}{\sqrt{1-m^2x^2}}$

(३१) $q\sin x\sin \ ^1x+(b+qx).\left[\cos x.\sin^{-1}x+\frac{\sin x}{\sqrt{1-x^2}}\right]$

(३२) $\frac{x^4.e^{-x}}{1+x^2}\left[x+(5-x).(1+x^2).\tan^{-1}x\right]$

(३३) $\frac{x^3}{\sqrt{1-x^2}}.\left\{x+(1+4\log x).(1-x^2)^{1\ 2}.(\sin^{-1}x\right\}$

(३४) $x\sec x\left\{1+2\log x+x\log x.\tan x\right\}$

(३५) $e^{-x}\left\{1-(x-1)^2.\tan^{-1}x\right\}$

## प्रश्नावली (6.3)

(१) $\frac{-40}{(7x+3)^2}$

(२) $\frac{12(x^2+4x\ \ 1)}{(5x^2+6x+7)^2}$.

(३) $\frac{-2x}{(1-x)^2}$

(४) $\frac{-2(1+x)(2+x)}{(1+2x)^4}$

(५) $\frac{x^2+9}{x^4(1+x^2)^{1/2}}$

(६) $\frac{\sqrt{a}}{\sqrt{x}.(\sqrt{a}-\sqrt{x})^2}$

(७) $\frac{ax}{(2ax-x^2)^{3/2}}$

(८) $\frac{4x}{(1-x^2)^2}$

(९) $\dfrac{x-1}{2x^{3/2}}$ (१०) $\dfrac{2(1-x^2)}{(1-x+x^2)^2}$.

(११) $\dfrac{-2a^2x}{(a^2-x^2)^{1/2}.(a^2+x^2)^{3/2}}$ (१२) $\dfrac{-8a^2x(a^2-x^2)}{(a^2+x^2)^3}$

(१३) $2(x-x^{-3})$.

(१४) $\dfrac{n(a-b)(a-x)^{n-1}}{(b-x)^{n+1}}$ (१६) $\dfrac{-2x}{\sqrt{x^4-1}.[x^2+\sqrt{x^4-1}]}$

(१७) $-\text{cosec } x.\sin x$, $\sec x \tan x$. (१८) $\dfrac{1}{\cos^2 x}$

(१९) $\dfrac{x\cos x-\sin x}{x^2}$, $\dfrac{e(\ \text{in } x+\cos x)+x(2\sin x+x\cos x)}{\sin^2 x}$.

(२०) $\dfrac{x\cos x\log x-\sin x}{x(\log x)^2}$, $\dfrac{-x\sin x\log x-\cos x}{x(\log x)^2}$

(२१) $\dfrac{(\sec^2 x-e^{-x})(\cot x+x^n)-(nx^{n-1}-\text{cosec}^2 x)(e^{-x}+\tan x)}{(\cot x+x^n)^2}$.

(२२) $2\sin 2x$ (२३) $\dfrac{2\sin x}{(1+\cos x)^2}$

(२४) $\dfrac{4\cos 2x}{(1-\sin 2x)^2}$

(२५) $\dfrac{\{(\sec^2 x-\text{cosec}^2 x).\log x-(1/x).(\tan x+\cot x)\}}{(\log x)^2}$

(२६) $\dfrac{\sin 4x-8x\sin^2 x}{4\cos^2 x.\sin 2x}$

(२७) $4\sec^2 x.\tan x$

(२८) $\dfrac{5(x\tan x-1)^2+2\sec^2 x-3.}{(5x^2+2)^2}$.

(२९) $\dfrac{x^{n-1}.[n\log_a x-\log_a e].}{(\log_a x)^2}$

(३०) $-2\sin x$

(३१) $\dfrac{\{2px(\sin x+\cos x)-(\cos x-\sin x).(px^2+q)\}}{(\sin x+\cos x)^2}$.

(३२) $\sin x$

(३३) $\dfrac{-e^x.[2x^2+(x^2+2x)\cos 2x]}{(\sin x-\cos x)^2}$.

(३४) $\dfrac{e^x}{x^2}\left[\{x\sec^2 x+(x-1)\tan x\}\log x+\tan x\right]$

(३५) $\dfrac{(1-2x^2)\cos^{-1}x-x\sqrt{1-x^2}}{(1-x^2)^{3/2}}$, $\dfrac{x\sqrt{1-x^2}+\sin^{-1}x}{(1-x^2)^{3/2}}$

## प्रश्नावली (6.4)

(१) $\cos x.e^{\sin x}$, $-\sin x.e^{\cos x}$, $\sec x.\tan x.e^{\sec x}$, $\sec^2 x.e^{\tan x}$,

$2\cos(2x+7), e^{\sin(2x+7)}$

(२) $(2ax+b).e^{ax^2+bx+c}$, $3e^{3x+4}$, $-10x.\sin(5x^2+2).$

$e^{\cos(5x^2+10)}$, $(7-2\cos 2x).e^{7x-\sin 2x}$.

(३) $e^x\cos(e^x)$, $-2(x+1)e^{x^2+2x}.\sin(e^{x^2+2x})$, $\cos x.\cos(\sin x)$,
$-\sin x\cos(\cos x)$.

(४) $-\dfrac{1}{x}.\sin(\log x)$, $\dfrac{2ax+b.}{2\sqrt{ax^2+bx+c}}\cos[\sqrt{ax^2+bx+c}]$,

$-\dfrac{2ax+b}{2\sqrt{ax^2+bx+c}}.\sin[\sqrt{ax^2+bx+c}]$.

(५) $\cos(\log e^x)$, $-\sec^2(\log e^{-x})$.

(६) $\dfrac{2(1-x^2)}{1+x^2+x^4}$, 1.

(७) $\cot x - \tan x$

(८) $\dfrac{\cot(\log x)}{x}$

(९) $m \tanh(mx)$.

(१०) $\dfrac{2ax+2b+\cos x}{ax^2+2bx+\sin x}$

(११) $\sec x$

(१२) $\dfrac{2x+1}{2(x^2+x+1)}$.

(१३) $-a \sec(\operatorname{cosec} ax) \cdot \tan(\operatorname{cosec} ax) \cdot \operatorname{cosec} ax . \cot ax$,

$\dfrac{b \sec\sqrt{a+bx} . \tan\sqrt{a+bx}}{2\sqrt{a+bx}}$

(१४) $-15 \operatorname{cosec}^3 5x . \cot 5x$, $6x . \sin^2 x^2 . \cos x^2$

(१५) $3\sin^2 x \cos^2 3x(\cos 3x . \cos x - 3\sin 3x . \sin x)$,

$3\cos^2 x \sin^2 3x(3\cos x . \cos 3x - \sin x . \sin 3x)$, $3\sin^2 x . \sin 4x$.

(१६) $\dfrac{2ab.}{a^2\cos^2 x - b^2\sin^2 x}$

(१७) $\sec x . \{1+x+(1+x\tan x)(x+\log x)\}$,

(१८) $(1-x^2)^{-3/2}$

(१९) $\dfrac{4}{1+x^2+x^4}$

(२०) $\dfrac{\cot^{-1} x}{1+x^2}$, $\dfrac{\operatorname{cosec}^{-1} x}{\sqrt{1-x^2}}$, $\dfrac{\cos^{-1} x}{x\sqrt{x^2-1}}$

(२१) $\sec x$, $\dfrac{1}{2\sqrt{\{(x-a)(x-b)}}$

(२२) $\dfrac{1}{2\sqrt{x-x^2}}$, $\dfrac{-1}{2\sqrt{x-x^2}}$.

(२३) $\dfrac{-\sin\sqrt{x}}{2\sqrt{x}}\left(\dfrac{1}{1+\cos^2\sqrt{x}}\right), \dfrac{1}{1+x^2}, \dfrac{-1}{1+x^2}$

(२४) $e^{x^2}.(1+x^2)^{-3/2}\ \{x(1+2x^2).\tan^{-1}x+1\}$.

(२५) $\dfrac{2}{x\sqrt{x^4-1}}$

(२६) $\dfrac{\sqrt{b^2-a^2}}{b+a\cos x}, \dfrac{\sqrt{b^2-a^2}}{b+a\sin x}$.

(२७) $\dfrac{1-2x^{3/2}}{2\{x^{1/2}+x^{3/2}+2x^2+x^{7/2}\}}, \dfrac{2}{\sqrt{x}.\ (1+4x)}$

(२८) $\dfrac{1}{e^x+e^{-x}}+\dfrac{1}{2\{\sqrt{x}+x\sqrt{x}\}}$.

(२९) $\dfrac{-2}{1+x^2}$.

(३०) $-\frac{1}{2}, \dfrac{-amb.}{(1+b^2x^2).\{1+(m\tan^{-1}bx)^2\}}$

## प्रश्नावली 6.5

(१) $\dfrac{1}{(1+x^2).\tan^{-1}x}, \dfrac{1}{x\log x}, \sec x.$

(२) $\dfrac{a}{ax+b}, \dfrac{2ax+b}{ax^2+bx+c}$.

(३) $\cot x, -\tan x, \dfrac{1}{2x}$

(४) $\dfrac{1}{2\sqrt{(x-a)(x-b)}}, \dfrac{1}{1-x^2}$.

(५) $\dfrac{2x}{1-x^4}, \dfrac{1}{\sqrt{a^2-x^2}}, \dfrac{1-3bx^2}{\sqrt{1-a^2x^2+2abx^4-b^2x^6}},$

$\dfrac{\phi'(x)}{\sqrt{1-\phi^2(x)}}$.

(६) $\dfrac{-a}{2\sqrt{ax+b}.\sqrt{1-b-ax}}$, $\dfrac{-a}{\sqrt{1-a^2x^2-2abx-b^2}}$,

$\dfrac{-\phi'(x)}{\sqrt{1-\phi^2(x)}}$.

(७) $\dfrac{a}{a^2+x^2}$, $\dfrac{\phi'(x)}{1+\phi^2(x)}$, $\dfrac{\sqrt{x}}{2x(1+x)}$,

$\dfrac{1+2x}{1+(1+x+x^2)^2}$, $\dfrac{\sec x.\tan x}{1+\sec^2 x}$,

(८) $\frac{1}{2}$, $\dfrac{1}{\sqrt{1-x^2}}$, $\dfrac{1}{1+x^2}$

(९) $\dfrac{x \sec x\,(\tan^{-1}x)}{1+x^2}$, $\dfrac{\cos x}{1+\sin^2 x}$, $\dfrac{\sec^2(\sin^{-1}x)}{\sqrt{1-x^2}}$

(१०) $-\frac{1}{2}$, $-\frac{1}{2}$, $\frac{1}{2}$, $\dfrac{3}{1+x^2}$.

## प्रश्नावली 6.6

(१) (i) $x^x\,(1+\log x)$

(ii) $x^{\sin ax}.\left\{\left(\dfrac{\sin ax}{x}\right)+a\cos ax.\log x\right\}$.

(iii) $x^{\cos ax}\left\{\dfrac{\cos ax}{x}-a\sin ax.\log x\right\}$

(iv) $5.x^{3+5x^4}.\,[1+4\log x]$.

(v) $x^{1+x^2}\left[x+\dfrac{1}{x}+2x\log x\right]$.

(vi) $x^{\log x+e^x-1}.\left\{2\log x+x.e^x+e^x\right\}$.

(२) (i) $\left(1+\dfrac{1}{x}\right)^{x^2}.\left\{2x\log\left(1+\dfrac{1}{x}\right)-\dfrac{x}{x+1}\right\}$

(ii) $\left(1+\frac{1}{x}\right)^x . \left\{\log\left(1+\frac{1}{x}\right)-\frac{1}{x+1}\right\}.$

(iii) $\left(1+\frac{1}{x}\right)^x . \left\{\log\left(1+\frac{1}{x}\right)-\frac{1}{x+1}\right\}$

$+x^{1/x-1}\{1+x-\log x\}$

(iv) $x^{\sqrt{x}}\left\{\frac{1+\log\sqrt{x}}{\sqrt{x}}\right\}$

(v) $x^{\sin^{-1}x}\left\{\frac{\sin^{-1}x}{x}+\frac{\log x}{\sqrt{1-x^2}}\right\}$

(३) (i) $\frac{x\,{}^5\sqrt{x^2+16}}{\sqrt{x^2+9}} . \left\{\frac{1}{x}-\frac{3x^3+62x}{5(x^2+9)(x^2+16)}\right\}.$

(ii) $\frac{(1-x)^{1/2}(3-x^3)^{3/2}}{(2-x^2)^{2/3}.(5-x^5)^{5/6}}.$

$\left\{\frac{1}{2(x-1)}+\frac{9x^2}{2(x^3-3)}+\frac{4x}{3(2-x^2)}+\frac{25x^4}{6(5-x^5)}\right\}$

(४) $(1+x)(2+x)\cdots\cdots(n+x).$

$\left\{\frac{1}{1+x}+\frac{1}{2+x}+\cdots\cdots+\frac{1}{n+x}\right\}.$

(५) $\frac{2(x-1)(x-2)(x-3)(x-4)}{(x+1)(x+2)(x+3)(x+4)}\times$

$\left\{\frac{1}{x^2-1}+\frac{1}{x^2-4}+\frac{1}{x^2-9}+\frac{1}{x^2-16}\right\}.$

(६) $\frac{(1-2x)^{3/2}(1+3x)^{-4/3}(1-4x)^{5/4}}{(1-5x)^{6/5}(1+6x)^{-7/6}(1-7x)^{8/7}}.$

$\left\{\frac{3}{2x-1}-\frac{4}{3x+1}+\frac{5}{4x-1}-\frac{6}{5x-1}+\frac{7}{6x+1}-\frac{8}{7x-1}\right\}$

(७) (i) $x^{x^2+1}.\log(ex^2)$

(ii) $[1+x\log x.\log ex].x^{(x^x)}+x-1.$

(८) (i) $\frac{e^{\sqrt{x}}}{2\sqrt{x}}$ (ii) $e^{\sin x}.\cos x$

(iii) $-\sin x.e^{\cos x}$ (iv) $e^{x^x}.x^x.\log ex.$

(९) $2(x+1).7^{x^2+2x+2}\log_e 7,\ a^{\log x}\frac{\log a}{x}.$

(१०) (i) $(\log x)^{\sin x}\left\{\cos x.\log(\log x)+\frac{\sin x}{x\log x}\right\}$

(ii) $(\cos x)^{\log x}.\left\{\frac{\log\cos x}{x}-\tan x.\log x\right\}$

(iii) $(\log x)^x\left\{\log(\log x)+\frac{1}{\log x}\right\}.$

(११) $(\sin^{-1}x)^{\log x}.\left\{\frac{\log(\sin^{-1}x)}{x}+\frac{\log x}{(\sin^{-1}x)(\sqrt{1-x^2})}\right\}.$

(१२) $\log x.\log(\log x)\left\{1+\frac{1}{\log x}+\frac{1}{\log x.\log(\log x)}\right\}.$

(१३) $(\text{Cot}\,x)^{\sin x}.\left\{\cos x.\log\cot x-\sec x\right\}$

$+(\tan x)^{\cos x}.\left\{\text{cosec}\,x-\sin x.\log(\tan x)\right\}.$

(१४) $(\sin x)^{\cos^{-1}x}\left[\cos^{-1}x.\cot x-\frac{\log\sin x}{\sqrt{1-x^2}}\right].$

(१५) $a^{\log\log x}.\frac{\log a}{x\log x}+b^{x\log x}.(\log b).(1+\log x).$

(१६) $\left[1+\log x+\cot x-\tan x+\frac{1}{x\log x}\right].\sin x.\log x.x^x.\cos x.$

(१७) $(\log x)^x \left\{ \log \log x + \dfrac{1}{\log x} \right\} + (\sin^{-1}x)^{\sin x}$

$\times \left\{ \cos x \log(\sin^{-1}x) + \right\} \dfrac{\sin x}{\sqrt{1-x^2}.\sin^{-1}x}$

(१८) $\dfrac{2 \log (\log x)}{x \log x}$

(१९) $\dfrac{1}{x \log x. (\log \log x). (\log \log \log x)}$

(२०) $(\tan^{-1}x)^{\cos x + \sin x} \quad (\cos x - \sin x) \log (\tan^{-1}x)$

$+ \dfrac{\sin x + \cos x}{(1+x^2).\tan^{-1}x}$

## प्रश्नावली 6.7

(१) $\dfrac{2x(y-6x^2)}{6y^2-x^2}$. (२) $\dfrac{-x}{y}$

(३) $\dfrac{ay-x^2}{y^2-ax}$ (४) $-\dfrac{ax+hy+g}{hx+by+f}$.

(५) $\dfrac{4x^2+18x+15}{(x+1)^{1/2}.(x+2)^{1/2}.(x+3)^{1/2}.(x+4)^{1/2}}$

(८) $-\dfrac{m \cos mx}{n \sin ny}$.

(९) $\dfrac{y^{\cot x}.(\log y).\text{cosec}^2 x - y(\tan x)^{y-1}.\sec^2 x}{(\tan x)^y.\log \tan x + \cot x.(y)^{\cot x - 1}}$

(१०) $-\dfrac{x}{y}$ (११) $\dfrac{\sin 2x}{\sin 2y}$.

(१२) $\dfrac{my}{[1+(m \tan^{-1}x)^2]\,[(x^2+y^2)+mx]}$

(१३) $\frac{y}{x}$ (१४) $\cot x . \cot y$

(१५) $\frac{y(2x^2-1)}{x(1-2y^2)}$ (१६) $\frac{y}{x^2+y^2+y}$.

(१७) $\frac{y^2}{x(1-y\log x)}$ (१८) $\frac{y(x\log y-y)}{x(y\log x-x)}$

(१९) $\frac{\sin^2(a+y)}{\sin a}$ (२०) $\frac{y(x-y)}{x(x\quad y)}$

(२१) $-\frac{y^2(1-\log x)}{x^2(1-\log y)}$ (२२) $\frac{y\tan x+\log\sin y}{\log\cos x-x\cot y}$

(२३) $-\frac{y}{x}$ (२४) $(9)^{-2/3} \quad -\frac{11}{9}$

(२५) $\frac{a}{a+y}$.

## प्रश्नावली 6·8

(१) $\frac{t(2-t^3)}{1-2t^3}$ (२) ०

(३) $\cos \frac{1}{2}t$ (४) $-\tan t$

(५) $\tan t$ (६) $\tan t$

(७) $\frac{\cos t . \sqrt{1-t^2}-2}{3t^2(\cos t^3-\sin t^3)\sqrt{1-t^2}}$.

(८) $\frac{1}{2}\sec^2 t . \operatorname{cosec} t$ (९) $-\tan 3t$

(१०) $\frac{t(e^t-\sin t)}{1+t\cos t}$ (११) $\frac{3}{2}\tan t$.

(१२) $\tan 3t$ (१३) $\frac{1}{t}$

## प्रश्नावली 6·9

(१) $\dfrac{5x^2-3a^2}{2x(x^2-a^2)} - \dfrac{p}{px+q}$ (२) $\dfrac{1}{\sqrt{1-x^2}} - \dfrac{1}{2\sqrt{x-x^2}}$

(३) $\dfrac{-1}{1+x^2}$ (४) $\dfrac{1}{2(1+x^2)}$

(५) $\dfrac{2x+1}{2(x^2+x+1)}$ (६) $\dfrac{1}{2}$

(७) $\dfrac{x}{\sqrt{1-x^4}}$ (८) $\dfrac{1}{2}$

(९) $5x^4+4x^3+3x^2+2x+1$.

## प्रश्नावली 7·1

(१) $\left(\pm\dfrac{a\sqrt{2}}{2}, \pm\dfrac{a\sqrt{2}}{2}\right)$

(२) $\left(\dfrac{\mp a^2}{\sqrt{a^2+b^2}}\right), \dfrac{\pm b^2}{\sqrt{a^2+b^2}}\Big)$

(३) (i) (a) जहाँ रेखा $ax+hy=o$ वक्र को काटती है।

(b) जहाँ रेखा $by+hx=o$ वक्र को काटती है।

(ii) (a) $(0, \pm b)$ (*b*) $(\pm a, 0)$

(iii) (a) $(0, a)$ (*b*) $(a, 0)$

(iv) (a) $(0, 0)$ और $(2^{1/3}a, 2^{2/3}a)$

(b) $(0, 0)$ और $(2^{2/3}a, 2^{1/3}a)$.

(४) $(\pm 4, \mp 3)$.

## प्रश्नावली 7·2

(१) जब $x > \dfrac{-b}{2a}$ तब $y$ बढ़ता है और जब $x < \dfrac{-b}{2a}$ तो $y$ घटता है।

(२) जब $x>2$ और जब $-2<x<0$ तो $y$ बढ़ता है,
और जब $x<-2$ और जब $0<x<2$ तब $y$ घटता है।

(५) जब $x>-2$ तो फलन घनात्मक है और जब $x<-2$ तो फलन ऋणात्मक है।

(६) जब $x>\dfrac{a+b}{2}$ तो $y$ घनात्मक है।

## प्रश्नावली 8·1

(१) ·6064 (२) ·477133 ········

(३) ·845253. (४) $\dfrac{a(a-b\cos C)}{c^2}$,

(५) 2 % (६) ·7 प्रतिशत

(७) लगभग $2\pi rl$ (८) ·1

(९) $\frac{1}{2}$ प्रतिशत, 432 सेकिण्ड। (१०) लम्बाई ·3 इंच कम हो जायगी।

(११) लगभग 9·96510 (१४) ·44 वर्ग इंच।

## प्रश्नावली 8·2

(१) 80 फुट, 20 फुट प्रति सेकिण्ड, 60 फुट।

(४) 84 फुट प्रति सेकिण्ड, 140 फुट।

(५) $a\cos t-2b\sin 2t$ ; $-a\sin t-4b\cos 2t$.

## प्रश्नावली 8·3

(१) $\dfrac{36}{5}$ फुट प्रति सेकिण्ड (२) $\dfrac{25\sqrt{2}}{2}$ फुट

(३) $\dfrac{15}{17}$ मील प्रति घंटा (४) $\dfrac{75\sqrt{7}}{14}$ मील प्रति घंटा।

(५) $5\sqrt{17}$ मील प्रति घंटा।

## प्रश्नावली 8·4

(१) 4 सेकिण्ड पश्चात् जब S = 144.

## प्रश्नावली 9·1

(१) (i) $\dfrac{(-1)^n .\ 2^{n+2} n!}{(\sqrt{3})^{n+2}} . (\sin^{n+1}\theta \sin(n+1)\theta.$

जिसमें $\theta = \tan^{-1}\left\{\dfrac{\sqrt{3}}{2x+1}\right\}$

(ii) $\dfrac{(-1)^n n!}{(x^2+x+1)^{\frac{n+1}{2}}}\left[\cos(n+1)\theta - \dfrac{\sin(n+1)\theta}{\sqrt{3}}\right]$

जिसमें $\theta = \cot^{-1}\left[\dfrac{2x+1}{\sqrt{3}}\right]$

(iii) $\dfrac{n!}{6}\Big[(1-x)^{-n-1} + 2(-2)^n (1+2x)^{-n-1}$

$-3(-1)^n (1+x)^{-n-1}\Big]$

(iv) $\dfrac{(-1)^n n!}{a^{n+1}} \sin^{n+1}\theta.\ \cos(n+1)\theta,$

जिसमें $\theta = \tan^{-1}\dfrac{a}{x}$.

(v) $\dfrac{(-1)^{n+1}.n!}{(a-b)(b-c)(c-a)}$

$\left[\dfrac{a(b-c)}{(x-a)^{n+1}} + \dfrac{b(c-a)}{(x-b)^{n+1}} + \dfrac{c(a-b)}{(x-c)^{n+1}}\right].$

(३) $\dfrac{m!}{(m-n)!} . (-b)^n . (a-bx)^{m-n}.$

(४) $a^n . e^{a+bx}$

(६) (i) जब $n$ सम है $[=2m]$ तो

$$y_{2m}=(-1)^m.\ b^{2m}\sin(a-bx);$$

जब $n$ विषम है $[=2m+1]$ तो

$$y_{2m+1}=-(b)^{2m+1}.\ \cos(a-bx).$$

(ii) जब $n$ सम है $[n=2m]$, तो

$$y_{2m}=(-1)^m.\ b^{2m}.\ \cos(a-bx);$$

जब $n$ विषम है $(n=2m+1)$ तो

$$y_{2m+1}=(-1)^m.b^{2m+1}.\ \sin(a-bx).$$

(१४) $\dfrac{(-1)^{n-1}.(n-1)!.\ \sin^n\theta.\ \sin n\theta}{a^n}$ जिसमें $\theta=\tan^{-1}\dfrac{a}{x}$.

(१५) $\frac{1}{2}r^n.\ e^{ax}\sin\{(b+c)x+n\phi\}+\frac{1}{2}r'^n.e^{ax}\{\sin(b-c)x+n\psi\}$

जिसमें $r^2=a^2+(b+c)^2,\ \phi=\tan^{-1}\left\{\dfrac{b+c}{a}\right\}$,

$$r'^2=a^2+(b-c)^2,\quad \psi=\tan^{-1}\left\{\frac{b-c}{a}\right\}.$$

(१६) (i) $\dfrac{1}{4}(a^2+9b^2)^{n/2}.\ e^{ax}\cos\left\{3bx+n\tan^{-1}\left(\dfrac{3b}{a}\right)\right\}$

$$+\frac{3}{4}(a^2+b^2)^{n/2}.\ e^{ax}\cos\left\{bx+n\tan^{-1}\left(\frac{b}{a}\right)\right\}$$

(ii) $-2^{n-1}.\cos\left(2x+\dfrac{n\pi}{2}\right)$.

(iii) $\frac{1}{2}e^x\left\{2^{n/2}.\ \cos\left(x+\dfrac{n\pi}{4}\right)\right.$

$$\left.-10^{n/2}\cos(3x+n\tan^{-1}3)\right\}.$$

(iv) $\dfrac{(-1)^{n-1}.\ p.\ a^{n-1}.\ (n-1)!}{(ax+b)^n}$

(v) $(n-1)!\left\{\dfrac{-1}{(a-x)^n}+\dfrac{(-1)^n}{(a+x)^n}\right\}$.

## प्रश्नावली 9.2

(१) (i) $\frac{(-1)^n n!}{2a}\left\{\frac{1}{(x-a)^{n+1}}-\frac{1}{(x+a)^{n+1}}\right\}.$

(ii) $\frac{(-1)^n\, n!}{(1+x)^{n+1}}$

(iii) $\frac{24.n!}{(1-x)^{n+1}}.$

(iv) $(-1)^n.\, n!\left\{\frac{16}{(x-2)^{n+1}}-\frac{1}{(x-1)^{n+1}}\right\}$

यदि $n>2$.

(v) $(-1)^n.\, n!\left\{\frac{1}{(1+x)^{n+1}}-\frac{4}{(2+x)^{n+1}}\right\}.$

(vi) $\frac{2a(-1)^n\, n!}{(a+x)^{n+1}}$

(vii) $\frac{1}{4}\,(a^2+1)^{\frac{1}{2}n}.\, e^{ax}.\sin\left(x+n\tan^{-1}\frac{1}{a}\right)$

$+\frac{1}{4}\,(a^2+9)^{\frac{1}{2}n}.\, e^{ax}\sin\left(3x+n\tan^{-1}\frac{3}{a}\right)$

(viii) $\frac{1}{2}.\ 2^n\cos\left(2x+\frac{n\pi}{2}\right)+\frac{1}{8}.\ 4^n\cos\left(4x+\frac{n\pi}{2}\right).$

(ix) $\frac{1}{8}.\ e^x\left\{3-4.5^{\frac{1}{2}n}\cos(2x+\tan^{-1}2)\right.$

$\left.+17^{\frac{1}{2}n}\cos.(4x+\tan^{-1}4)\right\}$

(x) $\frac{1}{4}.\ e^{ax}\left[2.(a^2+1)^{\frac{1}{2}n}\cos\left(x+n\tan^{-1}\frac{1}{a}\right)-(a^2+9)^{\frac{1}{2}n}\right.$

$\left.\cos\left(3x+n\tan^{-1}\frac{3}{a}\right)-(a^2+25)^{\frac{1}{2}n}\cos\left(5x+n\tan^{-1}\frac{5}{a}\right)\right].$

(४) $\dfrac{(-1)^n.\ n!\ 3^{n+1}}{(1+3x)^{n+1}}-\dfrac{(-1)^n\ n!.\ 2^{n+1}}{(1+2x)^{n+1}}$.

## प्रश्नावली 9·3

(१) $2^{-5}\left[6^n\cos\left(6x+\dfrac{n\pi}{2}\right)-2\cdot4^n\cos\left(4x+\dfrac{n\pi}{2}\right)\right.$
$\left.-2^n.\ \cos\left(2x+\dfrac{n\pi}{2}\right)\right]$.

(२) (i) $-2^{2n-3}\cos\left(\dfrac{n\pi}{2}+4x\right)$.

(ii) $\dfrac{1}{4}\left[4^n\sin\left(4x+\dfrac{n\pi}{2}\right)+2^n\sin\left(2x+\dfrac{n\pi}{2}\right)\right.$
$\left.-6^n\sin\left(6x+\dfrac{n\pi}{2}\right)\right]$.

(iii) $\dfrac{1}{4}\left[2^n.\ \cos\left(2x+\dfrac{n\pi}{2}\right)+4^n\cos\left(4x+\dfrac{n\pi}{2}\right)\right.$
$+6^n.\ \cos\left(6x+\dfrac{n\pi}{2}\right)$

(iv) $\frac{1}{2}\left[\cos\left(x+\dfrac{n\pi}{2}\right)-5^{n-}\cos\left(5x+\dfrac{n\pi}{2}\right)\right]$.

## प्रश्नावली 9·4

(१) (i) $e^{ax}\left\{(ax))^n+n^2(ax)^{n-1}+\dfrac{n^2(n-1)^2}{2!}(ax)^{n-2}\right.$
$\left.+\cdots\cdots+n!\right\}$

(ii) $n!.\ (1+x)^n-\dfrac{n^2(n!)}{1!}(1-x)^{n-1}$
$+\dfrac{n^2(n-1)^2\ (n!)}{2!\ 2!}x^2(1-x)^{n-2}+\cdots\cdots\cdots+\dfrac{x^n\ (n!)\ (-1)^n}{(n-r)!}$

(iii) $e^x\,[(ax+b)^3+3an\,(ax+b)^2+3a^2n\,(n-1)\,(ax+b)$
$+\,n\,(n-1)\,(n-2)a^3]$

(iv) $e^x\,[\log x+{}^nC_1x^{-1}-{}^nC_2x^{-2}+{}^nc_3.2!\;x^{-3}+\cdots\cdots$
$+(-1)^{n-1}.\,(n-1)!x^{-n}]$.

(v) $n!\,(ax+b)^m+\dfrac{n(n!)}{1!}\,max\,(ax+b)^{m-1}$

$$+\frac{n(n-1)\,.\,(n!)}{2!\;2!}\,a^2m\,(m-1)x^2.\,(ax+b)^{m-2}$$

$$+\cdots\cdots+\frac{n!\;n!}{(n-r)!\;r!\;r!}\cdot\frac{x^r.a^r.m!}{(m-r)!}$$

$$(ax+b)^{m-r}$$

$$+\cdots\cdots+x^n.\frac{m!}{(m-r)!}.a^n.\,(ax+b)^{m-n}.\,(m\geqslant n)$$

(vi) $(a^2+b^2)^{n/2}.\,e^{ax}.\,\sin\left(bx+n\tan^{-1}\dfrac{b}{a}\right)$.

(vii) $(-1)^{n-1}\{\,(n-1)!\,a^n\,(ax+b)^{-n}.\,\sin x$

$$-{}^nC_1\,(n-2)!\,a^{n-1}\,(ax+b)^{-n+1}\cos x$$

$$-{}^nC_2\,(n-3)!\,a^{n-2}\,(ax+b)^{-n+2}\sin x+\ldots\ldots$$

$$+\,{}^nC_r\,(-1)^r.\,(n-r-1)!\,a^{n-r}\,(ax+b)^{-n+r}$$

$$\sin\left(x+\frac{r\pi}{2}\right)$$

$$\cdots\cdots\}+\log\,(ax+b).\,\sin\,(x+\tfrac{3}{2}n\pi).$$

(viii) $e^x\,[ax^2+2x\,(b+an)+c+2bn+an\,(n-1)]$.

(ix) $\dfrac{(-1)^{n-1}\,(n-1)!}{x^n}\cos\,(ax+b)+\dfrac{n(-1)^{n-2}.\,(n-2)!}{x^{n-1}}$

$$a\cos\left(ax+b+\frac{\pi}{2}\right)+\frac{n\,(n-2)\,(-1)^{n-3}\,(n-3)!}{2!\,x^{n-2}}$$

$$a^2 \cos(ax+b+\pi)+\cdots\cdots$$

$$+\log x.\, a^n.\cos\left(ax+b+\frac{n\pi}{2}\right)$$

(x) $\dfrac{(n-1)!}{x}$

(३) $2^{n-2/2}.e^x\left[2x^2\cos\left(x+n\dfrac{\pi}{4}\right)+2^{3/2}.\,nx.\right.$

$$\left.\cos\left(x+\overline{n-1}\frac{\pi}{4}\right)+n(n-1)\cos\left(x+\overline{n-2}\frac{\pi}{4}\right)\right]$$

## प्रश्नावली 9·5

(१) $y_{2n}(o)=e^{\frac{m\pi}{2}}.\,m^2(2^2+m^2)(4^2+m^2)\cdots\cdots$

$$[(2n-2)^2+m^2].$$

$y_{2n+1}(o)=e^{\frac{-m\pi}{2}}.m(1^2+m^2)(3^2+m^2)\cdots\cdots$

$$[(2n-1)^2+m^2].\cdots$$

(५) $o$ यदि $n$ सम है!; $(n-2)^2(n-4)^2\cdots\cdots 3^2$ यदि $n$ विषम है।

(६) $y_{2n}(o)=m^2(m^2-2^2)(m^2-4^2)\cdots\cdots[m^2-(2n-2)^2].$

$y_{2n+1}(o)=m(m^2-1^2)(m^2-3^2)\cdots\cdots[m^2-(2n-1)^2].$

(७) $y_{2n+1}=0.$

$$y_{2n}=(-1)^{\frac{n-2}{2}}.(n-2)^2.(n-4)^2(n-6)^2\cdots\cdots 2^2.\,2.$$

(८) $y_{2n}(o)=0$

$y_{2n+1}(o)=a(1^2-a^2)(3^2-a^2)\cdots\cdots[(2n-1)^2-a^2].$

## प्रश्नावली 10·1

(१) $-x-\dfrac{3}{2}x^2-\dfrac{11}{6}x^3-\dfrac{25}{12}x^4-\cdots\cdots\quad(-1<x<1),$

(२) $x+(1-\frac{1}{2})x^2+(1-\frac{1}{2}+\frac{1}{3})x^3+(1-\frac{1}{2}+\frac{1}{8}-\frac{1}{4})x^4+\cdots\cdots$

(३) $x+\frac{1}{3}x^3+\frac{2}{5}x^5+\cdots\cdots$

(४) $\frac{1}{bx}\Big[1-\frac{1}{6}(3a^2-b^2)x^2$

$+\frac{1}{360}(15a^4-30a^2b^2+7b^4)x^4-\cdots\cdots\Big]$

(५) $1-x-\frac{1}{2}.\frac{x^3}{5}-\frac{1\cdot3}{2\cdot4}\cdot\frac{x^5}{5}-\frac{1\cdot3\cdot5}{2\cdot4\cdot6}\cdot\frac{x^7}{7}-\cdots\cdots$

(६) $x^2+\frac{1}{4}x^4+\frac{1\cdot3}{2\cdot4}x^6+\frac{1\cdot3\cdot5.}{2\cdot4\cdot6}x^8+\cdots\cdots$

(८) $\frac{a}{b}\Big[1-\frac{1}{6}(a^2+b^2)x^2$

$+\frac{1}{360}(3a^4-10a^2b^2+7b^4)-\cdots\cdots\Big]$

(६) (i) $24-\frac{54}{5}x^2+\frac{1422}{700}x^4-\cdots\cdots$

(ii) $\frac{-25}{14}-\frac{4313}{1960}x^2-\cdots\cdots$

(iii) $2\Big[1-\frac{1}{2}x+\frac{5}{12}x^2-\frac{7}{24}x^3+\cdots\cdots\Big]$

(iv) $\frac{x}{3}\Big[1+\frac{1}{15}(m^2+1)x^2$

$+\frac{(3m^2+1)(m^2+3)}{2520}x^4+\cdots\cdots\Big]$

(v) $\frac{2(n^2-m^2)}{p^2}\Big[1-\frac{1}{3}(n^2+m^2-3p^2)x^2+$

$\frac{4(n^2-5)(n^2+m^2)+3p^2+4m^4}{720}x^4+\cdots\cdots\Big].$

## प्रश्नावली 10·2

(१) $x-\frac{x^3}{3!}+\frac{x^5}{5!}-\cdot+\cdots\cdots+(-1)^m \frac{x^{2m+1}}{(2m+1)!}+\cdots\cdots$

(२) $1+x+x^2+\frac{2x^{2\,3}}{3}+\cdots\cdots$

(३) $x-\frac{x^2}{2}+\frac{x^3}{3}-\cdots\cdots+(-1)^{n-1}.\ \frac{x^n}{n}+\cdots\cdots$

(४) $x^2-\frac{8x^6}{6!}+\cdots\cdots$

(५) $1+x+\frac{x^2}{2!}+\frac{x^3}{3!}+\frac{x^4}{4!}+\cdots\cdots+\frac{x^n}{n!}+\cdots\cdots$

(६) $x+\frac{x^2}{2!}+\frac{2x^3}{3!}+\frac{9x^5}{5!}+\cdots\cdots$

(७) $x+1^2.\ \frac{x^3}{3!}+3^2.\ 1^2.\ \frac{x^5}{5!}+5^2.\ 3^2.\ 1^2.\frac{x^7}{7!}+\cdots\cdots$

(८) $x+\frac{x^3}{3}+\frac{2}{15}x^5+\cdots\cdots$

(९) $x-\frac{x^2}{3}+\frac{x^5}{5}-\frac{x^7}{7}+\cdots\cdots+(-1)^{n-1}.\ \frac{x^{2n-1}}{2n-1}+\cdots\cdots$

(१०) $1+\frac{x^2}{2!}+\frac{5x^4}{4!}+\frac{61x^6}{6!}+\cdots\cdots$

(११) $1+x+\frac{x^2}{2}-\frac{x^4}{8}+\cdots\cdots$

(१२) $1+x+\frac{x^2}{2}-\frac{x^3}{3}-\frac{11x^4}{24}-\frac{x^5}{5}+\cdots\cdots$

(१३) $e^{\frac{m\pi}{2}}\left\{1-mx+\frac{m^2x^2}{2!}-m(1+m^2).\frac{x^3}{3!}\right.$

$\left.+(2^2+m^2.)\frac{m^2x^4}{4!}+\cdots\cdots\right\}.$

(१४) $1+mx+\frac{m(m-1)}{2!}x^2+\frac{m(m-1)(m-2)}{3!}x^3$

$+\cdots\cdots+x^m.$

## प्रश्नावली 10.3

(१) $\log\sin x+h\cot x-\frac{1}{2}h^2\operatorname{cosec}^2 x$

$+\frac{1}{3}h^3.\operatorname{cosec}^2 x.\cot x+\cdots\cdots$

(३) $1-\frac{(x-\pi/2)^2}{2!}+\frac{(x-\pi/2)^4}{4!}-\frac{(x-\pi/2)^6}{6!}+\cdots\cdots$

(४) $\log\sin a+(x-a)\cot a-\frac{1}{2}(x-a)^2\operatorname{cosec}^2 a$

$+\frac{1}{3}(x-a)^3\operatorname{cosec}^2 a\cot a+\cdots\cdots$

(५) $\sin^{-1}h+x(1-h)^{-1/2}+\frac{x^2}{2!}h(1-h^2)^{-3/2}$

$+\frac{x^3}{3!}(1-h^2)^{-5/2}.(1+2h^2)+\cdots\cdots$

(६) $1-\frac{\theta^2}{2!}+\frac{\theta^4}{4!}-\frac{\theta^6}{6!}+\cdots\cdots$

(७) $\sin x+\sqrt{2}.h\sin\left(x+\frac{\pi}{4}\right)+\frac{(\sqrt{2}h)^2}{2!}\sin\left(x+\frac{2\pi}{4}\right)+\cdots$

(८) $e\left\{1+(x-1)+\frac{(x-1)^2}{2!}+\frac{(x-1)^3}{3!}+\cdots\cdots\right\}$

(९) $(x-2)^3+8(x-2)^2+11(x-2)+18.$

(१०) $\cos x-h\sin x-\frac{h^2}{2!}\cos x+\frac{h^3}{3!}\sin x+\cdots\cdots$

## प्रश्नावली 10.4

(१) $\pm\sqrt{\frac{7}{3}}$ (४) (i) $\frac{1}{2}(a+b)$ (ii) $1-\sqrt{\frac{7}{12}}$ (iii) 20.25 (६) $\frac{3}{8}$

(७) (i) $\frac{\sqrt{x^2+xh}-x}{h}$ (ii) $\frac{1}{h}\log\frac{e^h-1}{h}$ (iii) $\frac{1}{\log(1+h)}-\frac{x}{h}$

## प्रश्नावली 10.5

(i) $1+mx+\frac{m(m-1)}{2!}x^2+\cdots\cdots$

$+\frac{m(m-1)(m-2)\cdots\cdots(m-n+1)}{n!}x^n(1+\theta x)^{m-n}$

(ii) $x-\frac{x^3}{3!}+\frac{x^5}{5!}-\frac{x^7}{7!}+\cdots\cdots+\frac{x^n}{n!}\sin\left(\frac{n\pi}{2}+\theta x\right)$

(iii) $1-\frac{x^2}{2!}+\frac{x^4}{4!}-\frac{x^6}{6!}+\cdots\cdots\cdots+\frac{x^n}{n!}\cos\left(\frac{n\pi}{2}+\theta x\right)$

(iv) $1+x\log a+\frac{x^2}{2!}(\log a)^2+\cdots\cdots+\frac{x^n}{n!}a^{\theta x}(\log a)^n$

(v) $1+x+\frac{x^2}{2!}+\frac{x^3}{3!}+\cdots\cdots+\frac{x^n}{n!}e^{\theta x}$

(vi) $-x-\frac{x^2}{2}-\cdots\cdots-\frac{1}{n}\frac{x^n}{(1-\theta x)^n}$

(vii) $x-\frac{x^2}{2}+\frac{x^3}{3}-\cdots\cdots+\frac{(-1)^{n-1}}{n}\frac{x^n}{(1+\theta x)^n}$

(viii) $1+\frac{x}{1!}\sqrt{2}\cos\left(\frac{\pi}{4}\right)+\frac{x^2}{2!}(\sqrt{2})^2\cos\left(2.\frac{\pi}{4}\right)+\cdots\cdots$

$\frac{x^n}{n!}(\sqrt{2})^n.e^{\theta x}.\cos\left(\theta x+\frac{n\pi}{4}\right)$

(ix) $\frac{x}{1!}r\sin\phi+\frac{x^2}{2!}r^2\sin 2\phi+\cdots$

$$+\frac{x^n}{n!} r^n . e^{a\theta x} \sin(b\theta x + n\phi),$$

जिसमें $r = \sqrt{a^2+b^2}$, $\phi = \tan^{-1}\frac{b}{a}$

(x) $x - \frac{x^3}{3} + \frac{x^5}{5} - \cdots\cdots + \frac{(-1)^{n-1} . x^n}{n} . \sin^n(\cot^{-1}\theta x)$

$\sin n(\cot^{-1}\theta x)$

(२) $\theta = \frac{1-(1-x)^{1\ n+1}}{x}$

(४) $\frac{9}{64}$ (५) (i) $x^2 - \frac{x^4}{3} + \frac{2x^6}{45} + \frac{x^8}{8!}\{-128\cos 2\theta x\}$

(ii) $1 - x^2 + \frac{1}{2}x^4 - \frac{x^6}{3!} . e^{-\theta^2 x^2}$

(iii) $1 - \frac{3}{2}x^2 + \frac{7}{8}x^4 - \frac{3}{4}\frac{x^6}{6!}\{243\cos 3\theta x + \cos\theta x\}$

## प्रश्नावली 11.1

(१) (i) 1 (ii) 1 (iii) 2 (iv) 1 (v) $\frac{2}{8}$ (vi) 2 (vii) I (viii) 2

(ix) 1 (x) 2 (xi) $-\frac{1}{6}$ (xii) 1 (xiii) $-\frac{2}{3}$ (xiv) $\left(\frac{a}{b}\right)$

(xv) $na^{n-1}$ (xvi) 1 (xvii) 1 (xviii) $\frac{1}{\sqrt{2a}}$ (xix) 2 (xx) $\frac{1}{2}$

(२) (i) $a=1,\ b=2,\ c=1.$

(ii) $a=120,\ b=60,\ c=180$

(३) $a = \frac{-5}{2},\ b = \frac{-3}{2}$

५) $a=2$, सीमा $=1.$

## प्रश्नावली 11.2

(१) (i) $e^{-\frac{1}{2}}$ (ii) $-\frac{1}{2}e$ (iii) 1 (vi) 1 (v) 0 (vi) 1 (vii) 1

(viii) 0 (ix) 0 (x) 1 (xi) $\frac{1}{e}$ (xii) 0 (xiii) 0 (xiv) $e^{\frac{1}{3}}$ (xv) 0

(xvi) 1 (xvii) $e$ (xvii) $\frac{1}{e}$ (xix) $a$ (xx) $e^{1/12}$

(२) 1 (३) $\frac{-1}{3}$ (६) $e^{\frac{-a^2b}{2}}$ (७) $\log(e/b)$. $\log(eb)$ (८) $a \log a$

(११) $\frac{11e}{24}$ (१३) $\frac{8}{9}$ (१४) (i) 1 (ii) $-1$ (iii) $-1$

## प्रश्नावली 12.1

(१) (i) $yY = 2a(x+X)$

(ii) $Y-y = \left\{\sin h\left(\frac{x}{a}\right)\right\}.(X-x)$

(iii) $Y-y = a \cot . (X-x)$

(iv) $(b^2x)^{1/3}.Y+(a^2y)^{1/3}.X=(a^2-b^2)^{2/3}.(xy)^{1/3}$.

(v) $y^{m-1}.\frac{Y}{b^m}+x^{m-1}.\frac{X}{a^m}=1$.

(vi) $\frac{X.x^{-1/3}}{a^{2/3}}+\frac{Y.y^{-1/3}}{b^{2/3}}=1$.

(२) (i) $\frac{X}{a}\cos t+\frac{Y}{b}\sin t=1$.

(ii) $(b\cosh t)X-(a\sinh t).Y=ab$.

(iii) $\frac{X}{a\sin t}+\frac{Y}{b\cos t}=1$

(iv) $\frac{X}{a\cos t}+\frac{Y}{b\sin t}=1$.

(v) $Y=(X-at).\tan\frac{1}{2}t.$

(८) $Xx+Yy+g(X+x)+f(Y+y)+c=0.$

(९) $aXx+\frac{1}{2}h(X+x)(Y+y)+bYy+g(X+x)+f(Y+y)+c=0.$

## प्रश्नावली 12.2

(१) (i) $\frac{\pi}{4}$ (ii) $\frac{\pi}{3}$

(iii) $\frac{\pi}{2}$ और $\tan^{-1}\frac{3}{5}$

(iv) $\tan^{-1}\sqrt[3]{16}.$

(२) $\frac{a^{1/3}b^{1/3}}{2(a^{2/3}+b^{2/3})}$

(४) $\frac{1}{a}-\frac{1}{b}=\frac{1}{a'}-\frac{1}{b'}.$

(६) $m^2h+m(a-b)-h=0.$

## प्रश्नावली 12.3

(१) (i) $X-x+(Y-y).\sin h\left(\frac{x}{a}\right)=0.$

(ii) $2aY+yX=xy+2ay.$

(iii). $(Y-y).\,y^{1/3}=(X-x).\,x^{1/3}.$

(iv) $y^{m-1}.\frac{X}{b^m}-x^{m-1}.\frac{Y}{a^m}=\frac{xy^{m-1}}{b^m}-\frac{yx^{m-1}}{a^m}$

(२) $20y-x+7=0,\ y+20x-140=0$

(३) $x+y\tan\frac{1}{2}t=a(t+\sin t+2\sin^2\frac{1}{2}t.\tan\frac{1}{2}t).$

(४) $ax\sin t-by\cos t=a^2\sin^4 t-b^2\cos^4 t.$

(५) $\frac{X-x}{x/a^2}=\frac{Y-y}{y/b^2}.$

(१०) $(ax+hy+g)(Y-y)=(hx+by+f).(X-x)$.

## प्रश्नावली 12.4

(४) (i) $\dfrac{a^2y^2}{b^2x}$, $\dfrac{b^2x}{a^2}$

(७) $a\sin t$, $2a\sin\frac{1}{2}t$, $2a\sin^3\frac{1}{2}t.\sec\frac{1}{2}t$,
$2a\sin\frac{1}{2}t.\tan\frac{1}{2}t$, $at$, $-at\tan\frac{1}{2}t$.

(१०) $y\cot t$, $y\tan t$, $y\operatorname{cosec} t$, $y\tan t$.

(११) $\frac{1}{2}$.

## प्रश्नावली 12.5

(१) $\phi=\frac{1}{2}\theta$ (२) $\frac{1}{4}\pi$

(५) $\dfrac{\pi}{2}-\dfrac{\theta}{2}$

(६) (i) $\dfrac{\pi}{2}$ (ii) $\dfrac{\pi}{2}$

(iii) $\tan^{-1}\dfrac{4}{3}$ (iv) $\tan^{-1}\left[\dfrac{2e}{e^2-1}\right]$

(९) $\cos^{-1}\dfrac{a}{r}$ (१०) $\tan^{-1}\left[\dfrac{1+e\cos\theta}{e\sin\theta}\right]$.

## प्रश्नावली 12.6

(१) (i) $2a\cos^3\frac{1}{2}\theta\operatorname{cosec}\frac{1}{2}\theta$ (ii) $\dfrac{l}{e\sin\theta}$

(iii) $r\tan\alpha$ (iv) $2a\sin^2\frac{1}{2}\theta\tan\frac{1}{2}\theta$

(२) (i) $-b\sin\theta$ (ii) $-a/\theta^2$.

## प्रश्नावली 12.7

(१) $\dfrac{a^2}{p^2}=\dfrac{1}{\theta^2}-\dfrac{2}{\theta^3}+\dfrac{2}{\theta^4}-\dfrac{4}{\theta^5}+\dfrac{4}{\theta^6}$.

(३) $p = \dfrac{ae}{(1+\theta)\sqrt{2+2\theta^2}}$.

(४) $\dfrac{2c^2}{\sqrt{x^2+y^2}}$ ; $OY.OP = 2c^2$

(५) (i) $r^3 = 2ap^2$ (ii) $pr = a^2$

(iii) $r^{n+1} = a^n . p$ (iv) $p^2 = \dfrac{r^4}{(a^2+r^2)}$

(v) $r^3 = a^2 p$ (vi) $p = r \sin \alpha$.

## प्रश्नावली 12.8

(३) (i) $\left(\dfrac{a}{x}\right)^{1\ 3}$ (ii) $\sqrt{4a^2x^2+4abx+b^2+1}$

(iii) $\cos h\ (x/a)$ (iv) $\dfrac{a^2+x^2}{a^2-x^2}$

(v) $\sec x$.

(४) (i) $\sqrt{1+4t^2}$ (ii) $\sqrt{(a^2 \sin^2 t + b^2 \cos^2 t)}$

(iii) $at$ (iv) $(a^2 \sin^2 t + b^2)^{1\ 2} \sec^2 t$

(v) $\sqrt{2ae^t}$.

(५) (i) $2a \cos \frac{1}{2}\theta$ (ii) $r \operatorname{cosec} \alpha$

(iii) $a \sec^{n-1} . n\theta$ (iv) $\frac{1}{2}\ (1 + 4 \tan^2\theta)^{1\ 3} . \sec^2\theta$.

(v) $\dfrac{\sqrt{2} \cdot a^m}{r^{m-1}}$ (vi) $\dfrac{a^2}{r}$

(vii) $a\sqrt{1+\theta^2}$.

(६) (i) $\dfrac{\sqrt{r^2+a^2}}{a}$ (ii) $\dfrac{\sqrt{r^2+a^2}}{r}$.

## प्रश्नावली 13.1

(१) $-1, \dfrac{1 \pm i\sqrt{3}}{2}$ (२) $-\dfrac{1}{2}, -1, -1$ ;

(३) $--1, 1, 4$

(४) $-\frac{1}{2}, -1, 1.$

(५) $-1, 1$

(६) $-\frac{1}{2}, 1, 3$

(७) $-2, -\frac{1}{2}, 1$

(८) $1, 2, 3$

(९) $-1, 1, \pm i$

(१०) $-\frac{1}{3}, -1, 1.$

## प्रश्नावली 13.2

(१) $x+y+a=0$ ही वास्तविक अनन्तस्पर्शी है। शेष दो काल्पनिक हैं।

(२) $x+2y=1,\ x+y+1=0,\ x=y.$

(३) $x+y=0,\ 3y=3x+2,\ 3y=4x+1.$

(४) $x+2y=1,\ x-y+1=0,\ x+y=0.$

(५) $y=x+2,\ x+y=0$

(६) $6y-6x+7=0,\ 2y=6x-3,$

(७) $y=x,\ 2x+y+1=0,\ x+2y+1=0.$

(८) $x=y,\ y=2x+3,\ y=3x-4$

(९) $x+y=0,\ 2x-2y+3=0$

(१०) $4x+12y\quad 9=0,\ 2x+2y=3,\ 4x-4y+1=0.$

## प्रश्नावली 13.4

(१) $y=0,\ y=-x+1,\ y+x+1=o.$

(२) $x=\pm a,\ x-y=\pm a\sqrt{2}$

(३) $y=\pm x,\ y=x+1.$

(४) $y=x,\ x+2y-1=0,\ x+2y+1=0.$

(५) $y=x,\ y=2x+1,\ y=2x+3.$

(६) $y=x,\ x+2y=1,\ x+2y+1=0.$

(७) $y=0,\ x+y=1,\ x+y+1=0$

(८) $y=x,\ x+y+1=0,\ x+y=1.$

(९) $x=y,\ x=2y,\ 2y=x+1$

(१०) $x+y=1, y=x+\frac{3\pm\sqrt{5}}{2}$

(११) $x=\pm a, y=\pm b.$

(१२) $y=x-3, y=x+2,\ x+y=0$

(१३) $x\pm y\ \ \pm\sqrt{2},\ x=\pm 1,\ y=\pm 1$

(१४) $y=0,\ x+y=\pm\ 1$

(१५) $x=y+a,\ x=y+2a,\ 2y=x+14a,\ 3y=x--13a$

## प्रश्नावली 13.5

(१) $x-a=0$

(२) $x=0, y=\pm a$

(३) $3y+1=0,\ x+6=0$

(४) $x=\pm 1,\ y=0$

(५) $x=1,$

(६) $x=\pm a$

(७) $x=2,\ \ x=3, y=3$

(८) $x=\pm a, y=\pm b$

(९) $x=-a, y=b$

(१०) $y=\pm 1.$

(११) $x=\pm 1, y=\pm 1$

(१२) $3x+1=0$

(१३) $x=\pm 0$

(१४) $y=\pm 2$

(१५) $x+1=0, y=\pm 1.$

## प्रश्नावली 13.6

(१) $y=x-1,\ x+y+2=0,\ y=2x.$

(२) $x+y=2,\ y=x+2,\ y=2x-4.$

(३) $x-y=0,\ x-2y=7,\ x-3y+12=0$

(४) $2x+2y=1,\ x+2y+10=0,\ 2x+6y=25.$

(५) $y=x,\ y=2x,\ x+y+1=0,\ 2x+y+1=0$

(६) $y=\pm x.$

(७) $y=x,\ y=x+1,\ x+y=0$

(८) $x=\pm a,\ y=x+a,\ x+y=a$

(९) $x-y+1=0,\ x+y+1=0,\ x-2y+3=0$

(१०) $2x+2y=25,\ x+2y+60=0,\ 2x+6y=91.$

## प्रश्नावली 13.7

(१) $x-y-2=0,\ x-y+3=0$

(२) $y=x\pm a,\ x=\pm a.$

(३) $x=y+a,\ x=y+2a,\ 2y=x+14a,\ 3y=x-13a.$

(४) $x=\pm 2,\ x-y-1=0,\ x-y+2=0,\ x+y+1=0$

(५) $x+y-2=0,\ x+y+1=0,\ x+y-1=0,$
$x-y+1=0,\ x-y-1=0$

(६) $x-y-2=0,\ 2x+2y-1=0,\ 2x-2y+1=0,\ x-2y+2=0$

(७) $y=x-2,\ y=x-3$

(८) $y+2x=1,\ y+2x+2=0,\ y-x=2,\ y-x+3=0$

(९) $9x+27y+10=0,\ x+3y=0.$

## प्रश्नावली 13·8

(१) $a_1x+b_1y+c_1=0,\ a_2x+b_2y+c_2=0$

(२) $x-2=0,\ x-3=0,\ x+y-2=0$

(३) $x-y=0,\ x+y=0,\ x+y+1=0$

(४) $x-1=0,\ x-2=0,\ x-2y=0,\ x-3y=0$

$$=\pm\frac{y}{b}.$$

(६) $y=0,\ x=\pm a$ (७) $x=\pm y$

(८) $x-y+1=0,\ x+y+1=0,\ x-2y+1=0,\ x+2y+1=0.$

(९) $x+a=0,\ x+2a=0,\ x+3a=0$

(१०) $x-y=0,\ x+y=0,\ x-2y=0,\ x+2y=0.$

## प्रश्नावली 13·9

(२) $bxy\ (x^2-y^2)+a\ (b^2-a^2)\ (x^2+y^2-a^2)=0.$

(४) $y=0,\ x=1,\ x-y+2=0$

(५) $x^3-6x^2y+11xy^2-6y^3-x+6y=0$

(६) $y=2x^3+1,\ y+2x+1=0,\ x=2y,\ x+2y=0$

(७) $6y-6x+7=0,\ 2y-6x+3=0,\ 6y+2x+5=0,$
$106y-381x+105=0$

(८) $x^3-6x^2y+11xy^2-7y^3-x=0.$

## प्रश्नावली 13·10

(१) $y=x+1.$ (३) $y=x-3a,\ x+y=3a.$

(४) $x+y+a=0$; $x$ के धनात्मक और ऋणात्मक दोनों ही मानों के लिए वक्र अनन्तस्पर्शी के ऊपर स्थित है।

(५) $y=x+1$, $x$ के धनात्मक मानों के लिए वक्र अनन्तस्पर्शी के ऊपर, और $x$ के ऋणात्मक मानों के लिए वक्र अनन्तस्पर्शी के नीचे स्थित है।

(७) $x=3$; $x=2$; $y=3$; $y=-3$. प्रथम चरण में $y=3$ के ऊपर, द्वितीय चरण में $y=3$ के नीचे, तृतीय चरण में $y=-3$ के ऊपर और चतुर्थ चरण में $y=-3$ के नीचे।

$x=2$ के बांई ओर तथा $x=3$ के दाहिनी ओर।

## प्रश्नावली 13·11

(१) $r\cos\theta=a$ (2) $r\sin\theta=a$

(३) $r\sin\theta=a,\ \pi\ (r\cos\theta)+2a=0.$

(४) $r\cos\theta\pm b=a$

(५) $r\sin\left(\theta-\dfrac{m\pi}{n}\right)=\dfrac{a}{n\cos m\pi}$, जिसमें $m$ एक पूर्ण संख्या है।

(६) $a=2r\ (\cos\theta-\sin\theta),\ a+2r\ (\cos\theta+\sin\theta)=0$

(७) $n\theta = m\pi$, जिसमें $m$ कोई पूर्ण संख्या है।

(८) $r \cos \theta = \pm a$ (९) $a = r \sin (\theta - 1)$.

## प्रश्नावली 14.1

(१) $\frac{4}{3}a \sin \frac{1}{3}\psi$ (2) $2a \sec^3 \psi$

(३) $c \sec^2 \psi$ (४) $c \tan \psi$

(५) $\frac{4}{3} a \cos \frac{1}{3}\psi$. (६) $a + ame^{m\psi}$

(७) $a \sec\psi$.

## प्रश्नावली 14.2

(१) $a \sec (x/a)$ (२) $y^2/a$

(३) $3 (axy)^{1/3}$ (४) $\dfrac{(b^4x^2 + a^4y^2)^{3/2}}{a^4b^4}$

(५) $\operatorname{cosec} x$ (६) $\dfrac{(x^2 + y^2)^{3/2}}{2a^2}$

(७) $\dfrac{(4a + 9x)^{3/2} \cdot x^{1/2}}{6a}$ (८) $\dfrac{(x^{2m-2} + y^{2m-2})^{3/2}}{(1-m) \cdot x^{m-2} \cdot y^{m-2}}$

(९) $\frac{1}{2}$ (१२) $at$

(१३) $2a (t^2 + 1)^{3/2}$

(१४) $-2c \cosh^2 \left(\frac{t}{c}\right) \cdot \sinh \left(\frac{t}{c}\right)$

(१५) $4a \cos 3\theta$.

## प्रश्नावली 14.3

(१) $\dfrac{1}{36}$ (२) $\pm a\sqrt{2}$

(३) $\frac{1}{2} \dfrac{(g^2 + f^2)^{3/2}}{af^2 - 2hgf + bg^2}$ (४) $\dfrac{3}{2} a$

(५) $\frac{5}{2}$ (६) 1

(७) 2 (८) $\sqrt{2}$

(९) $\frac{1}{2}\frac{(a_1^2+a_2^2)^{3/2}}{b_1 a_2^2-b_2 a_1 a_2+b_3 a_1^2}$

(१०) $\frac{a^2+s^2}{a}$ (११) $P=1$.

## प्रश्नावली 14.4

(१) $\sqrt{r^2-a^2}$ (२) $r$ cosec $a$

(३) $\frac{2}{3}\sqrt{2ar}$ (४) $\frac{a(1+\theta^2)}{\theta^4}$

(५) $\frac{(r^2+a^2)^{3/3}}{r^2+2a^2}$ (६) $\frac{1}{2}a$

(७) $\frac{(2r)^{3/2}}{\sqrt{a}}$ (८) $\frac{(a^2+2ab\cos\theta+b^2)^{3/2}}{a^2+3ab\cos\theta+2b^2}$

(९) $\frac{1}{2}na$ (११) $\frac{r^3}{a^2}$

(१२) $\frac{a^2b^2}{p^3}$ (१३) $\frac{a^2}{3r}$

(१४) $\frac{(r^2+a^2)^{3/2}}{r^2+2a^2}$ (१५) $\frac{2\sqrt{2ar}}{3}$

(१७) $3p$ (१८) (i) $a$

(ii) $2a\operatorname{cosec}^3\psi$. (२१) $\frac{a^2b^2}{p^3}$

## प्रश्नावली 14.5

(३) $\frac{2r}{n+1}$ (४) $\frac{4r}{3}$

(१३) $\left(\frac{a^2-b^3}{a^4}\cdot x^3,\ \frac{b^2-a^2}{b^4}\ y^3\right)$.

## प्रश्नावली 15.1

(१) $x=1$ पर $f(x)$ का उच्चिष्ठ मान $-3$ है और $x=6$ पर $f(x)$ का निम्निष्ठ मान $-128$ है।

(२) $x=4$ पर निम्निष्ठ मान 1 है और $x=16$ पर उच्चिष्ठ मान 25 है।

(४) (i) न उच्चिष्ठ न निम्निष्ठ (ii) $x=0$ पर उच्चिष्ठ ।

(५) निम्निष्ठ मान $-5$ और उच्चिष्ठ मान 20।

(७) निम्निष्ठ मान 3 और उच्चिष्ठ मान $\frac{71}{16}$ है।

## प्रश्नावली 15.2

(१) चरम बिन्दु $x=1$ और $x=3$ हैं।
$f(1)$ पर $f(x)$ का उच्चिष्ठ मान 23 है।
$x=3$ पर $f(x)$ का निम्निष्ठ मान $-5$ है।

(२) चरम बिन्दु $x=3$ और $x=5$ हैं ! $x=3$ पर उच्चिष्ठ मान 100 और $x=5$ पर निम्निष्ठ मान 92 है !

(३) $x=-2$ और $x=2$, उच्चिष्ठ मान $f(-2)=60$
निम्निष्ठ मान $f(2)=-68$.

(४) $x=1$ और $x=4$, उच्चिष्ठ मान $f(1)=20$,
निम्निष्ठ मान $f(4)=-1789$.

(५) $x=1$ और $x=-1$, उच्चिष्ठ मान $f(-1)=5$,
निम्निष्ठ मान $f(1)=1$.

(६) $x=-3$ और $x=3$, उच्चिष्ठ मान $f(-3)=100$,
निम्निष्ठ मान $f(3)=-224$

(७) $x=1$, निम्निष्ठ मान $f(1)=1$.

(८) $x=-1$, उच्चिष्ठ मान $f(-1)=0$

(९) $x=0$, $x=1$, $x=3$ ! $x=0$ पर निम्निष्ठ मान $=2$
$x=1$ पर उच्चिष्ठ मान $=-60$
$x=3$ पर निम्निष्ठ मान $=-760$.

(10) $x=0$, $x=1$, $x=2$, $x=3$! $f(0)=9$ उच्चिष्ठ, $f(2)=321$ उच्चिष्ठ
$f(1)=-10$ निम्निष्ठ, $f[3]=-18$ निम्निष्ठ 11

(१२) (i) $x=(2n+\frac{1}{2})\pi$ पर उच्चिष्ठ, $x=(2n-\frac{1}{2})\pi$ पर निम्निष्ठ मान।
(ii) $x=2n\pi$ पर उच्चिष्ठ, $x=(2n+1)\pi$ पर निम्निष्ठ मान।
(iii) उन उच्चिष्ठ, न निम्निष्ठ
(iv) $x=0$ पर उच्चिष्ठ
(v $x=2n\pi+\dfrac{3}{4}\pi$ पर उच्चिष्ठ, $x=2n\pi=\dfrac{\pi}{4}$ पर निम्निष्ठ

## प्रश्नावली 15.3

(१) न उच्चिष्ठ और न निम्निष्ठ।

(२) 160 और 0

(३) उच्चिष्ठ मान $\frac{9}{8}$ है और 0 तथा $-2$ निम्निष्ठ मान हैं

(४) उच्चिष्ठ मान 38 ; निम्निष्ठ मान 37.

(५) $(a-r^{-2})\ (b-r^{-2})=h^2$ में $r^2$ के दो मान ही उच्चिष्ठ और निम्निष्ठ मान हैं।

(६) $\dfrac{2\sqrt{3}}{9}$ (७) अधिकतम मान $\dfrac{c^2}{a+b}$.

(१२) $\cos x=0$ के लिए $f(x)$ का निम्निष्ठ मान 3 है, और $\sin x=\frac{1}{8}$ के लिए $f(x)$ का उच्चिष्ठ मान $4\frac{1}{8}$ है।

(१३) $\sqrt{a^2+b^2}$ और $-\sqrt{a^2+b^2}$ फलन के उच्चिष्ठ और निम्निष्ठ मान हैं।

(१४) उच्चिष्ठ 54 और निम्निष्ठ 50.

(१५) निम्निष्ठ मान $\dfrac{\log\ \{(ae-e)\log a\}}{\log a}$.

## प्रश्नावली 15.4

(२) $\frac{r}{h}=\frac{1}{\sqrt{2}}$, जिसमें $r$ आधार की त्रिज्या और $h$ शंकु की ऊँचाई है।

(५) $\frac{4}{27}\pi h^3 \tan^2 \alpha$ (६) $\frac{\pi r^2 (5+\sqrt{5})}{5}$

(१४) लम्बाई 2 फुट और गोलाई 4 फुट ; हाँ, लम्बाई $1\frac{3}{4}$ फुट और परिधि $4\frac{1}{4}$ फुट

(१७) $\frac{u^2 \sin^2 \alpha}{2g}$, $\frac{u \sin\alpha}{g}$

(१८) (i) $2ab$ (ii) $(\sqrt{a}+\sqrt{b})^2$

(iii) $(a^{2/3}+b^{2/3})^{3/2}$ (iv) $4ab$

(१९) $\frac{1}{2}$ और $-\frac{1}{2}$ (२०) $\frac{ap}{p+q}$, $\frac{aq}{p+q}$

(२१) जब वर्ग की भुजा .14 $l$ के बराबर है।

(२२) $\frac{1}{2}ab$ (२३) $\frac{3\sqrt{3}}{4}ab$

(२४) $9\sqrt{3}$ इंच (२५) $32\sqrt{3}$ वर्ग इंच

(२६) $\frac{(av-bu)\sin\theta}{\sqrt{u^2+v^2+2uv\cos\theta}}$

## प्रश्नावली 16.1

(४) $\left(\sqrt{3}a, \frac{\sqrt{3}a}{4}\right)$ (0.0) $\left(\sqrt{3}a, \frac{\sqrt{3}a}{4}\right)$

(५) (i) $x=\frac{-b}{3a}$ के लिए ——— ———

(ii $x=$ a के लिए और a $(2\pm\sqrt{3})$ के लिए !

(ii) $\left(\frac{1}{3}\pm\frac{4}{3\sqrt{3}}\right)$ ——— ——— ———

(iv) (0.0)

(६) (i) $\left| a\left(4\pi n \pm \frac{2\pi}{3} \mp \frac{\sqrt{3}}{2}\right) \frac{3a}{,2} \right|$

(ii) $\left(\pm\sqrt{3}a \pm \sqrt{\frac{3a}{4}}\right)$, (0,0)

## प्रश्नावली 16.2

(२) अंतराल $(0,\pi)$ में नीचे को ओंर अवतल तथा अंतराल $(\pi, 2\pi$ में ऊपर की ओर अवतली

(३) अंतरालों $\left(0,\frac{\pi}{4}\right)$ और $\left(\frac{5\pi}{4},2\pi\right)$ में ऊपर की ओर अवतल $\left(\frac{\pi}{4}\frac{5\pi}{4}\right)$

में नीचे की ओर अवतल

(४) अंतरालों $(-\infty,1)$ ओर $(2,\infty)$ में वक्र अपर की ओर अवतल है तथा अतराल $(1,2)$ में नीचे की ओर अवतल है ।

नति परिवर्तन बिन्दु (1,15 और (2;27) है !

(५) $(0,1)$, $(8,e^6)$

(६) अंतरालों $(-\infty,2)$ और $(2,\infty)$ में ऊपर की ओर अवतल !

अंतराल $(-2,2)$ में नीचे की ओर अवतल !

नतिपरिवर्तन बिन्दु $(-2,-2e^2)$ तथा $\left(2,\frac{14}{e^2}\right)$ हैं !

## प्रश्नावली 17.1

(१) (i) $y = \pm x$.

(ii) $x = 0$

(iii) $y = + x$

## प्रश्नावली 17.2

(१) $(a,0)$, $(-a,0)$ और $(0,-a)$ !

(२) $(0,0)$ पर नोड

(३) $(0,\pm a)$ त्रिबिन्दु हैं !$(-\frac{3}{2}a, \pm a)$ कस्प हैं तथा $(-a0)$, पर नोड है ।

(४) $(0,-4a)$ पर कस्प !

(५) (0,0) पर कस्प !

(६) (−1, − 2) पर कस्प !

(७ (0,0) पर कस्प !

(८) (1,—1) पर कस्प !

(६) कोई भी बहुल बिन्दु नहीं है !

(१०) (0, −a) द्विबिन्दु हैं, नोड, कस्प या विलग बिन्दु है यदि क्रमानुसार.
$b > a, b = a$ या b $b < a$

(१२) (0,3) विलग विन्दु है; बिन्दु (2,3) पर कस्प है ।

(१३) (3,2) पर नोड है ।

## प्रश्नावली 17·3

(१) जाति परिवर्तन कस्प (२)प्रथम जाति का एकल कस्प (३)प्रथम जाति का एकल कस्प (४) प्रथम जाति का एकल कस्प (५) प्रथम जाति का एकल कस्प ।

(६) जाति परिवर्तन कस्प

१३ (i) प्रथम जाति का एकल कस्प ।
(ii) द्वितीय जाति का एकल कस्प ।
(iii) प्रथम जाति का द्विकस्प ।

१

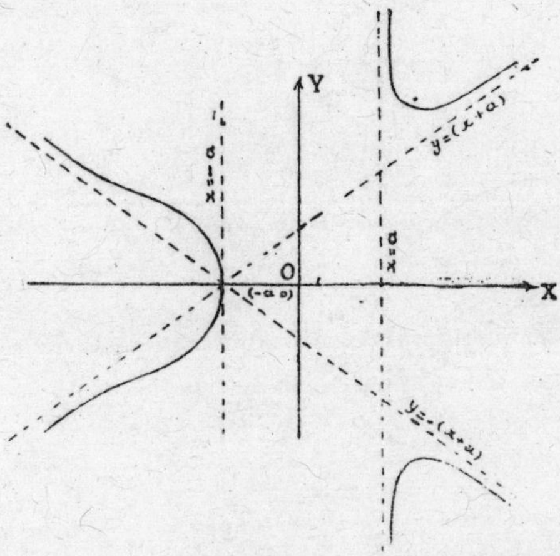


२

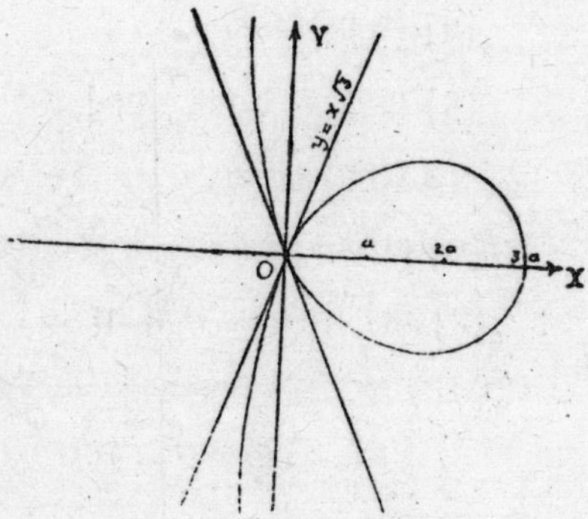


३

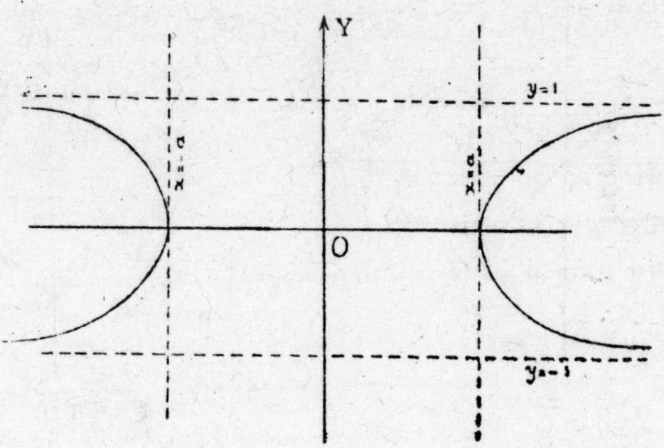


४

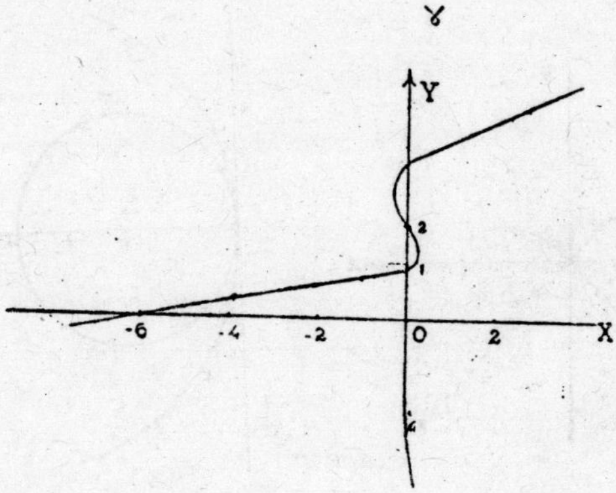

५

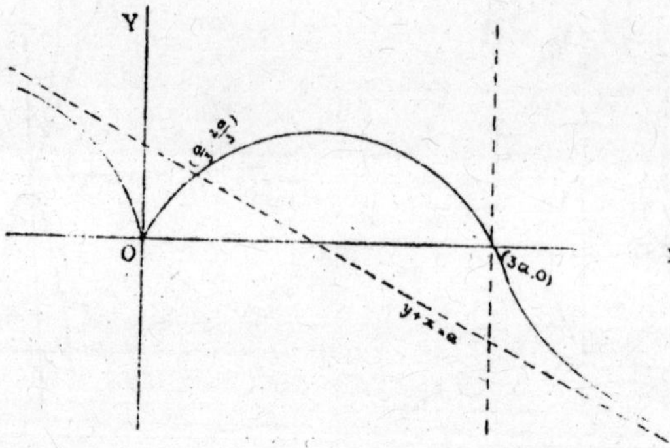


६

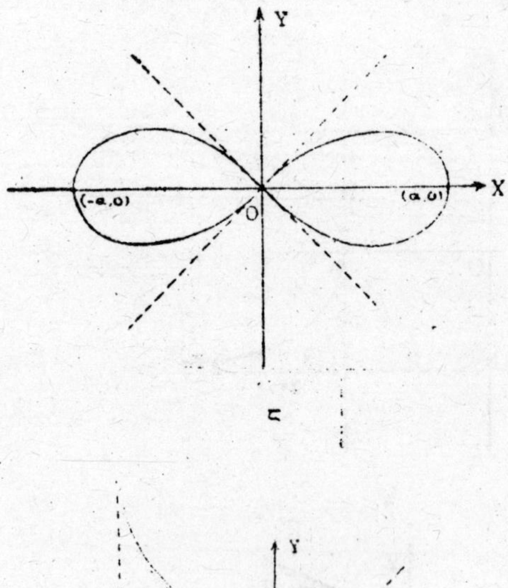


७

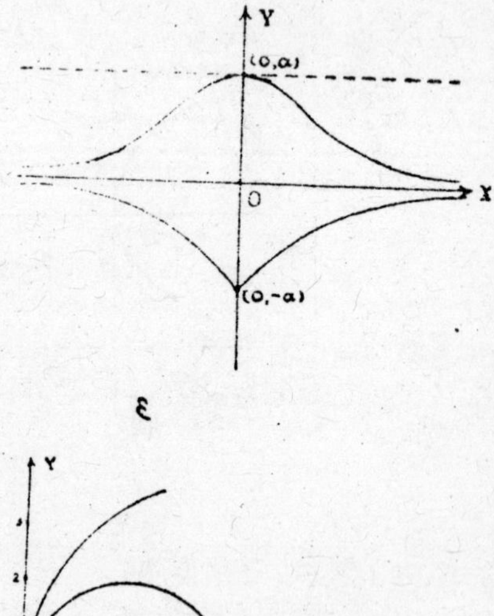


८

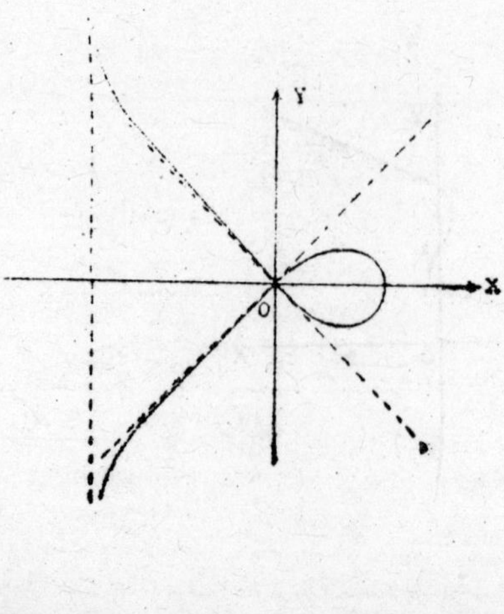


९

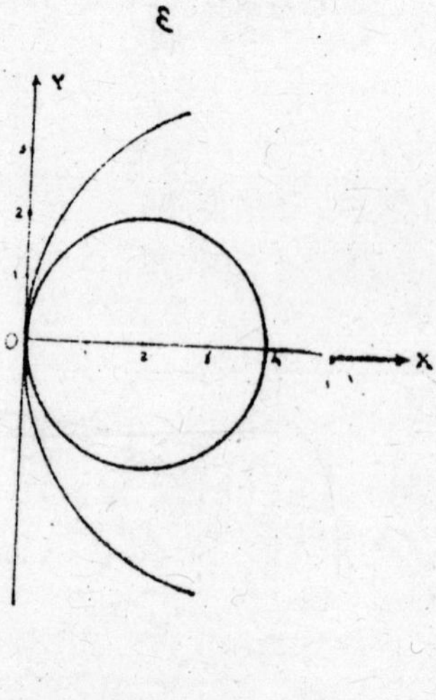

१०

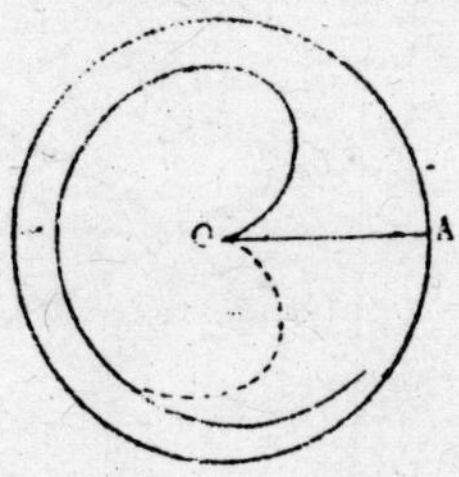


११

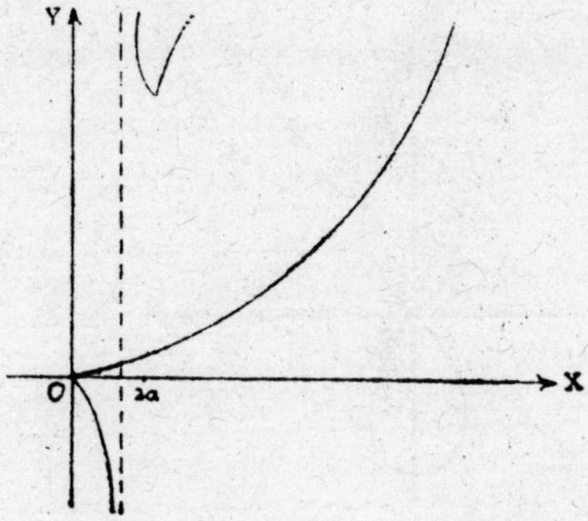


१२

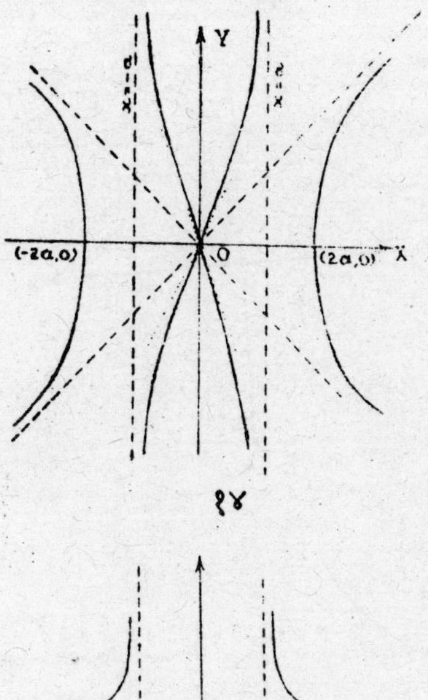


१३

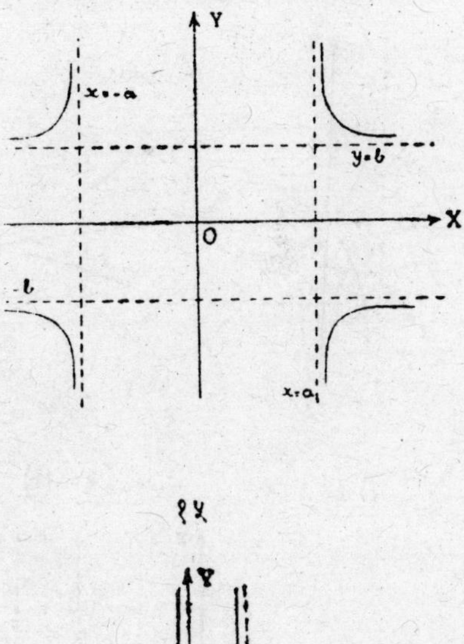


१४

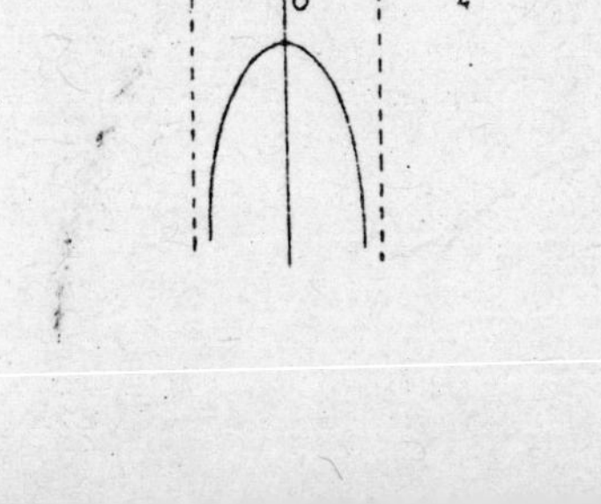


१५

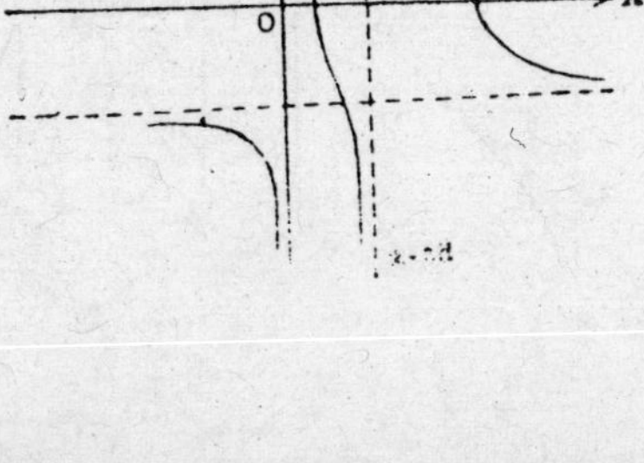

१६

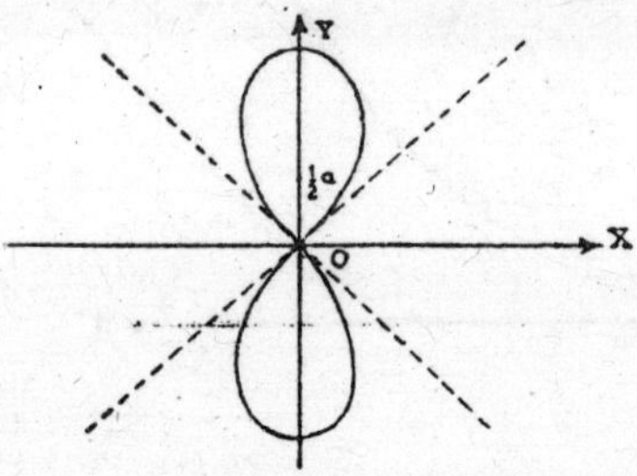


१७

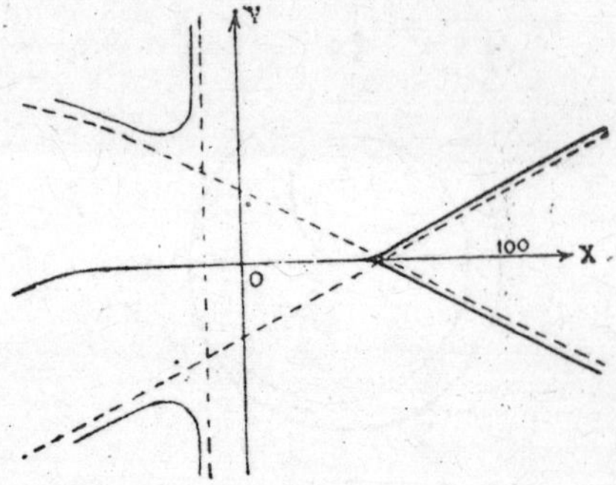


१८

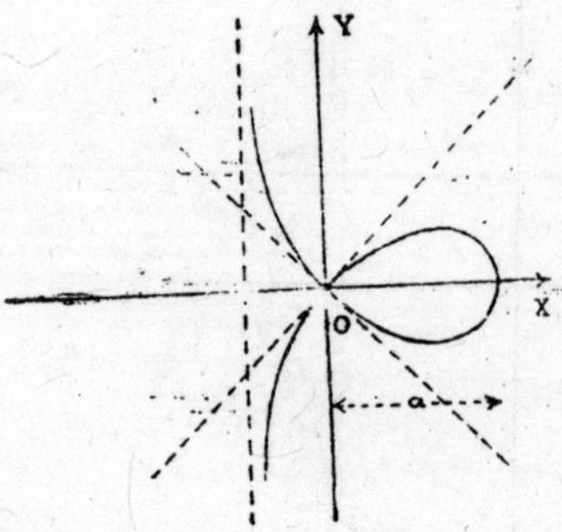


१९

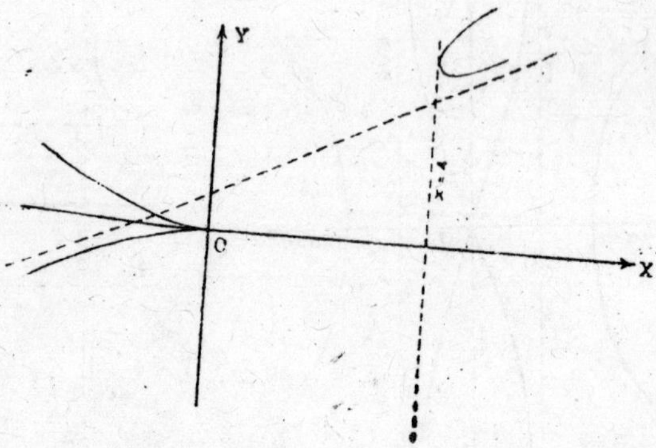


२० (i)

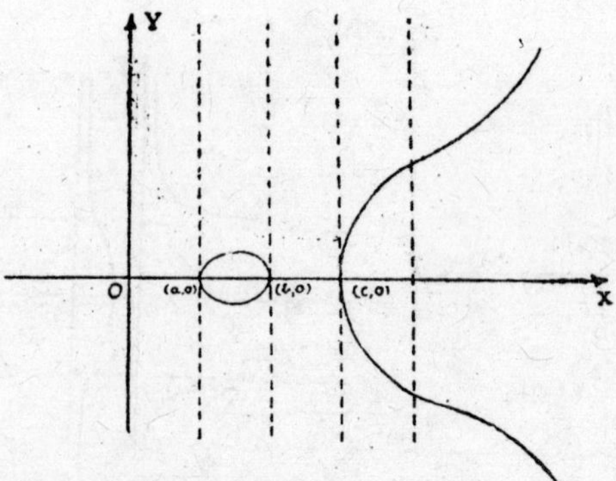

२० (ii)

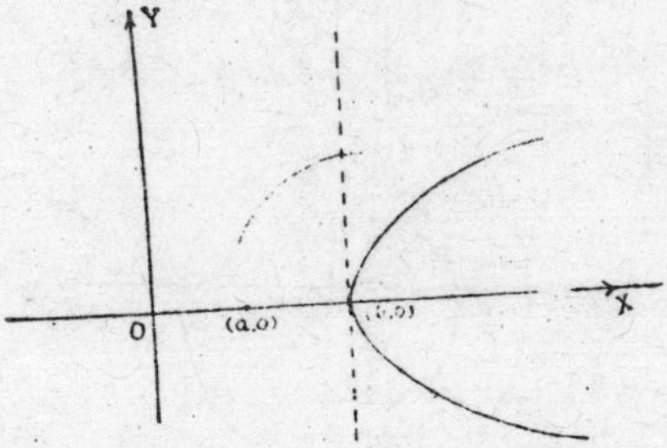


२० (iii)

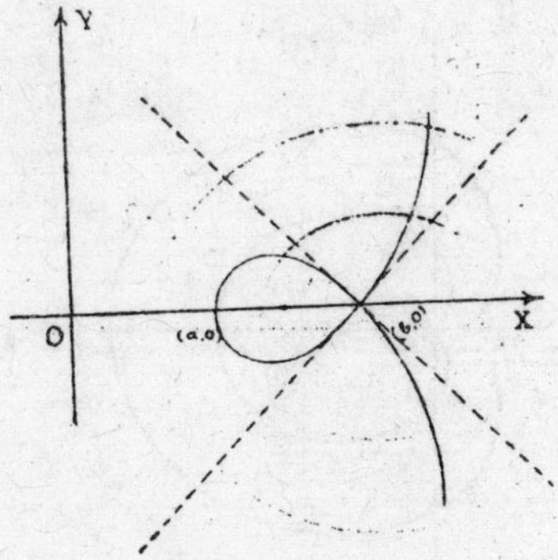


२० (vi)

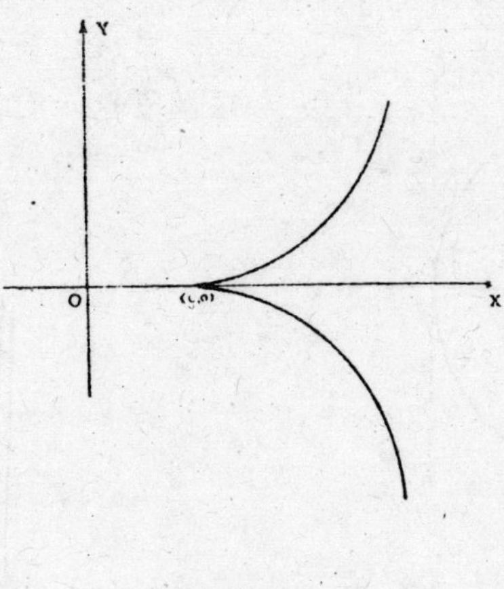


## प्रश्नावली 18.2

१

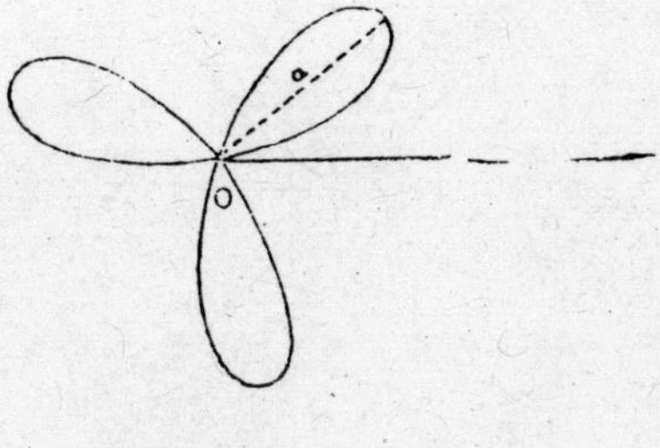


२

३

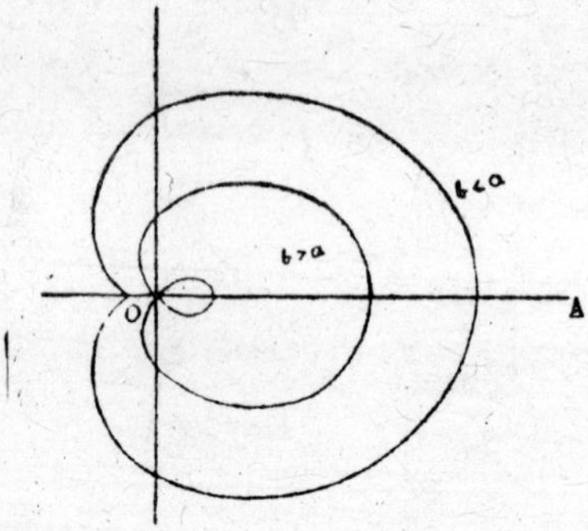


४

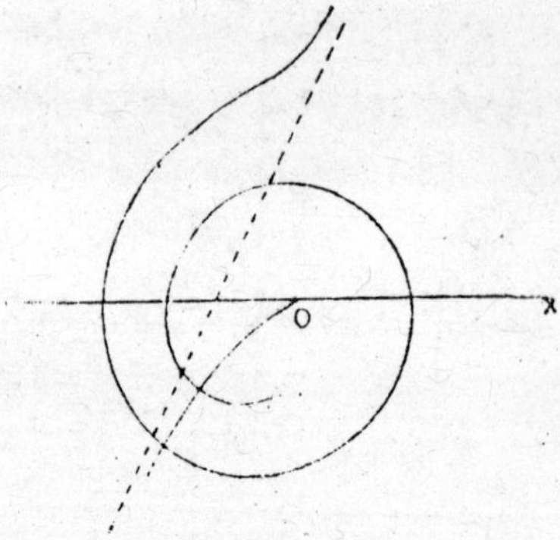


५

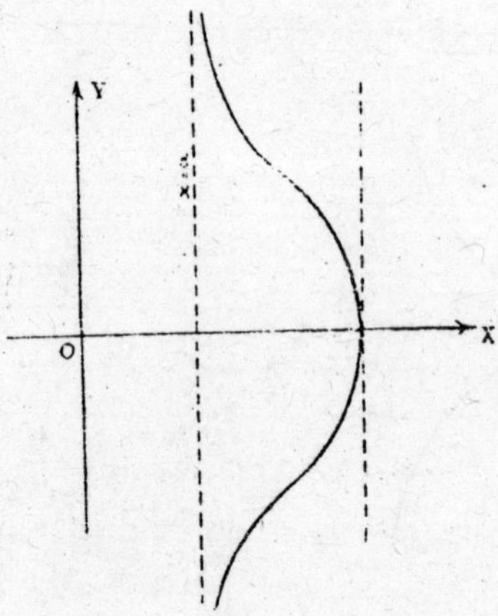


६

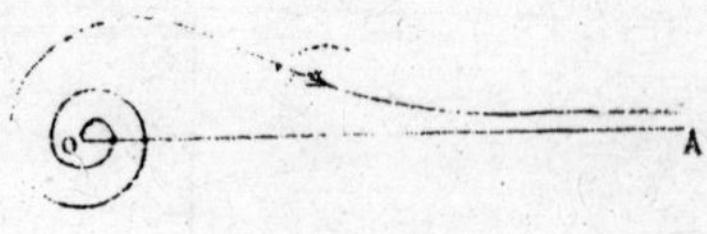


७

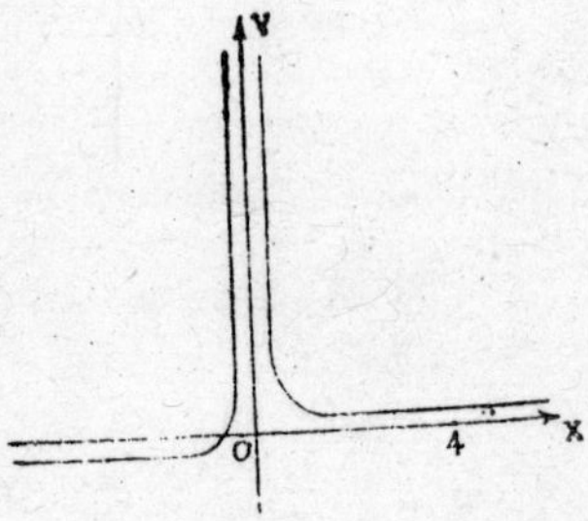


८

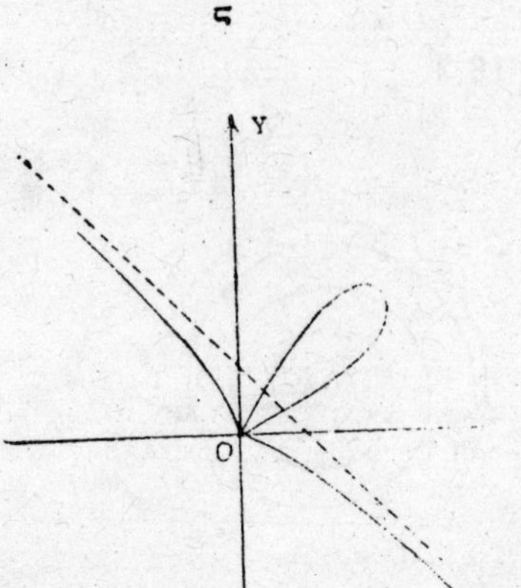


९

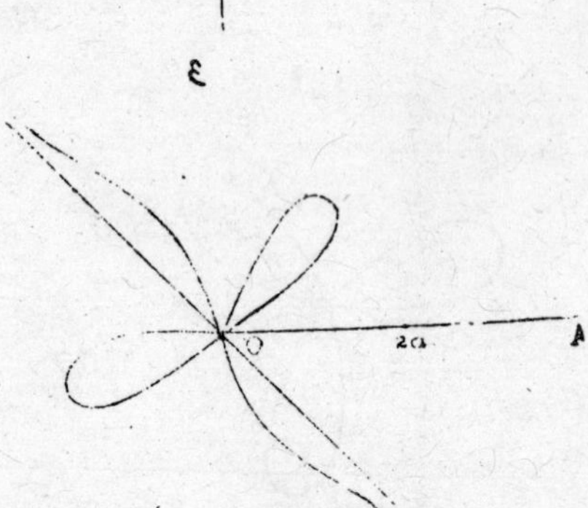

१०

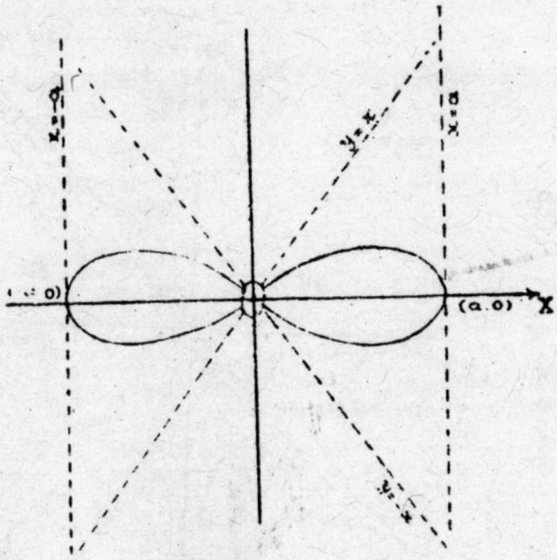


११

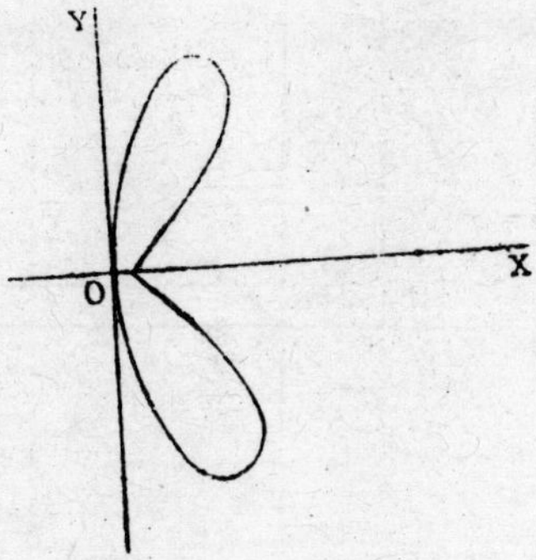


१२

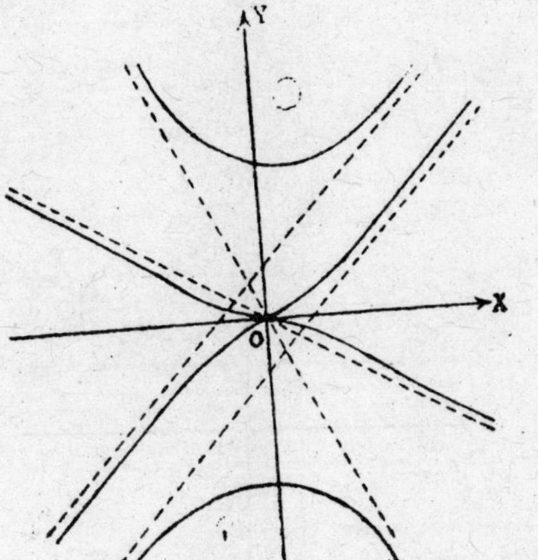


१३

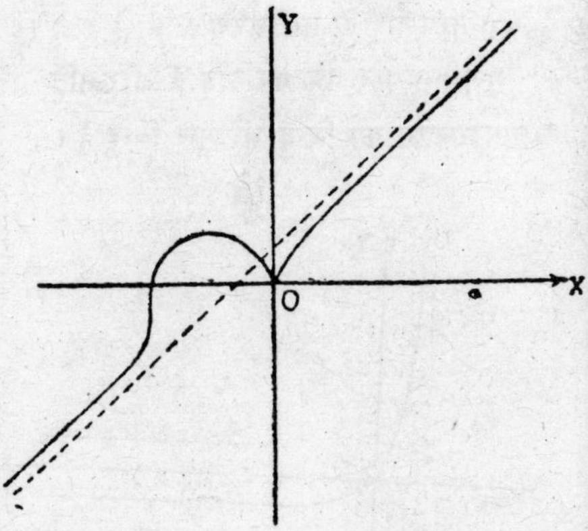


प्रथम प्रकार का एकल कस्प मूल बिन्दु पर है।

१४

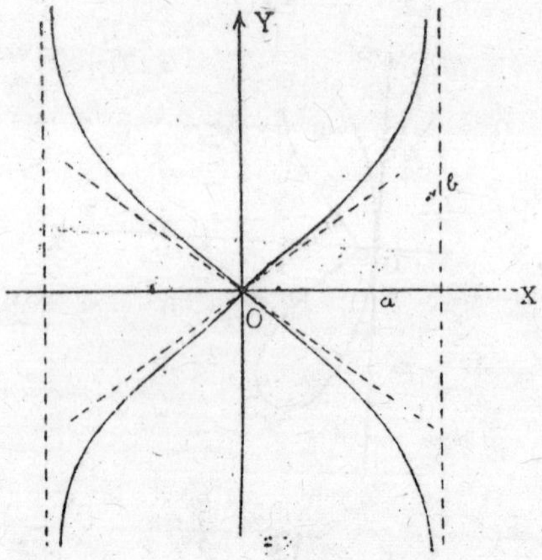


अनन्तस्पर्शी के समीकरण $x = \pm a$ है।
मूलबिन्दु पर वक्र का नोड है और नति
परिवर्तन का बिन्दु भी मूल बिन्दु है।

१५ $y=0;\ x=0;\ y=\pm x.$

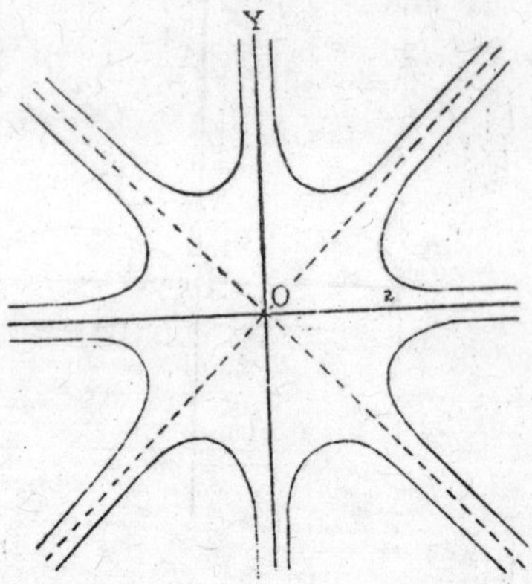


१६

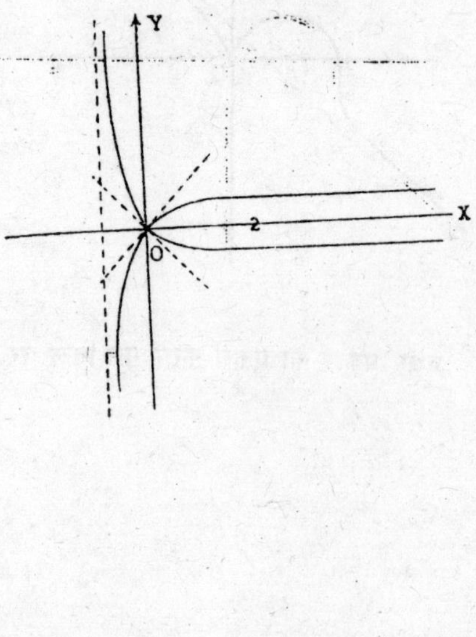


१७

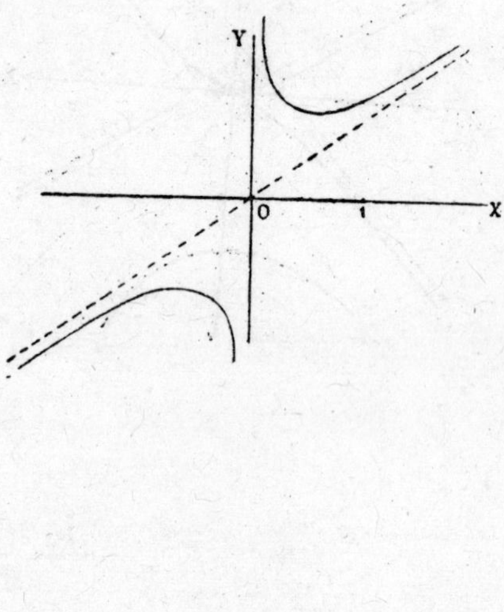

१८

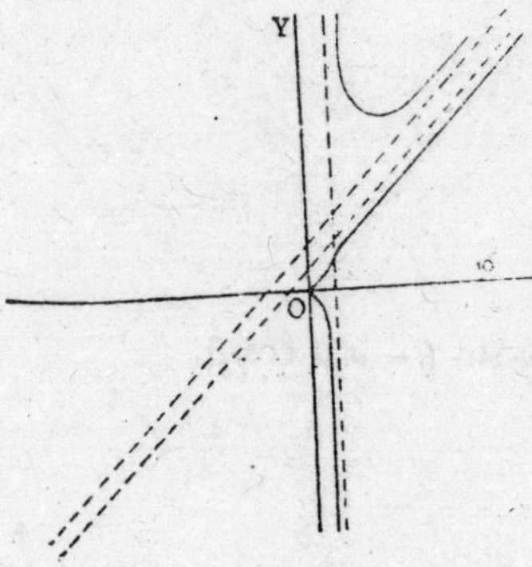


१९

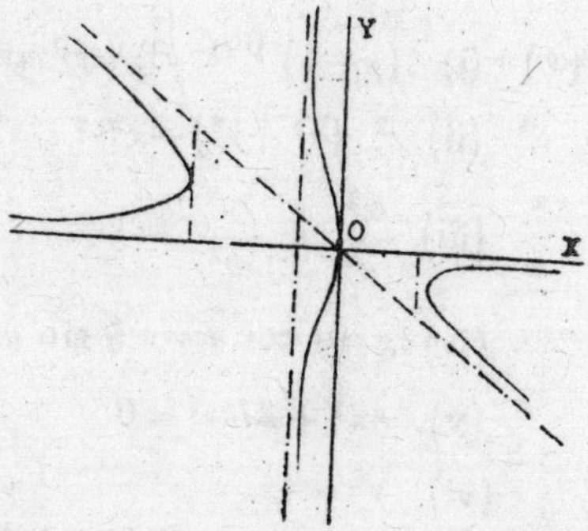


२०

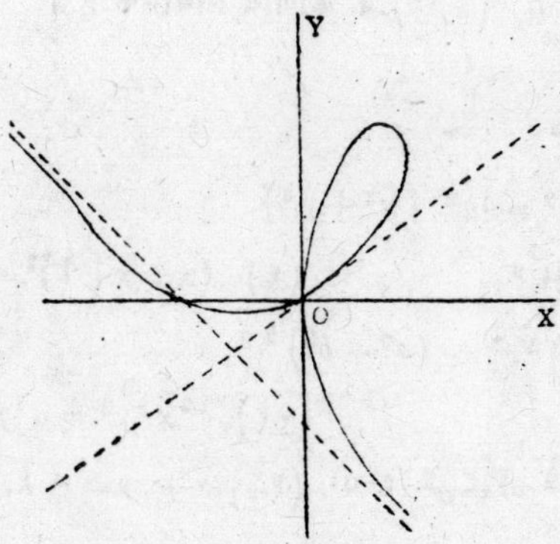

## प्रश्नावली 20.1

(१) (i) $(p-1)^{p-1}.\ x^p + p^p.ay^{p-1}=0.$

(ii) $c^2\ (x^2+y^2)=x^2y^2$

(iii) $\frac{x^2}{a^2}+\frac{y^2}{b^2}=1.$

(iv) $x=a\cos\theta+a\,\theta\sin\theta,\ y=a\sin\theta-a\,\theta\cos\theta.$

(v) $4x^3+27ay^2=0$

(vi) $y^2=4x.$

(vii) $r^{n/(m-n)}=a^{n/(m-n)}.\cos\left\{\frac{n\theta}{m-n}\right\},$

जिसमें $r,\ \theta,\ (x, y)$ के कोणीय नियामक हैं।

(२) $\frac{x^2}{a^2}+\frac{y^2}{b^2}=1$

(३) $(x^2+y^2-c^2)^2=4a^2\ (x^2+y^2)$

(५) $x^{2/3}+y^{2/3}=l^{2/3}.$ (६) $(x+y+1)^2=2\ (x^2+y^2).$

(७) $(ax)^{2/3}+(by)^{2/3}=(a^2-b^2)^{2/3}$

(८) $y^2=4ax$ (११) $c^2x^2y^2=a^4y^2+b^2x^2$

(१२) $x^{2/(2-n)}+y^{2/(2-n)}=a^{2/(2-n)}.$ (१३) $x\pm y=\pm k.$

## प्रश्नावली 20.2

(१) $(x^2+y^2)^2=a^2x^2+b^2y^2$ (२) $x^{n/n+1}+y^{n/n+1}=c^{n/n+1}.$

(३) (i) $x^{2/3}+y^{2/3}=c^{2/3}$ (ii) $4xy=c^2.$

(५) (i) $x\pm y\pm c=0$ (ii) $2xy=c^2.$

(६) $\frac{(m+n)^{m+n}.\ x^my^n}{m^m.n^n}=c^{m+n}.$

(८) (i) ध्रुव से होकर जाने वाला एक वृत्त ;

(ii) $r^{n/n+1}.\cos\left\{\frac{n\theta}{n+1}\right\}=a^{n/n+1}.$

(iii) $r^{n/1-n}=a^{n/1-n}.\cos\left\{\frac{n\theta}{1-n}\right\}.$

(९) (i) $r^2(e^2-1)-2\,l\,e\,r\cos\theta+l^2=0;$

(ii) $r\cos^{n-1}\left\{\frac{\theta}{n-1}\right\}=a;$

(iii) $ay^2+x(x^2+y^2)=0.$

(११) $r^2=4\,(a^2\cos^2\theta+b^2\sin^2\theta)$

(१२) $x^{mp/(m+p)}+y^{mp/(m+p)}=c^{mp/(m+p)}.$

## प्रश्नावली 20.3

(१) $(ax)^{2/3}+(by)^{2/3}=(a^2-b^2)^{2/3}.$

(८) अभिलम्ब का समीकरण $x\sin t+y\cos t=2a\sin 2t.$

केन्द्रज का समीकरण $(x)^{2/3}+(y)^{2/3}=(4a)^{2/3}.$

## प्रश्नावली 21.1

(५) (i) $yx^{y-1},\ x^y.\log x$ (ii) $\frac{2x}{a^2},\ \frac{2y}{b^2}$ (iii) $\frac{-2xy^2}{x^4+y^4};$

$\frac{2x^2y}{x^4+y^4}.$

(iv) $2x\,e^{x^2+y^2},\quad 2y.\,e^{x^2+y^2}$

(८) (i) $-y\cos x,\ -x\cos y,\ -(\sin x+\sin y),\ -(\sin x+\sin y)$

(ii) $-\left[\frac{1}{x^2}+\frac{1}{(x+y)^2}\right]-\left[\frac{1}{y^2}+\frac{1}{(x+y)^2}\right],$

$\frac{-1}{(x+y)^2},\ \frac{-1}{(x+y)^2}.$

(iii) $[4x^2+4xy+y^2+2].\,e^{x^2+xy+y^2},\ [4y^2+4xy+x^2+2].$

$e^{x^2+xy+y^2},\ (2x^2+5xy+2y^2+1).\ e^{x^2+xy+y^2},$

$(2x^2+5xy+2y^2+1).\,e^{x^2+xy+y^2}$

(iv) $\dfrac{-2(x^2-y^2)}{(x^2+y^2)^2}$, $\dfrac{2(x^2-y^2)}{(x^2+y^2)^2}$, $\dfrac{-4xy}{(x^2+y^2)^2}$, $\dfrac{-4xy}{(x^2+y^2)^2}$.

## प्रश्नावली 21.2

(३) $(1-4\sin^2 u).\sin 2u$.

## प्रश्नावली 21.3

(१) 0 (२) $6a^3 m^2 (m-1)(m-2)^2$.

## प्रश्नावली 21.4

(१) (i) $\dfrac{y+x^2\cos(x-y)}{x[1+x\cos(x-y)]}$ (ii) $\dfrac{y(y-x\log y)}{x(x-y\log x)}$

(iii) $\dfrac{y(\tan x)^{y-1}.\sec^2 x-\operatorname{cosec}^2 x.\log y.(y)^{\cot x}}{\log(\tan x)(\tan x)^y+\cot x.(y)\cot^{-1}}$.

(iv) $-\dfrac{y.x^{y-1}+y^x.\log y}{x.y^{x-1}+x^y.\log x}$

(v) $-\dfrac{y^x\log y+y.x^{y-1}-(x+y)^{x+y}.\{\log(x+y)+1\}}{x^y.\log x+x.y^{x-1}-(x+y)^{x+y}.\{\log(x+y)+1\}}$

(vi) $\dfrac{y\tan x+\log\sin y}{\log\cos x-x\cot y}$ (vii) $-\dfrac{ax+hy}{hx+by}$

(viii) $-\dfrac{4x^3+3x^2y+2xy^2+y^3}{4y^3+2x^2y+3xy^2+x^3}$ (ix) $-\left(\dfrac{b^n x}{a^n y}\right)^{\frac{1}{n-1}}$

(२) $2(x-y^2)+\dfrac{y(1+zx)}{x}\cos yz$ (३) $2x\{\cos(x^2+y^2)\}$

$\left(1-\dfrac{a^2}{b^2}\right)$.

## प्रश्नावली 21.5

(१) $\dfrac{h^2-ab}{(hx+by)^3}$ (२) $\dfrac{abc+2fgh-af^2-bg^2-ch^2}{(hx+by+f)^3}$.

(४) (i) $\frac{2a^2xy(3a^4+x^2y^2)}{(a^2x-y^3)^3}$ (ii) $\frac{2a^3xy}{(ax-y^2)}$

## प्रश्नावली 21.6

(१) $\frac{(\cos y - xy \sin y)}{x^2}$.

(५) $\frac{-3}{2}$.

## हिन्दी-अंग्रेजी शब्दावली

| | |
|---|---|
| अक्ष | Axis |
| अग्नेसिका | Witch of Agnesi |
| अचर | Constant |
| अज्यामितीय | Non-Geometrical |
| अतिपरवलय | Hyperbola |
| अधिकतम | Greatest |
| अधोलम्ब | Subnormal |
| अध:स्पर्शी | Subtangent |
| अनन्त | Infinite |
| अनन्तस्पर्शी | Asymptote |
| अनन्ती | Infinity |
| अनिर्धारित रूप | Undetermined Form |
| अनुरेखन | Tracing |
| अन्तराल | Interval |
| अन्वालोप | Envelope |
| अपरिमेय | Irrational |
| अबीज़ीय | Transcendental |
| अर्थहीन सम्बन्ध | Nonsense Relation |
| अर्ध-संयुग्मी व्यास, संयुग्मी अर्ध-व्यास | Semi-Conjugate Diameter |
| अवकल | Differential |
| अवकल गुणांक | Differential Co-efficient |
| अवकलन | Differentiation |
| अवकलन गणित, चलन कलन | Differential Calculus |

| | |
|---|---|
| अवतल | Concave |
| अवतलता | Concavity |
| अष्ट-पत्र पद्म | Eight-leaved Rose |
| असतत | Discontinuous |
| अस्पष्ट | Implicit |
| आकारी उपपत्ति | Formal Proof |
| आगमन | Induction |
| आगमन विधि | Inductive Method |
| आन्तरिक | Internal |
| आपेक्षिक त्रुटि | Relative Error |
| आरगण्ड आरेख | Argand Diagram |
| आर्किमेडीज़ का सर्पिल | Spiral of Archimedes |
| आलेख, ग्राफ़, लेखाचित्र | Graph |
| आंशिक अवकल गुणांक | Partial Differential Co-efficient |
| आंशिक अवकलन | Partial Differentiation |
| आवर्तक | Periodic |
| आवर्तन काल | Period (Periodic Time) |
| आवर्तनांक | Period (of a Recurring Decimal) |
| इकाई, मात्रक, एकक | Unit |
| उच्चिष्ठ मान | Maximum Value |
| उत्तरोत्तर अवकलन | Successive Differentiation |
| उत्तल | Convex |
| उत्तलता | Convexity |
| उपनीत परिकलन | Approximate Calculation |
| ऋजु रेखा, सरल रेखा | Straight Line |
| एकक, मात्रक, इकाई | Unit |
| एकदिश | Monotonic |
| एकदिष्ट वर्धमान | Monotonically Increasing |
| एकदिष्ट ह्रासमान | Monotonically Decreasing |

| | |
|---|---|
| एक-प्राचल परिवार | One-parameter family |
| एक-मानी | Single-Valued |
| एकल कस्प | Single Cusp |
| एक-विम | One-dimensional |
| ऐस्ट्रॉयड | Astroid |
| कलन | Calculus |
| कस्प | Cusp |
| कस्प पथ | Cusp Locus |
| कार्तीय निर्देशांक | Cartesian Co-ordinates |
| काल्पनिक | Imaginary |
| कोणीय वक्र | Polar Curve |
| गणितीय आगमन | Mathematical Induction |
| ग्राफ़, आलेख, लेखाचित्र | Graph |
| गैस | Gas |
| चक्रज | Cycloid |
| चंच्वाकार कस्प | Ramphoid Cusp |
| चर | Variable |
| चरण, पाद | Quadrant |
| चरम मान | Extremum, Extreme Value |
| चलन कलन, अवकलन गणित | Differential Calculus |
| चलराशि कलन, समाकलन गणित | Integral Calculus |
| चालू निर्देशांक | Current Co-ordinates |
| चिन्ह नियम | Law of Signs |
| जाति | Species |
| जाति परिवर्तन | Change of Species |
| टूट | Break |
| ट्रैक्ट्रिक्स | Tractrix |
| डायोक्लीज़ का सिसॉयड | Cissoid of Diocles |
| डेडीकाइण्ड काट | Dedekind Cut |
| तरंगन बिन्दु | Point of Undulation |
| त्रिक बिन्दु | Triple Point |
| त्रिबिन्दु स्पर्श | Three-point contact |

| | |
|---|---|
| त्रिविम | Three-dimensional |
| त्रुटि | Error |
| त्वरण | Acceleration |
| दक्षिणावर्त | Clockwise |
| दर मापक | Rate Measurer |
| दाब, दबाव | Pressure |
| दीर्घवृत्त | Ellipse |
| दीर्घवृत्त का केन्द्रज | Evolute of Ellipse |
| दोलक | Oscillatory |
| दोलन | Oscillation |
| द:कार्त का फ़ोलियम | Folium of Descartes |
| द्रवस्थैतिकी | Hydrostatics |
| द्विक कस्प | Double Cusp |
| द्विक बिन्दु | Double Point |
| द्विबिन्दु स्पर्श | Two-point contact |
| द्विविम | Two-Dimensional |
| ध्रुव | Pole |
| ध्रुवी | Polar |
| नतिपरिवर्तन बिन्दु | Point of Inflection |
| नाभिग लम्ब | Latus Rectum |
| निकोमिडीज़ का शंखाभ | Conchoid of Nicomedes |
| निगमन | Deduction |
| निगमन विधि | Deductive Method |
| निम्निष्ठ मान | Minimum Value |
| निरपेक्ष त्रुटि | Absolute Error |
| निरपेक्ष मान | Absolute Value |
| निर्देशांक | Co-ordinates |
| नोड | Node |
| नोड पथ | Node Locus |
| नैज समीकरण | Intrinsic Equation |
| न्यूनतम, लघुतम | Least |

| | |
|---|---|
| पंच-पत्र पद्म | Five-leaved Rose |
| पड़ौस | Neighbourhood |
| पथ | Path |
| पदिक समीकरण | Pedal Equation |
| परतंत्र चर | Dependent Variable |
| परवलय | Parabola |
| परिकलन | Calculation |
| परिधि | Circumference, Girth |
| परिमाप | Perimeter |
| परिमित, सान्त | Finite |
| परिमित संख्या | Finite Number |
| परिमेय | Rational |
| परिमेयकरण | Rationalisation |
| परिवार | Family |
| पाद, चरण | Quadrant |
| पूर्ण अवकल | Total Differential |
| पूर्ण वक्रता | Total Curvature |
| पूर्ण संख्या, पूर्णांक | Integer |
| प्रक्रम | Process |
| प्रतिकेन्द्रज | Involute |
| प्रतिरूप | Type |
| प्रतिरूपी | Typical |
| प्रतिलोम | Inverse |
| प्रतिलोमित चक्रज | Inverted Cycloid |
| प्रतिशत त्रुटि | Percentage Error |
| प्रवणता | Gradient |
| प्रसार | Expansion |
| प्राचल | Parameter |
| प्राचली | Parametric |
| प्रान्त | Domain |
| फलन | Function |

| | |
|---|---|
| बर्नोली का द्विपाश | Lemniscate of Bernoulli |
| बहुपद | Polynomial |
| बहुमानी | Many-valued |
| बहुल बिन्दु | Multiple Point |
| बाह्य | External |
| बिन्दुपथ | Locus |
| बीजीय | Algebraic, Algebraical |
| मध्यक | Mean |
| मध्यक मान प्रमेय | Mean Value Theorem |
| मन्दन | Retardation |
| मात्रक, एकक, इकाई | Unit |
| माध्य वक्रता | Average Curvature |
| मानक | Standard |
| मापांक | Modulus |
| मिथ्या मूल | False Root |
| मुख्य मान | Principal Value |
| यान्त्रिकी | Mechanics |
| रज्जुका | Catenary |
| रूपान्तर | Transformation |
| लघुगणकी अवकलन | Logarithmic Differentiation |
| लघुतम, न्यूनतम | Least |
| लाइमाकॉन | Limacon |
| लेखाचित्र, ग्राफ़, आलेख | Graph |
| वक्र | Curve |
| वक्रता | Curvature |
| वक्रता केन्द्र | Centre of Curvature |
| वक्रता कोण | Angle of contigence =Angle of Curvature |
| वक्रता जीवा | Chord of Curvature |
| वक्रता त्रिज्या | Radius of Curvature |
| वक्रता वृत्त | Circle of Curvature |

| | |
|---|---|
| वक्रानुरेखन | Curve Tracing |
| वर्गांकित कागज | Squared Paper |
| वामावत | Anti-clockwise |
| | =Counter-clockwise |
| विचित्रता | Singularity |
| विचित्र बिन्दु | Singular Point |
| विम | Dimensional |
| विमा | Dimension |
| विलग विन्दु | Isolated Point |
| विलोपन | Elimination |
| विश्लिष्ट भाग | Resolved Part |
| विश्लेषण | Analysis |
| वृद्धि | Increment |
| व्यापक, सार्व, सार्विक | General |
| व्याप्ति, सार्वीकरण | Generalisation |
| व्युत्क्रम सर्पिल | Reciprocal Spiral |
| शृंगाकार कस्प | Keratoid Cusp |
| संकल्पना | Concept |
| संकेतन | Notation |
| संतत | Continuous |
| सन्नति परिवर्तन बिन्दु | Point of Osculinflection |
| समघाती, समघात— | Homogeneous |
| सममित | Symmetrical |
| सममिति | Symmetry |
| समाकल | Integral |
| समाकलन | Integration |
| समाकलन गणित, चलराशि कलन | Integral Calculus |
| समानकोण सर्पिल | Equiangular Spiral |
| संयुक्त | Composite |
| संयुग्मी अर्ध-व्यास, अर्ध-संयुग्मी व्यास | Semi-conjugate Diameter |
| सरल | Simple |

| | |
|---|---|
| सरल रेखा, ऋजु रेखा | Straight Line |
| सर्पिल | Spiral |
| सर्वत्र | Everywhere |
| सर्वसमतः समान | Identically Equal |
| सर्वसमिका | Identity |
| संलक्षण | Criterion |
| सांख्यिकी (विषय) | Statistics |
| साधारण | Ordinary |
| सान्त, परिमित | Finite |
| सान्त रूप | Finite Form |
| सार्व, सार्विक, व्यापक | General |
| सार्वीकरण, व्याप्ति | Generalisation |
| सीमा | Limit |
| सीमा विधि | Method of Limits |
| सीमा स्थिति, सीमान्त स्थिति | Limiting Position |
| स्तब्ध मान | Stationary Value |
| स्पर्श कोणीय रूप | Tangential Polar Form |
| स्वतंत्र चर | Independent Variable |
| स्वसंगत | Consistent |
| स्वसंगति | Consistency |
| हृदयाभ | Cardioid |
| हेर-फेर | Interchange |

# अंग्रेजी-हिन्दी शब्दावली

| | |
|---|---|
| Absolute Error | निरपेक्ष त्रुटि |
| Absolute Value | निरपेक्ष मान |
| Acceleration | त्वरण |
| Algebraic, Algebraical | बीजीय |
| Analysis | विश्लेषण |
| Angle of Contingence | वक्रता कोण |
| =Angle of Curvature | |
| Anti-clockwise | वामावर्त |
| =Counter-clockwise | |
| Approximate Calculation | उपनीत परिकलन |
| Argand Diagram | आरगण्ड आरेख |
| Astroid | ऐस्ट्रॉयड |
| Asymptote | अनन्तस्पर्शी |
| Average Curvature | माध्य वक्रता |
| Axis | अक्ष |
| Break | टूट |
| Calculation | परिकलन |
| Calculus | कलन |
| Cardioid | हृदयाभ |
| Cartesian Co-ordinates | कार्तीय निर्देशांक |
| Catenary | रज्जुका |
| Centre of Curvature | वक्रता केन्द्र |

| | |
|---|---|
| Change of Species | जाति परिवर्तन |
| Chord of Curvature | वक्रता जीवा |
| Circle of Curvature | वक्रता वृत्त |
| Circumference, Girth | परिधि |
| Cissoid of Diocles | डायोक्लीज़ का सिसायड |
| Clockwise | दक्षिणावर्त |
| Complex Number | सम्मिश्र संख्या |
| Composite | संयुक्त |
| Concave | अवतल |
| Concavity | अवतलता |
| Concept | संकल्पना |
| Conchoid of Nicomedes | निकोमिडीज़ का शंखाभ |
| Consistency | स्वसंगति |
| Consistent | स्वसंगत |
| Constant | अचर |
| Continuous | संतत |
| Convex | उत्तल |
| Convexity | उत्तलता |
| Co-ordinates | निर्देशांक |
| Counter-Clockwise =Anti-Clockwise | वामावर्त |
| Criterion | संलक्षण |
| Current Co-ordinates | चालू निर्देशांक |
| Curvature | वक्रता |
| Curve | वक्र |
| Curve Tracing | वक्रानुरेखन |
| Cusp | कस्प |
| Cusp Locus | कस्प पथ |
| Cycloid | चक्रज |
| Dedekind Cut | डेडीकाइण्ड काट |
| Deduction | निगमन |

| | |
|---|---|
| Deductive Method | निगमन विधि |
| Differential | अवकल |
| Differential Calculus | अवकलन गणित, चलन कलन |
| Differential Co-efficient | अवकल गुणांक |
| Differentiation | अवकलन |
| Dimension | विमा |
| Dimensional | विम |
| Discontinuous | असंतत |
| Domain | प्रान्त |
| Double Cusp | द्विक कस्प |
| Double Point | द्विक बिन्दु |
| Eight-leaved Rose | अष्ट-पत्र पद्म |
| Elimination | विलोपन |
| Ellipse | दीर्घवृत्त |
| Envelope | अन्वालोप |
| Equiangular Spiral | समानकोण सर्पिल |
| Error | त्रुटि |
| Everywhere | सर्वत्र |
| Evolute of Ellipse | दीर्घवृत्त का केन्द्रज |
| Expansion | प्रसार |
| Explicit | स्पष्ट |
| External | बाह्य |
| Extremum = Extreme Value | चरम मान |
| False Root | मिथ्या मूल |
| Family | परिवार |
| Finite | परिमित, सान्त |
| Finite Form | सान्त रूप |
| Finite Number | परिमित संख्या |
| Five-leaved Rose | पंच-पद्म |
| Folium of Descartes | दकार्ते का फ़ोलियम |

| | |
|---|---|
| Formal Proof | आकारी उपपत्ति |
| Function | फलन |
| Gas | गैस |
| General | सार्व, सार्विक, व्यापक |
| Generalisation | सार्वीकरण, व्याप्ति |
| Girth, Circumference | परिधि |
| Gradient | प्रवणता |
| Graph | आलेख, ग्राफ़, लेखाचित्र |
| Greatest | अधिकतम |
| Homogeneous | समघाती, समघात- |
| Hydrostatics | द्रवस्थैतिकी |
| Hyperbola | अतिपरवलय |
| Identically Equal | सर्वसमतः समान |
| Identity | सर्वसमिका |
| Imaginary | काल्पनिक |
| Implicit | अस्पष्ट |
| Increment | वृद्धि |
| Independent Variable | स्वतंत्र चर |
| Induction | आगमन |
| Inductive Method | आगमन विधि |
| Infinite | अनन्त |
| Infinity | अनन्ती |
| Integer | पूर्णांक, पूर्ण संख्या |
| Integral | समाकल |
| Integral Calculus | समाकलन गणित, चलराशि कलन |
| Integration | समाकलन |
| Interchange | हेर-फेर |
| Internal | आन्तरिक |
| Interval | अन्तराल |
| Intrinsic Equation | नैज समीकरण |

| | |
|---|---|
| Inverse | प्रतिलोम |
| Inverted Cycloid | प्रतिलोमित चक्रज |
| Involute | प्रतिकेन्द्रज |
| Irrational | अपरिमेय |
| Isolated Point | विलग बिन्दु |
| Keratoid Cusp | शृंगाकार कस्प |
| Latus Rectum | नाभिग लम्ब |
| Law of Signs | चिह्न नियम |
| Least | लघुतम, न्यूनतम |
| Lemniscate of Bernoulli | बर्नोली का द्विपाश |
| Limacon | लाइमाकाँन |
| Limit | सीमा |
| Limiting Position | सीमा स्थिति, सीमान्त स्थिति |
| Locus | बिन्दुपथ |
| Logarithmic Differentiation | लघुगणकी अवकलन |
| Many-Valued | बहुमानी |
| Mathematical Induction | गणितीय आगमन |
| Maximum Value | उच्चिष्ठ मान |
| Mean | मध्यक |
| Mean Value Theorem | मध्यक मान प्रमेय |
| Mechanics | यांत्रिकी |
| Method of Limits | सीमा विधि |
| Minimum Value | निम्निष्ठ मान |
| Modulus | मापांक |
| Monotonic | एकदिश |
| Monotonically Decreasing | एकदिष्ट ह्रासमान |
| Monotonically Increasing | एकदिष्ट वर्धमान |
| Multiple Point | बहुल बिन्दु |
| Neighbourhood | पड़ोस |
| Node | नोड |

| | |
|---|---|
| Node Locus | नोड पथ |
| Non-Geometrical | अज्यामितीय |
| Nonsense Relation | अर्थहीन संबंध |
| Notation | संकेतन |
| One-dimensional | एक-विम |
| One-Parameter family | एक-प्राचल परिवार |
| Ordinary | साधारण |
| Oscillation | दोलन |
| Oscillatory | दोलक |
| Parabola | परवलय |
| Parameter | प्राचल |
| Parametric | प्राचली |
| Partial Differential Co-efficient | आंशिक अवकल गुणांक |
| Partial Differentiation | आंशिक अवकलन |
| Path | पथ |
| Percentage Error | प्रतिशत त्रुटि |
| Pedal Equation | पदिक समीकरण |
| Perimeter | परिमाप |
| Period | १. आवर्तन काल २. आवर्तनांक |
| Periodic | आवर्तक |
| Periodicity | आवर्तन गुण |
| Point of Inflection | नतिपरिवर्तन बिन्दु |
| Point of Osculinflexion | सन्नतिपरिवर्तन बिन्दु |
| Point of Undulation | तरंगन बिन्दु |
| Polar | ध्रुवी |
| Polar Curve | कोणीय वक्र |
| Pole | ध्रुव |
| Pressure | दाब, दबाव |
| Principal Value | मुख्य मान |

| | |
|---|---|
| Process | प्रक्रम |
| Quadrant | चरण, पाद |
| Radius of Curvature | वक्रता त्रिज्या |
| Ramphoid Cusp | चंच्वाकार कस्प |
| Rate | दर |
| Rate Measurer | दर मापक |
| Rational | परिमेय |
| Rationalisation | परिमेयकरण |
| Reciprocal Spiral | व्युत्क्रम सर्पिल |
| Relative Error | आपेक्षिक त्रुटि |
| Resolved Part | विश्लिष्ट भाग |
| Retardation | मन्दन |
| Semi-Conjugate Diameter | संयुग्मी अर्ध-व्यास; अर्ध-संयुग्मी व्यास |
| Simple | सरल |
| Single Cusp | एकल कस्प |
| Single-valued | एकमानी |
| Singularity | विचित्रता |
| Singular Point | विचित्र बिन्दु |
| Species | जाति |
| Spiral | सर्पिल |
| Spiral of Archimedes | आर्किमेडीज़ का सर्पिल |
| Squared Paper | वर्गांकित काग़ज़ |
| Standard | मानक |
| Stationary Value | स्तब्ध मान |
| Statistics (Subject) | सांख्यिकी |
| Straight Line | ॠजु रेखा, सरल रेखा |
| Subnormal | अधोलम्ब |
| Subtangent | अधःस्पर्शी |
| Successive Differentiation | उत्तरोत्तर अवकलन |
| Symbol | संकेत |

| | |
|---|---|
| Symmetrical | सममित |
| Symmetry | सममिति |
| Tangential Polar Form | स्पर्श कोणीय रूप |
| Three-dimensional | त्रिविम |
| Three-point contact | त्रिबिन्दु स्पर्श |
| Total Curvature | पूर्ण वक्रता |
| Total Differential | पूर्ण अवकल |
| Tracing | अनुरेखन |
| Tractrix | ट्रैक्ट्रिक्स |
| Transcendental | अबीजीय |
| Transformation | रूपान्तर |
| Triple Point | त्रिक बिन्दु |
| Two-dimensional | द्विविम |
| Two-point contact | द्विबिन्दु स्पर्श |
| Type | प्रतिरूप |
| Typical | प्रतिरूपी |
| Undetermined Form | अनिर्धारित रूप |
| Unit | मात्रक, इकाई, एकक |
| Variable | चर |
| Witch of Agnesi | अग्नेसिका |
| X-axis | $X$—अक्ष |
| Y-axis | Y—अक्ष |
| Z-axis | Z—अक्ष |